ROBERT L. SOLSO
COGNITIVE
PSYCHOLOGY

ROBERT L. SOLSO

教育科学精品教材译丛

Cognitive Psychology

认知心理学（第六版）

[美] 罗伯特·L.索尔索 著

何 华 主译
何 华 审校

COGNITIVE PSYCHOLOGY

凤凰出版传媒集团
江苏教育出版社

SIXTH EDITION

著作权合同登记图字：10－2001－075 号
图书在版编目(CIP)数据
认知心理学/(美)索尔索著；何华主译. —2 版. —南京：江苏教育出版社，2010. 3
ISBN 978－7－5343－7108－0
Ⅰ. ①认…　Ⅱ. ①索…　②何…　Ⅲ. ①认知心理学　Ⅳ. ①B842. 1
中国版本图书馆 CIP 数据核字(2010)第 045272 号

教育科学精品教材译丛
认知心理学
Cognitive Psychology
罗伯特·L. 索尔索　**著**
何华　**主译**
责任编辑　孙兴春

出版发行　凤凰出版传媒集团　江苏教育出版社
(南京市湖南路 1 号 A 楼，邮政编码：210009　网址：http://www.1088.com.cn)
经销　江苏省新华发行集团有限公司
照排　南京展望文化发展有限公司
印刷　江苏凤凰盐城印刷有限公司
厂址　盐城市纯化路 29 号　　邮编　224001
开本　787×1092 毫米　1/16　　印张 32.75　　字数 630 000
2010 年 3 月第 2 版　　2010 年 3 月第 1 次印刷
印数　1－3 000 册
ISBN 978－7－5343－7108－0
定价　54.00 元
批发电话 025－83657791，83658558，83658511
邮购电话 025－85400774，8008289797
短信咨询 02585420909
E-mail　jsep@vip.163.com
盗版举报 025－83658551
苏教版图书若有印装错误，可向承印厂调换。
提供盗版线索者给予重奖。

教育科学精品教材译丛

总序

作为高校教师，我们中的许多人常常为教育科学教材的陈旧落后而痛心疾首；作为教育学人，我们中的许多人也常常对经济学、社会学等显学学科教材建设的突飞猛进而称羡不已。

于是，我们坐卧不安，我们摩拳擦掌，我们立志超越，我们走到了一起。经过几年的努力，涵盖当代高等学校教育学专业的全部主干课程的大型海外教材《教育科学精品教材译丛》（下面简称《译丛》）终于呈现在读者面前。

许多年来，我国高等师范教育和高等学校教育学专业课程改革的步伐极为缓慢，师范教育的教育学、心理学、教材教法这三门课程多年不变，教育学专业的课程内容陈旧，课程的选择空间相当狭小。可以说，改变高等师范教育课程和高等学校教育学课程的落后状况，是《译丛》最基本的宗旨。

另一方面，随着教育事业改革的深化，教育实践中产生的问题日益复杂，解决这些问题需要极为丰富的教育科学知识和能力。《译丛》追求的另一宗旨正是通过奉献世界上最先进的教育科学知识体系，促进我国教育事业改革的深化。

在过去的几年中，高等学校课程改革已经取得了相当明显的成效。深化课程改革的一条重要途径是引进国外尤其是发达国家的高校教材，藉此提高教育质量和增进学生的学习能力。《译丛》的宗旨和思路与我国高校教材改革的这种方向是一致的，而且是高校教材改革过程的组成部分。

促进学术交流，是《译丛》向往的又一宗旨。学术沟通的障碍，表征是交际语言，而深层原因则是学术语言与学术规范。《译丛》希望通过引进国外的教育科学知识体系和贯穿其中的研究方法与表达方式，促进我国教育科学学术事业的进步，并为其走向世界奠定基础和开辟道路。

《译丛》是新中国成立以来从海外引进的规模最大、门类最全的教育学科教材，被国内媒体称为“又一次重要的拿来主义”。在科教兴国的基本国策背景下，它所蕴涵的巨大社会意义已经超出教材本身。因此，《译丛》的编委会和出版者——江苏教育出版社对此高度重视，并为此做了大量的细致而扎实的工作。第一，组建了强大的编委会和翻译队伍。《译丛》的编委会阵容强大，有各师范大学的博士生导师、教授以及一批海外教育专家；主要翻译人员和审校者均是教育科学专业的博士或教育科学领域的教授，其中一些译者长期旅居国外，并从事教育科学专业的研究和教学工作，他们均在教育科学领域具有相当深厚的积累，可以确保《译丛》的翻译质量。第二，精心筛选选题。《译丛》的入选图书品质上乘，所有选题皆经中、日、美等国专家反复磋商论证，精选而成。其中一些书目为国外学术机构所推荐，在国外大学拥有广泛的学术声誉。许多教材一版再版，最多的已达八版。

我们希望，这套教材能成为国内教育科学的替代课本或重要参考书，同时也能作为各地教师继续教育的重要资料。

我们期待，这套教材能给中国教育理论界带来一些观念和方法上的启示，为我国的教育科学的教学和研究，尤其是教材编写工作提供一定的借鉴。

我们相信，这套教材会得到许多中小学教师、校长、教育行政机关干部、教育科学研究人员、教育专业的研究生以及高校在校学生的关注和选用。

当然，我们更希望、更期待的是创新和超越。希望和期待我国的教育科学工作者编写出高水平的、具有中国特色的教材。站得更高才能看得更远，看得更远才能做得更好，希望我们这套教材能使中国教育理论界有一个更高的起点，使中国的教师和师范学生有一个开阔的视野。需要说明的是，原书附有大量的索引，但为降低图书成本，减轻读者负担，我们只好割爱，敬请诸君谅解。

我们欢迎各种形式的参与和合作，欢迎专家和读者随时为我们荐书，随时提出各种建议和评论。

《教育科学精品教材译丛》编委会

二〇〇二年四月

中译本前言

伴随着科学技术的发展，心理学也一直处于不断向前发展的状态。认知心理学自诞生之日起，在不断受到挑战的同时，也在不断向前发展。由于受到人们的关注和推动，其在心理学领域中逐渐居于领导地位，目前在世界范围内的发展更加蓬勃。认知心理学在20世纪80年代传入我国，经过20多年的发展，我国从事认知心理学研究的队伍不断扩大，整体水平也不断提升，与国际上的交流也日益频繁。

对于任何一门学科来讲，专业书籍的引进与编写都具有非常的重要作用。近年来，国内虽然陆续引进或自行编写了一些专业书籍，但仍不能满足国内众多读者日益增长的需求，而由美国著名心理学家索尔索最近完成的这本《认知心理学》专著，在美国及世界范围内都有较大影响。

正是基于上述认识，本人对江苏教育出版社即将推出的这本《认知心理学》寄予了较高期望，并认为很值得向广大读者推荐。这本译著具有如下一些特点：

一、比较权威

作为美国著名的认知心理学家，索尔索在自己的研究领域内所取得的成果甚丰。

二、内容丰富，具有一定深度的同时不失通俗性

索尔索在认知心理学的推广和普及上作了许多有益工作。这本教材已历经六版，本版内容又有巨大变动。它不仅是一部很好的教材，在一定程度上又是一部可读性较强的通俗读物。

三、由专业人员参与翻译，保证了译文的质量

承担本书翻译工作的译者，大多具有心理学博士学位，在

认知心理学领域有过数年研究，而且翻译得也非常细致和耐心。

总之，认知心理学在当前正为许多人所推崇，但是认知心理学内部也正发生着巨大的变化。联结主义理论的建立和发展，认知神经心理学体系的初步建立等，这一切正成为当今认知心理研究所关注的热点。并且，本人相信，随着我们工作的不断深入，中国的认知心理学研究也必将会为当代世界认知心理学的发展作出自己应有的贡献。

中国科学院心理研究所　张武田

作者原序

致学生

本书是献给你们及21世纪的孩子们的。我们这一代人伴随着上个世纪心理学所取得的迅速、重要的进展而成长，这些所见到的进展包括人们如何感知世界、如何记忆，以及思想如何产生等几个方面。这些进步可归因于认知心理学家在新技术的支持下而做出的不懈努力，这一切使得有关知觉、记忆、认知神经、思维和信息加工等人类所有认知方面的知识充实、丰富起来。

认知方面最近所取得的重大研究成果之一，是将思维意识和与它相应的神经心理活动关联起来。这些进展在整个20世纪末期都是处于领先地位的。如今，各个领域科学研究的新纪元已提前到来，而我的目标就是抓住这个激情时代的灵魂，促使你们进一步深入研究。因此，希望本书能使你们了解我们认知心理学家曾在哪儿驻足，准确报告最先进的理念、理论和实验，并使你们拥有理解未来进展的预备知识。

本书将介绍从感觉到知觉、注意、记忆及高级认知等一连串的人类认知模型。这些模型易于理解，并将使表面看来似乎混乱的信息井然有序。然而有一点需注意，即知觉、认知神经、记忆、意识、语言使用、问题解决及其他一些认知活动的进行都是同时的。对认知心理学的全面看法涉及对各种成分的评价，而这些成分编织出了我们这些物种成员心理生活过程中的精致模式。

在大多数章节中你们都将发现一个名为“思考论证”的版块。如果我们对你们阅读过程中学习和认知方面的情形知道得更清楚，就可能使你们理解得更深刻。设计这些要点问题旨在使你们对本章中的一个或多个中心主题予以关注，并鼓励你们投入全部身心进行互动式学习。

一些学生也许会选择某一个认知科学分支而在其中开展工作，如果本书的内容能使你们朝我们已开始的方向工作下去，那么我付出的所有努力就得到了回报。最后，我很想知道你们对本书的看法，欢迎你们对本书做出反馈和评价。

致教授

《认知心理学》第一版到第六版中，基本结构仅有些许变动，但内容却有重大变动。早期版本只是草率地相互参考了现在所谓的认知神经科学(这个词直到 20 世纪 80 年代才被广泛运用)。现在，认知神经科学的显著地位在认知心理学的所有领域都可被察觉，其发展程度致使越来越多的其他传统领域开始被挤出教材。认知神经科学领域中的卓越进步不仅仅体现在技术上，还体现在研究资料和它们所具有的意义上。在第四版和第五版基础上的这些扩充，都将在本版中被充分评介。除此之外，我也很清醒地认识到认知心理学是关于人类的认知，不论是思想、推理、语言、记忆还是意识作用。这些主题(还包括其他的)也是认知神经科学以一种或多种方式说明、诠释、阐述的认知课题。因为认知也是心理学的重要内容，所以，我保留了经过时间检验和科学实证的心理学传统研究，并在合适处添加了有意义的、新的研究成果。以新研究替代旧研究的诱惑是强烈的，有时候，当对问题有全新阐述的最新论文出现时，替换就是必须的。然而在多数情形下，旧有的研究若非常清晰，就仍将被保留。除了坚持认知心理学的心理学角度，第六版还包含了大量认知神经领域的新研究，它们是作为认知理论的新证据而被采纳的。

二十多年前我编写第一版《认知心理学》时是面临着相当大的挑战的，因为除了现在被奉为经典的 1967 年出版的奈瑟尔(Neisser U.)的同名书以及数以百计的文章和讨论会论文充斥于办公室和家中之外，我没有样例可模仿。1974 年，我在斯坦福大学很幸运地聆听了史密斯(Smith Ed)的认知课(这门课后来由我教)，他的内容体系仍是本书的基础(尽管有些修改)，同时也是其他认知教材的基础。我认为，在某种程度上，就职于国家科学院的史密斯在将心理学传遍整个美国乃至全世界中起到了推动作用。现在，在认知心理学领域中已有几十种教材，而且所讨论的主题范围都很大，诸如认知和法律、认知和心理治疗、认知和社会及认知和教育。由于早期“认知革命”的兴起，这个领域的影响范围已大大扩展，远远超过我几十年前的预想。然而，尽管在过去这些年中侧重点有所变化——这是富有生命力的科学的动态性质，我还是认为，构成这个学科的主要课题时至今日仍具有生命力。

当我完成这本书时，我已喜欢上写作了，其间不吝增添，甚而不时阅读它们以品尝其中的意味。现在该是怀旧、回顾的时候了。开始写第一版时，我所拥有的是空白的纸册,而后有了用旧了的圆珠笔,数以百计的原稿、期刊和关于知觉、记忆和思维方面的书,而这些书都需要整理和编写。现在,我通过电脑工作,它能修改我的拼写和句法(有时候);书有很多,还有多到消化不了的新资料。希望本版能对心理学和科学有所贡献,而对于我,此书的编写过程是一个不能忘怀的旅程。

在本版中我尽力保持此前五版的优点,然而也添加了重要的新材料,同时对书的重点做了改动以反映最新进展。尤其是,我还保留了本书知识覆盖面宽的特点。这样做有一点风险,因为对于仅在一门课程中就有巨大数量材料的学生来说也许会有被压迫的感觉。我的建议是,不必在一个学期就掌握整本书,后面我还要详说。

过去十年中,心理学领域有了明显的改变和进展,要想合理地包容所有认知领域已变得更加困难。在本书中我突出了主流研究和思想,删去了不重要的内容。尽管专业书籍被要求从具体视角去编写,但我相信许多人将会欢迎知识覆盖面宽的认知心理学专著,而这件事仅有不多的作者在努力做着。

对照几年前用过的《认知心理学》,你们将会高兴地看到,本版对彼此对立的研究材料给出了解释,后面还包含了对某些定论的总结。总结部分在第三版首先出现,它是对你们向我所表达的需求的回应。我拥有一个活跃的实验室,书中某些观点被我和我的学生通过实验来进一步检验。在本书中我会偶尔介绍我们的研究工作,目的有两个——阐明原则和让读者知道认知心理学是一门活跃的、不断前进的科学。希望这些研究能使人继续探索以获得一些问题的更完善的答案。

与前面一些版本一样,本版大多数章节以对其主题的历史研究的简短综述开始,然而,在一些章节中这部分内容被压缩以便为最新信息腾出空间。由于认知心理学领域的迅猛发展,我相信了解某一主题的历史是很重要的,这样可使学生更好地理解新信息。

第五次修订人们深深喜爱的书是件既痛苦又甜蜜的事。一方面,把回答以前版本中出现的一些问题的新研究包括进来确实令人高兴;而另一方面,看着地板上到处是不要的书页和由精彩的段落语句组成的材料,对不想删除任何一个词的人而言,就有点像看到智力活体被抽去了水分。我尤其讨厌删去关于记忆研究的历史材料,但当大量更有趣的材料需要被介绍时,那些历史材料仍霸占着空间是不合理的。在大多数章节中除了添加一些新的参考材料,删去一些过时的研究之外,本版的特点是:

● 每一章以问题预览开始。如果学生有所期望学习的知识的线索,将使学习显得容易。在一章的开始之处列上几个相关问题将引导学生初步认识本章,而且有时还能激发阅读者的兴趣。总之,本版在更加有助于使用者的同时,仍能维持他们智力方面的活力。

● 每一章都有所更新,而且认真重写了其中几章,包括知觉、注意、意识和认知发展等,以满足使用者的需求。

● 着重添加了新材料和主题,包括在认知神经成像技术上的最新研究。此举是为了跟上认知心理学的迅猛发展和及时介绍在脑科学和认知神经方面的重要的新发现。

● 合并了有关材料，最值得注意的是，过去几版中关于知觉和注意的独立章节现已被合并成一章了。

● 各章和各个部分的组织遵循信息加工过程：感觉/大脑系统的信号知觉到更高级的信息加工，如记忆、语言和思维。这个顺序使学生和教授们易于跟进，虽然本书学生们要学习的并非仅是认知的信息加工模型。而且我认为，认知是一个多重事件，是各个部分几乎同时工作的结果。尽管人们学习系列加工模型比较容易，但需指出的是，没有知觉的记忆就像没有经过油彩的油画。

● 大多数章节都将“思考论证”内容放在一个方框内，激励读者即时分析或思考相关的客观材料。我已发现的这些内容以及读者所发现的其他内容，都是能在课堂中促进讨论的良好手段。讨论使学生们努力深入思考问题，并可能较好地记住知识，同时也给学生提供了练习和提高分析技能的机会。

● 添加漂亮而又有教育意义的新插图。

编写知识面宽广的认知心理学书时，我的目的是介绍可能吸引教授们的研究工作。他们倾向于在一个学期里来讲授他们喜欢的主题，为完成一门课程的学习而讲授完16章内容是可能的，但大多数教授告诉我，他们只选择特定的章节来讲授（在我自己的课上，我只讲一两章，尽管我的一个富有事业心的毕业生在一个五星期长的暑假里就讲授完了整本书）。我编辑出了一些议题以便即使不讲某些章节也不至于影响本书的连续性。以下就是几个建议模式：

1. 一个关于认知的简短、总的介绍——1,3,4,6,7,8,11,13,15,16
2. 认知神经系统——1,2,3,4,5,7,8,9,10,12,15,16
3. 应用方法——1,3,4,5,6,7,8,9,10,11,13,14,15,16
4. 思维/问题解决重点——1,4,5,6,7,8,9,10,11,14,15,16
5. 记忆——1,2,3,6,7,8,9,10,11,12,13,14,15
6. 认知发展——1,2,3,4,6,7,8,9,10,11,12,13,14,15,16

这些模式仅是基本建议，你可以添加自己喜欢或专业性的章节。

许多人对本书作出了贡献，我很高兴能与他们相识。你们，数年来的忠实使用者，亲自或通过信件向我表达了关于本书的观点，非常感激你们的继续使用，而且你们的评价一直是最为重要的。还有，给我反馈的学生们使我与他们这些最重要的群体——本书的拥有者保持着联系。许多研究者让我了解到他们的最新发现，对于他们我特别感激，因为许多实例来自他们寄给我的重要研究成果的复印件和抽印本，否则我是不可能找到的。于此，我还要向前面几版的评论者致谢。克里斯蒂·兰达(Kristie Landa)在原稿准备上帮助过我，请接受我的感谢。当前版本制作得更好是由汤姆·布西(Tom Busey，印第安纳大学)、威廉姆·S. 卡塞尔(William S. Cassel，新奥尔良大学)、林达·D. 克洛斯尼爱克(Linda D. Chrosniak，乔治麦逊大学)、达里尼·德玛里-杰布罗(Darlene DeMarie-Dreblow,麦斯金姆学院)、道格·埃蒙(Doug Eamon,威斯康新-怀特沃特大学)、保罗·富斯(Paul Foos,北卡路里纳-夏洛特大学)、保罗·乔斯(Paul Jose,芝加哥洛约拉大学)、克里斯蒂·A. 尼尔森(Kristy A. Nielson,玛格特大学)、格雷格·罗宾森-里格勒(Greg Robinson-Riegler,圣托玛斯大学)、巴巴拉·A. 斯佩尔曼(Barbara A. Spellman,维吉尼亚大学)、劳拉·A. 汤姆森(Laura A. Thompson,新墨西哥州大学)所编辑。最后,感谢我的编辑卡洛林·梅里尔(Carolyn Merrill),我的学生、同事们所给予的鼓舞、帮助和激励,还要感谢格拉布里尔·A. 弗罗里斯(Grabriel A. Flores)的精美插图。

罗伯特·L. 索尔索

谨以本书纪念我的母亲，伊丽莎白·普雷斯丽·索尔索，

她使我学会了热爱生活；

以及纪念我的父亲，F. I. 索尔索，

他使我学会了热爱知识。

目 录

第一部分 导言及认知的神经基础

第一章 导 言

问题预览

1. 认知心理学是什么？
2. 认知心理学的主要内容是什么？
3. 认知心理学是如何成为心理学的主导力量的？
4. 认知模型是什么，如何运用认知模型来理解意识？
5. 认知神经心理学如何影响意识科学的研究，在其影响下认知领域的新方向是什么？
6. 进化认知心理学是如何影响认知领域中的思维的？

由于新逻辑工具的发展，计算机的广泛使用，人类心理过程的科学研究方法的运用和文化实践，对语言性质的更深刻或严格的理解以及关于神经系统的组织和运作的许多发现，我们已对最初由柏拉图、笛卡儿、康德和达尔文提出的问题取得了更深入的认识。

——霍华德·加德纳(Howard Gardner)

认知心理学是什么

当你看到并思考这个问题时，你正在进行认知。认知心理学研究信息的知觉（阅读问题）和理解（理解问题），也研究思维(询问自己是否知道答案)和答案的求解公式和内容(你也许会说:"认知心理学是研究思维的")。认知包括知觉、记忆和思维加工,而且是人类的突出特征。

认知心理学是关于思维意识的研究,其关注的领域包括:

- 人们是如何关注世界和获取信息的
- 信息是如何被大脑储存和加工的
- 人们是如何解决问题的、如何思维的以及语言是如何生成的

认知心理学包含了心理加工过程的整个范围——从感觉到知觉、神经科学、模式识别、注意、意识、学习、记忆、概念形成、思维、想象、回忆、语言、智力、情绪以及发展过程——贯穿了行为科学的所有领域。

我们所描述的课程——思维意识的科学研究——既满怀雄心又令人兴奋。由于领域是巨大的,研究范围是宽广的,同时其主题是以一个新视角处理人类意识问题的,因此,我们关于人类智力本质的认识也许会有深刻的变化。

本章介绍了认知心理学的概况,回顾了其发展历史,而且对知识如何在人类意识中被表征的当代理论进行了总结。

在思考认知心理学技术方面的问题前,对人类信息加工方面做出某些假设是有助于我们获得深远认识的。为说明我们诠释信息的方式,以一个普通事件为例:一个汽车司机向一位警官问路。尽管认知加工过程看上去简单,但实际并非如此。

司机:你好!我刚来到这个镇上,请问去洛比·罗伯特兰德该如何走?

警察:你是想要电子游戏机还是计算机,因为有两个不同的店都叫洛比·罗伯特兰德。

司机:哦……

警察:我猜想没有什么困难,因为穿过一条街道即可到对方那里。

司机:我正寻找一个软件,一个用来模拟问题解决的思维程序。

警察:卖计算机的店里有。

司机:卖计算机的店里有?

警察:是的,那个店在软件城里。那么,你知道竞技场在哪里吗?

司机:那个圆锥形的建筑物,是吗?或是那个……

警察:不,你知道的地方是博览会所在地,记住,在1988年就举办过博览会。

司机:哦,是的,我知道博览会在哪里举行的了。

警察:是的,那里就是博览会所在地。从这里过去很复杂。如果你从这儿出发,沿着这条街过一个红绿灯,到旗杆处向右转,过一个街区,到一个红绿灯再向左转,越过火车铁轨,过一个湖,到下一个旧磨房附近的红

绿灯……你知道旧磨房在哪里吗？

司机：通向旧磨房的连接桥的街道上面是不是标明了“单向街”？

警察：不，是双向。

司机：哦，那肯定是另外一座桥，好的，我知道是哪条街了……

警察：你应该能知道，因为那儿有个大显示牌，上面写着“万一你丢失了一块宝石，你无法再拥有同一个”类似的话。那是一则关于夜间存款机的广告。我称它为伯泽机，因为它是属于伯兹韦尔银行。你会路过旧磨房——那是拉斯特拉达饭店，在厄尔多拉多左转，不，右转，过一个街区左转就到了维吉尼亚。在维吉尼亚街你不会迷路，它就在路的右边。

司机：你在开玩笑，我现在就在维吉尼亚街的汽车旅馆里。

警察：是吗？

司机：我现在方向错了。我在镇的另一头，距离我的汽车旅馆有两个街区！我也许可以步行到那儿。

警察：你在哪家汽车旅馆？

司机：牛津汽车旅馆。

警察：哦，牛津汽车旅馆？

司机：是的，不是“最好的”，但他们有个非常好的图书馆。

警察：嗯？

上面所描绘的情节进行时间至少要两分钟，然而两人所知觉到的、分析的信息量却令人惊愕。一般人发现交流可能困难时，也许会简化而采用“我问-他答-我理解”的方式。然而，实际对话远比这种情形要复杂得多。对这个加工过程较深入的看法可能是构成“我问”、“他答”、“我理解”之后的东西。

心理学家是如何看待这个加工过程的？一种方式是采用刺激-反应(S-R)术语，例如，旗杆(刺激)和右转(反应)。一些心理学家，尤其是传统行为研究方法的代表，认为事件的整个过程以S-R这些术语就足以描绘(以非常详细的方式)。尽管这个角度因为简单而有特别的吸引力，但似乎无法说清包含信息交流在内的认知系统。为了深入地理解，定义、分析特定成分并把它们整合成一个综合模型是必要的。尽管行为是表面上的，但却是重要的因素，因为其背后存在某些内部系统，而心理学家对这些内部系统是感兴趣的。认知心理学家就是从这样的立场来研究人类行为这种复杂现象的。

对于前面的事例，认知心理学家是如何看待其过程的呢？他或她会从对司机和警察的认知特征做出假设开始。表1.1的左侧列出了有关的一些假设，右侧是认识这些假设的认知心理学中的相关主题。

表1.1 关于认知特征的假设

假 设	认知心理学中的主题
观察和解释感觉信息的能力(例如，视觉的和听觉的)	感觉信号的检测和神经科学
聚焦特定刺激和忽视其他刺激的倾向	注意
环境的物理特征方面的详细知识	知识
提取部分将其组成一个结构优良的图式，并赋予整个情形以意义	模式识别
从字母和单词中提取意义的能力	阅读和信息加工
能记住即时事件并将那些事件组合成一个变化系列	短时记忆
形成“认知地图”表象的能力	心理表象
理解彼此间的关系	思维
能使用“记忆线索”帮助信息的回忆	记忆术和记忆
以一般形式储存语言学信息的能力	语言学意义的提取
问题解决能力	问题解决
使行为具有意义的一般能力	人类智力
指示能准确地被转化成复杂行为反应的推理能力(开汽车)	语言/运动行为
从长时记忆中快速回忆起特定信息以应对当前情境的能力	长时记忆
将视觉信息转化成口头表达的能力	语言加工
具有特定名称的事物各方面的知识	语义记忆
执行起来并非完美无缺	遗忘和干扰

信息加工模型

一个思路是这些假设可以被整合成一个较大的系统或认知模型，即形成一个信息加工模型。这个模型一般是与事件的时间序列有关的。该模型具有一定意义并且易于理解。它是一个已被认知心理学家使用了数十年的传统模型，尽管并非是仅有的认知模型。另外一些模型，例如将在后面要学习到的神经科学模型，是从不同的角度探索知觉、记忆、语言和思维等这些认知心理学中的主要课题的。

信息加工模型建立在三个假设基础上，它们是：

- 要理解认知，就应将认知分解为序列加工阶段(大部分的)。
- 每一阶段处理输入信息的过程是独特的。最终的反应(如“哦，是的，我知道博览会在哪里举行的了”)被认为是诸多阶段和操作的产物(如知觉、信息编码、回忆信息、概念形成、判断和语言生成)。
- 每一阶段从前一阶段获取信息，并具有独特的功能。由于信息加工模型的各个成分以某种方式彼此相联系，因此很难识别出初始阶段，但为方便起见，我们认为加工过程是从信息输入开始的。

这些信息——在所举的例子中是环境线索——在警察的大脑中并非直接地被表征出来，而是被转化成神经学结构和意义符号，一些认知心理学家称之为内部表征(internal representation)。在最基础的水平上，知觉信息中伴随的光(或声)能被转换(改变)为神经能，接着在上面所提到的诸多假设阶段中进行加工，形成知觉对象的内部表征。警察理解了这个内部表征，再结合其他具体情境信息，就有了回答汽车司机疑问的依据。

由认知心理学家们的重大争议可以看到信息加工模型中的两个重要问题：

- 信息加工的阶段是什么？
- 在人类意识中信息是如何被表征的？

尽管并无简单的答案，但本书的大部分篇幅都会处理这两个问题，因此，将这两个问题牢记于心是有用的。认知心理学家企图回答这两个问题的方式之一是，以心理学各分支学科的技术和理论来研究它们，这里将介绍其中几个。

认知心理学领域

现代认知心理学主要从 12 个研究领域中自由吸取了理论和技术(如图 1.1)：认

知神经科学、知觉、模式识别、注意、意识、记忆、知识表征、表象、语言、发展心理学、思维和概念形成、人类智力和人工智能。随后的章节中将一一介绍。

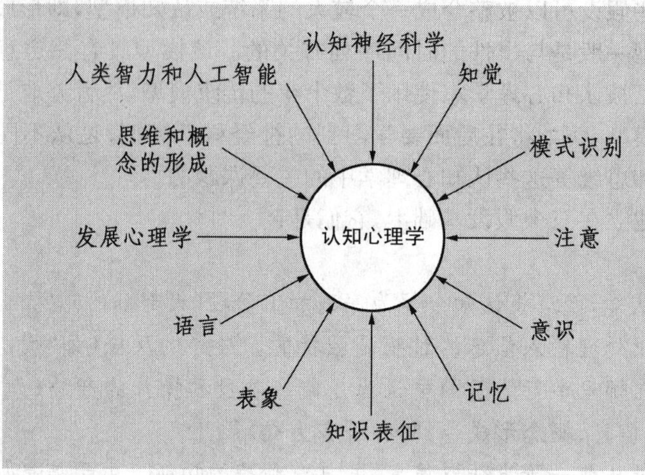

图 1.1 认知心理学的主要研究领域

认知神经科学

仅仅是在过去几年,认知心理学家和认知神经学家(脑科学家)的研究才形成了密切联系。迄今,这支联合队伍在心理特征研究方面已获得了一些令人感兴趣的进展。认知心理学家正在寻找研究结果的神经学解释,而神经科学家正求助于认知心理学家以获得对实验结果的解释。在前面的例子中昏了头的司机和警官,其认知加工的每一部分——从感觉到记忆到驾驶——都是由大脑和神经系统中所进行的基础性电化学过程所支持的。

知觉

心理学的一个分支牵涉到感觉刺激的检测和解释方面的内容,即知觉。通过知觉实验,人们在人类有机体对知觉信号的敏感性方面有了相当的理解,对认知心理学来说,更为重要的是,人们知道了该如何解释感觉信号。

警官对街道情景的描绘实质上取决于他能"看见"的环境线索。然而,"看见"并非是一件简单的事情。感觉信息(在这个例子中大部分是视觉信息)必须达到一定的量才能被知觉到,即若司机执行所提供的路线方案,环境线索才能达到一定的强度。另外,情景是不断变化的,当司机的位置发生变化时,新线索就会随之出现。知觉过程中,有一些线索会变得相对重要,可以根据颜色、位置、形状等来识别路标。许多图像在不断变化,并转变成行为指示,使司机在行为上做出迅速的调整。

知觉实验研究有助于确定知觉过程的许多方面，我们将在第三章中讨论。但是，仅有知觉研究是不能充分解释未来行为的，其他一些认知系统也会参与进来，如模式识别、注意、意识和记忆。

模式识别

情景刺激很少被知觉为单一感觉刺激，它们通常被知觉为具有意义模式的一部分。我们知觉到的事物（通过看、听、触摸、品尝或嗅）几乎都是复杂感觉刺激模式的一部分。因此，当警官告诉司机要“越过火车铁轨，过一个湖，到下一个旧磨房……”时，他正在使用词语来描述复杂的事物（火车铁轨、湖、旧磨房）。一方面警官在描述一个标志物，同时又在假设司机是有文化的。但是，让我们来想想阅读的问题。阅读是复杂而又艰辛的，直线、曲线堆积而成的东西表面上看是无意义的，但阅读者能从中获得一个意义模式。通过对字母和单词所构成的刺激的加工，阅读者能通达他或她记忆中的意义。整个过程仅在短短的一秒钟内发生，而且若考虑到所有神经解剖结构和认知系统的参与，这种技艺——在我们所有人身上每天都会发生——是多么惊人啊！

注意

警官和司机可得到的环境线索的数量是惊人的。若司机关注于所有即便是大部分线索，他将永远也找不到计算机店。尽管是作为信息收集者，但在正常情况下，人们对信息数量和类型的注意是具有高度选择性的。人们加工信息的能力似乎受限于两个水平——感觉和知觉。若在某一时间内许多感觉信息被强加于身上，人们就会变得不堪负荷；若尽力加工记忆中巨大数量的事件，也同样会不堪负荷，这将导致工作绩效极其低下。如果第三页的卡通画准确代表了司机的认知地图，他将会感到困惑和无助。对于这样的情形，无论何时我们都能体会到其中的滋味。

意识

意识（consciousness）被定义为“当前内外环境的觉知”。尽管意识这个词已被“数以百万计的舌头磨得光滑”（Miller，1962），但却是最含糊的概念之一，以至无法进行操作性定义。意识这个词和其所表达的概念虽被行为学家以非科学概念而拒之门外，但不会消失。存在一些难以分析的问题不意味着它们应被忽视：科学不是仅研究容易的问题。对多数人来说，意识和无意识的想法（如你在第一次约会时也许会具有）是非常真实的。例如，当你学习时瞥一眼手表，时间是 22:42，这表明你对外界信息是有意识的、觉知到的，这就像司机意识到了警官所指出的方向和含义。但是，看时间也给你带来另一种有意识的思想，这个思想开始于看时间，但形成于“内部”。意识内容也许是“已经很晚了，我最好完成这一章后睡觉去”，就像司机也许会有：“我希望这个警察知道洛比·罗伯特兰德在哪里，而且清楚地告诉我。哦，我的汽车登记卡在哪儿？我的保险是否过期？举止应镇静，有人在看着我们吗？我记得桥在哪里，我能'看见'旗杆。"所有这些能被觉知的想法也许会在人意识中的几秒钟内一闪而过。意识这个术语将不会离我们而去，它最近又获得了新的关注，并成为现代认知心理学认真研究的一个概念。

记忆

没有记忆警官能描述有关情形吗？当然不能。而没有知觉同样什么也不能做，实际上，记忆和知觉是协同工作的。例子中，有两种记忆类型在警官的回答中起作用。第一种类型是在一个有限的时间内保持住信息，这个时间可以长到他足以进行对话。这种记忆系统保留信息的时间似乎很短，接着就被新信息所取代。整个交替过程也许仅有120秒。警官和司机将所有细节永久保持是不可能的，然而，这些细节确实在记忆里保存得足够长久，以便为对话留下内容序列的检索痕迹[1]，而且其中一些信息自然地就进入到长时记忆（long-term memory，LTM）中。第一个储存阶段被称为短时记忆（short-term memory，STM），或在本例中被称为工作记忆（working memory）——一种特殊形式的记忆。

另一方面，大量的回答来自警官的长时记忆。最明显的就是他的语言知识。他没有把湖说成金橘，或把博览会所在地说成橡胶车胎，或把街道说成是篮球。他从自己的长时记忆中提取词语，而且还多少能正确使用这些词汇。还有其他线索表明他的长时记忆是参与到他的描述中的："……记住，在1988年就举行过博览会。"在一瞬间，他能回忆起多年前事件的有关信息，这种信息不是来自他即时的知觉经历，而是在长时记忆系统中与其他的大量信息一同被储存的。

警官所拥有的信息是来自他的知觉、短时记忆和长时记忆。另外，我们能推测到，他正在思维，信息在"具有合理性"的驱使下而被概念化。

知识表征

人类认知的基础是知识的表征：信息如何被符号化且与事物联结在一起于大脑中储存。因此，认知有这样两个部分：知识的概念表征和大脑储存、加工信息的方式。

若我们思考第三页卡通画中警官和迷路司机上方图中的内容，则会发现两人有着截然不同的概念表征。在交流过程中我们总会遇到一个问题即双方对世界表征永远是不一致的。你看到、听到、闻到、品尝到或感觉到的与我经历过的和在记忆中的表征是不一样的。尽管存在知识表征上的不一致，但大部分人的经历和对经历的描绘确实

---

〔1〕 例如，警官必须在短时间内保持住司机正在寻找洛比·罗伯特兰德的信息，他知道博览会所在地，甚至知道司机住在一家汽车旅馆里（至少在他结束时问"你住在哪家汽车旅馆"）。同样的，对司机来说，他必须在短时间内保持住有两个罗伯特兰德（为了能回答他想寻找的那个卖思维程序的店）、警官问他是否知道博览会所在地、他必须经过旧磨房等等。

是非常接近的,从而才能与这个世界融洽相处。

另外,人类拥有的大脑,在很大程度上决定了信息的储存方式。大脑的进化已经过了几百万年,然而,你和你朋友的大脑是非常相近的。即使你的大脑和你的教授的大脑差别细微(尽管存在知觉上的差异——在左右两个半球上),但"内容"却有巨大不同。例如,你朋友也许知道乘船方面的许多知识,这可能需要某人在乘三个星期的小船至北加拿大的过程中才能学习到;而你也许知道更多星体分类方面的知识。但人类大脑内部过程却是相近的,我们的神经网络捕捉信息和经历,并以一定结构来接纳。如当司机和警官看着对方面孔时,他们大脑的同一部分会被激活。

认知心理学家尤其感兴趣于知识的内部表征问题,而本书的大部分内容都是关于这个问题的一种或多种形式的论述。在本章后面将综述知识表征的历史。

表象

为了回答司机的问题,警官形成了一个关于环境的心理表象。这个心理表象以一种认知地图(cognitive map)的形式存在,一种关于并排着的建筑物、街道、街道上的标志物、红绿灯等的内部表征。从认知地图中能抽取突出线索,以一种有意义的顺序排列,并将那些表象转化成语言。警官的语言可以使司机建构一个相近的认知地图,那幅重构的地图将为司机提供一幅合理的城市图画,随后转化为沿某一路线驾驶汽车的行为。尽管心理表象的实验研究是心理学中比较新的内容,但最近出现了一些相关的研究报告,我们将在第十章中进行讨论。

语言

为了成功回答司机的问题,警官必须拥有广泛的语言知识,语言知识所包含的内容远比其所知道的路标名称要多。同等重要的是,它还包含了语言的句法(词语约定的分类和关系)。也许吹毛求疵的英语教授们对词语顺序不当有看法,但它们确实可以实现交流。警官说出的几乎每一个句子里面,都能看到必要的语法规则。警官不是说,"有,嗯,那些计算机在他们那里有(Got well that computers in they've.)",而是说,"卖计算机的店里有(Well, they've got that in computers.)"我们能理解警官的意思。除了在词典里找到合适的词语和形成合乎语法的句子,警官必须协调复杂的行为动作,因为对于清晰发音和表述有关信息,这些都是必要的。而且,人们之间的交流比他们说或写要复杂得多。最明显的是使用手势或肢体语言来实现交流,就像司机和警官在用词语表述的同时,会用手势表达意思。最后,我们可以评价语言的丰富性和含义特征的复杂性。我们来重新思考对话末尾的简短交流情况:"警官:'你在哪家汽车旅馆里?'司机:'牛津汽车旅馆。'警官:'哦,牛津汽车旅馆?'司机:'是的……'"若警官是重复的语调,"哦,那个牛津汽车旅馆",就会被司机理解为"为什么你待在肮脏的垃圾堆里?”语言和交流要远比词语复杂得多。

发展心理学

发展心理学是认知心理学另一个被细致研究的重要领域。发展心理学中新近出现的实验和理论已极大地扩展了我们对认知结构发展的认识。在我们一直研究的例子中,讲述者们共有的发展经历允许他们或多或少地彼此理解。这些共有的经历包括:具体事物内部表征的心理操纵的发展、抽象思维和逻辑推理能力的发展;而且,实现交流的共同语言的发展也是重要的。在第十三章中,我们将研究认知发展。作为成年人,我们都经历过儿童和青年阶段,并和其他人类成员共享成熟经历。

思维和概念形成

在对话情境里,警官和司机展示出了思维和概念形成能力。当被问及如何到达洛比·罗伯特兰德时,警官通过几个间接步骤来做出答复:“你知道竞技场在哪里吗?”这意味着,如果司机知道这个路标,他也许能轻易地到达洛比·罗伯特兰德。当司机回答不知道时,警官又有一个应对计划。进一步的,警官使用的一些词(如铁轨、旧磨房、拉斯特拉达饭店)提示,在概念上他开始与司机相近。在对话的后面部分,当司机告诉他牛津汽车旅馆有“一个非常好的图书馆”时,警官似乎感到困惑,因为旅馆和图书馆通常是无关联的。知道这一点后,正如你也许会做的,警官就会问:“什么样的旅馆?”

人类智力和人工智能

人类智力(human intelligence)。警官和司机都做出了对方具有智力的假设。这些假设包括了(但不被限制于)理解语言的能力、接受建议的能力、将词语指示转变成行动的能力、文化规范下的行为。在第十四章,最新出现的关于人类智力的认知理论将被详细考量。

人工智能(artificial intelligence,AI)。司机也许是想为他的计算机找到“思维程序”,这种程序也许模仿了人类在问题解决过程中的认知。为编写这种模拟程序,至少必须理解人类思想的基本属性,而这正是认知心理学的主要任务,其在计算机领域里这个专门学科被称为人工智能,对认知科学的发展有重要影响,尤其是当程序设计需要人们如何加工信息的知识时。与此有关的、一个吸引人的主题(在第十六章中将详细论述)是“完美的机器人”能否模拟人类行为,即设想一个超级机器人具有知觉、记忆、思维和语言能力,它会如何回答司机的问题呢?如果机器人与人类一样,结果将是一样的。但在编制如下这种程序时应想到存在的困难:当产生错误时,就像警官说的(“你向左转”),随后他意识到自己的错误,就改为(“不,向右转”)。

认知心理学简史

我们已知道，认知心理学的大部分内容是论述知识如何在意识中被表征的。关于知识表征的有趣问题已激起数个世纪以来同一基础性课题：知识是如何获得、储存、转化和被运用的？意识是什么？意识观念在哪里产生？知觉和记忆的本质是什么？什么是思维？能力是如何发展起来的？

这些问题反映出知识表征的本质问题——观念、事件和事物在意识中是如何被储存和安排的。在这个部分我们会对认知心理学的历史进行综述。尽管实际历史内容是更为详细的(Solso & Maclin, 2000; Wilson & Keil, 1999)，但我们认为主要存在三个阶段，首先我们将论述很早时期的传统观念，接着论述文艺复兴时期一些学者有关知识和思维的认识，最后论述现代的有关概念和理论。

思维的早期认识

人类和其他动物能幸存下来取决于了解了环境的重要特征，否则，我们将不会在地球上生存下来。

知识来源于哪里，在意识中如何被表征？这个永恒的问题在人类出现的时代就存在了，对认知心理学来说它是基础性的。对此，基本上有两个答案：经验主义者认为知识来自经验(正如你在高中学到的毕达哥拉斯定理知识)；先天主义者认为知识建立在大脑先天特征的基础上——以当今的说法，大脑(部分的)“被坚固地缠绕着”。例如，你也许在高中学过毕达哥拉斯定理，如图 1.2 所示：两直角边的平方和等于斜边的平方。毫无疑问，你的经验使你有了这样的知识。但随后的问题是，学习这个定理之前，三角形的知识存在于你的神经系统里吗？先天主义学者认为先天存在的一些范畴决定感觉经历。从科学视角来看，两者都没有一个被确切证实的事例，因此，争论在继续而没有一个清晰的解决。一般意义而言，明显的是，经验使人获得信息，而且经验一定要有一个接受大脑，大脑依据经验来思考，从印象中获得意义。但这种观点对解决正在进行的争论有一些困难，因为这源于我们定义知识(knowledge)为“在记忆中储存和组织”，这样，争论双方都符合这个定义：“储存”一方认为经验是重要的，而“组织”一

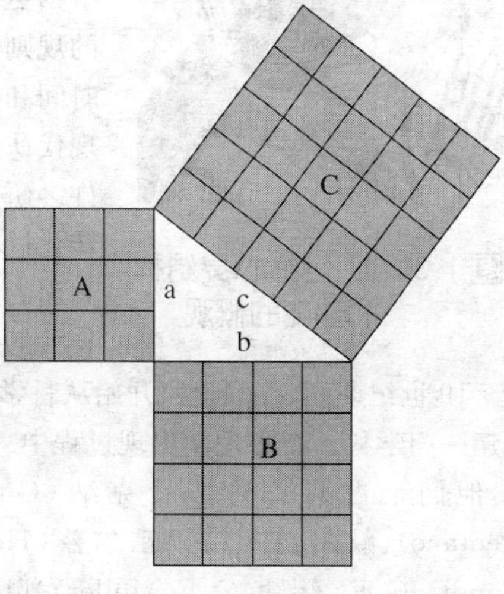

图 1.2 正方形 A、B 边的平方和等于正方形 C 边的平方

方则认为在神经系统里有某个先天存在的结构和能力。

面对这些问题，让我们想想古代哲学家和早期心理学家的处理方法。在早期著作中能找到先人对知识的疑惑。早期理论主要关心思维和记忆的位置。古埃及人的象形文字提示我们，其作者相信知识位于心脏——古希腊哲学家亚里士多德也持这个观点，但柏拉图却不这样认为，他认为脑才是储存知识的地方。

文艺复兴时期及其后的认知研究

文艺复兴时期的哲学家和神学家认为，储存知识的地方是脑这个说法有道理。一些人甚至进一步用图来表示相关结构和位置(见图 1.3)。在图中，知识不但是通过生理感觉(关于世界的感觉——触摸、品尝、闻、看和听)获得，而且源于神(关于世界的智慧——神)。18 世纪，当哲学心理学发展到科学心理学并扮演一定角色时，英国经验主义者——乔治·贝克莱(Geoge Berkeley)、大卫·休谟(David Hume)以及后来的詹姆斯·米尔(James Mill)和他的儿子约翰·斯图亚特·米尔(John Stuart Mill)——提出内部表征有三种类型：(1) 直接的感觉事件(存在即是被感知，或知觉就是实在)；(2) 衰减的知觉摹本，或储存在记忆中的摹本；(3) 这些衰减摹本的转化，就像联想思维过程。休谟在 1748 年对内部表征曾写道：“为形成怪物形象，将不匹配的形状和外表联结起来所耗费的想象并不比想象出最自然、熟悉的事物更多。”内部表征和转化的概念假设，根据可定义的规则能形成内部表征，内部表征的形成和转化需要时间和做出努力——在很大程度上这些假设构成了现代认知心理学的基础(后一部分是认知心理学当前许多研究的基础，被试的反应时间被看做内部表征、转化过程所需时间和努力的测量)。同时，认知神经方面的最新研究结果已经为特定的认知加工找到了相关的解剖结构定位。

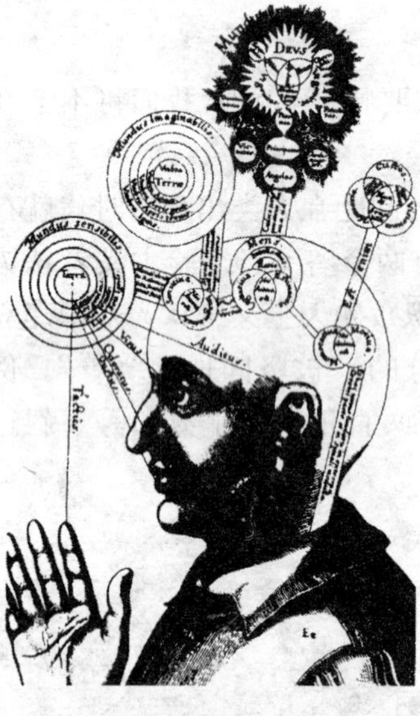

图 1.3　17 世纪心灵结构和功能的概观

19 世纪期间，心理学家开始从哲学领域中脱离出来，在实证结果而非猜想基础上构建一门学科。新心理学出现过程中一个引人注目的因素是早期心理学家的研究活动，他们是古斯塔夫·费克纳(Gustav Fechner)、弗朗兹·布伦塔诺(Franz Brentano)、赫尔曼·赫姆霍尔兹(Hermann Helmholtz)、威尔姆·冯特(Wihelm Wundt)、G. E. 缪勒(G. E. Müller)、奥斯霍德·屈尔佩(Oswald Külpe)、赫尔曼·艾宾浩斯(Hermann Ebbinhaus)、弗朗西斯·高尔顿爵士(Sir Francis Galton)、爱德华·蒂奇纳(Edward Titchener)和威廉姆·詹姆斯(William James)。

> 在知识世界里,重要的优美形式位于我们探寻的终界,而且几乎不能被觉知;但是,当觉知到时,我们情不自禁会下结论:每一个事实的源头都是美丽和明亮的——使视觉世界里有了光明和主宰,在智力世界里,则以权威、真实和理性施与——这样,无论是谁,都将在公众或在私人的场合下举止明智,而优美形式必定会呈现在他眼前。
>
> ——柏拉图
>
> 在本性上人们是需要知识的。
>
> ——亚里士多德

19世纪的后半期,知识的表征理论明显处于两个体系中:德国的冯特和美国的蒂奇纳强调心理表征的结构,奥地利的布伦塔诺强调过程或活动。[1] 布伦塔诺认为,内部表征静态存在的观点在心理学中没有什么价值,他将比较、判断和情感的认知行为研究作为心理学应有的课题。早在两千年前,柏拉图和亚里士多德相对立的理论就形成于对许多相同问题的讨论。然而,与此前哲学上的思辨不一样,关于内部表征的两个理论体系是得到实验检验的。

几乎与此同时,美国的詹姆斯批判地分析了新心理学在德国的发展。他在美国建立起第一个心理学实验室,在1890年编写了一本权威性的心理学著作《心理学原理》,并且建立起一个经过严密推理的心理模型。詹姆斯认为,心理学学科内容是关于人们对外部事物的经验。詹姆斯与现代认知心理学最直接的联系也许是他的记忆理论。在他的这个理论中,结构和机能都起了重要的作用(这些观念及其相应的现代理论将在第五章讨论)。与詹姆斯同时代的人,F. C. 唐德斯(F. C. Donders)和詹姆斯·卡特尔(James Cattell),做过许多这样的实验:把对短暂视觉刺激呈现的知觉作为测量心理操作时间的手段。他们的实验报告常常会触及我们现在称之为认知心理学的研究论题。这些早期科学家的实验技术、学科内容、程序,甚至对结果的解释,都似乎预示了半个世纪后这个学科的面貌。

认知心理学:20世纪初期

伴随20世纪行为主义和格式塔心理学的出现,我们一直使用的知识表征这个术语,发生了急剧转变。人类和动物心理学的行为主义观点被归于刺激-反应心理学体系,而格式塔学派的关于内部表征的详细概念则是建立在同形(isomorphism)——表

[1] Boring, *A History of Experimental Psychology*, 1950.

征和现实一对一关系的范畴内的。

心理过程概念在19世纪末期被提出,但在20世纪初期,对心理过程的研究突然变得不时尚,而被行为主义所取代。内部心理操作和结构的研究——如注意、意识、记忆和思维——被搁置起来,这种情况持续了约50年。对于行为主义者来说,内部状态被贴上了"中间变量"的标签。"中间变量"被认为是具有一定假定结构,即被假设为是刺激到反应的调节过程,赞成行为观测的人会忽视(动物行为可观测)"中间变量",而赞成心理过程是行为基础的人则不会。

爱德华·托尔曼(1886~1959)提出了认知地图的概念。

1932年,在认知革命席卷心理学前的一段时间中,在贝克里的加利福尼亚大学的学习心理学家爱德华·托尔曼(Edward Tolman)出版了《动物和人的目的性行为》一书。在这本富有创意的书里,托尔曼观察到老鼠在迷宫里所学到的是"走出困境的行动计划",而非一连串的刺激-反应的简单联结。托尔曼进行了一系列精巧的实验,训练老鼠沿一条迂回路径寻找食物。他发现,当食物被放置在老鼠的直行路上时,它也能获得食物。它径直走向食物,而不沿原先的路径前行。据托尔曼的解释,动物逐渐形成一种关于环境的"图画",并以此为依据寻找目标。这种"图画"被称为认知地图。托尔曼实验中的老鼠从不同起点出发到达目标(食物)的结果显示,它们拥有一张认知地图。实际上,这种"内部地图"就是表征它们所处环境信息的一种方式。认为托尔曼研究直接影响了现代认知心理学是没有根据的,但是,他关于动物认知地图的假说确实预见到知识在认知结构中如何表征成为当代所关注的课题。

同样在1932年,剑桥大学的弗雷德里克·巴特利特(Frederick Bartlett)编写了一本书《记忆》。书中,他拒绝接受多数人认为记忆和遗忘可用无意义音节方法来研究的观点,而这个方法在过去一个世纪里被德国的艾宾浩斯所提倡,是整个20世纪中期实验心理学的流行主题。在人类记忆的研究中,自然情景下丰富和富有意义的材料的使用会产生远远超出结论的重要意义。为了研究人类的信息储存,巴特利特让被试阅读一个故事并让他们尽可能回忆所能记住的东西。他发现影响故事记忆的一个重要方面是被试对这个故事的态度。用巴特利特的话来说就是:"回忆很大程度上是建立在态度基础上的建构,它的总体效果就是态度的确证。"实际上,你所记住的故事内容是建立在故事或故事主题所创造出的印象的基础上的,具体情节的回忆倾向于确定下来的主要主题。巴特利特介绍了起到统一主题作用的描述经验本质的图式(Schema)概念,图式理论在现代记忆理论中具有中心地位。

美国的托尔曼和英国的巴特利特的丰富思想与20世纪30年代以智力为主导的思潮相对立。在这个思潮下,有关动物和人类行为的另一种解释中,智力居于中心地

位。然而，回顾历史后我们似乎可以说，他们的工作有点不切实际，而且在很大程度上影响了未来认知心理学家的思维。

认知心理学：当代的发展

20 世纪 50 年代，研究兴趣又开始集中于注意、记忆、模式识别、表象、语义组织、语言加工、思维，甚至意识（最武断地被抛弃的概念），还有在实验心理学领域外曾被研究的其他“认知”主题（行为主义与它们相对立）。随着越来越多的心理学家开始转向认知心理学，新的刊物和专业团体也建立起来。由于认知心理学更加明朗，它显然与 20 世纪 30 年代和 40 年代流行的心理学已经大不相同了。推动这场认知革命的最重要的动力原因如下：

- **行为主义的“失败”。**〔1〕行为主义一般研究外显的刺激反应，不能解释丰富多样的人类行为，如语言（可以参看此前警官和司机之间的对话分析）。进一步的，被行为主义学者忽视的一些课题，包括记忆、注意、意识、思维和表象，似乎与人类心理有着深刻的关系。显然，内部心理过程是心理学中非常现实的内容，需要对其加以研究。许多心理学家认为这些内部心理过程能被进行操作性定义，而且能在心灵的总体研究中得到整合。

〔1〕 值得注意的是，如同对实验心理学和操作性定义方面，行为主义理论对某些类型的心理治疗也有明显作用，尤其是在为人所知的“行为矫治”中。

● **通讯理论的出现。**通讯理论促成了对信号检测、注意、控制论和信息论的实验研究，而这些领域对认知心理学来说是具有重大意义的。

● **现代语言学。**看待语言和语法结构的新方式已与认知态度相融合。

● **记忆的研究。**言语习得和语义组织的研究为记忆理论提供了坚实基础，并导致了记忆系统模型的发展和另外一些认知过程的可检验模型的出现。

● **计算机科学和其他技术进步。**计算机科学，尤其是它的分支——人工智能对问题解决、记忆加工和储存、语言加工和习得的基本假设进行了再检验。新的实验仪器极大增强了研究能力。

● **认知发展。**感兴趣于发展心理学领域的心理学家发现了一种伴随成熟过程的有序叠展能力。这个时期的众多发展心理学家中比较著名的是吉恩·皮亚杰(Jean Piaget)，他描述了婴儿到青年的成长过程中孩子们是如何建立起一种评价的，这种能力的进步似乎是先天的。

认知心理学——开始阶段

1956年的夏末，一场关于信息理论的座谈会在MIT校园内召开。通讯理论方面的许多杰出人物到会并听取了由诺姆·乔姆斯基(Noam Chomsky)、杰罗姆·布鲁纳(Jerome Bruner)、艾伦·纽厄尔(Allen Newell)、赫伯特·西蒙(Herbert Simon)和乔治·米勒(Gorge Miler)等人所做的讲演。这个会议对许多与会者产生了不可磨灭的影响。此会给人的总体感觉是，新生事物出现了，并将显著地改变心理过程概念的定义方式。几年后在对这个会议的反思中，乔治·米勒(1979)写道："对于那场座谈会我满怀信心，较直觉而非理性地认为，人类实验心理学、语言学理论和认知过程的计算机模拟都是一个更大整体中的所有部分，未来将是进一步精细研究和他们共同关心方面的协调整合……约有20年我一直都朝着认知科学方向努力，这在我知道该如何称呼之前就开始了。"20世纪后半期，美国心理学研究成果是如此深厚，以致后来他们称之为"认知革命"。

从最早的"知识表征"概念到最近的研究，知识一直被认为十分依赖于感觉的输入。从古希腊哲学家开始，经过文艺复兴时期的学者，到当代认知心理学家，这个主题几经发展。但是，世界的内部表征与世界的物理特征是一致的吗？现实的内部表征与外界现实不一致的证据正在增加，即它们不是同形的。托尔曼的动物实验研究和巴特利特的人类实验研究提示，来自感觉的信息以抽象的表征形式被储存。进一步的，神经学的研究清晰地显示，外部世界的信息是以神经化学密码形式被感觉和储存的。

对认知地图和信息的内部表征的课题，诺曼和拉梅尔哈特(Rumelhart，1975)提出了一定程度上更加具体的分析方法。在一个实验中，他们要求住在大学公寓的学生画出他们公寓的楼层平面图。正如所预期的，学生们能画出显著的建筑特征——房间位置、主要公用设备、用具，然而也存在疏忽和错误。例如，许多人把阳台画成与建筑物的外部相平齐，而实际上是向外延伸。从绘制楼层平面图中所犯的错误，我们能大量了解到被试信息内部表征方面的知识。诺曼和拉梅尔哈特的结论是：

邓·诺曼(Don Norman)在记忆表征和人工智能研究方面富有创新，并引入了认识认知的新方法。

> 记忆表征并非仅是现实生活的准确翻版，而实际上是信息联合、建构知识和世界整体方面的推理和重构。值得注意的是，当指出有关错误时，所有学生对他们所绘图形都感到惊讶。

通过那些例子，我们介绍了认知心理学的主要原则。最明显的一点是，关于世界的表征并非必须与世界的实际属性一致。信息表征当然与接受刺激的感觉器官有关，但它也会被修改。这种修改似乎与过去经验有关，而正是后者使我们有了丰富和复杂的知识网络。这样，输入的信息被提取(而且在一定程度被歪曲)和储存于被试的记忆系统中。这种概念并非否认一些感觉事件与内部表征是直接同源的，但却提示，由于被试以前所建构的丰富、复杂的知识网络的功能，感觉刺激的储存可以(而且常常是)被提取出来和修改。

概念科学和认知心理学

本书中常使用的两个概念是概念科学(conceptual science)和认知模型(cognitive models)。两者尽管有关联，但在一定意义上又是不同的：概念科学是非常一般化的概念，而认知模型则是特殊形式的概念科学。

通过对自然情形下和实验控制条件下各种事物和事件的观察，科学家建立起有关概念以便：

- 组织好观察
- 进行有意义的观察
- 使观察所获得的要素关联起来
- 建立假设

- 以假设指导后续观察
- 对未观察事件的预测
- 与他人交流

认知模型是科学概念的特殊形式，并具有与科学概念相同的目的。尽管人们对认知模型有多种定义，我们则将认知模型定义为一种隐喻，它基于观察和推理，并描述信息的检测、储存和使用。

科学家们也许会找到一种有用的隐喻来描述其所理解概念的精致结构，但其后的新研究如果证明模型是错误的，那就需要修改或放弃它。有时模型虽然不完善，但作为一个研究框架是有用的，就会被保留下来。例如，对于此前提及的两种储存类型，尽管认知心理学家以短时记忆和长时记忆的概念来描述，但一些证据表明这种两分法并没有准确描述出记忆系统的实际情况。不过，为了实现分析目的，作为描述认知过程的概念，这种两分法仍有作用。当模型失去了作为分析或描述工具的效用时，就会被抛弃。在下一部分，我们将对概念科学和认知模型作更为详尽的讨论。

科学向前发展的一个标志是实验和观察中概念的形成。科学家并未改变自然(除了在一个限制意义中)，但是对自然的观察却能改变科学家概念化自然的方法。反过来，我们对自然形成的认识将指导我们的观察。如同概念科学的其他模型，认知模型是观察的结果，而且在一定程度上是观察的决定性因素。这个问题与前述的人类观察者如何表征知识有关。我们已经知道，信息的许多次内部表征并不与外部现实完全一致，人们的内部知觉表征也许会歪曲现实，更清晰、准确地认识外部世界的一个手段是科学方法和仪器的使用。实际上，人们不断努力以认知结构来描述对自然的观察结果以准确地再现，当然同时也反映出观察者的理性感知和理解。本书讨论的许多概念——从视觉知觉到记忆结构、语义记忆都是遵循这个逻辑的。

通过认识自然科学的发展，可以阐明概念科学的逻辑。例如，大家公认物质是由独立于人类观察之外的元素所构成的，但元素的分类方法却影响了科学家认识物质世界的方式。一个分类法是将元素分为土、空气、火和水四大范畴，当更加深入的观察取代了炼金术的原始分类，人们发现了氧、碳、氢、钠、金等元素，而且使研究这些元素化合特征成为可能。这样，许许多多的元素化合规律被发现了。因为这些元素似乎是以有序方式化合的，因此有人认为，元素也许是以某一种模式排列的，从而使原子化学里的散乱规律具有意义。年轻的俄国科学家德米特里·门捷列夫(Dmitri Mendeleev)就是有这种思想的人。他把当时已知所有元素的名称和原子量写在一连串的卡片上，一张卡片上写一种元素。通过一次又一次地反复排列卡片，他终于获得了一种意义模式，就是现在著名的元素周期表。门捷列夫的研究程序用来说明自然信息如何被心理结构化地认识是一个较恰当的例子，既描述准确又易于理解。对于元素周期表肯定有不同的解释，了解这一点很重要。门捷列夫的解释也许并非是惟一的或最好的解释

(也许根本就不存在什么自然序列),但这种序列却有助于我们理解物质世界的一隅,而且似乎与"真实"自然是一致的。

认知心理学的概念、模式的建立过程与门捷列夫的元素结构建立过程有许多共通之处。对知识如何获得、储存和被使用的粗糙观察使公认的正式结构还未出现。就像自然科学家一样,认知科学家也在寻找能准确反映理智的科学、有效的模式。

认知模型

我们已经说过,包括认知心理学在内的概念科学是隐喻形式的。自然模型,包括认知模型,是源于对观察的推理且非常抽象的结构化概念。就像门捷列夫所提出的,元素的结构也许能通过分类形成一张周期表,但是,认识到这种分类模式是一种隐喻形式则更为重要。而且,概念科学的隐喻性并不会降低它的效用,因为建立模型的目的之一是使观测易于理解。概念科学还能满足其他需要,它为研究者提供了一种结构以检验具体假设,并能使研究者在模型的基础上做出预测。周期表就能成功实现这样的效果。根据周期表中元素的排列,科学家用不着手忙脚乱地做没有尽头的化学实验,就可以准确地猜想化学合成和置换规律。进一步地,还可以预测尚未发现的元素并推测其特性,尽管还没有这些元素性质的直接的物理测量证据。当我们研究认知模型时,必须将门捷列夫模型的类推法牢记于心。因为,像自然科学里的模型一样,认知模型是建立在逻辑推理基础上的,这样也有助于我们理解认知心理学。

总之,模型是建立在对观察做出的推理基础上的,其目的是对观测到的特点给出一个可理解的表征,并有助于预测。现在我们来讨论一些认知心理学模型。

首先讨论简化了的认知模型,现在仅将认知过程分成三个部分:刺激的检测、刺激的贮存和转化以及反应的产生:

刺激的检测→刺激的贮存和转化→反应的产生

这个加工模型序列接近于此前提及的S-R,而且常以某种形式在对心理加工的早期认识概念中出现。尽管这种模型似乎描述了认知心理的基本阶段,但它并没有提供多少细节,从而无助于增进对加工的理解,它同样无法激发出假设和预测行为。这个原始模型近似于早期关于宇宙由土、空气、火、水组成的认识概念。这种分类的确表明了它是一种认识现象的方法,但却掩饰了现象的复杂性。

最早、也是最经常被人引用的一个认知模型是有关记忆的。在1890年,詹姆斯扩展了记忆的概念,使之包含了初级记忆和次级记忆。初级记忆被假设为能处理即时事件,次级记忆则处理永久经验中"不可磨灭的"痕迹。该模型如下:

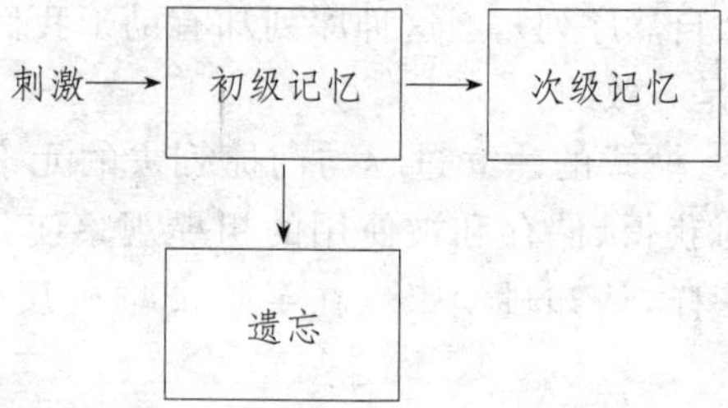

后来,沃和诺曼(Waugh & Norman,1965)的模型修订版成为一个可接受模型,因为它能满足对其所提出的许多要求。这个模型修订版易于理解,能由此做出假设和预测,但过于简化。人类所有的记忆过程和储存系统都能用这个模型来准确描述吗?几乎不能,因此,发展出更为复杂的模型是不可避免的。

图 1.4 是经过修改、扩充的沃和诺曼模型。请注意,该模型增加了一个新的储存系统和几条新路径。然而,即便如此,这个模型也是不完全的,仍需要扩充。

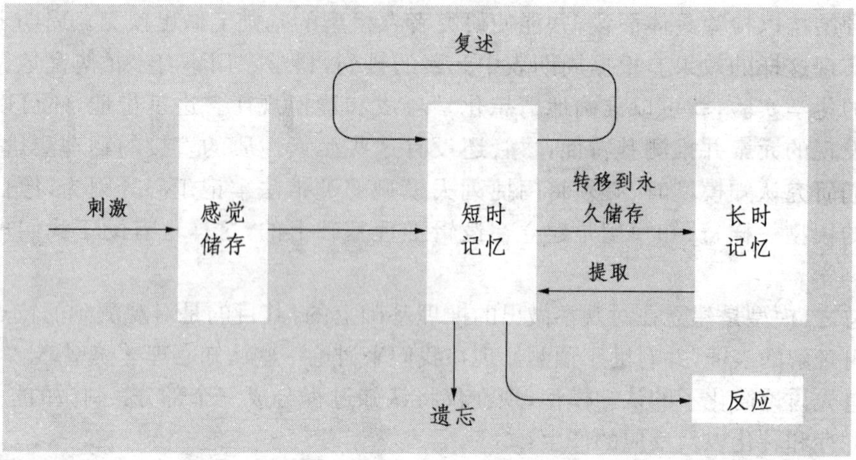

图 1.4 已做修改的沃和诺曼的认知模型

资料来源:Waugh & Norman, 1965。

在认知心理学诞生时代,创立认知模型是心理学家们喜爱的一种消遣,有些人的创造的确出色。解决模型过分简单的一般方法是,另外增加一个框图、一条路径、一个储存系统或一种需要检验和分析的成分。就目前我们对人类认知系统广阔深远性的认识,这种创造性的努力似乎是必要的。

到现在,你也许已经得到结论:认知心理学模型的创立就像魔术师的徒弟一样失去了控制。这个结论不是完全没有道理的,因为,任务是如此艰巨——要分析信息如何检测、表征、转化为知识、如何运用知识等。因此,如果以过于简化的模型来隐喻认识，就无法解释清楚认知心理学所涉及的广阔领域。

这些模型有一个共同特点：它们建立在事件按序列进行的基础上，即刺激呈现后，人们通过感觉系统检测，然后在记忆中储存和转化，最后对其做出反应。在按序列步骤展开方面，人类认知模型与计算机加工有相近之处。实际上，人类信息加工模式就是沿着以计算机为隐喻的路线建构起来的。

计算机隐喻和人类认知

尽管数世纪以前帕斯卡、笛卡儿和其他人就梦想会计算的机器的出现，但直到约50年前，随着高速数字计算机的发展，实用性机器才被发明出来。人们普遍接受这些机器，而且，实际上没多久就在现代生活的各个方面使用起来。令人称奇的是，这些计算机影响了人类看待他们自己心灵的方式，还成为科学家满怀兴趣研究认知的重要工具。一开始，计算机被看做是能在短时间内执行大量复杂数字运算的很有用的机器；后来，人们立刻发现它们能执行类似人类解决问题的任务。这个发现提示，长久期待的有智慧的机器人也许就在周围角落里，而且可能是不吉祥的，奥尔德斯·赫克斯利(Aldous Huxley)的“勇敢的新世界”比起初始的恐惧也许更为现实了(关于对能思考的机器的进一步的讨论，请参看本书最后一章)。

赫伯特·西蒙是匹兹堡卡内基技术学院(现为卡内基·梅伦大学的教授)。1955年，据说他在一堂课上宣布：“上帝啊！我们成功了，艾伦·纽厄尔和我发明了一个会思考的机器。”宣告后不久，纽厄尔和西蒙的计算机[因约翰·冯·诺伊曼[1](John von Neumann)而取名为“约翰艾克”(Johniac)]就能通过运算来证明数学定理。然而，真正的突破是在概念上而不是在计算上。西蒙和纽厄尔的工作表明，计算机不但能模拟人类思维的某个有限方面，而且其各式各样的内部网络分布能提供人类思考方式的模型。尽管西蒙和纽厄尔继续研究更高水平上的问题解决，而且还未出现针对信息加工的神经或电子机制理论，但是，计算机模型能描述人类认知观念的出现使心理学家感到极大兴奋。就这样，一个新的隐喻方式诞生了。

艾伦·纽厄尔(1927～1992)和赫伯特·西蒙(右)，人工智能领域和“思维机器”的先驱。

新隐喻形式的逻辑是：“给我一大批好的计算机和它们自身的专门程序，我将制造出会思考的医生、律师、商人，甚至乞丐和贼。”实际上，如果计算机的程序按照与人类心理

〔1〕 约翰·冯·诺伊曼是位数学家，他提出了这样的概念：在计算机记忆系统内储存一个程序以避免再次编写要执行的程序的设想是可能的。更多细节，请看第15章。

同样的规则和程式来运行，那么它们就应该能拥有与人无异的功能。因为计算机所做的事情能表现其智慧，因此，我们称之为“人工智能”。认知心理学家和计算机科学家的结合似乎命中注定是极为幸福的。心理学家也许能提供关于知觉、在记忆中储存信息、思考的规则和程式，而计算机科学家则能编写出模拟这些功能的程序。

但是，认知心理学家和计算机科学家结合之后的蜜月期却少了许多快乐。不幸地是，比较而言，计算机能做好的事情（执行高速数字运算和遵守逻辑规则），人类却干得不好；人类能做好的事情（概括、推理、理解复杂模式和富有情绪），计算机做起来却显得愚蠢，或根本就不能做。例如，如果我问你，笔算 2.19 的平方根，这也许将花费你几分钟，计算机却能在若干毫秒内解答出来；然而，如果我问你，是否知道康尼·戴蒙德（Connie Diamond），他住在里奇科雷斯特，正在攻读细胞生物学专业硕士学位，你也许会说，“是的，我认识你讲的这个人，但她的名字是康妮·朱厄尔（Connie Jewel），她住在科雷斯特费尔，而且她正在攻读生理学博士学位。”不过，计算机却不能做到这些。

但是，认知心理学家和计算机科学家的结合并没有结束，又一代认知-计算机科学家正在建造类似人脑的计算机。它们是由数层彼此联结的电子模拟神经元构成的，它们包含了一些程序来模拟神经网络的功能，并组织成“硬件”来模拟脑的“软组织”。因此，新型计算机有时被称作神经网络，而且比早期的计算机在行为上更像人类。它们能进行概括和理解复杂的视觉模式，但在数学方面反应缓慢，而且会犯愚蠢的错误。尽管它们还是没有情绪，但仍是成功的标志。

在简短历史中的大部分时间里，计算机的类比思路就已经在认知心理学里潜伏着。偶尔的，类比变得模糊不清：计算机不再成为理解人类思考方式的模型，人们开始考虑大脑实际上就是一个非常复杂的计算机。我们现在知道，计算机的内部工作系统和人脑的内部工作系统有着根本上的差异。然而，对于认知心理学，心理的计算机隐喻仍有深远和广泛的影响。

认知科学

三个充满发展活力的领域——计算机科学、神经科学和认知心理学结合在一起创造出了一个新的科学——认知科学。这些学科之间的界限有时是难以区分的，一些认知心理学家也许更靠近神经科学，另外一些则更接近计算机科学。然而，有一点是清楚的，随着计算机技术和脑科学的发展，人类认知科学正经历着一个急速的转变。我们的课程是认知心理学，但我们将充分利用神经科学和计算机科学的最新发现，因为这些发现阐述了人类这个物种的认知特点。

如同大多数新兴科学一样，新模型也经常出现。一些模型是对实证研究进行检验，另一些则不是。有一个模型获得了非同寻常的注意。这个模型有几个可以互换的标签，即平行分布加工（parallel distributed processing，PDP）、联结主义（connectionism）和神经网络系统(neuronetwork systems)。我们将在下面和第二章中介绍这个模型的主要特征。

神经科学和认知心理学

认知心理学的早期阶段,研究者们几乎不注意生理心理学或神经解剖,因为建立一种可描述心灵概念的新方式就可以了,除此以外,信息加工模型和计算机隐喻似乎也足够了。而神经生理学和相关领域的学生似乎却被微观生理结构所吸引,这些微观结构几乎与众多的认知课题如思考、知觉和记忆没有相似之处。

早期有关大脑及其功能的知识来自战争和事故中的脑外伤病例。如第一次世界大战期间,在治疗脑的弹片伤过程中,神经外科医生已大量了解到它的专门功能(如哪些区域是与视觉、言语、听力等有关)和一般功能。神经学家们辩论的中心问题是:脑是否是一个整体运作的器官;是整个皮层下结构参与活动,还是活动仅在特定区域中进行。例如,学习是一个发生在脑的特定位置上的活动,还是脑的各个部分都参与进来的活动。卡尔·拉什利(Karl Lashley)是对这些问题反复思考的最著名的科学家之一。在实验中,他破坏了已学会走迷宫的老鼠大脑的具体部位,结果表明,成绩下降的程度依据于脑被毁坏的整体的量,而与毁损的位置无关(关于拉什利工作的更详细的内容,请看第二章)。

神经科学领域最近取得一些新进展,包括了大脑结构、功能层面上和它的外围组成间的关系。在20世纪60年代,研究者们发现结构成分在后期对认知心理有直接的影响。其中一些发现是弗农·芒卡斯尔(Vernon Mountcastle)在约翰斯·霍普金医学院取得的,他研究了大脑皮层(cerebral cortex)——脑的顶层后认为,其参与了高级心理活动。芒卡斯尔(1979)发现,皮层细胞间的联结或神经元(neurons)的数量比想象的多得多(神经元是神经系统的基本结构,能传导神经信息)。最有意思的发现是,神经联结系统除了串行通路之外还呈现出平行分布特点。平行神经联结网络似乎分布在很大的范围内,在几个不同位置上能同时发挥出功能。这种加工类型与线性或串行加工是不同的,后者的神经冲动传导到一个,接着又传导至下一个。芒卡斯尔写道,"这些联结亚系统是分布式的,每一部分在几个或多个脑区域组成模块,彼此以平行和串行方式联结,它们形成了大脑进行分布式、平行加工的相应神经通路。"(Restak,1988,p.22)根据这个观点,大脑的工作是由分布于皮层上的加工网络完成的而不是以定位的方式。这样,就没有认知小人(homunculus)指导神经加工活动,或"鬼魂神经元"隐藏在幕后来监督活动。与视觉、言语、运动等关联的大脑的具体部分,在功能上是负责接收信息输入和输出的。

另外,一些研究发现,许多功能确实是由整个大脑参与实现的。

因此,一个心理功能,如从记忆中检索,是由整个大脑参与的,而且在几个位点上是通过平行通路完成的。

这些发现似乎为年轻的认知科学所面临的最棘手的问题提供了一种解决方案：相对较慢的神经传导如何能产生如此广泛和快速的认知。请思考这个例子：让一个有经验的钢琴家弹奏一曲复杂的音乐，她非常娴熟地弹完了。如果"神经机制"是按串行方式运行的话——神经冲动从一个神经元传导至另一个，接下来又传导至下一个——钢琴家对一个全分音符做出反应后，要经过一定时间，她才能对下一个进行反应。认知心理学家研究的就是这种现象，并且发现，跳跃间隔（instroke interval，ISI），即演奏一个全分音符到另一个全分音符之间的间隔时间约 50 毫秒。[1] 神经系统对这种滞缓给予了补偿，这样，我们在几个不同的亚系统里加工信息（如一页上的音符需转化成手指运动），而且所有的行动几乎都是同时的。几个亚系统中信息的同时加工提示，信息是平行加工的：认知心理学家和神经科学家现在认识到这一点，并把平行加工概念引入到各自学科的模型中。这个主题将在下一部分里进行探讨。

21 世纪初，认知心理学似乎在发生着范式改变，而传统的感觉、记忆、语言、问题解决和思维、实验分析方法仍是认知领域的中心。在认知功能研究中，认知神经成像在本世纪有望成为一个重要手段（即便不是主要的手段）。这种研究范式转变的原因很容易被理解。认知神经技术在过去几十年发展非常迅速，借助于它我们可以对大脑看得更深和更清楚，大脑现已被确定为认知的"发动机"。后来认知心理学家又发现脑是认知的源泉，并借助对其功能的理解来对诸如人类如何知觉、记忆信息、利用信息对日常问题做判断、产生与思想一致的行为这些久远的问题给予深入洞察。翻阅整本书你们将发现，每一个认知领域实质上都借助了认知神经技术来进行研究。核磁共振成像（MRI）、正电子发射层描技术（PET）、脑电位（EEG）等这样的技术（请看第二章），不仅表明了认知的结构，而且表明了这些结构所参与的加工。许多实验的结果都是非同寻常的。虽然这种趋势可能继续向前发展，但认识到以上所提及的哪些才是认知的中心主题则显得非常重要。

平行分布加工（PDP）和认知心理学

许多人都接触过这个人类认知模型，但大卫·拉梅尔哈特（David Rumelhart）和詹姆斯·麦克莱兰（James McClelland）为构建正式理论所做的工作最多。该理论内容丰富，在这个部分仅讲述基本的知识。

本质上，该模型是关于神经激活方面的，关注的是人类心灵的加工机制。人类心灵的加工机制是一种冯·诺伊曼计算机——"约翰艾克"（信息加工是按序列步骤进行）吗？或者人类心灵是在广泛分布、互相激活的并行系统中进行信息加工（这个系统

[1] 1 毫秒等于 1/1000 秒。50 毫秒等于 1/20 秒，或大约眨眼的时间。

中同时发生的活动都是基于神经元的兴奋和/或抑制)的吗？平行分布加工的支持者们选择后一种解释，“这些模型认为信息加工的进行借助于大量简单加工成分(被称为单元)间的相互作用，每一个单元给别的许多单元传递兴奋和抑制信号。”(McClelland, Rumelhant & Hinton, 1986, p. 10)这些单元也许是相关单词中的字母或乐谱音符猜想的代表。在其他情境中，单元也许代表可能的目标和行动，例如识别一个具体字母或弹奏具体音符。支持者认为PDP模型关心的是认知活动内部较大单元结构的描述，例如阅读、知觉、句子加工等等。这个理论可与物理学中的原子理论做比较：基本单元对应于亚原子粒子，亚原子粒子可以描述原子的内部结构，而原子是更大的化学结构单元的成分。通过研究基本单元，我们可以更好地理解引起心理活动的较大单元的特征。

大卫·拉梅尔哈特(左)和詹姆斯·麦克莱兰建立了神经激活PDP模型。

PDP模型吸引人的一个地方是，它与神经解剖功能有联系。人们在丰富材料的基础上建立起了这样的认识：人类思维是在大脑里进行的，而大脑是由数以亿计的彼此联系的神经元构成的。这些比较简单的神经元，与其他数以百万计的神经元的相互作用构成了复杂信息加工的基础。虽然大多数人类大脑能进行思维，但神经传导性质使加工进行速度受到约束。考虑到理论中的这个因素，PDP模型研究者们对如何能在短时间内进行复杂信息的加工做出了解释，例如对一般物体的视觉识别。这就是说，某种约束类型对大脑的信息加工能起到什么样的作用，还应考虑神经传导进行的速度。神经传导比较慢且处于噪音状态(计算机术语)，神经元需要3毫秒激活。[1]如果神经元活动是构成所有认知功能的逻辑基础，且需要一个比较长的时间来发挥作用，那么，什么样的加工机制允许人们在极短时间内做出复杂决定呢？

让我们以具体事例来解释以上问题。设想你在一个超市里购买东西，突然想起必须要一种配料来做希腊色拉，但此时就在街角拐弯处看见并认出了你的认知心理学教授。那么，这个认知加工需要多长时间？根本就不长。控制良好的实验研究揭示，从复杂的视觉刺激呈现到识别和反应，大约需300毫秒——比一秒的三分之一还少。对于神经传导的惰性速度而言，这可能吗？这个答案提示，大脑加工视觉信息及其他信息，是通过庞大的并行机制进行的。

大脑不会在单个神经元里，甚至不可能在任何局部位置上储存信息，但却在广泛分布于大脑各个部分的神经元里储存记忆信息。若两个神经元同时被激活，两者联系

〔1〕计算机中走完一个回路约快百万倍是以毫微秒来计算的。一个毫微秒是一秒的十亿分之一。

就会加强。另一方面，若一个被激活，另一个被抑制，联系就会被削弱。在这样的系统里，记忆就是分布在整个系统里的网络的激活、抑制模式，而非定位于特定的亚系统。PDP 的一个理论认为记忆和信息的检索与神经网络的工作方式是相接近的。

因此，PDP 模型似乎与脑的基本结构和加工相一致，但仅这些还不能构成心理学接受 PDP 模型的充足理由。其作为一个心理学理论的重要性在于将最终通过观测来证实或否定它。一些拥护者正努力在庞大平行加工机制上建立认知理论，平行加工模型正让他们感到新的振奋。本书的其他部分有更多关于 PDP 的内容。

进化认知心理学

全新的对人类心灵本质的研究领域——进化认知心理学(evolutionary cognitive psychology)或生态心理学在过去约 10 年左右就出现了。这个领域是建立在如下观念基础上的，即从人类生理和社会进化角度来看，诸如知觉、记忆、语言、思维这样的认知是最易理解的。研究方法以引人注目的达尔文主义学说为基础，但远远超过了 19 世纪的模式，因为所有认知，包括支持信息加工的大脑结构，都是在生物进化和众多环境压力的框架中被审视的。因此，本书中探讨的所有主题，从感觉到知觉、模式分析、语言、问题解决等等，都是根据长期的生物和物种进化历史来解释的。随便举个普通事例，如异性彼此相识的机会，你对他或她性格特点的知觉、评价和记忆能力是建立在长时间进化的历史基础上的。因此，可以从人的生育和生存需要方面理解认知(例如记忆)和情绪(如欲望)。

支持认知进化观的人中有人类学家约翰・图比(John Tooby)和莱达・卡斯麦兹(Leda Cosmides)，还有许多著名的认知心理学家，如史蒂夫・平克(Steve Pinker)和罗杰・谢泼德(Roger Shepard)，指出传统心理学的不足(包括认知心理学、行为主义、临床心理学和其他社会科学)在于孤立地研究心理现象。因为这种狭隘观点，心理学(和其他社会科学)理论与长期进化观不一致。长期进化观认为，所有物种，包括人类自身，都是数百万年来对宇宙和环境作用的适应结果。人类心理学的狭隘观点导致心理加工的变革与进化、调节是不相一致的。

> 心灵和世界……已经交织在一起向前进化，而且在某种意义上是相互作用、协调的结果。
>
> ——威廉姆・詹姆斯(William James)

进化心理学的主要前提就是人类认知属性存在普遍性，而这些普遍拥有的心理属性是进化心理机制的结果，而非社会作用的产物。虽然社会活动无疑是这个星球上所有生物日常生活的推动力，但通过深入观察构成行为和思维的决定性内部成分，其可以得到更好的理解，即这些行为和思维是植根于与环境动力，如引力、反射光线、温度变化和其他普遍现象相适应的感觉、知觉、认知和情绪的长期反应，而环境是所有有机体的生存场所。

在一个题为"心灵原则和世界规则交织成网状的进化"的部分，罗杰·谢泼德表述了进化心理学的主题：

> 我寻找心理学的一般规律，尽管在个体、文化或物种之间有明显的变化，但这个规律是构成所有特殊心理过程和行为的基础；我在全世界寻找具有这种规律的进化的开端，对于大范围物种来说，这个世界所具有的遍布性、持久性是适宜的。我推测在长期进化过程中，与具体生态小环境下特征更加本土化和短暂性相比，世界的一般性特征则会变得更为内隐。这样，每个个体将不必通过试验和可能的致命错误来学习每一个特征。

谢泼德仍在继续识别世界的若干个永久规则，这些规则已经在长期的进化过程中内化，他还在指导有兴趣的读者去接近初始的源泉。人们有理由认为，进化认知心理学已长期存在于周围，而且在查尔斯·达尔文(Charles Darwin)和其他19世纪心理生物学家的基本著作中确实能找到丰富的证据来支持这个观点。

总结

本章目的是通过介绍认知心理学，为本书以后的内容搭一个舞台。本章讨论了认知心理学中许多重要和变化的内容。认知心理学的主要特征如下：

1. 认知心理学关心人们如何获取、转化、表征、储存和提取知识，关心知识如何指导人们注意事物和作出反应。
2. 信息加工模型是一个普遍接受的模型，该模型认为信息加工需经过一连串阶段，每一个阶段执行独特的功能。
3. 信息加工模型存在两个问题：
   (a) 信息加工所经历的阶段是什么？
   (b) 知识是以何种形式被表征的？
4. 认知心理学探讨了心理学的主要领域，包括神经科学、知觉、模式识别、注意、意识、记忆、知识表征、表象、语言、发展心理学、思维和概念形成、人类智力和人工智能。
5. 现代认知心理学的历史先驱包括了希腊哲学家、18世纪经验主义、19世纪结构主义、通讯理论、语言学、记忆研究和计算机技术的现代发展影响下认知神经革命。

6. 认知革命的主题是内部加工成了心理学的研究课题。这是与行为主义相对立的，行为主义提出反应或行为才是心理学真实的研究课题。
7. 概念科学是人类设计出来的有用的隐喻，其有助于理解"现实性"。心理学家设计出的认知心理学领域中的概念模型是有助于建立起反映人类知觉、思维和对世界的理解的系统。
8. 认知模型建立在对认知结构和过程的观测的基础上。模型构建能使观测更易被理解。
9. 信息加工模型已在认知心理学中占据统治地位。但出现在计算机科学和神经科学领域内的其他模型已与认知心理学联系在一起，从而形成了认知科学。
10. 平行分布加工系统(PDP)是一种信息加工模型，在这个模型中信息加工被认为是按照一种接近于神经网络的方式进行的。这些网络提示，不同区域的神经过程是同时发生的，联系简单，但可以变强或变弱。
11. 进化认知心理学是关于认知的研究，它吸取了进化心理学和生物心理学并形成了统一的知识系统。

第二章 认知神经科学

问题预览

1. 心-身问题是什么？
2. 认知神经科学基本信条是什么？
3. 认知为什么转向了认知神经科学？
4. 识别中枢神经系统的主要部分。
5. 描述脑的基本解剖结构和功能。
6. 脑的早期研究如何引出功能和定位认识？
7. 现代常用的成像技术有哪些？
8. 裂脑研究如何增进了我们对认知神经科学的认识？

现代所有科学，没有哪个领域比神经系统研究发展得更快、更吸引人，而且能更深入地了解自己。不管你是一个刚入门的学生，被报纸、杂志和电视节目上的大脑知识所吸引；抑或你是一个科学研究者，进行过实验研究和科学文献阅读，这……将邀请你进入到对世界上最有意思、最重要器官的学习中来。

——戈登·M. 谢泼德(Gordon M. Shepherd)

探索脑及脑成像——引言

进入到21世纪时，认知神经科学的最新发展已经改变了认知心理学的研究方式。

人类常想知道再翻越一座山后将会有什么出现，峡谷里有什么，河流源自哪里。在过去，世界最伟大的探索者——哥伦布(Columbus)、刘易斯(Lewis)、克拉克(Clark)和埃哈特(Erhardt)已经看到了许多神奇的新事物。现在，科学家在探索比地球地理学更为重要的领域，它与人的联系更密切，更具谜一般的性质，而且更难探索其中的奥秘。这个新世界就是人类大脑领域。

虽然地球广袤无垠、气候复杂，在尺寸上球状的大脑却是极小的(它的胶冻质量仅有3磅)，而它的加工能力却是巨大的。简单来说，人类大脑里有复杂的神经元网络和它们彼此的联结，这些组成了对人类来说最为复杂的系统。大脑对感觉信号的计算分析能力、对自身和宇宙的理解能力是相当复杂的。让我们浏览其叹为观止的计算系统和生理、功能上的特征吧。

虽然人类大脑的总体结构已被知晓了很长一段时间(很有可能古时候的人所见到的开颅脑远比我们现在要多),脑的特定结构和功能在最近的科学文献中才开始被报告。对脑这个新世界的最新探索受到了脑成像技术的支持,这种技术使我们能透过颅骨这道坚硬的墙。像古代海员标绘危险海域、安全的咸水湖和"寡妇制造者"——礁石一样,心灵"制图者"正在描绘视觉加工、语义分析、听觉解释和其他无数认知功能发生的场所。本章就是有关脑的"地理学"、"地图"和加工的研究日志。

航行日志: 21 世纪——大脑科学

认知心理学中的许多最新发现应归功于由认知心理学和神经科学相结合所形成学科的发展,这个学科被称作神经认知学,或更为广泛的被称为认知神经科学。在详细讨论认知神经科学之前,让我们来对一个更大的问题稍做思考,即认知神经学如何解释科学家和哲学家思考了数个世纪的心-身二分法,而且该问题最近又受到了由令人眼花缭乱的科学仪器所武装起来的认知神经科学家们的检视。

心-身问题

很明显,我们人类同时占有两个世界。

第一个世界就是以时、空间形式存在的物理世界。其中的事物有物理特征、物理规律,例如,引起落体运动的万有引力定律,控制旋转物体运动的离心力规律,或者神经学规律,它描述的是一个冲动从神经元到另一个神经元的传导(神经传导)。

第二个世界是记忆、观念、思想、表象等等。它们也由规律所控制,尽管与发现控制物理世界的规律相比,发现这些规律有时是非常困难的。

传统而言,因为人们用不同的技术研究这两个世界的规律,许多哲学家和科学家认为它们是根本不同的。这个两分法的结论建立在如下一个假设的基础上:一个世界关注物理世界或身体,这是对人而言的,而另一个世界关注的是心理世界或心灵。心身分离是符合直觉逻辑的或自我证明的,但这两个世界的互相作用同样也是自我证明的。例如,你在一次测验中被发现的心理缺陷也许是与你在前晚受到的严重伤害有关的。

一些科学哲学家反驳道,只有心灵世界才是真实的世界,物理世界是幻觉。相反的,一些哲学家认为,物理世界才是真实的世界,心灵最终只是脑的机能。对后一种观点,常有的反对意见是,它剥夺了高尚的人性和有理念的灵魂。心身二元论者正努力解决的一个基本问题是心灵如何与身体联结及与其相反的情形。关于心身联结有各种各样的观念。

以下就是对心身问题的简单解释。当人们谈及心灵时,是在讨论大脑所做的事情,如思维、记忆、知觉、判断,还有相爱、痛苦感觉、设计规划以统治世界、作曲和开玩笑。在一定意义上,心灵包含了大脑所进行的各种加工。

大脑具有许多生理特征(本章稍后将详细论述),它是一种稳定的流。大脑从来不是全部都处于休息状态的,常伴随大量的电化学活动。然而,总体结构、神经元网络、皮层上主要痕迹的位置,与机能,如感觉、运动控制、视觉等等相关联的大脑区域通常是稳定的,几乎不发生变化。大脑里所发生的——大脑加工——变化更活跃。与脑结构相比,心灵显得更具动态性。人们可以迅速改变思想,但在脑结构方面却不发生明显变化,即便电化学传导模式极有可能改变。人们的意识思想会从荒谬迅速地变为高尚,从地球的内层空间到外层空间,从神圣到亵渎,这些转变比阅读这个句子时间都短。神经活动中的生理改变会引起心灵改变。

然而,即使心灵是动态性的,它们也有内部一致性,人们思维的一般模式,人们对宗教的态度,人们的抱负、家庭观等等都有着合理的稳定性。本章内容是有关心灵和大脑的,并包括经过数个世纪的争吵后,在人类这个物种的理性发展史上,认知心理学和神经科学首次如何在保证各自的可靠和有效前提下来共同研究有关课题。

记忆和脑血流——一个例子

恩德尔·塔尔文(Endel Tulving)[1],一位著名的认知心理学家,在脑科学中运用新技术以描绘与不同记忆类型相对应的区域脑血流(rCBF)。虽然此前有研究者一直在努力将现代神经科学的技术与认知实验结合起来,但塔尔文对大脑机能具体类型(与假设的记忆加工相对应)的图形表征的研究,在认知心理学方向上是最早的,由此出现了脑科学。

一直以来脑科学家就将脑血流当作神经活动(和它的相关代谢状况)的标示。这项技术中需将放射性示踪物注入完全清醒的被试血液中。这种示踪物仅有30秒的半衰期,而且过程是安全的。科学家以环绕在被试头外部的254导探测仪检测血流,每个探测器扫描大约一平方厘米的区域。一种脑活动速率用对应颜色的小格表示,然后用计算机生成的视觉马赛克(mosaic)描绘出来。即便一个新手也能看出相片上所显示的rCBF的差异——一些区域是活跃的,一些是不活跃的,而另外一些是介于两者之间的。

尽管塔尔文用到了复杂的仪器,但程序是简单的。在rCBF扫描下,要求被试思考不同的问题。一些问题是关于情节性的[2],或临时约会,诸如个人经历事件的一段情节(如假期或电影)。另外一些问题是有关语义经验的,如一般性的或通用的知识,被试可以通过阅读书籍获得这些知识。实验结果可显示分别与情节思

〔1〕 更为详细的研究情况,请看 Tulving,1989a,1989b;Tulving et al.,1994。
〔2〕 术语“情节的”和“语义的”是技术术语,被用来描述记忆类型,更为全面的描述在第五章。

维和语义思维相关的血流一致模式(神经活动)。

为了理解这个发现的意义(和世界范围内其他实验室所做的相近性质的实验),我们对大部分实验思考认知心理学和神经科学的观测目的。极大程度上,认知心理学家感兴趣于通过行为观测建立有效的心理模型,它可以准确描述人们心灵生活的许多重要细节。在另外一方面,神经科学家感兴趣于理解神经系统的基本结构,包括脑和它的正常和病理机能[1]。两个学科都试图理解心灵-脑是如何工作的,塔尔文的实验研究就是想让这两门科学都发挥出作用。认知心理学家已经发现了一些理论(如不同记忆类型)的生理基础,而神经科学家已成功地将他们的脑血流观测结果与主要认知模型关联起来。

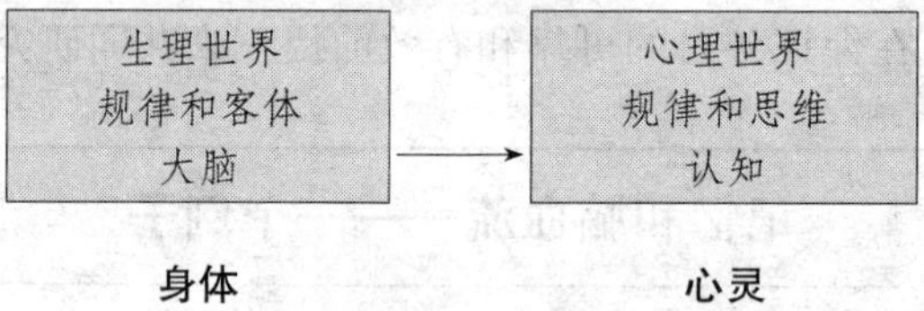

我们最近对脑和认知非同平常的关注,建立在如下重要的信条基础上:所有认知都是神经活动的结果。这意味着模式识别、阅读、注意、记忆、表象、意识、思维和语言的使用,还有其他认知模式,都是神经活动的反应,而且大部分活动是在大脑皮层上进行的。另外,由于人们所从事的活动——如问题解决、操作机器等等——是建立在认知的基础上的,于是所有的行为同样可借助神经活动作出预测。

认知神经科学

现在,出自于神经科学和认知心理学的一门新科学正流行,它被称为神经认知学(有时被称作神经心理学或认知神经科学),其定义是"对神经科学和认知心理学间关系的研究,尤其是那些有关心灵的理论,如记忆、感觉和知觉、问题解决、语言加工、运动功能和认知"。由于神经心理学家的努力,假设性的结构如记忆类型和语言加工不再不可触摸,它们似乎与特定的神经生理相关联。进一步地,当被看做是神经网络时,脑的微观结构似乎与人类认知的较大成分,如记忆、知觉、问题解决等有联系。

对应于思维范畴的皮层中神经活动的证据也许将被下一代视为研究的最初尝试,通过使用来自此前分离的两个学科的知识来理解人类认知的中枢机制。早期的工作将被当做认知心理学和神经科学的一个转折点,而且现在学生将亲眼

[1] 神经科学家是研究神经科学,或科学分支——神经解剖、神经生理、脑功能和相关心理学及计算机模型的科学家。

目睹现代认知研究中令人兴奋的内容，甚而在一些研究上创造一门心灵新科学。

认知神经科学

认知神经科学这个名称是在20世纪70年代晚期，在纽约一辆的士的后背椅上被赋予的。当时，迈克尔·加扎尼加(Machael Gazzaniga)，一位"裂脑"研究领域中的领袖人物和伟大的认知心理学家乔治·A. 米勒(George A. Miller)正乘车前往晚餐会议。这个会议由来自洛克菲勒大学和康奈尔大学的研究大脑如何产生心灵的科学家们参加……议题需要一个名字。"认知神经科学"于是从的士内"蹦出来"，直到现在都在用这个名称。

认知心理学和神经科学

现代心理学家正在使用来自神经科学的信息和技术，而神经科学家正在使用认知心理学，这其中存在如下几个理由：

● 为心灵的理论结构寻找生理证据的需要。人类心灵特征的研究又回到历史的开端，但到现在为止研究还是令人沮丧的，即便以前不是这样，也是由于支持证据不充分。精巧仪器的发展使得实质性地鉴别心理加工，如语言、知觉、形式判别、思维、记忆和其他认知功能成为可能。

● 对于部分神经科学家来说，目前存在着将其研究成果与脑、认知的更综合的模型联系起来的需要。对于理解认知效应的重要的网络、系统特征和我们人类由深刻到肤浅的日常活动的进行方式，即便鉴别神经功能的每分钟细节是可能的，但这几乎不能告诉我们什么。

● 寻找脑病理和行为之间联系的临床目标。几代神经学家一直都关心脑外伤、伤害、梗塞、血栓和脑肿瘤对行为的影响，以及也许能减轻有关症状的治疗过程。这就需要对脑功能和心理有一个准确的理解。相反，感兴趣于机体受损病人心理治疗的心理学家，需要对引起这些行为的生理原因有一个较深入的理解。

● 神经功能更多地参与到心理模型的建构。特别感兴趣于平行分布加工(PDP，也可被称作连接主义或神经网络系统)的认知心理学家对寻找与神经结构和功能相一致的心理模型也很感兴趣。

● 试图模拟人类认知和智慧的计算机科学家设计出在行为上接近于人脑行为方式的计算机的工作需要。关于脑和计算机的研究有时被称作神经网络建构学。它们包括次级专业感知器学[1](Perceptrons)，它是计算机结构的神经网络模拟。计算机结构和功能的发展需要对脑结构和机能的发展有细致的理解。

● 技术的发展允许科学家深入观察人类大脑并揭示出从未见过的结构和过程。这些包括正电子发射分层扫描技术(PET 或 PETT)、计算机轴向分层扫描(CAT 或 CT)和磁共振成像(MRI)和脑电图(EEG)。由于计算机技术和脑扫描技术的进步，使得采用这些大的无损工具进行研究成为可能。

由于神经科学已逐渐在认知心理学的研究中变得重要起来，对人类神经学的基本内容的介绍就是必需的。我们从神经系统的基本内容开始讲解，这能为你们理解大脑及其功能铺就道路。

神经系统

神经系统(CNS)包含脊髓和大脑。我们的讨论集中于大脑，并特别注意其结构和过程，它们与认知的神经激活模型有关。

构成神经系统大厦的基本建筑材料是神经元。它是一种特殊细胞，在整个神经系统中都能传导神经信息。人类大脑由神经元密集堆砌而成，有些人估计至少其数量可以达到 10^{12}(大约是银河系中星星的数量)。每个神经元能接受和传导神经冲动至其他数以千计的神经元，而且比起别的已知系统，如陆地上的或地域外的，更为复杂。人类大脑皮层的每一立方英寸包含了 1 万英里的神经纤维，它们将细胞彼此连接起来(Blackmore，1977)。图 2.1 显示了人类大脑的大量神经元纠缠在一起的景象。请将这幅图与神经元图(图 2.2)作个比较，并尽力找出树突和轴突位置。任何时刻里许多神经元都是活跃的，并且科学家认为，认知功能，诸如知觉、思维、意识和记忆是遍布这个复杂神经网络的神经元同时激活的结果。难以想象，巨大数量的神经元是同时激活的，而且支持这个系统的基础结构是复杂的。这里有一个矛盾：大脑是如此的复杂，因此不管人们多么尽力，也许永远不能充分理解自身。这个观念就像由狗召集的一个假想的狗生理学大会——不管它们如何尽力理解自己，都不可能实现。尽管这些想法似乎是悲观的，一个可接受的观点是，在新技术支持下，21 世纪也许能解决心-脑问题中的大部分(我倾向于相信后者)。

---

〔1〕“感知器”这个词是在 1957 年由康奈尔航空实验室科学家弗兰克 · 罗森布拉特(Frank Rosenblatt)首次使用的，世界上首批神经网络之一也是由他建立的。1968 年，明斯基(Minsky)和帕佩特(Papert)出版了一本书《感知器》。

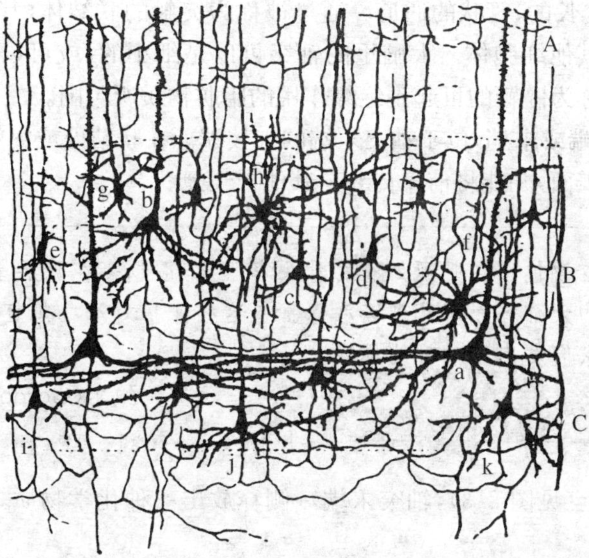

图 2.1 大脑细胞图

由著名的西班牙解剖学家圣地亚哥·雷蒙尼·卡杰尔(Santiago Ramóny Cajal)绘制。由于其神经学研究居于该领域的领先地位,他获得了诺贝尔奖。透过显微镜他细心观察并绘制出这幅大脑细胞图。这幅图显示出人类大脑里神经细胞构成的复杂网络。

神经元

在特定位置上,也许数千个不同类型的神经元(Kandel, Schwartz & Jessell, 1991)中的每一个都在执行着特定功能(见图 2.2)。神经元的主要结构是:

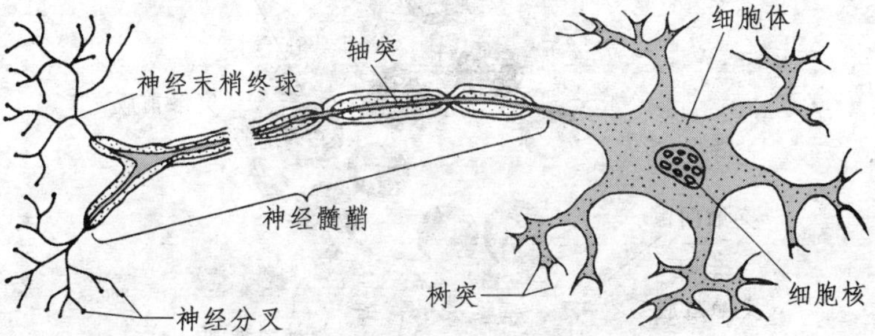

图 2.2 一个神经元的示意图

1. **树突**,接受来自其他神经元的神经冲动。树突是高度分叉的,像一棵树的分枝和细枝。

2. **细胞体**,通过可渗入的细胞“墙”,营养和废弃物被过滤进入细胞体或过滤而出。

3. **轴突**，一个长的、管状的通道。通过被称为突触的联结体，其内的来自细胞体的信号被传导至其他细胞体。大脑里的轴突可以是细小的，或可以达到 1 米甚至更长。大的轴突被称为髓鞘的可起到绝缘作用的脂肪物质所包围。

4. **突触前终端或末梢**，位于轴突末端的细枝端。在联结处或突触，它们接近于其他神经元的受体表面，并能将信息传导至其他神经元。

> 进化使大脑被包围在坚硬如石的骨头容器里，被包裹在数层坚硬的膜里，并由于一种黏性的大脑脊液而受到缓冲保护。这些保护对那些想直接观察人类大脑活动的科学家们发出了艰难的挑战。
>
> ——戈登·鲍尔(Gordon Bower)

突触示意图上(见图 2.3)，轴突末端一侧释放出一种化学物质，它对其他神经元

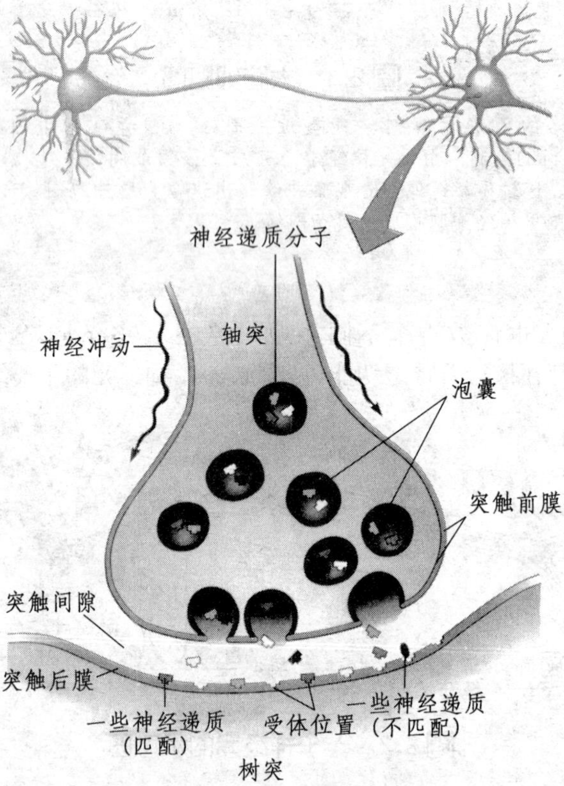

图 2.3 突触传导

一个神经元的轴突里的神经递质通过神经冲动被释放至突触间隙。这些神经递质激活了受体分子(位于前突触的神经元细胞膜)。

的树突有影响作用。这种化学神经传导物质能改变接受轴突极性或电位。神经递质(neurotransmitter)像开关,能开能关(神经功能和计算机开关的二分属性有相似性,这一点令人感兴趣)。一种神经传导物质有抑制效应,可使下一个神经元不太可能被激活。另一种神经传导物质有兴奋效应,可使下一个神经元更容易被激活。目前,已知或猜测有 60 种之多的不同的化学物质具有神经传导物质的功能。一些似乎执行普通功能,例如细胞的生理的完整性;其他的,例如乙酰胆碱,似乎与学习和记忆有关。

人的出生时期,并非所有的突触联结是完整的,而且并非所有神经元都完全髓鞘化;但是,大多数神经元是生而就有的。到成年阶段,所有的突触充分地成熟起来,而且所有的适宜细胞都髓鞘化了。这时,平均而言,一个细胞体和树突能与来自其他神经元的 1 000 个突触相联系,而且一个轴突也能以其突触与来自其他 1 000 个神经元相联系。

神经冲动沿着轴突移动的速度与轴突的大小有关。在最小的轴突里,神经传导以大约 0.5 米/秒的速度缓慢前进,但在最大的轴突里速率是 120 米/秒(这种速度比计算机传导和转换速度要慢几千倍)。由于电化学活动的存在,大脑处于活跃状态,而且一个处于兴奋状态的神经元可以在一秒钟内被激活 1 000 次。神经元被激活的次数越多,作用于其联结细胞的效应就越明显。这些激活效应可通过脑电图(electroencephalography,EEG)和事件相关电位(ERP)记录(也可参看第五章的讨论)观察到。这些仪器是用来测量大脑局部电活动,或通过单细胞活动记录法记录动物单个神经元的活动。在某些情况下,例如特定视觉模式的知觉,检测单个细胞的激活及将其译成听觉信号的情况是可能的。其实,这个声音类似远处机关枪快速齐射。

研究者们并不局限于了解单个神经元的活动,他们相信,人类认知的发生是以全脑神经活动的一个大模式进行的——并行作用通过兴奋或抑制联结方式或"开关"来操作。许多理论,包括唐纳德·赫布的影响理论(Donald Hebb,1949)都提到了单元间联结力量的问题。在联结模型的简化版中,当单元 A 和单元 B 同时兴奋时,它们彼此间的联结力量就会加强;当单元没有互相激活时,联结就会削弱。构成 PDP 模型的基本假设与神经模型相接近并非是巧合。

唐纳德·赫布(1904~1985),认知神经的早期研究者,他富有创意的观点常被联结主义模型采用。

大脑:从区域分立论到总体活动论

数个世纪以来大脑一直是个谜。由于许多研究者们数十年来的坚持研究,现已不是那么神秘,但仍有许多未解之处。

早期的学者们认为脑与思想、知觉无关,亚里士多德将这样的功能归结于心脏。后来,伪科学颅相学(Phrenology)认为性格、人格、知觉、智慧

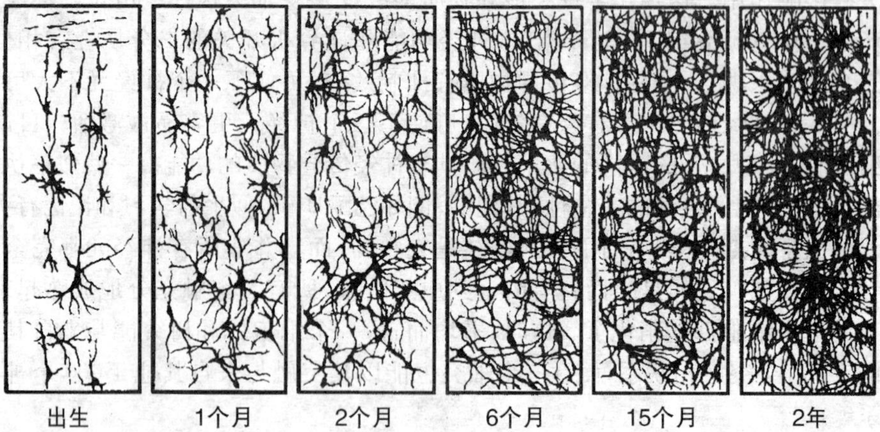

出生到 2 岁期间的神经网络。
刚出生的婴儿几乎有了所有种类的神经元。但是，神经元间的联结仍将继续发展，并达到天文数字：上图其实是一个小样本。

图 2.4 大脑的颅相学图

等等在大脑中有一个精确定位（见图 2.4）。颅相学家们相信个体性格、性向和情感能通过检测颅骨外层的突起来衡量。这个观点在早期得到了神经学家们的科学支持，他们发现一些脑功能是与脑的特定区域有关的。

正如我们在第一章中学习到的，一个世纪多的时间里，脑科学的研究焦点是为特定行为找到对应的特定脑区域。许多重要的发现证实了区域分立（Compartmentalization）的概念；即，一些功能，如运动行为、语言加工和感觉都与脑的特定区域相关联。颅相学家将区域分立理论推向了极点。他们认为，一些属性，如慷慨、母爱、不坦率、好斗性甚至共和主义都有相应定位。但是，法国神经学家皮埃尔·弗洛伦兹（Pierre Flourens）认为这是无稽之谈。他做了一个研究，切除大脑的一部分并检测手术后的效应。他得到的结论与其他研究者的看法不同：运动和感觉功能并不是简单定位于脑的特定区域，而是这些功能在大脑其他部分也分布着。大脑的外伤或受损似乎会同等程度地影响到所有的高级功能。这个观点后来被称为总体均势(Aggregate field)理论。

> 当细胞A的轴突与细胞B足够接近……在两个细胞里某种成长或新陈代谢现象发生，以至于当有个细胞激活了B时，A的工作效率增加了。
>
> ——唐纳德·O.赫布

定位论与大脑作为一个整体器官来工作、认知功能遍布于整个大脑的观点相对立。有一个折中观点似乎与这个领域内的知识最相一致，它认为，一些心理属性在大脑里是有特定区域的，或定位于区域上的"星座"。这些属性包括，运动反应的控制、感觉终端、视觉和某种语言的加工。然而许多功能——尤其是可被分解成亚功能的高级认知加工，如记忆、知觉、思维和问题解决——在整个大脑中分布着。以对脑及其功能的综述开始，我们将简短追溯这个争议的发展过程。

大脑的解剖结构

图 2.5 为大脑中一个半球的解剖图。大脑由两个结构相近的半球(cerebral hemispheres)组成，一个是左半球，另一个是右半球。半球被大脑皮层(cerebral cortex)所覆盖。大脑皮层是薄的、灰色的、湿状的物质，由细胞体和短的无鞘轴突密集堆成。大脑皮层仅有 1.5 到 5 毫米厚。因为它是旋绕着的，皮层表面积比它在颅腔内的卷缩表面积要大。褶之间的隆起部分被称做回(gyri)，槽被称做沟(sulci)。深而明显的沟被称做裂(fissures)。若将皮层展开，它将有 324 平方英寸，或大约 3 倍于表面上看到的面积。具有典型胡桃表面的卷缩皮层，在颅骨体积没有增加的情况下，大脑的表面积增加了。这是一个聪明的解决方法，这使得人类这种动物没有受到巨大脑壳的阻碍，保持了灵活性并生存下来。人类的思想、感觉、语言加工和其他认知功能发生在大脑皮层上。

早期的颅相学机械测量装置

大脑是对侧加工信息的，即，来自脊髓的

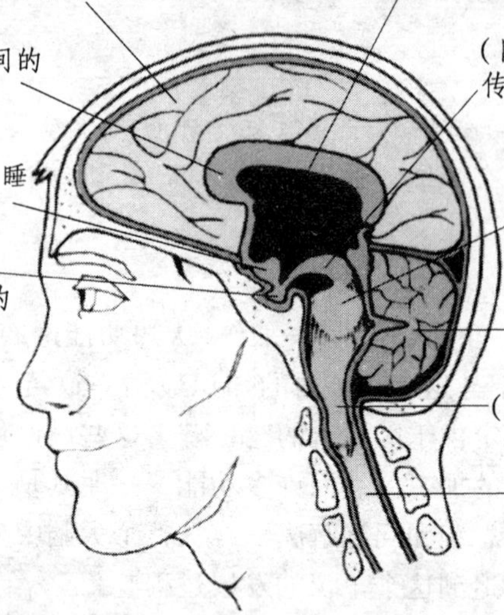

图 2.5　前脑、中脑和后脑的结构

感觉信息(如触摸觉)进入躯体左侧,经传导,信息在右半球被初步加工。而且,每一个半球的运动区控制躯体对侧的运动。

根据主要的回和裂,每一个半球的表面被分为四个主要区域。这四个区域是前叶(frontal)、颞叶(temporal)、顶叶(parietal)和枕叶(occipital)。尽管每一个区域与特定功能有关,但许多功能在整个大脑中分布着。

大脑皮层。一百多年来,大脑皮层是人们关心的焦点,因为它似乎是思维和认知的处所。虽然认知(知觉、记忆、问题解决、语言加工)由大脑的许多部分来操作,但细胞密集堆成的薄板——大脑皮层是人们通常所认为的"大脑",尽管有的人会注意到许多复杂和必要的生理和认知功能是依赖大脑的其他部分的。

皮层是大脑结构进化的最新产物。一些生物,如鱼,是没有皮层的;另外一些生物,如两栖动物和鸟,有不复杂的皮层。另一方面,哺乳动物,如狗、马、猫(与一些爱狗者的信念相反),尤其是灵长目动物,有发展得良好而又复杂的大脑皮层。人类的大脑皮层负责知觉、言语、复杂行为、思维、语言加工和生成及其他过程,从而使我们具有认知能力。

感觉-运动区域。大脑的感觉-运动区域属于最早被描述的区域之一,但毫无疑问古人已知道脑和感觉之间存在某种联系。当被突然或有意地猛击枕叶,或视觉皮层上受到刺激,许多"洞穴中的男人和女人"体验过"看见星星"的感觉。主要的感觉和运动投射区(与功能有联系的区域在大脑表层上形成一幅"图")如图 2.6 所示,图上还标出了皮层上主要的“叶”。

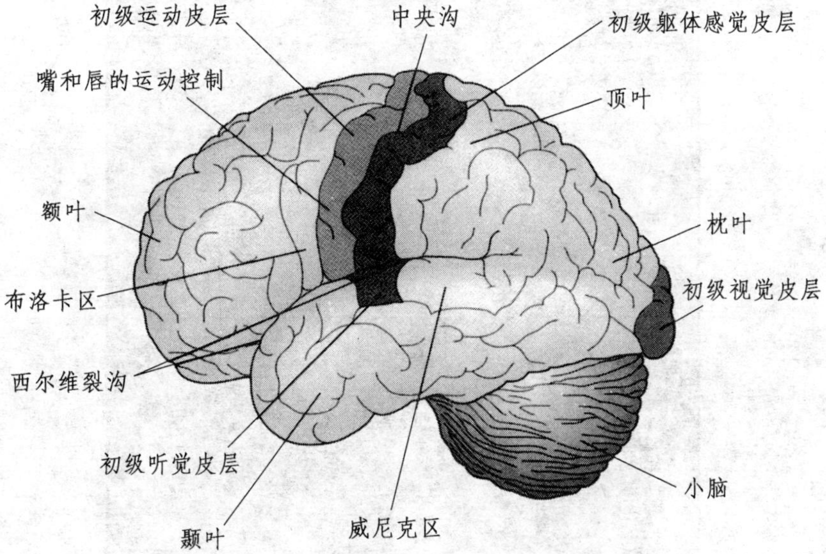

图 2.6 人类大脑皮层的主要区域

额叶、顶叶、枕叶和颞叶都标示出来了。初级运动皮层(阴影)和初级躯体感觉皮层(浓阴影),负责词语产生和理解语言的两个重要功能区域:布洛卡区(初级运动皮层前)负责言语产生;威尼克区(感觉皮层后)负责口语的理解。

皮层运动区的科学研究可以追溯到19世纪。当时,人们对轻微麻醉了的狗的皮层的各个不同部分进行电刺激使其产生抽搐反应,如用一个温和电流刺激额叶引起前肢的反射活动。在这些早期实验中,对侧性(countralaterality)(即左半球受到刺激引起了右侧躯体反应,反过来也成立)也得到了实验证实。接下来,学者对其他哺乳动物包括人类的大脑皮层感觉运动区进行绘图,一幅关于区域大小和功能的总图不久就出现了。功能越重要——例如,浣熊前爪负责控制性运动(浣熊依赖前爪活动来取食和搭窝)——从解剖来看,对应的运动皮层的尺寸就越大。与狗相比,浣熊有相对大的运动皮层来负责前爪的控制(Welker,Johnson & Pubols,1964)。感觉区域图显示,多个区域的精细电刺激与对侧躯体感觉皮层上被唤起的感觉相对应。例如,刺激手部的躯体感觉区,对侧躯体的手上也许会有刺痛感。

大脑皮层联合区。尽管皮层的感觉运动区占据了相当的空间(表皮的25%),其功能也是主要的,但皮层的其余部分则参与所谓的联合区(association)的工作。大脑的这些蜿蜒区域负责认知、记忆、语言加工等等。数个世纪以来通过对脑损伤病人、肿瘤患者、脑出血、中风和其他病理患者的研究,人们已经了解到认知和大脑之间的一些关

"哇！好样的！来试试，霍布斯，在我手指这个位置戳他的脑。"加里·拉森(Gary Larson)指出弗里奇和希齐格(Fritsch & Hitzig)经典实验的有趣之处。

系。另外，脑和思维之间的联系是通过人死后分析得到的，即打开刚死病人的颅骨，重建他或她的奇怪行为与大脑解剖结构之间的联系。现在则是完全功能化的，即以活体为研究对象显示进行特定认知活动时脑的哪一部分在发挥功能。关于这部分内容后面将详述，但是现在只对早期发现历史作简短回顾。

早期的功能神经学。早期关于大脑特殊功能的知识可以追溯到19世纪。法国神经学家皮埃尔·保罗·布洛卡(Pierre Paul Broca)的失语症研究工作是特别重要的。失语症是患者难以进行语言表述的障碍，这种障碍通常能在中风患者身上发现。病人死后对其失语大脑的检测揭示了现在被称为布洛卡区的部分已遭到破坏(见图2.7)。1876年，年轻的德国神经学家卡尔·威尼克(Karl Wernicke)描述了一种新的失语症，其典型症状是不能理解而不是不能表达。

失语症中语言征兆学

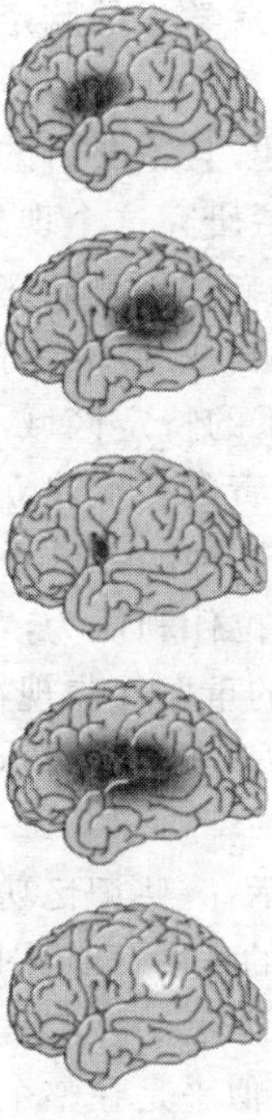

失语症类型	自发言语	语言错乱	理解能力
布洛卡失语症	不流利	不一般	好
威尼克失语症	流利	一般	差
传导性失语症	流利	一般	好
双重性	不流利	差异	差
皮层下失语症	流利或不流利	一般	有差异

图2.7 负责失语症和语言的大脑区域

威尼克同意早期学者的观点，认为一定的心理功能是有脑区定位的，但就大部分而言，这些功能是与简单的知觉和运动相联系的。复杂的智力过程，如思维、记忆和理解知觉则是运动区域间相互作用的结果。在这个世纪的转折时期，当西班牙生理学家发现神经系统是由不连续的成分或神经元所构成的，这个命题得到了支持。

心灵的马赛克概念现在成了（虽没有依据颅骨突起来识别，但概念上并未远离颅相学观点）联结主义者的观念：复杂认知功能的发生能依据神经元之间的网络联系而得到理解。而且，威尼克认为大脑的一些功能在不同部位是并行执行的。威尼克关于大脑及其功能的假设对现代认知心理学家来说是非常重要的。

平行加工理论中的信息冗余加工也许是浪费的，与躯体系统由于吝啬而有效率的观点也是相反的。然而，生态系统通常是冗余的观点值得争议。当然，在繁衍这个情形中，事实是这样的：许多物种所产的卵比受精卵多许多倍，孵化出来的比能发育成熟的多许多倍。在生存和灵活性方面冗余实质上可能起核心作用。也许冗余和人类神经信息的平行加工增加了人们生存和生育的概率。思维和人们热衷的认知科学是这些原始功能的偶然副产物。

卡尔·拉什利(1890～1958),“总体活动原则”的创立者,美国心理学会(APA)主席。

弗洛伦兹、布洛卡和威尼克关于脑、行为之间关系的理论受到美国心理学家、哈佛大学卡尔·拉什利(Karl Lashley)的扩充。拉什利并不关心人的失语症,而对老鼠学习的脑定位感兴趣。在他有影响的著作《脑机制和智力》(1929)中,拉什利对脑受伤和行为之间的关系显示出了兴趣,其主要目的是研究清楚关于功能定位和整体的问题。为了研究这个现象,他检测了老鼠的脑损伤情况以判断它们影响老鼠走复杂迷宫的习得能力。老鼠大脑的小范围损害对走迷宫成绩不会有大的影响。由于似乎不存在与学习直接相联系的特定区域,拉什利得出结论,学习不是由特定的神经元负责的。他建立起一个所谓的总体活动理论(Mass action),个别神经元的重要性是较小的,而记忆似乎分布于整个皮层。拉什利认为,“没有特定的细胞负责特定的记忆”。他的观念的重要性表现在,大脑是以整体形式而非定位形式运作的[几乎同时,亚里克山大·鲁利亚(Alexander Luria)在俄国提出了相似的概念]。

最近,记忆和相应血流变化的研究(被认为反映了神经活动)提示,一些记忆功能是与特定脑区域相联系的,但没有达到早期资料所显示的那么准确的程度(Penfield, 1959)。[1] 现在我们相信,大脑上存在与特定功能相联系的区域(例如运动反应),但信息的完全加工还需要大脑的其余部分参与。其他功能(思维之类)似乎是在整个皮层上分布着。

由于本书空间的限制,我们仅考察一个现成的例子和大脑结构、功能的临床研究。下面按序列出一些一般性的结论及其含义:

- 许多心理功能似乎定位于特定的脑区域或在大脑中有其相应位置,例如运动区和感觉中枢。而除了这些功能的区域定位之外,进一步的加工似乎在与之不同的场所发生。
- 许多高级的心理功能(其中有思维、学习和记忆)似乎是皮层的几个不同区域参与的结果。在一定意义上这种信息的神经加工是冗余的,因为它是在整个皮层上分布的,而且在许多区域中是平行加工的。
- 大脑的损伤并不会经常导致认知成绩变差。这可以归结于几个因素:第一点,损伤部位与成绩的关系是微妙的或只是在大脑执行冗余功能的区域。还有,认知可能没受到影响,因为未受损的联结网络接管了原有的功能

〔1〕 这并不是意味着彭菲尔德的观测是错误的,但它们是难以复制的。

或能以一种方式重新组织而来完成初始的工作。但总体上,成绩的降低与组织的损伤量是相对应的。

请思考与现有的临床、实验和心理学知识相一致的一个神经加工模型。这个模型认为,神经元加工信息是串行的,有点儿像前面提到的冯·诺伊曼计算机。

在这个模型中(见图2.8A),一个神经元的信息传递给另一个神经元,接着又传递给下一个神经元,等等。尽管这个模型与一些实验证据是相一致的,但对于某些发现,尤其是拉什利的研究而言,它似乎由于太简单而不能做出解释。拉什利的研究认为,联系的破坏并不都会影响到加工。另外一种可能就是复杂的、高级的智力任务的加工是通过平行网络的连续的系列功能来完成的(见图2.8B)。在这个模型中,以平行同时也以串行方式来加工信息。因此,若通道的某个部分被破坏,系统并不一定就完全崩溃,它允许其他通道来接管一些功能。后面这个理论似乎与资料更一致而且影响到认知心理学的现行思维。

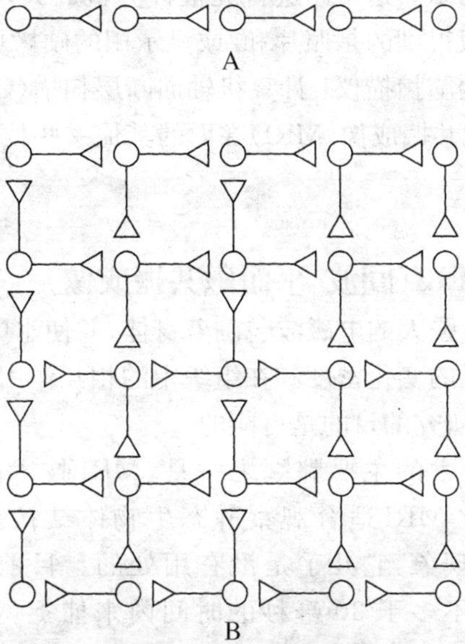

图2.8 A. 神经元串行相连的细胞联结
B. 模型神经元链索以串行和平行方式联结的细胞联结模型

当神经元间的联系被破坏,这个系统不会完全瘫痪,因为存在平行加工的可能性。

最近,关于大脑的模型已有许多,这是由于神经科学技术的发展使得人们对生理和人类机体内部工作的认识越来越清晰了。下面就是一些影响认知心理学最新进展的简单综述。

神经生理探察技术

许多年以前，神经学家凭借不多的一些工具和技术对人脑进行直接观测和研究。这些技术包括组织切除、电刺激、脑电图（EEG）记录和死后检测。另一方面，心理学家发明了许多技术以揭示意识，例如刺激的瞬间显示和反应时的测量。最近，新发明出来的仪器使得科学家对大脑的深刻理解的速度加快了。从我们的目的出发，本书抽取出一些新一代科学家来作介绍，这些科学家部分是神经学家，部分是心理学家。新技术的出现开始是为了大脑障碍诊断，但现在变成了有价值的研究工具。这些方法引起了人类认知研究方面新的重要发现，并且会成为未来认知科学不可缺少的部分。

大部分新技术采用图 2.9A 所示的仪器，以某种方式来扫描大脑。程序是这样的：让病人位于扫描仪器的中心，记录颅盖骨内的或躯体某些部分的印迹，扫描能产生大脑或躯体的横断面图像。这个印迹首先被计算机放大，接着被颜色编码，最后在显像终端显示出来。一般得到的是照片和/或显示用的硬拷贝。

通常使用两种类型的脑扫描仪：计算机轴向断层扫描（CAT/CT）、正电子发射层扫描技术[1]，还有包括磁共振成像（MRI）在内的其他一些技术，下面分别对它们加以讨论。

MRI（磁共振成像）和 EPI（回波-平面磁共振成像）

在 MRI 仪器中，非常强大的电磁波包围着身体，并使水中氢原子核对齐。实验者依据测量而推断出氢原子的变化密度和在组织中的相互作用。由于氢反映水的容积，使用 MRI 来实现诊断和研究的目的是可能的。

到目前为止，这个技术的主要弊端之一是，MRI 技术的成像时间问题。因为需要长时间的照射，因此 MRI 适合观察静态生物体结构。然而对于那些与认知有关的功能快速变化的现象，它几乎是没有用处的。目前可能的解决方法是，运用数据高效获取技术在不多于 30 毫秒的时间内来捕捉一幅图像，这个时间足以记录快速反应的认知功能。还有被称作回波-平面 MRI（EPI）的更新的方法，它能对脑功能活动高分辨率成像。接下来的几年中，对于大脑结构和实时加工的间断可视化将使 EPI 进一步发展成为一个更实用的工具（Schneider，Noll & Cohen，1993；Cohen，Rosen & Brady，1992）。

---

〔1〕 由于又可被称作单个光子发射计算分层图，因此，有时也可被称作 SPECT（Single-photon emission computed tomography）。

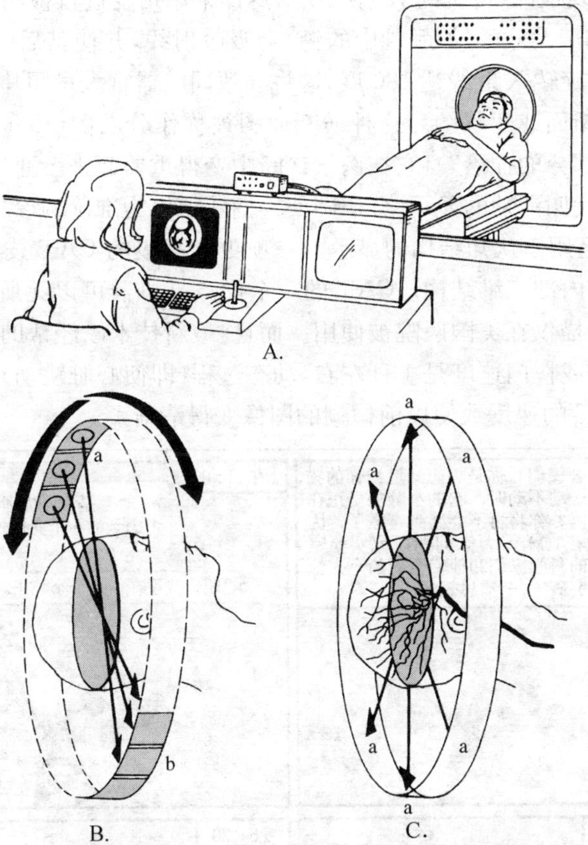

图 2.9 脑扫描技术
A. 一般程序：脑扫描后显示出脑的电视图像
B. CAT 扫描程序：低密度 X -射线束扫描大脑
C. PET 扫描程序：放射性示踪物被外周感受器检测到

所有认知活动——从阅读文本到测验焦虑，到聆听关于现代建筑的演讲——都伴随有在脑的特定区域能量需求的增加。通过血流的增加和葡萄糖的供给，这些需求得以满足。因此，通过监测氧、葡萄糖和血流变化判断出新陈代谢加速的区域，并因此决定大脑哪一个区域是最活跃的。这些技术在医疗诊断和认知神经研究上是有用的。

CAT 扫描（计算机轴向扫描技术）

CAT 扫描仪是借助绕颅骨旋转的 X 射线来进行工作的，即细的、扇形 X 射线束照射在颅骨上（见图 2.9B）。射线束被发射源对侧的敏感探测器所记录。这个过程不同于传统的 X 射线检测，传统的 X 射线仅对身体某一角度进行检测。而且，在传统的 X 射线照射情况下，大分子(如颅骨中的钙)会吸收射线，并使其后的器官部分被照射不到。CAT 扫描旋转 X 射线达 180 度，这将导致同一器官大量图片的出现，并产生部分躯体的内部横断面或片状图。这种横断面图被称作分层图(tomogram)(字面上的意思是，"躯体各部分的描绘")，它在医学诊断中变得重要起来。通过局部血流及与病理学相关的新陈代谢活动的显示，分层图使人们获得更为准确的诊断。在认知心理学中，CAT 扫描被运用于认知结构的显示。一项更加高级的 CAT 技术，动态空间重构(DSR)，能显示出内部三维结构。CAT 的一个优点是机器可以无所不在。20 世纪中期，10 000 多个扫描仪在美国医院被使用。而且，最新技术已经帮助解决了一个问题：以前，时间分辨率或快门速度是 1 秒左右，动态过程(即使心脏跳动)的图像显得模糊；现在，超快速 CAT 的速度致使以前模糊的图像变得清晰了。

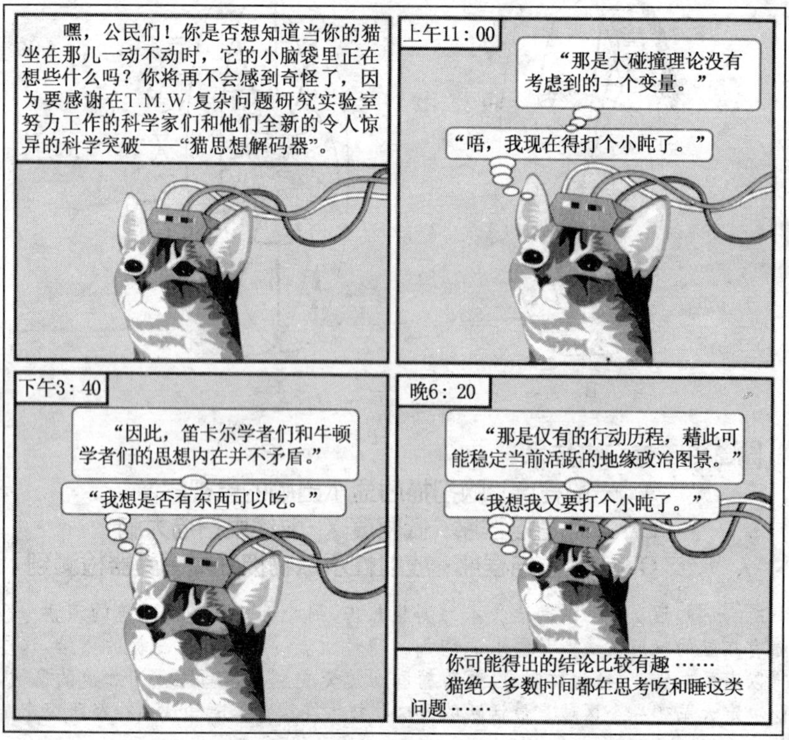

未来的 CAT 扫描

PET 扫描(正电子发射层扫描技术)

PET 扫描(见图 2.10)不同于 CAT 扫描之处在于，PET 扫描使用探测器来检测血液中的放射性颗粒。大脑的活跃部分需要更多的血液，因此更多的放射性示踪物质聚集在加工区域。这些示踪物质能产生射线,因此能转化为视觉图形。PET 扫描运用于认知神经心理学研究尤其有用。在瑞典的朗德大学,加尔·赖斯伯格(Jarl Risberg)和大卫·英格瓦(David Ingvar)(Lassen, Ingvar & Skinhoj, 1979)[1]与史蒂文·彼得森(Steven Petersen)、麦克尔·波斯纳(Michael Posner)、马库斯·莱齐勒(Marcus Raichle)、恩德尔·塔尔文合作研究,在认知心理学中开创性地使用 PET 扫描(Posner et al., 1988)。PET 扫描技术提供了一些非常有趣的结果(有一些在本书中将被介绍),但由于成本非常高,保存图像的时间长(目前约需 20 秒),其研究运用的广泛性受到阻碍。

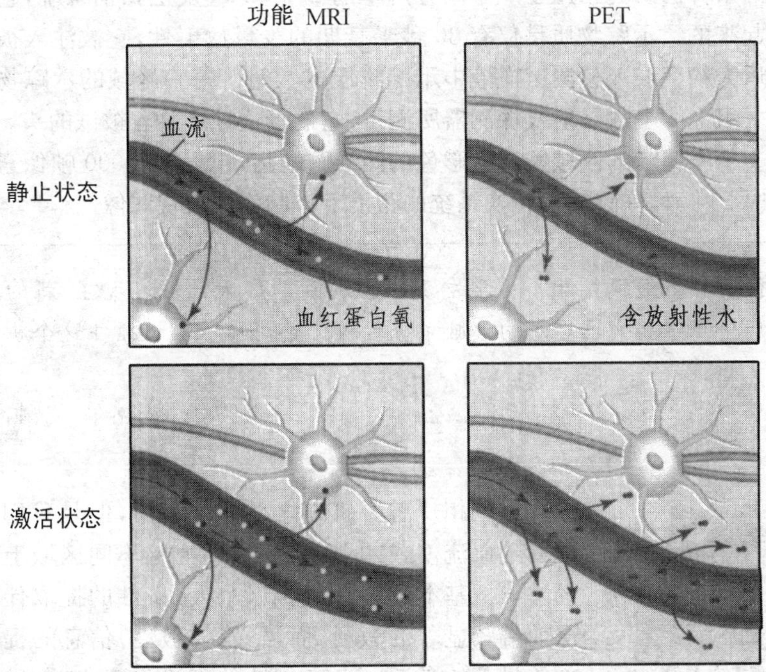

图 2.10 功能 MRI 和 PET 检测脑血流以提供信号

当静止状态的神经元变得活跃时,血流量增加。MRI 检测氧水平的变化,当它们被激活时,附近血管中血的含氧量会增加。PET 依赖注入的放射性水的传输,这些水在血管外散开而至脑的所有部分。

资料来源:Raichle, *Scientific American*, April 1994。

〔1〕 见 1992 年 10 月《科学美国人》关于"心灵和脑"的专题。在 1992 年 4 月 20 日的《纽约周刊》上可阅读到关于大脑功能、血流和成像技术的报告。

早期,测量局部脑血流的PET研究建立在吸入133氙的基础上,133氙被用作示踪物质。赖斯伯格和英格瓦将195毫克的133氙顺利注射入静脉,通过这种示踪物质,高分辨率的"地图"在几秒钟内就能获得(Risberg,1987,1989;Tulving,1989a,1989b),这就给予研究者相当大的自由度来收集认知数据。

记忆和PET。 对于认知心理学家们来说,特别感兴趣的是在记忆研究中使用皮层脑血流的模式。[1] 过去几年中,塔尔文一直在发展一个关于记忆的理论:记忆有两种独特的类型,情节记忆和语义记忆,或个人事件记忆和一般性知识的记忆。在一个实验中(Tulving,1989a),科学家要求被试不出声地思考情节(个人)事件,接下来思考一般性的事件。研究采用了一个高分辨率的256－HR皮层扫描系统,它是由赖斯伯格发展起来的。示踪物质是仅有30秒半衰期的少量放射性,它被注入被试的血液中。注射后大约7或8秒测量血液中示踪物质的数量。每一区域的示踪物质数量被头盖外部一组254个伽马射线探测器所测量,它们舒适地环绕着被试的头。每一个探测器扫描1平方厘米的区域并产生彩色的两维脑地图,包含有3 000帧像素。这几个测量需花时2.4秒,在计算机转换系统的帮助下被制作成可视图像。

> 显微镜和望远镜打开了科学发现未预料到的广大领域。现在,新的成像方法使能产生正常和病理思想的大脑系统可视化了,因此,应该抓住这个机会以探测人类认知。
>
> ——麦克尔·波斯纳

史蒂文·彼得森与他的华盛顿大学(圣·路易斯)同事合作,在认知研究方面利用PET做了许多开创性工作。

这些相片需要研究之后才能理解,但是我们一开始就能看到血流模式的总体差异,即大脑不同区域上神经活动的差异。基本看法是,情节(个人)事件的提取伴随大脑皮层前端较显著的激活,而语义(一般性)信息的提取伴随后部较显著的激活。当确定性的理论出现之前,进一步的工作是需要的,但似乎保险的结论是,情节和语义记忆是不同的脑加工的结果,而且每一种类型都有自己的定位。这个结果提示,人们拥有多重记忆系统。这样的观测结果也与脑损伤的病理研究和接下来情节记忆的遗忘是相一致的(Milner,Petrides & Smith,1985;Schacter,1987)。

研究认知加工和大脑活动之间直接联系的另一个尝试是麦克多内尔中心的麦克尔·波斯纳、史蒂文·彼得森和

〔1〕 虽然在随后的几个章节中记忆研究将被详细讨论,在这里我们主要讨论与脑分层图有关的一些记忆主题。

他们的合作者在华盛顿大学脑高级功能实验室所进行的一系列有影响的实验，他们研究了正常、健康大脑的词语加工。彼得森、福克斯(Fox)、波斯纳、明顿(Mintun)和莱齐勒(1988)在被试身上注入短时放射性同位素后，通过PET扫描仪来显示脑中血流情况。实验共分四个阶段：(1) 休息阶段；(2) 屏幕上出现单个词；(3) 大声阅读这个词；(4) 每个词语的用法。每个阶段都会有自身的视觉"信号"。

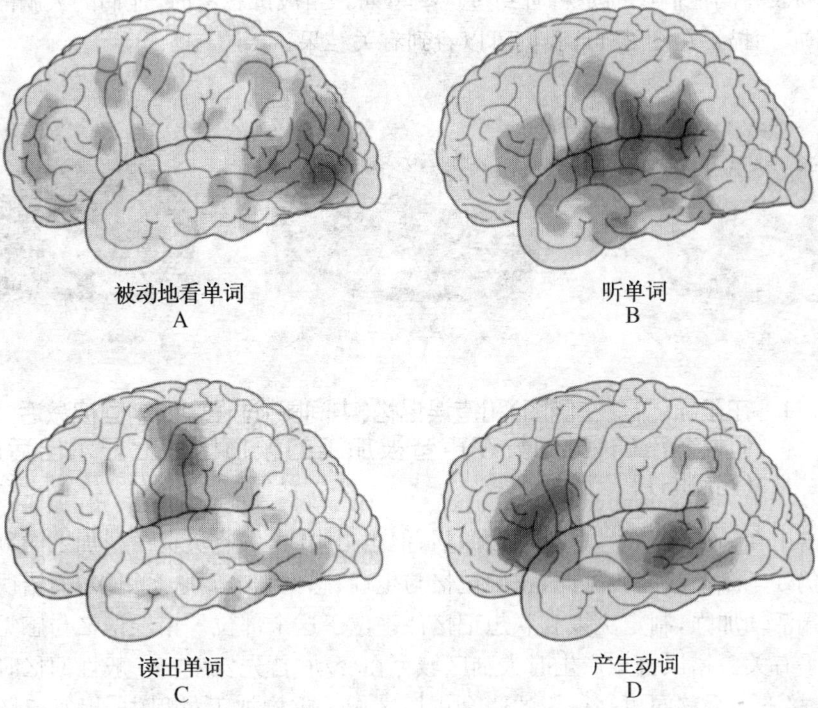

单词的加工是否在脑中的同一部位？根据单词加工的PET研究，完全不是。当被试注视所呈现的单词，枕叶部分区域被激活(A)。当听单词时，上颞皮层被激活(B)。当他们在读单词时，初级运动皮层部分被激活(C)。当他们产生动词时，前额叶和颞中皮层彼此关联(D)。(Peterson et al.,1988)

在这个实验中，当被试看着屏幕上的单词时，皮层的枕叶被激活；当被试听词语时，皮层的中央部分被激活；当说词语时，运动区域被激活；当要求产生联想词语时[如若单词"cake"(蛋糕)出现，被试产生一个动词与这个词关联，如"eat"(吃)]，联合皮层区域产生显著的活动，但整个皮层上其他一般性的活动也可以被观察到。

最近，记忆加工的特殊性由哈佛大学的丹尼尔·夏克特(Daniel Schacter)通过记忆分类实验加以研究(见关于记忆和知识的表征一章)。设想你被要求阅读如下单词表：CANDY，CAKE，SUGAR，TASTE。现在，翻到第61页，在你继续阅读前请试着这样做。

如果你把项目中的单词错误判断为属于以上页中的(认知心理学家称之为"错误警觉")或不能认出以前单词中的某个("未击中"),你就犯了记忆错误(显然,当某人接受测试时,这种情形常常会发生)。你也许可以正确认出以上单词的一个或多个,正确认出被称为"击中"。击中和错误警觉是否发生于脑中同一个部位?为了回答这个问题,要求被试阅读一系列已按范畴分类的单词,就像以上的单词表;10 分钟后,向被试呈现单词表并问他们此前是否听到过这些单词。当被试思考时,他们的大脑的活动情况被 PET 扫描。在图 2.11,我们可以看到有关结果。

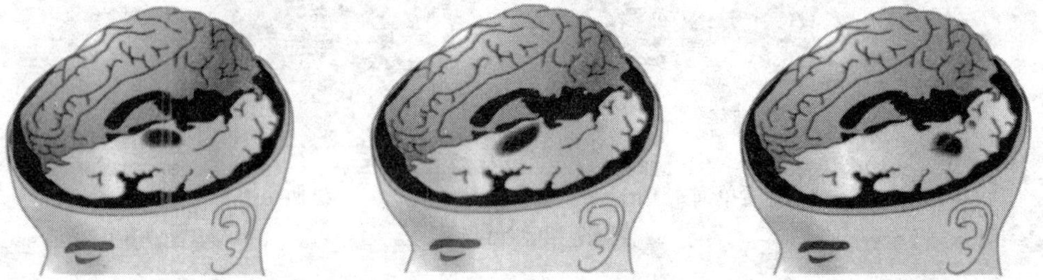

图 2.11 在正确记忆(左侧图)和错误记忆(中间图)过程中颞中回被激活但仅在正确记忆时,在声音被加工的颞顶区域上显示出活跃性(右侧图)。

当击中和错误警觉时,颞中回被激活;但当击中时,仅有负责语音加工的颞顶区域(右侧)仍处于激活状态。据此,正确记忆与生理、感觉细节间联系更多,而错误记忆时皮层前端活动加强,制定决策和联想记忆似乎位于这个部位。错误记忆与感觉证据的搜索似乎有关。错误警觉产生时大脑区域存在变动,首先发生于一般性回忆时活跃的颞中回,接下来会移向更高一级的联合皮层区域。重构加工过程中,相似记忆也许会错误地被当成真实记忆。这个发现扩大了所谓"错误记忆综合征"的含义,过去十年来,这个问题由于牵涉目击证据的可信度而成为法庭审判焦点。

虽然 PET 技术仍处于初期,还将继续发展,但事实已经证明在脑功能成像上其能发挥明显效用,而且还有其他技术可能出现。即使在目前这个阶段,早期的研究结果已经对认知心理学和相关的学科产生了显著的影响。例如,被颅相学家广泛推崇的脑功能定位问题也许有某种可信度,但我赶紧在本书中加入颅相学技术和理论不是想要获得科学的尊敬。毫无疑问,脑的许多功能需要广泛分布的脑区域的整体协作。而且,一些令人印象深刻的初始研究使我们认为,有许多具体区域负责诸如具体语言加工类型和注意现象的复杂认知活动。例如,当人们注意真实词语时,比如,你正在阅读文本,特定的脑后部区域就被激活了。

无意义词语不激活这些区域,而且,当要求被试指出名词的用途(如"hammer-pound")或划入某一范畴中("hammer-tool")时,特定的脑前端和颞侧区域会被激活

(McCarthy et. al,1993;Petersen et al.,1990;Petersen & Feiz,1993;Posner,1992;Posner et al.,1994)。

以上一些体现神经科学最新进展的研究告诉我们关于认知、思想、记忆、脑本质及其功能方面的内容。现在我们将注意转向大脑半球职能方面的主题。

两半球的故事

如果去除人的头骨,将会看到大脑显而易见的两个部分,每一个半球有拳头大小,这就是大脑皮层的左、右半球。即使它们看上去一样,但在功能上却有较大不同。数个世纪以来这种差异已经被人类所知晓,并在哺乳动物和脊椎动物身上得到证实。

半球单侧性的意义目前仍不能完全被理解,但为两半球具有明显不同的功能提供了理论基础。关于半球功能存在许多科学(Kandel, Schwartz & Jessell,1991;Kupferman,1981;Sperry,1982)和流行的观点(Ornstein,1972)(有人甚至设想东方的神秘主义和西方的理性主义分别与左、右半球相关联)。

半球单侧性的临床证据最早由古埃及人所记录,但两半球功能彼此对立的科学判断在上个世纪就出现了。当左半球上有肿瘤并将其切除时(右半球也会有相似的情况发生),脑外科医生注意到两个半球具有不同的功能。左半球损伤导致语言障碍,而右半球损伤的病人被观察到有穿衣困难。功能不对称的进一步含义出现在20世纪50年代,当生理学家通过切除胼胝体(corpus callosum)——连接两半球的大的神经束来治疗癫痫病人时(Bogen & Vogel,1962)。通过切断脑的两个主要结构的连接组织(一种被称作大脑割裂的手术),外科医生希望将癫痫限制在一个半球。明显地,这种手术是有效的(像这样的激进手术现在通常不做了)。

裂脑研究。也是在20世纪50年代,罗杰·斯佩里(Roger Sperry)在加利福尼亚技术学院进行了一项关于所谓的裂脑手术效应的动物实验研究。这项研究的主要推进之处在于判断出两个半球具有不同功能。迈尔斯(Myers)和斯佩里的发现特别有意思(1953):经过大脑割裂手术的猫的举止发生了变化,它们就像有两个大脑,每一个大脑都能独立地进行注意、学习和记忆信息。

斯佩里和他的同事们,如著名的迈克尔·加扎尼加(Michael Gazzaniga)研究了经过大脑割裂手术的病人。他们观察到在一项研究中(Gazzaniga, Bogen & Sperry,1965),被试右手拿着普通东西,如硬币或梳子,能进行词语判别,因为右侧信息传递到左半球,左半球负责语言加工。但是,若将东西放在左手上,患者就不能用词语描绘,但他能用左手指出这个东西是什么。

EEG和“思想的影子”

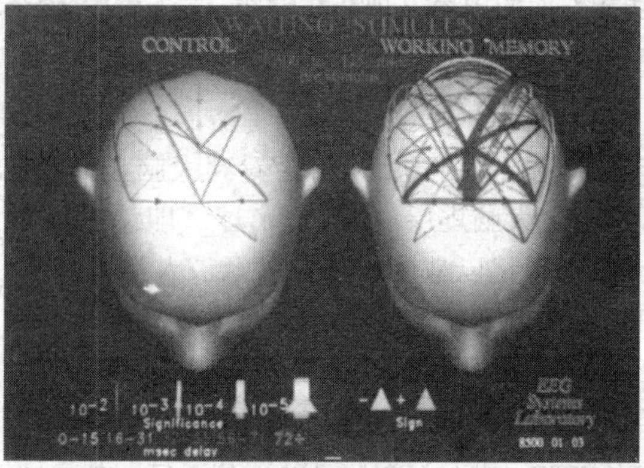

最近，圣弗兰西斯科的爱伦·杰文斯（Alan Gevins）和EEG实验室的同事们制造出一个“超级”EEG系统。它被称作心理活动网络扫描仪(MANSCAN)，一秒钟能记录皮层活动的250帧图。EEG记录仪还能快速闪光成像——一秒的千分之一，这与其他成像技术相比这的确是一个优势，因为在某些实例中，这些成像技术需要许多秒的时间来“抓拍”。许多年以来，传统的EEG记录仪被用来记录大脑产生的分钟级电信号。科学家利用传统EEG记录仪研究低振幅的β波和更慢、更大振幅的α波获得了如下的发现：β波与警觉和注意有关，α波与镇静和放松有关。使用MANSCAN时，一个具有124个电极的软头盔置于被试头上，计算机描记不断变化的电活动中心区域。电极所检测到微小电脉冲在高分辨率的脑MRI图上被标绘出来，图像给人一种动态印象，如杰文斯所称呼的“思想的影子”。这里所呈现出的图像是5个人的脑扫描结果图(Gevins & Cutillo,1993)。左侧图，被试正等待单个数字出现。右侧图，在等待第三个数字出现时，被试必须记住两个数字。正如图中所显示的，处理简单任务时相关的EEG活动相对简单，而在更为复杂的任务中，脑的不同区域之间的交流更多。监控其他事情的同时记住某些东西则需要广泛的心理操作。

思考论证：眼动和半球加工

请试试这个小实验：让一个朋友回答这样的问题，当我们说，“事实是知识的缩节本”，这是什么意思？你的朋友的眼睛会移向右边吗？现在问，“想象你的家并数出窗户的数目”，眼睛会移向左边吗？一般而言，尤其在常用右手的人群中，左半球与语言相关的功能的激活伴随右躯体的活动或右侧倾向，右半球与视觉或空间人物有关的功能的激活伴随左侧躯体的活动。

斯佩里研究队伍及其他人所进行的研究提示，左半球确实具有一些特殊的功能，诸如语言、概念化、分析和分类。右半球负责一段时间内信息的整合，如艺术和音乐、空间加工、面孔和形状识别和通常任务（如知道绕城方向或穿衣）。这些发现倾向支持功能定位说。但是，后续的研究提示，与原来的认识相比，右半球能进行更多的语言学加工，尤其是书面语言的加工。另外，年纪较小的脑部病变患者的两半球发育良好（Gazzaniga，1983）。总体上，这些发现提示，人类大脑在发展过程中具有良好的可塑性，其功能并不像曾经所认为的那样截然不同，而是被两半球和不同区域所分担。

罗杰·斯佩里（1924～1994），诺贝尔奖获得者，他所引入的裂脑研究开创了新的研究领域，对大脑的认识产生了深远的影响。

在半球功能特化领域中，现代的许多研究是关于视知觉方面的，因为它是一个加工对侧信息的独特系统。现在我们来讨论视觉系统与半球之间在解剖上的联系（请看图 2.12）。

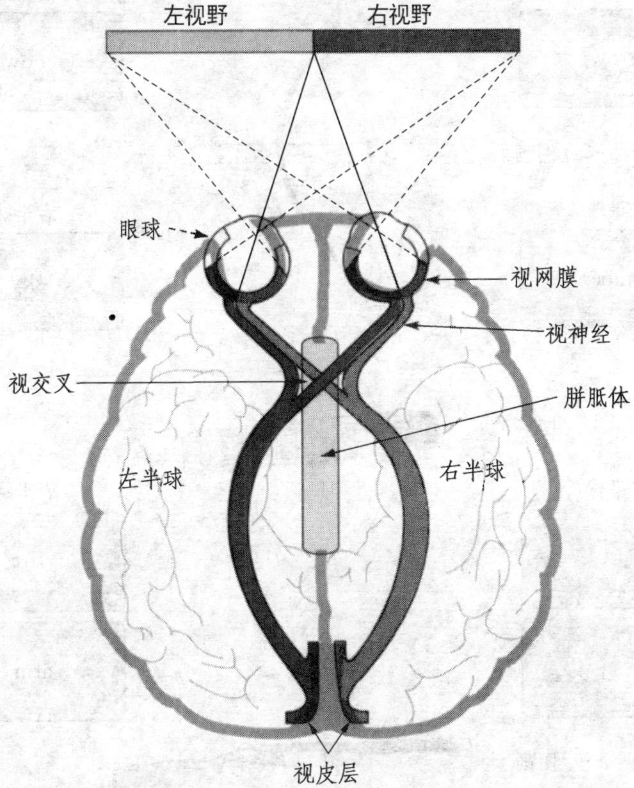

图 2.12　视网膜到左、右半球间的神经通路的简单图解

请注意每个眼的部分神经纤维在视交叉处交叉至对侧半球，部分不是这样。

信息合成检验

正如实验所得结果，割裂脑手术后，信息合成能力会丧失。实验中，写着“bow”（弯）的卡片在病人的一个半球上快速闪现，在另一个半球上则快速呈现“arrow”（箭）。同事和我，猜测两个半球仍能够彼此交流并将单词整合成一个意义实体——尽管胼胝体被切断。接下来的实验证明我们是错误的。我们在一个半球上闪现“sky”（天），另一个则是“scraper”（削刮器）。结果揭示，病人不能合成信息：梳子状的“scraper”之上有个“sky”，而不是一个高高的建筑。一个半球画出了它所看到的，而另一个半球画出了一个方面词语意义的东西。在“bow”和“arrow”的案例中，两幅图像的叠加误导了我们，因为两幅图画被整合了。最后，我们检验了每个半球自身能否整合词语。我们把“fire”（火）和接下来的“arm”（武器）闪现在右半

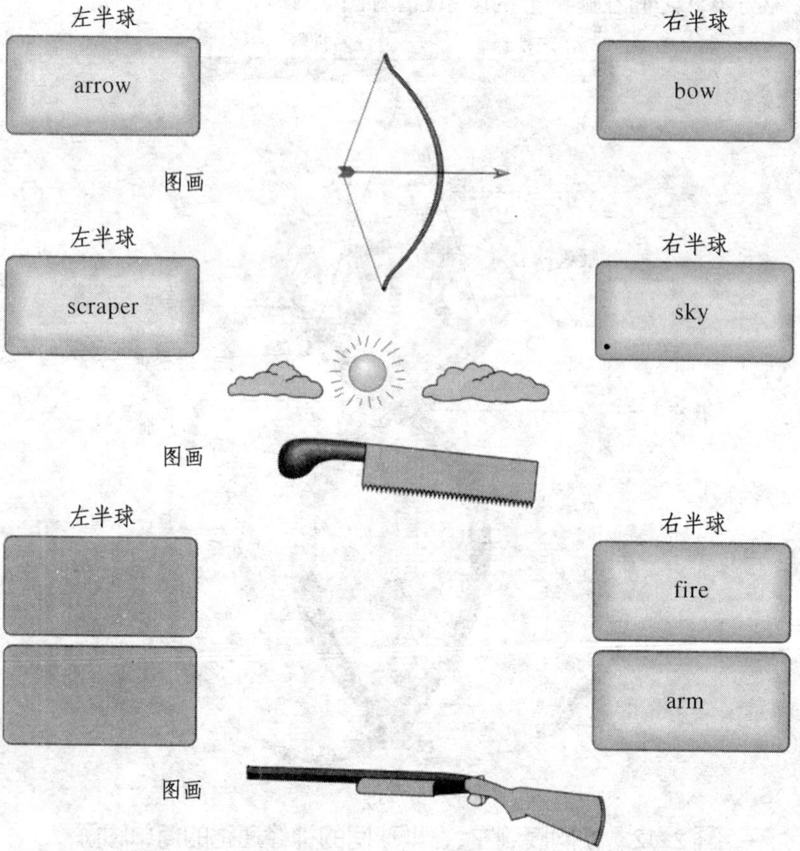

球上,病人的左手画出了一把来复枪而不是火上有个胳膊,因此,这清楚地表明,每个半球自身都可合成信息。

资料来源:Gazzaniga, M. S. (1998). The split brain revisited. *Scientific American*, 274, 123～129。

正如所示,视觉信息加工至少部分是遵循交叉原则的。初期,光信息(如你现在正在阅读的文本的反射光线)被眼中的感觉神经元所接受。每个眼通向大脑的神经通路比其他感觉系统要复杂许多。每个眼发出的半数神经纤维遵循对侧原则,但是另外半数不是这样,即,它们在同侧终止(见图 2.12 中的左眼)。其视网膜(retina)(眼后部的感光膜,灰色)右侧检测到的信息输入到右半球,而视网膜左侧检测到的信息输入到左半球。同样的路径适用于右眼。

如果胼胝体被切断,正如割裂脑手术中的右眼视网膜右侧所检测到的信息被"限制"在右半球,因为胼胝体是两个半球的导管。同样,左眼视网膜左侧所检测到的信息被限制在左半球。这个领域的实验产生了令人感兴趣的结果。如果裂脑被试眼睛被蒙住,让他的一只手拿着一个普通物体(如球或一把剪刀),接着要他仅通过触摸来识别物体,被试能解决这个问题,但必须以曾触摸过物体的同一只手才行。如果要求他用另一只手来触摸,则结果显示被试完成的水平处于随机。

在相近的系列研究中,其模式均是被试注视一个点,接着呈现一个视觉刺激,其位置是左侧或右侧视网膜都能感受到的。图 2.13 所示的是这类研究中用到的仪器。在

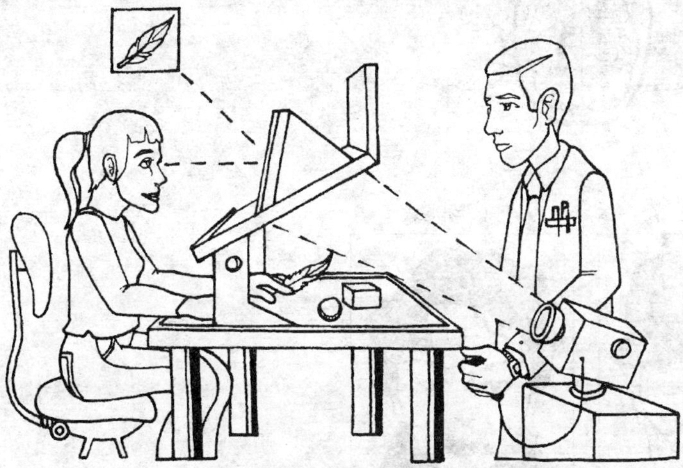

图 2.13 研究裂脑被试所用到的仪器

被试注视屏幕上的一个点,在屏幕上快速呈现一幅图画或一个单词,以便一个半球对它们进行加工。要求被试挑选视线之外的物体。

一个典型的实验中，一个胼胝体切断的病人接受到一个刺激，如一幅图画或一个单词，这个刺激在注视点的左侧或右侧以便信息能被右半球或左半球所记录到。如果一幅图画(如一把剪刀)在被试的注视点的左侧快速闪现(被右半球所记录和加工)，接着要求被试通过看或触摸选择物体，他或她能通过左手完成，右手却不行。

同样给人留下深刻印象的半球双侧属性的证明在利维(Levy)、特雷弗顿(Trevarthen)和斯佩里(1972)的常被用作示例的文章中能找到。在这个实验中，裂脑被试被要求注视固定点。屏幕上一张“奇异”面孔(半张男人面孔、半张女人面孔)快速闪现，女人的面孔在右半球，而男人的面孔在左半球(见图 2.14)。

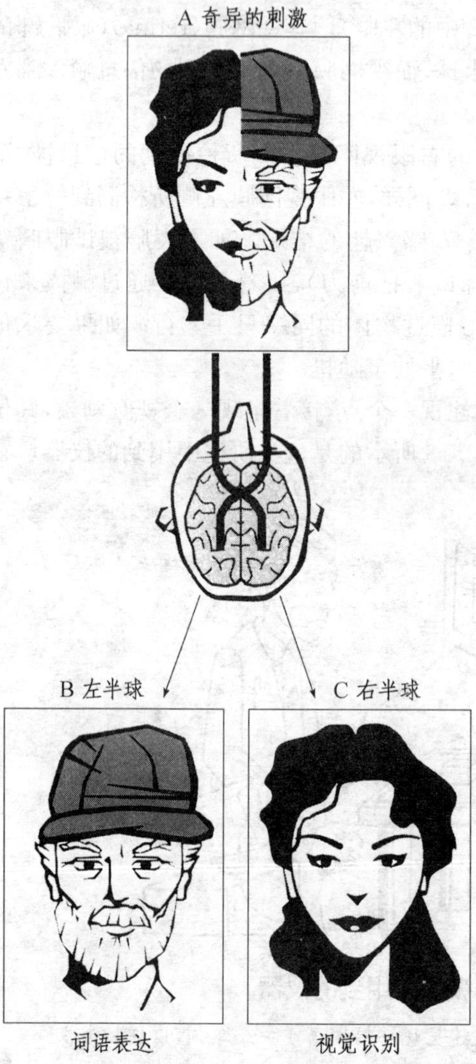

图 2.14　用于裂脑被试的奇异面孔(A)

每个半球登记彼此分离的图像：左半球上记录了一张男人的面孔(B)，右半球则记录了一张妇女的面孔(C)。当要求被试描述时，被试词语上表达出这是一张男人面孔，而要求在众多面孔中进行指认时，却选择出妇女面孔。

虽然两个半球加工的面孔是不同的，被试并没有报告这幅合成图有什么不平常之处。当要求他说出来时，他以词语描述了男人面孔的特征，这支持了左半球负责词语信息加工的说法。但是，当要求他从许多相片中进行面孔选择时，被试会选择女人面孔，这支持了右半球负责图片信息的加工的说法（半球功能特化的更详尽的讨论，请见 Bradshaw & Nettleton，1981；Springer & Deutsch，1984）。

正常被试的认知研究。视觉加工过程中由于关键性的神经通路的参与（见图 2.12），对胼胝体无损的正常被试进行单侧化实验研究是有可能的。很明显，寻找胼胝体无损被试要比寻找裂脑手术后的被试要容易得多，而结果也确是这样，许多认知实验就是让这些人群来做被试的。程序同样是比较明白的，仪器也是传统的。典型的过程是，经过利手和性别筛选的被试，要求被试注视呈现在计算机屏幕或速示器的中心点。一个单词、一种颜色或其他类型的视觉刺激快速在注视点左侧或右侧闪现，注视点右侧的信息投射到左半球上，左侧信息投射到右半球上。然后要求被试对视觉信息做出某种类型的判断（如“是词语吗”），他或她的反应时被记录下来。这种设计的原则是，如果信息在一个半球是被正常加工的，则信息通达应该很快；如果信息开始在一个半球上加工是错误的，必须传递到另一个半球上被加工，则这个过程需要耗时。应该注意实验进行的时间确实是非常短的，50 毫秒的差异都是大的。因此，对于这类研究，用上非常精确的计时装置是有必要的。

研究者们已经成功使用左、右视野快速呈现刺激的技术来研究信息加工。对于这些结果的概述请看表 2.1。由于不当的实验设计、被试变量、难以复制以前的实验结果，应注意到这个领域中有关结果的意义经常不那么明显。但是，总体上，这些结果证实了左半球具有词语和字母的加工优势，而右半球具有面孔和斜线的加工优势。其他研究提示，在性别上（Boles，1984）、听觉加工上（Ivry & Lebby，1993）、视觉注意维持过程中（whitehead，1991）、原型形成上（Rees，Kim & Solso，1993）、利手方面（Annett，1982）均存在差异。这些结果还提示，视觉刺激类型具有不同的效应依赖于加工材料的半球（Boles，1987）。（关于这个主题的综述，请见 Chiarello，1988；Kosslyn，Sokolov & Chen，1989；Bradshaw & Nettleton，1981；Springer & Deutsch，1981）

表 2.1　脑功能的研究总结

功　能	左　半　球	右　半　球
听觉系统	与语言有关的声音	音乐、周围环境的声音
空间加工	未知	地理、方向感、几何图形的心理旋转
感觉系统	未知	触摸认知、布莱尔检测
记忆	词语记忆	非词语记忆
语言加工	言语、阅读、写作、算术	韵律计量
视觉系统	字母、单词、超现实艺术	地理模式，面孔，现实艺术
运动	复杂的随意运动	空间模式运动

与单侧性具有一致性的事实相比，人们对单侧性产生的原因尚理解不清，尤其是在人类身上。科巴利斯(Corballis,1989)提出了一个有趣的假设，为此现象给出了以进化为基础的解释：人类进化史揭示，右利手、使用工具、人类语言使用的左半球机制的发展都经历了二或三百万年之长的进化，并为更复杂功能的出现提供了舞台。科巴利斯(1989)写道，“150 万年前开始，由于直立人类的较大脑的出现，工具文化更加复杂。然而，一个真正灵活的工具文化和现代人类的快速、灵活的语言也许直到约 15 万年以前，当智人在非洲出现时，才最终占据整个地球”(p. 499)。根据科巴利斯的观点，脑功能特化的进化也许与思想灵活性和概括性有关，或与依据规则组合各要素而创造出新联结(可以是词语、句子或更加复杂的工具)的能力有关。对人类来说，概括性也许是独一无二的，并与左半球有关。科巴利斯理论是吸引人的，但应该考虑到有关语言加工的研究及黑猩猩和类人猿的工具使用(Gardner & Gardner,1969)。这个领域进一步的发展值得关注。

尽管这些对不同性质半球的实验研究给我们留下了深刻印象，但我们有必要在更大范围内来考虑这个问题。尽管许多细致的实验和证据提示，功能定位于皮层的特定领域，但可能皮层加工也可以分布在脑的其他地方。即使在半球特化的例子中，脑似乎也是作为整个器官在运行的。应注意到，这里报告的许多研究范式是关于胼胝体切断的病人，以及被设计来证实人类大脑的双侧属性。但在正常人身上，联结组织是无损的，而且两半球彼此之间是通过大量信息的交流合作运行的。

认知心理学和脑科学

为了更好地理解人类心灵，认知心理学家变得对心灵的器官——脑更加有兴趣了。他们对脑科学的兴趣与脑科学家对认知心理学所提供的人类信息加工模型的兴趣相吻合。我们已经知道脑的特化现象及其功能的广泛分布。神经系统是一个巨大的平行加工系统，被认为对于快速、复杂和创造性的信息加工是有必要的。

关于脑的许多发现对认知心理学和计算机科学都有着直接的影响。信息加工理论已经包容了神经科学方面的知识。一个例子就是，人们最近在神经激活的 PDP 模型上表现出了兴趣。在计算机科学领域里，我们看到了在计算机模拟方面的全新兴趣，这些计算机不仅执行具有人类特点的功能，而且也以相应的结构来模拟神经网络。

总结

1. 心-身问题已争吵了数个世纪。术语“意识”指的是躯体的功能，尤其是大脑的。
2. 利用区域脑血流的研究，塔尔文发现，情节记忆加工过程中，脑的特定区域被激活；语义加工过程中，其他区域被激活。

3. 认知神经是认知心理学和神经科学之间关系的科学研究。心理学和神经科学之间的联合有一些原因。当中包括有必要发现意识理论特点的生理证据;神经科学家有必要发现脑和行为的综合模型;有必要发现脑病理和行为之间的关系;认知科学的神经激活模型使用的增加;计算机在模拟神经功能上的增加;技术发明的需要以增强更清晰描绘脑结构的能力 。
4. 神经系统这个大厦的基本建筑材料是神经元,它主要由树突、细胞体、轴突和突触联结(神经传递发生场所)构成。
5. 神经科学家在脑功能是否是定位的问题上已经有长时间的争论。结论是,总体上某些功能是定位的(如言语),但功能通常分布在整个大脑。
6. 最近,脑科学家已经发展出许多技术以便能高分辨率地对脑活动进行描述。这些技术包括 MRI、PET 和 CAT 扫描等其他成像技术。
7. 裂脑被试的认知研究提示,右半球上的信息加工不同于左半球。

> 哪些词在你刚才所阅读的材料中?
> BLOOD,SWEET,SUGAR
> 你肯定你的选择吗?

第二部分 知觉、注意、模式识别和意识

第三章 知觉和注意

问题预览

1. 术语"计算脑"在什么情况下使用,其含义是什么,它怎样影响人类的生存?
2. 为什么认知心理学家把感觉和知觉作为重要的研究课题?
3. 错觉的概念如何帮助我们理解感觉到的物体和假想的物体之间的关系?
4. 什么是图像存储,什么是声像存储,它们对我们理解"真实"世界有什么样的帮助?
5. 认知心理学家如何定义注意? 说出日常生活中与注意有关的几个例子。
6. 注意的主要理论及其实验依据是什么?
7. 什么是"加工能量",什么是"选择性注意"?
8. 什么是"自动加工"? 给出你日常生活中自动加工的几个例子。
9. 脑成像技术能告诉我们关于注意的什么信息?

如果造物主当初给我们一个不一样的感觉系统,或者稍微改变一下我们现在的感觉系统,而同时让自然界其他物体保持不变,毫无疑问我们将会处在另外一个世界,或者严格地

说就好像我们感觉之外的所有世界都发生了改变。

——约翰·缪尔(John Muir)

当你在白天工作时,你打开了晚上关闭着的认知电脑。当闹钟的铃声将你从无意识状态中惊醒时,你听到了这个世界;当你睁开眼睛时,你看到了这个世界;当你把水泼到自己的脸上时,你接触到了这个世界;当你吸入新泡咖啡的浓郁香味时,你在享受气味世界;当你咬着新鲜面包卷时,你在品味世界。人类的这五种感觉——五种面向世界的窗口——是我们了解世界的惟一渠道。这五个通向"真实"世界的管道是理解一切事物的基本手段:从毕加索到朋克摇滚乐,到海洋中的迷雾、巴赫、香料、陀思妥耶夫斯基、薄荷糖、日落以及性行为。

本章中我们将发现人是如何利用计算脑(computational brain)的:

- 知觉环境中的信息
- 注意这个世界
- 初始阶段的信息加工

我们从感觉信号的知觉开始对人类认知进行考察,因为它是信息加工的第一步。而作为信息加工中枢的大脑的任务是理解并进而给予那些从周围神经系统(Peripheral nervous system)传进大脑的事物以意义。周围神经系统由位于脊索和大脑外面的专门负责感觉和知觉的神经组成。

计算脑

周围神经系统以及大脑的主要功能是知觉和思考——看和理解。斯蒂夫·宾克(Steve Pinker)在其著作《心灵如何工作》中曾明确地指出:"心灵是一个由各种器官组成的计算系统,自然选择对其的设计是用以解决我们祖先在猎食生活中所遇到的各种问题,尤其用以理解和战胜其他物体,如动物、植物以及其他人"(1972,p. 21)。人们通过看、听、闻以及尝来感受这个世界,这些感觉只是过程链的第一个环节,随之而来的是对刺激进行编码、存储、转换和思考,最后是反应,而对反应的认识又可能回过来导致新的刺激和思考,从而启动一个新的循环。

计算脑的概念基于这样一个观念:心理就是脑的活动——心灵加工信息。当人们从事"高级认知"活动——思考苹果和美洲在外形上如何相像或者计划着如何去智利与朋友会面——人们实际上是在做某种类型的计算。

如图 3.1 所示,在人可察觉范围内的物理能刺激感觉系统,并被转换成神经能,在感觉存储中保留短暂时间,然后受到中枢神经系统(CNS)的进一步加工和编码,接着可能被传递至记忆系统进行加工。结果是产生反应,而这个反应又可能会成为刺激的一部分以便进一步加工(本书后面大部分内容涉及信息的非常复杂和抽象的加工,这些加工发生在记忆系统和信息计算过程中)。

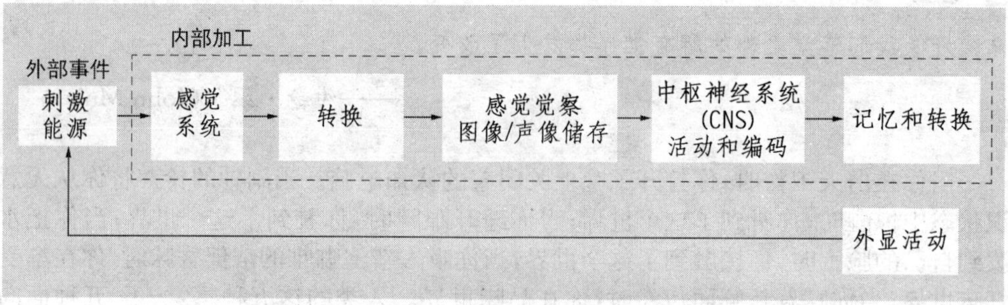

图 3.1 外部事件和内部加工结构的信息加工阶段

图 3.1 所示的流程图描述的只是假想的信息加工阶段,牢记这一点是有用的。大脑的内部结构绝不是图 3.1 所示的情况;但是这个模型是有价值的,因为它把认知心理学所假设的信息加工阶段图示化了。认知心理学创新之处在于能“看到”信息加工时的大脑激活情况。上一章提到的新技术的研究表明,图中所示阶段和实际心理过程是相似的。借助于这些最新的观察技术,在 20 世纪科学家的观察认知加工活动中,大脑激活位置的梦想正变为现实。这方面的一些发现和趋势将在本章及后面关于记忆和其他高级认知的章节中述及。

感觉和知觉

感觉(sensation)是指对来自物理世界的能的初始检测,并受到心理物理学领域学者的仔细研究。心理物理学是心理学的一个分支,它研究物理信号和感觉系统对物理信号检测之间的关系。感觉研究一般涉及感觉机制(耳、眼等)的结构和过程以及影响那些机制的刺激。

知觉(perception)是对感觉信息进行解释的高级认知活动。感觉是对刺激的初始检测,而知觉是指对感觉到的事物的解释。当读一本书,听一个音乐会,收到一个信息,闻古龙香水,或者品尝鱼子酱,人们“体验到的”远远多于直接的感觉刺激。每个这样的感觉事件都会在人们关于这个世界的知识背景中被加工,人们的过去经验给予简单的感觉事件以意义。

内部世界和外部现实的连接是感觉系统的中心问题。对物理变化以及与此相应的心理经验的关系的研究称为心理物理学(psychophysics),它是心理学中一个重要的内容丰富的领域。

错觉

感觉和经验的知觉解释之间的区别,即感觉系统接受的东西和心理对这些东西的解释之间的区别是知觉和认知的核心问题。还有一个令人感兴趣的问题:为什么心理会歪曲现实?

这个问题的一种研究思路是对相同感觉刺激进行心理学和物理学上的测量。有时这两种对客观现实的测量（"真实的"和知觉的）不匹配，例如在知觉错觉中。知觉研究中的一个著名例子是缪勒-莱尔(Müller-Lyer)错觉（见图 3.2），图中两个相等的线段看起来却不等。有解释认为这个错觉可能部分地由于过去经验的影响所致，这些过去的经验使我们觉得某些形状看起来相距较远，而另一些形状看起来相距较近。此外，也有人认为这种错觉（以及许多其他类似的错觉）反映了大脑深处的某种恒定结构。这方面的内容可参考第四章的关于错觉轮廓(illusory contours)的讨论。关于错觉的一个比较复杂的例子是图 3.3 所示的 M. C. 埃施切(M. C. Escher)的绘画，画中远近、距离的视觉线索和水运动的视觉线索看起来相互不协调。

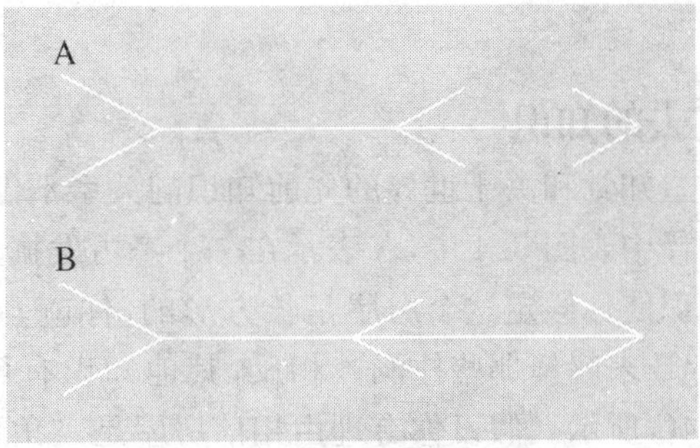

图 3.2 缪勒-莱尔错觉

A 中的两个线段是相等的，B 中的两个线段看起来相等，其实不等。

图 3.3 《瀑布》

资料来源：M. C. Escher Heirs, c/o Cordon Aris, Baarn, Holland。

过去的知识

知觉和关于世界的先前知识的关系不仅表现在几何错觉中，还表现在科学资料的解释中。图 3.4 中，A 表示在一个考古发掘坑中发现的柱洞。如果你关于这个部落的知识使你假定这个房屋是长方形的，你就会倾向于"看见"图 3.4B 的形状或者以图 3.4B 来解释那些柱洞。相反，其他知识有可能导致你对柱洞模式的不同解释，如图 3.4C 所示。假设你有理由相信房屋是三角形的，就会按照这个形状确定"有关的"和"无关的"柱洞，并按照这个形状画出轮廓。知觉不仅受到感觉信号的影响，还受到过去知识、先前假设以及偏见的影响。

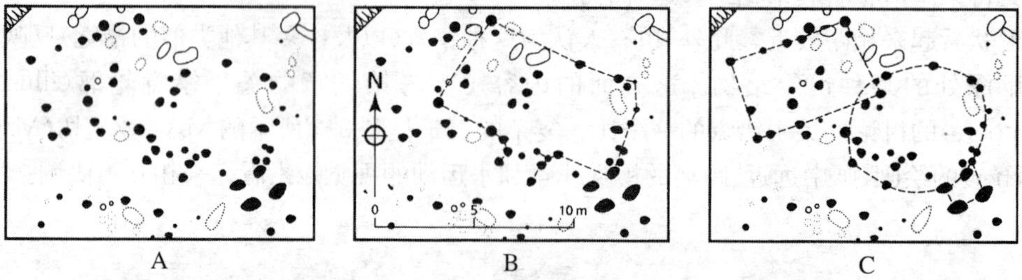

图 3.4　考古坑中发现的柱洞位置的假设房屋布置

A. 洞的模式(黑色形状)
B. C. 假设的房屋布置

所以，你我对世界初始信息的知觉受到感觉系统和大脑的结构化方式的影响——在过去经验影响下，我们以一个特定方式去知觉这个世界，这些过去经验赋予初始感觉刺激以丰富的意义。如果过去的学习不影响我们的知觉，你正在读的这页纸上的这些怪异曲线(我们称之为文字)，将不会被知觉成单词的组成部分，并且这些单词将没有意义。通过学习我们了解这些视觉(听觉、触觉、味觉以及嗅觉)信号的意义，我们的大脑中充满了这些联结结构，它们解释客观世界的刺激能量。例如，当你听巴拉莱卡琴的演奏时，你仿佛能够看见俄罗斯舞蹈。诚然，知觉也受到感觉系统的支配。

大脑对感觉的预处理

对感觉系统和大脑生理组成的研究揭示了感觉和知觉过程的另一面。感觉系统由感受器和五种感觉(听、看、触、尝以及闻)神经组成的。在过去 150 年里，由于生理学家、物理学家以及心理物理学家的努力，人们已或多或少地揭示出每种感觉的秘密。但是，部分由于大脑的不可直接观察性，我们关于大脑及其在知觉中作用的知识却很少。对工作大脑的直接观察需要移去钙化的脑壳，这个脑壳经过千百万年的进化使得大脑能免受伤害。生理学家们为了发现一些症状的神经学基础，有时会对病人死后的大脑进行检查。这些研究揭示了大脑的一些粗略性质，例如著名的大脑对侧机制。这个机制指出，一侧半球上的皮层损坏将导致身体对侧的功能破坏。另外，外部伤害事件，例如大脑的后凸骨受到打击，将导致“看见星星”，即我们“看见”明亮的闪光，但眼睛并没有检测到光线。通过直接刺激枕叶皮层，这个区域上的视觉图像会被激活。在当代，脑科学研究者们能够观察感觉、知觉以及大脑中的其他认知过程而不需要移去脑壳或者残忍地打开脑壳。他们所使用的技术不仅包含了反应时的行为数据，还包含了图像技术，如上一章讨论的PET、CAT和MRI等。如今，在意识科学领域里，人们首次可以直接观察到大脑感知外部世界信息及这些信息在大脑迷宫中如何流动。

计算脑对感觉信号的加工具有认识论(epistemology)方面的意义，并在知识的来源和本质的研究中起到重要作用。这其中包含下面这些问题：在反映世界的过程中，感觉和知觉以及整个认知系统的基本原理是什么？心灵的窗口或者说人类感觉系统的出现是由于生理变化，这种变化发生在我们这个行星的进化过程中。非常简单的有机物发展成对光敏感的专门细胞，经过几百万年，这些细胞变得越来越专门化，直到出现了像眼睛这样的东西(见图3.5)。随着眼睛的进化，大脑也出现了。能够看到世界是个好事，但是能够理解这个世界就更好！眼睛和其他的感觉器官是愚笨的，而大脑是聪明的。相反，一个聪明的大脑如果没有感觉输入就不会有关于世界的知识。对世界的感觉以及这些感觉的意义既是某种固定机制的生物学功能，同时也受制于观察者过去的历史。

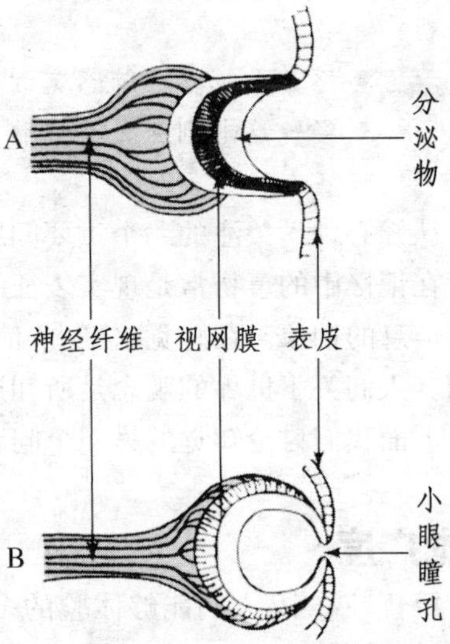

图3.5 A. 一个帽贝(一种动物)的眼窝。
B. 鹦鹉螺小孔眼呈现出的退化接受器和神经纤维。

我们知道的所有事情都是错的

认为感觉系统的各种成分是向外部世界开放的信道是有用处的。只有那些能够为我们感受器所检测到的感觉才可能得到高级加工，并且由于感受器感受性的限制，我们的知识也具有局限性。可能的情况是，我们过分强调了我们能检测到的物理性质的重要性，而忽视了那些不能为我们所检测或者需要特殊过滤器促使转换的物理性质的重要性。试想，如果我们的眼睛能看见红外线，但却看不见可见光谱，那么，我们关于真实世界的看法会怎样改变呢？我们白天和黑夜的轮回还与以前一样吗？对历史、营销、时尚、哲学，从而对整个社会将会产生什么影响？最重要的是，试想它对我们认识现实将产生的影响。因为我们是通过有缺陷的（因而是歪曲的）信道来理解世界的，于是，我们不得不承认我们所知道的一切都是错误的。不过，只要能够意识到我们所接触的世界比能够感觉到的丰富得多，虽然我们的感觉系统有所限制，但仍能勾勒出对所检测到的大量信息进行加工的描述系统。

所以，我们的知觉加工理论是对感觉信号的检测和解释，这取决于：

- 感觉系统和大脑感觉到的刺激能
- 经验这个刺激之前存储在记忆中的知识

认知心理学关注的一个重要问题是，感觉系统以及大脑是如何歪曲感觉信息的。储存在记忆中的事物常是现实表征的抽象。感觉信息的加工和认知解释的关键似乎是对信息的抽象。在感觉水平上，信息是非常具体的，而在解释水平上，信息一般是抽象的。人们关于世界的观念是所知道的（抽象水平上）和所感觉的（具体水平上）的整合。下面我们讨论知觉的另一个问题——在一次性的一瞥中可以察觉多少信息。

知觉广度

短暂一瞥中，人们能够体验的多少称为知觉广度（perceptual span），它是信息加工的一个早期成分。我们知道，这个世界充满了刺激信息，它们中的大部分是可以感觉的。其中有多少可以得到进一步加工？知觉广度概念上的混乱多数源于不能区分两种假想结构——感觉存储和短时记忆。下面列出的是经常被引用的威廉姆·汉密尔顿（William Hamilton，1859/1954）关于这个问题的说明，它对这两个储存系统就没有作出区分。

> 有多少个物体在心理上可以同时且是大致而不是清楚地被观察到？我发现，由于知识背景的不同，不同哲学家对这个问题有不同的陈述方式和回答。查尔斯·邦尼特（Charles Bonnet）认为，人能够一次看清6个物体，亚伯拉罕·塔克（Abraham Tucker）认为这个数字是4，而德斯塔·特雷西（Destutt-Tracy）也认为这个数字是6。在我看来，第一个和最后一个哲学家的观念是正确的。你自己就可以容易地检验这些实验，但是你必须意识到分组的问题。如果你撒一把石子在地上，你会发现，很难同时清晰地注意到多于6或者7个的石子；但是如果你把它们分成两组，或者三组，或者五组，你

就能尽可能多地把握你所分出的组，因为心灵把这些组当做了单元。

如果有时间数这些石子，我们每次都可以做得很好，但是正如汉密尔顿所指出的那样，明显地，我们有种感觉存储，它能够在事件短暂呈现条件下快速做出决定。常识也证实了这个观念。如果闭上眼，我们仍能继续"看到"这个世界；一段音乐停止了，我们仍能"听见"它；如果我们把手从织物表面上拿开，仍然可以"触摸到"它。这些感觉记忆都快速地消失，并且多数不久就被遗忘。这些短暂印象的范围有多大？它们持续多久？短时间内能存储多少？

威廉姆·汉密尔顿先生思考着知觉广度的问题

人们首先是通过视觉实验来研究知觉广度的，这不仅仅因为视觉是种重要的感觉，在一定程度上也是因为对它实施实验控制比其他刺激（例如触觉、味觉等）容易。视觉研究也有实用性的一面，因为视觉研究与目前迅速发展的阅读研究有关（许多早期的知觉广度研究都是关注一个短暂时间内能够理解的信息量的多少）。贾瓦尔(Javal，1878)观察到，阅读不是平稳地扫描一行文本，而是从一个注视点跳到另一个注视点。阅读，或者文本材料的浏览，是发生在注视点上，并非发生在跳动或者扫视(saccades)的过程中(Cattell，1886a，1886b；Erdmann & Dodge，1898)。

这些早期的研究表明，一次呈现中能够得到的最多信息量是无关的 4 到 5 个字母。更重要的是要认识到，这些早期研究的结论是基于被试报告所看见的。它没有考虑这样的可能：知觉保持量可能比 4 或者 5 个字母多，但是被试能够意识到——回忆起知觉到的，只有 4 到 5 个字母。这种容量大于回忆量的现象的一种可能解释是，报告刺激过程至少有两个阶段：(1) 知觉广度；(2) 直接印象的回忆。但是在被一系列关键实验证伪之前，阅读中的知觉广度平均是 4.5 个字母的"事实"持续了 60 多年。

这些关键性的实验对认知心理学有两个主要影响。首先，人们对知觉广度的容量的理解发生了显著改变；其次，人们开始认为信息加工是在连续阶段中进行的，每个阶段都按不同原理起作用。后者强化了人们对表征认知结构的"头脑箱"隐喻的认同。我们将在后面的章节中涉及这样的隐喻。

图像存储

奈瑟尔(Neisser,1967)将视觉印象的保持以及对其做进一步加工的短暂可利用性称为图像记忆(iconic memory)。关于术语记忆用于这些感觉现象是否合适存在一些疑问，因为对于大多数(即使不是全部)认知心理学家来说，记忆意味着信息的编码和存储，其中涉及高级认知过程。尽管图像记忆确实涉及一些存储，但是最近的发现表明，它似乎与高级加工过程(如注意)无关。

许多研究者发现，输入信息在图像记忆中得到准确地表征，但是如果不传递下去做进一步加工，就会很快消失。问题是，当被试作言语报告时——从快速消退的感觉登记中"阅读"视觉信息，他们是否会失去一些信息。如果是这样，那么知觉广度内的信息量实际上仅仅是在消失之前能够报告的信息量——换句话说，为了报告视觉信息，需要考虑图像消失和时间的关联函数。

斯珀林(Sperling,1960)怀疑，要求被试报告他们所能记住的项目的早期实验技术，实际上是对被试记住他们看到内容的测试，而这可能不同于他们一开始知觉到的内容。视觉图像包含的内容可能多于我们能够记住的。为了解决这个问题，斯珀林发明了部分报告法，在这个方法中向被试呈现下面的字母矩阵 50 毫秒：

R	G	C
L	X	N
S	B	J

如果被试企图尽可能多地回忆所呈现的 9 个字母，一般情况下他们只能够回忆 4 个或者 5 个字母。然而，在显示每行字母后，斯珀林立即呈现三种音调中的一个——高的、中等的或者低的纯音(因此，以上例子中，R、G、C 也许由高音作提示，而 L、X、N 由低音作提示，等等)。这些音调分别提示被试回忆第一行、第二行或者第三行字母。结果是几乎可以 100%地回忆出每一行。既然被试事先不知道哪一行被要求回忆，我们可以推想 9 个字母是同等程度可通达的，因此，感觉记忆至少可以保持 9 个字母。

斯珀林研究中的另一个特点是，改变字母呈现和音调呈现之间的时间间隔。实验发现，当这个时间间隔超过 1 秒时，回忆降到全部报告的水平(见图 3.6)。

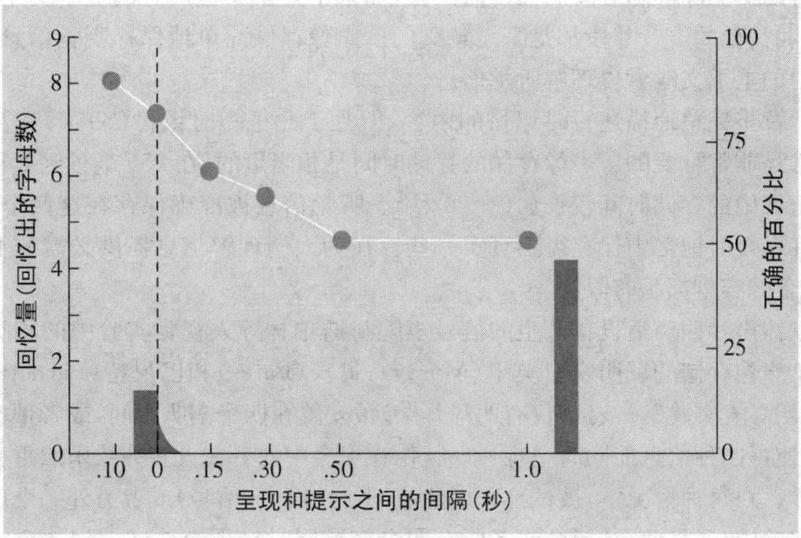

图 3.6 回忆量和提示延迟的关系

左边的粗竖条表示字母呈现时间和持续时间，右边的粗竖条表示对这些材料的即时记忆。

资料来源：Sperling，1960。

线索延迟效应

为了估计这种非常短暂的信息存储的衰退性质，实验中改变了字母呈现和提示(音调或条形标记)出现的时间间隔。结果表明，图像存储的持续时间约为 250 毫秒(1/4 秒)。[1]

声像存储

如果在外部物理刺激消失之后，人们仍能够“看见”它们，那么在声音消失之后人们还能够听见它们吗？回答是肯定的。奈瑟尔(1967)把听觉的感觉记忆命名为声像记忆(echoic memory)。在一定意义上，声像存储和图像存储相似——原始信息以高保真方式保持一个很短的时间(以便提取相关信息以作进一步分析)。正如图像存储

〔1〕 这大概和上面提及的阅读时的注视时间相同，一些研究者推测，阅读过程中，被试暂时存储视觉信息——单词和字母——然后在这个表象被存储之后转向下一个图像。

允许人们有额外的时间看见快速消逝的刺激，声像存储允许人们有额外的时间听到听觉信息。如果我们考虑到一般言语的复杂理解过程，声像存储的用途就变得明显了。构成语言的听觉脉冲随着时间而传播出去，如果不处于其他声音的上下文中，任何言语、音乐和其他的声音片段都是毫无意义的。声像存储简单地保存听觉信息，向人们提供即时的上下文线索以理解听觉信息。

第七章将完整地描述短时记忆的内容，但是于此把短时记忆（STM）和声像存储区分开来是非常重要的。声像存储的存储时间是相当短的（在 250 毫秒到 2 秒之间），而短时记忆中的存储时间较长（10～30 秒）。听觉信息被准确保存在这两个系统中，但是也许在短时记忆中保存得不真实一些。在为人们理解信息提供必需的上下文线索时，两者的容量都是有限的。

用立体声和四声道设备产生的信号矩阵与斯珀林等人视觉实验中的相类似。第一个关于声像存储的证明来自莫里（Moray）、贝茨（Bates）和巴尼特（Barnett）（1965）的论文"四耳人实验"。被试（仅有两只耳朵）被安置在四个喇叭中间，或者带上四声道耳机，这使得四种信息能同时呈现——就像在聚会中或者在贝多芬弦乐四重奏中所感受的那样。在每种情况下，被试都可以注意到一个声音（信号）或者另外一个声音。在莫里的实验中，通过两个、三个或者所有四个声道同时呈现给被试 1 到 4 个字母。正如前面的视觉实验一样，要求被试复述尽可能多的字母；在实验的部分报告部分，对应于声源的四个光信号提示被试复述哪个声源的声音。光在字母声音出现后的 1 秒钟时呈现，结果表明，听觉线索下的部分报告成绩优于完全报告法的成绩，对其的解释支持了听觉信息能短暂存储在声像存储中的观念。

达尔文（Darwin）、特维（Turvey）和克劳德（Crowder）（1972）的实验方法和斯珀林部分报告法技术更相似。通过立体声耳机，向被试呈现听觉信息的矩阵（和前面描述过的视觉呈现类似），这个矩阵由 3×3 的随机数字或字母混合组成。每次被试听到是如下的三列项目：

左 耳	双 耳	右 耳
B	8	F
2	6	R
L	U	10

所有项目的呈现时间是 1 秒。因此，被试同时在左耳听到"B"和"8"，在右耳听到"F"和"8"。主观经验是，左耳和右耳的信息可被确定为来自各自的声源，而"中间信息"（通常产生于双耳上同时出现的信号）好像是来自头脑内部。这种技术和斯珀林使用的三行视觉刺激的技术相似，它实际上产生了一个"三耳人"，通过部分报告法或全部报告法测量了回忆量。视觉提示（竖条）投射在被试面前的银幕左边、中间或者右边。和视觉研究相似，通过改变提示延迟的时间可以探明这种记忆的消退。达尔文及

其合作者延迟视觉回忆线索的时间是 0、1、2 和 4 秒，相应的回忆量如图 3.7 所示。显然，声像存储可以持续 4 秒，但是在听觉刺激后 1 秒钟内最清晰。

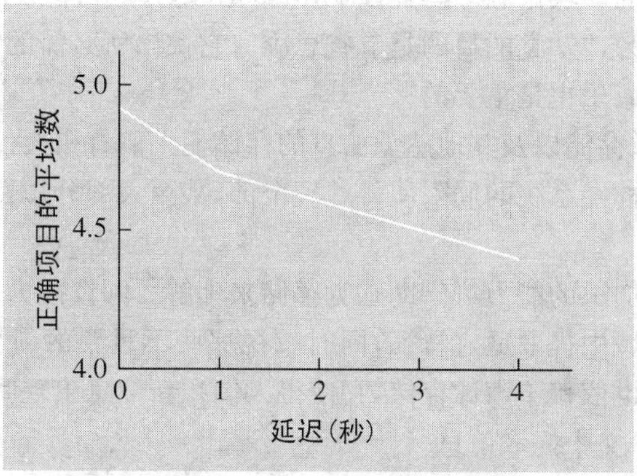

图 3.7 回忆量和听觉线索延迟的关系

资料来源：Darwin，Turvey & Crowder，1972。

我们考察了信息检测的两种感觉形态：视觉和听觉。遗憾的是，关于味觉、嗅觉和触觉还未收集到足够资料能使我们明确赞成或反对这些感觉中是否存在早期存储，就像视觉中的图像存储、听觉中的声像存储。不过，某项证据表明，人们的触觉中具有类似的早期存储(Bliss et al.，1966)。

感觉存储的功能

视觉和听觉的开创性研究是认知心理学领域中的重要结构组成之一，它们有助于解释事件的信息加工链。外部现实的这些短暂而又清晰的感觉印象的总体目的是什么？它们如何进到认知心理学更大的现实范围？

但是将感觉信息的各种理论整合进人的心理事件框架的努力受到的关注相当少。关于图像和声像存储(以及其他可能的类似系统)的一种猜想是，从外部物理世界提取信息遵循经济原则。即使有大量的感觉信息不断刺激人们的神经系统，高级认知系统加工信息的能力也是有限的，只有少量的感觉信息被选择出来得到进一步加工。

上述考虑看起来适用于视觉和听觉：让感觉信息暂时保存以便对恰当信息作进一步加工看起来是合适的，甚至是必要的。例如在阅读中，字母或单词的准确印象对于理解是必须的；而对于听，从理解谈话到欣赏音乐的每一件事都依赖于听觉信号的精确记录。

选取适当信息作进一步加工与拒绝不适宜信息之间好像存在着微妙的平衡。正如图像存储和声像存储一样，暂时、清晰和精确的感觉信息的存储似乎为人们提供了一种机制，使得人们能够选择适宜信息作进一步加工。通过在短暂时间内保存完整的感觉印象,人们能够扫描刚刚发生的事情,挑出最突出的刺激让它们进入错综复杂的记忆中。当一切都正常运行时,这些被编码、转换或者存储的信息刚好不多不少是人类正常生存所必需的。埃德温·博林(Edwin Boring,1946)许多年前的假设和前述观念似乎一致。他认为,"知觉的目的是节省思维。它挑出所必需的并使之永恒,从而对于有机体的生存和康乐也是重要的"。

图像存储、声像存储以及其他感觉信息的存储使人们有机会仅提取有待于进一步加工的信息。人类神经系统的局限使得处理全部,甚至大部分短暂存储在感觉记忆中的信息是不可能的。

视觉刺激复杂加工的能力可借助感觉存储来理解。阅读能力依赖于图像存储,它使得人们能从视觉域中提取适宜特征,同时忽视那些不重要的新异刺激。类似的,人们理解言语的能力也依赖于声像存储,它使得人们在新信息出现时能短暂保留听觉线索,以便在语音上下文中提取信息。

短暂感觉存储,以及其他还不太清楚的存储的产生,可能是进化中一个必不可少的组成。尽管它们的生存机制功能完全是猜测性的,但这似乎使得人们在能知觉"一切事物"的同时只关注人们知觉的关键成分,它的出现是最节省系统进化的结果。感觉存储使人们有时间提取关键特征以对其进一步加工和作出反应。

注意

一百多年前,威廉姆·詹姆斯(William James)写到"每个人都知道注意是什么"时,他解释道:

> 心理以一种清晰生动的方式,在几乎同时出现的许多物体以及系列思想中拥有其中一个。意识的聚焦和集中是这种心理现象的本质。它指不关注一些事情从而有效地处理其他事情。

当然,他的意思不可能是说,人们已知道了关于注意(attention)的所有内容。1890年人们不知道,现在也仍不知道。不过,通过大量精心设计的实验,我们可以阐释注意的有关课题,已出现的几个模型描述出了关于注意问题的总体观念。于本节,我们主要论述最近出现的、作为认知心理学组成部分的注意,以及关于注意研究在认知神经科学方面激动人心的新进展。本节分为四个部分:注意的一般体验、注意的模型及该领域的主要问题、关于这些模型和问题的讨论,以及关于注意的认知神经学。

关于注意,我们使用其一般性定义——"心理努力在感觉或心理事件上的集中"。注意研究覆盖这个命题的五个方面:加工能量和选择性注意、唤醒水平、注意的控制、意识以及认知神经科学。

许多关于注意的现代观念建立在这样的假设上：人类观察者在任意给定时刻被无数线索所包围。但人们的神经能量很有限以致不能感觉到数以百万计的所有外部刺激；而且即使这些刺激被检测到，大脑也不能对它们作充分加工，人们的信息加工能力非常有限。如果加工的信息量在容量之内，和其他种类的通信信道一样，人们的感觉系统将会工作正常，而超载会导致工作不正常。

英国心理学家唐纳德·布洛德本特(Donald Broadbent)开创了注意研究的现代纪元。在一部比较有影响的著作《知觉和通讯》中，他写道，注意是信息加工系统能量有限的结果。[1] 布洛德本特理论的核心是：这个世界是由许多超越人类的感觉和认知能力所能控制的东西组成的。所以，为了处理信息流，人类有选择地注意部分信息而忽略许多其他的信息。布洛德本特的理论将在本章的后面部分详细地讨论。于此，我们可把加工模型概念化为一个"管道线"理论。信息，例如人的声音，进入一个信道或者管道，并且以序列方式从一个存储或者加工系统到另一个存储或者加工系统，即，从感觉记忆到短时记忆系统，然后到长时记忆系统。最初的理论已被些许修改，但其本质结构仍保留着。

唐纳德·布洛德本特(1926～1992)开辟了注意和信息加工研究领域。

人们在很长一段时间内一直认为，在注意一个线索时，必须以牺牲另一个线索为代价。如果我们企图同时理解几个信息，尤其是同一类型的几个信息，那么在准确性上必然要作出牺牲。例如，在驾驶汽车(非常熟练的一种习惯)时，我们能够在关注高速公路的同时听无线电，但是难以关注一个感觉信道上同时出现的一个以上的线索，例如两个听觉线索或者两个视觉线索。在操作高难期，同时应付两个概念性任务也是困难的。

日常经验告诉我们，我们更多地注意到环境中的某些线索，并且在正常情况下，这些受到注意的线索会被传送下去得到进一步加工，非注意信息则不被传送。注意哪些线索与不注意哪些线索似乎取决于我们对情景施加的某种控制(例如，在看实况转播时，看一个足球运动员是否越位)，有时取决于长期经验(例如，看一个技术报告时发现一个特定事实)。在这两种情况下，注意机制总是优先集中于某些刺激，尽管不是所有"外部"信息完全被排斥在注意之外，这些信息会被监视或者衰减。

这种情况在听觉线索上特别明显。例如，聚会中我们会注意某人的声音，但同时也稍微注意周围其他人的声音。多数人都有这样的经历，注意力离开谈话伙伴的声音，而转移到另一谈话人群中某人的说话上。听到喋喋不休声音的同时，对谈话伙伴

[1] 这项研究的影响不局限于注意这个课题，它对认知心理学以一个整体面貌的出现也有重大影响。

关于自己巴塞罗那之行的呆板陈述试图掩盖自己的心不在焉，这是轻而易举的事情。当然，我们也许会尴尬——当偶尔被问，"你去过欧洲吗?"

思考论证：心不在焉的教授(或学生)的注意

我认识的一个教授在几个星期内总是显得心不在焉。他将一个外表很像牙膏管的皮脂膏涂在牙刷上，刷牙时才意识到出错了；将水注入咖啡壶中并放在开关打开的炉子上煮，一段时间后发现没动静时，才意识到错把水放入炉子的油罐中；在做关于活动艺术的讲座时（同时想着与舞者一起做个实验）使用了术语"kinesthetic art(动觉的艺术)"。大部分人都做过这样的蠢事，而且当他们意识到时，都会感到尴尬。

作为思考论证中的练习，你观察自己几天来心不在焉的行为（或者别人，例如你的认知心理学教授的愚笨言论和行为），然后把它们分类。你可能会发现大部分错误的发生可归结于自动加工（你的大脑处于"自动领航"状态），并且/或者是在注意其他事情时（"一头雾水"）。这种现象的研究者们发现，人们经常重复一些动作，使用错误的单词，张冠李戴，或者忘记某种动作的重要成分。

另外一个例子表现在观看莫里哀(Moliere)的《没病找病》(Le Malade Imaginaire)的演出时，剧中两个人物（抑郁症患者和他的医生）在同时讲话的情形中。同时有多种信号出现的情况在歌剧中也很多见。你可能努力想听到全部，但是听得很混乱，然后"收听"其中一个人的讲话，能继续听到但不能理解另外一个人的。当你观看一场各种动作同时出现的足球赛时，同时观察所有的运动员是困难的。一定意义上，人们醒时的状态与前述例子都是相似的，人们经常被丰富的感觉信号所"轰炸"，并且被要求对加工哪个信息作出决策。

上述例子涉及注意的五个问题：

1. **加工能量和选择性。**人们能够关注外部世界的某些线索，但是不可能关注全部线索。

2. **控制。**对所注意的刺激人们可以进行某种控制。

3. **自动加工。**一些日常加工过程（如，开汽车）是如此地为人们所熟练掌握以致需要很少的意识注意，从而达到自动化。

4. **认知神经。**与其他认知活动一样，注意在人们大脑和中枢神经系统上有相应的解剖结构。

5. **意识。**注意使事件进入意识状态。

第一个问题是很明显的，以观看演出或足球赛为例，你只能注意一小部分活动。你容易进行选择性注意，集中于某些线索（如，某个正在讲话的人或者带球前进的人）

而非其他线索。进行选择性注意的一个原因是你的信息加工能力受到信道容量的限制。第二个问题,对你注意的特征实施一些控制。例如,当两个演员同时讲话时,你可以控制自己听某一个人的;或者在足球赛中,你可以控制自己注意某一个运动员,例如中锋。第三个问题,事件知觉和材料的自动加工是相联系的。第四个问题,最近关于注意的认知神经方面的研究表明,人脑的注意系统和其他系统,如数据加工系统是分离的。这些新发现对注意的认知理论具有重要意义,并成为神经科学和认知心理学相联系的桥梁。最后一个问题,你注意的事物是你意识经验的一部分。这五个问题占据了注意研究舞台的中心。

竞争性刺激的例子

我们对信号的反应能力部分地取决于这个信号"清洁"到什么程度,即它怎样地摆脱竞争信息或者"噪音"。当你在加拿大的一些地区开车时,可能会意识到这一点:在那里大部分高速公路的标志都用英语和法语两种语言印出。如果你仅仅注意了一个线索——例如,英语——那么你就可以顺畅地穿过错综复杂的立交桥;但是,如果你对这个混合的刺激感到困惑,或者注意在两种信号之间来回切换,那么你的驾驶可能是危险的。

加工能量和选择性注意

就各种日常经验来说,很明显,人们只选择性地注意接触到的所有线索的一部分,例如前面提到的那些例子。这种选择性通常归因于信道容量的不足,以及人们不能同时加工所有感觉刺激。这种观念意味着,在信息加工的某个地方存在一个瓶颈,它部分是由于神经功能的限制。选择性注意像是黑暗房间里的一个手电筒,人们只照亮感兴趣的东西,而让其他东西继续处于黑暗中;当然考虑到人们反应所针对的以及能够记住的信息量,除了感觉限制外,似乎还存在着认知能力方面的限制。因此,人们的注意手电筒应仔细地瞄准、加工注意到的信息,并且忽视(或者抑制)其他信息。

听觉信号

对注意的信息加工的研究方法大多来自听觉方面的研究,但后来也出现了一些视觉和语义方面的研究。切利的早期研究(Cherry,1953)发展出一个所谓的追随实验程序,它现在已经成为研究听觉注意的标准方法。追随实验要求被试口头复述所呈现的信息。如果喇叭言语速度慢,那么这个任务就是不困难的;但如果喇叭的言语速度快,那么被试就不能重复呈现所有信息。大部分人也许在游戏中尝试过。但是切利的实验还有一个特征:两个听觉信息同时呈现——一个被追随而另一个被要求忽视,这些信息有时通过耳机呈现,有时通过悬挂在不同地方的喇叭来呈现。切利(1966)观察到:

> 值得注意的情况是:尽管很困难,但在各种各样的文本信息上(被试)都是成功的。因为是同一个喇叭放出两段信息,所以在声音音质方面没有提供任何线索,而在实际的鸡尾酒晚会谈话中这种线索是有帮助的。另外,既然信息是被录下来通过耳机放给被试听的,那么两个声源的方向特征也就去掉了。

尽管被试有追随能力,切利发现,他们记住的被追随信息很少。也许大部分的信息加工是在暂时记忆中进行的,所以就不可能有信息的长期存储和理解。没有注意的信息记忆效果更差(这是可以理解的)。当信息是言语时,被试报告说,他们确实认识到这是言语,但是在非注意言语中从英语到德语的变化没有被觉察到。把能量集中在某个信息上同时降低在其他信息上的加工看来是人类的一个重要特征,它使得人们能够加工有限的信息不至于由于信息加工而超载。

从切利的观察中我们能得到什么结论?既然许多主要线索(例如,视觉线索)在他的实验中被排除了,被试必然转向和语言规则相关的其他线索。人们在一生中积累起了关于语音、字母组合、词法、短语结构、声音模式以及语法方面的大量知识。即使当时一只耳朵呈现另一种信息,也可以理解通过另一只耳朵呈现的语言,因为我们能够关注上下文信息并用语言学知识对其进行检查。如果没有强烈的信号特征,不可能被接受不规则的信息(和正常的句法和词法不一致的信息)。高度相似的信息更容易得到加工。

具有重要理论价值的是被"忽视"信息的命运。有多少来自非注意信道的信息(如果有的话)进入下一个加工阶段?回想聚会中的那个伙计,他说出了不合时宜的话:"你去过欧洲吗?"他必然在他的"聋"耳朵里听到了一些东西,否则他连这个不合时宜的问题都提不出来。

在一个实验中,输入"聋"耳的信息,如,单词即使重复了35次,也没有被受试者正在使用的另一个听信道所保持(Moray,1959)。甚至莫里告诉被试,将向他们询问拒绝信道中的某些信息,他们仍不能报告出什么东西。然后,莫里采取了重大一步:在非注意信道的信息中加上被试名字。在这种情况下,被试名字信息就容易被接受(聚会中不也是这样的情况吗?某人在室内另一边说:"并且我能够理解兰迪(Randy)的妻子……",在这个时刻所有的兰迪和兰迪的妻子都会把耳朵转向这个说话者,而在此之前,他们完全沉浸在自身的谈话中)。有趣、下流事件的插入通常容易会引起人们的注意,这种现象称为鸡尾酒会现象(cocktail party phenomenon)。你经历过这种事情吗?

但是,注意一则信息的需要是很强烈的,除了特殊信息,非注意信息几乎不被接收。还没有证据表明,两只耳朵在感觉水平上不是同等激发的;也没有证据表明,非注意信息未达到听觉皮层。但是已有一些证据表明,大脑皮层的不同部位负责注意,而大脑皮层其他部位负责信息加工(Posner,1988),这个问题将在本章的后面部分讨论。

注意的选择模型

过滤器模型:布洛德本特

第一个完整的注意理论是由布洛德本特建立起来的。这种被称为过滤器模型的理论与单通道理论相关联,它基于这样一种观念:信息加工受到信道容量的限制。这个观念的最初解释在香农(Shannon)和韦弗(Weaver)(1949)的信息加工理论中有所表述。

布洛德本特认为,沿神经传输的信息会因它所刺激的神经纤维的不同而不同,或根据它们所产生的神经脉冲的数量的不同而不同(神经生理学的研究已经发现高频信号和低频信号由不同的纤维传输)。于是,当几个神经纤维同时激活时,几种感觉信号可能同时到达大脑。

在布洛德本特的模型中(见图 3.8),这些感觉信号通过大量的并行感觉信道(这

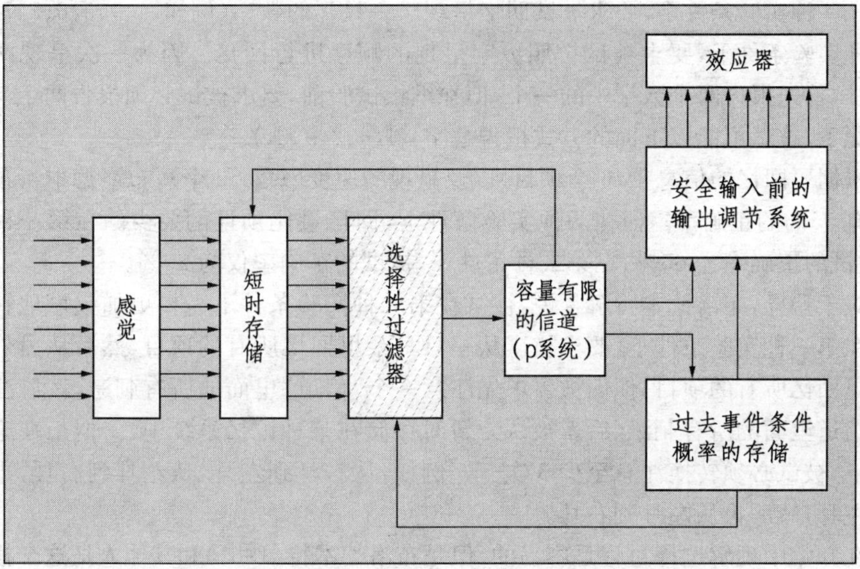

图 3.8 容纳当代各种注意理论的信息流程图

包括本书未涉及的布洛德本特理论中的一些成分。

资料来源:Donald Broadbent,1958。

些信道被认为有不同的神经编码并且可以根据编码进行选择。例如,同时呈现的一个高频信号和一个低频信号可以按照它们物理性质的不同进行区分,即使两者同时到达大脑),而信息的进一步加工仅仅发生在这个信息被注意并且通过选择性过滤器进入容量有限信道之后。从图 3.8 中可以看到有多于容量有限信道所能加工的信息进入系统,布洛德本特假设,为了避免这个系统超载,这个选择性过滤器可以从一个感觉信道转接而接通另外任何一个感觉信道。

从直觉上看,这个过滤器理论是合理的,因为人们信息加工能量的有限是显而易见的。为了从听到的信息中得出某种意义,大脑可能只注意某类脉冲的信号(基于其物理特征),这很像一个高保真声音设备的交叉过滤器,能够发现不同频段的信息(电脉冲),并将这些信息发送给各自的说话者以得到更多的加工。如果情境需要,人们也可以把自己的注意转向另一个信道。但是,如果这种选择以信号的物理特征为基础,像布洛德本特原来所认为的那样,那么这种注意的转换就应该与信息的内容无关。

在一个早期实验中,布洛德本特(1954)利用双耳分听技术来检验他的理论。在被试的一只耳朵呈现三个数字,同时在另一只耳朵呈现另外三个数字,被试可能听到:

左　耳	右　耳
6	4
2	9
7	3

在一种实验条件下,要求被试回忆呈现于一只耳的数字(例如,4、9、3/6、2、7)。在另一种实验条件下,要求被试按照数字呈现的顺序进行回忆。因为一次呈现两个数字,被试首先报告两个数字中的一个,但在继续试验前,要求被试必须报告两个。在这种情况下,被试可能以下面的方式报告数字:4,6,2,9,3,7。

根据要回忆的信息量(6 个项目)以及呈现的速度(每秒 2 个),布洛德本特预计大概会有 95%的正确率。但在两种实验条件下,回忆量比预计的要少。在第一种条件下,被试的正确率为 65%;在第二种条件下,被试的正确率仅为 20%。

对于差异,布洛德本特解释说,被试在第二种实验条件下需要更加频繁地转换注意。在第一种实验条件下,要求被试从一只耳朵里回忆所有的项目,然后从另外一只耳朵里回忆所有的项目,他们被要求先注意一个"信道"里面的所有刺激,然后注意另一个信道里面的所有刺激(后者被认为暂时存储在某种记忆系统中)。但是在第二种条件下,被试必须转换注意至少 3 次——例如,从右耳到左耳,从左耳到右耳,再从右耳到左耳,然后再从左耳到右耳。

在知觉中理解选择过程是容易的,但是布洛德本特(1981)和其他人把这个概念推广到记忆领域。每个人都有许多过去事件的表征,例如,关于一些朋友的知识,关于事件即将发生的日程表,关于过去经验的记忆,关于家庭成员的想法等等。在个人史上的任何时刻，人们只能回忆这些表征的一小部分，而其他部分都在背景中等待被使用。布洛德本特将选择性知觉和记忆联系在一起，从而提出了重大的理论和实践问题，但对于目前的讨论更为重要的是，它提醒我们选择性知觉不仅仅是小范围的现象——它几乎涉及了所有的其他认知系统。

两个牛津大学学生，格雷和韦德伯恩(Gray & Wedderburn，1960)的实验结果对布洛德本特的过滤器模型提出了疑问，他们给两只耳朵交替呈现组成一个单词的音节(按顺序)以及一些随机数字，这样，当一只耳朵"听到"一个音节时，另一只耳朵"听到"的是一个数字。例如：

左 耳	右 耳
OB	6
2	JEC
TIVE	9

如果布洛德本特的过滤器理论(以听觉信号的物理性质为基础)是正确的，当要求被试复述他们在一个信道里"听到"的内容时，他们应该脱口而出无意义的言语——例如，"ob—two—tive"或者"six—jec—nine"。但是他们没有，他们说的是(在本例中)"objective"，因而显示出了快速地从一个信道转接到另一个信道的能力。

在另一个实验中[有时被称为"Dear Aunt Jane"(亲爱的珍妮大婶)或者"What the hell"(行啦)任务]，格雷和韦德伯恩使用了相同的实验程序，但呈现的是短语["Mice eat chess"(耗子吃奶酪)，"What the hell"或者"Dear Aunt Jane"]而非音节。例如：

左 耳	右 耳
Dear	3
5	Aunt
Jane	4

和在音节数字的实验中的情形一样，本例中被试倾向于"听见""Dear Aunt Jane"；他们显然把信息片段按照意义来组织。按照格雷和韦德伯恩的说法，"被试在这种情形中的表现是智能化的"。

可以辩解说，这两个研究者使用的是有偏向的测验。这样一个从分裂了的单词或者短语片段中找出意义的任务，自然使得被试会突然转向另外的信道，而这种方法并非注意信息时的正常情况。

关于过滤器模型的关键性检验是由安妮·特雷斯曼(Anne Treisman)和她的同事完成的，他们的研究将在下面叙述。

衰减模型：特雷斯曼

过滤器模型的一个问题是非注意信道上的敏感信息(如被试的名字)能被检测到。

安妮·特雷斯曼建立了注意的衰减模型。

莫里的一个实验(1959)发现,被试约有1/3次数在非注意信道中注意到自己的名字。从日常生活的经验中可知,人们在注意一个信息时,能够注意另一个信息。教堂里的父母亲,能够在听到幼儿园中自己孩子的哭声背景上全神贯注于布道,从而清晰地理解布道。不知姓名的儿童的哭声、喊声、尖叫声也未打扰宁静的教区居民。但是,如果倾听者的孩子发出最微弱的耳语,这个信号就会像加布里埃尔(Gabriel)的喇叭声一样清晰。公正地说,最初的布洛德本特理论中,选择过滤器是允许偶尔一个或者两个"可能"性很高的(如在确定的上下文中很可能发生)的单词通过非注意信道的。

注意、意识和阈下意识知觉

许多关于注意的理论涉及两个有争议的话题:意识和阈下意识知觉(subliminal perception),后者指的是在心理阈限之上但同时不能被意识的知觉结果。如我们在这本书中已经看到的那样,目前关于注意的理论集中在信息的选择发生在什么地方这个问题上。这些理论的一个共同假设是:在信息加工的早期阶段,人们意识不到这些信息,而在后来的决策和选择中,一些信号通过并得到进一步加工。

由于西格蒙德·弗洛伊德(Sigmund Freud)工作的巨大影响,一个多世纪以来,人们一直对意识和无意识的差异发生着兴趣。一些研究者(主要是行为主义者)认为弗洛伊德关于心理二分法的描述缺乏客观证据,但是认知心理学家的一些实验以及一些个案研究支持心理二分法的观念。

对于许多心理学研究者来说,能够知觉到阈限以下的信号是令人怀疑的,他们把这种理论称为诡辩心理学。人怎么可能听到没有听到的东西呢?然而关于注意的研究清楚地表明保存被忽视的信息是有可能的。这种阈下意识知觉的问题和启动效果是紧密相关的,例如在启动实验中,当向被试呈现一个单词,在他没有意识到这个单词的同时,它能够促进相关单词的识别。进一步的一些研究(Underword,1976,1977;Philpott & Wilding,1979)表明,阈下知觉也有促进随后刺激识别的效果。所以,通过这些实验已观察到阈下意识知觉效果。

为了解释被试有时在非注意信道中能够听到自己名字这一事实,莫里认为,在过滤器之前必然发生了一些分析。特雷斯曼反对这种说法,她认为,在被试的"词典"(或单词存储)中,某些单词有较低的激活阈限。于是,重要单词或者声音，如自己的名字，或者某人孩子有特色的哭喊声，比不重要的信息更容易激活。她的精制模型保留了布洛德本特模型的大部分结构，同时还能解释莫里获得的实验数据。

在布洛德本特模型中，如果注意指向一个信道，那么另一个信道就关闭。特雷斯曼研究中最值得注意的是，她的实验要求被试注意一只耳朵的信息，而同时语言学意义则从一只耳朵转换到另一只耳朵。例如，信息"There is a house understand the word"在右耳呈现，同时在左耳呈现"Knowledge of on a hill"。我们倾向于追随意义，而不是注意来自一只耳朵的信息，即使要求被试报告来自一只耳朵的信息。因此，被试报告听到了"There is a house on a hill"。在另一个实验中(1964)，特雷斯曼让英-法双语被试追随奥韦尔(Orwell)的《英格兰，你的英格兰》(*England*，*Your England*)中的一段，向一只耳朵呈现英语，另一只耳朵呈现法语。被试不知道这两段文章是相同的，但两段言语在时间上稍微错开一点。当错开的时间间隔逐渐减小时，许多被试能够发现这两段言语在意义上是相同的。情况似乎是，"非注意"声音并没有从被试的第二语言的知识中切离。

特雷斯曼和其他研究者的资料看起来和过滤器模型不吻合。在分析信号特点之前，大脑"执行者"必须作出这样做的决定。显然，必须对信息进行某种初步筛选。根据特雷斯曼的观点，首次筛选以对信号的物理性质的评估为依据，较复杂的筛选以信号的意义为依据(见图 3.9)。首次筛选通过衰减器或者知觉过滤器——一个控制信号强度的装置——来进行，这个装置介于信号和语言加工之间。特雷斯曼的模型认为，"无关"信息是由一只迟钝的、而不是聋的耳朵听到的。

特雷斯曼模型的作用如何呢？它无疑合乎逻辑地解释了人们如何能不加注意而听到某些信息，以及人们如何能够注意信号的意义，而不只是信号的物理特征。但即使它是一种衰减模式，如何进行决策的问题仍然存在。一个简单的衰减器具有分析信息的复杂物理特性的能力，并且在主控程序下来检查它们，以便知道应该通过还是不应该通过吗？进一步地，它能在一眨眼的工夫完成所有工作，以便能跟上正在进行的听觉事件吗？

这些问题引发了这样的讨论：特雷斯曼究竟给衰减模型赋予了哪些性质？在一封给作者的信中，她澄清了她的观念。关于衰减器，她(1986)写道：

> 我的意思是，衰减器同样也处理了所有的非注意信息，而不管它们的内容。频率、相关性以及重要性等效应完全由言语识别系统来决定，这和具有低信噪比的注意信息完全一致……注意信息和非注意信息的惟一区别是：非注意信息的信噪比的降低是由于选择性过滤器，因此，除了具有非常低的觉察阈值的一些单词和短语外，非注意词汇项目是不可能被激活的。衰减器仅仅根据信号的物理性质，如位置或者声音质量来进行选择。

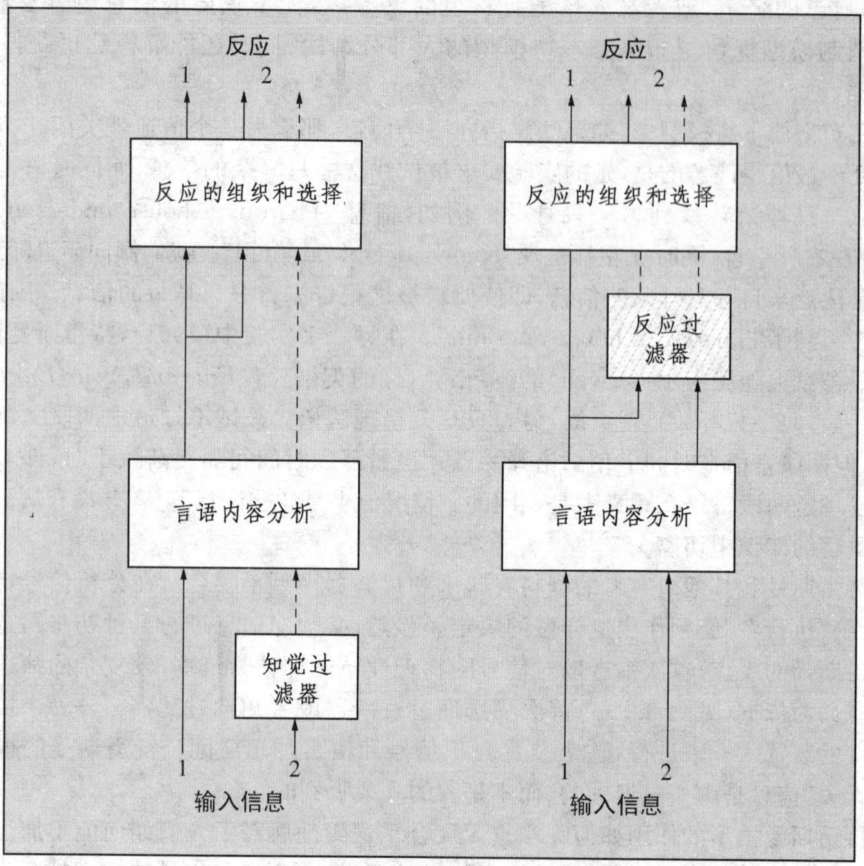

图 3.9　选择性听，假设 A(知觉限制模型)和假设 B(反应限制模型)

资料来源：Treisman & Geffen，1967。

视觉注意

到目前为止，我们讨论的都是注意的听觉方面，但是所有的感觉经验(视觉、听觉、嗅觉、味觉和触觉)[1]都遵循注意的规则。图像、色彩和形状知觉获得的加工比听觉多得多(见第四章关于形状知觉的阐述)。例如在图 3.10A 中，你可以在大“L”的背景中“看见”一些“+”组成的块。在这类实验中，特雷斯曼和她的合作者、朱尔斯(Julesz)和他的合作者发现(1997)，当视觉元素明显时，如在图 3.10A 中所示的那样，

〔1〕 试着把你的注意从对这本书的视觉阅读转变为另一种模式，例如触觉，集中感觉右脚所受到的鞋的压力。想一想。现在，把你的注意集中在其他每一种感觉上，并集中于每种感觉的联想体验上。

观察者能够在 50 毫秒内看见块和背景的边界。

现在，让我们看图 3.10B。此时你必须通过一些努力才能"看见"由"T"组成的块(图中轮廓以示强调)，这是因为它们不像"＋"那样在背景中显得突出。但是，它们的组成成分却是一样的(即，"＋"和"T"都是由两个相互成直角的线段组成)。因为视觉系统"看出""T"、"L"之间是相似的，而"L"、"＋"之间是不相似的，所以这两种任务需要不同的注意努力来进行加工。

特雷斯曼和朱尔斯都假设在视觉注意中存在着两种不同的加工。第一阶段(见图 3.11)是一个初步的、前注意加工(一种印象总图)，它扫描视觉领域，并且快速检测客体的主要特征，如色彩、大小、朝向以及运动等。根据特雷斯曼的观点，接着客体的不同特征会在大脑皮层上的不同部位编码成具体特征地图。

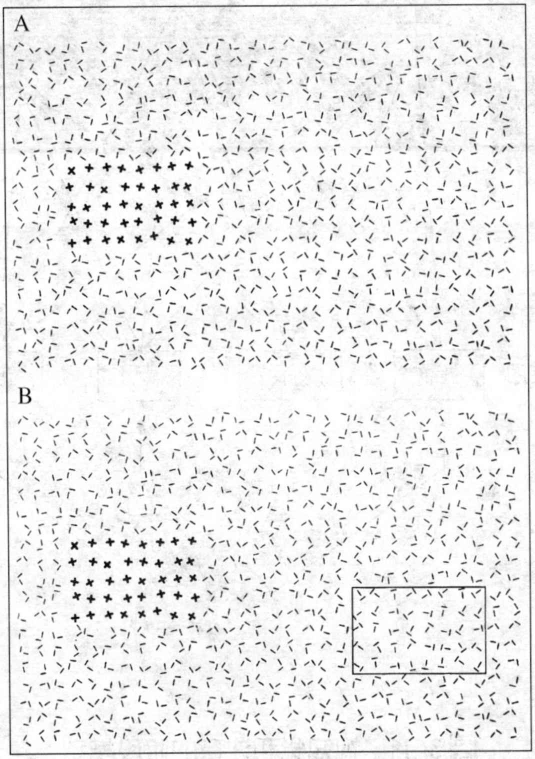

图 3.10　图 A 中可以容易地看到由"＋"组成的长方形，但是看见由"T"组成的长方形就比较困难(图 B)

注意的第一个阶段似乎是前注意扫描，它一般性地扫视一下整个视野并产生基本的信息，例如，看见符号"＋"，而看见"T"则需要集中性注意。

自从布洛德本特的注意理论在 20 世纪 50 年代出现以来，它不仅影响了包括特雷斯曼在内的整个一代的研究者，在信息加工的能量有限理论中也起着重要作用，此后出现的许多理论或者修正或者攻击他的基本论点。不幸的是，有一些人把布洛德本特理论描述成两者选一的理论，即信息不是传递到一个信道就是传递到另一个信道中。这种说法是错误的，布洛德本特曾写道(1958)："再一次地，我们不能说'一个人不能同时听两个东西'，相反，我们会拒绝从耳中接受一些信息：但是在量上有限制，并且呈现给拒绝耳的刺激的细节未被记录。"没有一个理论能够取代布洛德本特的最初理论，虽然大部分的其他研究澄清了注意中的某些具体问题。

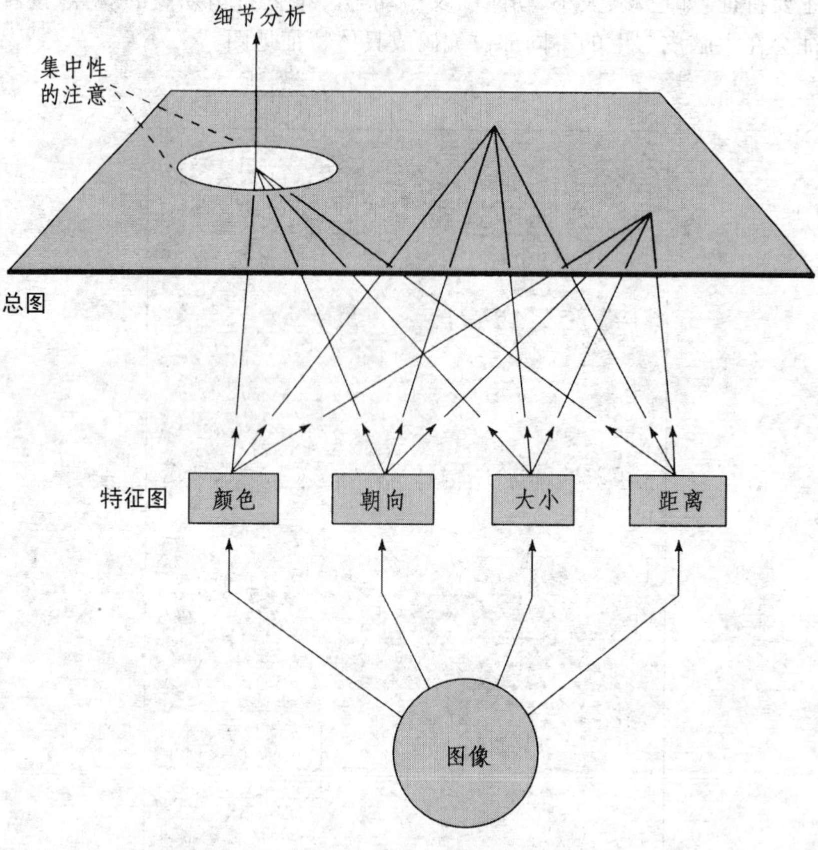

图 3.11 视知觉和注意的阶段模型

开始时，视场景中的一些基本特征(颜色、朝向、大小以及距离)在彼此独立、平行的信道里被编码成特征图。这些特征图被整合成一个总图。然后，集中性注意在总图信息的指导下详细分析所选择的图像区域特征。

资料来源：Treisman，1998。

自动加工

人们在面对许多刺激的同时还进行各种活动。例如，开车时，人们可能同时看地图，挠一挠，打电话，吃汉堡包，带太阳墨镜，听音乐等等。但是，在注意分配上，人们（希望）把更多的注意分配在驾驶上而非其他活动，即使有一些注意会赋予其上。相比于新的或者练习少的活动，高度练习的活动会自动化，从而要求较少的注意。这种自动加工和注意的关系由拉伯奇（LaBerge，1975）描述如下：

> 例如，想象一下学习完全不熟悉字母的名称。这很像根据最近遇到的一个人的面孔来学习他的名字。当再一次出现相应的视觉刺激时，人们会回忆起一个相应的时间、地点和情节，并因此而产生适宜反应。伴随进一步的练习，名字会和情节几乎同时出现。这个"短程回路"由视觉编码和名称编码之间的直线来表征。这种加工仍需要注意……此时的情节编码主要用来对准确性进行检验而不是用于对联结的调节。随着练习的积累，这个直接联结就自动化了（Mandler，1954）……此时，刺激的呈现直接唤醒了人名而不用集中性注意。实际上，在这种情形中，我们无法阻止名字"突然进入我们的头脑中"。

思考论证：你能够同时擦你的腹部并且轻敲自己的头吗？

用一个手指敲一首流行歌曲（如，祝你生日快乐）的旋律，这应该是容易的吧？然后用另一只手的手指敲"Jingle Bells"（或者其他流行歌曲），当然也是容易的。你能同时敲这两首歌吗？为什么不能？经过一些练习我们也许能够成功地做到这一点。如果真的能够，那很可能是这样一种情况：你以一种"自动控制"的方式敲一首歌而同时在意识的关注下敲另外一首歌。熟练的钢琴演奏者就是通过练习做到这一点的。这种同时加工的操作似乎主要是由小脑（它是大脑后面的类似于花椰菜的组织）中的动力计时器来监控的。当然除它以外，头脑中的其他部分也参与了这种同时加工。

拉伯奇的概念也许可以解释人在应激情况下的许多活动。诺曼（Norman，1976）向我们提供了一个恰当例子。假设一个潜水员在水下被他或者她的水下呼吸设备所困。为了生存，这个潜水员需要卸掉设备并逐步浮上水面。诺曼指出：

> 在游泳池中潜水时，反复练习卸掉重力带对于受训者来说似乎是个无谓的练习。但是如果这项作业可以被练习成自动化以至于它需要较少甚至不

需要意识的努力，那么潜水员在应激情况下需要实施这个操作时，作业就能顺利执行而不受恐慌干扰。

为使加工自动化能够发生，必须有一个从记忆到动作控制的信息自由流动。

视觉搜索、自动化和四分卫

比赛到了第三轮，你队在1/4赛时落后了6分。球靠近场地中央时，一个四分卫新手在现场数千球迷的压力下需完成拦截任务，其涉及复杂的视觉搜索、目标选择以及执行熟练动作。这个在全美经常看到的场面为我们研究视觉搜索、自动化以及其他认知活动提供了一个有趣的例子。首先，这个四分卫选手必须在记忆中有关他的接球者将要奔跑的路线图知识；其次，他必须分析出防御策略；最后，他还必须计算出接球者接到这个球的概率和球飞中目标的概率。

这个过程涉及两个阶段：记忆提取任务（记住这个游戏和路线）和一个知觉判断任务（防御性评估以及对成功概率的估计）。通过训练，这两个任务都可以达到“自动化”——就像熟练的网球选手、芭蕾舞选手甚至象棋选手（见第四章）的操作那样。但是，有些四分卫选手无法训练到这个程度，而当职业选手的技能练到这种程度时，他又准备要退出这项运动了。

一些研究者对体育运动中的自动化问题感兴趣，如佐治亚技术研究院的亚瑟·费斯克（Arthur Fisk）和内夫·沃克（Neff Walker）。他们使用计算机辅助训练系统，这个系统包含了一些表现好的四分卫选手的操作片段。参加训练的选手观看这个持续6到8秒钟的录像片段，然后通过按钮选择接球手，计算机程序将对他们的选择作出反馈。这个程序还包含投球以击中移动目标。受训者未达到完善程度时，这个程序可以反复进行，计算机可模拟这个游戏的“思维”部分，以训练受训者实现自动化。也许在这个新世纪，所有的训练程序将都可以在家里进行。

波斯纳和斯奈德（Snyder）提出信息自动加工的许多必要特征（1974，1975），他们描述了自动加工的三个特征：

- 自动加工不需要意图。在Stroop实验（这个实验包含RED或者

GREEN,这些词以不同的颜色印出,要求被试命名颜色名称)中,要求人们命名颜色名称时,一般都会体验到两个矛盾着的任务。阅读,作为一个高度自动化的过程,可能会在颜色命名之前发生,并且不需要被试的注意。在启动(priming)实验中,启动效应也部分独立于被试的意图和意识目的。例如,在看到单词"doctor"之后,识别"nurse"会变得容易一些。

● 自动加工是隐藏的,并且是意识之外的。正如前述例子所指出的,启动效应大部分是无意识的。人们不需"想"自动加工,这是它的又一特征。

● 自动加工消耗很少(或者不消耗)意识资源。人们能阅读单词或系鞋带,却无需"想"这些活动,它们是自动发生的并且不需要努力。

自动化研究的重要性在于,告诉我们一些复杂的认知活动似乎发生在意识经验之外。而且,像打字、背负水下呼吸器潜水、拉小提琴、开汽车、打网球、正确使用语言、对别人作出社会性判断,很可能是我们充分练习过的技能,这些活动大多是自动完成的。这些事情中的熟练操作能够解放意识,使它能够关注更需要注意且迅速变化的活动。自动化问题也涉及心理学中最难解答的问题:意识,这个主题将在第五章中讨论。

注意的认知神经科学

正如我们在前面几章中所知道的,认知神经科学代表了认知心理学中的一个新方向。神经科学和计算机科学中的一些发现,促使认知神经科学几乎扩展至认知心理学的所有领域,其中也包括注意的研究。这令人很容易地想到,注意的认知神经科学研究是注意研究的新前沿。

迈克尔·I·波斯纳,他在注意、记忆和认知神经方面做出过开创性的研究,从而创立了认知心理学的新领域。

注意和大脑

关于注意和大脑联系的研究源自注意缺失和大脑外伤间关系。早期这种研究主要集中在神经病理学方面。例如,大脑中的部位损伤或者中风可能会导致某种注意缺失。不幸的是,病理学观察一般是以粗暴伤害为前提的(那时候无法知道中风和枪伤有多大范围),因此,负责具体注意种类的大脑具体位置的问题仍然没有被解决。而且病理学观察还存在这样的问题:这种观察总是以事后检查为基础,主试和被试之间的互动最小。不过,病理学研究确实指出注意部分地和一个专门的皮层区域相联系。最近,对注意和大脑感兴趣的研究者使用了一些新技术,这些技术是在认知心理学和脑科学中发展起来的,并大大扩展了我们对大脑和注意关系的理解。而且,这两个学科都用上许多这样的技术:遭受严重的中风后或从脑中取出子弹而不使被试死亡，或为了便于观察对被试进行外科手术。最近，研究主要集中在下列两个方面：

- 寻找注意加工和大脑定位之间的关系(Corbetta et al.，1991；Hillyard et al.，1995；Mountcastle，1978；Pardo，Fox & Raichle，1991；Posner，1988，1992；Posner & Petersen 1990；Whitehead，1991；Woldorff et al.，1993)。这些研究利用了本章提到的全部认知技术(例如，双耳分听技术，追随，注意分配，词汇判断任务，形状和颜色辨别，启动)和神经科学研究中用到的远距离感知设备(例如，MRI和PET扫描)以及传统的反应时实验。
- 认知实验室中发展起来的技术。它们被用作诊断测验以及生物药品作用的调查，其所引起的选择性反应是来自注意加工过程(Tinklenberg & Taylor，1984)。

现在来思考一下大脑解剖学特点和注意关系方面的情况。注意和其他认知系统，诸如数据加工系统似乎是分离的，甚至当注意指向其他地方时，数据加工系统也能对具体输入进行操作(Posner，1992)。在一定意义上，注意系统与其他系统是相似的(例如，运动和感觉系统)，因为负责注意的大脑区域虽和其他部分相互作用，但其自身特性仍保持不变。这个结论的证据可以在一些大脑损伤患者中得到，这些病人表现出注意方面的问题，而不是加工能力缺失(或者相反)。

注意和PET

现代关于注意的研究应用了成像技术(主要是PET)，总结最近的所有这些研究是不可能的，但是我们可以了解认知神经科学领域中最前沿科学家的一些相关研究。第二章已对PET研究的基本技术方法进行了讨论，这里就不重复了，但记住这一点是重要的：其程序通过放射性示踪元素对大脑中的血液流速进行评价。当使用大脑而产生新陈代谢时，就需要更多的血液，而由此导致的血液活动会通过注入大脑的放射性示踪元素得到监视，并通过计算机转变成皮层分布图，从这个图中可以辨别出血液集中的“热点”区域。

这方面的典型实验是由彼德森及其同事完成的(Petersen et. al.，1990)，他们在这些研究中向被试呈现单词、相似非词、辅音字母串。如图3.12所示，由单词和规则非词(但不是辅音字母串)激活的区域是图中椭圆形部分(左图)。奇怪的是，这些区域受到非致命损害的病人常不能读出单词，但是他们可以逐个地读出字母。例如，向这些病人呈现单词“opera”，他们不能读单词，但是可以逐个地读出字母。通过读这个字母串，这个字母串(可能)被表征成听觉编码，大脑的其他区域可能负责这个功能，而且这些病人可以说出单词的意思。借助于PET的其他大脑研究表明了负责不同注意种类的大脑不同区域(见图3.12)。大脑中的每个指明区域以不同方式负责选择性注意,并且为了细致理解注意中的大脑性质,考虑意识和无意识的问题也是必要的。目前关于大脑皮层在意识和注意中的知识是:就像大脑的其他部分如视觉系统一样,注意系统产生意识的内容,并且对其他感觉系统加工信息的方式进行组织,如视觉世界是如何被感知的。

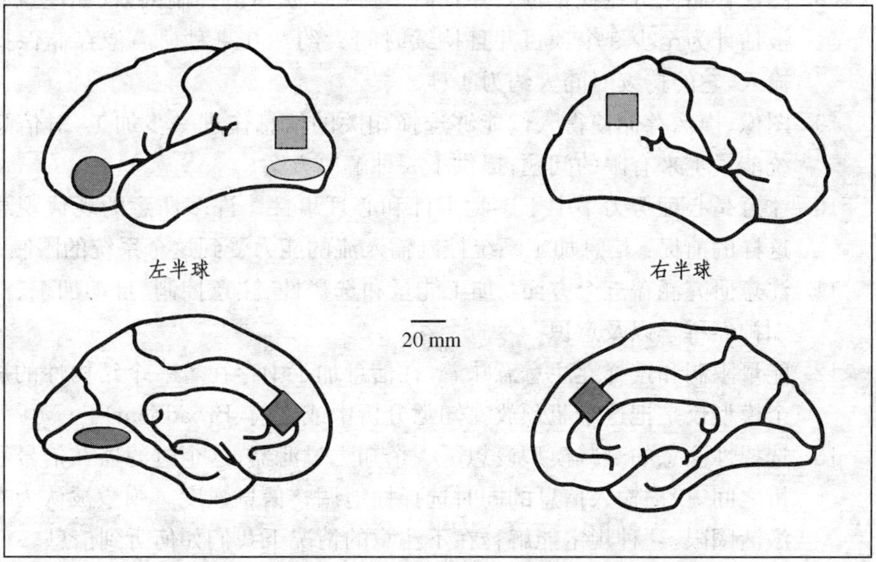

图3.12 图中显示了负责注意的人类大脑皮层区域

注意网络用实心色块表示,它们位于图中左右半球的侧面(外部)和中间(交叉部分)的表面上。顶叶似乎参与注意网络(见实心方块);右前额叶负责警觉;菱形是前注意网络;椭圆形和圆形是单词加工系统,它与视觉单词形状(椭圆形)和语义联想(圆形)两个部分相关。

总结

1. 认知心理学家对知觉感兴趣是因为认知被认为是外部事件的结果,感觉检测受到先前知识的影响,感觉经验的知识能够告诉我们信息在认知水平是如何被提取的。
2. 感觉是指物理世界和感觉系统对其检测之间的关系,而知觉涉及对感觉信号高级认知水平的解释。
3. 错觉发生是因为人对现实的知觉和"现实"不一致。错觉经常由基于过去经验的期望而引起。

4. 知觉加工由对现实的检测和解释而组成，这个现实决定于感觉到的刺激、感觉系统、大脑的结构以及先前的知识。
5. 对知觉广度的研究涉及基本的问题——短暂一瞥中我们能够经验多少。
6. 从一个快速呈现的知觉到报告刺激的内容涉及两个过程：① 知觉或者实际上的感觉登记；② 回忆，即消失之前报告所登记内容的能力。
7. 部分报告法是针对感觉能力和回忆能力相混淆而提出来的。
8. 图像存储保持住视觉输入并且似乎独立于被试的控制因素（如注意），其容量被估计为至少 9 个项目并且持续时间大约 250 毫秒。声像存储保持住听觉输入，它的持续时间大约为 4 秒。
9. 图像、声像存储使得人们能够选择相关的信息作进一步加工，对信息加工系统能量生来有限的问题，提供了一种解决方案。
10. 注意是心理努力集中于感觉事件和心理事件。许多注意的现代观念都基于这样的前提：信息加工系统控制输入流的能力受到这个系统的限制。
11. 注意研究涵盖五个方面：加工能量和选择性、注意控制、自动加工、注意的认知神经科学以及意识。
12. 能量限制和选择性注意意味着，在信息加工中存在着一个结构性的瓶颈。有个模型仅是把这个瓶颈放在知觉分析中或之前（Broadbent）。
13. 选择性注意的衰减模型设想了一个知觉过滤器，这个过滤器在信号和言语分析之间，扫描输入信息的同时选择性地调整信息强度。刺激被认为有不同的激活阈限，这种规定能解释在不注意的情况下我们如何听到信息。
14. 认知神经科学研究最近在关注注意，并发现大脑中某些部位和注意机制相关。

第四章 模式识别

问题预览

1. 模式识别的主要问题是什么?
2. 什么是建构性知觉? 什么是直接知觉?
3. 判别几种错觉并解释它们。
4. 什么是格式塔心理学,该理论如何解释知觉?
5. 举出几个经典透视的例子。
6. 如下几种模式识别理论的主要特征是什么:模板匹配,几何元素理论,特征分析,原型建构。
7. 什么是启动? 为什么它在现代认识心理学中很重要?
8. 专家(如国际象棋高手)如何组织视觉模式?

思维的最低形式是对客体几乎不作识别。人类的最高级的综合性直觉,则是将所有事物看做系统中的一部分。

——柏拉图

你今天看到了哪些熟悉的事物? 像大多数人一样,你看到和识别出的事物是大量的。那么,提一个更难一点的问题:你怎么能如此快而准确地识别那么多事物呢?

识别熟悉事物的能力是人类具有的一项重要属性。这一属性允许人们从众多面孔中认出旧友,根据几个音符识别出完整的一首歌,阅读文字,品尝葡萄酒的美味,欣赏玫瑰的芬芳。正是由于上帝恩赐了认识能力,人们大多可以天衣无缝、快速、不费吹灰之力地做到以上那些。在日常生活中,人们一直在使用模式识别,然而直到最近支持模式识别的认知结构才被认识。例如,你是如何识别你的外祖母的? 你是通过使用一个其他外祖母无法与之吻合的"外祖母模板"吗? 或者你使用了一个中心体现你外祖母的原型,即使她戴上眼镜,甚至换了发型,你仍能认出她? 或者你快速描绘她的特征,然后将她与"我的外祖母"主要特征表逐一对照? 尽管我们的讨论限于视觉模式识别,其他形式的模式——听觉、触觉等等——也影响着我们的行为,但对这些模式的研究远远少于视觉模式识别,这一点也同样体现在本章中。我们将学习到,甚至日常的模式识别也涉及感觉、知觉、短时记忆、长时记忆、刺激物识别的认知搜索间的复杂交互作用。尽管对客体的识别过程很复杂，但瞬间作出的识别却具有一定的准确性。从实验研究和常识中，我们可以发现模式识别的一些特点。它们包括人类如下能力：

原　则	例　证
● 快速、高准确度地识别熟悉模式。	● 人们可以轻易地认出朋友的面孔、房子的内部结构、街道标志。
● 识别不熟悉的事物。	● 即使是从未见过的罕见形状(如一个特殊形状的 A)，我们的视知觉系统仍能分析它。
● 准确觉察以不同角度放置或旋转的物体。	● 即使将一个咖啡杯倒置，也能认出它。
● 识别部分被隐藏、遮蔽或被"噪音"干扰的物体。	● 可以推测遮挡的部分仍然存在，譬如可以从电视屏幕上记者的上半身推测出他被遮蔽的下肢。
● 主观便利性地、自动而快速地进行模式识别。	● 即使在一个形状和物体不断变化的世界中移动，我们仍然可以快捷、不费力地处理这些信息。

形状知觉

此刻，两艘美国"远航者"号宇宙飞船正在星际间急速地驶向外星球。这两艘飞船与众不同，因为每只飞船携有一枚镀金的留声机唱片，遥远的文明生物解码这些唱片就可以获知我们的星球和文化。每张唱片录有大约 90 分钟的音乐、地球上的声音、用 60 种语言发出的问候，以及 118 帧地球和地球人的"照片"。来自遥远文明的智慧居民会从这些信息中获得什么呢？对认知心理学家来说，更为重要的则是这个任务所蕴涵的关于人类知觉和信息加工的假设。

相片 61 和 62 的复制图可以说明我们对人类和外星人的复杂形状知觉所做的假设。相片 62(右图)中，一个澳洲丛林男性猎人和他的儿子(假设是)正在狩猎一只头上长角的四腿小动物。大多数人能轻易地辨出这个动物的个头要比照片上的绝对尺寸要大。相片61(左图)中，科学家按照动物和男人的尺寸制作了三个物体形状的剪影，期望外星人会使用这些手段来理解人类习以为常的深度知觉这个概念。然而，考虑到地球上的人及其他生物的独特进化史，让外星人完全、快捷地理解这些信息，所提供的这些线索可能是不充分的。由于人类的进化赋予了形状知觉无以记数的认知及生理属性，这给我们形成了一个独特的印象：就我们所知，只有智慧生物才有形状知觉。

资料来源：*Murmurs of Earth*：*The Voyager Interstellar Record*，Random House，Inc。

知觉理论

知觉心理学家提出了两种主要理论来解释人类是如何觉察这个世界的。一种理论是建构性知觉说（constructive perception），认为人们在记忆的支持下通过主动选择刺激及合并感觉来建构对事物的知觉。另一种理论是直接知觉说（direct perception），认为知觉由从环境中直接获取信息构成。

先来看看建构主义者的假说。建构性知觉理论基于这样一种假设：人们在知觉过程中根据感觉和知识来形成和验证对知觉物的假设。因此，知觉是把进入人们感觉系统的刺激和通过经验习得的知识合并起来的一种综合效应。当你看见一个朋友从远处走来，你能认出他是因为他的相貌，他的鼻子、眼睛、头发等等被你的眼睛感觉到了，也同样因为你有经常在这个时候、这个地点看到他的经验。而且，即使他最近长了胡须、换了发型，或是戴了太阳镜，你仍能够认出他。根据建构主义者的观点，由于潜意识推断（unconscious inference），当原始刺激的模式发生变化时你仍能准确识别它。通过潜意识推断，人们自发地整合来自不同信息源的信息来构造知觉。按照建构主义者的观点，当人们观察世界时，用大脑和丰富的世界知识"看"，也在用肉眼（还有其他器官）看（它们为人们提供了未经加工的输入感觉），而且两者使用程度一样多。该理论与“自上而下”的感觉加工观点(将在下一节中讨论)很接近,也与许多研究视觉模式识别的认知心理学家的观点相一致,如杰罗姆·布鲁纳(Jerome Bruner)、理查德·格雷戈里(Richard Gregory)、欧文·罗克(Irvin Rock)。该理论可以追溯到赫尔曼·冯·赫姆霍尔兹(Hermann Von Helmholtz)在20世纪初叶完成的经典作品。

直接知觉理论认为,刺激物中的信息是知觉的重要成分,而学习和认知在知觉过程中是不必要的。该理论的主要拥护者是詹姆斯·吉布森(James Gibson,1967,1979)及其康乃尔大学的追随者,包括詹姆斯·卡廷(James Cutting,1986,1993)在内。他们宣称“直接知觉说假定,视觉设置的丰富性与世界多样性是匹配的”(p. 247)。得到生态观心理学家支持的这一主张认为,知觉时,刺激物本身已包含有获得正确知觉的足够信息,并不需要内部表征。知觉过程中知觉者只做很少地加工,因为世界已提供了如此丰富的信息,几乎不需要知觉者再去建构知觉和做出推断。知觉由从环境中直接获取的信息构成。下面从听觉而不是视觉的角度考察一个实例。如果你听到在钢琴上用G调演奏的片段,随后又听到用C调演奏的同样片段,你可能会听出第二个片段与第一个片段类似。如果再给你足够的时间,你会发现这是两个完全相同的片段。虽然这两个片段的曲调不同,然而它们之间的关系是恒定或不变的,就像视知觉的恒常性一样。

吉布森推断视觉线索,如线条透视、相对大小等等,与现实情景中的深度知觉无关。在参与第二次世界大战飞行员选拔中,他找到了这一观点的佐证。他发现,在深度知觉测验中成绩良好的飞行员在实际的飞机驾驶中并不比得分低的飞行员表现更好,因为在实际的飞行驾驶中不仅需要良好的深度知觉而且还需要高水平的操作能力。他得出结论:传统的深度线索在现实知觉中是不够的。直接知觉说与不久将讨论的形状知觉的“自下而上”理论有很多共同点。

这两种理论每一方都有大量热情的支持者。从表面上看,这两种理论似乎是对立和矛盾的,然而,从另一个层面分析,这两种理论可以看成是互补的而不是矛盾的。依直觉来说,建构性知觉的观点似乎更有说服力。毕竟,当你阅读时,例如本页文字,你能理解这些字词的含义是因为你已经有了这些字词含义的语意知识。还有,当看一件艺术品时,你能觉知其价值是因为你掌握有关艺术家、艺术品用材和背景方面的信息。这两个例子中的知觉似乎都依赖已有的知识、经验和学习——这些都使我们注意到心理内部表征的存在及其的支持性。但另一方面,又有什么能比知觉更自然呢?感受器中信息完整性突出的知觉提示,它的发生是简单、自然、直接的,而无需复杂的内部表征和迂回的信息加工路径。

我的观点是,这两种理论都可以很好地解释知觉,只是它们侧重于知觉过程的不同阶段而已。直接知觉观点对我们理解知觉的重要性表现在如下两点:首先,让我们注意到感觉刺激的重要性。该理论提出,对感觉刺激的加工是简单、直接的,认知和知觉是一种自然的生态现象,这与第一章讨论的认知生态学或重新包装的认知进化观一致。其次,从一定程度上说,直接知觉理论可以帮助我们理解感觉印象的早期知觉,而建构性知觉理论可以帮助我们知晓会思维的大脑是如何理解感觉印象的。在察觉"真实"时，人类（和其他动物）的推演能力不仅对理解不完整的刺激（如，看见刮掉胡子的朋友）很有益，而且对物种的生存来说也是必需的——在吉布森充满刺激的世界中，丰富的刺激仅在其大脑中停留几百毫秒，对客体的知觉就形成了。

视觉模式识别

那么，我们必须提出什么样的认知加工理论来阐释人脑分类和理解视觉模式的能力呢？这个问题可以从不同理论角度来研究。以下每一理论在本章都有阐释：

- **格式塔理论（Gestalt Thoery）**。模式识别基于对整个刺激模式的知觉。部分的意义源自部分在整体中的位置。
- **自下而上加工和自上而下加工（Bottom-Up & Top-Down Processing）**。模式识别如果由部分开始启动（即自下而上的加工），综合以后就会形成对整个模式的识别；或者，对整体的识别也可以导致对部分的识别（即自上而下的加工）。
- **模板匹配（Template Matching）**。当感觉刺激与脑内对应心理形式进行匹配时，模式识别就发生了。
- **特征分析（Feature Analysis）**。当输入的刺激依据其简单特征被分析时（类似自下而上加工），模式识别就发生了。
- **原型理论（Prototype Theory）**。当知觉模式与抽象或理想的心理模式进行匹配时，模式识别就产生了。
- **形状知觉（Form Perception）**。本章从不同的理论观点来检视形状知觉。
- **专家的模式识别（Pattern Recognition among Experts）**。不同领域专家的模式识别在本章得到考察。

值得注意的是，以上每一观点都与其他一些理论有相似之处，而不同之处则为我们以下的讨论提供了框架。

视觉

视觉，即感觉电磁波的行为。视觉行为之所以成为可能是因为人眼的独特结构——为检测光能而精细排列的结构。光线通过角膜和晶状体进入眼睛后聚焦在视网膜上成像。对模式的识别，无论是一个两维的黑白物体还是一个复杂的三维彩色物体，呈现在视网膜上常是两维的。[1] 依据视网膜上两维表征，再综合已有的知识经

〔1〕 物体的像落在视网膜上需要一段时间，有人可能认为这是另一个维度。

验，当视觉的神经冲动传到大脑皮层时，高级形式的知觉——包括三维错觉——就成为可能了。譬如，这种知觉使你看见外祖母时能认出她。达数世纪之久的视觉加工之谜最终被科学破解。

在所有感觉系统中，视觉系统是最为复杂的。人眼有 7 百万个对强光敏感的锥体细胞，125 百万个对弱光敏感的杆体细胞。锥体细胞和杆体细胞在视网膜上的分布并不均匀。锥体细胞中心在中央凹，杆体细胞分布在中央凹周围。尽管眼中的感觉神经细胞分布并不均匀，许多视知觉模型，特别是仿计算机建立的一些模型，把视觉系统看成是一种在几何上沿 x 和 y 轴分布的矩阵。除了视觉细胞的数量和位置以外，理解视知觉的另一个因素是刺激强度或者物体的亮度。研究已证明，亮物体和暗物体在表征时具有类似性。

目前，有几个项目正依据上文介绍的知识试图用计算机模拟人类视觉。此间，用上百万个传感器造一只人工眼是不可能的。实际上，造出来的是一只粗劣模仿人眼的 512×512 列阵（即 262 144 个像素或“图像元素”）的电视“眼”。这些像素可开可关，计算机程序还可以模拟光强，并成功模拟对真实物体边界的识别（Marr，1982）。在第十五章我们会回过头继续讨论计算机视觉，现在让我们把注意力放在人类的视觉信息加工模型上。

主观组织

人类视觉的一个有趣特点是能“看见”物理世界中并不存在的东西。这些错觉不仅是对外部世界感觉的结果，而且也是视觉/认知系统的心理倾向。这一倾向歪曲了现实世界中的真实存在物，这些歪曲即所谓的错觉。错觉是大多数人都有的对现实的错误知觉。这个教条化的定义基于“什么是现实”这个问题，我们还是把它留给哲学争辩吧。上一章论及的穆勒-莱尔错觉和 M. C. 埃施切错觉中，谈到所有人都有被知觉“愚弄”的经历。通过研究错觉，认知心理学家能够理解外部物理刺激与内部表征中人脑组织这些刺激方式之间的关系。

图 4.1 你能看见一个浮着的白色三角形吗

它是真实存在的，还是仅存在于你的“心灵之眼”中呢？

有一类错觉可以帮助说明人脑是如何自然地组织视觉刺激的，这类错觉被称为轮廓错觉。轮廓错觉是对轮廓的一种视知觉，尽管在物理结构上这些轮廓并不存在。图 4.1 所示的是一个轮廓错觉的例子。轮廓错觉是一种形状知觉，这种形状存在于知觉-认知系统中，而不是存在于刺激物中。它们出现在图形里，而不是在背景里。它们有一个真实的知觉呈现，尽管观察者似乎感觉到它们并非真实的"存在"（后一观念是个有趣的问题，但鲜有研究关注。或许某位有志读者能弥补这一缺憾）。

请看图 4.1，你看到了什么？你的"心灵之眼"（mind's eye）好像看到了图中央有一个悬浮的等边三角形，尽管它不是一个在物理上真实存在的三角形，然而，你却看到了它！而且，这个虚幻的三角形有一个很确定的形状，例如，它明显比周围背景要白，就像浮在周围背景之上。并且，其三边的显现是由周围三个圆的豁口确定的。当你盯着它几秒钟之后，三角形的幻觉就更强烈了，好像覆盖在周围三个圆之上，形成了三角形滞留现象。或许这个虚幻三角形的稳定性是由侧抑制引起的，或是视网膜上邻近的神经元抑制了周围的细胞，从而凸显了这一轮廓（Coren，1991；Kanizsa，1976；Lesher，1995；Lesher & Mingolla，1993）。尽管人们可以看见一个虚幻的三角形，但这的确是错觉，事实上并不存在一个物理上真实的三角形。

在图 4.2 中，知觉到的背景图形的亮度和边沿的清晰度似乎是虚幻图形的特征函数。在这里，右面的背景图形上产生了一个突出的、浮着的、易辨的正方形，但中间的背景图形上所形成的正方形就较难界定和辨别。

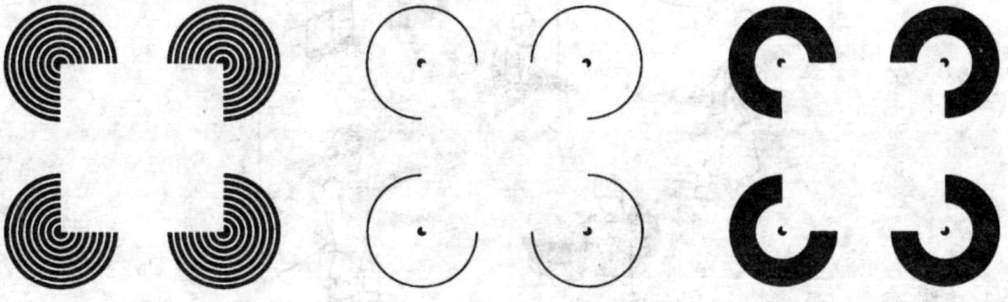

图 4.2 当图形与背景的反差最大时，轮廓错觉最容易被觉察

对于这些错觉有许多解释。依据认知生态学的观点，形状、边沿、动作（还有面孔，也许还有别的）的视觉，对于生存来说是不可或缺的。因此，即使缺乏真实的线条或形状，人们的感觉-认知系统也会利用部分信息来构造出这些形状，以理解这个似乎混乱的世界。这一解释植根于生存机制的进化。即使一个重要的图形与背景在颜色和亮度上相接近，进化到具有觉察这类图形的能力的生物，仍可以把这些图形从背景中辨别出来。一些理论家（Ramachandran，1987）提出，对轮廓错觉的知觉是消除伪装的一种手段。

另一角度上，也确有证据表明虚幻轮廓的确激活了大脑的视觉皮层（V1 区和 V2 区）。下一节将要讨论的格式塔心理学家声称，之所以会形成错觉是因为人们倾向于在环境中看到简单熟悉的"良好"图形（优化图形，Pragnanz）。事实上，"良好"图形很好地回答了这样一个问题:“对于环境刺激,最可能会有什么样的视觉组织?”以上每种解释都只是关注了复杂知觉问题的一个方面。

格式塔理论

许多人都会对某些刺激模式做相同分类。例如,下图所示的视觉刺激模式:

许多人以正方形标记它。20 世纪早期,格式塔心理学的拥护者研究了人们组织和分类视觉刺激的方式。对于这些早期的格式塔心理学家来说,模式组织使得对所有刺激一并形成的印象超出所有感觉的相加总和。

信奉格式塔理论的爱开玩笑者在测试错觉

根据沃特海姆(Wertheimer,1923)的研究,人们自然地(或本能地)倾向于组织某些刺激模式。例如,下图的 8 个圆点,你对它们的知觉是连续的 8 个点而不会是其他。

但是,如果这 8 个点组成下面的模式:

● ● ● ● ● ● ● ●

●● ●● ●● ●●

由于相似性,你倾向于把它们看成四组(每组两个圆点)模式。意识中,你很难把第一个点看成独自一组,第二个与第三个点一组,第四个与第五个点一组,第六个与第七个点一组，第八个点独自一组。同样这8个点如果按如下方式排列起来，则倾向于被分别知觉成正方形、圆、抽象图形：

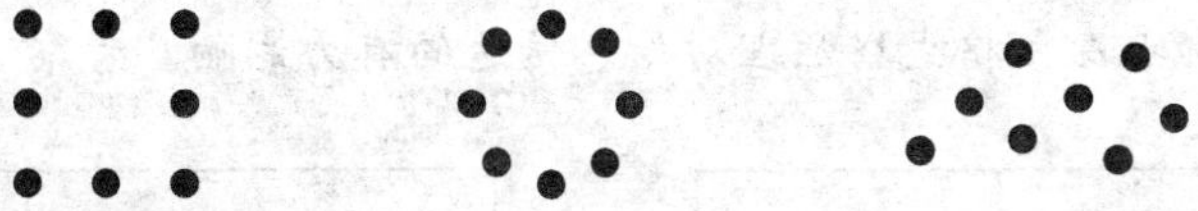

再来思考一下眼睛是如何“自然地”组织图4.3中三角形的指向[1]。观察图几秒钟后，你将发现三角形的指向不断地从一个方向转向另一个方向，而后又一个方向。对这种变化的一种解释是，“心灵之眼”不断搜索各种知觉组织。本例中，投射在视网膜上的刺激是一模一样的，但大脑对它们的解释却不同。尽管识别是自发的，然而也受到意志控制。这个例子显示了心理高级加工对视知觉的影响。

图4.3 观察三角形的排列，它们指向哪个方向？

再看看，所指方向改变了吗？你能控制三角形所指方向吗？

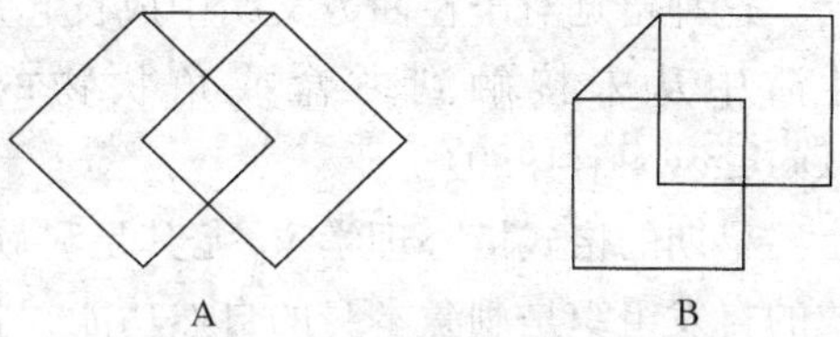

图4.4 知觉中的方位效应

哪个图看起来是三维的？

图4.4也显示了过去记忆对形状知觉的影响。快速察看这两个图形，你看见了什么？在图4.4A中，人们通常看到的是一个稳定的二维物体，而在图4.4B中，人们看到的却是一个不稳定的三维物体。然而，如果你仔细看就会发现这两个图形是一样的，只是其中一个图形旋转了45°。为什么人们对两个几近相同的图形会有截然不同的知觉呢？建构主义的一个解释是：过去经历中人们看到过如图4.4B放置的方盒。这一经验提醒人们方盒是三维的。而图4.4A中的形状则不像一个方盒，至多是一个罕见的方盒。虽然人们不容易看出它是一个三维方盒，但确实可以看出它是一个两维对称物体，似乎是一个架子挂着两个正方形。

〔1〕 Palmer，1989，1999.

常规分组与现实生活

图画设计师也深知格式塔原理对信息传达的有力影响。考察下面常规分组的例子：

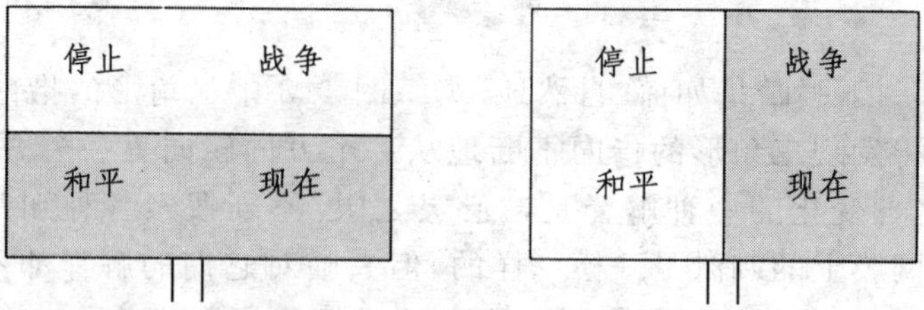

背景阴影对于信息的阅读有巨大影响。看起来相同的背景有助于将文本组织在一起。

这种错觉对于在西方文明中成长起来的人来说或许很强烈，然而对于那些在日常生活中从未接触到方盒或角状物的人来说也存在吗？答案可能是否定的(Deregowski，1980)。

早期的格式塔心理学家，尤其是科勒(Köhler，1947)，其一个著名的假设就是，模式的自发组织是刺激本身的自然功能，与主体的过去经验少有联系。尽管对“自发组织”根源的争议仍在继续，但相当多的实验报告(其中一些是基于跨文化研究)支持“自发组织”模式与主体的经验历史直接相关。

认知心理学家对模式识别的研究早已扩展了早期格式塔心理学家的研究范围。最近，有些认知心理学家已开始专注于复杂模式识别的“内部”结构和过程而不是只着重于简单刺激的特性。下面是其中的一些模型及所依据的模式。

经典透视

对格式塔心理学家观点的一个延伸体现在经典透视理论中。经典透视(canonic perspectives)是表征物体的视图，或是你回忆一个形状时进入脑海中的最初表象。如果我让你想一件普通事物，如打字机，那么你脑海中出现的表象可能就是一个经典透视。这个领域的研究很重要，因为它合并了格式塔心理学和原型理论的研究。原型理论的详细讨论在本章后部。

如果你对打字机的经典透视同我的一样，那么你回忆出来的打字机也通常是从前方视角看到的，它朝左偏了几度，而且是从一个轻微俯视的角度看到这一切的。你不会从正上方“看”，也不会从背后“看”，你“看”到的打字机也不会被一本大书遮掉一部分，当然你更不会从一个在操作杆或键盘上爬行的蚂蚁的视角来“看”。然而，其中的每一视角都是可能的(视觉表象的更多内容在第六章)。

经典表征可能是由于接触范畴中相似成员(样例)的经验而形成,也有人认为样例代表着理想图形,它是集体无意识的一部分。尽管这些观点可能有趣(如果不是逗乐的话),然而它们已经超出了经验科学的囿限。近年来,我一直在世界范围内邀请人们"画一个茶杯和茶托",其中的一些作品见图 4.5。尽管每幅画画得有些不同,这可能是由于个体艺术才能和特异反应性上的差异造成的,但是这个小实验的显著特点是:大部分人——无论是来自帕洛阿尔托、加利福尼亚、芝加哥、伦敦还是伊斯坦布尔——画的"茶杯和茶托"基本相同。我自己画的"茶杯和茶托",即图 4.6 所示的鸟瞰图,也符合这个绘画任务的要求,在识别时也易被辨别出来。它与其他的草图迥然不同,因为它不是茶杯和茶托的经典透视。但当你被告知它是什么时,你仍然可以轻易地看出来。

对经典透视普遍性的一个理论解释是,在接触物体的一般经历中,人们形成了物体最有代表性的,及最大限度揭示事物信息的视图的永久记忆。因此,经典透视的研究不仅告诉我们一些有关形状知觉的知识,而且在人类信息加工、原型建构(或记忆表征中的典型事物)、节省思维以及上述茶具例子中的沟通功效方面告诉我们更多知识。我们储存了描述事物的"超级坐标",用一种视觉"速记"告诉他人事物在我们心中的印象。

图 4.5 茶具的经典透视形状虽有变化,但在认知上是有联系的

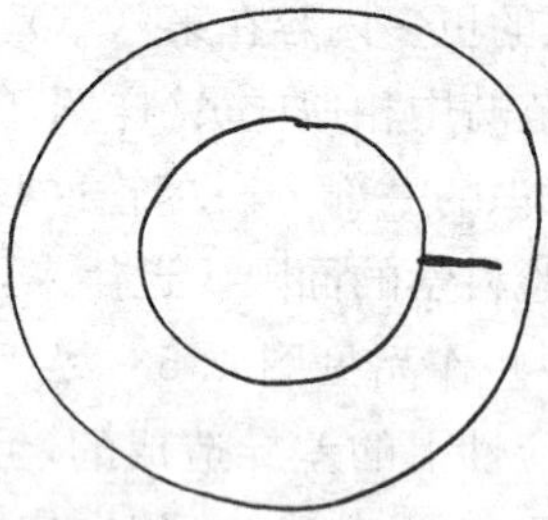

图 4.6 茶杯和茶托——鸟瞰图

实验资料支持这些结论。帕尔默、罗施和蔡斯(Palmer, Rosch & Chase, 1981)对同一物体从不同角度拍摄了一系列的照片(见图 4.7)。被试对这些照片的熟悉度和典型度进行评定。在实验的第二部分,向被试呈现马的照片和其他物体(例如照相机、汽车、钢琴等),并要求被试尽快命名这些物体,之前对这些物体也进行了类似评定。毫不奇怪,经典视图的辨认速度最快,评定结果距离经典视图越远的视图,其反应时也越长。应注意的是,即使是处理那些逊于"完美"的图形时,视觉系统的工作效率仍相当高。

非经典照片的反应时较长的原因可能有以下几点:(1) 物体中的可辨部分更少。对于图 4.7 中的背部视图,从后面看你能认出马的多少部分?并不多(当呈现这幅照

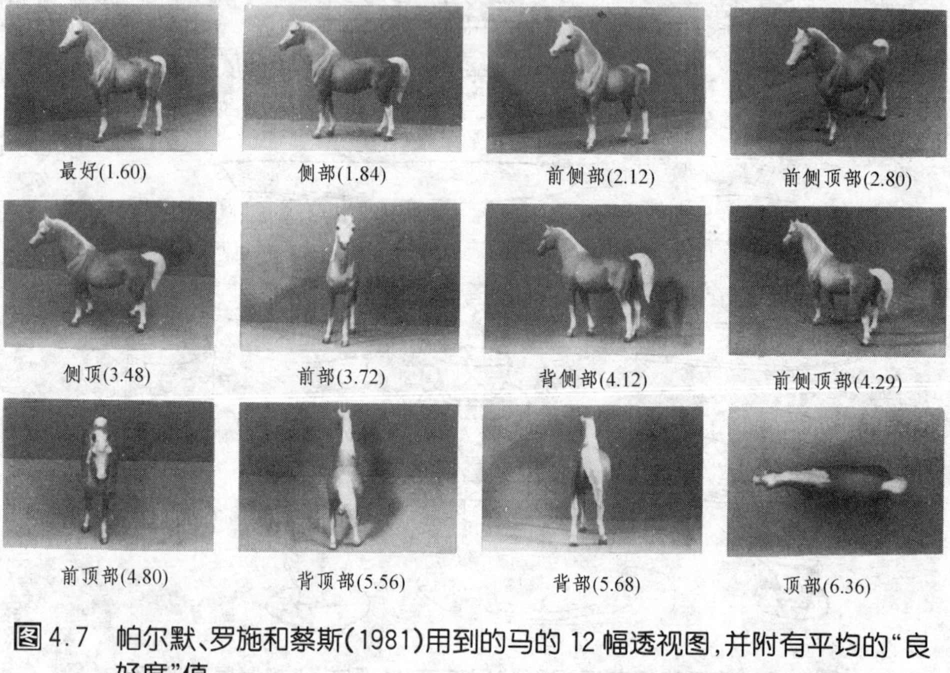

图 4.7 帕尔默、罗施和蔡斯(1981)用到的马的 12 幅透视图,并附有平均的"良好度"值

片时，天知道你会想到谁的名字）。(2) 最好的（经典的）视图（即图的左上角）是最常经验到的。比起其他方位，我们更多的是常从一个方位“看”打字机、椅子、汽车、电话、马，因此这个方位的视图就更熟悉一些。(3) 经典视图是物体理想化的或最好的视图。通过积累起事物的无数次印象，人们形成了一类事物的心理图像，其中的典型表征储存在记忆中。当我请你想象一台打字机时，其可能印象是无数打字机中的一台，但不会是奇形怪状的不常见的样式。在回忆狗、马、运动车、鸟时也适用同样原则。这一观点与原型建构的理论一致，我们之后不久就要讨论原型建构理论。

自下而上的加工和自上而下的加工

人们如何识别模式？人们辨认出一条狗，是因为首先认出了它的皮毛、四条腿、眼睛、耳朵等等，还是人们识别出这些部分，是因为首先认出了它是一条狗？这个问题——无论识别过程是由模式的部分启动的，它是整体识别的基础（自下而上的加工，bottom-up processing）；还是开始是由整体假设启动的，它会导致对部分的辨认和识别（自上而下的加工，top-down processing）——都被称为语法悖论（自上而下和自下而上这两个术语借自计算机语言）。

一些理论家（Palmer，1975a）认为，大多数情境下，对部分和整体的解释在自下而上和自上而下的加工过程中是同时发生的。在举例解释部分到整体，整体到部分策略之间的相互作用时，帕尔默引用了有背景和无背景情况下对面孔各部分的识别。如图4.8所示，背景下的面孔各部分很容易辨认，但单独呈现时则很模糊，难以辨认，尽管提供更多的细节和信息时是可辨的。

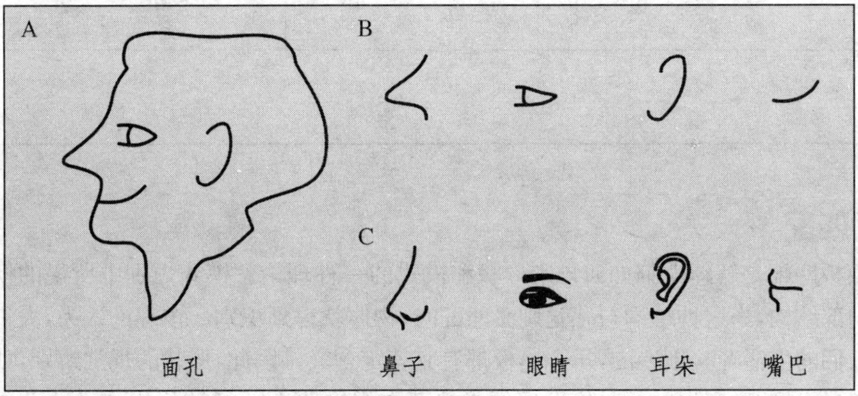

图4.8

完整侧面像下的面孔特征是可识别的(A)
失去背景则识别较困难(B)
由于更具有差异性和真实性，面孔特征也较易识别(C)

资料来源：Palmer，1975a。

人们期望在各种背景中看到某些事物。例如，在医生的办公室里看到听诊器，在厨房里看到银器，在办公室里看到计算机，在街道上看到消火栓。可能是世界知识有助于人们识别熟悉背景下的物体，但有碍于识别不熟悉背景下的物体。

比德曼(Biederman)及其合作者(Biederman，1972；Biederman，Glass & Stacy，1973；也可见本章以“几何元素理论”为标题的部分)对“背景效应”的一些研究表明，当主体在真实情景中搜索物体时(如校园或街道上的物体)，辨认物体所需要的识别、准确性、时间与主体在情景中所处位置的恰当性有关。

从上述研究以及关于上下文中单词和字母识别的类似研究中，可以清楚看出，对物体的知觉在很大程度上受到主体期望的影响，而主体期望由背景所决定。

思考论证：模式识别

观察下图：哪两张椅子是一样的？你是怎样得出结论的？哪些因素进入了你的决策？想知道更多吗？请阅读“模板匹配”、“启动技术”、“特征分析”。

A　　B　　C

模板匹配

模板匹配是解释大脑如何识别形状和模式的一种理论。模式识别中所说的模板是一种内部结构，当这种结构与感觉刺激匹配时，物体就得到识别。该理论认为，大量模板是由人们的生活经验创造的，每个模板都有其特定含义。因此，形状的视觉辨别，如一个几何图形，是这样产生的：形状发出的光能落在视网膜上并被转化成神经冲动传给大脑，然后在已有模板中进行搜索，如果发现一个模板能匹配神经冲动模式，那么主体就能辨认出这个形状。在物体和它的模板匹配完成之后，对物体进一步的加工和解释就开始了。

作为一种模式识别理论，模板匹配既有优点又有缺点。积极的一面是，个体在识别一个形状、一个字母或一些视觉形式时，搜索一个对应的内部形式是必须的。在抽象水平上，外部现实中的事物需要与长时记忆中的记忆进行匹配来得到识别。消极的一面是，模板匹配理论在实际解释中遇到了困难。例如，如果仅当外部物体和它对应的内部表征为 1∶1 时，对外部物体的识别才成为可能，那么当一个物体与它的模板稍有不吻合时就不能被识别。如此严格的解释意味着，人们进行识别时需要形成数百万个模板以匹配生活中看到的各种各样的几何形状。

人类形状知觉的多样性令人惊叹

这里显示的是一组各种形状的字母，你很容易地辨别出它们都是字母 A 的变形。然而，对于每一种形状，你不可能都见过并形成准确记忆。人们之所以能辨认出它们都是字母 A，还能完成许多类似的模式识别任务，是因为人们对物体的各个类形成了印象，如字母 A，然后把这种信息应用到形式相近的类中。

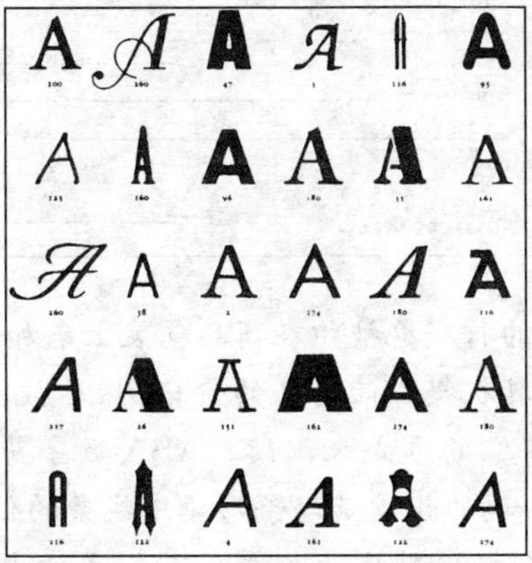

在日常生活中能如此轻易地辨认各种视觉模式，致使人们认为识别过程很简单，然而如果试图用人工手段来复制这一过程，就会发现成功是那么难以捉摸。以字母和单词的识别为例。尽管可能花几年的时间才能成为一个熟练阅读者，但一旦学会辨别单词的正字法结构，人们在各种背景中就能立即认出单词、发音并回忆其含义。可是你如何在机器或电脑中来模拟字母识别的初始加工呢？一种方法是把 26 个字母储存在计算机内存里，然后用光学仪器对每个字母进行扫描，接收到的视觉结构将提供该字母的存储（模板）线索。因此，单词“CARD”（卡片）被分析成 C-A-R-D，C 放置在存储槽中与 C 结构对应，存储槽中的 A 也会与 A 结构对应，依次类推。“瞧！”计算机也许会大喊，“我在阅读字母。”可是，若让计算机来识别单词“card”中的字母情况会怎么样？小写字母结构并未存储在计算机中。你可能会宣称解决方法很简单：在计算机中增加小写字母的存储。然而，电脑怎样来阅读这些单词中的字母呢，如“CARD”有四种手写体 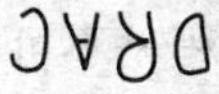

Card CARD ƆAЯD。当然阅读过程远比字母识别复杂。计算机所使用的技术(把具体字母的形状与内存中的相应结构进行匹配)被称为模板匹配,其工作方式有些类似于钥匙开锁的情形。若要打开锁,钥匙的边和槽的形状必须与锁的形状完全吻合。同样地,在模板匹配中,若视觉刺激的形状与适宜的记忆表征匹配,即根据模式识别,信息就被释放出来。在前述的计算机例子中,模板匹配的方法在识别单词"CARD"中的非常规字母时遇到困难,很像是用一把弯了的钥匙开锁。

计算机的模板匹配

许多符码系统业已成为日常生活的一部分,而其基础就是模板匹配。例如,在美国几乎所有银行都使用印在支票底部的一组特殊数字(ABA 数字)来识别账户。

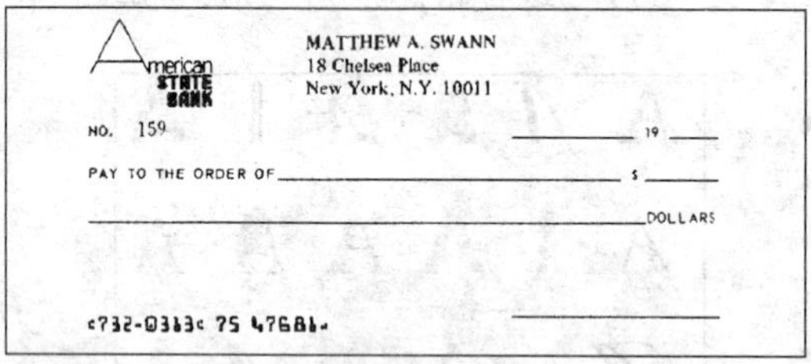

在许多卖场中,类似的符码也被印在商品包装上来加速结账和库存管理。(条形码对商品进行识别,计算机提供此商品的价格,然后被输入现金登录库)两种类型的符码都可以用模板匹配的方式来识读。ABA 数字易区分的特点使计算机能够区分不同的字符而条形码的识读是以条形码中线条的位置、宽度、线条之间的间隙为基础的。符码通过扫描仪转化为构成信号模式的电脉冲传入计算机。计算机通过与所存储的对应体(模板)匹配从而识别出信号模式。

因此,模板匹配是一个简单的模式识别过程,依据原理就是感觉刺激的形状与大脑中对应的形状之间的严格匹配。尽管该理论有缺陷,但其有益于理论和实践上的应用,其实际应用是广泛的。我们将在后面讨论它带来的理论问题。

对于人类的模式识别来说,该理论模型的严格解释意味着,个体需要形成数百万个模板,每个模板对应一个具体的视觉模式。如果大脑要储存如此多的模板,它将变得庞大而笨重。虽然这种情况在神经学上是不可能的,即使有这种可能性,要通达记忆中数不清的模板将需要花费大量的时间来搜索,这意味着快捷的模式识别是不存在的。最后,人们能够识别不熟悉的形状(例如一个新异的 A 字母)也意味着,模板识别过程是不可能的。

几何元素理论

虽然模板识别理论需要数不清的模板来匹配日常生活中的视像，但在其并未被抛弃的同时，一种新理论出现了。该理论主张，人类信息加工系统拥有限量的简单的几何“根基”，其可用来解释复杂图形。南加利福尼亚大学的欧文·比德曼(Irving Biederman)提出的理论采用了此思想，该理论与特征分析(随后讨论)有某些相似之处。比德曼的形状知觉的概念基础是几何元素(geon)概念，意即“几何微粒”。该理论认为所有复杂图形都由几何元素构成。例如，茶杯由两个几何元素构成：圆柱体(容器部分)和椭圆(手柄部分)(见图 4.9 的几何元素和物体的例子)。受到比德曼支持的几何元素理论(Biederman，1985，1987，1990；Biederman & Cooper，1991；Biederman & Gerhardstein，1993；Cooper & Biederman，1993)提出，物体的识别，如电话、箱子，甚至更复杂的图形，是由物体的成分识别(recognition by components，RBC)构成的。大脑在成分识别中从复杂图形中发掘出简单图形。几何元素共具有 24 种不同的形式，它们就像字母表中的字母一样形成一种系统。几何元素结合在一起时可形成更加复杂的图形，就像本页纸上的单词都由字母构成一样。几何元素组合起来可形成的形状在数量上是惊人的。例如，3 个几何元素的所有可能结合可构成 14 亿个三维物体。可是，对于这些复杂形状的物体，人们仅使用了其中一小部分。比德曼估计人们使用的大约有 30 000 个，而对之命名的仅有3 000个。

欧文·比德曼通过创新的实验和理论，尤其是几何元素理论，加深了我们对物体识别的理解。

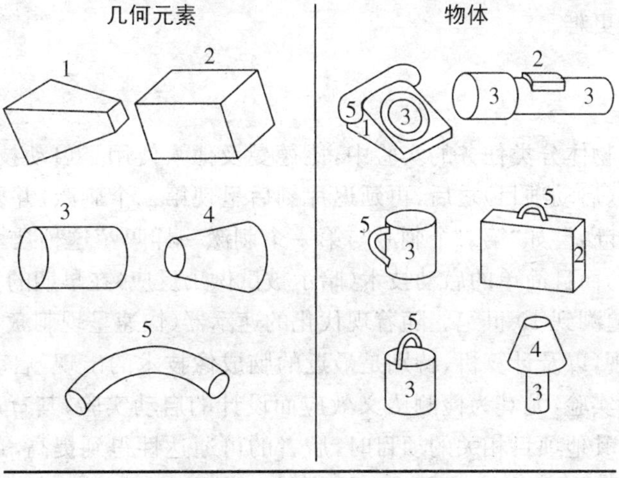

图 4.9　几何元素和客体

客体是按照几何元素构形呈现的。几何元素是简单的视觉几何体。

资料来源：Biederman，1990。

对几何元素理论的一种检验是使用如图 4.10 所示的残缺图形。这些图中(A 图和 B 图)哪一个更容易识别?

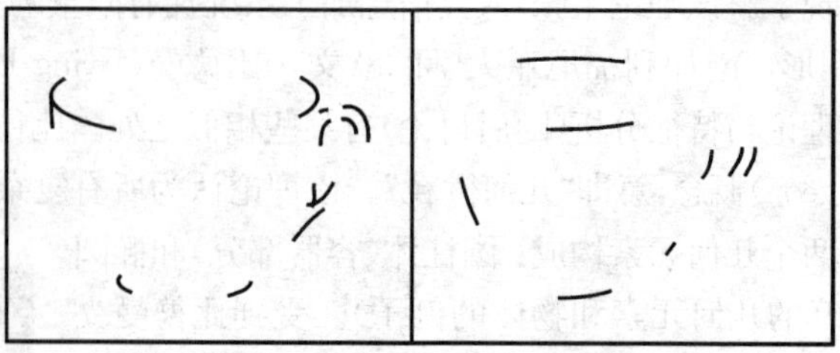

图 4.10 杯子 65%的轮廓已被去掉,去掉部分要么是中间部分(A),要么是顶点部分(B)

资料来源:I. Biederman,"Human Image Understanding: Recent Research & a Theory" in *Computer Vision, Graphics & Image Processing*, 1985, 32, 29~73。

示例中,一个常见物体(杯子)65%的轮廓已被擦去。左侧 A 图中,中间线条被擦去,不过观察者还是可以看出基本部分之间的联系。右侧杯子上(B),线条是沿顶点擦去的,擦去关键的弯角部分,还包括它连接着的两部分。比德曼把此类物体呈现给被试 100 毫秒。他发现,当连接线条被擦去时(A 图),正确的识别率大约是 70%;当顶点被擦去时(B 图),正确识别率大约是 50%。因此,该结果与几何元素理论一致:物体的识别基于对基本图形的分辨,当表明关系的关键信息被删除时,与具备这类信息物体相比识别更难。

启动技术

在其他涉及物体分类任务的实验中,比德曼及他人使用了启动技术。实验中,快速呈现一个刺激(启动项目)之后,再延迟片刻后呈现第二个刺激,并要求被试对第二个刺激做某种判断,譬如"第二个刺激与第一个刺激一样吗?"这种技术已被几代认知心理学家使用过,而且简单的启动技术(暗示被试做出反应)在早期的实验心理学中已经出现,即可以追溯到 19 世纪。随着现代化的速示器(快速呈现刺激和测量反应时的一种仪器)的出现,以及计算机,特别是最近的脑成像技术的出现,启动实验已经变得更加普及。启动实验,尤其为检测语义效应而设计的启动实验,其背后的原理是:当激活一个可能与其他项目相关的项目时,后者的可通达性得到提高,这种效应称之为语义启动(semantic priming)效应。对此,第十二章将详细讨论。例如,与预先看见一个亮绿色小方块或者什么也没看见相比,如果你预先看见一个红色小方块,你识别单词"BLOOD"(血)则要快得多(Solso & Short, 1979)。

几何元素和艺术

伟大的抽象派画家帕布罗·毕加索(Pablo Picasso),深受伟大的印象派画家保罗·瑟扎涅(Paul Cézanne)的影响。瑟扎涅鼓励毕加索研究"圆锥体、圆柱体、球体"的特性,因为他认为这些"基本"形体组织起了复杂图画。毕加索认真地接受了建议,以这些基本形体进行实验,将其组合成画,这一创举最终导致了立体艺术的奏鸣。

所谓的客体启动效应(object priming effect)是与语义启动效应类似的另外一种效应。其通常包括两个阶段,第一阶段为,呈现一个物体,如飞机素描画,接着,间隔100毫秒或者长至数月;第二阶段,又呈现一个物体,它与第一个物体类似但通常会做一些改变:旋转、添加或删减(如某些轮廓可能被去掉),这时测量被试反应的准确率和反应时(有时候)。在一些研究中,会使用相反的程序,即,被试会看到残缺图形并被要求识别完整物体。除了不呈现第一个项目,控制组的被试接受同样的实验处理(Tulving & Schacter,1990)。

思考图4.11中所示的典型启动实验。在该实验中,先给被试呈现一个线索,接着呈现一个刺激,然后是一个掩蔽(以抑制视觉后像效应),最后呈现的是第二个刺激。

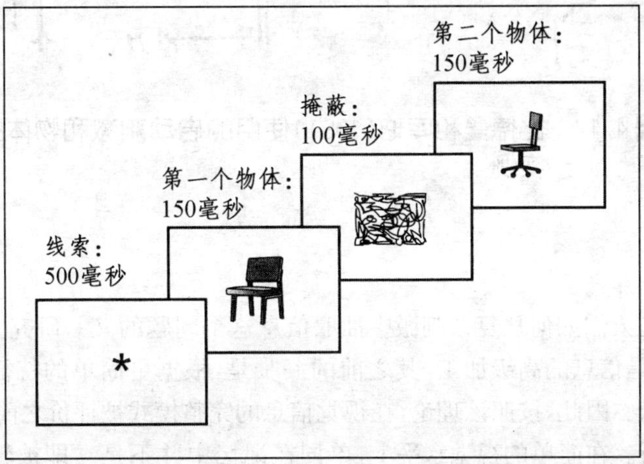

图4.11　使用熟悉客体的不同样式,且方位变化为零度的呈现条件下的异-同任务实验

只要样例中的两把椅子是相同的,无论椅子是以何种方位呈现,被试的回答都是"一样的"(椅子以何种方位呈现是随机的)。

在使用视觉材料的许多实验中，用一个形状类似的物体来启动可以促进形状知觉。启动技术的使用给认知心理学家提出了问题，即，启动刺激或初始刺激的呈现激活了观察者一系列的无意识反应。这种无意识的激活被称为内隐记忆，这是与外显记忆相对而言的。外显记忆是有意识地回忆过去经验。在图 4.11 所示的例子中，当被试看见呈现的第一把椅子时，他不可能有意识地思索第二把椅子。由此，被检测的这种记忆称为内隐记忆。

可以发现，比德曼和库珀(1991)在检验物体识别的成分理论中应用了启动技术。为了检测对常见物体的识别(如钢琴、手电筒或扣锁)，先向被试呈现启动刺激(部分线条缺失的轮廓图)。每个启动刺激都有一个与之对应的名称相同、形式各异的物体(如启动刺激是一架大钢琴，物体则是一架竖式的小钢琴——见图 4.12)。实验结果表明，启动效应(priming effect)是视觉的而非概念的。此结论与短时记忆研究中的其他发现相一致(见第七章中波斯纳及其合作者的讨论)。

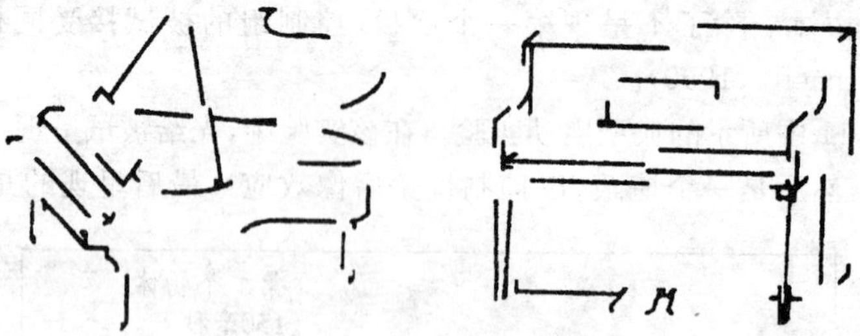

图 4.12 比德曼和库珀(1991)使用的启动刺激和物体的实例

特征分析

特征分析是人们如何从复杂刺激中抽取信息这个问题的又一研究方法。这种思想认为，模式识别是信息的高级加工，其之前的一步是，根据更简单的特征(features)识别复杂的输入刺激。因此，按照该理论，在视觉信息的完整模式被评价之前，其成分已得到最低程度的分析。在简单的视觉水平上，单词在记忆中并不是立即被转化为其定义的或图像的表征。单词“ARROW”(箭)被大脑识别，不是因为它读做“arrow”，也不是因为知觉到单个字母 A-R-R-O-W，而是由于每个字母的特征或成分得到检测和分析。因此，单词“ARROW”中的“A”可能被分解为两条斜线(/\)，一条水平线(—)，一个尖头(∧)，一个不闭合的底端(/ - \)，等等。如果识别过程依据特征分析的话(有很有力的证据支持这一点)，信息加工的最初阶段可能比我们最初的预想要复杂得多。[1]

两个不同研究线路——神经学和行为学——支持特征分析假设。首先，我们将分析哈贝尔(Hubel)和威瑟尔(Wiesel)的实验(1959，1963)[2]以及哈贝尔(1963b)的研究，因为其结果为视觉皮层上的信息编码种类提供了直接证据。他们将小电线或微电极插入轻微麻醉的猫或猴子的视觉皮层中，然后研究投射到屏幕上的光的简单模式出现在动物眼前时所引起的神经活动。通过记录单个神经细胞的兴奋并把所引起的电脉冲放大，他们发现，有些细胞仅对水平形状有反应，而另一些细胞则仅对垂直形状有反应。在其他实验中，他们发现有些细胞对视觉刺激边沿敏感，有些对线条敏感，还有一些对直角敏感。图 4.13 所示的是当具体方位的光条(A 至 E)呈现在一只幼猫(无

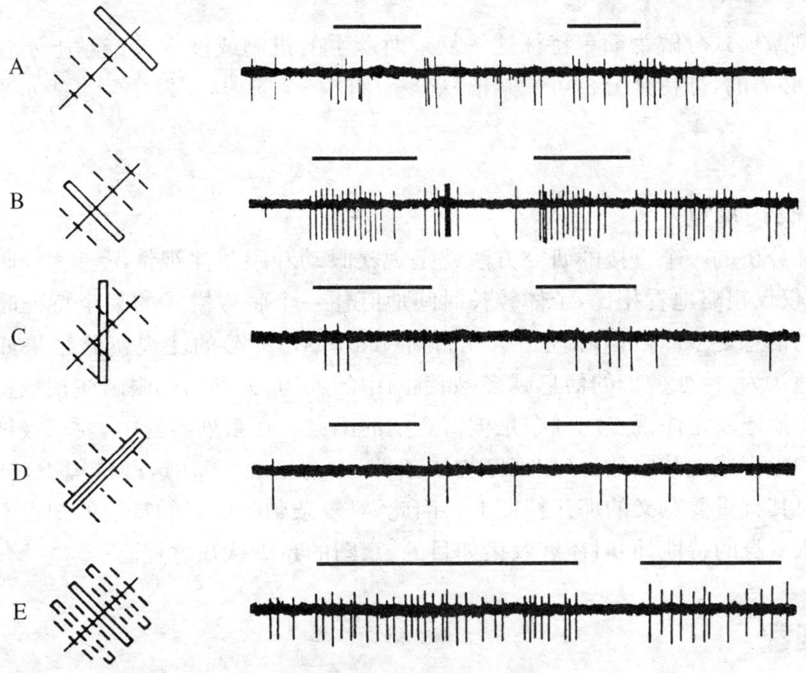

图 4.13 幼猫大脑皮层细胞对光条刺激的反应

A 到 E 显示的是光条(粗的条形)相对于接受域轴线(虚线)的方位。例如，在 E 中，光条的位置类似 A 和 B，但是快速地从一端移动到另一端。

资料来源：Hubel & Wiesel，1963。

---

〔1〕 要领会复杂感觉和知觉(和运动的)"装置"对于"简单"知觉及反应是所必需的，可以想象一下我们是如何扣击一个飞来的网球的。在一秒之内，我们能够判断出网球的形状、大小、速度、颜色、轨迹、旋转、预期的落地点，大脑必须把所有的这些信息(在视网膜上仅以两维记录)转译成运动反应。如果转译成功的话，我们就可以很好地回击。除了这一反应发生在一瞬之外，许多信息还在持续不断地变化(例如球的相对大小、速度和轨迹)。

〔2〕 哈贝尔、威瑟尔和斯佩里在 1981 年共同获得诺贝尔奖。

视觉经验)的视野范围里的屏幕上时,相应的单个皮层细胞被放大的脑活动图像。每个记录活动图之上的水平短线是光条可见的时间段。哈贝尔(1963b)断定,知觉物体的各种皮层编码是天生的,而且每个细胞都负责专门化的编码。

现在你可以领会视觉皮层中庞大数量细胞的意义了吧。每个细胞似乎都有其具体的职责;每个细胞关注视网膜的某一特定部分,并且仅对某种形状的刺激或某种方位有最大的反应。现在让我们从相反的角度来思忖这个问题。每种刺激——视网膜上各个区域受到的刺激、每种形状的线条(边界、裂缝、条形)、刺激的每种方位——都有一组简单皮层细胞对之反应。刺激排列的任何改变都将引起另一全新的群体细胞对之反应。当眼睛观看一个缓慢旋转的螺旋桨时,参与反应的细胞数量之多是难以想象的。

把刺激模式分解为简单特征这一复杂而棘手的机制或许在神经学上不仅是可能的,也是必需的,即特征分析可能是信息分析中的一个阶段,其发生于高级水平模式分析之前。

眼动和模式知觉

特征分析的一个直接的研究方法就是观察眼动和眼睛注视情况。这种研究思路假定,与仅仅粗略地看相比,个体较长时间地盯住一个刺激模式的某个特征时提取出该特征的信息更多。俄国心理学家亚布斯(Yarbus,1967)的注视实验结果如图4.14所示。他认为,特征携带的信息越多(如例图中的人物、关系),则眼睛注视该特征的时间越长。他还断定注视点的分布是被试意图的函数。在系列实验中,要求被试对一个复杂的刺激模式做某些估计(如家庭物质条件、人的年龄)。在这种情境下,被试倾向聚焦于对其有重要意义的那些特征上。因此,对复杂刺激模式的特征的知觉不仅依赖物理刺激本身的特性,同时还涉及诸如目的、意图的高级认知过程。

原型匹配

识别模式的方式除了模板匹配、特征分析以外,还有一种方式就是原型建构。看起来,与其针对要识别的不计其数的各种刺激模式形成具体的模板或特征,不如将刺激模式的某种抽象储存在长时记忆中以提供原型。刺激模式的核对依赖原型,如果能找到相似性,这个刺激模式将被识别出来。看起来,与模板匹配相比,原型匹配假说与节省神经资源及记忆搜索过程更加和谐,而且,原型匹配还允许识别那些"不常见"但在某种程度上与原型有联系的刺激模式。在这个系统中,例如可以形成一个理想的字母A的原型,其他各种形状的A都以它为参照,以评定在多大程度上接近这个模型。当不匹配的程度很大时,例如其他不是A的字母,人们意识到匹配不足就拒绝把那个字母认做A,接着可能去搜索一个更加匹配该字母的原型。

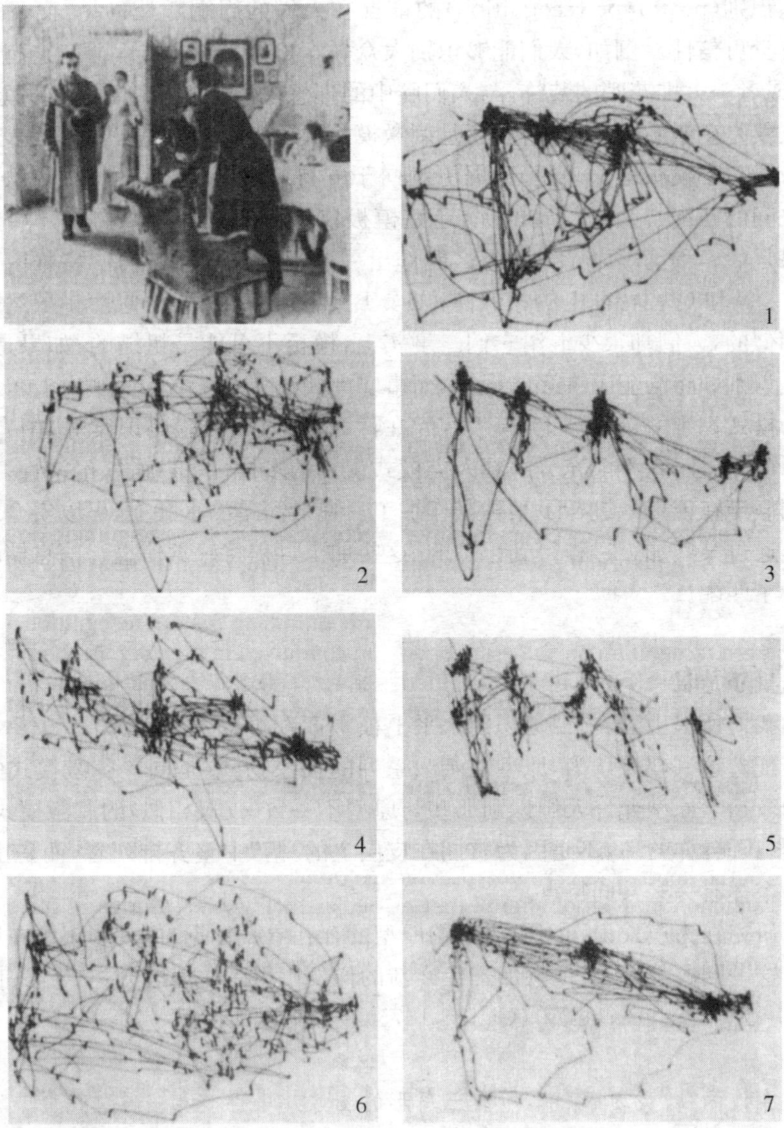

图 4.14 被试观察左上图时的眼动记录

轨迹 1 是被试在随意观察时的记录。随后的系列轨迹图是在要求被试估计以下情况时记录下来的：所示人物的经济水平(轨迹 2)；判断人物的年龄(轨迹 3)；猜测在“客人”来临之前他们正在做什么(轨迹 4)；回忆他们的穿着(轨迹 5)；回忆房间中人物(和物体)的位置(轨迹 6)；估计“客人”有多长时间未拜访这个“家庭”(轨迹 7)。

资料来源：Yarbus，1967。

原型识别(prototype recognition)的证据在人们的周围随处可见,而且该假说有很强的直觉可信性。例如,人们能够识别大众轿车(Volkswagen),即使它有着不同颜色、形状或者一大堆花哨的装饰,与人们脑中的理想模型很不相符。从这种意义上说,原型不仅仅是刺激系列的抽象物,还是刺激模式的缩影或者说是"最佳"代表。〔1〕

尽管相对于模板匹配来说,论据更倾向于支持原型匹配,然而你或许会问:图像和模板之间的匹配必须是精确的呢,还是模板仅作为图像的近似物来开启记忆之锁呢?如果是后一种情况,那么,你怎么能作出一般视觉辨别所必需的良好区分呢?例如,想一想O和Q在特征上的相似性,以及B、P和R之间的相似性。虽然这些视觉模式是相似的,人们却很少混淆它们。事实上,模板不可能是粗糙的,如果是的话,人们在模式识别中将会犯下许多错误,然而事实上并没有。

作为模式识别的一种理论,模板匹配在计算机程序(校验码识读等)中有其作用,然而,因其严格性,它不能充分解释人类模式识别的多样性、准确性、经济性。总体上,模式识别假定在记忆中进行了某种操作加工。在最简单的水平上,可以安全地断言刺激模式是通过某些加工过程得到识别的,这些加工过程将感觉信息与信息储藏库中的痕迹进行了匹配。

视觉信息的提取

正如我们所提出的,在视觉识别水平上模板匹配可以发生,在另一水平上却要用到原型匹配。这一观点认为,原型是刺激系列的抽象物,它是同一刺激模式的各种类似形式的概括。原型允许人们识别那些与原型不一致(仅仅相似)的刺激模式。例如,人们识别各种各样的A,不是因为它们在皮层上的"槽"中整齐排列着,而是由于A这个类中的个体有一些共同特点。

实证研究在为模式识别手段之一的原型的存在寻找证据,但大多集中在原型是如何形成的这一问题上,以及依赖加工什么新的样例以得到快速的分类。这一问题并不新颖,大主教贝克莱(Berkeley)(Calfee,1975)在很早以前就思考过:

> 在他的"心灵之眼"中,所有三角形的图像几乎都有相当具体的特点。它们是等边的,或等腰的,或直角的。他徒劳地搜索一个"普适三角形"的心理表象。尽管在口头上很容易定义一个三角形,但并不清楚"完美"的三角形是什么样。我们看过各种各样的三角形;从这些各样的三角形中,我们在头脑中创造一个什么样的形状来作为识别三角形的依据呢?(p. 222)

〔1〕 在一种文明中身体的魅力受到奖赏,女人气质和男人气质的原型可能分别就是美国小姐竞选的获胜者和男性拳击比赛的明星。我们对彼此的评价在某种程度可能与某人在大多程度上接近理想原型有关。

贝克莱的这个“完美”三角形问题就像奥德赛古诗一样延续了几个世纪，并最终在波斯纳、戈德史密斯和威尔顿（Posner，Goldsmith & Welton，1967）的实证研究中得到解决，这个研究成为了经典。他们探查了三角形（还有其他一些形状）的原型，然后测量被试对类似原型的其他一些形状的反应。在实验的第一部分，他们通过把 9 个点放入一个 30×30 的矩阵（标准的，每英寸 20 个方格的图纸上）开发了一系列的原型（见图 4.15）。这 9 个点构成了三角形、字母以及随机排列模式，它们被当做原型使用。通过改变原型图形中点的位置形成了每一原型的 4 种畸变图形（图 4.15 还显示了三角形的 4 种畸变模式）。把 4 个畸变图形呈现给被试，每次一帧，然后要求被试将畸变图形归类成原型。被试每完成一个归类模式（通过按反应键来显示如何归类模式），他们就会被告知他们的选择是否正确，但是不呈现原型。

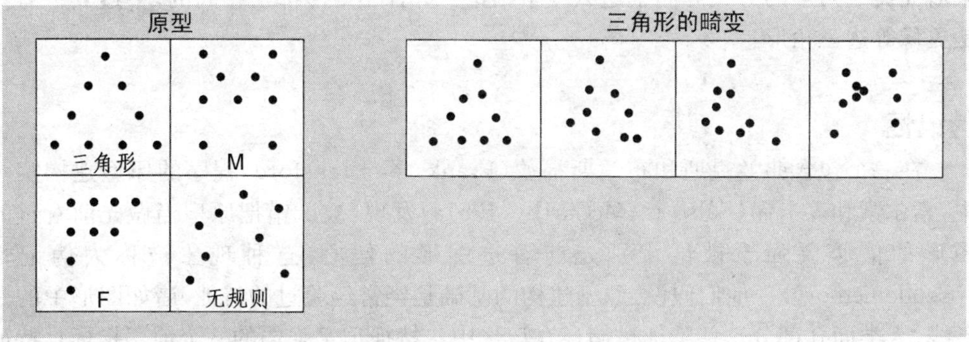

图 4.15　波斯纳、戈德史密斯和威尔顿在研究中所使用的 4 种原型和三角形的 4 种畸变图形

资料来源：Posner，Goldsmith & Welton，1967。

实验的第一部分表明，被试显然已学会把一个具体原型的各种畸变模式归为共同范畴，而将来自另一原型的其他畸变模式归为另外一个范畴。之后是迁移实验。在迁移实验中，要求被试把一系列新的刺激模式分类为之前看过的三个范畴中的一个[1]。新的系列刺激模式由以下三种构成：（1）旧的畸变图形；（2）新的畸变图形（基于已有的原型）；（3）原型本身。旧的畸变图形被轻易地正确归类（正确率达 87%）。极为重要的是，原型（被试从没见过和分过类的）的分类正确率也同样高，新的畸变图形分类的结果则较前面两类要差。由于原型同旧的畸变图形一样得到正确的分类，这似乎说明，被试已经准确地把握了原型的某些方面——即使见到的都是原型的畸变模式，而没见到真正的原型。

这个实验的重要特色在于，原型（或图式）与已学会的畸变模式具有同样水平的正

〔1〕 译者注：三个范畴是指三角形、字母、随机图形。

确归类率,且比新畸变图形(控制的)的正确归类率还要高。波斯纳及其同事认为,原型信息相当有效地从储存的畸变信息中抽象出来。被试不仅可以从畸变模式中抽象出原型,而且模型的习得过程还包括变异性知识。根据多数人的经验,原型的正确分类依据人们对原型(三角形、字母 F 和 M)的熟悉程度,彼得森等人(1973)的实验考查了这一可能性。他们的实验结果表明,高度有意义的原型及最低限度畸变的测验模式,比无意义的原型及最低限度畸变的测验模式更容易识别。然而,当畸变程度很大时,情况则相反,即高度有意义的原型常比那些低意义的原型更难识别。他们的结果与波斯纳及其团队的研究结果一致,但是嘲弄了贝克莱所谓的"普适三角形"与其畸变图形之间的交互作用。很明显,人们依据已储存的信息抽象出原型。"习得-良好"模式看起来与"习得-稍逊"模式所包容的畸变模式的范围并不一样。看来,大主教贝克莱对完美三角形的寻找导向了这么一个结论:所有三角形都是相同的,不过其中有些是更像等边三角形!

伪记忆

在一个包含弗兰克斯和布兰斯福德(Franks & Bransford)程序的原型建构实验中,索尔索和麦卡锡(Solso & McCarthy,1981a)发现,被试错把原型当做先前看过的图形的信心要强于被试辨别先前看过图形的信心,这种现象被称为伪记忆(pseudomemory)。他们假设,原型建构的基础是经常经验过的特征,诸如图形中的一条线、人类面孔部分这些特征被储存在记忆中。特征记忆强弱的一个惯用指标是特征的出现频率。一般而言,经常感知到的特征比很少被感知的特征更可能永久储存在记忆中。而且在记忆中,控制模式内各特征之间关系的规则可能不如特征本身结合得好。因此,我们可以假设获取模式知识的过程由两个阶段组成:获取模式内各特征的信息以及获取特征之间关系信息的过程。或许原型建构之谜最有趣的部分就在于,有证据表明人们在获取模式知识时这两个阶段的发展速度是不一样的。这类似于赛跑中两个运动员以不同速度奔跑——速度更快的运动员就好比是特征学习,而速度慢一些的运动员就好比是关系学习。

索尔索和麦卡锡在实验中,借助一个身份判别工具制作面孔原型。这个装置是警察工作中使用的面孔识别仪,它由系列可塑模板构成,每个模板表示一个面孔特征,诸如头发、眼睛、鼻子、下巴、嘴。对于所选用的三个面孔原型,每个原型都可产生系列与之类似程度不等的样例(见图 4.16)。先向被试呈现所有的样例面孔,接着呈现另外一套面孔图片,其中包含原先的样例面孔、与原型面孔作过类似程度评定的一些新面孔、原型面孔,然后要求被试判断它们是原先看过的样例面孔还是没见过的新面孔,并评价所具印象的信心。如同图 4.17 所示,被试不仅把原型面孔判断为旧面孔(原先看过的),而且认为他们在做此判断时信心度最高(伪记忆的例证)。

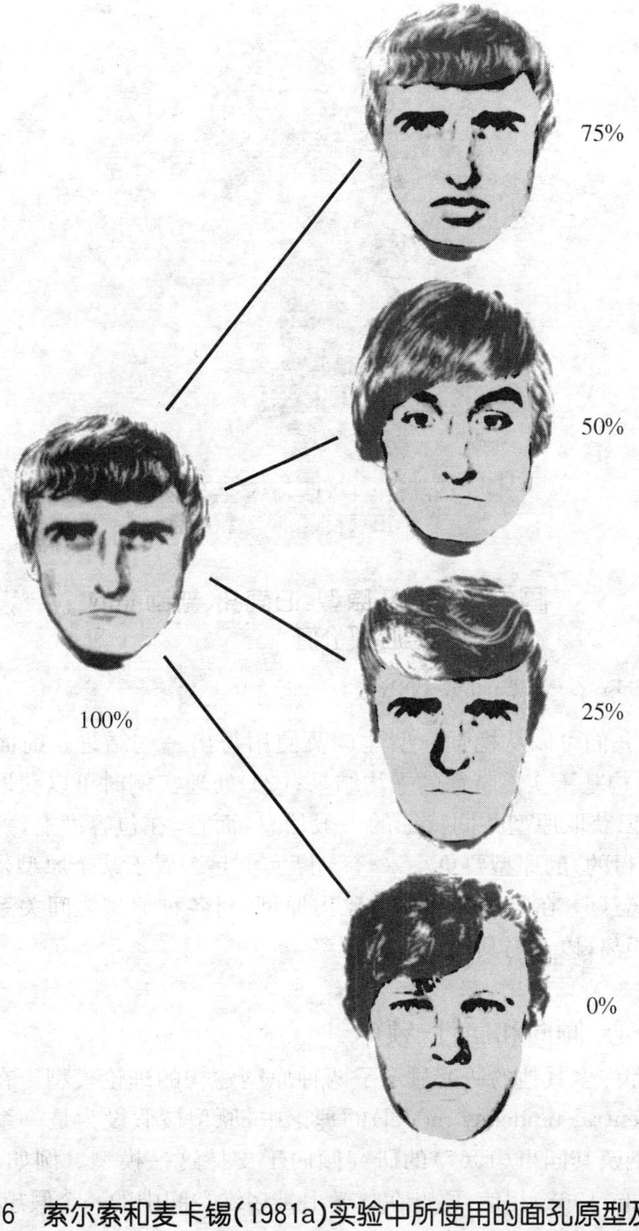

图 4.16　索尔索和麦卡锡(1981a)实验中所使用的面孔原型及样例

除嘴巴外,75%样例面孔的特征与原型中的一致;50%样例面孔的头发、眼睛与原型中的不一样;25%的样例面孔只有眼睛与原型中的相同;0%的样例面孔与原型没有共同之处。

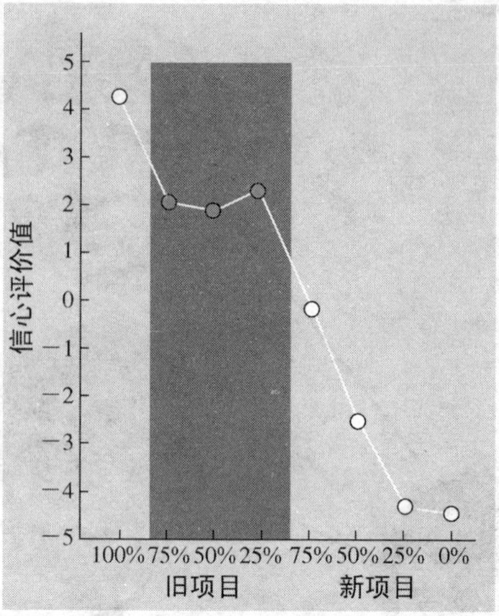

图 4.17　面孔原型、旧面孔、新面孔的信心评价值

资料来源：Solso & Mc Carthy，1981a。

据前所述，我们可以从视觉原型建构及使用得出一些结论。前面引用的研究表明：(1) 原型建构基于实例特征的平均结果；(2) 处理实例时可以获取原型的一些具体信息；(3) 可以获取原型共同特征的一般信息，而且，在包容度上，熟悉的原型比不熟悉(或新近习得的)的原型要更小；(4) 判断实例是否属于某个原型依据于它在变异上与原型的距离；(5) 在实例基础上抽象出原型，对各种原型之间关系的评价依据于实例与原型的距离，以及与其他实例的距离。

原型理论：中心-倾向和属性-频率

上述实验和许多其他的研究显示了两种原型建构的理论模型。在一种被称为中心-倾向模型(central-tendency model)的理论中，原型被假设为是一系列实例的平均或均值。波斯纳及其同事(1967)的研究倾向于支持这一模型。例如，波斯纳和基尔(Posner & Keele，1968)相信，原型在数学上是多维空间中的一个假想点，这个点是它与交会于原型的各个属性的距离均值。我们可以看出在波斯纳和里德(Reed)的实验中，被试形成的原型是图形的一个抽象物。因此，原型是储存在记忆中的抽象物，它代表着范畴的中心倾向。

所谓的属性-频率模型(attribute-frequency model)是又一理论。它提出原型代表的是众数，或是最频繁经验到的联合属性。弗兰克斯和布兰斯福特以及纽尔曼

(1977)，索尔索和麦卡锡的实验都支持这一模型。在这个模型中，原型与系列模式的“最佳样例”是同义词。原型是一种模式，它合并了系列实例刺激中呈现的被最频繁经验到的特征。尽管原型通常是独特的，它是一系列特征的独特合并(想一想弗兰克斯和布兰斯福特实验中独特的几何形状，或索尔索和麦卡锡的实验中的独特面孔)，然而，特征本身却是以前经验过的。特征(几何成分或是面孔的组成)是建构原型大厦的砖石。每次个体观察一个刺激模式时，他或她不仅会记录这个模式的一些特征，还会记录这些特征之间的关系。但是，根据属性-频率模型，一旦原型引入(原型合并了许多以前感知过的属性)，他或她就相信以前看过这个图形，这是因为该图形的属性已经储存在记忆中了。既然特征之间关系被感知的次数要比特征被感知的次数少(在大多数实验中实例仅呈现一次)，特征之间关系的知识在记忆中储存得也要比特征的知识差。

形状知觉：整合的途径

到此为止，我们已经考查了模式识别的几种理论假设。首先是人类视觉系统的巨大容量及其局限；接着是格式塔心理学的一些论题，格式塔心理学提出视觉模式是“自然”组织的，并可预测；然后，我们讨论了自上而下及自下而上的加工问题，知道了情境线索对于形状知觉的重要性；最后讨论了三种形状知觉模型：模板匹配、特征分析、原型建构。或许对于读者来说，研究形状知觉的各种途径让人感到非常困扰，就像让7个盲人描述大象——抓住尾巴的人会说大象是一根巨大的绳子；抓住象鼻的人则把大象描述成一条蛇；摸着大象身子的人则说它看起来像一堵墙等等。

形状知觉的每一种理论似乎都抓住了整个图画的一部分，但欠整合。从相反的角度看，情况亦然。每种理论在本质上都是正确的，但都需要其他理论的支持。例如，在简单加工水平，正如哈贝尔和威瑟尔的实验所证实，某种类型的特征检测会发生。然而，形状知觉的综合观点比简单的条形识别器要宽广得多。从概念上看，模板模型理论所说的记忆中事物与观察到的事物之间的某种匹配是有道理的。然而，这种理论不能解释模式识别的多样性。或许几何元素理论可以解释人眼和意识在理解充满着各种复杂形状的世界时所具有的多样性和适应性，这些复杂形状需要快速、准确地识别。原型这个概念，虽然论述得很好，却必须在某个水平上求助于其他模型来解释知觉的起始阶段。因此，形状知觉的许多理论是互补的，而不是对立的。形状知觉是很复杂的，目前还没有人提出一个单一的综合理论来解释知觉的各种成分。

专家的模式识别

国际象棋中的模式识别

迄今，我们介绍的知觉都是很简单的，即使里德用到的实验材料（面无表情的面孔图）也失去了复杂性。如何知觉更加复杂的模式呢？蔡斯和西蒙（Chase & Simon 1973a，1973b）通过分析棋盘上棋子构成的复杂棋局，及国际象棋大师与普通选手的区别来研究这一问题。直觉可能告诉我们，两者间的认知差异在于大师能预想多少步棋。然而直觉是错误的，至少根据德·格鲁特（De Groot，1965，1966）的研究是这样。德·格鲁特发现，大师和差劲棋手预想的棋步数目相同，思考相同数目的棋步，棋步模式的搜索也类似。情况或许是这样：大师甚至比差劲棋手更少考虑不同走法，而差劲棋手却浪费时间在看那些完全不适宜的走法上。那么，差别在哪里呢？其一是，如果观看棋局几秒钟，大师能重新排出棋局，而差劲棋手要做到这一点非常困难。其中的关键在于模式性质——它是否有意义。若棋子排列是任意的或者是非逻辑的，那么大师和新手都不能很好地复盘。或许大师把几个棋子组合成块，就像你我把几个字母放在一起组成单词一样，然后大师把块放在一起组成一个更大的意义模式，就如同我们把单词组成句子一样。因此，有经验的大师看起来更有能力再现棋局，这是因为他们能把零碎棋子编码成国际象棋图式。

蔡斯和西蒙使用三类被试检验了这一假设。三类被试是大师、A 级选手（非常强的选手）、新手。在一个实验中，他们要求被试清晰地重构 20 个摘自棋谱和杂志上的国际象棋模式——一半是中局，一半是残局（见图 4.18）。在这个任务中，他们把两个棋盘并排放在一起，被试在其中一个棋盘上重构另外一个棋盘上所显示的国际象棋排列。在第二个实验中，被试扫视棋局 5 秒钟，然后根据记忆复盘。蔡斯和西蒙发现，大师、A 级选手、新手扫描的时间基本相同，但是大师的复盘时间要比其他两类人少得多（图 4.19）。图 4.20 所示的是被正确复位的棋子数目。对这些资料的进一步分析表明，将国际象棋子看成块或意义聚类的能力，使更好的棋手在任意时间内获得更多的信息成为可能。

蔡斯和西蒙的实验具有重大理论含义，借助抽象关系信息组成块或许就是模式语法理论的基础。不含意义内容或组群，信息单元就难以编码，无论这些信息单元是字母、几何形状、音符或国际象棋子。然而，当信息单元嵌入意义结构时（诸如诗歌、建筑、音乐、一场漂亮的国际象棋对抗），它们就变得有意义，因为依据共同语法使它们更容易被抽取。现代信息理论家在结构水平上提出了许多简单的大脑模型。我们已经见证了结构语法在语言（将在第十一章进一步讨论）、音乐、身体反应、绘图任务及国际象棋问题中的发展。人类的一个显著的、适用于所有感觉形式的属性

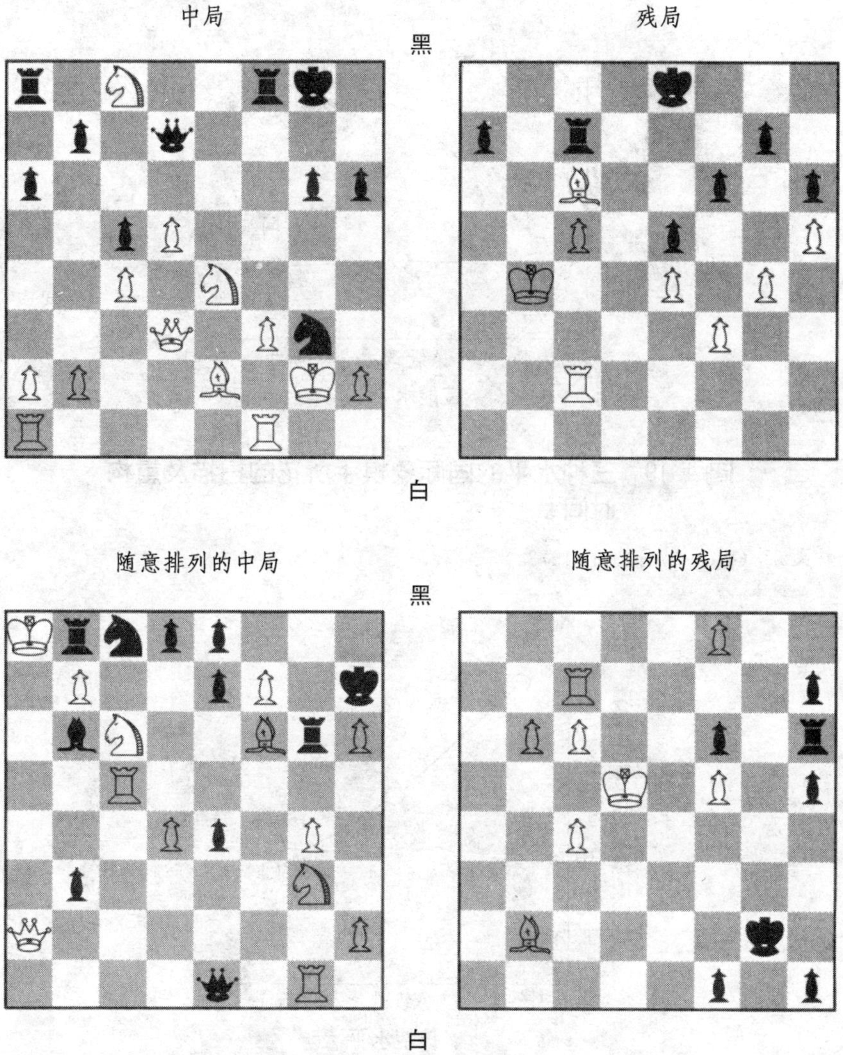

图 4.18 国际象棋中局、残局及其对应的随意排列

或许就是，倾向于把信息编码成反映现实的高度抽象物，新的信息被嵌入其中。以上提及的国际象棋知觉实验，以及其他一些直接刺激物被抽象出来的实验都支持这一假设。

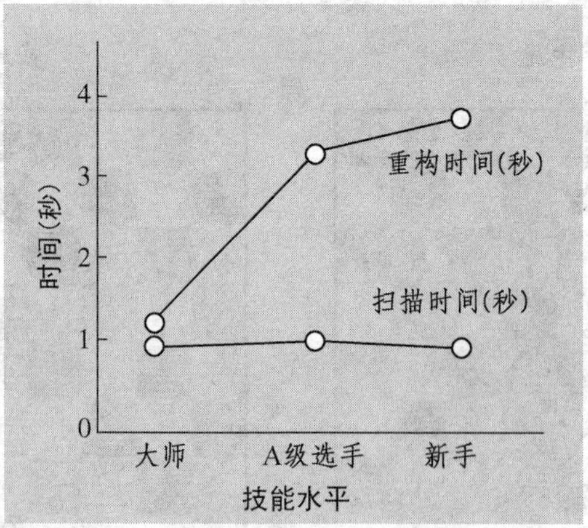

图 4.19 三种水平的国际象棋手所花的扫描及重构时间

资料来源：Chase & Simon，1973a。

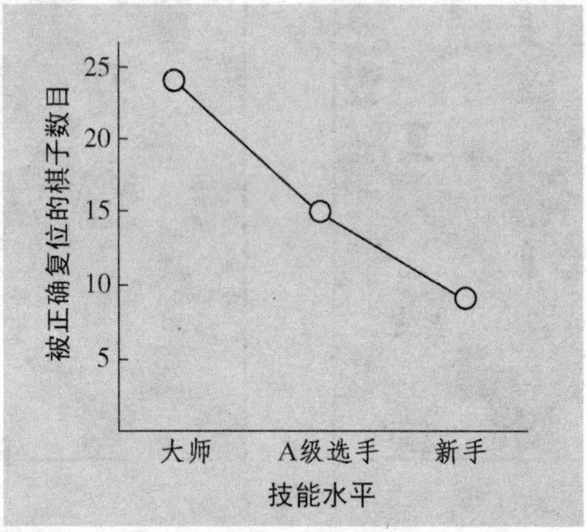

图 4.20 三种水平的国际象棋选手的正确复位分布

原始模式呈现给被试 5 秒钟。

资料来源：Chase & Simon，1973a。

模式识别——知觉者的作用

在本章我们已经涉足了模式识别的许多领域：自下而上的加工和自上而下的加

工、模板匹配、模式识别的计算机模拟、特征分析、模式识别的生理成分、原型匹配、认知结构、字母识别、形状、面孔、国际象棋问题等等。对于这些主题中的多数，很难把模式识别的具体功能独立出来而不涉及其他认知系统。在整个讨论中，偶尔也会考虑到环境和冗余信息对模式识别的影响，并且知道这两个因素对感觉刺激的识别有直接的影响。由于与字母和单词的知觉有关，我们将在第十一章中的语言部分详细讨论这类主题。记忆系统似乎时不时地出现。模式识别似乎涉及了好几个低级系统，诸如视觉存储、特征分析、特征综合、原型匹配。然而，人类的模式识别也还涉及长时记忆。在自然环境中，我们这个世界充满了感觉刺激，当它们被组织和分类时就出现了模式识别。刺激本身是没有意义的，不管人们是否感知得到，它们是以原始形态存在着的。当它们被分析加工成高级模式时，就的确变得有意义。看一看、听一听你所处的环境。你看到了什么，听到了什么，又闻到了、尝到了、触到了什么？想必你感知到的不是原始的、虚无的刺激（即使我们确信这些刺激在激活我们的感觉系统），你一定感知到了一些有意义的事物。远处的钟，窗外的树，这页纸上的许多字母，新鲜面包的香味。所有这些刺激物当被大脑识别后，要比它们激活的生理结构具有更丰富的意义。这些事物的意义是由我们的记忆所赋予的，并使即时经验可以运用到更广阔的现实领域。感觉刺激的意义由观察者来赋予。

在福尔摩斯的冒险中，杰出的侦探能够根据少数几个线索通过完美推理准确地描绘出某个人的生活及风格，这些线索激起了他的记忆和联想。这些线索对他的助手华生博士来说也同样可得，但是它们在福尔摩斯脑中的编码方式使推理是一种“基础性的”；对华生来说，情况却不是这样。当福尔摩斯解释完这些线索意味着什么后，他批评他的助手道：“你是在‘看’，但你没有‘观察’！”所有正常的人都会“看”，但是把看到的事物抽象出有意义的模式的能力，在很大程度上却依赖已有的结构和过去的经验知识。

在关于语言的第十一章中，我们还会讨论知觉和人类在信息——加工情景中对字母、单词的分析。如同本章，你们在第十一章中也将看到，人们的经验，正如记忆中表征的那样，在看到什么及怎样看的过程中起着重要作用。

总结

1. 从不同的理论角度分析了视觉模式的识别和加工能力：格式塔心理学、自下而上加工和自上而下加工、模板匹配、特征分析、原型识别。
2. 格式塔心理学家认为，需要组织的视觉模式的知觉是按照接近、相似、自发原则组织的。
3. 模式识别可能由模式的部分开始，然后进行汇总（自下而上加工），也可能根据观察者心中的假设，由对整体的识别开始进而识别部分（自上而下加工）。实验研究表明，物体知觉很大程度上受到情景驱动的假设的影响。

4. 模板匹配认为，模式识别发生于感觉刺激和其对应的内部形式进行准确匹配之时。这一观点具有理论和实践用途，但是它很难阐释诸如人们能准确理解不熟悉形状的能力之类的许多复杂认知加工。
5. 特征分析声称，只有当刺激依据其简单组成被分析之后，模式识别才能发生。神经学和行为学的实验支持这一假说。
6. 原型建构主张，模式知觉是对刺激物抽象的结果。这一抽象结果储存在记忆中并作为评价刺激模式时参照的理想形态。原型理论提出的两种理论模型是中心-倾向模型和属性-频率模型。中心-倾向模型认为，原型代表的是一系列实例的均值或平均；属性-频率模型主张，原型代表的是最频繁经验到的属性的众数或总和。
7. 人类视觉模式识别涉及输入刺激的视觉分析和长时记忆存储。

第五章 意 识

问题预览

1. 此刻,你意识到了什么?现在请你给意识下定义,并将你的定义与课本中的定义进行比较。
2. 哪些重要的历史事件引发了当代意识研究?
3. 什么是"启动"?如何运用启动技术研究意识和无意识加工?
4. 外显记忆和内隐记忆的区别是什么?
5. 怎样进行科学的意识研究?
6. 睡眠有哪些阶段?
7. 关于意识有哪些理论?
8. 在日常生活和人类发展过程中意识具有什么功能?

意识课题中的一些内容使人们像《镜中世界》中的怀特皇后一样,这个皇后相信早餐之前有六件不可能的事情。大多数接近动物状态的人——如梦游者、僵尸、笨手笨脚的人、昏死过去的人——真的是无意识吗?难道狗就没有感觉、情感、激情吗?如果你戳它们,它们感觉不到疼痛吗?难道摩西真的不能品尝食盐、不能欣赏和享受性吗?孩子们学会变得有意识,是和学习正反戴棒球帽的方式一样吗?

——史蒂芬·宾克(Stephen Pinker)

意识曾经是心理学研究的中心,后来被当成非科学而遭禁止,现在它又回到科学的怀抱中,获得了昔日的荣耀。意识主题不会轻易消失,它有存在的理由。人们醒着的时候大部分时间在进行意识活动,即使睡眠时也有意识的"嘟哝"。否则,一阵警报声、孩子的哭喊声或是一盆冷水浇到脸上,如何能惊醒我们?当我们从深度睡眠返回到清醒意识中时,整个大脑的电波活动会发生急剧变化,醒着时快速、微弱、不规则的脑电图取代了深度睡眠时缓慢、强烈、规则的呈波峰波谷起伏状的脑电图。同时,人们还发现了丰富多彩、各不相同的意识经验:色彩与声音、触觉与嗅觉、想象和梦幻,以及日常现实中林林种种的意识形式。意识经验与人脑的活动同步发生,心理学家可以由此推断出意识经验所折射的基本现实,即苏醒着的意识现实。我们以下面这个定义开始这一章：意识是对周围环境，包括诸如对世界的视觉、听觉、记忆、思想、感情和躯体感受等认知事件的知晓。根据这一定义，意识具有两层含义：

- 意识是一种对周围环境刺激的反映。例如，你也许忽然变得对鸟叫声很留意，对剧烈牙痛很敏感，或根据视觉辨认出一位老朋友。
- 意识也是人们对精神事件的认知——其认识是记忆的结果。例如，你可以记起鸟的名字，说出你牙医的电话号码，想起你失手跌落在朋友衬衫上的比萨。

这些内部的私密思想和外部的刺激一样重要，它们共同决定着我们是谁、我们在想什么。一天下来，人们对周围世界的看和听产生了大量的意识经验，反映个人反应和感情的内部思想也引起了海量意识经验。

现在你明白意识是什么了吗？它来源于什么？别人知道你的思想吗？你曾经对别人隐藏过你的思想吗？如果是的话，为什么？诸如此类的问题，告诉我们意识存在于我们的脑海里。

> 你总是在我的意识里。
>
> ——威利·尼尔森(Willie Nelson)

意识研究的历史

没有人记录过早期进化的事件，但若当时有某位传记作者的话，那么这个人(从而人类)可能很早就已观察到生物精神进化历程中的意识发展。同时，人类关注意识主题是与关注基本问题密切联系的。例如，"我是谁？""为什么我会这样思考？""当我睡觉或死亡时，对'我'来说会有什么发生？"这些问题掺杂着宗教和迷信的成分。意识主题是早期哲学问题的关注内容，并从古代一直延续到现代，也是本书第一章所叙述历史的一部分。

科学心理学开始于19世纪对意识经验的研究。威廉·詹姆斯的名言就是"心理学是研究精神生活的科学"，这里的精神生活就是指意识方面的精神生活(James, 1890/1983, p. 15)。像詹姆斯这样定义心理学的并非只他一人，甚至在他之前，欧洲人，包括赫曼·艾宾豪斯(我们将在第八章研究这位记忆专家)和西格蒙德·弗洛伊德(他的有关意识特别是无意识决定人们思想和行为的理念将事实颠倒了)，就已在从事我们如今称之为科学心理学的研究达半个世纪之久了。其中某些部分现在还清晰可辨，例如，许多生理心理学原理在19世纪中期被发现——对催眠和感觉的各种探索；

记忆和智力开始被研究；联想学习原则的提出。几乎每一个人都相信意识对于这些精神事件是至关重要的。

约在1900年，情况发生了变化。伊万·巴甫洛夫、约翰·华生和其他有类似倾向的人认为，对意识进行科学研究是不合理的，因为我们仅能观察到生理活动和大脑。整个20世纪，人类的个人体验几乎成了科学的禁区，其中有一些操作方面的原因。在很多个案中我们很难确定别人的心理体验，于是许多就很难被重复检验，而这恰恰是科学所必需的。然而，心理学家已找到一些巧妙的办法，来检测难以观察到的正如短期记忆、内隐认知、心理想象等。为什么相同策略不能应用于意识呢？为什么不能像科学家研究电子和光速那样，把基于别人的意识经验当成观察证据的一种推断成分呢？意识研究的方法论问题看上去很困难，但绝非不可解决。

> 普通人对于意识的无意识体验远远胜过心理学家对无意识的有意识认识。
>
> ——卡尔·克劳斯(Karl Kraus)

还有一个巨大的哲学问题使科学家们难以用研究记忆和知觉的通常方法来探索意识，这就是身-心问题（见第二章）。自思想有记载开始，哲学家就开始探讨这个问题。身-心问题是对“世界的基础是精神还是物质的”这一问题的思考。是否所有的意识经验都能由各种神经元得到解释？神经元自身是否仅是存在于科学家头脑中的观念？

人们经常在日常语言里在身体与精神之间转换着描述现实。“我服了一片阿斯匹林（身体）来对付钻心的头痛（精神）。”“我走向冰箱（身体）因为我渴望吃一个冰淇淋（精神）。”精神体验怎样才能导致身体行动呢？常识并不关心这些，它总是在身心两个王国之间跳跃，常识心理学是身心二元论的。

然而，当我们试图深入思考个人经验与共处的世界之间的关系时，情形就变得更加复杂。关于阿斯匹林和冰箱，普通的因果联系就能解释事情为什么会发生。冰淇淋会融化因为天气热，瓶装的阿斯匹林由于潮气太大被损坏，这些现象遵循着物理世界的因果规律。但是精神事件受到目的、情感、认知过程等影响，它似乎遵循不同的规律。

西方哲学认为人类心灵仅有精神属性。17世纪初，法国哲学家和数学家笛卡儿就认为，意识灵魂，仅在这样一处与生理脑相联系：微小的悬垂在大脑底部的松果腺，他想象不出其他方法来解释意识灵魂与生理脑是如何联系的。多数西方哲学家都是唯心论者，他们相信意识是所有现实世界的基础，亚洲哲学家通常也是唯心论者。

然而在20世纪初，情况发生了变化，也许1900年前后科学家拒斥意识的主要原因是科学家认为唯心主义与物理、化学这些基础学科是不相容的，因此，1900年稍后，科学界发生了朝向唯物主义的波及面广的运动——意识经验能通过神经元或从心理学角度由可观测到的刺激(输入)与反应(输出)所解释。

心理学中,这种行为主义哲学由巴甫洛夫和华生约在 1910 年推广并变为流行,后经斯金纳和其他心理学家维持到 20 世纪 70 年代。20 世纪的大部分时间里,人类意识经验是被规避的,因为在本质上它被认为是一个精神问题。这一观点已发生改变,现代心理学家似乎并不满足于对于这一问题的研究。

认知心理学和意识

学习理论逐渐受到记忆理论、知觉理论和精神过程的内部表征理论的挑战。“信息加工”和“认知”成为炙手可热的词汇,不管行为主义者如何蔑视,意识主题不再被人们抛弃,并逐渐进入了心理学文献,从而结束了长达半个世纪忽视意识研究的历史。进行意识实验的科学家不应是海特-阿斯贝利(Haight-Asbury)的医生,因为他们属于垮了的一代,不修边幅,酷爱致幻剂,为了越来越高的“意识”水平而大量依赖能产生幻觉的药物。

若干个重大研究思路促使意识再次成为心理学研究的主流。在现代研究中,认知心理学家主要使用两种重要方法,一种是心理学的,另一种是神经学的。

启动研究。观察显示,如果某人拥有某个词的经验甚至产生它的相关词,他认知这个单词的能力就会得到较大促进。例如,要求你识别单词“psychedelic”,也许会非常容易,但如果你没有读过此前一段(这段用上了“psychedelic”),就可能花费更长的时间才能识别这个单词。为什么呢?因为该单词的意识水平得到提升,从而比没有读过时更高。其实,这种情况每时每刻都会上演,它似乎是这种现象的一个很好的经验材料。

炙手可热的意识研究

近来,在医学文献数据库(Medline)中输入“意识的”和“意识”关键词进行搜索时,至少可以找到 10 000 条相关信息。当我们想到,日常生活中我们所做、所想与意识的多少总有点相关,就不难理解为何学者们对与意识相关的各类主题有巨大兴趣。21 世纪初,搜索关于意识的网站,大约可以找到 160 多个,仅 http://ling.ucsc.edu/~chalmers/mind.htm/就收录了 671 篇在线论文,尤以各种认知心理学论文为多。下面是一些热门的意识方面的网站,欢迎点击(推荐网址被标以 *)。

*** 意识**

http://ling.ucsc.edu/~chalmers/mind.htm/

关于意识与相关主题论文的索引,论题涵盖意识的概念、二元论和唯物主义。

*** 意识**

http://www.lycaeum.org/drugs/other/brain/

收录有丰富的论文和链接,覆盖了行为和认知科学以及心理学等领域。

The Hare Krishna 主页

http://www.webcom.com/~ara

* **意识研究杂志**

http://www.zynet.co.uk/imprint/jcs.html

神秘意识爱好者的专业组织。

* **意识研究中心**

http://www.consciousness.arizona.edu/

亚历桑纳大学的研究组织支持意识科学的发展。请阅读当前的和即将问世的研究。

63 种宗教、信仰组织和种族系统的描述

http://www.religioustolerance.org/var_rel.htm

从巫术到犹太教，安大略的关于宗教容忍的咨询家们提供了关于 63 种不同宗教信仰的起源、历史、信念和实践方面的论文。

新闻组：alt.consciousness

news.alt.consciousness

探索濒临死亡的体验、神秘主义的其他意识状态。

意识流

http://kzsu.stanford.edu/uwi/soc.html

认知神经研究：睡眠与健忘症。无意识和意识最明显的差异表现在清醒和睡眠状态，关于睡眠的广泛研究，特别是借助记录不同睡眠阶段的脑电图，使无意识为人们所了解。另外，研究还显示，一些神经损伤（例如脑创伤）的健忘症患者不能有意识地回忆事情，甚至最简单的事情，例如，他们自己的名字、家乡、校歌、子女们的面孔，甚至他们的社保卡号（这五项只具备三项即可），但是他们能学习、回忆其他类型的事情，例如学开摩托车，这是因为意识回忆内容与神经损伤相关，意识是以神经结构为基础的。

外显记忆与内隐记忆

外显记忆（explicit memory）是指有意识记忆信息，当你在考试中回答问题时，就属于此种记忆。例如，当要求你回忆比尔·克林顿之前的美国总统是谁时，你会回答"乔治·布什"，在线索、问题与答案之间你进行了有意识的联想。人们用外显记忆回答直接的问题。然而，内隐记忆（implicit memory）也许更适用于讨论的意识，它是指通过与过去经验有关的行为改变来量度，正如前面所讨论的启动实验中的情形。

许多情况下，当过去的信息促进任务的完成时，不需要有意识地回忆那些经验，内隐记忆就显现出来了。如果要求你说出法国的首都，你积极地有意识地搜索记忆后发现是巴黎，这个例子是外显记忆。如果先向你呈现一个严重残缺的图形，然后呈现完整图形，并要求你识别它，与没有呈现启动图形(残缺图形)相比，你能更迅速地识别出来。然而，你可能未必意识到对启动刺激的影响。或试着考虑这个问题：这儿有一个不完整的单词：

p_y_h_d_l_c

这是什么单词？答案只是突然跃入你的脑海(内隐记忆)。然而，如果你让一个朋友来解决这个问题，由于他未读到几段前中的单词"psychedelic"而未受到启动，他的问题解决时间将可能会明显加长。自己试一试。

思考论证：提升你的意识水平

日常生活中，我们能听到"提升你的意识水平"这样的建议，这经常指正被改良的社会行动，看看我们能否提升你以下所列单词的意识水平。阅读这些单词，并对它们有所印象：

书店 香水 电视主播 交通信号灯 狗食 有趣的发型 哭泣的婴儿

接下来的几天，你会注意到其中一些单词以神秘的形式进入你的意识。本部分的练习与启动实验是怎样联系起来的呢？为何这些概念会突然进入你的脑海？记忆和意识的联系是什么？现在你能否颠倒这一过程，使你不用记住这些单词，而它们的联想却能进入你的意识思想？其他的单词或活动是怎样提升你的意识水平的？

启动的作用是激活了意识水平之下的心理联想。20 世纪 80 年代和 90 年代启动研究盛行一时(Roediger & McDermott，1993)。这个时期，随手拾起一本实验心理学杂志，就会读到关于这一主题的新议论。现在，那些把人脑置于"磁铁"(对 MRI 机器的亲切称呼)下热情的人们正开始着手分离结构，这些结构隐藏在大脑的珠宝——意识中。[1]

启动研究

早在 20 世纪 70 年代，认知心理学家就开始研究瞬间呈现的单词对于随后呈现的其他单词的认知影响(Meyer & Schvaneveldt，1971，1976；Meyer，Schvaneveldt & Ruddy，1974a)，但认知心理学家未料及有关问题至今还未被认识清楚。这些早期研

〔1〕 这一陈述对于许多积极探索"意识中心"的脑科学家来说是千真万确的，但是它还没有体现出我的思想。他们看起来像无能的恋爱者"在错误的地方寻求爱情"。意识(和其他高级认知过程)在大脑中广泛分布，试图寻找"中心"，这事实上可能是不可靠的。

究的实验范式非常简单，保持至今而没有什么改变。如果向被试呈现一个单词，如"college"(大学)，然后呈现一个相关词，如"university"(高校)，要求被试尽快识别出第二个词是否为真词。向另一被试先呈现单词"jelly"(果冻)，要求他识别单词"university"是否为真词。如果用"college"作为启动，与用"jelly"作为启动时相比，被试能更快地识别出单词"university"。

当理察德·尼斯比特和李·罗斯(Richard Nisbett & Lee Ross,1980)在密歇根大学所做的社会心理实验采用不同的启动类型时，情况更加复杂。他们向被试呈现了关联词对，例如，"ocean"(海洋)与"moon"(月亮)，然后要求对这些单词进行自由联想(这一术语经由西格蒙德·弗洛伊德及其追随者流行开来)。被试并不清楚他们为什么使用这些单词进行反应。例如，一个人可能会说出"detergent"(洗涤剂)，并给出理由"我妈妈用汰渍(Tide)牌洗涤剂洗衣服"。现在，已能明显看出启动对于随后行为的影响，即使被试并未意识到其中的原因。这个主题也支持了阈下意识启动(subliminal priming)的可能性或感觉阈限(sensory threshold)之下、意识水平之下的启动效应。关于该主题的一些有趣实验已被发表。

图 5.1 阐释了阈下启动，它是基于在英国所做的一些研究(见下一节)，并于课堂上成功演示。我班上的一半同学看图 5.1 中的 A，另一半同学看图 5.1 中的 B(悬挂在头顶上的投影仪投射出图片，其呈现时间是 100 毫秒)。然后，向所有学生显示图 5.1 中的 C 中的男孩，并要他们画出这个男孩的面孔并判断其性格。即使是快速呈现，看 A 的学生趋向于把男孩描绘为有点恶毒，并用了诸如"淘气的"、"恶作剧的"等词汇；而看 B 的学生则趋向于用"天使般的"、"善良的"等词汇来描绘这个男孩。令人惊奇的是，学生们(总体上)并没有意识到启动图画的特点。让他们研究启动图画后，学生作出如下评价："我的天呀，这个男孩看上去就像个长着角的小魔鬼"，或是"我没有看出这个男孩是多么无辜"！在这个实验中，阈下呈现的启动刺激(即在意识认知水平之下)对随后的类似图画的判断具有重大影响。下面是一个控制更加严格的实验。

剑桥大学托尼·马塞尔(Tony Marcel)的这个研究成为阈下启动的经典实验。在实验第一阶段，向一组被试非常快地呈现一个单词(20～110 毫秒)，接着呈现一个视觉掩蔽(如一组 XXXXs)，它阻碍了视网膜上单词视像的形成，因此被试看到的是一个连续过程，呈现时间如此之短以致被试不能报告所看到的单词。当单词以阈下速率呈现时，他们对该单词的猜测并不比随机好多少。确定了被试不能识别单词的水平后，接着以阈下速度呈现另一个单词的启动刺激(如"面包")，也可能不是(见图 5.2)。被试将判断第二个单词("三明治")，亦即目标词是否为真词。这项任务被称为词汇判断任务(LDT)。我们在关于词语一节中将对该内容作进一步讨论。反应时是指决定字母串组合是否构成单词的所需时间。结果显示，联想词对比非联想词对的反应时间短。

图 5.1 阈下知觉的一个证明

一组被试看 A 中男孩，图 A 快速呈现；另一组被试看 B 中男孩，图 B 呈现速度与图 A 相同。呈现速度如此之快以致两组被试都无法有意识地回忆起图片内容。然后向被试呈现一幅中性图片 C，并要求他们重新绘图并标示男孩性格。根据不同启动刺激，被试趋向于把图 C 中的男孩判断为凶狠或天真。尽管结果不总是可以观察到，但有充分证据表明，被试并未意识到启动刺激的性质，这支持了阈下知觉的观点。

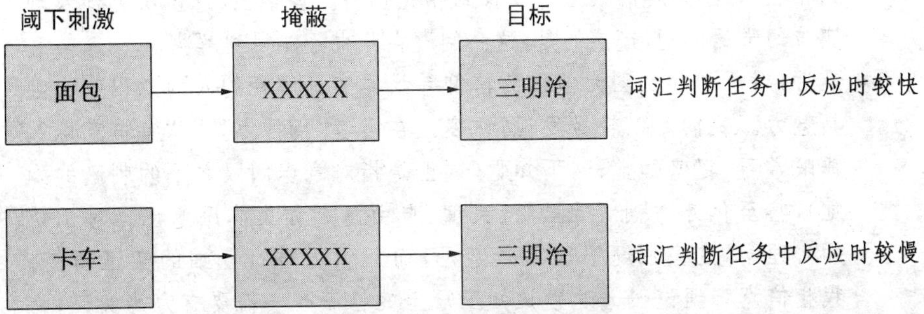

图5.2 阈下知觉的实验范式

在知觉意识水平下向被试呈现一个单词。一种情况下，单词（面包）是目标词（三明治）的联想词；另一种情况下单词（卡车）不是目标词的联想词。接着呈现掩蔽（XXXXX）以抑制单词的进一步感觉加工。词汇判断任务（LDT）要求被试只报告第二个字母串是否形成了一个单词（三明治）。当呈现的阈下单词（面包）是目标词的联想词时，LDT 反应时受到影响；但属非联想词对（卡车与三明治）时，则没有影响。

一些研究者报告了相似结果，然而，在其他一些实验中则反应强烈（Holender，1986）。一些批评家指出，当被试制定认知阈限的标准时——亦即，当一个被试报告他能否“看见”启动——效应便出现了。另一方面，如果阈限的暴露时间是客观测量的，阈下启动的效应便不能发生。从该实验及类似实验中也许可以推导出以下结论：

- 在某些具体条件下，阈下启动会发生。
- 如果启动刺激呈现于感觉阈限之下（被定义为激活一个神经反应所需要的最低能量），阈下启动便不会发生。
- 在阈下启动发挥效用的情况下，也许被试可以觉察到启动词或图像的片段，但是由于主体确信的水平太低以致无法报告。以下结论似乎是站不住脚的：感觉阈限之下的刺激（意味着在外部刺激能激活感觉神经的水平之下）影响认知现象，例如促进对随后事件的回忆与再认。然而，在一些实验中，对于启动词的微弱觉察已能强有效地促进随后相关词的觉察。在一些低水平的感知中，被试不能报告他处于感觉意识状态中，但是部分信息已被检测并贮存下来。我们需要将被试真正的（生理上的）经验与被试报告的经验区别开来。
- 这个重要问题既是哲学中的又是实证方面的：被试无意识和意识经验的报告有多可靠？这也许正是问题的关键。一个问题是，观察者接受感知而达到一定强度的内部标准被认为是“意识的”，这与信号侦察理论相联系，感兴趣的读者可以找到相关资料。哲学上，意识研究涉及现实与幻觉的问题，遗憾的是，这一问题在此也不能得到解决。

- 最后，对于那些试图为他们的信仰寻找非实证解释的人的意识研究独具魅力。我们可以轻易发现，许多人在思考"精神力量"、"宇宙意识"、睡眠学习、超感知觉、阈下知觉（这里是指对意识阈限之下的刺激的知觉），甚至化身、投胎、千里眼、灵魂、自由意志和集体无意识。对于认知心理学，这些主题不仅不是禁忌，而且值得进行仔细的实证研究。我相信意识理论——这颗认知王冠上的钻石——需要有力的实证，特别是认知神经科学的基本法则以及有关生理宇宙的认知，如果不放弃的话就要进行修正。

> 如果所有的一切都是幻觉、什么也不存在的话，那该怎么办啊？若真是这样，毫无疑问我的地毯是买贵了。
>
> ——伍迪·艾伦(Woody Allen)

认知神经研究：睡眠与健忘症

睡眠。意识与无意识最明显的区别体现在人的睡眠与清醒之间。关于睡眠者的实验受到了意识研究者的青睐，其得力工具是脑电图(EEG)，因为脑电实验是无创伤的（如果你不介意像个水母一样，就请戴上一个从头顶上垂下许多蛇形缆线的罩子吧），而且能收集到良好的时间数据。获得整个睡眠阶段的脑电图是完全可能的。在白天，人们相互作用，经常处于高度的注意状态——看看这里，听听消息，闻闻新的气味。但是，当人们睡眠时，注意机制极大地减弱，个体的相互作用几乎不存在。脑电图中一些非常明显的变化确证了人们在睡眠中通常经历的几个"阶段"，如图 5.3 所示，五幅典型的脑电图显示了人们在清醒状态及睡眠四个阶段中的电波活动。

当人们处于松弛的状态、闭上双眼醒着的时候，出现 α 脑电形状，其电位显示每秒钟有 8 到 12 个周期的规则波形。阶段Ⅰ睡眠处于四个阶段的最高峰，当人们打第一个盹时，这个阶段就开始了。在这个阶段有短周期的 θ 波活动(4～7 赫兹)，显示出蒙眬的睡意。阶段Ⅱ以睡眠"纺锤"为特征，即有节奏地爆出 12～15 赫兹的脑电活动。在阶段Ⅲ，除了"纺锤"形式的波形以外，我们还观察到了一些频率很低的 Δ 波(1～4 赫兹)。阶段Ⅳ正如脑电图所显示的，与前一阶段相类似，但是可以观察到更加广泛的 Δ 波。阶段Ⅳ是睡眠的最深状态，此刻唤醒被试最困难。每一阶段的行为特点，正如快速眼动(rapid eye movement，REM)睡眠所显示的，以眼部的快速运动和做梦为特点，如图 5.4 所示。

在睡眠研究中，可能会看见从意识状态到无意识状态的变化，然后又从无意识状态返回意识状态。通过脑电图和其他设备，我们可以将意识水平与脑活动的生理测量联系起来。

健忘症。另外一个促使意识重回心理学的重要事件是对海马（与学习和记忆有关的边缘系统的一部分）的研究。实验测试中，我们发现某种记忆深受损伤的影响；但有趣的是，另一些种类的记忆却不受其影响。因此实验显示，（至少）存在两种基本记忆系统。

这些结果有助于研究者理解所谓健忘症患者这类临床患者。深度健忘症患者几乎不能记起任何过去的东西，也不能学习任何新东西。然而，布伦达·米尔纳（Brenda Milner，1966）[1]发现，甚至一些深度健忘症患者也能够学会一些感觉运动技巧——诸如对着镖靶投掷飞镖或练习镜画等类型的动作。如果有适当线索，一些患者甚至可以记起一些关于词和图片的信息。

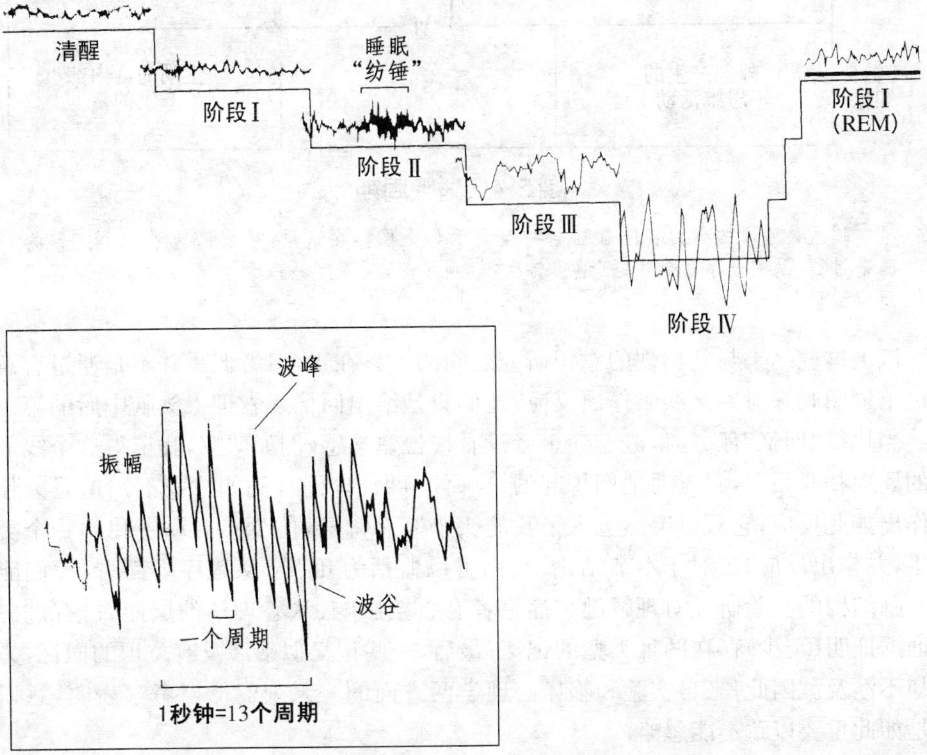

图5.3 一个记录从清醒到深度睡眠的脑电图示例

在第一水平，被试清醒，呈现出低振幅、快速的活动形式，然后逐渐变为高电位、慢Δ波的深度睡眠形式。在这一阶段，意识明显地减弱。当梦发生时，深度睡眠被快速眼动睡眠（REM）所取代，这时被试又返回到了意识状态。

〔1〕 详细解释请参见第七章。

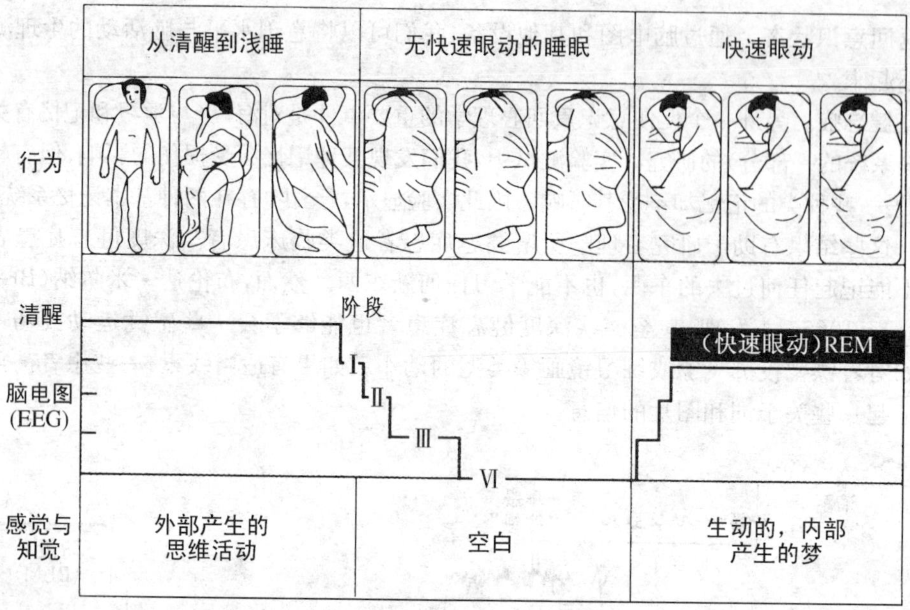

图5.4 睡眠周期

睡眠诸阶段的行为表征与脑电特点显示如上图。在这里，被试经历了一个完整的睡眠过程，从完全清醒到浅睡（他辗转反侧）到平静，从深度睡眠到快速眼动睡眠到返回意识活动。

以上这些结果与新出现的意识研究之间的关系在于，患者似乎并不是通过有意识回忆单词图画来对回忆线索作出反应，他们只是给出回忆线索进入头脑中后的第一反应。当执行“回忆”任务时，健忘症患者没有报告熟悉感（例如，“啊，我记得这个线索与我的反应相联系”），只是对他们想起的第一件事做出反应（例如，“我不知道我为什么会作出如此反应，它只是突然进入了我的头脑”，恶毒-天使少年启动了我的一个类似学生，并作出反应）。对于本节结论，我们可以概括为几点：从程序层面看，我们能发现人脑结构的实验研究对理解健忘症患者有直接影响；从心理学的层面看，有进一步的证据证明（至少）存在两种类型的记忆；最后，一些记忆似乎涉及有意识的回忆，另一些却不涉及。因此，来自实验和临床心理学两方面的一系列的严格考察表明，意识作用是如此重要以致不能忽略。

科学建构下的意识

乔治·曼德勒（George Mandler，1984）指出，正如科学家处理各种证据和分享推断一样，我们仅考察了人们对于其意识体验的报告。这意味着你对意识现象的主观报告也许与我的不同。另一方面，我们又的确能够依据此类公开报告对人类经验作出可靠推断；否则，我们的世界将比现在还更加混乱无序，人们之间的交流也将会是模棱两可的。

知觉研究中，我们在操作上处理的常是体现意识经验的口头报告。我们知道，知觉报告与生理刺激系列的精确敏感性相对应，整个研究领域都依靠这种方法论。无意识过程也能通过外在观察被推断出来，尽管人们并不能对其有意施加作用。最简单的例子是，大量记忆是处于当前无意识状态的。你或许可以回忆起今天的早餐，但进入意识之前记忆又发生了什么呢？它仍在神经系统中被表征着，尽管是无意识的，但无疑这就是问题的难点所在。大脑的什么命令使之清晰可见，从而受到注意呢？例如，无意识记忆能够影响其他加工而不曾进入意识。如果你今天早上喝了橘子汁，那么明天早上你可能喝牛奶，甚至你都不会记得今天早上喝的是橘子汁。

以下例子是无意识表征：习惯刺激、回忆之前和之后的记忆、自动技能、内隐学习、句法规则、无意识言语、假设、前意识输入加工和其他许多的现象。研究者虽然还对部分例子的特性持有争议，但在以下一点上却取得了共识，即只要给出丰富的证据，无意识表征可以被推断出来；关键是以推理来建构意识和无意识表征，因为只有把意识当作一个变量，才可能这样去谈意识。例如，对于牛顿的万有引力，我们只有通过与缺乏引力的一种状态进行比较才可能认识清楚。与熟悉的实验方法相比，这更抽象，因为我们比较了两个被推断实体，而不是两个可直接观察的对象。将意识作为变量来研究的原则也如此。科学研究这些现象的第一步就是形成一个分类体系，其中某些事物与意识相联系，某些事物与无意识相联系。如表 5.1 所示，以实验研究为出发点，依据差异性将心理分为两类，以建立一个起着一般性指导作用的科学研究意识的框架，以下三个范畴产生于宾克的分类学并已得到修正：

- **作为个人觉知的意识。**觉知(sentience)是指个体的主观意识经验或个体的唤醒状态。你可以把它看做“未加工的知觉”，即它是什么或可做什么。
- **通达信息。**当问你：“你的念头值一便士吗？”你的反应或许是此刻你脑中的闲暇念头是什么、你今天的计划是什么或你的左膝盖痛得要你的命。
- **自我知识。**也许有人把意识看成人的原始感情的能力、信息的通达或者建构包括自我在内的世界的内部表征能力。每个人都有关于“我是什么”的意识建构，这样一个建构也许与现实完全无接触，就像《詹姆斯·瑟伯的故事》(James Thurber's story)[关于无望白日梦者的故事，并已被丹尼·凯(Danny Kaye)改编成电影和百老汇的戏剧]中沃尔特·米蒂(Walter Mitty)的幻想一样，徘徊于英雄飞行员和著名外科医生之间。意识包含了自我观念。

表5.1 对无意识和意识现象极端的各种研究

与意识相关联	与无意识相关联
1. 外显认知	1. 内隐认知
2. 即时记忆	2. 长时记忆
3. 新异、信息化、意义刺激	3. 惯例、可预见、无意义刺激
4. 注意状态下的输入	4. 非注意状态下的输入
5. 焦点内容	5. 边缘事件(例如:熟悉度)
6. 陈述记忆	6. 程序记忆
7. 阈上刺激	7. 阈下刺激
8. 随意过程	8. 自发/自动过程
9. 记忆	9. 知晓
10. 可获得信息	10. 不可获得信息
11. 策略控制	11. 自动控制
12. 模式化的刺激序列	12. 内隐习得结构
13. 完整的网状结构和髓板内核	13. 网状结构和双侧髓板内核的受损
14. 工作记忆中的复述项目	14. 工作记忆中的未复述项目
15. 漫步和梦想	15. 深度睡眠、昏迷、镇静
16. 外显推断	16. 自动推断
17. 情节记忆	17. 语意记忆
18. 自主记忆(塔尔文)	18. 非自主记忆

有限能力

许多心理学家注意到时间上"一对一"意识能力的局限性。在每一意识时刻,人们趋向于仅仅意识单一的事情,例如,一个场景,一个意图,或一场白日梦。

日常生活中,人们不能在同一时刻做两件事情,例如同时进行深度谈话和在闹市区开车,但如果一项活动不要求较多的意识参与,人们就能够同时做两件事情,或者快速地在两个任务间转换。工作记忆中复述的项目个数和时间通常有同样的限制,一般来说,在短时记忆中人们可以复述 7±2 个单词或数字,但在不能复述它们时,这个数目就跌到 3 或 4 个。同样地,目的(控制)行为仅能按序列完成,一个时刻一项,而自动过程能够同时完成(LaBerge,1980)。在双重任务情景下,意识控制着的各个任务相互影响,导致错误和耽搁,但是当一个或两个任务通过联系变为自动时,相互干扰就会降低甚至完全消失。

太多的人试图通过一个小门！环境的感觉印象流中，在一个时刻只有少数几个能得到加工。

潜台词：新异

关于意识的一种认识是，其核心为新异性——或一种“反习惯”。因为人们的期望与现实之间并不一致（Mandler，1984）。有丰富的证据证明，人和动物都在寻求新异的、携带有大量信息的刺激。意识好像偏爱于“新”，重复的、可预见的、“旧”的刺激从意识中淡出，而不论它们的感觉形式、抽象程度和物理强度。新异性可界定为物理环境中的变化（反习惯性）、违背预期（惊奇）或对熟练规则的反叛（可导致其他行为路径流上的分叉点）。新异性潜台词概括了意识的一个核心功能——在适应新异和意义事件方向上引导资源；用皮亚杰的话说就是，在需要适应未料及的事件时，意识的作用比已准备同化可预料事件时更大。

然而，新异性的假说明显是不够的，如果例行事物对于个体性与生物性是重要的，那么人们的意识还是遵循惯例的，例如，人们日复一日地吃饭，却并不感到厌倦与沉闷。

探照灯

许多语言中都有这样的古代谚语，将意识当做某样东西，其光线投射在事物上将使人们的理解得到阐释和启发。探照灯的形象一直可以追溯到柏拉图。探照灯或聚光灯的隐喻是表达思想的一种现代化方式(Lindsay & Norman,1977;Crick,1984)。这是一个有吸引力的隐喻,是贯穿记忆、知觉、想象、思维、行为等无数个领域中的意识流及意识选择功能的概括。克里克的神经生物说也表明了丘脑图的复杂性。事实上,丘脑像卵一样安居在每个像蚕茧的大脑半球之中,其点对点地对应着大脑皮层的相关部分,就像大脑中又放置了一个微型脑一样。注意力探照灯可以被想象为发自丘脑的光投射到大脑皮层对应区域。

选择性注意与意识的探照灯隐喻

必须指出的是,丘脑包含有两个核(网状内核和髓板内核),它们发生病变就会殃及意识。另一方面,皮质损伤只殃及意识的内容,并不破坏意识本身。克里克的丘脑皮层探照灯是一个出色的比喻,其真实性已得到了确证。

心理学和神经生物学的探照灯理论还有两个问题尚未作出回答:(1) 特定的焦点是怎样选择的。即,是什么决定了探照灯投向大脑皮层这个区域或关注这个内容,而不是另一区域或另一内容;(2) 一旦某事物被选为焦点,有关信息会发生什么变化,其内容被意识到又意味着什么。它如执行隐喻所表明的那样传递给自我系统吗?它传给运动系统而为随意动作做好准备吗?它到达语意加工器,对事件意义进行编码吗?可以想象一个真实探照灯在黑暗中放出光明,以使我们能看见光线和目标,但是我们看不见目的操纵者和看着目标的观众。在这黑暗空间里会发生什么?不回答以上问题,探照灯隐喻就缺失了一些本质性内容。剧场隐喻对这一问题做出了努力的回答。

整体隐喻:心灵的社会剧场

剧场隐喻把意识经验比作黑暗大礼堂中的明亮舞台,舞台上无论有什么,包括导演、编剧、服装设计和幕后的舞台工作人员,很多观众都能接受到。隐喻的核心是许多专门系统的共同功能，专门系统即构成观众。舞台上的事件是举足轻重的，它有优先权，剧场中所有的观众都能看到。

意识的笛卡儿式剧场

丹内特和金斯邦(Dennett & Kinsbourne,1992)批评了这一隐喻的某一具体版本，他们称之为“笛卡儿式剧场”，即“大脑中的一个独立地方，‘所有事情一起发生’”，就像笛卡儿所描述的大脑中微小的处于中心位置的松果腺，但这有点像是不相干的东西。当前各个模式都没有表明，意识内容可以独立存在于一个微小地方，但竞争性的潜在内容最终是分立存在的。当然也有很多其他方法能把诸多的信息资源汇聚到一起，例如神经系统上相互协调的众多知觉图像，丘脑也许是实现这一点的理想环境。

现代剧场隐喻超越了这些笛卡儿式剧场的悖论，在最新版本中，意识不再被认为存在于任何独立的地方，然而意识的内容无论是什么都可以广泛分布在整个大脑上(New man & Barrs,1993)。

隐喻与独立的系统理论的联合。我们可以把所有的隐喻联结成为一个独立的完整的“超隐喻”，剧场可以转化为许多有用的内容，包括阈限、探照灯、新异性和执行观念。这样“超隐喻”就变得丰富起来，并逐渐呈现出一种优秀理论的诸多特点，下面描述的理论设想可以看做是朝这一方向的一些步骤。

随着意识获得科学上的尊重及大量精心设计的生理和心理实验研究的出现，综合意识诸多发现的模式诞生了。下面我们将介绍几种。

意识的现代理论

现在我们开始看看几种早期理论，它们旨在阐明意识经验的某些特征。

夏克特的可分离的相互作用与意识经验模型(DICE)

收集到的关于神经心理加工过程与意识过程彼此分离，特别是内隐记忆和失认症(未意识到的认知缺陷)方面的大量证据，使夏克特提出了可分离的交互作用与意识经验模型(DICE)。“DICE模型的基本理念是……意识辨认和识别的协调过程。即，不同领域内的意识觉察现象，应显著区别于控制语言、认知和其他信息种类的形态系统”(1990，pp. 160～161)。图5.5所示的是DICE的基本要素。

在这一模型中，加工信息时系统或形态会发生变化，从而在后边产生知觉残留——人们脑中的一种痕迹。夏克特(1996)将“痕迹”界定为“解码和经历导致大脑内发生短暂或持久的变化”(p. 58)。脑神经细胞通过强化负责事件解码的神经细胞群的联系来记录事件。大脑的不同部分负责不同种类的感觉事件，例如枕叶负责视觉经验、听觉皮层负责声音处理过程等，详见第二章。

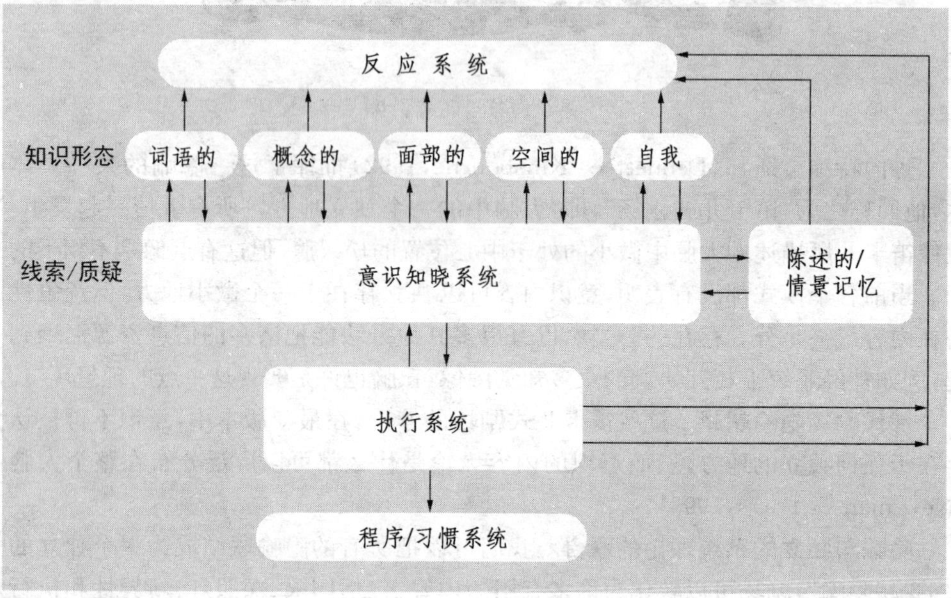

图5.5 DICE模型的图式化描述：可分离的相互作用与意识经验模型

资料来源：Schacter，1987。

每种记忆都与数以百万计的神经细胞相联系，它们处于大脑中成千上万个被激活的痕迹中。多数情况下，处于睡眠状态的这些记忆与联结可以在一个快得惊人的时间内被激活并产生积极意识。例如，当问你昨天穿的是什么衣服时，几秒钟内你就可以激活以前的潜在痕迹。这种无意识的痕迹也可能一辈子都处于不活跃的睡眠状态。或者，当要求你回忆起你五年级老师的名字时，老师的名字立刻就会进入意识之中(更加引人注目的是，尽管你当时不能记起，只是通过问几个问题，你就可以快速回忆起老师的名字）。

夏克特的DICE模型假定，存在独立的记忆形态，并且不通达技能/程序性的细节知识。这一模型最初是为解释正常功能与受损大脑之间的分离问题而设计的。除了昏迷和不省人事的患者以外，神经心理病例中意识的丧失是由于主要损伤区域，但意识通达其他知识源通常并不困难。健忘症患者并不总是在识读单词方面有困难，而失读症患者并不必定存在记忆障碍。然而，内隐（无意识）记忆对于难以获得的知识的作用已经在许多条件下得到证明。例如，当名字和匹配面孔相伴随时——即使患者不能有意识地识别面孔，名字识别却使面孔失认症患者变得容易起来。面孔失认症患者是指其大脑损伤使其难以识别面孔的人。

很多例子表明，无意识神经心理患者具有内隐知识，意识能通达信息（Milner & Rugg，1992）。这些发现表明，由各种知识源泉组成的"建筑"是功能分离的，因为它们的丢失是选择性的；各种知识源泉无法进入意识，即使它们在继续调节随意行为。

提出DICE模型时，夏克特又对该思想给予了额外支持，即知识分离资源系统中的意识能力，以用来解释脑部受损患者的贫乏内隐知识。DICE并不致力于解释意识能力的局限性或潜在输入中的问题选择。DICE模型表明，意识的主要作用在于，在执行系统控制下调节随意行为。然而，有关这些能力的细节并没有详细给出，另外也未涉及其他一些合理的功能。

巴尔斯的全球工场理论

伯纳德·巴尔斯（Bernard Barrs）提出了一种综合的意识理论。

剧场隐喻是切入巴尔斯的全球工场理论（GW）的最佳路径（Baars，1983，1988）。意识与整个大脑上散布信息的"广播系统"相联系。如果真的是这样的话，那么意识能力的极限就是整个系统为获得单个瞬时信息而付出的代价，以便于协调和控制。既然在任意时刻仅有一个"完整系统"，面向整个大脑的传播设施必须限制于单个瞬时内容上（有证据表明，每一个意识"瞬间"大约是100毫秒等级，即十分之一秒）。以上思想是由巴尔斯通过全球工场（见图5.6）的七个逐渐详细的结构模型提出的。在其中，许多平行的、无意识"专家"通过有意识的、内部一致的系列全球工场来相互作用（或功能上的等价物）。

全球工场理论依赖三个理论结构：专家处理器、全球工场、内容。第一个结构是专门化的无意识处理器，即"专家"。我们知道，大脑中有数百种"专家"，它们可能是单个细胞，诸如颜色、线条方位，或面孔的皮层特征觉察器细胞；也可能是整个网络结构或神经元系统，如像布洛卡区或威尼克区这样的功能区，像蓝斑这样的大神经核，等等。就像人类专家一样，无意识专家处理器的关注范围有时也相当狭窄。无意识专家在一些特定任务领域中效率极高，可以独立工作，也可以彼此互相协作。当作为一个团体工作时，它们没有意识所具有的狭窄的能力极限。它们可以接受整个大脑的信息，并且，如果它们能动员由另外一些专家组成的团体的话，它们就能控制知觉处理器。知觉处理器可以把心理表象、内部言语片语，甚至知觉的内容放入意识中。常规任务下，它们自动地工作而没有意识的参与，否则它们会把其产品陈列在全球工场中。要回答诸如"你母亲还是少女时的名字是什么"这样的问题，需要一个任务-具体的无意识专家团体，由这个团体把它们的答案报告给意识。

第二个结构是全球工场本身。全球工场具有系统范围内整合和散布信息的建构能力，它颇似一个科学会场中的发布台。围绕着会议桌"专家组"可能相互作用，为了提高效率，每一"专家"必须与其他专家相互竞争，或许某一"专家"得到了某个"专家团体"的支持，结果是它抵达发布台后向整个大脑发布信息。由发布台所导致的全球化的相互作用可能使专家之间建立新的连接，新连接又促使新的本地处理器产生。发布台允许全新的专家团体处理那些新的或是困难的问题，这些问题是那些既有的专家和委员会所无法解决的。对问题实验性的解答可能在整个大脑范围内散布、审查、修改。图 5.6 介绍的观点根据的是这么一个假想：全球工场里的信息与意识内容对应。既然意识经验似乎具有巨大的知觉偏见，那么自然地就会想到知觉处理器——视觉的、听觉的、多通道的——竞争着进入"大脑版"的全球工场，当然，知觉输入系统反过来也会受到其他专家团体的控制。很明显，可以几个不同方式实现抽象的全球工场在脑中的具体建构，但是我们不知道将准确对应大脑的哪一部分结构。目前，尽管不清楚大脑的内部联系，但或许存在一些神经类似物，包括网状结构和丘脑上的髓板内核，一层或多层皮质，或是皮层上感觉投射区与对应的丘脑转换核之间的活跃环路。像 GW 理论的其他内容一样，这样的神经结构提供了可被检验的假设(Newman & Baars, 1993)。

全球工场理论的第三个结构情境是指心灵剧场场景背后的力量。情境是专家处理器连接体，它提供心灵剧场幕后的导演、编剧和舞台工作人员。它们的功能性定义为"包含未意识到自身的意识内容的结构"。正如虽然剧本决定演员在舞台上的动作与台词，但它本身并不是可视的。概念上，情境可定义为自身不必进入全球工场，却可以引起、塑造和指导全球信息的预确立专家团体。

情境也许是短暂的，正像句子中的第一个单词影响它后面单词的释义一样。情境也许是长久的，正如爱、美、关系、命运、自豪和其他人们所关心的事物的寿命一样。当情境影响意识经验的塑造而未被意识到时，情境就能够通过意识事件建立起来。单词"set"前面的"tennis"塑造了"set"的意义，甚至当"tennis"已从意识中消失也是如此。但是为了创造出使 "set"有意义的无意识情境，就要首先且必须意识到"tennis"。意识事件能够建立无意识情境，读者若干年前对那时意识一章的观念或许影响到他对当

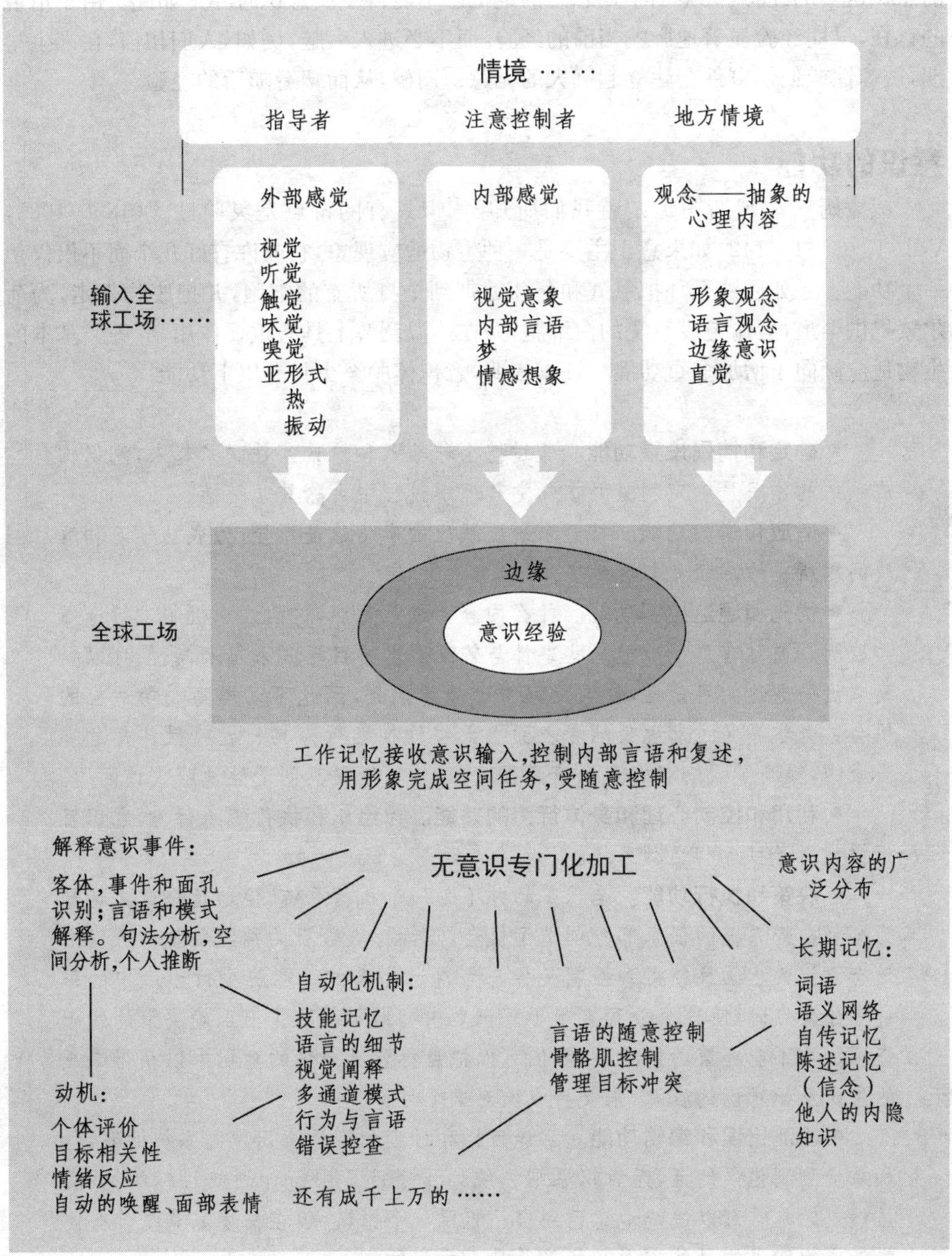

图5.6 意识与无意识过程的全球工场理论

前意识这章的经验,甚至当早期思想的记忆已不能再变成意识时亦是如此。由于情境的存在,早期经验显著地影响当前的经验,而不必进入大脑,例如,人们相信,在人生早期,震惊性或创伤事件会建立起巨大的无意识期望,从而塑造随后的经验。

意识的功能

威廉姆·詹姆斯写道:“就我们所知,意识具有的特点是灵验性。”(1890/1983, Vol. I, p. 141～142)如果意识主要是一种生物适应现象,它或许有好几个而不仅仅是一个功能。正如血液循环把氧气和葡萄糖带到全身所有的细胞,并把废物带走,为荷尔蒙提供渠道,运输免疫系统的白细胞,并在体温调节上具有重要作用,等等。基本的生物适应倾向于增加多重功能。证据表明,意识体验至少具有以下功能:

- **确定和情景设置功能。**通过把全球输入和情景条件联系起来,意识构成系统的作用是确定刺激并在知觉和理解过程中去除其含糊性。
- **适应和学习功能。**神经系统要适应的事物越是新异,为成功学习和解决问题所需的意识参与就越多。
- **优先和通达控制功能。**什么内容会进入意识,这由注意机制进行选择和控制。通过有意识地把一些事件与较高水平的目标联系起来,我们可以提高它优先通达的可能性,使它更频繁地被意识到,因此可以提高成功适应的机会。医学界通过劝说吸烟者表面上无害的抽烟行为其长远效果却是危害生命的,提高了吸烟者的意识清醒程度,这样可能更具创造性地解决该问题。
- **利用和控制心理和身体行为的功能。**为组织和执行随意行为,意识目标会利用子目标和运动系统。
- **决策和执行功能。**全球工场并不是一个执行系统,但通达全球工场却为控制神经系统的任意部分创造了机会,正如惊人数目的神经细胞群可以通过有意识的生物反馈得到控制一样。当自动化系统不能解决行为流中的每一个分叉点时,使这个分叉点置于意识之中有助于获取作出正确决策的知识资源。在不能决策的情况下,我们可以把目标置于清晰的意识中以获得广泛的意识及无意识的资源,来支持或反对这个目标。
- **检测错误和编辑功能。**意识目标和计划受到无意识规则系统的监测,如果检测到错误的话,无意识原则系统的作用就是中断计划或目标的执行。虽然人们常常可以笼统地意识到自己犯了一个错误,但在描述究竟是什么使错误成为错误的具体方面却几乎总是无意识的。
- **反省和自我监视功能。**通过有意识的内部言语和想象,我们可以反省,甚至在某种程度上可以控制我们的意识及无意识的功能。

- **在组织和灵活性之间优化权衡。**自动、习惯的反应在可预测的情境中是具有高度适应性的。然而，面临不可预测的情况时，意识募集和重新组织专门知识资源的能力是必不可少的。

总的来说，意识是神经系统适应环境中新异的、有挑战性、携带信息的事件的主要方式，大量的确凿证据开始揭示神经系统中意识的作用。意识体验似乎创造并通达多重的、独立的知识源头。尽管可对知觉对象条理性进行组织和控制新异性，在意识的种系进化过程中随意动作仍是基础性的。在此过程中，意识似乎也获得了其他一些功能，如自我监测、自我反省、经验的符号表征、控制新异行为、心理复述，这些可看做是复杂环境中的适应行为。

总结

1. 意识是对环境和内部认知事件的觉知。
2. 人类对意识的关注就如同人类本身一样古老，但是意识的科学研究却只有大约一百年的时间。
3. 意识问题与哲学问题，包括身心关系问题，紧密相连。
4. 科学研究的两条思路都把意识确立为合法的认知问题：内隐记忆的研究，对海马及健忘症患者的生理学研究。
5. 意识和无意识现象的研究可被划分为两类主题。在意识这组中，我们研究了外显认知、即时记忆、新异刺激、陈述记忆、回忆、随意加工，等等。在无意识问题这组，我们研究了内隐认知、长时记忆、程序记忆、阈下刺激、觉知、自动化过程、语义记忆，等等。
6. 意识被认为是具有科学结构的，允许我们对其进行有效的实验研究。
7. 意识在其历史长河中被看做是激活阈限、新异隐喻、探照灯、整体隐喻。
8. 最有影响力的当代意识模型是夏克特的 DICE 模型和巴尔斯的全球工场理论模型。
9. 意识功能包括：确定、适应、信息优先、控制行为、决策、编辑、自我监控、管理内部组织、灵活性。

第三部分 记忆

第六章 记忆术和专家

问题预览

1. 你曾构建或运用过记忆系统吗？例如，记住乐谱表上的4个间隔或线谱记忆系统是什么？它有效吗？为什么它能提高你的回忆成绩？
2. 一些常用的记忆系统是什么？为什么它们有效？
3. 说出一些有超常记忆的人名来。
4. 专家有什么特征？
5. 艺术家汉弗莱·奥森(H. O.)接受了什么样的神经和心理测量法？
6. 什么原理可以解释与长时记忆相关的熟练记忆？

人们一贯认为，许多超常人群在体育、艺术、科学等领域取得了远远超越于普通人的成就。

——埃里克森(Ericsson)，克兰姆伯(Krampe)，泰斯-罗莫(Tesch—Römer)

长期以来，人们一直关注记忆现象，出于各种目的而长期寻求改善记忆的方法。在商业、法律、医疗、音乐、体育和人际交往等领域中，人们一般把“成功”理解为很大程度上决定于具体信息的回忆能力。许多人销售记忆方面的书籍和教程,并许诺通过一些"简单课程"就能增强记忆力,以此来吸引大众。其中一些问题是值得思考的。

纸牌配对游戏中的记忆术

我的家人和其他家庭一样,在将要沉迷于不用动脑子的电视节目、互联网、足球之类的活动之前,有时会在晚饭后聚到一起做个游戏或搞些其他大众娱乐。其中一个技巧性很低的游戏是纸牌配对游戏,就是把一副普通纸牌分发在人们面前,大家一起寻找相匹配的纸牌。假如你捡到一个大王,随后又找到另一个,你留下它俩并继续去找其他成对纸牌,直到你找不到配对纸牌为止。

纸牌游戏会越玩越容易,因为随着注意纸牌的次数增多,游戏者对纸牌的熟悉程度提高了;另外,留下给大家玩的纸牌在减少,这增加了成功找到匹配纸牌的统计概率。在这个游戏中,我妈妈常是赢家,因为她擅长各种数学和词语游戏;我的孩子也玩得相当好;本来,我的研究专业是记忆方面的,但一场游戏最后,我常常是一个满肚子不高兴的输家。我这个可怜的失败者在多次比赛失败后,常自嘲地把自己抬高到是纸牌比赛的铜牌获得者(当我到了内华达之后,这成了一个改善自己处境的托词)。我也同时琢磨了一些记忆策略,这是把记忆理论知识转变成助我成为赢家的帮手的首次尝试。

我的记忆诀窍,或叫"记忆系统",是基于这样一个思想——假如在某个有意义的网络结构中系统地组织信息,那么对项目、人物、例子、单元、数字、词语、数据、词汇、纸牌或其他零散信息的记忆就能得到改善。

我所需要的就是一个有意义的网络结构,或者是一个使学习轻松的记忆术。一个有效的记忆术系统,是把纸牌的位置视觉化,就像把它们放在我非常熟悉的美国地图上一样,我能把零散的纸牌组织成类别成员,这至少比对纸牌及纸牌位置的机械记忆好一点儿。依据纸牌的图片、等级和色彩,我把王牌、王后牌和杰克牌归为人头牌;"A"牌显眼突出,归为一类,它们能起到记忆标志的作用(一种被称为"孤立效应"的现象);5s 和 10s 归为一类;7s 是幸运牌;把剩下的 2、3、4 牌粗略地划到小牌组,6、8、9 大致归到大牌组。假如 9 出现在右上象限,我就假设它是"从纽约跑来的顽皮蛋 9";假如另一个 9 出现在了左边,我就叫它是"来自加利福尼亚州的 49";把一个位于中心的"A",假设为来自内布拉斯加州的"一支'A'足球队",和它匹配的是来自邻近堪萨斯州的"另一支'A'球队";来自明尼苏达州的王牌被假设是"一位保罗班扬王";当另一个王牌出现在得克萨斯州时……好了,你理解记忆策略了吧。这种模式是如何起作用的?如果它没有效果,你就不会去费劲读它了。但它很完美吗?它虽不完美,但由于给了我联想地理图来帮助记忆的小小优势,总比粗糙的机械记忆有效(对于使用者来说)。

这个"纸牌高手阴谋"仅仅是我们许多人如何使用记忆术提高记忆的一个例子，许多人也很自然、快捷地使用过许多这样的组织计划，只是他们没有意识到罢了。让我们分析一下其中所阐述的那些技巧和认知原则吧。

记忆术(mnemonic)是一种技巧或方法，如押韵或形象，它用熟悉的联结来增强记忆中的信息储存和提取。其定义由三个重要部分组成：(1) 熟悉联想的使用；(2) 信息的储存和编码；(3) 对所储存信息的回忆。最成功的策略也离不开这三点。

本章中，我们首先回顾一些常用的记忆术，接着讨论记忆术中涉及的心智技能，然后介绍几个超常记忆的个案，最后以对特殊领域中超常记忆专家们的回顾为结尾。

记忆术系统

至少在一些个案中，许多策略有助于记忆。例如，演说家通常依据讲稿发言，电视演员使用读稿机，店员借助商品索引从库存中取货，医师对照手册诊断病症，甚至学生编制手抄卡片来记忆。古希腊和古罗马的演说者用地点法记忆，宗教徒用念珠或祈祷轮来帮助正式祈祷文的记忆，美国土著人的祖先用所记忆的故事把他们的礼节和哲学思想传给下一代。许多口头流传的历史故事因包含生动的形象增强了人们对它们的记忆。[1]

地点法

文献中记录完好的早期记忆术策略是地点法(method of loci)。据说，希腊议员使用希腊柱子作为他们演说论题的提示。例如，代表西部地区的一名议员戴蒙迪克斯(Deomonticus)开始演说时看着左边柱子上"戏院"一词，这提醒他别忘了已详加讨论过的、正在建筑中的希腊剧院；旁边一个柱子上写着"渔业"，这是一个要他谈谈扩大捕鱼范围问题的线索；而右边柱子上写着的"战争"则提示他要谈谈这个话题。

你可能在考场上用此策略来回忆问题的答案，你尝试回想教授曾把它写在黑板的哪一位置。西塞罗(Cicero)在其著作《演说家》中描述有关古希腊诗人西莫尼兹(Simonides)的故事时谈到了这种记忆法。西莫尼兹受命写一首赞美罗马贵族的抒情诗，而且他要在一个许多人参加的盛大宴会上朗诵。西莫尼兹读完他的诗篇后，被人唤到外面，宴会仍然进行着。这时大厅突然倒塌，许多宾客遇难。灾难非常巨大，以致死者的家属都无法从尸体堆里辨认出他们的亲人。然而，西莫尼兹根据死者生前在宴

〔1〕《Roots》(根)的作者亚力克斯·哈利(Alex Haley)(已故)曾提到，他祖先流传下来的许多口述历史中含有丰富的形象。

会厅里所处位置准确地认出了废墟中的每个尸体，因为他牢牢记着名字和位置间的联系，成功地忆起了人们的名字。

地点法的组成部分有：

- 记住按顺序排好的熟悉地点
- 创造出需要记住的内容（TBR）和地点相联系起来的表象
- 通过"重访"作为回忆内容线索的那些地点来进行回忆

记忆术——缪斯之母

古希腊神话中，记忆女神（单词"mnemonic"来源于"mnemosyne"）是掌管艺术和科学的九个缪斯之神的母亲。记忆被看做是所有心理技能中最古老、最受敬畏的心理过程，其他心理活动都源自记忆。可以认为，没有记忆，就没有科学；没有艺术，就没有逻辑。

这个系统有效吗？其实，有许多偶然的和经验性的事实已经表明了它确实有效。斯坦福大学的戈登·鲍尔（Gordon Bower，1970b，1972）分析了地点法，并解释了如何用该法记一个购物清单。

假定如下是商品清单（左列）和商品摆放位置（右列）：

热狗　　车道
猫食　　车库里
土豆　　前门
香蕉　　衣架
威士忌酒　　厨房的水池

首先,以一个熟悉的顺序安排地点,使人容易随地点的变化而展开想象。然后,创造一些奇特的形象,使商品和地点联系起来。鲍尔用以下方法解释了这一过程:第一个想象是一个大热狗沿着车道滚动;第二个想象是一只猫在车库里吵吵闹闹地吃东西;第三个想象是熟了的土豆散在前门旁;第四个想象是几串香蕉挂在衣架上摆动;第五个想象是一瓶威士忌酒汩汩地流进厨房的水池中。最后,熟悉地点的心灵之旅具有暗示性,并激活了对商品清单的回忆。

字钩法

字钩法(peg word system)有好几种表达形式,但基本思想是:一个人先学了一套具有"钩子"功能的固定词汇,然后把需要记住的新词汇"悬挂"在"钩子"上,就像用衣架来挂帽子、领带、大衣等。在一个基本系统中,让被试学一系列押韵的配对词句,例如下面这些:

one is a bun(1 是圆面包)
two is a shoe(2 是鞋)
three is a tree(3 是树)
four is a door(4 是门)
five is a hive(5 是蜂房)
six is a stick(6 是棍子)
seven is a heaven(7 是天堂)
eight is a gate(8 是大门)
nine is a line(9 是直线)
ten is a hen(10 是母鸡)

把具有"钩子"作用的固定词汇学完后,学习者必须把一系列新词汇"悬挂"到"钩子"上。一个可行的方法是想象固定词和需要被记住的新词之间是如何相互作用的。例如,假设在一系列要记的新词汇中,第一个要记的是"大象",可以想象固定词"圆面包"来和它发生联系。当然奇特的相互联系比一般的相互联系有更好的记忆效果。在这个例子中,你可能想象到一个"大象汉堡面包"——一只大象被挤进一小块汉堡包面包卷中。假如下一个新词是"狮子",你可把它和固定词"鞋"联系起来,想象一头狮子穿了好几双网球鞋,或者想起许多穿鞋的"猫爪"。图 6.1 所示的是使用字钩法记的一个购物清单。

序号	钩子词	钩子表象	要记的词	联系图	解释
1	圆面包		牛奶		把牛奶倒在湿的汉堡圆面包上
2	鞋		面包		一只鞋踩碎一块脆的法国面包
3	树		香蕉		树上悬挂着几根香蕉
4	门		香烟	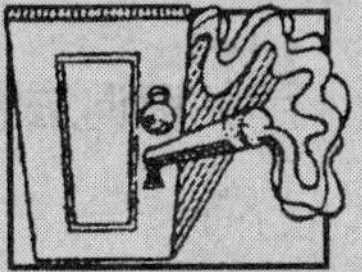	一扇门的锁眼里有支香烟燃着
5	蜂房		咖啡		倒在蜂房顶上的咖啡

图6.1 使用字钩法记忆术进行记忆

资料来源：G. Bower，1973a。

关键词法

在形式上，与字钩法稍有差异的是关键词法(key word method)，阿特金森和劳夫(Raugh)(1975)都在第二语言教学中使用过该法。阿特金森(1975，p. 821)提出，关键词是指“发音有点儿像外语的英语单词”。当被试把外语口语单词和关键词联系起来后，他们会想象出英语关键词和外语的英语翻译意思之间相互作用的情景。因此，外语单词和其英语翻译意思之间形成了联系，这种联系包括听觉上与外语单词相似的关键词，也包括关键词与真正英语单词间的形象关系。

例如，西班牙单词“pato”(鸭子)，其发音与“pot - o”相似。用“pot”(壶)作英语关键词，就会想象出一只鸭子头上顶了一个壶。再看一下俄语单词"zronok"（钟），其发音有点儿像重读音节在最后的" zrahn－oak"。用单词"oak"（橡树）作关键词，我们可想象出有棵橡树上挂着的橡果是钟。图 6.2 显示了这例子的各个阶段。

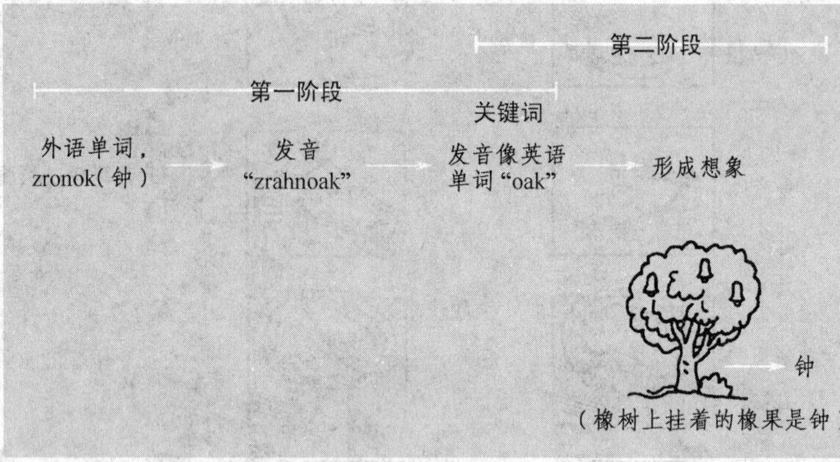

图 6.2 用关键词法学俄语词"zronok"的步骤

资料来源：Solso & Johnson，1994。

这一方法有效吗？在阿特金森和劳夫（1975）的一个实验里，要求被试学 120 个俄语单词（三天为一阶段，每天学 40 个）。通过耳机让被试听已录好的俄语单词，对实验组视觉呈现关键词和英语翻译，而对控制组只视觉呈现英语翻译，每天有三个训练期。结果，关键词组比控制词组进展更快。实际上，关键词组的被试在两个训练期学到的单词就比对照组在三个训练期掌握的还多。关键词组不但在一开始就比控制组做得好，而且，在 6 周后的回忆期时，他们有一个令人吃惊的回忆成绩，关键词组的正确反应率达到 43%，而控制组只有 28%。

研究者还发现，总体而言，提供给被试关键词比让他们自己去创造关键词有更好的记忆效果。

结构化图式

知识以系统的方式结构化，人们对这一命题几乎没有什么怀疑。知识结构化的方式一直是许多争论的主题，但是很少有人质疑某种知识结构的存在。所有记忆系统都建立在信息结构化基础上，这使得知识易于记忆和检索。那些结构化图式法（organizational schemes）可以建立在地点、时间、正字法、声音、形象等基础上。另一个很有效的记忆术策略是，把信息分成不同的语义范畴，以此作为回忆的提示线索。

假设那样的话，请看一个回忆单词的实验，实验要求一组被试用机械记忆法在两分钟内掌握下面的单词表：

bird(鸟)	hill(山)	web(网)	smoke(烟)
boy(男孩)	home(家)	hand(手)	wool(羊毛)
bread(面包)	nail(钉子)	glass(玻璃)	vegetable(蔬菜)
church(教堂)	nurse(保育员)	apple(苹果)	train(火车)
feet(脚)	queen(女王)	hair(头发)	carpet(地毯)
tiger(老虎)	pepper(胡椒)	grass(草)	star(星星)

2分钟后，要求被试用4分钟的时间进行数字加法运算，然后让他们尽力回忆表中的单词。

思考论证：概念、名字和词汇的学习

下面是认知心理学中的一些概念，对两三个主要研究者的名字、有关联的名字和他们的重要成果或研究结论进行辨别。使用本章描述的一个记忆术或多个记忆术，来学习以下概念、名字或关联词汇：

经典表征　记忆　语义记忆　几何元素理论　后行健忘症　平行分布加工　程序记忆　加工水平　图式　映像贮存　神经生理感觉技术　裂脑研究　原型

用记忆术策略来组织材料是否能增加你的记忆量？哪一种策略似乎最适合你？

给其他三组被试以相同的单词、相同的记忆时间和相同的干扰任务(数字相加)，但要附加其他条件限制。给第二组呈现每个单词对应物体的线条画，并请求他们想象出物体。要求第三组通过反复读下面的故事来记住相同的词汇，这些单词在这则故事中。

神奇的旅行

小男孩没有回到收养他的教堂，而是藏在了山上。虽然保育员提醒他可能会踩到钉子，但他依旧赤脚上路。他手里有个苹果，不时地将胡椒撒在上面。

他梦见自己离家远行，而一只蜘蛛就在他头上织网。思绪就这样飞扬起来了。他藏到火车上到了海岸边。从海边，他乘坐一张有魔力的地毯或摩擦着一块神奇的玻璃飞到了一颗遥远的星星上。

一到那儿，他就娶了当地的女王，他躺在草坪上，从不梳理头发和吃蔬

菜。如果他呆得厌倦了,就去猎杀老虎来取乐,并欣赏猎枪中喷出的烟雾。

但是,当男孩的白日梦快要做完时,他有点儿累了。他给附近的一只小鸟喂面包渣时,看到一只羊长着毛茸茸的羊毛。他躺在上面睡着了。

最后,要求第四组按下面的语义结构来记忆词汇(指导语上额外要求他们可以通过回忆由范畴名称的第一个字母所组成的"*B. F. NAPP*"来帮助他们记住词汇范畴)。

身体部位	食物	自然
(feet)脚	(bread)面包	(hill) 山
(hand)手	(pepper)胡椒粉	(smoke)烟
(hair)头发	(apple)苹果	(star)星星
	(vegetable)蔬菜	

生命物	地点	加工产物
(boy)男孩	(church)教堂	(glass)玻璃
(nurse)保育员	(home)家	(wool)羊毛
(queen)女王	(train)火车	(carpet)地毯
(bird)鸟		(web)网
(tiger)老虎		(nail)钉子

这种分类可用以下的树状结构图进一步表示出来:

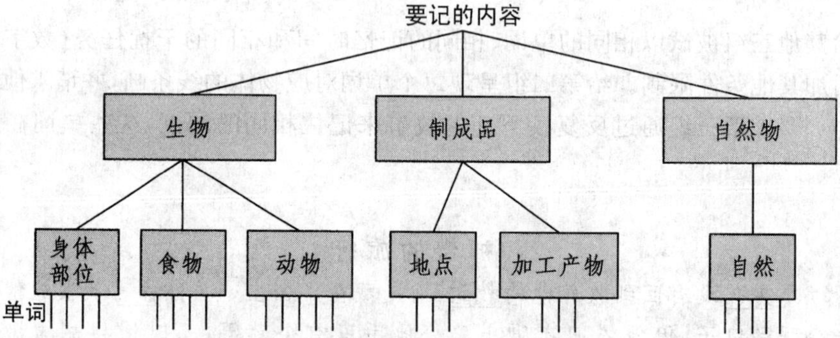

其他方法。你可能曾经用过其他几种方法,一种是首字母缩略词法(acronyms),即选取一组单词或短语的第一个字母。例如,*LAN* 在这里代表 Local Area Network(当地网络)。假如让你记住以下几位重要的认知心理学家——谢泼德(Shepard)、克雷克(Craik)、拉梅尔哈特(Rumelhart)、安德森、鲍尔、布罗德本特、洛夫特斯(Loftus)、艾斯提斯(Estes)、波斯纳(Posner)、卢利亚、阿特金森、亚伯斯(Yarbus)、埃里克森、雷纳(Rayner)、维果斯基、英顿斯·彼得森(Intons-Peterson)、皮亚杰、斯滕伯格，那你就把每个人名的首字母挑出来组成一个缩写词：SCRABBLE(乱写乱画)、PLAYER(表演者)、VIPS(音频中断)。

另一方法是离合体法(acrostic)，即，把一个短语或句子的第一个字母组合在一起并与一个要回忆的新单词建立起联系。用以上的例子，你会组成这样一个句子：*S*ome *C*ats *R*un *A*round *B*oston *B*ay *L*ike *E*nglish *P*riests *L*ooking *A*fter *Y*oyos *E*ntering *R*eligious *S*chools：*V*ery *I*mportant *P*eople,*S*aints(几只猫绕着波士顿海岸跑，就像英国传教士寻找进入宗教学院的特别重要的圣徒 Yoyos)。你编出的句子可能相当离奇古怪，甚至只有自己才能理解。有时，我们应该考虑如何把那些方法运用到实践中，如记住一位新认识人的名字，或者回忆一些词汇或概念，幸运的是，这些材料有助于你随后的社交或考试。

哪一种记忆术策略最好？道格拉斯·赫尔曼(Douglas Herrmann)(1987)发现，某些记忆术对某类材料起作用，而另一些记忆术对另外一类材料起作用。明确地说，对于配对联想词的学习，用形象中介法最有效；对于自由回忆的学习，用编故事法似乎最好；对于连续性学习，地点法较起作用。在加里尔(Garia)和迪纳(Diener)(1993)对记忆术的评价中，他们则认为，当测验超过一星期后，地点法、字钩法和离合体诗的效果几乎相同。

衡量记忆术方法的另外一个非常重要的指标是它们在材料组织中的效力。然而，记忆术的效力也和本书讲述的许多其他因素有关。

忆名法

颇为流行的《记忆书》(*The Memory Book*)的作者洛拉尼(Lorayne)和卢卡斯(Lucas)(1974)提出：结合人的面部特征，用三步法记忆人名。第一步，密切注意人名的发音方式，据此想出一个替代名字或短语。[1] 例如，人名"Antesiewicz" 的发音有点儿像"Antesevage"，记忆时可用"Auntie save-itch"(姑妈治好了瘙痒症)代替；人名"Caruthers"可用"car with udders"(有着乳房的汽车)代替；"Eberhardt"可以看作"ever hard"(总是艰难)，等等。这些替代名称具有丰富的形象特征，所有人都能构造出这些替代名的形象，其中一些可以是最奇特的。

第二步是寻找对方最突出的脸部特征，例如，高额头、有胡须、与众不同的眼镜、鹰钩鼻子、大脸盘、痣、酒窝等。

最后一个阶段是把替代词和突出特征联系起来。假如介绍你认识一个人，他的名字是沃利·凯利(Wally Kelly)，他的鲜明特征是后梳的发型和大肚子。他的头发呈W形，故可用W作为回忆"Wally"的提示线索，用肚子(belly)作为回忆 Kelly 的提示

〔1〕 注意该技术与阿特金森(1975)、阿特金森和劳夫(1975)研究的相似性。

线索。当然,假如忘了代码,你可能错误地把它回忆成"Walter Stomach"(发射机胃口)。[1] 另一个例子是曲棍球队员埃斯波西托(Esposito),名字暗含着"expose a toe"(露出一个脚趾),这可以和他的鼻子联系起来,即他的鼻子看上去像一个露出的脚趾。还有,托尼·本尼特(Tony Bennett)这一名字可能暗含着"bend net"(弯曲的网),你将它和 Golden Gate Bridge(金门桥)联系起来,金门桥又会使你和 Bennett 的"我把心留在了旧金山"("I Left My Heart in San Francisco")的演唱联系起来。

如果不潜心研究相关知识(在前面提到的例子中是指人名和人的外貌),即使最好的记忆术也无济于事。成功编码信息的第一步是把全部注意力集中到你想记住的内容上。注意在有关内容(诸如数据、词汇、想法、地点)的记忆中起重要作用,它是记忆活动的关键性的最初阶段。总之,如果不练习,即使最好的记忆术也无济于事。

忆词法

下面是一些较出名的首字母记忆法,解剖学专业的学生就是利用这首押韵诗来记忆脑神经的:

On Old Olympia's Towering Top 在古老的奥林匹亚塔顶上

A Finn & German vault & Hop 一位芬兰人和一位德国人在欢跳

思考论证:专长和知识

贝达德(Bédard)和齐(Chi)(1993)提出:"关于专长的研究已表明,专业知识系统而丰富是专长形成的一个先决条件。"那么,什么是知识呢?在进一步阅读之前,你自己先对知识下个定义,并把它和专长联系起来考虑。

研究专长和知识的专家们相信:依据数量和结构可以对知识分类。专家拥有大量特定领域的知识,这是一个不言而喻的事实(例如,一位木匠比新手懂得更多手艺)。然而,更重要的是专家组织专业知识的方法,因为运用那些方法,他们能使自己的知识更易提取、更易发挥作用和更高效。

记忆术的使用可以增加人们的具体知识(专长形成的先决条件),但知识的组织也是关键的。

---

[1] 这使人想起考斯勒(Kausler)在《词语学习与记忆的心理学》(*Psychology of Verbal Learning & Memory*)书中的一条脚注:加强形象肌训练乃是"如何改进记忆术"培训课程的核心内容。形象法成为现代科学时尚之前,该书作者就通过函寄方式被录取了。我记不清是什么原因,很早就中途退学了。但我确实记得书中第一课谈的是奇特视觉形象的应用及可能产生的误用,并在其周围配有一些花饰插图。例如,有个年轻人在每学习身体部位-人名的一个新联想关系时,就创造出一个夸大身体某部位鲜明特征的形象。这一策略是选出一个可能的身体特征,依次解码词语,并转换为人名。该法屡屡奏效。然而,结识休麦奇(Humach)夫人后他却失手了。休麦奇夫人最鲜明的身体特征是大腹便便。几个月后,当他又遇到该女士时,他友好地向她打招呼:"凯利(Kelly)夫人,很高兴又见到你。"

头部神经有："olfactory"(嗅觉神经)、"optic"(视觉神经)、"oculomotor"(眼动神经)、"trochlear"(滑车神经)、"trigeminal"(三叉神经)、"abducens"(外展神经)、"facial"(面神经)、"audition"(听觉神经)、"glossopharyngeal"(舌咽神经)、"vagus"(迷走神经)、"accessory"(附属神经)、"hypoglossal"(舌下神经)。(当然，从单词"German"的字母"G"联想到舌咽神经的单词"glossopharyngeal"是另一回事。)每个学音乐的学生可能都用"*E*very *G*ood *B*oy *D*oes *F*ine"(每个好孩子表现都很棒)来记乐谱线和用"FACE"来记乐谱表的四个间隔。有些人通过"*A* *R*at *I*n *T*om's *H*ouse *M*ight *E*at *T*om's *I*ce *C*ream"(汤姆家的一只老鼠可能会吃汤姆的冰淇淋)和"*G*eorge *E*lliot's *O*ld *G*randfather *R*ode *A* *P*ig *H*ome *Y*esterday"(昨天，乔治·爱利奥特的老祖父骑一头猪回家)来分别识记单词"arithmetic"(数学)和"geography"(地理)的拼写。九位缪斯女神的名字可以用短语"See, see, my Puttee"(看看我的普蒂)来记，该短语表示编码CCMPUTTEE，即"Calliope"(司辩论、史诗的女神)，"Clio"(克莱奥女神)，"Melpomene"(悲剧女神)，"Polyhymnia"(圣歌女神)，"Urania"(天文女神)，"Thalia"(司戏剧、田园诗的女神)，"Terpsichore"(歌舞女神)，"Erato"(司抒情诗、爱情诗女神)，"Euterpe"(音乐女神)。首字母缩写词ROY G BIV是由光谱色彩词的首字母组成，即"*r*ed"(红)、"*o*range"(橙)、"*y*ellow"(黄)、"*g*reen"(绿)、"*b*lue"(蓝)、"*i*ndigo"(青)、"*v*iolet"(紫)。

在那些例子中，记忆术就是选用要记单词的第一个字母。因为任何一个单词的首字母所包含的信息量似乎最大，这意味着词汇是依据编码首字母而进入长时记忆的，例如，字典里词汇的索引也是这样。其次，重要的字母似乎是尾字母(但是，在那些以包含信息量较小的s、d、e结尾的词汇中，常违背这一规则)，对纵横字谜游戏着迷的人可能熟悉这一现象。假如一种记忆术是利用首字母为线索的，那么，它通常就是最明显的字母线索。

索尔索和比尔斯道夫(Biersdorff)(1975)证实了首字母具有提示信息的潜力。实验中要求被试回忆一些单词，然后以首字母，或通常在一起用的单词，或押韵词为提示线索来对以前回忆失败的词进行回忆。假如被试依旧回忆失败，就呈现出两个提示线索，例如，用首字母和一种联想关系。押韵、字母和联想暗示都能帮助被试回忆，但是，对于我们目前的讨论来说，假如结果是由于猜测而得到改善，那么首字母提示线索的作用最大。

表6.1　记忆术技巧

记忆法	特点	例子
地点法	用熟悉的标志把要记的内容视觉化。	要记住英国历史上的国王和王后，就想象是在校园里漫步，把明显的标志和他们的名字联系起来。例如听到钟乐，你可以联想起亨利三世(Henry Ⅷ)；看到18世纪的建筑，你可以记起维多利亚(Victoria)来，等等。

续 表

记忆法	特 点	例 子
字钩法	把要记的新单词或概念和你已知的单词清单联系起来。	先学一个押韵句，如“One is a bun，two is a shoe”。再把要记的英国国王、王后与你熟悉的单词联系起来背，就有：亨利三世有一头大鬈发，维多利亚有着生活在一只鞋里的许多孩子。
关键词法	在要记的单词发音与你熟悉的词之间架设一座彼此联系的桥梁。	以俄语单词“kacca”为例，其发音为“kassa”，“caught ya”听起来有点儿像意思为“cashier”（出纳员）的发音，当你付账后，他们会“gotcha”（放你走）。
结构化图式	知识是一种意义相关联的结构。	一列词汇和概念可以按等级组织起来，就像英国的国王和王后可以按历史或统治时期排列起来。或者，可以把君主们编成一个故事，一个押韵句，一首叙事歌（如：“Old King Sol was a merry old soul ...”）。
其他方法： 首字母缩略法 离合体法	把单词（首字母法）或短语（离合体法）的第一个字母作为回忆的暗示线索。	首字母缩略法：**POLKA**——**P** 代表“Peg Word”（字钩法），**O** 代表“Organizational Schemes”（结构化图式法），**L** 代表“Loci”（地点法），**K** 代表“Key Word”（关键词法），**A** 代表“Additional systems”（首字母缩略法和离合体法）。 离合体法：**P**a **O**bserved **L**ice **K**iss **A**nts（帕观察到虱子在亲吻蚂蚁）。

超常记忆

具有不一般或超常记忆的人，可分为两类：一类是职业记忆术者，即有意识地运用记忆术的人；一类是无意识记忆术者，即记忆力似乎是自然发展的，没有刻意去培养和使用技术、技巧。

虽然有许多关于超常记忆者的逸事文献，但很难鉴别他们的真伪。然而关于这类人记载的存在使我们了解了许多。他们也被细致研究过，这里提供几个个案。

塞文斯韦斯克：卢利亚

塞文斯韦斯克（S. V. Shereshevskii）是最著名的超常记忆个案（也是最好的备有证明文件的个案之一），著名的前苏联心理学家 A. R. 卢利亚（1960，1968）研究过他的记忆力。塞文斯韦斯克的部分临床研究开始于 20 世纪 20 年代中期，当时他是一家报社的记者。后来,他多次改变工作,最后变成一位职业的记忆术研究者。

塞文斯韦斯克能准确无误地回忆30、50个单词,甚至70个。卢利亚报告道:"他仅仅用35～40秒就能把一张包含20个数字的表格记住……记一张含有50个数字的表格,需要稍微多一点儿的时间……大约2.5到3分钟。"(Luria,1968,p.21)以下描述的是卢利亚的一个典型实验:

> 塞文斯韦斯克花了3分钟记忆我画的表1(如下),并不时地停下来检索头脑中所记的信息。

表1

6	6	8	0
5	4	3	2
1	6	8	4
7	9	3	5
4	2	3	7
3	8	9	1
1	0	0	2
3	4	5	1
2	7	6	8
1	9	2	6
2	9	6	7
5	5	2	0
x	0	1	x

> 他花了40秒钟就能重现这张表(也就是依次说出表中所有的数字)。他以一个有节奏的步调展开回忆,两个数字间几乎从不停顿……他用35秒快速读完呈对角线的数字(四个数字以Z字形排列在表格中),在50秒内浏览完横排数字。总而言之,他可以用1分30秒的时间把任何50个数字转变成一个50位数的数字,并读出来。

几个月后,当卢利亚要求塞文斯韦斯克回忆那列数字时,他和第一次回忆的一样精确。卢利亚报告说:

> 两次回忆惟一不同的是,在后一次,他需要花费更多的时间来"复苏"最初做实验时的整个情形:"看"那个他曾坐过的房间,"听"我的声音,"浮现"自己看着黑板的形象……但是,真正"阅读"图表所花的时间并不比第一次多。

亚历山大·卢利亚(Alexander Luria)(1902～1977),进行神经心理学的基础研究,并著书报告了关于塞文斯韦斯克的研究结果。

卢利亚做了许多这类实验,并得出了相似的结果。几天、几个月之后,甚至几年后,即使插入了一些无意义的材料,塞文斯韦斯克似乎仍没有忘记。

卢利亚观察到塞文斯韦斯克的超常记忆伴有强烈的联觉(synesthesia)。联觉是一个通道上的感觉信息(例如听觉)会唤起另一个通道上的感觉(例如视觉)。大部分人都有联觉经历,例如,人们趋向于把高调声音和明亮、有穿透力的光线联系起来,把隐晦、模糊的声音和黑色或昏暗色联系起来。但是,很少有人产生像塞文斯韦斯克那样的联觉,当塞文斯韦斯克在心中"读出"所记忆的一列词汇时,他会"听"到测试场中的噪声像蒸汽喷发声,像流水飞溅声,这些声音会干扰对信息的提取。

向塞文斯韦斯克呈现一段每秒30赫兹、100分贝振幅的声音,他就看到一条12～14厘米宽的带子和陈旧、失去光泽的银器色;呈现一段每秒50赫兹、100分贝振幅的声音,会使他看到一条褐色的带子和一个配有红色舌状边的黑背景所形成的鲜明对比图,并伴有"甜酸味儿的俄罗斯甜菜罗宋汤"的味觉;呈现一段每秒500周波、100分贝振幅的声音,塞文斯韦斯克能看到"一道闪电把天空劈成两半";相同周波的声音在74分贝时,他看到了浓密的橘黄色,产生"一根针插进他脊骨里的感觉"。重复呈现这些声音时,他产生相同的反应。

塞文斯韦斯克对嗓音也能产生联觉反应,他曾经对卢利亚评价说:"你长了一个如此易碎的黄色嗓子!"他对其他人的嗓音的反应显得较满意,他曾描述为"好像散发着细丝般的火焰,并正朝我扑来",还加上一句:"我对他的嗓音如此着迷,以致我几乎不能集中注意力理解他的言语。"

伊丽莎白:一个摄影式记忆的个案

在认知心理学的大部分课程中,学生不可避免会问一些诸如此类的问题:"什么是摄影式记忆?""难道真的有人看一眼就能逐字逐句念出所有他看到的内容吗?"我不知道我的同事如何回答这些问题,但我一般会说:"假如你认识一个这样的人,那就把他或她带到我的实验室吧。我们一直在寻找这种有超常记忆力的人。"经验告诉我,那些有摄影式记忆的人是假冒的。虽然周末报纸的附栏和超市小报对摄影式记忆炒得很火,但大部分心理学著作并不轻易提这个术语。斯特罗姆耶(Stromeyer)(1970)报道了一个摄影式记忆的个案。被试伊丽莎白是一个非常聪明、技艺高超的艺术家，她在哈佛大学任教。她能在头脑中精确地设计一张平面图片，而这个图片几乎就是原版的精确拷贝。她能在脑海里看到这个图片，并把它详细地描述出来。心理学家把它叫做遗觉像(有时，在童年时代会找到这样的天才)，而不用更流行的摄影式记忆术语。伊丽莎白的能力并不局限于视觉形象上，她能视觉化看见一首几年前学过的外国语诗，她还能以最快的速度从头到尾“拷贝”每一行诗句，与她写的速度一样快。她是在中学考试中形成这种能力的。

伊丽莎白是独一无二的吗？从最初报道至以后的20年里，再没有类似的个例被报道过。假如还有另外一位伊丽莎白正等着被人发现，那就请她来吧。

在塞文斯韦斯克的回忆过程中，联觉成分似乎很重要，因为它为回忆每一个词汇提供了一个背景。塞文斯韦斯克将他的回忆过程描述为：

> 我识别单词时，不仅依据它唤起的形象，而且要依据形象所唤起的复杂综合的感觉。这难以表达清楚……这不是单纯的视觉或听觉，而是我的整个综合感觉。通常，我能体会到一个词的味道和分量，我不必努力记它——这个词似乎能自我出现，但是这很难描述。我所感觉到的是某种东西在我手中滑过……或者，我左手上感到由许许多多的细小针头引起的一点点痒。当这一切都在发生的时候，我就轻松记住了，而无需刻意去记。

还有证据表明，塞文斯韦斯克运用了地点记忆术。当呈现一系列要记的词汇时，他就在心理上沿莫斯科的一条熟悉的街道分配这些单词，从普希金广场开始到高尔基大街，然后他就沿着这条街道踏上精神之旅来回忆，即用熟悉的标志物作为回忆单词的视觉提示线索。这种方法的错误感知引发的失误比遗忘还多。因为有时候，由于单词太小或把它“放”在了黑暗的角落，它没有被注意到。[1] 例如，把一个鸡蛋放在白背景上，它就不容易被回忆起来。

塞文斯韦斯克头脑中生动的形象似乎也会干扰他理解散文，理解抽象的诗歌似乎更加困难。[2] 他报告道，听到的每一个声音都会引发一个形象，这个形象有时会与其他形象相“冲突”。阅读时他就受到类似形象的干扰。例如，简单句“工作在正常进

---

〔1〕 有关表象大小和表象特征回忆的著名讨论，可参看科斯林著作(第十章有介绍)。

〔2〕 塞文斯韦斯克有时喜欢在学生和听众面前表现他与众不同的才能。在一次公开演讲中，主持人在黑板上写下“369121518212427303336394245485154 57”，要求他记忆这一串数字。当塞文斯韦斯克苦苦思考时，有几位精通数学的听众对他嘲讽地窃笑。但是，大约半分钟后，他从黑板前转过身来，准确无误地把它背了出来。然后主持人开玩笑地说，大部分听众都能和你一样背出来，因为这列数字是非常简单的线性递增。塞文斯韦斯克没有被逗乐，但这件小事进一步证实了他真正拥有超常记忆力。我是作为富布莱特法案基金学者在莫斯科国立大学教书的时候听说这个故事的。

行”,引起他的反应是:“至于工作,我看到它正在继续……但是后面仍有单词。我看到一个高大的、面色红润的女人,一个正常女人……随后又有进行。谁?这一切是什么?你在工作……这个正常女人——但它们是如何结合在一块的?我必须删除多少以从中获得简单的概念!”

在塞文斯韦斯克的个案中,他的巨大能力和对信息的长久储存与他对事物进行整合的能力有关,包括了形象、联觉和记忆术。

V. P.:亨特和洛夫

1971年,亨特(Hunt, 1971)和洛夫(Love, 1972)发现一位和塞文斯韦斯克不相上下的超常记忆者V. P.,认知心理学家对V. P.个案表现出浓厚的兴趣有两个原因:V. P.拥有不同寻常和巨大的记忆容量;更重要的是,当代认知心理学家们运用本书讨论到的许多研究方法对他做了系统测试。

这是一个奇怪的巧合,V. P.出生在前苏联的拉脱维亚,在距离塞文斯韦斯克很近的一个小镇上度过了他的童年。他三岁半就能阅读,五岁就能记住里加的街区图,而里加是拉脱维亚共和国首都,拥有500 000人口。十岁时,他已记住了150首诗。二战后到1950年,V. P.一直居住在德国难民营。当时,书籍非常短缺,人们学习时不得不承受做笔记和机械记忆的繁重工作。然而,在这段时期之前,V. P.似乎已经具备了不寻常的记忆能力。

当亨特和洛夫调查V. P.时,他是一个店铺的职员,一个渴望参加棋赛的棋手,在某个阶段又是一位研究生。他的智商(用韦克斯勒成人智力测验)是136,其中,在记忆作业中获最高分,机械操作获最低分。对后一种能力他曾说道:“我连将铅笔芯放入铅笔中甚至都有困难。”

亨特和洛夫曾让V. P.读两遍巴特利特(Bartlett)(1932)的故事《魔鬼之战》,然后让他从253到0开始做7的运算,主试要求他在一分钟之后、5分钟之后、30分钟和45分钟之后,回忆故事的特定部分。1小时之后、6周之后,又让他回忆整个故事(当时并没有告诉他,期望他6周后能忆起这个故事)。他6周后回忆的故事几乎和一小时后回忆的完全一样,两次回忆都优于10个控制被试中的最好成绩。

与卢利亚的另一个实验相似,亨特和洛夫要求V. P.识记并回忆48个数字表。他大约记了4分钟就能准确无误地全部回忆出来。两周后的回忆仅仅出现了一个数字错位。在这个测试中,与塞文斯韦斯克不同的是,V. P.似乎并不依赖非凡的视觉记忆。例如,他常用的一个记忆术是,以日期的形式识记一排数字,然后问自己在那个日子里在做什么。

实验结果显示,V. P.的长时记忆是超常的。亨特和洛夫用布朗-彼得森(Brown-Peterson)范式(见第七章)测量V. P.的短时记忆,图6.3所示的是V. P.和另外12

个控制被试的回忆成绩。随着时间的推移，V. P. 的回忆成绩比控制组的好得多。这说明，即使存在干扰任务（用来阻止复述的），他也能保持住无意义的三字母词。V. P. 曾评论道，因为他具有大量语言知识，所以他能在实验中将无意义的三字母词和有意义的单词联系起来。假如是这种情形的话，可以用布朗-彼得森的方法来检测短期内存储意义组块信息的能力。

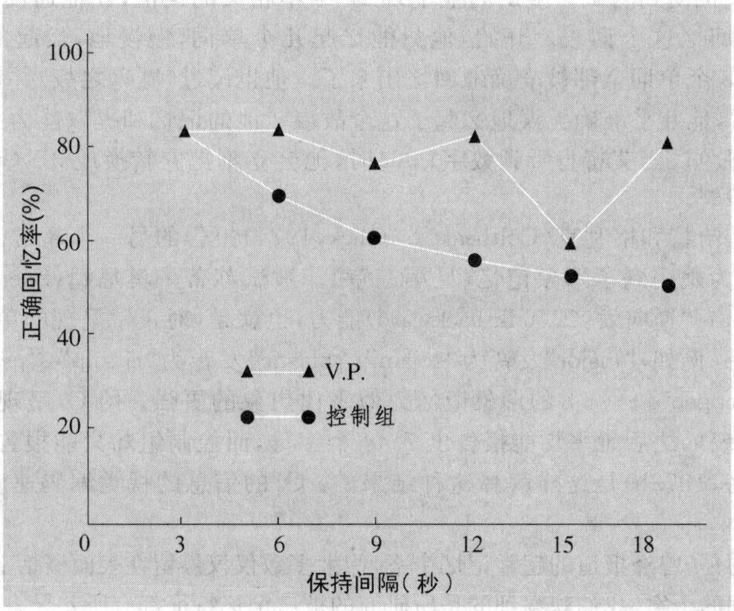

图6.3 V.P. 和12个控制被试对三辅音字母词的回忆结果

资料来源：Hunt & Love，1972。

V. P. 在反省自己的非凡记忆时，强调"集中注意力"的重要性。亨特和洛夫对这一因素作了如下评论：

> 以更为正式的术语来说，V. P. 在刺激编码的生成方面比大部分人做得好，这个过程有意识努力的参与。只要允许，V. P. 在研究信息上比普通人花费更多时间。我们发现，他被蒙住双眼参加国际象棋比赛时，走每一步都要深思熟虑，也一直很努力。当他考虑下一步棋时，他有时会"漫不经心地"开玩笑，但是，他很认真，他前额上的静脉血管都暴突出来了。计算好走法的同时，他会开个玩笑，这说明他具有我们普通人所没有的能力——他能同时进行好几项心理活动。这也许可以解释他在布朗-彼得森任务中的行为表现。和大部分被试不一样，他在记忆中加工信息的同时，

好像能逆向重复那些数字。

其他超常记忆者

文献中还有几个其他超常记忆者的个案，例如亨特(1962)报告了苏格兰爱丁堡大学的一位数学教授艾特肯(A. C. Aitken)具有超常的数学才能。[1] 1933年，艾特肯的记忆受到测试。主试向他呈现25个不相关的词汇，让他通读两遍；27年后，要求他回忆这个词表。开始，他只能忆起几个单词，慢慢地，忆起的词汇增加了，最后，25个单词全部被准确地回忆出来了。他也读过《魔鬼之战》并对其进行记忆，27年后，他几乎准确无误地忆起了这个故事。他的记忆和提取能力并不比他的数学能力逊色。当艾特肯听到数字1 961时，他会立刻把它转换成37×53，或44^2+5^2或40^2+19^2。

科尔特哈特和格利克(Coltheart & Glick，1974)报告的另一个超常记忆个案相当有趣，因为她用到了形象记忆(见第三章)。被试苏蒂·奥尼姆(Sue d'Onim)[2](简称O.)，有“逆向发音”(talk backward)能力，也就是，对正常呈现的单词，她能从后往前发音(例如，“major”发音为“rojam”，“plastic”发音为“citsalp”，“peppertree”发音为“eertreppep”)。[3]O.的形象记忆力似乎比想象的更强。给O.呈现8个字母，持续100毫秒，之后她平均能报告出7.44个字母，而控制组却只能报告5个左右，科尔特哈特(1972b)是这样解释这种结果的：O.的信息的视觉编码速度比普通人快4倍。

遗憾的是，曾经报道的超常记忆个案，绝大多数仅仅停留在表面概括上。其实，对于这里描述的个案，我们观察到的是所研究的被试记忆特征都有所差异。塞文斯韦斯克和V.P.似乎还使用过与他人相比结构上更灵活的某种记忆术——塞文斯韦斯克运用形象法，V.P.运用语义中介法。艾肯特的超常记忆则似乎把形象法和语义中介法部分结合运用起来，而且似乎和其他方法不同。

专家和专长

我们以对专家、专长、特殊能力和技能研究的讨论来结束这章，专家就是那些具有不寻常认知能力和专长的人。这一节有两部分：第一部分是对专家及其成长过程的观测资料进行研究，第二部分则从认知角度解释那些资料。

研究专长的兴趣起源于几年前的人工智能(AI)研究和对能模拟熟练技能人士的

〔1〕 随后的一些材料是摘自巴德利《记忆心理学》(1976)中亨特的报告。
〔2〕 读音与单词“pseudonym”一样，科尔特哈特所使用这个双关语可能来自弗洛伊德的一个著名个案研究。
〔3〕 许多年前，被称为“倒读博士”(Dr. Backwards)的一个美国表演者参加了一个夜总会活动，在会场上，他倒着念单词和拼写单词。还有一个不出名的，但还有一定名气的喜剧演员也能倒着发音，听起来就像你在倒放一盘录音带一样。

业绩并具有效能的计算机程序的需求。[1] 然而,对专长的认知研究是最近才发展起来的。那些最初的计算机程序,有时也叫专家系统(expert systems),是对人类专家的模拟,但问题在于一位专家所知道知识的大部分并不能被形式化。[2] 不过,研究界的这些策略在专家和新手脑子里的信息结构化方式上可以告诉我们许多。他们也有一些实际应用,就像在医疗诊断中使用的"智能电脑"可模拟熟练医师的诊断程序一样。在第四章中我们已接触过这些话题了,当时是研究象棋大师识别棋局排列的感知方式。对熟练棋手的调查,为人工智能科学家仅提供了建立智能象棋游戏程序所需的信息类型,然而结果却是吸引人的,因为现在的计算机能战胜世界上最好的象棋高手。然而,对专家的研究并不局限于满足人工智能的需求,对认知心理学家来说,它也是有价值的、趣味横生的,有理论和实践的双重价值。毕竟,假如我们决定把天才学生培养成专家,就需要一些认知维度的理念来把专家和新手区分开。

对大量的专家研究综述之后,格拉泽(Glaser)和齐(1988)总结出专家的一些特征:

1. 专家主要在他们自己的领域内表现优秀。例如,心算专家不可能是医疗诊断专家,反之亦然。
2. 在自己的领域里,专家能觉察到大量的意义模式。象棋大师、X射线诊断师、建筑师等,在他们的专业领域中,比非专家能"看到"更多的意义模式。
3. 专家反应快。专业打字员、棋手、计算机编程员、数学家等,他们在自己的领域中,比其他人的反应速度快。
4. 专家能高效地运用短时记忆和长时记忆。专家似乎有卓越的记忆能力,而且,也许他们能轻而易举地更好地使用自己的记忆。
5. 与新手相比,领域内专家会在一个更深的水平上看问题和提出问题。专家分析问题时倾向于探讨深层次内容,而不是停留在表面。
6. 专家把大量时间花在对问题的定性分析上。在解决问题前,他们倾向于从多个角度看问题。
7. 专家有自我监控能力。他们似乎能意识到自己的错误,并能自我矫正。

---

[1] 还有一个领域,尤其受到俄罗斯和美国"人类潜能"运动所细致研究的领域,就是有关"高峰体验"概念,运动员在体育竞赛中可能获得这种体验。

[2] 你在医学学校没有学到的(但应该要学会的):我认识的一位儿科医师把听诊器放在一个暖和的隔间里,以此来减弱把一个冷金属器放在一个发烧小孩身上引起的不良反应。他的测量会更加精确吗? 没有实验证实因此很难确定,但我深信他的病人会感觉更舒服。

> 人类有别于其他物种的一个原因是我们有能力掌握复杂的技能。所有独特的人类活动——像数学、语言、象棋、计算机程序、雕塑等，都需要技能……人类进化史上出现过许多无法预料的事件，而人类照样能成为这类活动的专家，这是由于人类基因本质就是它的可塑性。
>
> ——约翰·安德森

我们在两个方向上对专家进行了研究，首先一个就是寻找具有超常技能的人，测试他们的才能。这类研究案例有如下一些：[1]

演员(Intons - Peterson & Smyth,1987; Noice,1991; Noice & Noice,1993)

建筑学(Akin,1982)

艺术家(Solso,2001)

审计(Bédard,1989)

棒球运动(Chiesi,Spilich & Voss,1979)

桥牌(Charness,1979)

国际象棋(Chase & Simon,1973a,1973b;Chi,1978)

舞蹈(Solso et al. ,1986;Solso,1989; Solso & Dallob,1995)

超常记忆[例如 S. (Luria,1974); V. P. (Hunt & Love,1972);JC(Ericsson & Polson,1988b)]

"天才"(例如，在音乐、象棋和科学领域中：Hayes,1986)

围棋(Reitman,1976)

数学才能[例如 A. C. Aitken(Hunter,1962)]

医疗诊断(Clancey,1988;Lesgold et. al. ,1988)

音乐家(Halpern,1989)

物理学专家(Chi,Glaser & Rees,1982)

股票经纪人(Johnson,1988)

订餐(Ericsson & Polson,1988a,1988b)

打字(Gentner,1988)

艺术家汉弗莱·奥森：索尔索的个案研究；迈阿尔和特沙兰克

最近，内华达斯坦福大学的罗伯特·索尔索、牛津的克里斯·迈阿尔(Chris

〔1〕 那些既做得好又有趣的研究是被推荐要阅读的。

Miall）和约翰·特沙兰克（John Tchalenko）对肖像画家汉弗莱·奥森（Humphrey Ocean）（H. O.）做了一个最为完整的研究，该研究的理论依据是：所有领域的专家，尤其是在数学、音乐、体育或艺术等各领域的专家，其认知神经特征和绩效行为明显不同于新手。为证实这个理论，索尔索、迈阿尔和特沙兰克对这位多才多艺的艺术家做了包括大脑扫描、眼手运动在内的全面研究。

汉弗莱·奥森是一位从事二十多年绘画、英国最著名的肖像画家。他的作品在英国国家肖像艺术画廊（伦敦）、沃尔夫森大学（剑桥）及许多画廊里展览过。他最出名的作品是已解散的披头士乐队成员保罗·麦卡特尼（Paul McCartney）的肖像画。他获得过许多奖，举行过无数次画展。多年来，汉弗莱·奥森除了接受正规的艺术训练外，每天还要腾出 3～5 个小时用于绘画工作，累计起来，他一生中有 25 000 个小时用在了绘画练习上。对他进行研究的那一年，他是 47 岁，为右利手男性。汉弗莱·奥森的专业是肖像画这一点很重要，因为人类大脑皮层上存在似乎完全负责着面部加工的特定部门。他同意并接受了用核磁共振成像、眼动追踪、控制动作等手段进行的广泛调查研究，这是第一次对一位多才多艺的艺术家进行资料的全面收集。

汉弗莱·奥森和功能性核磁共振成像。在索尔索（2001）做的一个研究中，汉弗莱·奥森仰面平躺在核磁共振成像机器的有限空间里画了 6 张肖像画。为了给汉弗莱·奥森和新手的脑活动提供对照，一个控制被试也参加了这项任务。汉弗莱·奥森和新手的脑活动结果显示在图 6.4 中。

和最初预期的一样，被试的右侧半球活动更多，显示出对几何图形、形状的知觉和加工。很明显，右侧后顶区在面部知觉中的作用是复杂的，正如 A 栏和一定程度上 B 栏所显示的，在该区域上专家和新手的血流活动都是大量的。但是，假如你仔细观察两者的差异，就会发现流向新手右顶后区的血流量似乎更大（见 A 栏）。为什么显示出流向专家面部加工区域的血流量较少？这可能是我们理解专家行为的一个关键要素。

这可能显示，一位专家，就拿本例中的肖像画家（一位练习面部加工时间有数千个小时的人）来说吧，他对面孔的知觉和记忆能力是如此之强，以致他转移注意力至认知的更深层次，涉及对面孔的洞察分析。这个更深层次的加工是理解面孔的一个独特水平——我们定义为面孔识别（facial cognizance）。[1] 在 C 栏中能看到一些有关更深层次加工的线索，即专家的前额右侧脑区比新手的活动多。这一区域包含了分析、联合脑皮层，抽象思维就在这里发生。因此，我们的艺术家汉弗莱·奥森，在观察肖像和思考肖像的过程中，投入的精力一样多。该研究是这类研究的第一个，为更多的关于专家的实验研究开启了一扇大门，即专家可以一边执行着专业任务一边进行试验。那么，象棋大师、天体物理学家、参赛的排球运动员、大提琴演奏家、精神病医师、木匠师

〔1〕 这一观点和第四章中有关象棋专家的分析比较相似。

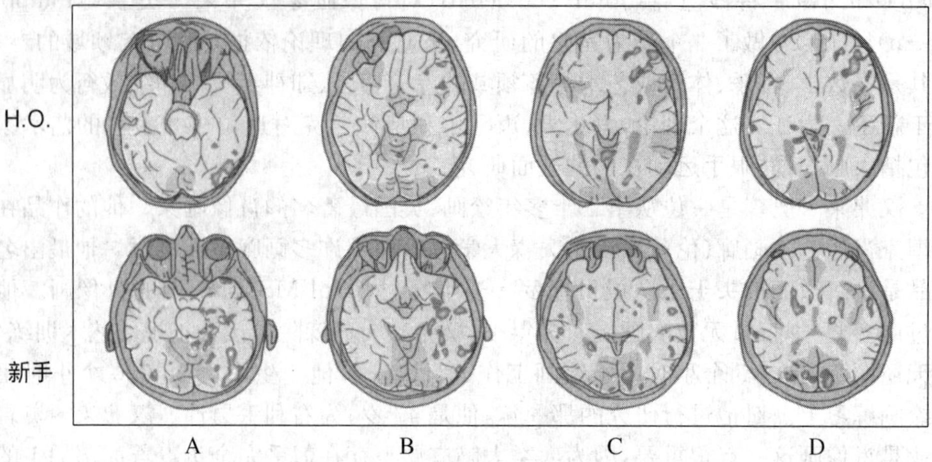

图6.4 对汉弗莱·奥森和一个非艺术家的控制被试进行功能性磁共振成像扫描后,显示出两个人右顶区的活动情况(A栏)

这一区域涉及面部知觉,但它显示出非艺术家在识别面孔时比艺术家需要更多能量。C栏和D栏显示,艺术家大脑的前额右侧区域上血流量增加,这提示了信息的较高级抽象过程。

资料来源:Solso,2000,2001。

傅等,他们考虑问题时的脑定位在哪里呢?其实,这些问题的答案,以及其他更多知识,都在我们掌握之中。

汉弗莱·奥森的眼动记录和动作控制。研究汉弗莱·奥森的第二个阶段是:当他画一个模特的肖像画时,测量他的眼动、眼睛注视和手动。在对其进行实验分析的过程中,迈阿尔和特沙兰克(Miall & Tchalenko,2001)用一台眼动拍照仪测查他的眼睛注视和运动状况(见图6.5),用一台背景拍照仪来辨别他的视觉背景,用动作检测记分仪来显示他的手动情况。在进行这些研究的同时,允许汉弗莱·奥森的头和手适度活动。因此,在他绘画肖像的过程中,可以跟踪记录随时间推移其眼动和手动情况。所以,我们毫不惊奇地发现,这位著名艺术家的成绩比那些参与实验的业余爱好者要好得多。但是,研究者还发现了另外一些现象,包括如下一些内容:

1. 汉弗莱·奥森对模特的注视不同于他"平常"看事物的方式。这表明,当他头戴"艺术的桂冠"时,他看事物时的注意力就更集中。
2. 在绘画进程中,他的视线从模特转移到画布上,这可能意味着,随着画的更加完整,其本身对进一步润色的需要起到了刺激作用。而在绘画的开始阶段,艺术家必须把更多时间用在观看模特和记下他的脸部细节上。

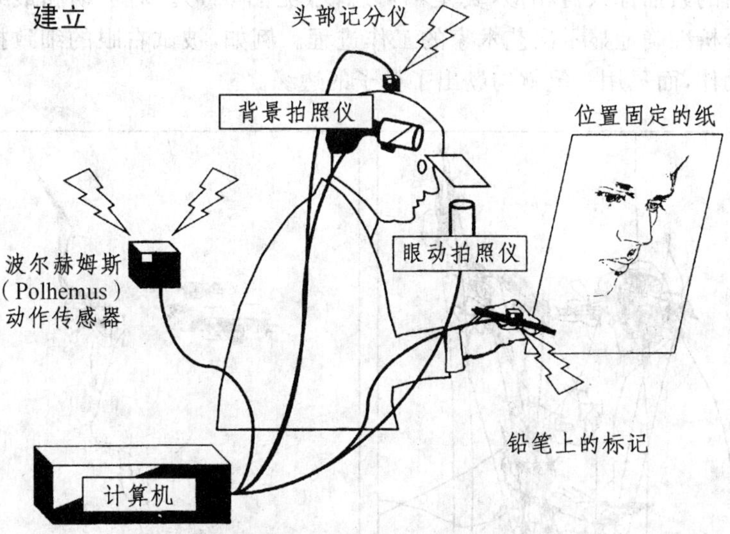

图6.5 用来测量汉弗莱·奥森绘画肖像时的眼动、眼睛注视和手动的技术

资料来源：Maill & Tchalenko,2001。

3. 在勾画轮廓时,艺术家的集中注视时间是 0.6 到 1.0 秒钟,而新手的集中注视时间大约是艺术家的一半(见图 6.6)。研究结果提示,艺术家能锁定视线于单一位置上以研究它的细节,而新手常常注视两个或更多的位置,而有时空间上是彼此分离的。后者观察到的模式并非典型模式,其眼动情况和汉弗莱·奥森不从事“艺术”创作时的眼睛注视情况相似。

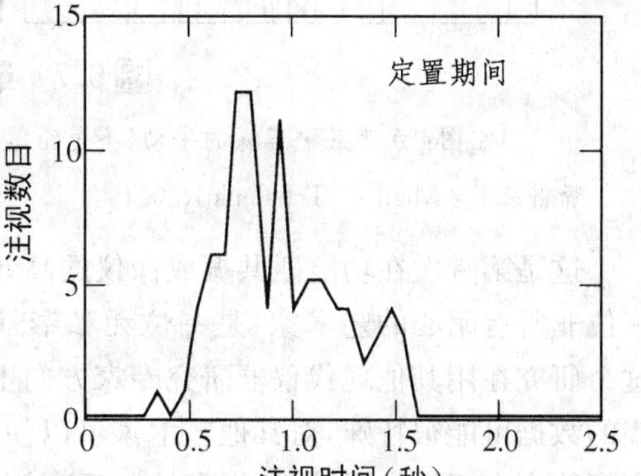

图6.6 汉弗莱·奥森和新手的注视持续时间显示,注视模型的每一瞥上,专家投入的时间几乎是新手的两倍

4. 汉弗莱·奥森捕获和重现视觉信息的能力似乎是以细节加工为基础的,而不是先注视整体。例如,艺术家画鼻子是逐步完成的,画耳朵等时也是这样的。
5. 最后,所记录到的汉弗莱·奥森的手动结果为我们提供了一个视觉形象,它和最后的素描惊人得相似，真是不可思议(见图 6.7)。对手动和最终画像的精细分析准确地显示出艺术家的工作进程。例如，被试右眼的细致描绘需要许多动作，而只用一笔就勾勒出了鼻子的边缘。

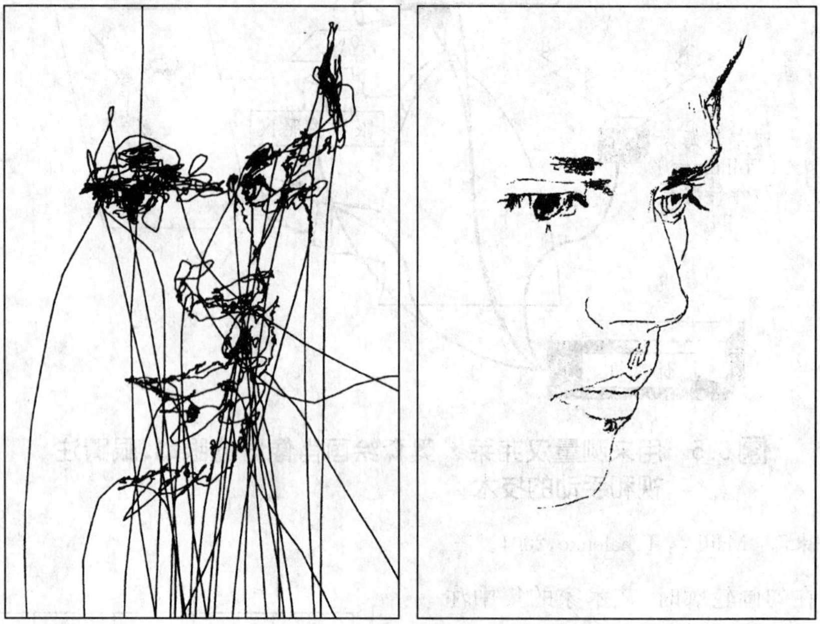

图 6.7 最后结果

左图：汉弗莱·奥森的手动(不是铅笔画的)。右图：最终肖像。

资料来源：Miall & Tchalenko，2001。

这是第一次在功能磁共振成像仪的高效镜头、眼动记录仪和动作控制记录仪下对一位非常有耐心的艺术家(是一位无私奉献出自己时间和精力的人)所进行的研究。这个研究在用其他现代仪器研究专家方向上开辟了道路。从汉弗莱·奥森的身上收集的数据可能很特殊，对其他艺术家可以使用不同策略。当然，抽象派和现实派艺术家可能会有不同的眼动、注视和控制反应情况，而且值得注意的是皮层上激活区域和眼睛模式可能不同。而且，莱昂纳多·达·芬奇(Leonardo da Vinci)、伦布兰特(Rembrandt)、毕加索，凡·高(Van Gogh)可能会表现出不同的认知神经特征。

专长和知识结构

迄今我们一直把注意力集中在对专长的描述上，在这类研究中，有些是基于被试样本的选择——专家、初学者、真正的生手，就像第四章所描述的选择棋手，他们所具有的三个水平是基于对他们知识和技能结构方面的评估。和新手相比，专家的两个特征似乎在文献中再次出现。专家有明确的专业领域和结构化知识，懂得如何高效、机智地运用知识。例如，据估计，一位象棋大师大约记着 50 000 个模式，一个好的棋手大约记着 1 000 个，而一个初学者只有少数几个模式。然而，任何主题的信息被动、孤立地储存起来，并不能构成专长，因此对知识的组织也很重要。

关于知识结构的一个重要研究中，齐、费尔托韦奇（Feltovich）和格拉泽用卡片分类任务来研究专家和新手的分类过程。每张卡片有一个图表，并描述一个物理学问题。新手对问题分类时依据字面意思、表面特征，例如，“一架倾斜飞机上的滑轮问题”；专家对问题分类时基于解决问题的原理，例如会想到能量守恒定律等。在数学、遗传学、计算机编程等多种专业领域里都存在这种特征（表面分析和原理分析）。当对现实世界中的事物，如恐龙图片、相机型号、电路图等进行分类、分析时，也发现了相同的结果。专家比新手拥有更多的知识，他们倾向于依据一般性原则来组织知识，而不是依据表面特征。

专长的理论分析

在面对具有超常认知能力的人时，传统认知理论是否会难以自圆其说？以短时记忆问题为例。我们在前几章学过，短时记忆就是临时储存的有限数量的项目，但是，数字的乘法，例如 4 652×93，看上去需存储多于 7 个条目，加工这些似乎超出了短时记忆的容量。如果不是本章和其他章节中介绍的专家和我们大多数人的记忆系统是不同的，就是他们会利用存储在长时记忆里的已有知识，以此扩大了他们的工作记忆能力。

蔡斯和埃里克森（1983）曾按照以下三条原则来解释超常记忆的操作过程从而解释高超记忆现象，这三条原则也解释了专家如何使用长时记忆来完成不寻常任务。

- **记忆编码原则**（mnemonic encoding principle）：专家对信息的编码是在大量已有知识的基础上进行的。例如，让一位长跑运动员记忆大量的阿拉伯数字时，他就想象自己在“黄金时段”跑了一英里、跑了一个马拉松、跑了 3 千米等来记忆数字的各种组块。他的短时记忆容量更大吗？这不确定。可能性更大的是，他正在使用现有知识对新信息组块。[Bower & Springston, 1970；第七章中对美国联邦调查局（FBI）、获得博士学位者（PHD）、美国国际商用机器公司（IBM）、（美国）环球航空公司（TWA）的研究]
- **提取结构性原则**（retrieval structure principle）：专家运用他们的专业知识（例如，打字、下象棋、棒球运动、炒股）为系统编码能力和从长时记忆中提取意义模式的能力发展出抽象的、高度专业化的机制。这种能力使专家能够预料一项熟悉任务的信息要求，并以一种便于提取的方式存储新信息。

● **加速原则**(speed-up principle):练习可加快专家对模式的识别和编码的速度。另外,专家从长时记忆中提取信息的速度也比新手快。假如大量练习能增强长时记忆的存储和提取,那么,可拥有的新信息的程度似乎也是无限的。

在讨论专家时,我们几乎忽略了练习这一成分,埃里克森、克兰姆伯和泰斯·罗莫(1993)对练习这个主题进行了详细分析。专家发展的潜在原因是他们把无数时间投入到了练习中。"熟能生巧"的谚语似乎太简单,不能成为一条科学法则,不过,它对专长和技能的获得具有重大意义。[1] 虽然,不用脑子的简单、机械练习似乎达不到预期目标,但是,分布式的、动脑筋的练习肯定有助于专长的获得。

总结

1. 记忆术是一种促使信息更易存储、编码和提取的技巧。
2. 研究者已设计出许多种记忆术,它们包括了多种策略,诸如形象和中介(如地点法和字钩法)、发音和正字法特征(如词汇和数字的回忆)、语音线索和形象中介(如忆名法和关键词法)、语义组织。
3. 记忆术在增强记忆方面能获得成功,应归功于它在信息组织上起到的助力作用。
4. 超常记忆的个案研究显示,超常记忆者往往联合运用多种记忆技巧。例如地点法、形象法和改进了的字钩法;地点法、形象法和联觉(如塞文斯韦斯克);语义中介法(如,V. P.)。
5. 对肖像画家汉弗莱·奥森的研究显示,参与联想加工的脑区域上,专家比新手激活得更多;而在表层加工区域上,新手激活得相对较多。有关眼动、注视和手动的研究也表明,专家在这些方面具有独特性。
6. 对专家的研究表明,他们在自己的领域中,觉知意义模式、使用长时记忆和短时记忆、深层次表征问题、定性地分析问题、自我监控的技能等方面优越于普通人。
7. 一些普通人被训练进行特殊的数学计算和记忆一长串数字。结果,他们通过有效使用长时记忆中的知识完成了任务。
8. 只要通过组织材料、运用知识、快速模式编码和反复练习,我们就可以获得熟练的技能。

---

[1] 几年前,还在世的比尔·蔡斯(Bill Chase)作了一个有关专家研究的演讲。演讲中,他告诉观众们通过什么方法才可以变成一位象棋大师,其答案是:"练习。"演讲结束后,我问他练习多少次。"我忘记说多少次了吗?"他自我解嘲地回答道,"一万小时。"

第七章 记忆：结构和过程

问题预览

1. 你的记忆属于什么类型？
2. 哪些重要实验开启了记忆的研究领域并促进了认知革命的到来？
3. 在你的短时记忆中能储存多少信息？
4. 什么是信息"组块"？它如何增强储存知识的能力？
5. 短时记忆中的信息是怎样被编码和提取的？
6. 长时记忆中的信息是如何被组织和储存的？
7. 关于长时记忆的持久性，长时记忆研究告诉我们什么？
8. 关于记忆的不确定性，记忆研究告诉我们什么，尤其在犯罪事件的目击鉴证上？

人生不能没有对未来的憧憬，但是，理解人生却需要回顾过去。

——克尔凯郭尔(Kierkegaard)

没有任何一个课题能像记忆这样被认知心理学家研究得这么彻底，而且，在心理学界认知革命发生的早期，认知心理学被定义为研究记忆的一门学科。在早期美国威廉姆·詹姆斯和德国赫尔曼·艾宾浩斯(Hermann Ebbinghaus)的著作中，记忆的地位是也很显著的。但是，当美国心理学的研究越来越对人类与动物的学习行为感兴趣时，记忆被疏远了。20世纪前半个世纪中所开展的学习实验，激起了研究者在"所学到知识如何被储存和转换上"的兴趣。感兴趣于记忆研究的实验心理学家对其予以了关注，他们构建了关于信息如何被储存的心理表征方面的精巧理论。由威廉姆·詹姆斯最先提出的一个记忆模型历经受了考验，而且几经修改。这一模型主张，记忆按性质分为两类：有的信息被觉察到并进入记忆系统之后就消失了，而有的信息能长久地保存在记忆系统中。本章的主题——长时记忆和短时记忆的概念就是这样出现的。

继续阅读前，不要往回看，尽力回答以下几个问题：

本章开头那段引言的作者是谁？

说出早期研究记忆的两位心理学家。

前面提到哪两种记忆类型？

对于以上问题，你完全可能只回忆起其中一些信息，而无法想起另一些。为什么？谜底之一是，一些信息被储存在长时记忆中，而另一些仅仅是在短时记忆中被短暂加工，不久就遗忘了。让我们看看你对下面的材料能记住多少……至少，要保持到下次测试。

短时记忆

在感受器（感受来自周围环境的无数种信息刺激）和容量巨大的信息、知识库（长时记忆）之间是短时记忆（STM）。它容量虽小但意义巨大，这与任何其他记忆系统相比似乎更明显。我们首先是在短时记忆中加工从环境中获得的初始刺激。它最小的容量和有限的加工能力相互匹配，一些人认为，它的储存容量和加工能力之间有一个稳定的权衡过程。

一百多年前，詹姆斯的初级记忆概念和艾宾浩斯的遗忘曲线（见第八章）为后来简单但意义重大的发现布置好了舞台。1959 年，劳埃德·彼得森（Lloyd Peterson）和玛格丽特·英顿斯-彼得森（Margaret Intons-Peterson）证实，若不复述信息，暂时记忆仓库储存的信息容量非常有限并易于消失。[1] 他们的实验在短时保持方面的实验构思上是一个转折点，并伴随其他开创性实验、书籍和研究工作一起促使了认知革命的到来。可见，他们的实验是重要的。此前，有人依据神经学上的结构（Hebb，1949）和心理学上的概念（James，1890）来区分长时记忆和短时记忆。

劳埃德·彼得森和玛格丽特·英顿斯-彼得森发现了短时记忆的保持时间。

在彼得森的实验中，先让被试读一个三字母字符串，然后要求其在不同阶段进行回忆。在这期间（从听到字母到试图回忆），让被试听到一个三字母字符串后立即呈

〔1〕 在英国工作的 J. 布朗（J. Brown）(1958) 也有类似发现，并据此设计了布朗-彼得森范式（Brown-Peterson technique）。

现的一个三位数，连续减三倒数。例如：

主试念：CHJ/506
被试反应：506，503，500，497，等等

因此，在字符串呈现和回忆期间加入减法任务就阻碍了被试按序复述字母。引人注目的结果如图 7.1 所示，它表明，被试缺乏复述时的回忆成绩严重下降。

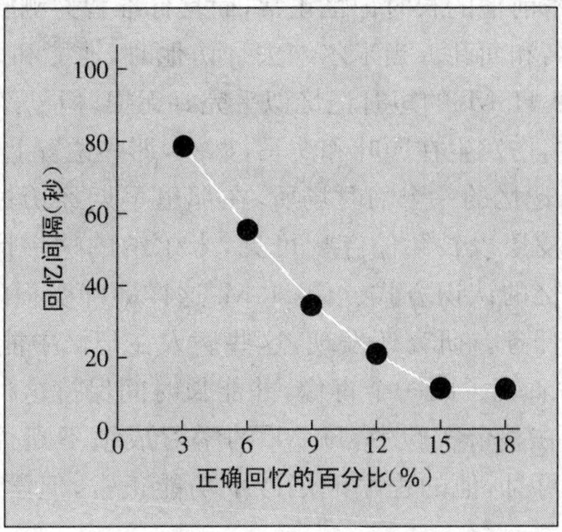

图7.1 正确回忆百分比是回忆间隔时间(复述受阻)的函数

资料来源：Peterson & Peterson，1959。

结果表明，某种记忆系统能够储存信息，但若信息不被复述，就容易从记忆中消失。这些结论提示，存在暂时的记忆系统（短时记忆），它具有与永久信息库（长时记忆）非常不同的特征。无数实验已清楚地向我们展示出短时记忆的特征。本章中，我们将回顾短时记忆的这些独特的特征，思考短时记忆结构是如何与整体的信息加工理论相结合的，偶尔也会涉及关于短时记忆仍然存在的一些争议。

支持两种记忆系统理论的理由被概括如下：

1. 偶然的内省表明，有些事情可以被短时记住，有些则能被长时记住。
2. 生理研究显示，短时记忆功能可被阻断，而长时记忆功能似乎保存完整。
3. 心理学实验表明，提取记忆中的某些信息是一种短时记忆的功能特征，而提取其他信息是一种长时记忆的功能特征，例如，首因效应和近因效应。

认知神经和短时记忆

神经生理学的发现表明，独立的记忆储存也许位于人脑的某个部位结构。著名的

彼得森和彼得森心理学实验与神经生理研究几乎在同一时期出现，但前者的研究对象是经历过各种形式的生理外伤或脑损伤的临床病人。加拿大(在这个国家认知神经研究很出名[1])的一个研究员布伦达·米尔纳(Brenda Milner)(1966)进行了著名的H. M.的个案研究。被研究的病人患有严重的癫痫症，进行医疗诊断后，为减轻症状，对其进行了双侧外科切除手术(颞部中区)。手术切除了颞叶部分，包括海马。手术后，虽然病人的癫痫症有所改善，但却因此患上深度健忘症，几乎在长时记忆中不能储存任何新信息；不过他的短时记忆没有受损，他能回忆一系列刚刚呈现的数字，但对此信息的保持时间不长。术前他的长时记忆正常，而且标准智力测验得分也不低。然而他无法记住常看到的人名和面孔。当米尔纳去拜访他时，他能和她正常交流，但想不起她以前拜访他的情形。H. M.的短时记忆似乎完好无损，但已经无法恢复长时记忆的功能了。因为他的脑损伤发生在颞叶和海马，显然，那些位置上有着重要的记忆结构。具体而言，海马是长时记忆的一个临时场所，在那里早期经历过的信息得到加工，然后把它们转送到大脑皮层以长久储存。可见，米尔纳的这一惊人发现，改变了人们对短时记忆和长时记忆的认识方式。像H. M.这样颞叶受损的患者，能内隐学习各类知觉和动作技能的任务。研究还发现，这些病人在记忆中能长时间地保持技能活动。例如，H. M.能对着镜子画一个肖像，并能长时间保持这种技能(见图7.2A)。

如图7.2B所示，在整个实验中，H. M.的学习成绩不断提高，但他本不具有执行这项任务的知识。可见，他的程序记忆似乎功能正常，但学习新信息的能力肯定缺乏。

短时记忆确实存在吗？

首先，该问题的答案肯定为是，且从两层含义看：

1. 短时记忆首先是指，人们一定能在很短时间内保持住信息，这作为一般性命题是毫无疑问的。

2. 赫布的双重痕迹理论。赫布主张，假如初始活动持续了一段时间，随后细胞间突触联系的结构性变化就携带上了信息。这些结构性变化是长时记忆所需要的，许多念头，及更早的持续活动——反响——也许是短时记忆的基础。

资料来源：Robert G. Crowder，1993。

〔1〕 在加拿大，克雷克(Craik)、赫布(Hebb)、米尔纳、莫斯科夫茨(Moscovitch)、彭菲尔德(Penfield)、罗伯茨(Roberts)、萨金特(Sergent)、塔尔文(Tulving)等许多人做了这方面的主要工作。

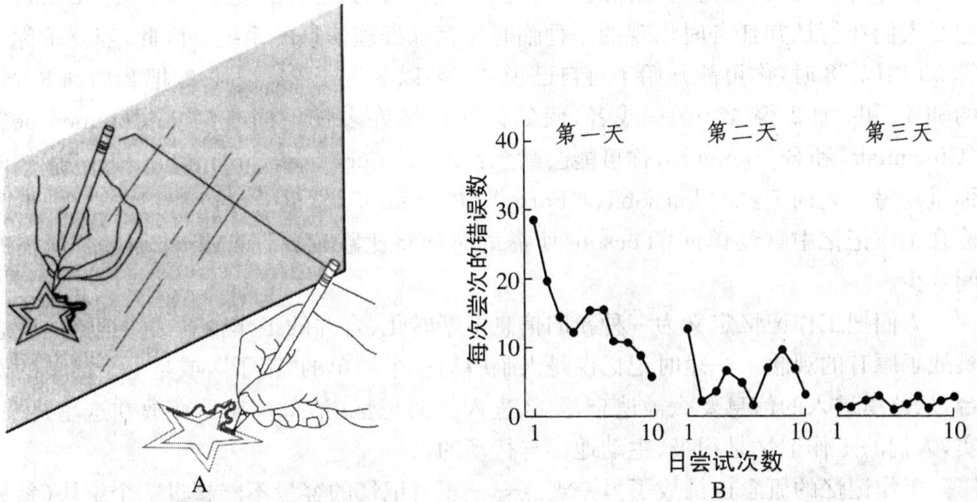

图 7.2 米尔纳实验

A. 在这个测验中，被试的任务是，观察镜子里他（或她）的手的同时，在星形的两条轮廓线间沿线移动。一开始，镜中颠倒的效果使这一活动变得非常困难，被试触及边线就算出错。

B. 这项星形仿描测试是一种程序记忆，H.M. 显示出运动控制上的明显改善。

资料来源：Blakemore，1977。

还有伊丽莎白·沃林顿（Elizabeth Warrington）和汤姆·沙利斯（Tom Shallice）(1969)的一个关于 K. F. 个案的研究。K. F. 的表现与 H. M. 的截然相反。他在识记一列数字时显得困难重重（他仅能有把握地回忆起一个数字），但是其长时记忆和学习新材料的能力在一个长的时期内似乎都完好无损。这个样本及其他许多新增的生理损伤病人研究结果都发现，人脑中存在与两种记忆类型相联系的解剖结构（Kandel，Schwartz & Jessell，1991；Martin，1993；Pinel，1993；Shallice & Vallar，1990；Squire，1987）。然而，人们更关心的是信息的储存和加工过程。对这一问题，我们依然知之甚少。

工作记忆

米尔纳介绍的 H. M. 个案和布朗-彼得森范式的系统阐述，牢固地确立了短时记忆是一个特殊记忆系统的概念。这不仅因为短时记忆在加工上与长时记忆相分离，而且，对脑损伤病人的神经学研究也证实其拥有一个生理学基础。尽管如此，记忆系统的清晰的二分法——将记忆简单分为长时记忆和短时记忆而无更多的细节，很快就受到了艾伦·巴德利（Alan Baddeley）及其同事的挑战（Baddeley & Bitch 1974；Baddeley，1986，1990，1992）。巴德利早期提出的记忆类型，实际上既包括长时记忆的一个特殊部分，又具有短时记忆的一些特征。这被称为工作记忆(working memory)，它是人们执行认知任务时出现的一种临时保存和处理信息的系统。因此，当要求你计算53乘以78时，你可能开始于对自己说："8乘以3等于24；记住4，把2加到8个5的和40里，加2得42……"或者，假如让你记忆许多长单词，例如"Albuquerque"、"Cincinnati"和Sacramento，你可能会默念："Al bu quer que，Cin cin nati……"假如向你呈现另一列词汇，如"Tucson"、"Fargo"和"Austin"，你也会像以前一样默念，但是你在工作记忆中默读单词"Tucson"所需的时间将比默读单词"Albuquerque"所需时间要少。

人们把工作记忆定义为一种新旧信息不断转化、合并的工作台。工作记忆的概念挑战了原有的观念——短时记忆仅是人脑中另一个简单的"箱子"，或是一个简单的站台，从这里进入的信息要么被遗忘，要么进入长时记忆(信息被动地存放在这里)。其实，人们的工作记忆是积极、主动地参与行动的。

工作记忆的概念也挑战了另一观点——短时记忆的容量不能超过7个组块(参见下一节)。巴德利认为，记忆的范围取决于人们复述信息的速度。以记忆口述材料为例，大家都用语音环，以使在有限时间内尽可能多地复述和记忆信息。如进行这样一个测试，读如下面5个单词，之后不要重看，尽力复述它们：

WIT，SUM，HARM，BAY，TOP

你怎么做的？大部分人非常擅长于这项任务。现在再试试以下词汇：

UNIVERSITY，OPPORTUNITY，ALUMINUM，CONSTITUTIONAL，AUDITORIUM

这项任务较难，人们平均只能回忆2.6个项目。依据巴德利的理论，差异存在的重要原因是记忆后一组词汇需要更多时间。该理论的要点是，在工作记忆中人们所能复述的信息数量非常有限，一个决定性因素是在所谓的"语音环(phonological loop)"中读单词所需要的时间(见图7.3)。语音环是指词汇理解时能支持内部言语的一种复述回路。还有一种视空间存储器(visuospatial scratchpad)，负责复述并快速保存形象。中央处理器(central executive)监控这些过程，它协调注意活动并控制反应。中央处理器的活动像一位监督者，它决定哪些问题值得注意，哪些应忽略不记。

工作记忆模型出现不久，研究者采用传统的心理学测量，把注意力转向探寻更多的语音环、视空间工作记忆、中央处理器的本质。后来，认知神经测量手段运用到工作记忆模型的研究中，并获得许多成功。通过PET测量，卡布扎(Cabeza)和尼伯格(Nyberg)(1997)的研究表明，语音环与言语相关信息的保持有关，与大脑额叶和顶叶

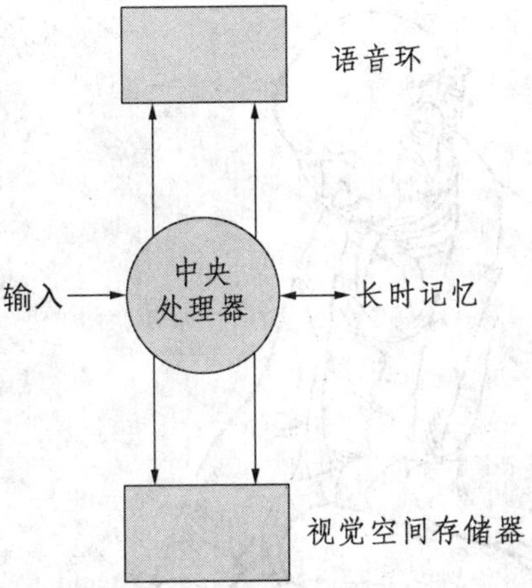

图 7.3 阐述巴德利工作记忆模型的图示

模型中，输入信息得到中央处理系统的加工，并通达至短时记忆的两个"隶属"系统。一个系统是语音环，加工词语信息；另一个是视觉空间存储器，加工视觉和空间信息。中央处理器和长时记忆也会相互作用。

的双侧活动有关。而且，在哈克西(Haxy)、昂格莱德(Ungerleider)、霍维茨(Horwitz)、拉波波特(Rapoport)、格雷迪(Grady)(1995)的实验中，视空间存储器激活了脑皮层的不同区域。他们还发现，激活枕叶和额叶右侧用的时间间隔较短，而激活顶叶和额叶左侧却需较长的时间间隔。随后，越来越多的实验将脑成像技术运用到记忆模型研究中，人们揭晓的记忆谜底也将越来越多。

短时记忆的容量

相对于长时记忆储存的巨大信息量而言，短时记忆的信息储存量是小的。有关短时记忆(或"即时"记忆)有限容量的最早记录似乎可追溯到 19 世纪哲学家威廉姆·汉密尔顿爵士(Sir William Hamilton)，据说他观察发现："假如把一大把弹子扔在地板上，你至多能毫不犹豫地立刻记住 6 到 7 个"(Miller，1956b)。汉密尔顿是否做过这个实验是未知的，但是，雅各布斯(Jacobs)却做了一个与之相似的实验(Miller，1956a)。他大声读一串无序数字，然后让听众立刻尽可能多地写下。结果，他们最多能回忆 7 个左右。20 世纪以来，人们用点、豆子、无意义音节、数字、单词及字母等材料一直在做这类实验，最后得出了一致的结论：即时记忆的容量是 7 个单元左右。

短时记忆和组块。不论信息是什么类型的，短时记忆总能储存 7 个单元左右，这似乎有点儿矛盾。因为一串单词很明显要比一串字母的信息含量大。例如，呈现 T、

早在19世纪，威廉·汉密尔顿就开始思考短时记忆容量的问题

乔治·米勒（George Miller）的著作《语言和交流》（1951）对语言心理学和认知心理学研究具有导向作用。1969年，他担任美国心理学会的主席。

V、K、A、M、Q、B、R、J、L、E、W字母串后，你大约能回忆7个字母。呈现“towel”（毛巾）、“music”（音乐）、“boss”（老板）、“target”（目标）、“salad”（色拉）、“church”（教堂）、“money”（钱）、“helium”（氦）、“sugar”（糖）、“parrot”（鹦鹉）、“chicken”（小鸡）单词串后，你可能还会回忆起大约7个项目（依赖于呈现速度）。然而，检查回忆的信息量后发现（至少从字母角度来看），后一条件下的信息回忆量明显比前一条件下的更多。那么，短时记忆中的信息是如何编码的？米勒（1956b）对此做了一个解释。他假定存在一个仅能容纳7个信息单元的记忆模型，单个字母代表单个信息，照此，每个字母占据一个狭槽。组成单词的那些字母，却被“组块”成一个单词单元，以便每一个单词单元也占据短时记忆的一个槽。因此，通过将字母依序编码成单词单元，可以增加短时记忆的容量（以字母数来说）。所以，即使即时记忆的容量似乎被限制在7

个信息单元，但组块(chunking)(或将单个单元编码成更大的单元)能大大增加人们的记忆容量。对米勒来说，这种语言的重新编码似乎是“思想过程的活力源泉”。至少，组块很重要，它为众多信息怎样在短时记忆中被加工这一问题提供了一种解释。因为假如短时记忆被限制在处理7个信息单元，那么在信息加工过程中它会呈现出瓶颈效应。

短时记忆、长时记忆和组块。信息的组块化大大提高了短时记忆处理大量信息的能力。然而，长时记忆中的某些信息未被激活时，组块过程根本无法进行。一旦输入项目和其在长时记忆中的表征信息相匹配，人们拥有的大量知识就能将一种结构强加于看似无关的材料上。

鲍尔和斯普林斯顿(1970)的一个实验很好地解释了长时记忆和组块的联系，实验中向被试读一个字母序列，并要求他们回忆字母。一种条件下(A)，只是向被试读不会形成熟悉组块的字母(因此，信息没有进入长时记忆)；另一种条件下(B)，向被试读会形成熟悉组块的字母。见如下例子：

A组：FB…IPH…DTW…AIB…M
B组：FBI(美国联邦调查局)…PHD(获得博士学位者)…
　　TWA(环球航空公司)…IBM(美国国际商用机器公司)

毫无疑问，被试更容易忆起第二种条件下(B组)所阅读的字母，因为他们把字母放在多数大学生都熟悉的首字母缩略词中。在FBI、PHD等字母出现之后的停顿时间里，允许被试在心理词典中查阅字母，并因此将这些字母编码成组块，而且数量上会与你将本页上许多字母编码为单词组块的数量一样多。可见，虽然短时记忆的容量一般是7个组块，但每个组块的信息密度存在巨大差异。

短时记忆的信息编码

听觉码。即使以非听觉码(例如视觉码)方式来检测信息，短时记忆还仍旧使用听觉码方式。虽然最近的研究表明信息编码中存在某种重叠，但短时记忆中具有支配地位的编码形式似乎仍然是听觉码。

看一下这种日常经历：一个话务员告诉你一个电话号码，如969-1391，假设你把该号码保存在短时记忆中直到通话结束，你是如何清晰地记住它的？在你没把它写下的情况下，记它的方法就是自己反复默读或大声念出：“969-1391，969-1391……”等等。这种操作是在短时记忆中维持数字的听觉表征的一种手段。因此，从普通意义上来看，人们通过听觉复述在短时记忆中保持信息。然而，你也许会争辩，信息来源(即话务员的声音)是听觉的，这引起短时记忆储存信息性质的一种偏向。事实上，即使你在电话本上找到号码数字(是一种视觉刺激)，仍然可能用到听觉复述。无论以哪种方式表征，信息在短时记忆中的储存、提取似乎都是听觉的。

科学是对常识性答案的一种怀疑，所以大量实验室研究已经检验了用储存特征差异来区分短时记忆和长时记忆这一方式的合理性。所总结出一些重要结论见下一节。

在早期的一个被频繁引用的实验中，实验者R·康拉德(R. Conrad)(1963, 1964)发现，短时记忆中的错误多数是由听觉特征而非视觉特征造成的。康拉德的实验分两个阶段，第一阶段中，他测量了被试对视觉呈现的一系列字母的错误回忆；在第二阶段，他测量了噪音背景下向被试读同一系列字母时被试所犯的错误。第一阶段的每个系列由6个字母组成，有些字母发音相似，例如，C、V；M、N；S、F。每个字母呈现0.75秒，要求被试按顺序回忆。结果显示，即使字母是视觉呈现的，被试所犯的错误也是由于其语音造成的。例如，B常常被回忆为P，V被回忆为P，S被回忆为X。

虽然短时记忆的听觉性质似乎获得了强有力的实验支持，但仍有一些可供选择的其他说法对上述观点提出了挑战，我们将在下一节进行研究。

视觉码。对短时记忆的信息编码仅仅依靠听觉码这一推断，许多实验提出了质疑。一些证据表明短时记忆也可以用视觉码对信息进行编码，而另一些证据表明，短时记忆可以用语义码进行编码。

波斯纳及其同事发现，至少在部分时间内，短时记忆信息是以视觉形式编码的(Posner, 1969; Posner et al., 1969; Posner & Keele, 1967)。他们在实验中向被试呈现两个字母，第二个字母位于第一个字母的右侧并同时呈现，或者在第一个字母呈现之后短时间内于右侧呈现。要求被试通过按键(以此记录他们的反应时)来指出两个字母是否属同一字母。从名称和形状上看，第二个字母和第一个字母在名称和形状上相同(如AA)，或者名称相同但形状不同(如Aa)，或者名称和形状都不同(如AB或Ab)；从呈现时间看，两个字母同时出现，或者在第一个字母出现后间隔0.5、1或2秒再呈现第二个字母(表7.1显示了该实验格式)。

表7.1 波斯纳和基尔(1967)所用的反应时分类

条 件	字母举例*	正确反应
视觉和名称匹配	A A	相同
名称匹配	A a	相同
视觉和名称不匹配	A B	不同
视觉和名称不匹配	A b	不同

* 刺激呈现的时间间隔：0～2秒。

结果显示，第二种条件下(Aa)的反应时间比第一种条件下(AA)长。对这种差异的一种解释是：被试判断相同字母时依据的是字母的物理(或视觉)特征，而对名称相同但视觉特征不同的字母进行比较时，依据的是字母的听觉特征。因此得到假设，后者的加工时间更长。关于我们讨论的短时记忆编码，重要结论是，显然，将 AA 相匹配至少部分依据一种物理（或视觉）码。这种优势只持续很短一段时间（如图 7.4 所示）。

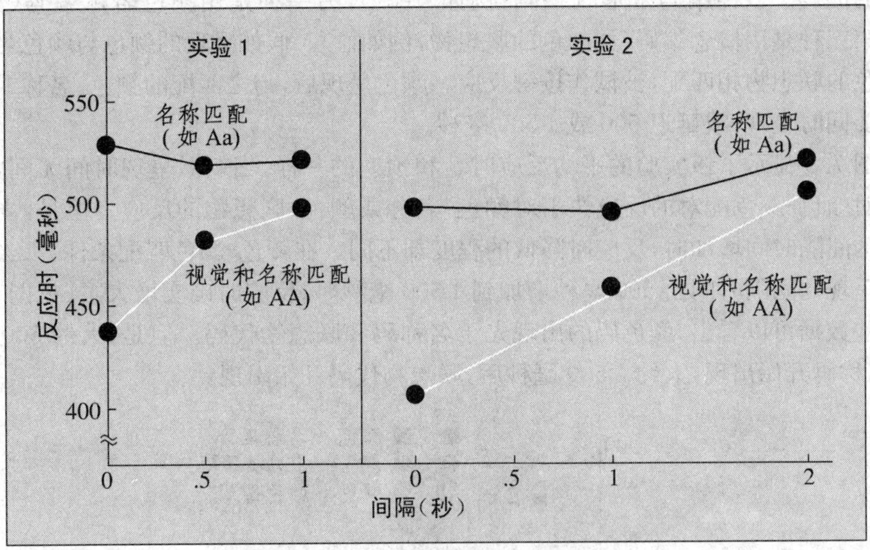

图 7.4 波斯纳等人的实验

对于混合型的视觉和名称匹配，单纯型的仅视觉匹配来说，反应时是间隔时间的函数。除了实验 2 中刺激间隔的时间较长外，两个实验极其相似。

资料来源：Posner et al.，1969；Boies，Posner & Taylor，1968。

波斯纳证明了短时记忆中存在视觉码（除了听觉码之外）后，就着手描述它的形成步骤。为了检验假设——短时记忆中某种信息的编码首先是视觉码，然后是基于名称的编码，波斯纳等人（1969）、波伊斯（Boies）、波斯纳和泰勒（1968）采用了图 7.4 所示的反应时模型。你们可以回忆起来，呈现配对字母的一个时间间隔是零。该操作的基本原理是：假如被试首先进行视觉编码，那么被试对同时呈现的视觉特征相同刺激的反应时间就应该非常短。假如名称编码稍后于视觉码，那么，对同时呈现的名称相同但形状不同的刺激所产生的反应时就应该相对较长。如图 7.4 所示，在最早期的短时记忆加工过程中，字母的形同码加工比名称码加工花费的时间要少，但是，1～2 秒后，当名称码占优势时，这种现象就消失了。然而，最近波尔斯（1994）对那些实验提出了质疑，他提供的资料显示，就算有的话，那些字母的音位表征在字母的早期加工阶段也只是起到弱小的作用。

索尔索和肖特(1979)通过实验证实了短时记忆中的信息加工程序，这个实验的程序与以上所述的反应时实验相似。我们假设信息被觉知后不久会同时在不同的系统进行编码。索尔索和肖特的实验材料是物理颜色(绿、蓝、红、黄、棕、紫)，因为这些刺激在它们的编码范围内似乎尤其丰富。该研究假设，进入短时记忆的颜色至少有三种不同的编码。一种编码是形状编码(例如"red")，另一种是用颜色名称编码(如，红色)，第三种是用概念编码(如红色的联想物，例如血)。假如呈现的颜色与颜色名称或该颜色的联想物相匹配，被试作按键反应。颜色呈现后，与之匹配的颜色、名称或联想物也要同时呈现，或延迟 500 或 1 500 毫秒。

图 7.5 显示了该实验的平均反应时。和预期的一样，当刺激呈现时间无间隔时，被试对颜色-颜色配对的反应快于对颜色-名称或颜色-联想物的反应。但是，当刺激呈现的间隔时间增加时，反应时降低的程度却不同。在颜色-颜色匹配条件下，当两个刺激呈现的间隔时间由 500 毫秒增加到 1 500 毫秒时，反应时确实增大了(见图7.5)。从那些数据可以看出，颜色码的出现先于名称码和联想物代码。但是，大约 500 毫秒后，名称码开始出现，大约 1 500 毫秒后，联想物代码开始出现。

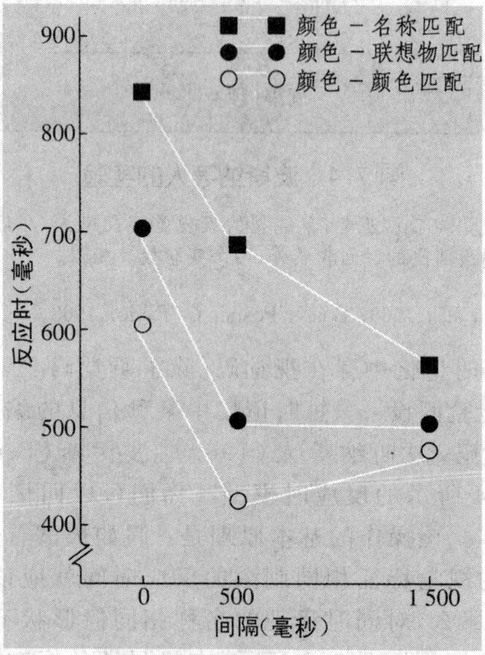

图7.5　颜色-颜色匹配、颜色-名称匹配、颜色-联想物匹配的反应时

资料来源：Solso & Short, 1979。

实验(Posner et al.；Solso & Short)显示，短时记忆中储存的信息的加工是刺激的平行加工结果(图 7.6 显示的颜色模型)。似乎,从感觉系统进入的初始知觉事物(例如颜色)被传至记忆中,并同时被编码。就颜色和字母而言,达到可操作水平(即达到能被有效检测)的第一种码是物理码,如颜色-颜色或 A-A。在刺激已被检测并可能稍有衰退的前 500 毫秒内,这种代码似乎就达到了足够强度。大约 500 毫秒后,一个名称码被同步诱发,且达到足够强度。一个联想物代码,开始很弱,至少 1 500 毫秒后,其强度才会增加。在那些实验中,第二个刺激出现之前,被试并不知道将要呈现的代码是什么类型。因此,假如我们假设其他类型的代码也被激活了,那些实验可能会推断出单一刺激的短暂呈现能引发许多代码。这些结果表明,信息的初始加工过程比最初猜测的容量大许多。

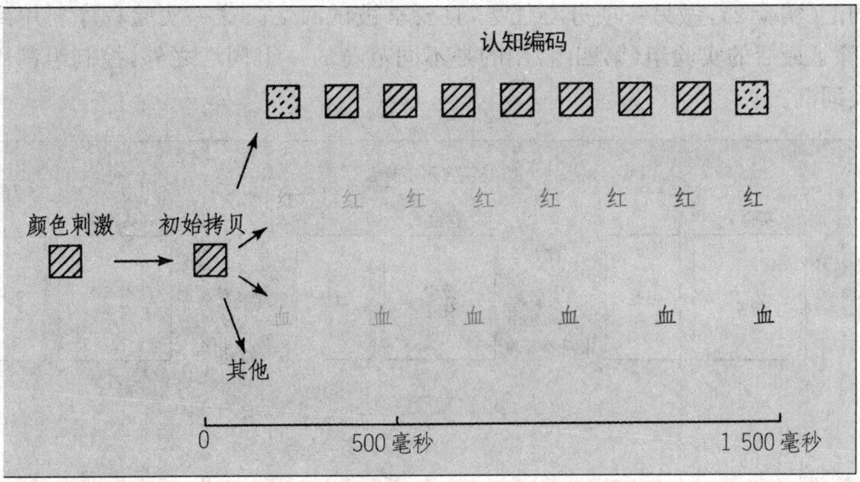

图 7.6 红色的认知编码过程

资料来源：Solso & Short, 1979。

总之,出现在短时记忆中的信息可以是视、听觉编码。下面,我们来思考语义码在短时记忆中发挥作用的可能性。

语义码。语义码是指那些与意义相关的代码。这节讨论的问题是语义(因此是具有意义的)信息是否是短时记忆的一种编码。一些实验证明该问题的答案是肯定的,其中第一个实验是已故的迪洛斯·威肯斯(Delos Wickens)及其同事做的(Wickens, 1970,1972;Wickens, Born & Allen,1963;Wickens et al.,1968;Wickens & Engle, 1970)。许多实验已经证明,单词意义具有系列属性,而且,词义对于人们理解长时记忆复杂的语义性质具有重要作用,也为我们理解语义码如何影响短时记忆的问题提供了一个有趣视角。威肯斯及其同事所做的大部分实验都是以前摄抑制(PI)设计为基础的。前摄抑制是指,先前学习材料中的部分减弱了对后面学习部分的回忆能力。例如,若要求被试学习系列关联词汇(如狗的名称),每一组(含 3 个名称)出现之后,用回忆法测试他的学习结果。最后，被试对第一组的回忆成绩最好，对随后几组的回忆逐渐变差。假如在第一个系列词汇(狗)中建立了前摄抑制后，再引进一组新的关联词汇(如花名)，那么对花名的回忆将比对最后一组(狗)的回忆成绩更好。威肯斯把这种现象称为一种"前摄抑制的释放"。许多前摄抑制释放实验所用的实验形式都是布朗·彼得森范式的修改版，在布朗·彼得森的实验里，一个刺激(如三字母 KLZ)出现后，一项分心任务(例如，减 3 倒数)紧随其后。

以威肯斯的一个前摄抑制释放实验为例，前摄抑制释放过程的程序如图 7.7 所示。在实验 1 中，给被试显示一个系列(组)三个关联词汇，随后让被试复述 20 秒钟(抑制分心任务)，然后让被试尽力回忆那三个单词。回忆完后，呈现同范畴的另一组三个词汇(实验 2)，做另一项分心任务，且要求被试回忆。这一实验程序要用到四组词汇，除了最后的实验组(第四组)用的是不同范畴的一组词汇之外，控制组都用原来的同类词汇。

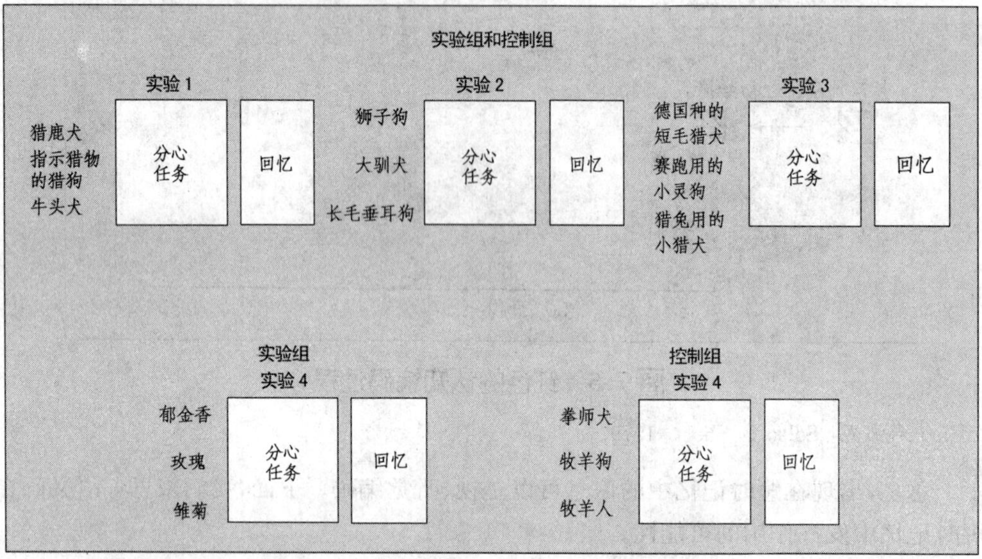

图 7.7　前摄抑制释放研究的实验程序

威肯斯的许多实验使用了大样本，结果显示，被试对新类型词汇的回忆优于旧类型词汇。图 7.8 所示的是，前摄抑制释放实验中的典型数据曲线图。实验 1 到实验 3 为前摄抑制的建立提供了强有力的证据。实验 4 为控制组中前摄抑制的继续存在和实验组中前摄抑制释放提供了有力证据。被试在储存单词时好像运用了某种类型的语义组织(如狗和花的名字)。假如他们不这样的话，实验 4 中，当被试转移注意力去记一组新词汇时，前摄抑制将可能继续。威肯斯的实验材料有多种范畴(例如职业、肉类、花卉、蔬菜、词汇、数字、感觉印象、男性和女性)，所有实验都得到了相似的结论。

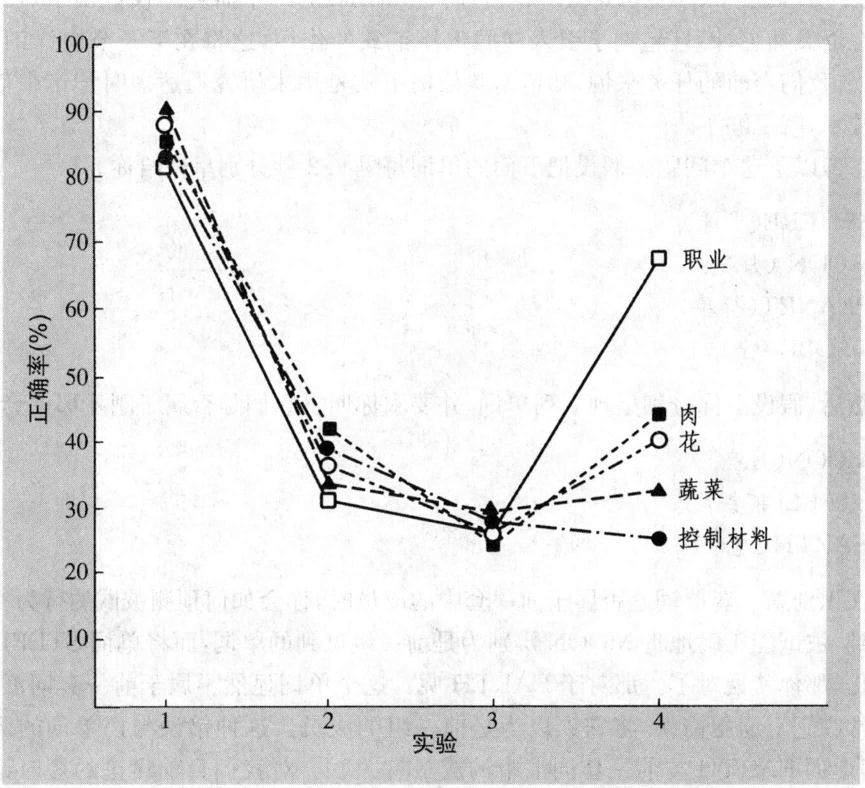

图 7.8　典型的前摄抑制释放实验研究结果

资料来源：Wickens，1973。

但是，一些人从几个方面批评了威肯斯的实验。首先，前摄抑制效应要发生，被试的长时记忆一定以一种即时方式参与进来。例如，要形成犬科知识的前摄抑制，就要先具有关于狗的知识，而且，实验中的被试必须对“狗”的概念进行认知加工，这些知识来自长时记忆。这种批评类似于一种“稻草人”，因为没有人提出短时记忆和长时记忆是在真空中进行的，两种假设的记忆储存是不断相互作用的，而且大部分理论家都承认短时记忆和长时记忆之间存在相互作用。似乎，所有的记忆过程都受长时记忆和目标的指导和影响，包括短时记忆的信息加工过程。第二种批评更值得怀疑。在一个典型的前摄抑制释放实验中，“释放”组被呈现之前，先给被试看几组信息（如前例中的三组“狗”），这一程序所占据的时间是几分钟，这可能在短时记忆范围之外，前摄抑制及其建立和释放可能都在长时记忆中进行。虽然这个研究是有趣的，但关于短时记忆的语义加工性质，它告诉我们的非常少。

但是，其他研究也提供了一些很有说服力的材料，证明在短时记忆中语义加工确实会发生。索尔索、赫克(Heck)和默恩斯(Mearns)的一个研究不仅证实了短时记忆中存在语义加工，而且起到了引入斯滕伯格范式的作用，这将在下一节中详细讨论。不过，就我们当前的任务来说，知道斯滕伯格范式是用来研究通达短时记忆中信息的一种技术，就足够了。

思考以下这个问题。假设把下面的单词每隔 1.2 秒分别呈现给你。

SPHERE(半球)
MOON (月亮)
PLANET(行星)
GLOBE (全球)

然后，假设向你分别呈现下列单词，并要求你回答它们是否属于刚才那一套词汇。

MOON(月亮)
STEEL(钢铁)
EARTH(地球)

在识别第二套单词是否属于前一套中的成员时，你会如何预测被试的行为？假如你猜到，被试能正确地将 MOON 辨别为是前一组见到的单词，而将单词 STEEL 判断为不是，那你就说对了。那对于 EARTH 呢？这个单词显然不属于前一套词汇，但被试常常在它上面犯错误，将它误以为是前一组的成员。这种错误与该单词的语义有关，即单词 EARTH 与前一套词汇中的成员有关联。对我们目前讨论的短时记忆和语义码具有最重要意义的是，整个加工过程只发生在 12 秒内，这正好在短时记忆的参数范围内。这些数据除了显示出短时记忆的语义性质外，还表明短时记忆中有一种形式的信息提取或原型学习能发生。

短时记忆的信息提取

这一节中，我们讨论如何提取已储存的信息。

由索尔·斯滕伯格(Saul Sternberg)(1966,1967,1969)发展的一项实验技术对现代的信息加工理论具有重大影响，这项技术就是以他的名字命名的。该技术采用了系列扫描任务，任务中，每隔 1.2 秒向被试呈现一系列项目，如数字。假定这些项目保存在被试的短时记忆中，整个系列构成一个记忆集。当被试感到可以提取在他(或她)记忆中的项目时，就做按键反应，这时立刻呈现一个探测数字，该数字可能是也可能不是他即时记忆集中的数字。

被试的任务只是发出信号，指明出现的数字是否属于记忆集。每个新实验包含一个不同的记忆集。实验者可以改变记忆集的大小，从一项到六项，恰好在被试的即时记忆范围内。几乎没有什么误差，主要数据是有关呈现探测数字和被试反应之间的时间间隔。斯滕伯格范式(Sternberg paradigm)如图 7.9 所示。

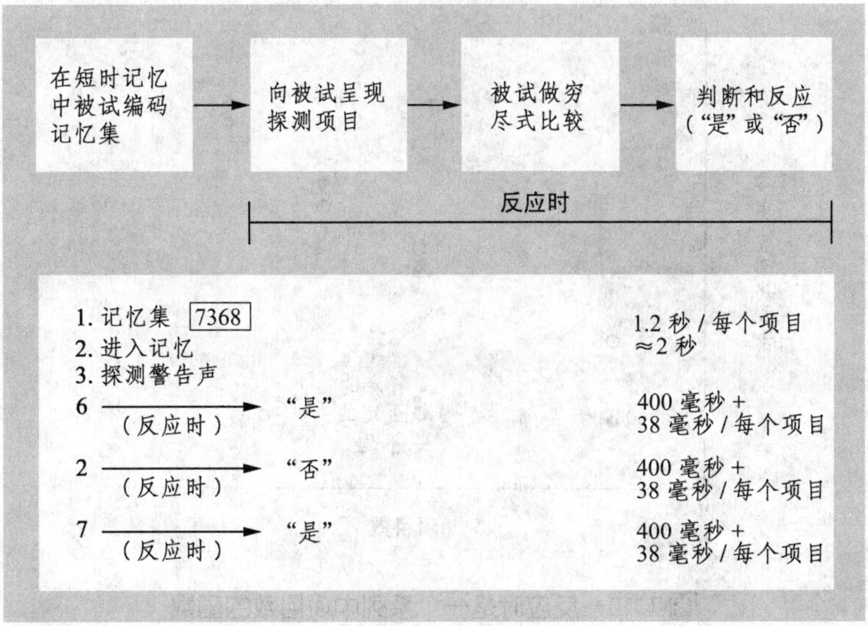

图 7.9 斯滕伯格范式

反应时间反映了搜寻记忆集中项目的时间，也起到描绘短时记忆结构和短时记忆结构中信息提取规则的基础性作用。记忆集越大反应时越长，我们对此并不奇怪；而且，短时记忆中的信息越多，通达这些信息所需的时间就越多。然而，另外两个发现令人惊讶。一个是反应时与记忆集中的项目数变化一致(见图 7.10)。记忆集中每一个新项目的加工时间似乎是固定的，等于累积时间加额外加工时间。在斯滕伯格(1966)的一个实验中，额外加工记忆集项目的时间大约是每个项目 38 毫秒。

第二个令人惊讶的结论对如何从短时记忆中提取信息的观点产生了深远的冲击。记忆集内外每一个项目的反应时间特征几乎相同。假如图 7.9 所示的记忆集的第一个项目 7 是探测项目(probe item)，假如我们是系列加工短时记忆信息的话，那么很明显，对其的反应比对探测项目是 8 时更快。在后一种情况下，我们必须扫描完整个组才能最后作决定，而非仅仅扫描第一个项目。假如探测项目是 8，匹配时组的系列扫描时间和判断不匹配时所用的时间应该相等(因为字符串中的其他数字在 8 之前)。既然匹配项目可以分布在每一个位置上，我们猜想平均位置可能在组中间。因此，假如被试系列搜索他们短时记忆中的信息，我们将知道，发现探测项目在组中的搜寻时间是发现探测项目不在组中的搜寻时间的一半(平均而言)。因为对后者需要搜索整个组，所以，与组大小相对应的反应时曲线斜率应该是探测项目不在组中的曲线斜率的两倍。

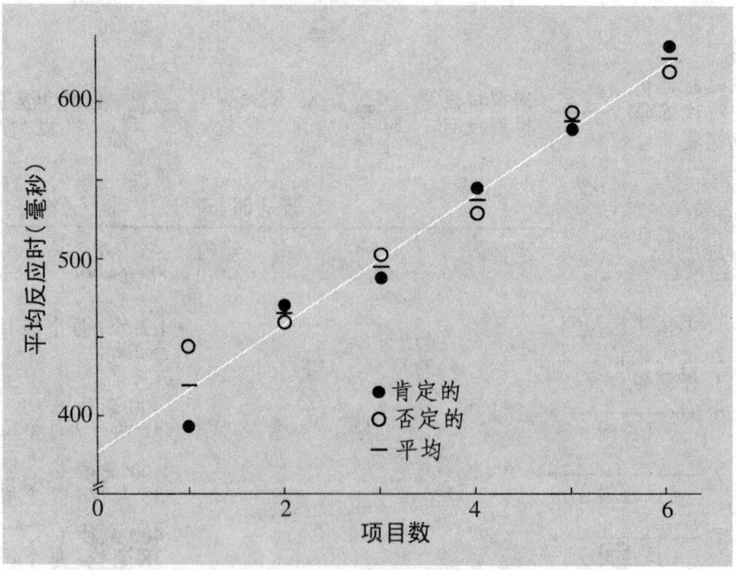

图7.10 反应时是一个系列中项目数的函数

资料来源：Sternberg，1969。

研究者运用各种刺激材料，诸如字母、词汇、颜色、面部表情、音素的实验研究获得与之相似的结果。反应时函数曲线的倾斜程度有时更陡，有时又较平缓，但是，关于是和否的关系依然保持不变。被试组的构成对主要结果的影响很小。他们选用的被试有儿童、精神分裂症患者、大学生、酗酒者、吸毒者等(虽然最后一种被试的反应时曲线比正常的更高，但不陡，这使爱说笑话的人评论说，大麻不会使你更难以接受，只是使你更昂贵而已)。

关于短时记忆中搜索特征的那些著名的研究提示，受到范式的限定，信息搜索似乎是穷尽式的，不会自行终止。

长时记忆

假如人们“生活”在短时记忆中，那么对直接存在赋予意义的知识库就“居住”于长时记忆中。感觉事件的细小部分组成了时间的连续统一体，人们对这类感觉事件的处理能力似乎是短暂的短时记忆的主要功能，而处理过去信息和用它们来理解当前信息的能力似乎又是长时记忆的功能。在某种意义上，长时记忆允许人们同时生活在两个世界中(过去和现在)，这样就能理解生活中持续不断发生的直接经验。

长时记忆最鲜明的特征是它的多样性——它的代码、信息提取、结构、容量和持久性方面的多样性，而我们以前讨论的其他记忆存储系统，在这些特征上具有相对局限性。感觉记忆和短时记忆这两个系统储存信息的时间很短，而且信息的储存和提取也不在相关结构中进行。当将它们和长时记忆相比较后，我们对长时记忆的讨论就这样开始了。

长时记忆的容量似乎是无限的，信息的储存时间实质上也是无限的。为了理解该问题，我们首先考虑长时间记忆神经生理方面的特点，然后分析长时记忆中的信息类型，最后探讨它的一般结构。

认知神经和长时记忆

几个世纪以来，科学家们已经发现，记忆与大脑密切相关；没有大脑，就没有感觉、没有意识、没有记忆。关键问题是我们需要搞清楚记忆“居住”在哪里，大脑是如何将信息储存在长时记忆中的——对人类所知的最复杂的现象提出简单的问题是很容易的，不过，坚持不懈的研究者们对这两个问题的发现给人留下了深刻印象。

凡事都难两全其美。第一个要探讨的问题是关于记忆的位置，对其的回答是，记忆“位于”[1]某个专门区域，又分布于整个大脑上。例如，最近 PET 研究显示，大脑额区与深层信息加工有关，如判断一个单词是描述一个有生命的还是无生命的事物(Kapur et al.，1994；Tulving et al.，1994)，这表明该类记忆操作高度专门化。但是，大脑的其他区域也会参与进来，只是未到专门化的程度，而且，专门化和一般化的这一原则还可以运用到其他类型的记忆操作和记忆储存中(Zola-Morgan & Squire，1990)。

有些脑区似乎对记忆的形成至关重要，例如海马区和它的临近皮层及丘脑，这是前人通过对那些脑区损伤的临床病人进行研究后发现的。但是，海马区本身并不提供永久的长时记忆；假如它提供了，那么 H. M.（本章第一部分中讨论的）就不可能对过去的信息有长时记忆。许多永久的长时记忆似乎就在大脑皮层上储存(和加工)。感觉信息沿着特定脑区传递，这已经得到了有力的证明。例如，从眼睛和耳朵获得的信息，会各自传到视觉和听觉皮层。这两类感觉经验的长时记忆也可能位于视、听觉皮层或临近位置，但这是脑科学中众多复杂问题中的一个，因为感觉经验在皮层上的分布是多种多样的。当你在完整句子出现之前读单词时，眼睛接受的信息在视觉皮层中得到了加工(毫无疑问)，但当你思考“multifarious”这个词的意思时，你可能使用的是大脑的其他部位，而在默读或读出那个单词时激活的脑区是和

[1] 单词“位于”的运用反倒使人难以理解，更感到困惑。因为记忆并不像一双黑袜子，可以穿在人的脚上，或置于干衣机后面，或整齐地叠放在衣柜里。记忆是有组织的，涉及无数神经元之间的神经联结。在这个意义上，记忆的位置是无意义的，就像你要寻找风，在一些地方发现了它，而在另一些地方没找到，但是它分布在整个空间中。

听觉记忆相连的。

大脑是如何工作的——简单而又"甜甜"的。大脑是如何在长时记忆中储存信息的？这是第二个困难问题，问题提出来却是件简单的事。尽管大脑是宇宙中最复杂的事物，但认知神经实验室研究已开始为该问题提供一些答案。对于长时记忆形成问题的一个解释，是以多纳德·赫布所做的早期研究为基础的。他的关于长时记忆最简单的思想是：假如信息在短时记忆中停留的时间足够长，那它就会转入长时记忆。这是因为在短时记忆过程中，大脑会发生反响回路(reverberating circuit)神经活动，并伴有神经元的自我激活回路。假如回路激活保持了一段时间(自我刺激类型)，那么随后就会发生一些化学和/或结构性变化，然后信息就被永久地储存下来。从认知文献看，我们知道短时记忆中保留的信息并不能保证它的永久性(请见下一章讨论的克雷克和沃特金斯的研究)。但是，假如将信息和其他已存在的有意义的信息相结合，那么长时记忆能力就会得到提高。

下一节的标题叫"包着糖衣、黄金般的记忆"。你会发现，这种记忆与老人的甜蜜记忆无关(这一点你可能一开始就想到了)，而与葡萄糖(一种糖)有微妙关系，因为已经证明，葡萄糖与学习能力的增强有关。现在，这一事实在你的记忆中可能更巩固了，因为它和其他牢固树立的内容有着各种不同的联系，甚至可能与感情、记忆等因素相关联。那么，拥有什么样记忆才算是很好的呢？

包着糖衣、黄金般的记忆。人们对有的经历记得牢，有的经历却很快就忘掉了。例如，兴奋的、与自我相关的，甚至创伤经历等似乎比那些复杂的政治理论更容易记住。对动物的研究已经显示，当发生一件激动人心的事情时，肾上腺髓质的分泌物就会增加，分泌物进入到血液中产生使人兴奋的肾上腺素。研究现已表明肾上腺素有助于记忆的巩固(McGaugh，1990)。肾上腺素很可能并不直接刺激大脑的突触(因为它很难跨过脑血障碍)，但是，它能将所储存的糖原质转换成葡萄糖(糖类的一种)，以此来提高为大脑供应营养的血糖水平。一些实验研究支持如下观点：学习后立即注射葡萄糖，能增强对学习内容的进一步记忆(Gold，1987；Hall & Gold，1990)。虽然关于这个主题的文献为数不多，但长时记忆认知神经研究已向前迈出了小小一步，不过，从研究自身来讲，它只是一个"甜甜"的例子。确实，这个激动人心的主题未来一定会有新的发展，值得关注。

长时记忆：储存和结构

代码。讨论短时记忆时，我们知道信息的储存方式是听觉的、视觉的和语义的，但有时人们对所用的代码形式提出了质疑。我们描述长时记忆中的代码机制时有着极大的困难，尽管它们的相对重要性有些不一致。长时记忆中，以听觉的、视觉的和语义方式进行信息编码，这点很清晰。我们能很容易地解释清楚长时记忆中信息的多维编码方式。例如，有时一只黑白夹杂的小鸟栖息在我的窗户外，当听到像西方鹊的鸣叫声时，或者当我看到它时，或者当我知道西方鹊有关知识时，我能判断出它是一只西方鹊，因为我将它和关于鸟的其他语义信息（如有羽毛的生物、野生动物等）联系起来了。[1] 除了长时记忆的听觉、视觉和语义代码操作的普通知识外，许多研究还证实了长时记忆的复杂代码系统。一般而言，我们把长时记忆看做记忆各类知识的贮藏室，某些知识现在不用，但具有被检索到的潜在性。由鲍尔(1975)提出的关于长时记忆所包含信息类型的总清单在下面列出：

- 我们周围世界的空间模型——这一象征性结构和我们的房子、城市、乡村及行星的形象相对应，也和关于有意义客体位于认知地图的哪一位置之类的信息相对应。
- 物理法则、宇宙论、客体和各种事物特征方面的知识。
- 关于人类、我们自己和在各种社会情景中如何行动的信念。
- 我们追求的价值和社会目标。
- 开车、骑自行车、射弹子球等运动技能。各种领域的问题解决技能。
- 理解语言或解释图画、音乐的知觉技能。

资料来源：Bower，1975，p. 56。

尽管种类很多，但长时记忆中的语义码一直是文献中的强调重点，这一重点在本书中得到了反映。

模块化记忆研究

大脑的真正状态是相互分离的，神经科学家在过去的 30 年里一直忙于研究视皮层。视皮层上，大脑开始加工眼睛接收到的信号，并将其传递至更小的、专门化的区域。那些区域中，有的对颜色反应，有的对形状反应，有的对动作反应。当我们想起某个客体时，就会回忆起其所有特征，因此科学家自然就假设在记忆形成和认知发生的大脑区域里，这些分散的信息又重新结合在一起了。但是现在，耶鲁大学的一支研究队伍的研究显示，即使在前额皮层，也存在负责形成暂时工作记忆的类似小区域。有些区域主要反映客体是“什么”，而其他区域则反映客体位于“哪里”。

[1] 我从未尝过、闻过或触摸过任何一只西方鹊，但是，假如我有过那样的经历，那么可能就会依据那些感觉印象认出西方鹊来。虽然关于味觉、嗅觉、触觉研究相对较少，但它们可能也在长时记忆中运作。

神经科学研究者帕特丽夏·戈德曼-拉吉克(Patricia Goldman-Rakic)说："记忆是模块化的，它并不都在一个装置中；这个研究是表明其与其他模块相分离的第一个生理学证据。"她及其同事弗雷泽·A. 威尔森(Fraser A. Wilson)和谢默斯·P. ó. 斯勘利德赫(Séamas P. ó. Scalaidhe)报告，猴子前额皮层中的两个区域上的神经元能对不同的视觉线索做出反应。当物体在视野中消失后，一个所谓的下凸区域上的神经元能对物体颜色、形状等信息保留很短一段时间。临近区域的神经元对物体的位置进行编码。

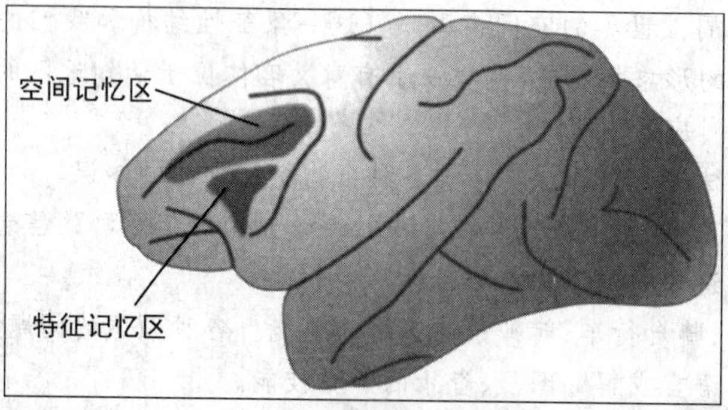

记忆地图：前额皮层的区域似乎可以回忆一个形象的不同方面

美国田纳西州纳什维尔的范德比尔特大学的一位认知科学家乔恩·凯斯(Jon Kaas)说："这个研究确实处于记忆研究的最前沿。"卡斯注意到，那些结果首次证实其良好功能性，并说明了分离的知觉通道会延伸到前额皮层。他还认为，假如有研究进一步揭示出工作记忆中枢和其他感觉有联系，据此可以说明，可按性质分离记忆，很像在脑皮层区域中分离形象的性质(如动作和形状)。他补充："但是，这确实是一个很大胆的假设。"

有科学家提出，发现专门的工作记忆至少可以用两种研究途径实现，这证明这种记忆可能是以一种平行方式形成的，而不存在组织各种信息的中枢管理者。约翰·阿尔曼(John Allman)是加利福尼亚州技术研究所的一位神经生理学家，他说："过去猜想，可能存在另外一个水平(信息加工)会重新合并所有信息，但又没有充分的证据。"

——罗伯特·F. 瑟维斯(Robert F. Service)

组织。关于长时记忆最普遍的假设也许是长时记忆中的信息是有序组织的。这一假设被广泛接受，以致研究者们很少对此质疑。大家经常提到的问题是，长时记忆中的信息是怎样组织起来的。内省可以充分验证这一假设。假如问你在某一天，例如在 1999 年 7 月 7 日里做了什么，那么你将会如何寻找答案？一般而言，你会回忆一些与时间和工作相关或接近的且容易确认的信息，然后倒着或正着数到 7 月 7 日这个时间。可能，那天发生的事件多少会与其他信息相联系或组织在一起，一个生日、周年日或国庆节或其他纪念日可能与那一天接近。你会先尽力回忆 1999 年夏天你做的事情，或者回忆那一日期所在的那一个星期。你可能回忆起 7 月的最后一天里，你付了租金。你确定的信息可为回忆 7 月 7 日那天做的事情提供了一个线索。另一方面，假如你的记忆知识并没有被系统地组织起来，那么想象一下你会如何回答这一问题。你可能从长时记忆中任意提取几条相关信息，像芝加哥银行、3.14、光源、千英尺、莫尼卡·莱温斯基、塔霍湖(美国西部)361 - 2849、超感觉知觉、昆塔·金特、火星，等等。当然，这是些不相关的无聊信息。但是，想象长时记忆的信息是无组织存放的，这同样很无聊。可以这样想象长时记忆的表征——长时记忆中的项目相互连接，类似于错综复杂的电话网络；提取具体信息需先进入网络，因为只有在网络中才能与其他相关信息连接上，直到连接上需要的目标信息。相互关联的信息网非常复杂，用文字几乎无法详尽描述。总之，人们平时回忆信息的方式表明，长时记忆是有组织的。

许多研究不断证明，具体信息被记录在一个结构完好、实用性强的网络中。由此可知，进入长时记忆的新信息并不要求产生一个新网络(因为假如每一信息都有它自己的系统，这样下去就破坏了现有网络组织的有效性)，那会产生数之不尽的微小网络。相反，新信息是被记录在已有的组织结构中的。而且，许多语义组织的研究显示，长时记忆中的网络可能非常稀少。

容量和保持时间。很难想象出长时记忆中信息的储存容量是多少及保持时间有多长，但我们可以对其特征做一些合理估计。尽管我们能轻易回忆起许多信息，例如我能准确回忆并“看到”我的狩猎刀从哪里掉到小河里的、我爸爸汽车的许可证号、我送给女友的手镯的准确细节、隐藏在一个车库偏僻角落里的油桶的位置，但是，至少 30 年来，那些事件没有一件进入过我的意识中！甚至在电子计算机信息容量巨大的这个时代里，人类大脑长时间储存精细信息的能力(却是在一个非常小的空间里)依旧无可比拟。

我们怎么能记住如此多的信息？这一问题有许多答案，有一项研究的答案更具有启迪作用，该研究让大学生尽力回忆小学四年级时给他们上课的教师的姓名。虽然大部分学生承认，许多年来他们并没有想起过他或她，但实验者给每个学生提供充足的机会对教师姓名进行编码。信息提取过程中的一些内省活动如下：

学生 K. S.：

1. 先回想我当年上的是哪一所学校，我是哪一年转到洛厄尔学校的，二年级还是三年级。
2. 教室的位置。
3. 将教师视觉化——又高又瘦。

4. 三年级时也是这位老师。
5. 贝尔小姐？
6. 她和我六、七年级时的老师相处得很友好。
7. 假如我是在三年级时转入到洛厄尔学校，那么我们的教室就在最东边；假如那是我在洛厄尔学校时的第二个教室，那它就在最西边。
8. 是的，就是贝尔小姐。

学生 J. C.：

1. 我首先想起的是一位修女或一位普通的女教师：修女——姐妹。
2. 其次想起的是修女的最普通的名字，无非就是叫——修女玛丽。
3. 第三，我想起了四年级时遇到那位修女时所遭受的所有痛苦。
4. 第四，我想起她名字是以字母 A 开头的，然后我回忆起 AL，随后我又想起 Alvira(阿尔维拉)——Sister Mary Alvira（玛丽·阿尔维拉修女）。
5. 但是姓出错了，我想起的是加拿大的一个省—— Alberta(阿尔贝塔)。

依据上述事例和其他控制更严格的实验，我们能对那些不费力地储存了很久的众多记忆痕迹作一些评价。当然，我们不可能忆起过去的所有事件，即便仅仅发生在昨天。回忆失败可能应归因于干扰(就是新信息阻碍了对旧记忆痕迹的回忆)或衰退(就是旧记忆痕迹由于不被使用而渐趋减弱)。

非常长时记忆(VLTM)

曾有人研究非常长时记忆或者研究信息保持超过三个月的记忆，并获得一些有趣资料。

高中的同班同学。巴利克(Bahrick)，巴利克和维特林格(Wittlinger)(1975)进行了一个具有里程碑意义的非常长时记忆研究。他们雄心勃勃、坚持不懈地研究记忆的保持时限，测试了 392 名高中毕业生对同班同学姓名和相片的记忆状况，那些同班同学是从旧年鉴上挑选出的。9 次测验的时间间隔是从 3.3 个月到约 48 年！样本很大(9 组中的每一组几乎都是 50 个被试)，并设计了一个相关的测验程序。首先，要求被试自由回忆或尽力回忆他们毕业班所有成员的名字。然后，让他们完成一项相片识别任务，随机呈现从被试的年鉴中选出的相片，其中夹杂一些其他相片。第三项任务是以同样的方式识别名字(也叫名字识别)。第四和第五项任务是分别用相片来匹配名字和用名字来匹配相片。最后一项是相片线索任务，即让被试从一张同班同学相片来回忆他(或她)的名字。

图 7.11 描述了整个实验结果。值得注意的是，被试对同班同学面孔的识别水平高得令人惊讶(大约 90%被试维持时间超过了 34 年)，而名字识别和名字匹配的水平在 15 年后就已经下降了。大约 35 年后，相片识别和回忆成绩的稳定性大幅度下降，这可能反映了随年龄增长记忆退化的过程。相片匹配名字的水平和相片识别水平在很长一段时期里没有什么变化，从 3.3 个月到 34 年里，一直在 90%左右。巴利克和他同事的数据证实了非常长时记忆确实存在，的确能持续非常长的一段时期，而且，识别记忆在如此长的一段时期里都具有稳定性也是令人惊讶的。结果显示，对时隔久远事件的识别记忆受初始编码和何时复述的影响。由上例可知，如果对同班同学的了解原先就是非常细致的，多数情况下就能保持很多年。而且，从毕业到实验期间的这么多年里，被试也许有机会忆起"过去的美好时光"，参加同学聚会，以某种方式忆起同学有点儿遥远但可爱的脸庞。

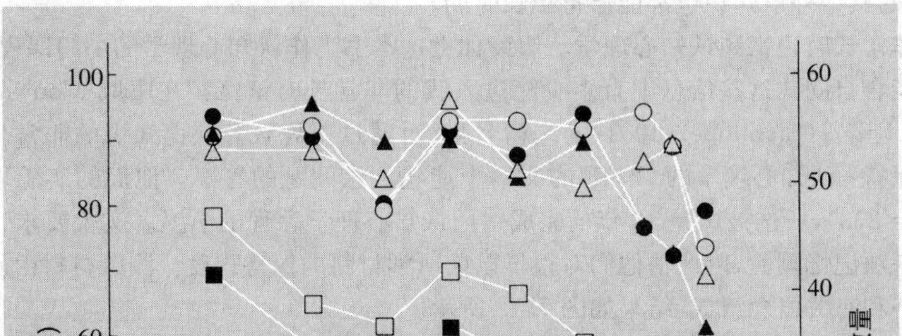

图 7.11　被试在六类测试任务上的矫正平均保持分数

资料来源：Bahrick，Bahrick，& Wittlinger，1975。

西班牙语的非常长时记忆——永久记忆的证据？你对一门外语的记忆能保持多

久？另一项富有雄心的研究（Bahrick，1984；Bahrick & Phelps，1987）得到，对西班牙语的记忆能保持五十多年。他们的研究规模较大，选取了高中时就学过西班牙语的773名被试。实验报告了被试最初的外语训练情况、年级、学完后对语言的使用频率等。该实验采用阅读理解测试和对词汇、语法及习惯用语的回忆和识别测试。巴利克发现，一般情况下，被试曾经对西班牙语学得越深入，在随后测验中的成绩就越好，这并不是一个令人惊奇的发现。但是，即使发现不令人惊奇，非常长时记忆的保持程度也能满足所有想长寿的人。一般而言，前三年里，西班牙语知识的记忆大幅度下降，大约在随后的另外30年里，似乎就达到一种稳定的状态。一些遗忘的知识，大约25年后，尤其在阅读理解中又能被重新识别出来。但是，50年后，最初所学的许多知识依旧不被使用！这种"永久"记忆被叫做"permastore"（永久记忆），似乎不仅是西班牙语言知识，其他外语知识也都能保持很长时期。

非常长时记忆和认知心理学。假设你把这本书当作认知心理学的一门课程来读，你可能会自问："这些信息中有多少能进入我的非常长时记忆？"在康威（Conway）、科恩、斯坦诺普（Stanhope）（1991）的一篇名为《对通过正规教育获得知识的非常长时记忆的保持：认知心理学的12年》的文章中能找到该问题的答案。他们的实验取样较大（N=373），所选被试是12年前完成一门认知心理学课程的学生。实验要求这些学生做一项记忆测验，以评估他们对很早以前所学材料的保持程度。测验材料由研究者的名字和有关概念组成，结果如图7.12所示。

该图显示了名字的保持比回忆概念和识别成绩下降趋势更快，该实验结果与许多认知心理学教授在更短的保持时间间隔下所看到的结果相一致（我猜想用其他被试也是如此）。图7.12A显示，名字和概念识别的变化趋势相同。图7.12B中，我们看到，对名字和概念的回忆最初时下降幅度偏大。虽然并非所有都能期望得到，但在年龄和非常长时记忆得分之间存在高相关却是一个有趣的发现。总之，从事研究或提出一个可供选择的假设，都有利于拥有一个好的记忆。

从非常长时记忆能保持信息这个意义上来看，这些数据与巴利克及其同事所做的具有里程碑意义实验的结果一致，假如要求被试回忆的是老同学加室友，或者采用短时记忆和长时记忆的二分法，那么，被试的回忆曲线开始时迅速下降，然后在许多年里一直趋于稳定，并在或然率水平上。对概念比名字保持的时间更长的实验结果所做的解释是，可能那些新名字难以被激活而进入长时记忆中，因此它们可能和其他非常长时记忆发生各种不同的联系。也就是说，人们刚开始时忘得较快，随后就并非那样了。例如，艾宾浩斯这个名字（像他发明的无意义音节一样）可能会被遗忘，但如果再次碰到它，你就能准确记住。最后，尽管我急着补充说明，那些实验结果与非常长时记忆原来的研究结果完全一致并支持了其他研究的主要结论，我们仍须对某些教授只单纯研究名字和（或）概念提出质疑，因为，如果把研究重点放在概念的文本环境上，结果会受到影响。从长远来看，巴利克，巴利克和维特林格获得的关于非常长时记忆的重要数据有什么价值呢？

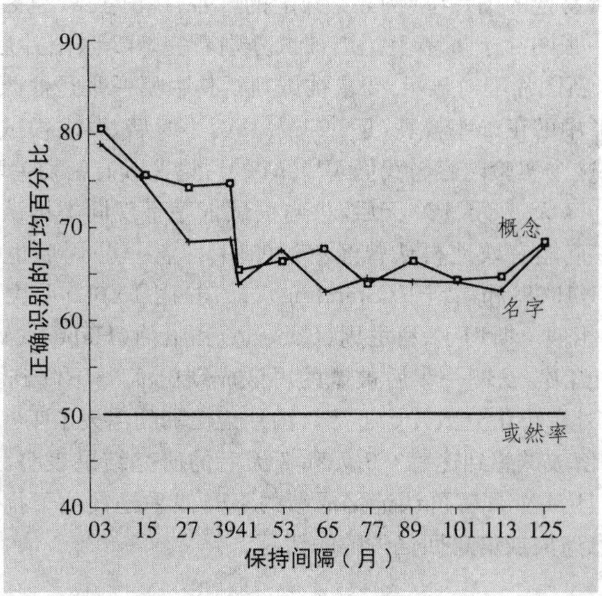

A. 随着保持间隔变化，正确识别名字和概念的平均百分比

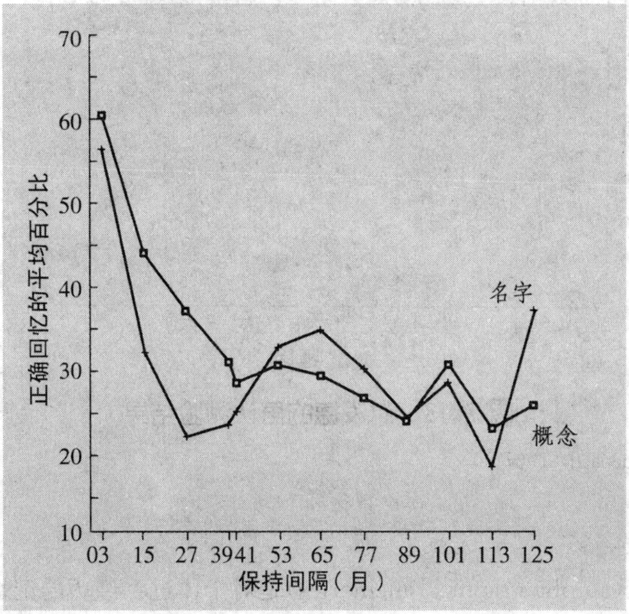

B. 随着保持间隔变化，正确回忆名字和概念的平均百分比

图 7.12

图片记忆。谢泼德(1967)对很长一段时间后图片识别能力情况开展了一个著名的研究。他从大量易记的图片中(例如杂志上的广告)挑出了612张。每隔一段时间，被试自控速投射一张图片于屏幕上。当被试分别看完612张图片后，再从其中选出68张，每张和一张新图片配对显示，要求被试判断其中哪一张是他此前看到过的。被试在即时再认任务中的正确率较高，是96.7%。两小时后，要求被试对另一套新旧配对相片进行再认，这个实验内容与我们VLTM的讨论尤其有密切关联。这次，被试的正确率是99.7%。3天、7天、120天后，再向被试依序呈现同类再认记忆任务。如图7.13所示，被试一直能有效地再认曾经见过的图片，甚至一周后也能认出。尼克森(Nickerson)(1965,1968)和斯坦丁(Standing)(1973)用10 000张图片进行了类似实验研究，结果与之相似。斯坦丁、科尼周(Conezio)和哈伯(Haber)(1970)向被试呈现了2 560张彩色幻灯片，发现一年后被试的再认成绩由97%下降到大约63%。更有趣的是，大约4个月后再认分数开始下降。图片记忆真的消失了吗？还是其他形象干扰了原来的记忆，使被试感到迷惑？3天和7天后的研究结果表明，图片是在长时记忆中被编码的，而且，4个月后再认记忆成绩的下降似乎是其他干扰图像导致的。下一节我们讨论信息遗失或信息回忆失败的话题。

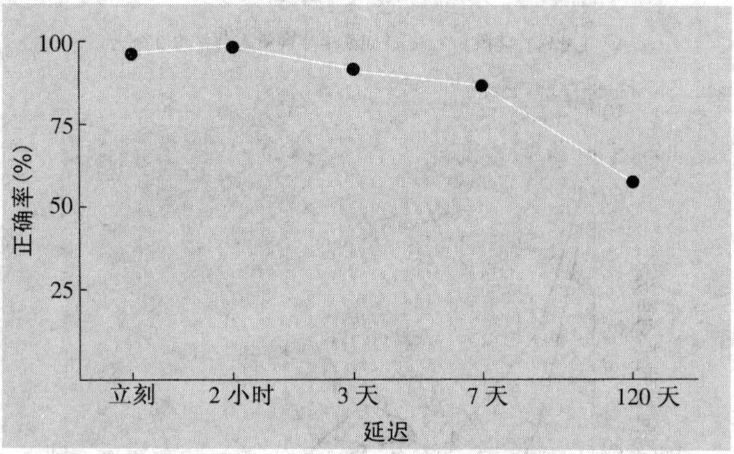

图7.13 谢泼德的再认测验结果

资料来源：Shepard，1967。

自传体记忆

自传体记忆(autobiographical memories)是对个体过去经历的记忆。个人经历一直是大众生活中的一个有趣话题，也是一些趣味心理学研究的主题。这类记忆有趣的一个原因是它们储存的是个体独一无二的经历。你、你的朋友或任何人都是自传体记忆的焦点人物。个体本身就是专家，因为没有任何人比你更了解自己的经历。这种记忆还能在很大程度上揭示个体的人格和自我概念。

最佳记忆

人们一生中形成了关于周围世界的不计其数的感觉印象，并细心地将许多内容储存在记忆宝库中。老人所保存的印象似乎尤其丰富，就像发现一朵花夹在一本珍贵的书页间一样，曾经有过的鲜活印象能在记忆的书页间重现。和老人谈话时你会感到，他们好像从记忆中取出一本书，打开它，然后开始叙述书中的内容；过一会儿，他们又翻到书的下一节讲述；最后，他们细心地将书放回到原来的位置以便下一次还能找到它。

不久前，我让我所教授的认知心理学班的学生去和邻居或亲戚中的老人谈话，并记录他们的非常长时记忆。以下是他们所记录的简短样本：

> 我出生在1885年……8岁时我妈妈去世，以后我就在亲戚家来回居住，有时住在卡霍卡市的一所只有5间教室的学校里，有时我又去一所名叫星星的乡村学校，在那儿，老师在仅有的一个房间里教好几个年级的学生。星星学校教室的四周都有窗户，我们能透过窗户看到外面的树木，教室前面有一块黑板，有一个窄小的入口处和一个很小的衣帽间供学生进入……我们还到乡村集市上玩耍，那儿有各种各样的土特产，还有各式各样的乘骑，如弗雷斯大转轮、旋转木马车、小型马车。有卖蛋卷冰淇淋和柠檬水的摊位。有的商品每件只卖5美分……我记得约翰叔叔曾带我去那里玩，还看过一场催眠表演……当我们生病时，他们就给我们一匙由撒尔沙根提炼的药液，这是一种从药店买来的专卖药……我希望这些信息对你完成学校作业能有所帮助，并希望你能常来看我。你的老祖母门克(Menke)。（向斯科特·门克致谢，1987年5月24日）

老祖母门克叙述了童年时代对她“重要”的事物：小型马车、蛋卷冰淇淋和柠檬水摊位等。她能精确回忆起早期学校的楼面布置情况，这表明她具有很强的视觉记忆能力。

个体记忆的内容不包含感觉印象的简单混杂。长时记忆并不记录不需要智力参与的信息，它对记忆信息有较高的选择性。我们能记住亲密的亲人，我们第一辆轿车的外貌，第一次性交时间，学校的色彩，家乡的名字，英雄，恶棍，童年时那些有趣可爱的事情，能记住我们家楼层布置图，妈妈的漂亮瓷器。相反，即使我们抱着最好的意图，也不可能记住所有的事，不可能做到“今宵永生难忘”、“从未忘记你”或“每天都想你”。我们忘记了许多许多事情，有时即使对我们意义重大的一些事也会迅速消失。而有些事我们却能保持很长时间的记忆。个体记忆并不像储存货物的阁楼，记忆并不是不分青红皂白地把所有感觉印象都塞到大脑中，相反，它往往选择一些重要和奇特的信息来进行记忆。

自传体记忆虽不完美，但一般来说是相当好的。我们很难获得它的客观数据（毕竟什么也替代不了个人经历的记忆）。但是一些研究者（Field，1981）曾调查过一个家族中的各个成员，他们的个人历史事件能得到家族中其他成员的证实。例如，一个成员回忆道：“我确信在 7 月 3 日那天我患有扁桃腺炎，这恰好发生在 7 月 4 日前，我无法参加 7 月 4 日那天的大街游行。”我们可以通过其他家族成员或查看医疗记录来验证他的这段回忆。效度研究显示，当向家族成员调查事实性问题时，他们提供的答案彼此间存在大约 0.88 的正相关。菲尔德（1981）的研究报告，家族成员间在感情和态度方面的相关偏低，大约是 0.43 的正相关。当然我们都知道，也存在这样的家族，其成员态度之间是负相关。

自传体记忆的日记研究。幸运的是，有些事业心强的心理学家曾经每天记录他们自己的日常活动，然后从自己的记录中取样。林顿（LinTon，1982；Wagenaar，1986）的研究属其中之一。她花了六年多的时间来记录并回忆自己的情节经验。每天，她在卡片上简短描述当天发生的至少两件事。每月，她随机挑选两张卡片，然后尽力回忆卡片上记录的事件，并确定事件发生的日期。在记录和回忆信息时，她都要按照事件的显著性、重要性和情绪性对其划分等级。林顿的有些实验结果出人意料（见图 7.14）。

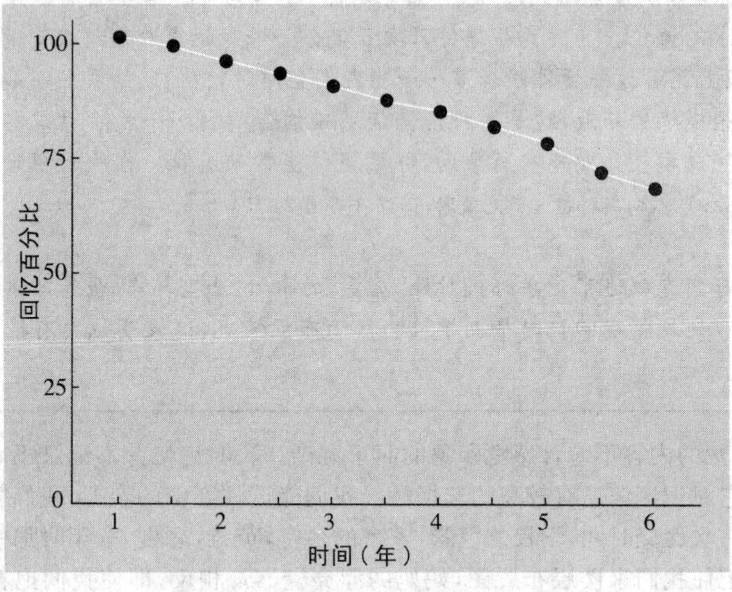

图 7.14 六年中项目遗忘的百分比

资料来源：Linton，1982。

实验中的遗忘速度和自艾宾浩斯以来的许多遗忘曲线一样，是线性的而非曲线的。从这一点，我们能推断出一个有意义的结论：每天的记忆和已过很长时间的情节事件的回忆，变得越来越困难，信息提取能力以平稳的速度下降。林顿发现两种遗忘类型，一种与事件重复发生的次数有关，如参加委员会议，记忆中一个会议与另一个混杂在一起；一种与遗忘的事件本身有关。令人惊奇的是，在记忆重要性的等级评定、情绪性和可回忆性之间，很难找到一种牢固的关系。这一发现与“常识”及其他研究结论不同，但和个人经历很一致，例如，说出誓言“我永生不忘今宵”，可随后却忘记了“今宵”。

另一项了解记忆内容的技术是让被试回忆生活中的主题事件。在一项富有雄心的研究中，瑟霍斯特(Sehulster)(1989)设法回忆 25 年来首都剧场的歌剧表演。大约 25 年来，瑟霍斯特一直是首都剧场的赞助人，他可以自由观看所有演出。他尝试着回忆 284 场演出的所有费用和日期。对节目进行核实后，瑟霍斯特的记忆效度得到了确认。和林顿的自我研究所不同的是，瑟霍斯特发现了首因效应和近因效应；也就是说，对 25 年中开头和最后时间段里的歌剧表演似乎比中间时间段的回忆更好。瑟霍斯特还发现，歌剧的重要性(或强烈程度)对回忆有重要影响。有意义的表演比呆板通俗的表演更容易回忆，这一点较容易理解。而且，瑟霍斯特对有些表演记得特别牢。最后，瑟霍斯特对信息的复习次数越多(例如听他看过的那些歌剧的录音带)，回忆起来的可能性就越大。

迄今，我们对个体记忆研究的回顾集中于对个人经历的说明。其实也有人在团体资料视角下研究个体记忆的，例如杜克大学的大卫·鲁宾(David Rubin)曾做了一系列研究，结果表明，有些人对生活中某些阶段的事情的记忆好于其他人，而且，大部分人回忆过去的方式非常相似。鲁宾的研究(1987，2000；Rubin，Wetzler & Nebes，1986)发现，人到中年后(50 岁或 50 岁以上)，倾向于回忆他们年轻时或成年早期时的情节，而不去回忆最近几年的事情(见图 7.15)。

鲁宾解释道：“人更容易回忆起那些能详细标志生活的特殊时间，例如第一次约会的时间、第一次结婚的日子、第一次上班的日子、第一次生孩子的日子等。”相对而言，人们不容易回忆起发生在 40 岁到 55 岁期间的事情，这大概并不能归因于那段时期人们的呆滞迟钝，而是很可能因为那段时期里人们的生活相对稳定、越来越倾向于按部就班地生活。生活的千篇一律容易使记忆内容彼此相融合，从而变得难以记住。人们几乎无法忆起 4 岁前发生的事，原因何在？一些心理分析学者认为用童年时代的性压抑可以说明这种健忘症，另一种更具认知色彩的观点主张——遗忘是因为那些记忆内容并没有很好地融合进个人历史的大概念中。

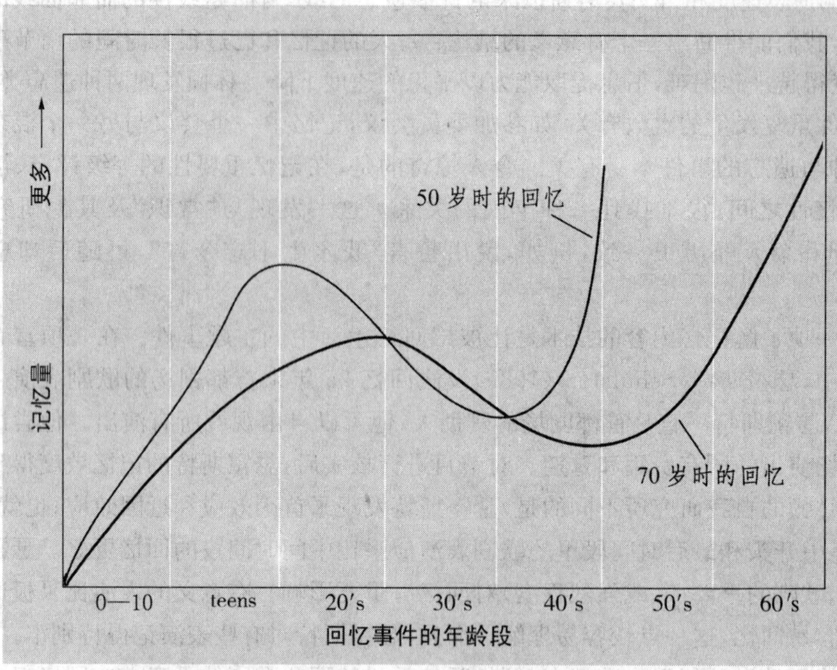

图 7.15 人们在事件和时期上记忆具有选择性

尤其有趣的是，对中年时经历的事情，回忆起的相对较少。到 70 岁时，大多回忆他们二十多岁时的事情，而到 50 岁时更倾向回忆他们十多岁时候的事情。

资料来源：Rubin，1987。

记忆和目击者鉴定的不确定性

假如个体记忆不够完美，那么，其他什么类型的记忆可能有助于目击者为罪犯作证？想象你是一位陪审员，正在审查当地银行的一桩抢劫案。那天，一名强盗挥舞着一把手枪破门而入，用枪对着银行出纳员要挟她拿出钱柜里的所有现金。当时，一位 37 岁的白人男子在旁边一个窗口办公，离这儿不到 8 英尺，他能清楚地看到强盗是一位快 30 岁的、来自非洲的美国人。一周后，一名抢劫嫌疑犯被捕，当时他正驾车带着一大堆钱和一把手枪。他声称，抢劫案发生的当晚他在和女友看电视，在未经提示的情况下能说出电视节目的细节。他的女友也证明他的话属实。但目击者肯定地判断说这个人就是那天他在银行看到的那名抢劫犯，回忆充满自信，并在宣誓中作证就是这个人。在这些情况下，你如何判断罪犯目击者的证词？你可能和大部分人一样，认为目击者的证词比其他人的话更值得相信。但是伊丽莎白 · 洛夫特斯（Elizabeth Loftus）及其同事做了一系列控制严密的实验，最后发现了特殊的实验结果——人的记忆很容易失真。

记忆的“持久性”

舞台是法庭，证人宣誓：“我讲的情况全部属实，我保证，我的话除了事实就是事实。”之后，她开始生动地描述那场恐怖的谋杀案。在关键点上她被询问：“罪犯将10磅重的长柄大锤举过他的头顶，然后重重地砸在没有防备、后来因此死去的阿伯内西（Abernathy）小姐脆弱的头骨上，是吗？”“是的，他是这样干的。”“你能指出他吗？”“是他！就是坐在被告席上那个衣衫褴褛的人。”这种证据看似非常肯定，但如此激动的证词像肥皂泡一样并不可信。真实的美国法庭上经常出现类似情景，一名目击者的证词通常能压倒性地改变陪审团对一名被告有罪无罪的宣判。到目前为止，目击者证词的可信度仍未受到挑战。

伊丽莎白·洛夫特斯研究记忆的可变性，其成果一直被频繁地应用到目击者鉴定案例中。

几年前，华盛顿大学的伊丽莎白·洛夫特斯展示了一些她自己的实验结论，证明人类记忆并不像人们最初所想象得那么持久。在她的一个实验中，要求大学生先观看一辆有关汽车的录像带，然后依据他们所看到的内容问他们一系列问题。她向其中的一半被试提问：“那辆白色跑车在乡间道路上开得有多快？”向另一半被试提问：“那辆白色跑车在乡间道路上开经过畜棚时有多快？”我们很容易发现，录像带中本没有畜棚的镜头，但第二个问题中引进了“畜棚”这个概念。一周后，问被试是否看到过录像带中有畜棚。第二组被试中，有17%的人报告说曾看到过畜棚（当然录像带中并没有），而第一组中只有3%的被试这样说。

在洛夫特斯、米勒和伯恩斯（Burns）（1978）的另一个相关实验中，先向被试呈现一套幻灯片，片中显示的情景是一辆跑车停在一个十字路口，它拐弯时与一位行人相撞。让一半学生看转弯处的跑车有让路迹象的幻灯片，另一半学生看有停车迹象的幻灯片。在随后的询问中，将与前述某一种迹象相反的新信息引入以起误导作用，也就是说，对看过停车迹象的学生引入让路迹象的信息，而对看过让路迹象的学生引入停车迹象的新信息。随后，要求所有被试从一对幻灯片中挑选他们原来见过的那套图片。其中一组被试并没有被给予误导信息，结果该组中75%的人选出了正确的图片；而对被给予误导信息的那组被试，只有41%的被试选出了正确的幻灯片。最初的记忆出了什么问题？它可能与其他记忆内容混合在一起了。

洛夫特斯提出，有些被试可能会创造出像畜棚一样巨大的、像让路迹象代替停车迹象（或者停车迹象代替让路迹象）一样重要的信息。但是，一个人将一个苍蝇拍误看成是一个10磅重的大锤，并把它与一系列粗鲁、野蛮的残杀行为联系起来，这似乎是不可能的。但是，由于洛夫特斯的重要发现，这类目击者证词持续不断地遭到了人们的质疑。

对事件的记忆并不能简单地加以重构(reconstructive)，重构是指人对各种知识进行消化吸收，同时精细地“反刍”。现实生活中，记忆和回忆具有建构性(constructive)，由于这种建构性，事前的经历、事后的信息、知觉因素，甚至记忆上要超越别人的愿望，这些都会影响人们的回忆。所有人都是这样。例如，让某个体育队的一位热心拥护者来讲述那支队伍参加的一次体育赛事，即使这个队当时的成绩很差，那位拥护者也会把这支体育队描述得像巨人一样。

在目击银行抢劫的案例中，有几个因素易引起陪审员去质疑目击者证词的可信性。日常记忆包括三个阶段：感知、记忆和回忆。第一阶段，目击者目睹了抢劫及恐怖的武器，这可能或至少使他在精神上受到一定程度的创伤；在记忆阶段，他会把感知到的内容与其他记忆和原型结合起来；在回忆阶段，他被鼓励去识别嫌疑犯，以尽快开庭审判该案件及执行法律。另外，有几个研究显示，跨种族鉴定尤其被怀疑是不够准确可靠的 Shapiro & Penrod，1986；Bothwell，Brigham & Malpass，1989。依据目击者证词而被错误定罪的人，每年多达上万件 Cutler & Penrod，1995；Loftus & Ketcham，1991。但是，我们很难找到精确资料来证明罪犯是清白的(监狱里没有罪犯，只有受到劣质律师辩护的人才会进入监狱)。许多人被错误地关进监狱，很可能仅仅是因为一些证人不可靠的记忆所致。还有人因为同样原因而被判处死刑，这更加悲惨。

洛夫特斯的研究中已扩展至压抑记忆(repressed memories)，压抑记忆过程是指人会把相当痛苦的记忆从意识中排除出去，例如一位妇女把当她还是个孩子时受性骚扰的经历在意识中排除出去。在精神疗法的诱导下，压抑记忆可能会被有意识地回忆起来。

一些关于童年时代创伤事件的压抑记忆毋庸置疑是真实的。但洛夫特斯和她的合作者主张，有些“恢复”的记忆实际上是错误记忆(false memories)，或者是对事件的重新储存，或者是创造了并不曾发生的新内容，以满足临床医学家的需求(Loftus，1993；Loftus & Ketcham，1991)。尽管有严密的实验支持她的观点，但洛夫特斯一直是人们批评的对象，因为她已经向一些针对过去创伤经历的精神疗法提出了质疑。尽管那些早期的痛苦经历是存在的，但是，如果当时事件与后来经历相混合，特别是在临床医学家的鼓励下，会出现其他的结果。这种治疗在不损害病人记忆的条件下揭示出病人童年时代真实经历的功效也值得怀疑。洛夫特斯及其他人的实验和应用工作，除了对犯罪事件目击者记忆的可信性产生了一个意义重大的冲击外，还增进了我们对记忆的理解。但现在这种说法遭到很多人的反驳，他们提出，并非所有的目击者证词或压抑记忆都是无效的。这场争论仍在继续，感兴趣的读者会发现有关双方言论的许多文献记载。

总结

1. 记忆可分为长时记忆、短时记忆和工作记忆三类。每一种记忆都有自己独特的特点。

2. 短时记忆的容量大约是 7 个项目，但运用组块可以增加每个项目的信息量和密度（例如，将字母重组成单词）。
3. 海马区颞叶受损的病人显示出那部分结构与长时记忆的储存有关。
4. 短时记忆中的组块加工需要通达至长时记忆中的信息。
5. 短时记忆中的信息编码至少包括视觉码、听觉码和语义码。有证据表明，视觉码发生在听觉码和语义码之前。
6. 短时记忆的快速提取似乎是一个穷尽式的过程，而不会自行终止。
7. 记忆信息的储存似乎既是定位的又是分布式的。
8. 长时记忆储存的认知神经观是，神经回路的激活导致神经系统回路产生一个电化学变化和结构性变化。
9. 长时记忆的编码可能是多维的，语义码的参与是最主要的，还包括其他各种感觉通道的编码。文献主要以语义码为研究重点。
10. 事实上，长时记忆的容量和保持时间是无限的。
11. 记忆研究表明记忆内容易变，这会影响目击者证词的可信性。

第八章 记忆：理论和认知神经科学

问题预览

1. 艾宾浩斯和詹姆斯对记忆研究做出了什么贡献？
2. 什么是程序记忆？什么是陈述记忆？
3. 双重记忆模型的实验依据有哪些？
4. 回忆水平、加工水平和自我参照效应是什么？
5. 什么是情节记忆和语义记忆？
6. 联结主义(PDP)模型是如何解释记忆的？

“记忆即生活。”

——索尔·贝洛在《贝拉洛萨联结》中的叙述

像其他基本生物属性一样，记忆一般能很好地适应人类生活的日常需要，因为它在自然选择的压力下，已经历了无数代的进化。

——丹尼尔·L.夏克特

当人类进入21世纪时，认知心理学家面临的巨大挑战是，与大脑本质以及在大脑里记忆是如何组织的问题相比，更重要的是理解人类自身的问题。脑被压缩入仅重1.5千克左右的人类头颅中，这是一个惊人的记忆装置。大脑支配着人们的生活，指导人们的行动；它是各种感觉知觉的终点站，知识在那里形成；它是语言的坐落场所，能表达人类的思想；它是记忆的仓库，意义就起源于那里；它是人们情绪的中心，能赋予生活以情感。然而，在不断被探索和文明不断产生的所有前沿性研究领域中，把大脑看成是知识所在位置的观念还仅仅是个开始。但这是多么伟大的开始啊！过去几十年里，我们对大脑和记忆的了解比此前整个历史上对它的认识还要多。借助于强有力的新科技，当前的记忆神经机制研究正在这一迷人话题上重塑我们关于这个迷人话题的观念。

软件:硬件::心理学:神经学 目前，人类记忆的科学研究有两个阵地。一群人强调记忆的心理学成分，强调用传统手段研究记忆的结构-加工成分(例如先让被试学一些材料，如本章内容，然后在接下来的测试中检验对材料的回忆情况）。另一群人对记忆的神经基础感兴趣，例如他们用脑成像技术或者通过控制影响神经传递的药理学作用，来研究具体病理类型下的记忆变化（可能是以那些大脑特定部位受损的病人为研究对象）。我们把第一个群体比喻成“软件”组，这样称呼是因为这组成员正在探索记忆的工作方式，有时还要研究记忆在日常生活中的工作方式。把第二个群体比作“硬件”组，这样看待是因为该组成员正在研究与记忆过程相关的神经元及它们相互作用的网络。实际操作时，两组成员在记忆问题上相互合作，他们的合作研究加深了我们对记忆的理解。

早期研究

生活在德国的赫尔曼·艾宾浩斯不可能预测到，他写下的第一部关于记忆实验的科学论著（*On Memory*，1885）将影响学习和记忆研究的整个历史。让我们来分析他那个时代的主要研究情形吧。虽然每个人都“知道”记忆是什么，而且哲学家多少年来一直在思索人为什么要记忆，但是记忆的系统构成并未得到检验。没有精密的分析仪器，这之前的实验资料也没有。因此，在几乎没有什么信息、测试仪器功能有限的情况下，艾宾浩斯开始了对记忆未知特征的探索。他预感到那些曾在某一时刻被意识到的感觉、知觉和思想在记忆的某个地方仍然隐藏着。下面这段文字清晰地解释了关于记忆内容及其可通达的观点，其中，他提到了曾经意识到的感觉、知觉和思想。

> 虽然，我们的内省不再能发现它们，但是它们并没有被彻底毁坏、废止，它们以某种方式继续存在着，保存起来了，可以这样说，它们被保存在记忆中了。当然，我们不能直接观察到它们当前的存在状态，但是，可以由对我们知识的影响揭示它的存在，就像我们可以推测星星肯定在地平线下存在一样……

在艾宾浩斯研究所处的时代精神的感召下，他认为，通过观察已有的观念和逆向寻源，可以理解学习和记忆。艾宾浩斯颠倒了研究程序，他研究记忆是如何变化的，这样做就能科学地控制原先与记忆不可分离的那些变量。在最出人意料的“蜡烛”（无意义音节）的武装下，艾宾浩斯进入到记忆这一黑暗的未知领域并勇于探索。虽然艾宾浩斯对这个问题并未阐述清楚，但他确实形成了一种直到如今人们依然在运用的研究学习的方法。对记忆是如何形成的这一问题的答案的探索需要他创造出一项对他的实验被试来说是陌生的任务。由于

赫尔曼·艾宾浩斯（1851～1909），第一个系统研究记忆和遗忘的心理学家，1885年写了《关于记忆》一书。

艾宾浩斯不仅是一位重要的理论家和实验者，而且也是他自己的研究对象，因此，他面临的问题是要找到自己不知道的内容来教授自己，所以他使用了无意义音节（nonsense syllables）——非单词，按辅音-元音-辅音顺序排列的三字母。例如，难以记忆的无意义音节 ZAT、BOK、QUJ 的出现，就是为了使被试很快就忘掉它们，实际情况也确实如此。艾宾浩斯顽强地复述了一张又一张的无意义音节词表，然后分别在 20 分钟后、1 小时后、8～9 个小时后、1 天后、2 天后、6 天后，甚至 31 天后，尽力回忆它们。图 8.1 显示了他的遗忘过程。他的记忆实验研究包括了，词表长度对学习时间的影响，练习对学习的影响，系列项目的学习和记忆。最初由艾宾浩斯发明的系列学习技术，成为多年来为人们所使用的标准技术。最近，系列学习得到重视，它不仅是一项学习程序（这是艾宾浩斯的最初用法），而且也是一种把短时记忆从长时记忆中区分出来的方法。遗憾的是，艾宾浩斯本人却未发现"地平线下的星星"，但他一定会高兴地看到今天的实验室正在用这种方法进行研究。被意识到却无法通达的感觉、知觉和思想如何能被回忆起来，这些艾宾浩斯在一百多年前提出的问题现在也有些眉目了。

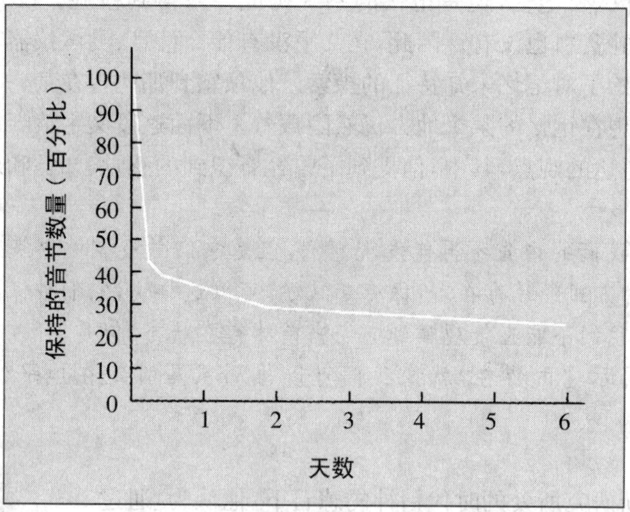

图 8.1 艾宾浩斯关于无意义音节的遗忘曲线

虽然，艾宾浩斯对记忆"隐藏在地平线下的星星"的研究并不完全成功，但它并没有阻止哈佛的威廉姆·詹姆斯对记忆结构的继续探索。詹姆斯的研究对信息加工理论和现代记忆理论都产生了直接的影响。

艾宾浩斯完成著作《关于记忆》不久，詹姆斯就出版了经典的两卷《心理学原理》（1890）。詹姆斯注意到了艾宾浩斯每天阅读无意义音节的勇敢举动，并赞扬了他对记忆的精确测量。从某种程度上看，在对思想丢失现象的思考中，詹姆斯与艾宾浩斯的隐喻风格有相似之处，只不过詹姆斯加进了自己的猜想：

> 以在记忆这块帆布上绘出遥远过去本来面目的方式，我们处理所面临的“任务”，而且我们常想象我们能看到它的深度。意识流在进行，但它的大部分内容已陷入了遗忘的无底深渊中。其中一些记忆内容由于迅速的变迁而没有被保存下来，而另外一些记忆内容只存在于某段时刻、几小时或几天之内。有些信息留下不会被破坏的痕迹，因此对它们的保持回忆也许与生命一样长久。我们能解释这些差异吗？

威廉姆·詹姆斯(1842～1910)，美国哲学家、生理学家和心理学家。他提出的双重记忆概念是现代记忆理论的基础。著有《心理学原理》(1890)一书。

詹姆斯认为我们能够解释清楚那些差异。意识体验的进行过程太短暂了，我们不能称其为记忆。按照詹姆斯的说法，对所记忆的东西做出回忆需要一定的努力，而且这一过程与从直接意识经验中恢复的某些东西应该是不同的。他把即时记忆和间接记忆区别开来，并称即时记忆为初级记忆，把间接记忆称为次级记忆。詹姆斯对记忆结构理论的描述大部分建立在对记忆的内省之上，并且他把次级记忆看成是人们存放所经历信息的黑暗仓库，信息一旦进入这个仓库，就不太容易被提取出来了。詹姆斯假定的意识的两种状态——初级记忆和次级记忆之间存在明显的平行状态，这一思想在维也纳以及全世界传播开来。在1890年，很少有人听说过西格蒙德·弗洛伊德，因为当时，他的无意识概念仍处于形成阶段，20年后才开始流行起来。[1]

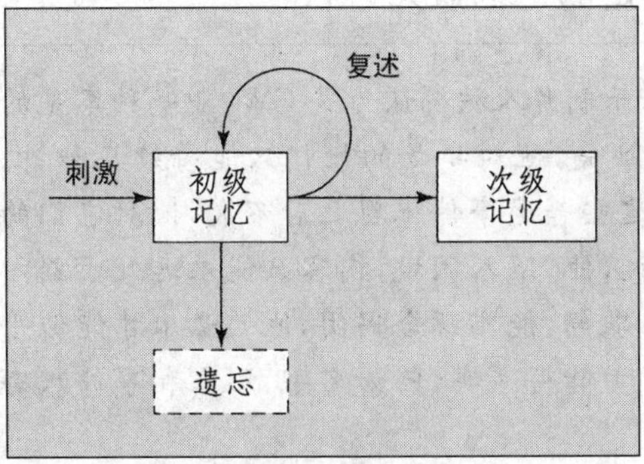

图8.2　初级记忆和次级记忆系统的模型

资料来源：Waugh & Norman，1965。

依据詹姆斯的观点，初级记忆(primary memory)与现在所谓的短时记忆密切相关，但又不完全相同，它离不开意识，却能忠实地再现刚刚感知到的事件。次级记忆(secondary memory)或永久记忆，被定义为铭刻在个体脑组织中的路径，并具有很大的个体差异。如詹姆斯所言：“有些信息像蜡封，和其他内容相分离，但印象不会磨灭。而有的信息像果冻一样，每一次碰触都能产生影响，但在通常情况下又不能形成永久

〔1〕詹姆斯在他1890年出版的两卷著作《心理学原理》中，并没有引用弗洛伊德的内容，但两卷书中确实提到了无意识概念。

的印迹”(1890)。因此，记忆在特征上具有二元性：永久性和暂时性。但是，除了内省所获得的不可靠的资料之外，几乎没有什么科学证据可以操作化地区分出这两个系统。大约75年后，初级记忆和次级记忆的关系才被沃和诺曼描述出来(1965)，如图8.2所示(本章将在后面讨论)。在他们的模型中，词语项目先进入初级记忆，然后通过复述被保留在那里，或者被遗忘。由于复述，该项目进入次级记忆，并变成个体的永久性记忆。

艾宾浩斯和詹姆斯关于记忆深层结构的早期理论被长期闲置，而他们对心理学其他领域的影响证明了其更能迎合美国迅速发展起来的分析心理学和功能心理学。直到最近，由于认知心理学和认知神经的出现，才使那些早期的心理学家对记忆结构特征所做的冒险性探索得到确认。目前，另一项冒险工作——对记忆的认知神经的探索正在美国及其他国家进行，它可能会成为我们对人类精神探索之旅中最激动人心的篇章。

记忆的认知神经研究

目前，记忆的认知神经研究内容是不断向前发展的，它们包括脑地形图上的功能区、记忆痕迹的路径、与记忆形成和变化相关的脑部的神经变化的鉴别。这类研究中所用的大多数技术此前已被讨论过了，一般而言，包括脑成像技术(如正电子发射层描技术、磁共振成像技术和脑电图)、脑电极技术(如以微小的电刺激激活记忆)、运用化学物品和药物以影响突触上的神经传递(如运用药物来治疗或研究记忆的增强与减退)和研究各种病理条件下的特殊记忆缺陷(见下面方框内标题为“个案研究：特定的记忆缺失”的材料)。

个案研究：特定的记忆缺失

若干年前，有一位英国广播公司的音乐制片人被确认为是CW，即一种罕见的脑炎，即大脑发炎。结果，他出现了记忆缺失，他对事物的记忆只能持续几秒钟。例如刚吃过的午饭、刚唱过的一首歌等，这些普通事件出现之后不久，他对它们的记忆也就随之消失了。用他妻子的话来说，他“陷入困境，内容只能永远处于刻印记录的槽中。”但令人惊讶的是，他能记住歌词、能指挥合唱团，他的音乐才能似乎完好无损。可见，大脑的有些部位可能负责储存事实(例如名字、形象和事件)，有些部位负责储存程序(例如如何做)。

上述个案中，由与特定记忆和记忆功能相关连的脑区域成像图可以看到，似乎有三个位置直接参与，尽管应强调记忆功能在整个大脑上是分散的。如图8.3所示，三个相关位置分别是脑皮层、小脑和海马。脑皮层是脑的外层表面，负责高级认知活动

（例如思维、问题解决和记忆等）；小脑位于大脑底部，看上去像花椰菜结构，负责调节运动功能和运动记忆；海马结构呈S形，位于大脑两半球内部深处，负责加工新信息，并把信息传递到可以永久储存的脑皮层部位（在CW个案中，病人的海马可能受损，因为他对过去的记忆完好无损，却很难形成新的记忆）。当前脑研究表明，程序记忆（procedural memory）和陈述记忆（declarative memory）这两种记忆类型和那些主要结构相关。程序记忆解决运动技巧，例如书写、打字及骑自行车的能力，它主要位于小脑上。陈述记忆由关于世界的信息和知识所组成，例如一位最喜爱的阿姨的名字、最近的比萨饼店的位置、词汇的意义以及其他大量信息，它们被储存在脑皮层中。

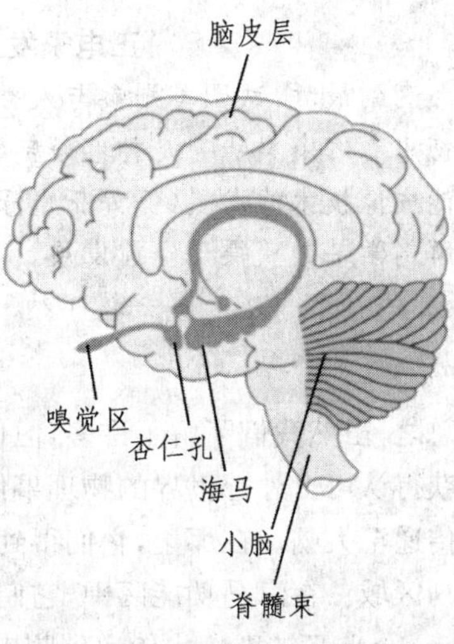

图8.3　两半球下部的海马，似乎加工和按固定路线传递储存在脑皮层和小脑中的新信息

通过运用新技术，人们对大脑的结构体系了解得越来越多。认知心理学家特别感兴趣的问题是对大脑的功能特征，它们的相互关系，它们与记忆、感知觉、情绪、语言及其他认知属性的关系的探索。许多发现促使认知心理学家假设两种记忆类型的存在，即短时记忆和长时记忆。大量的心理学研究也支持了这个论点，但现在又出现了基于大脑结构和加工特征方面的其他心理学证据。

而且，如下事实也变得明显了，即人们接收到感觉信息后，很快就被传递至大脑皮层。在脑皮层上，神经元之间形成了暂时联系，持续的时间非常短暂，但简单行为，例如对一个电话号码的记忆可以持续到拨号。为了使那些印象变为永久，必须得到一个被称作长时程增强（long-term potentiation，LTP）的加工。这是神经细胞的一种倾向，在快速重复的刺激作用下，能增强神经细胞在一个更长时期里的反应倾向。长时程增强可以在哺乳动物的海马突触上观察到。有一个理论认为，受到这种方式刺激的树突开始新的生长，以此增强了长时记忆。一般认为，长时的陈述记忆开始于把信息从脑皮层传递到海马，这是一个通过快速、反复地激活脑皮层上的神经回路来加强记忆的过程。通过随意动作也可加强长时记忆，例如一遍又一遍地重复一个电话号码，或者在一些情况下通过非故意的动作来加强长时记忆，如在受到创伤或情感体验的情形下。例如，人们可以生动地回忆起车祸的细节，而不必有意识地重复那个事件。

正电子发射层描术下的记忆地图

直到最近，试图鉴别参与人类记忆的脑区仍然受到实验技术匮乏的限制，脑损伤患者的个案研究是神经解剖学上研究人类的一种基本手段。随着无损伤脑功能成像技术的发展（例如正电子发射层描术），理解记忆和其他认知加工的神经解剖学基础获得了空前发展。

——埃丁纳 · L · 罗斯金斯（Adina L. Roskins, 1994）

总之，虽然我们了解了许多，但仍需研究关于记忆的神经生物学机制，而且有些内容已获得认可。外部世界的物理事件，如光能和声能，被感觉系统检测，并转化成神经冲动传递至大脑。在那里，它们得到初始分析，同时按一定路线被传递至其他中枢，包括海马区域。在海马功能区中，它们的情绪内容得到了评估。这种痕迹，有时也叫印迹（engram），又被进一步传递到脑皮层及那些神经化学物质被激活的其他位置，在某时导致永久性记忆痕迹的形成，以使个体觉知到相同或相似的感觉印象时，记忆痕迹可以被激活。通过对记忆的认知神经结构的基本理解，我们现在可以转向传统的心理学研究和记忆理论。

两种记忆储存

从内省观点看，威廉姆 · 詹姆斯的双重记忆（dualistic memory theory）理论非常有道理。从大脑结构和加工特点的角度来看，这个理论似乎也有效。请对前一段文字仔细思考，你不可能记住所有的细节，除非你得到上帝保佑（或被诅咒）而具有照相式记忆。不过，当你阅读时，它就能准确地呈现在你的意识中。有些内容被保留下来，并在以后能被回忆起来。你的一般性常识告诉你存在两种记忆类型——短时的和长时的。

两种记忆状态的证据也来自生理学研究。当实验之后紧随一个电痉挛休克（ECS）时，动物的学习成绩会更差。这个案例（而早期的学习没受到影响）表明，从短时记忆到永久记忆的转变可能被干扰了（Weiskrantz，1966）。由脑损伤引起健忘症的患者，经常无法回忆损伤前几秒钟发生的事情。这种情形被称为近倒摄遗忘，它和远倒摄遗忘（对距损伤时间较长事件的记忆受到破坏）不同。对于患有远倒摄遗忘的人来说，他们会彻底忘记即时事件，而在损伤之前几分钟、几个小时发生的事件，却常能被保持住。另外，大量的脑损伤、正电子发射层描术和精神损伤个案的研究支持了双重记忆理论（参见前面和后面几节）。

实际上，损伤后的即时回忆似乎不受影响。林奇（Lynch）和亚内尔（Yarnell）（1973）的一项研究支持了这个结论。研究者们对几个患有脑损伤的足球运动员进行访谈。对他们做了一个简单的神经学检查后，在其受伤后 30 秒内进行访谈。其后，运动员要再接受 3 到 5 分钟的访谈，如果形势允许的话则每隔 5 到 20 分钟（没受伤的运动员作为控制组）进行一次。被试受伤后立刻对其访谈，他们可以准确回忆起当时情况。例如，"当我正拦截凌空球时，前面的人让我受伤了。"但是，5 分钟后，他们就无法回忆起踢足球时的任何细节。例如，"我不记得发生了什么，我想不起来我是怎么踢的，或者我在做什么。可能与凌空球有关。"似乎，健忘症引发事件前的细节是暂时储存在记忆中的，并没有被传递至（或融入）永久记忆中。

最后，从最早的记忆实验到心理学最近的文献报告，许多行为资料都支持双重记忆理论。假如艾宾浩斯对项目的系列自由回忆进一步研究，他可能会最终发现那些他感到存在、却又难以捉摸的、在知觉地平线下逗留了很长时间的"星星"。当人学习了一系列项目后，并不按顺序回忆它们，那么这时候就会出现"首因"效应和"近因"效应。也就是说，后出现的项目似乎容易被回忆起来（近因效应），较早出现的项目不太容易被回忆起来，但最早出现的项目却更容易被回忆起来（首因效应）。这些资料与双重记忆的概念一致。图 8.4 显示了系列项目自由回忆的富有特征的 U 形曲线。在这条曲线上，我们能看到，大部分新近出现的项目最有可能被回忆出来，其次是最早出现的项目，中间的项目回忆效果最差。例如，问你能否回忆起孩提时代吃过哪一种冰淇淋，你很可能回忆起最后一种或第一种口味。

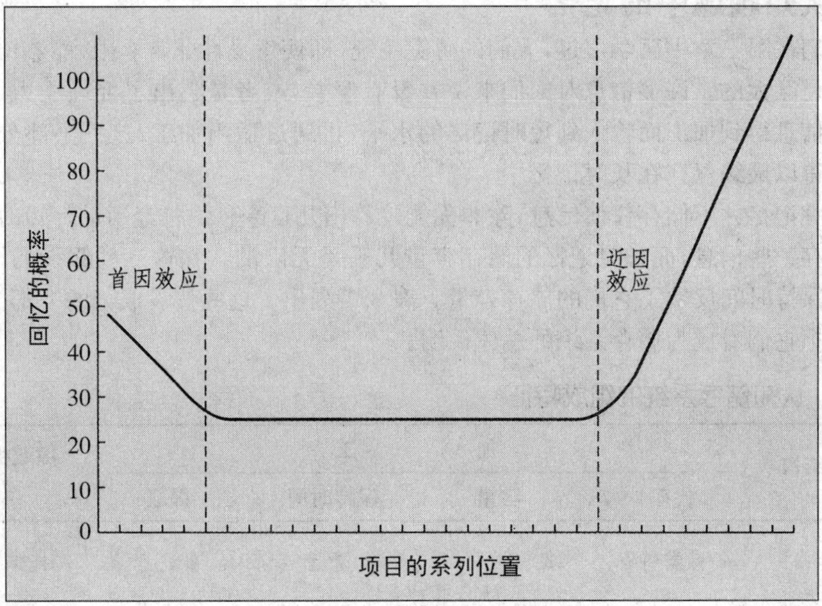

图 8.4 系列任务中的自由回忆

长期以来首因效应和近因效应已为人所了解，而且它们与记忆的双重加工理论的结合似乎是符合逻辑的。在这样的框架中，我们感觉系统所获得的信息被迅速传递至初级记忆中储存，它要么被其他新输入的信息代替，要么通过复述而被保持住。当大量其他信息输入时，就像在系列学习中一样，保持在短时记忆中的信息会被新信息挤出去。在自由回忆的过程中，自由回忆前立刻出现的项目（可能保留在短时记忆中）更容易被记住（它们没有被挤出去）。尽管储存在次级记忆中的一些项目也有可能这样，但非常少。系列位置曲线与双重记忆理论很好地吻合，但是，我们该如何解释首因效应呢？一般认为，因为早期项目被保持的时间较长，它们获得了更多的复述，这使它在后来的自由回忆中更容易被忆起。

我们设想，假如存在两种记忆储存，那么被试在自由回忆中可能会很快识别出他们刚刚学习过的那些项目，也就是短时记忆中的那些项目。我们可以通过辨别自由回忆曲线上近因效应开始出现的那个点来考查短时记忆的容量。那个范围内的项目数很少有超过 8 个的，所以记忆双重论者得出结论：存在两种储存，而短时记忆容量少于 8 个项目。

记忆是建立在一个还是两个储存基础上的问题仍然处于讨论中。双方都能出示强有力的证据，但最后的定论必须由进一步的研究来回答。

较大认知领域中的记忆

我们在第三章中已学习过，人们的感觉系统（即使感受性非常有限）能够检测到的信息量是巨大的。许多信息对人们来说并没有意义，或者是超出了处理能力，只有一小部分信息得到加工而输入到短时记忆的水平，再通过适当加工，这一小部分信息中的部分得以最终保存在长时记忆中。

感觉记忆并不储存任何信息，除非你能计算出几百毫秒的神经活动。短时记忆有能力储存一些信息，而长时记忆的储存容量几乎是无限的。在这三种假设的结构中，记忆的保持时间反映了它们的储存容量。表 8.1 列出了这些假设成分的一部分特征，也可以把它们看成为储存系统的总体说明。

表 8.1 认知储存系统的组成特征

储存结构	加工				提取失败的原因
	代码*	容量	保持时间	提取	
感觉“储存”	感觉特征	12～20 个项目** 到非常大	250 毫秒到 4 秒	给予适当的暗示，提取就很彻底	掩饰或衰退

续 表

储存结构	加工				提取失败的原因
	代码*	容量	保持时间	提取	
短时记忆	声音的、视觉的、语义的，感觉特征的辨别和命名	7±2个项目	大约12秒；复述后会更长	很彻底，每隔35毫秒提取每个项目	替代，干扰，衰退
长时记忆	语义和视觉知识；抽象；意义表象	巨大的，实际上是无限的	不确定的	给予适当的线索，则可获得具体和一般的信息	干扰，有机体的功能紊乱，不适宜线索

*信息是如何被表征的

**据估计

一个认知系统的建立包含了大量猜测，即使本节描述的系统是许多实验努力研究的结果，但它们依旧表现出一种推论性的跳跃，从我们能观察到的现象跳跃到内部结构本质。许多认知科学家并不愿意从数据跳跃到假设性结构上，而许多人愿意从数据中获得不同的结论(据此来预想不同的结构)。

思考论证：注意和记忆

“假如你不集中注意力，就什么也学不会！”我上三年级时，有位老师不止一次地这样警告我。但是，没有有意注意的参与，同样也能学会一些知识，这一现象叫随意学习。当然，假如我们刻意集中注意力，就更能提高学习和记忆的效果，这是事实。

在日常生活中，我们经常面对不可计数的刺激，我们通常处在广告和新闻提要的包围中，这些信息吸引我们的注意力，并频频激起我们的购买欲。大部分广告和新闻报纸的编辑将注意和记忆视为等同，呈现一些古怪荒谬或者不适宜的主题以吸引我们的注意。我们可以用一周的时间，每天花几分钟来记录那些煽动性事件，并思考前几章提到的关于注意以及注意对记忆影响有关的问题。

记忆模型

到目前为止，我们关注了那些有助于解决部分记忆之谜的实验，从那些研究中可以知道，有些经验在记忆中保持的时间很短，而有些保持的时间较长。20世纪60年代后，记忆研究已经达到了一个较活跃的阶段，一些规范、综合的记忆理论几乎也在这时开始形成。本节将要讨论那个时代中具有较强活力的几个记忆理论。

沃和诺曼

记忆研究之路上出现的第一个现代行为模型，是由沃和诺曼(1965)创建的。这个模型包含的初级记忆观念是大多数现代理论的出发点。这个理论是双重论，初级记忆(PM)是一个短时储存系统，在概念上独立于次级记忆(SM)或长时储存系统。沃和诺曼自然地吸取威廉姆·詹姆斯初级记忆、次级记忆的二分法，并用图8.2所示的模型解释了他们的理论，这促使将记忆比喻为脑中暗箱的思想在认知心理学文献中很快增多起来。

沃和诺曼的研究是量化初级记忆特征，这是詹姆斯未曾尝试过的工作。短时储存系统的容量非常有限，因此信息从那里丢失可能并非是时间的单一函数，而是新项目替代旧项目的结果(一旦储存能力被用尽)。可以把初级记忆理解为是一个储存室，就像一个直立放着的文件夹，信息储存在狭槽中，或者，当所有的槽都被填满时，接下来就是移去一个项目以腾出一个槽来。

沃和诺曼运用含17个数字的字表来研究初级记忆中项目的命运，按每秒1个数字或每秒4个数字的速度向被试读出那些数字。第17个数字(也叫"探测"数字)反复出现，它要么在第3、第5、第7、第9、第10、第11、第12、第13个位置上出现，要么在第14个位置上出现。探测数字呈现同时伴随一种音调，它是用来提示被试回忆那些紧随探测数字之后、最先出现的数字。一个典型的数字系列可能是：

7 9 5 1 2 9 3 8 0 4 6 3 7 0 6 0 2(音调)

这个例子中，应该正确回忆的数字是9(这个数字紧随探测数字2最先呈现)。在这种情况下，其余10个数字介于最初呈现的数字和探测数字之间。既然被试一开始并不知道哪一个是提示回忆的探测数字，他们就无法把注意力集中在任何一个数字上并复述该数字。主试每秒或每四分之一秒呈现几个数字，目的是为了检测初级记忆中的遗忘是由衰退(假定是时间的原因)所致，还是由于干扰引起的。假如遗忘是衰退导致的，那么，呈现速度越慢(每秒1个数字)，回忆量可能就越少；假如是干扰导致的，那么，数字呈现速度的差异就并不影响回忆量。依据沃和诺曼的逻辑，在两种不同呈现速度下呈现相同的信息量，那么两种记忆条件下衰退发生的时间就是相同的。可能有人主张，即使每秒钟呈现一个数字，被试也会允许额外的实验信息进入他们的初级记忆中。但是在后来的实验(Norman，1966a)中，呈现速度从1个数字变化到10个数字(在给定时间内)，结果产生的数据与最初模型预期的遗忘速度相一致。如图8.5所示，两种呈现速度下的遗忘速度是相似的。干扰这个因素似乎比衰退对初级记忆中的遗忘影响更大。

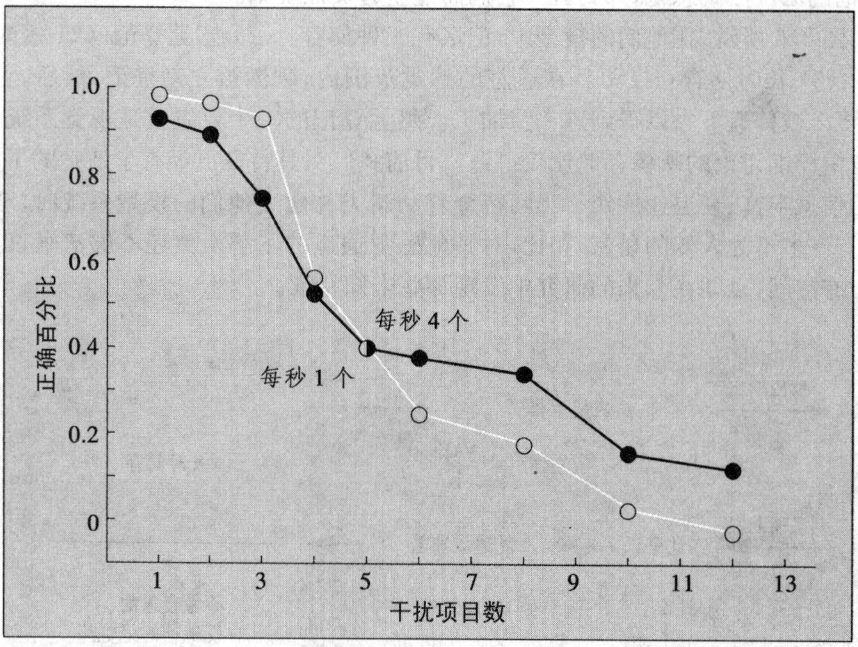

图 8.5 探测数字实验的结果

资料来源：Waugh & Norman，1965。

沃和诺曼的系统非常合理。初级记忆中储存着言语信息，并能逐个被回忆，这是日常会话中的一个事实。例如，对于刚刚听过的一个句子，即使几乎不注意它的内容，人们也能非常准确地回忆起句子的最后一部分。但是，一段时间后再去回忆同一信息，几乎就不可能了，除非复述它，才可能在短时记忆中提取出来。

阿特金森和谢夫林

当以脑中暗箱来解释人类记忆的思想逐渐增多时，阿特金森和谢夫林（Atkinson & Shiffi，1968）报告了他们关于记忆系统的认识。[1] 该系统框架的思想基础是：记忆结构是固定的，控制加工是可变的。他们既吸取了沃和诺曼描述的双重记忆概念，又进一步假设短时记忆和长时记忆内部存在非常多的亚系统。这就像沃和诺曼提出了土、空气、火和水，而阿特金森和谢夫林则提出了化学元素周期表上的元素。可见，后一思想更复杂、动态性更强、更具综合性、能更好解释更大范围的现象。阿特金森和谢夫林注意到，简单的记忆概念并不能解释复杂的注意、比较、提取控制、从短时记忆

〔1〕 阿特金森和谢夫林在 1965 年初步发展了他们的理论，当时他们在一项技术报告中描述了记忆和学习的数学模型。

转移到长时记忆、表象、感觉记忆编码等。惟一的解决方法是将它们分离出来逐个征服，即把记忆特征概念化，并为区分它们而建立起实证规则。

如图 8.6 所示，在他们的模型中，记忆有三种储存：(1) 感觉登记；(2) 短时储存(STS)；(3) 长时储存(LTS)。在适宜的感觉范围内，刺激被立刻登记，然后，它要么丢失，要么被传递下去以得到进一步加工。感觉登记的一个亚组成是视觉系统，它和第三章中详细讨论的映像存储比较一致。目前我们对其特征已经有了清楚的了解，它包含的信息丰富、衰退速度快。当阿特金森和谢夫林建立他们的模型系统时，与今天(依旧有许多不为人知的秘密)相比，对其他感觉通道的了解虽然还不够清晰，但模型中已留有空间，以期在未来的研究中发现那些未知特征。

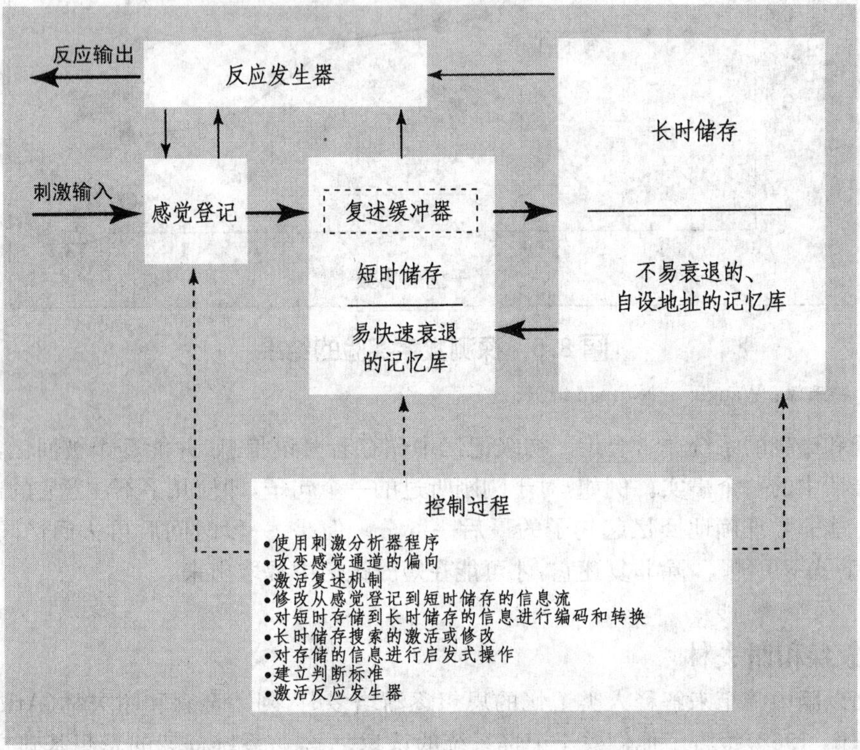

图 8.6 控制过程已被扩展的记忆系统模型

实线箭头表示信息传递路径；虚线箭头表示有关比较信息阵列、激活传递的潜在信号路径、复述机制等的一些联结。假设长时存储是永久的；短时存储不超过 30 秒(不经复述)；感觉登记只存留几百毫秒。

资料来源：Shiffrin & Atkinson，1969。

阿特金森和谢夫林对记忆和记忆储存的概念作了重要区分，他们用术语“记忆”代表处于保存状态的资料，而“储存”代表所包含信息的结构组成，可以仅仅指明项目的保存时间，没必要去揭示它位于记忆结构的哪一位置。因此，在他们的系统中，有的信息呈现后不久就可以进入长时储存中，但有些信息在短时储存中能保持几分钟，而从不进入长时存储。短时储存被看做是工作系统，进入那里的信息会迅速衰退、消失（但与来自感觉登记的信息消退速度不一样）。短时储存中的信息可能与它最初的形式不同（例如，一个视觉呈现的单词可以听觉形式在短时存储中表征）。

第三个系统（长时存储）中的信息被设想为是相对持久的，即便后输入信息的干扰使得其不能通达长时记忆。长时储存的功能是监控感觉登记中的刺激（控制那些输入短时存储的刺激），并为来自短时存储的信息提供储存空间。

从一种存储到另一种存储的信息加工过程在很大程度上是由被试控制的。被试先对感觉登记中短暂保存的信息作快速浏览，然后挑选一些信息进入短时储存中，只要信息是在短时记忆里，转移就能发生。阿特金森和谢夫林推测，信息可以直接从感觉登记中进入长时存储。

回忆水平(LOR)

俄国心理学家 P.I. 津切科（P. I. Zinchenko，1962，1981）在一个报告（不太为西方所知）中介绍了被试如何与要学习和记忆的材料相互作用的情况，其基本观点是深层意义编码的单词比其他表面意义编码的单词能更好地保存在随意记忆中。因此，单词是否值得记忆深受材料呈现时被试目标的影响。一般认为，不同的目标会激活不同的联结系统，因为目标不同的被试对材料的定向也不同。

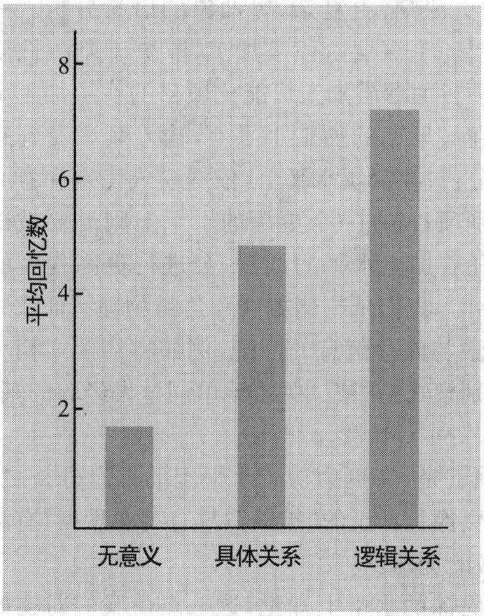

图8.7 三种不同指导语下的单词回忆

资料来源：Zinchenko，1961，1982。

实验对该论点作了检验。实验中，先向被试呈现 10 个系列的词汇，每个系列含 4 个单词。第一个单词与其他词汇中的某个单词有联系，但是，每组单词的指导语是不同的。例如，一个系列词汇是：HOUSE（房子）—WINDOW（窗户）—BUILDING（建筑）—FISH（鱼）。在第一种情况下，要求被试去辨认与第一个单词意思不同的那个单词（HOUSE—FISH）；在第二种情况下，要求被试把第一个单词与其他词汇中某个单词作具体联结（HOUSE—WINDOW）；在第三种情况下，要求被试在第一个单词和其他三个词汇中某个单词之间建立起逻辑联结(HOUSE—BUILDING)。津切科认为，通过改变指导语，被试不仅能对材料形成不同的目标，而且会检查每个项目的意义。一个简短的干扰任务后，要求被试回忆这些项目。实验数据如图8.7所示。被试在第一个和另一个单词之间形成了逻辑联结的情况下，目标单词的回忆频率比其他情况下的高。具体联结单词的回忆效果比无意义条件下的更好。

因此，津切科所称的回忆水平由行动目标决定。在所引用的实验中，我们可以看到，当向被试呈现学习材料，或呈现要求在不同水平上加工材料的指导语时(用当代的行话说)，对材料的回忆会大大受到影响。因为文章最初是在俄国发表的，并没有被广泛传播开，所以它一直没有被整合到记忆模型的大体系中。而且，正如我们看到的，津切科实验所提出的加工水平概念具有理论上的重要性，因此，对认知心理学具有深远影响的津切科实验在我们有关人类记忆的认识中占有重要地位。

加工水平(LOP)：克雷克

在科学发展的早期阶段，由反应和逆反应思想推动的科学进步似乎比发现永恒真理的作用更大。相对于脑中暗箱的记忆设想而言，克雷克(Craik)和洛克哈特(Lockhart)(1972)提出的加工水平(levels-of-processing，LOP)模型就是一种逆反应。他们认为，以加工水平为基础的记忆概念能更好地描述数据。总的设想是，输入的刺激接受一系列的分析，开始是肤浅的感觉分析，然后进到更深刻、更复杂、更抽象的语义分析。一个刺激是在浅层还是深层阶段被加工，取决于刺激性质和加工时间。项目的深层加工可能比项目的浅层加工更不容易遗忘。在最早期的加工水平上，输入刺激受到感觉的和特征的分析；在深层水平上，依据模式识别和意义提取方式来识别项目；在一个更深的水平上则需要被试的长时联想。随着加工水平的加深，会进行更高程度的语义或认知分析。以单词识别为例。刚开始时，我们依据诸如线和角的物理特征或感觉特征获得其视觉结构。后一阶段，涉及刺激与储存信息的匹配，例如将和模式相一致的一个字母识别为A。在最高水平上，识别模式是“被试关于该单词过去经验的基础，可以引发联想、表象或储存”(Craik & Lockhart，1972，p. 675)。

弗格斯·克雷克以加工水平的概念挑战传统的记忆理论。

克雷克和洛克哈特观点中的关键问题就是，在更为初始水平上的信息分析之前，人们能感知到意义水平。因此，加工水平更像是加工的“扩散”，具有高熟悉度，有意义的刺激加工所处的水平可能比无意义刺激的更深。

浅水平上的分析之前，人们能在一个更深的水平上知觉，这一点使我们对初始加工水平的设想产生了巨大怀疑。这也许是在对不遵循固定顺序的不同类型的加工作简单处理。假如所有加工类型同等地通达输入刺激，那么，关于水平的观念可以被系统概念所代替，系统概念没有水平或深度的思想，但保留了克雷克和洛克哈特关于复述和记忆痕迹形成的一些思想。图 8.8 所示模型既与他们的最初想法更接近，又可避开暗箱观点。该图描述了校对一篇文章和阅读同一材料的要点时记忆激活对比情况。校对即观察文章表面情况，包括精细的浅加工和最低限度的语义加工。阅读要点就是尽力提取知识的关键点，包含最低限度的浅加工或者是"保持复述"（不用详述就记住了），是精细的语义加工。[1] 一些研究结果显示，通常在刺激加工阶段不变的观点被抛弃了，而一些感觉加工一定先于语义分析的一般原则被保留下来（Craik & Watkins，1973；Lockhart，Craik，& Jacoky，1975）。

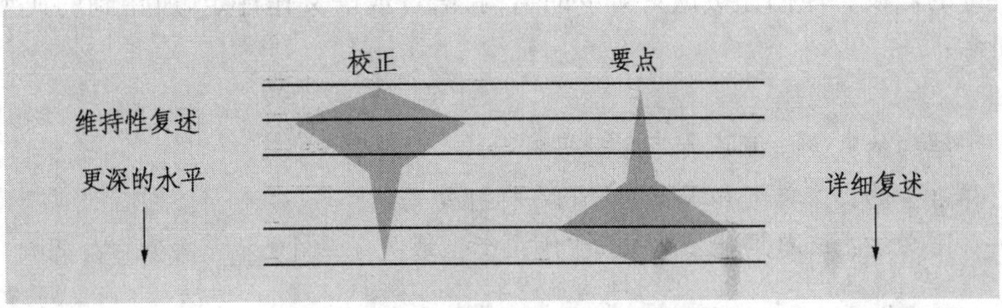

图 8.8 两种阅读中的记忆激活

该图依据的是 F. I. M. 克雷克所提供的素描图形。

加工水平和信息加工。记忆的信息加工模型一般都强调结构组成（例如感觉储存、短时记忆和长时记忆），把加工（例如注意、编码、复述、信息转变和遗忘）看做与结构组成相联系（有时是独一无二的）的操作过程。但是，另一种研究方法是先假设一个加工过程，然后依据这些操作来阐明一种记忆系统。克雷克和洛克哈特曾经持有这一观点，他们对信息加工模型（Neisser，1976）隐晦的批评表明，它陷入了痛苦境地。

记忆的信息加工模型强调阶段顺序，在这些阶段中信息会移动并得到加工，而另一种观点反驳说，记忆痕迹是知觉加工的产物，因此，记忆的持久性被定义为加工深度的函数。没有被充分注意的信息处于浅层的分析水平，并很快被忘掉；深层加工的信息得到充分的注意和深入的分析，联想和表象是丰富的，保持时间也长。但加工水平

〔1〕 后一种记忆活动的另一个例子可以观察打字员，他的注意力集中在对字母顺序的反应上，但并不理解所打的材料。第三个例子也可以是对克雷克和沃特金斯实验的一个介绍。我曾要求一个研究会中学过认知心理学的成员去尽可能多地回忆他们的小学教师。结果，他们回忆得特别好。然后，我让他们尽力回忆最小的时候所穿的衣服，越早越好。结果，每个人都能回忆起一些他们喜欢的衣服。最后，我让他们回忆曾经穿过的所有衣服。有些过程相当有创造性，包括复杂的矩阵组织，例如他们回忆起运动衣、便衣、不同年龄、不同颜色及不同功能的衣服。即使有的人贪婪地把这项工作连续做了好几个星期，尽管他们确实对自己的每一件衣服都非常熟悉，但最后，所有的人都一致认为，他们并不能把自己穿过的所有衣服都回忆起来。可见，有的内容能从记忆中回忆出来（教师的名字、自己喜欢的衣服），而有的则不能（所有的衣服），这体现了被试对不同对象的不同加工水平。被试对"特殊"对象比对普通对象的加工程度更深（用一种交替观来解释，可能是因为学生对其他衣服的记忆受到了干扰）。

的模型并非未受到批评(Craik & Tulving, 1975; Baddley, 1978)，对它的批评有：(1) 它似乎强调意义事件的记忆效果更好，这是一个很普通的结论；(2) 它是模糊的，通常是无法检验的；(3) 具有循环论性质，认为任何记牢的事件都经过"深层加工"，而没有客观、独立的深度指标。

脑中暗箱理论(Waugh & Norman, & Atkinson & Shiffrin)和加工水平理论(Craik & Lockhart)的一个明显不同是它们对复述所持的观点。在前者看来，对短时记忆中信息的复述或重复，其目的是为了将其转移到长时存储中；而后者的观点是，复述的定义要么是将信息维持在某一分析水平，要么是通过加工到更深层水平上来详细表述。第一种类型，维持性复述，并不会使信息更持久地保持。

克雷克和塔尔文(1975)检验了深层加工过的单词应比未经深层加工的单词回忆效果更好的假设。他们让被试只对单词结构、语音或语义作评定，所用到的典型问题如下所示：

结构的：该单词是大写字母吗？
语音的：该单词和 WEIGHT 一样押韵吗？
语义的：该单词能填入句子"他在街上遇见了一个____"的空白处吗？

克雷克和塔尔文测量了对评定单词的判断时间和识别率(在另一项实验中，对回忆也作了测量)。获得的数据表明：(1) 完成深度加工所需的时间较长；(2) 对编码词汇的识别是其加工水平的函数，涉及语义方面的单词的识别比仅涉及语音或结构方面的单词识别效果更好(如图 8.9 所示)。用稍微不同的作业任务也获得类似的结果(D'Agostino, O'Neil & Paivio, 1977; Klein & Saltz, 1976; Schulman)。

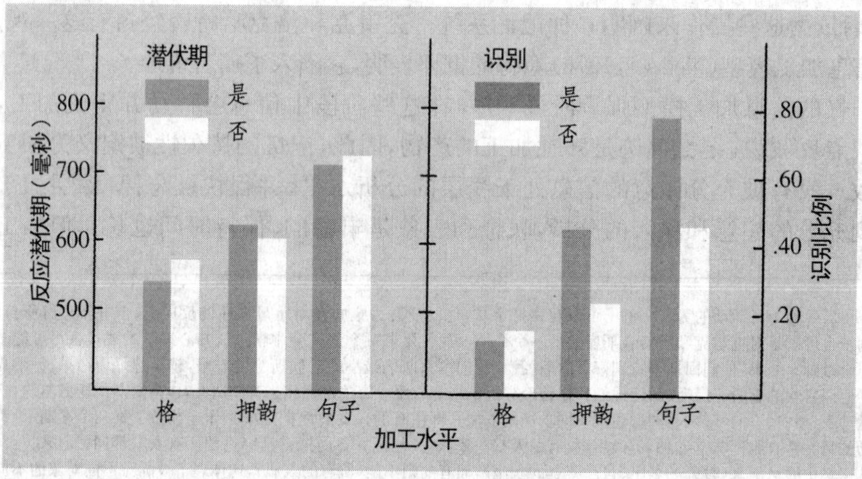

图 8.9 单词的初始判断潜伏期和识别成绩受到初始任务的影响

资料来源：Craik & Tulving, 1975。

以前的研究支持如下观点：记忆是初始信息被编码程度的函数，信息经语义编码后比知觉编码更容易回忆。以认知神经观（有些哲学家把这种观点看做“生物还原论”）来看这个课题，人们探索了与记忆加工水平相关的巨大记忆效果的解剖学基础。幸运的是，卡普尔（Kapur）、克雷克、塔尔文、威尔逊（Wilson）、霍伊尔（Hoyle）、布朗（Brown）等人采用正电子发射层描术开展了研究，并取得令人满意的结果。在卡普尔及其同事的这个实验中，所用的任务与上面研究中提到的非常相似。第一种情况下，只是要求被试检测单词中某个字母缺失与否（如，某个单词包含字母 a 吗?）；在另一种情况下，先让各个被试研究每个单词，然后问他们单词表达的是无生命的还是有生命的内容。他们认为第一种情况下的加工是肤浅的，第二种情况是深度加工。被试对问题的行为反应（是或否），通过让他们按电脑鼠标键记录下来。在执行两项任务期间，特定脑区激活的重要数据由使用氧-15 示踪水的正电子发射层描术记录下来。行为数据表明，与浅层加工的（判断有没有字母 a）单词识别记忆相比，深度加工的（判断是有生命或无生命的内容）单词识别记忆更好。正电子发射层描术的结果如图8.10 所示。

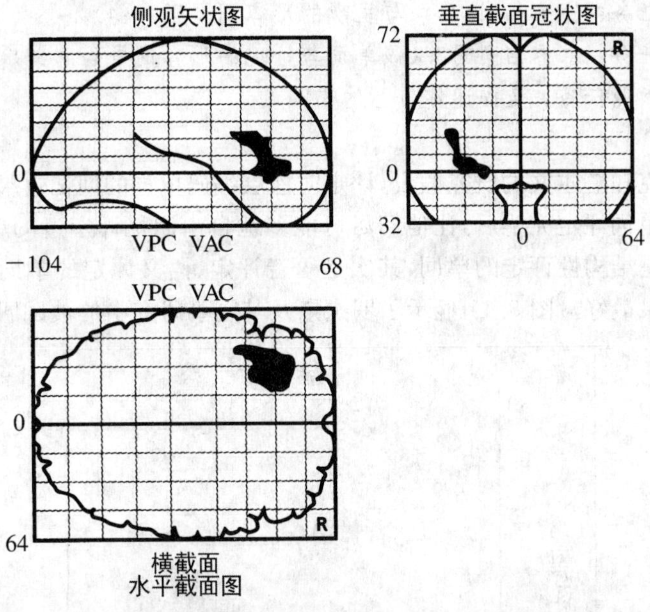

图 8.10 显示深度加工（判断有生命或无生命）条件下脑血流量增加的区域

左上角图是大脑的侧面图，包含右前额区和左枕叶。右上角图是大脑的垂直截面图。格子和数字表示标准的坐标空间。VPC 是穿过脑后联合处的一条垂直线，VAC 是穿过脑前联合处的一条垂直线。

因此，和浅层知觉加工任务相比，两组在深层语义加工任务中左前额区的激活程度的差异明显增加。在这个研究中，与记忆成绩增强相关联的左前额区似乎是这类记忆的存储位置。当然，对记忆加工的彻底理解需要考虑如何将认知加工、神经活动和记忆成绩合并到整个记忆理论中。

自我参照效应(SRE)

当罗杰斯(Rogers)、凯珀(Kuiper)、柯克(Kirker)(1977)提出自我参照是一个强有力的方法变量时，加工水平概念具有新的意义。他们用一种与克雷克和塔尔文(1975)相类似的方法，让被试依据结构的、语音的、语义的和自我参照四个任务来评价词表中的 40 个形容词。假定四个任务在深度或语义丰富性程度方面各不相同。典型的线索问题如下。

结构任务：大写字母？（呈现的形容词与其余单词大小一样，或是它们的两倍）

语音任务：押韵？（该单词与呈现的形容词是否押韵）

语义任务：意思相同吗？（该单词与呈现的形容词是否同义）

自我参照任务：是描述你自己的吗？

正如克雷克和塔尔文的研究假设，评定时深层编码单词的回忆效果比浅层编码的更好。被试对单词评定完毕后，让他们尽可能多地自由回忆评定过的单词。结果，回忆效果最差的是结构性评定的单词，其次是语音评定、语义评定的单词。对自我参照的单词回忆效果最好。图 8.11 显示了罗杰斯及其同事研究中的被试回忆数据。数据

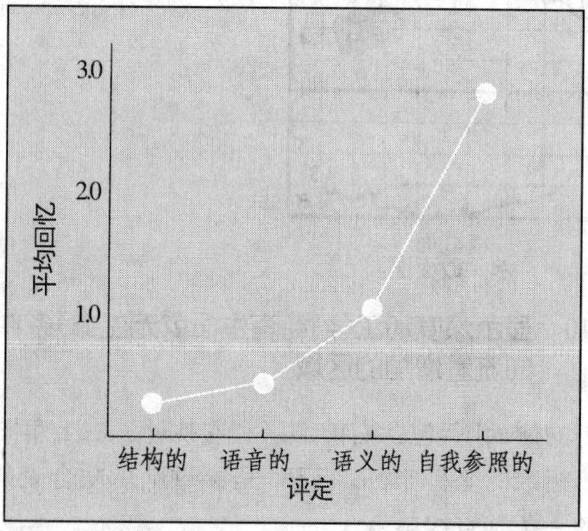

图8.11 “是”、“否”评定下的平均回忆量是评定任务的函数

资料来源：Rogers, Kuiper & Kirker, 1977。

清晰表明，自我参照任务中被评定的单词回忆效果更好，这表明自我评定过程具有强有力的编码作用。

自我评定记忆是否储存在大脑的不同部位，这仍然是个谜。

> **思考论证：最近你的心灵受到伤害了吗？**
> **如果是，那你可能又增加了一种记忆。**
>
> 最近，我遇到我一位中学时的好朋友吉恩，我们有 30 多年没见面了。在交流中，他提到当年我们的教练并不喜欢他。因为吉恩无意中听到教练说："吉恩吃的冰淇淋有芥末味儿。"但在吉恩看来，这并不是事实。这句简单的评语已成为吉恩自我概念中不可磨灭的最深的一部分。
>
> 我们也许都曾听说过别人对我们的随意评论，例如"她嘴里有怪味儿"、"他是个守财奴"。有的评论流露着种族歧视，有的评论针对别人的性偏好而言。个人潜意识中最深的自我怀疑也许使我们把别人的评论看成一种侮辱。例如，他（她）很丑；长得太高；长脖子难看；鼻子缺乏吸引力；可怜的；患有艾滋病；光头；酗酒；是个邋遢女人；偏胖，美国相当流行的一类！这些"自我参照"用的刻薄言语有一个共同点：即使这些描述并不属实，但它们确实令人难以忘记。想一想你攻击别人的那些冒犯言论吧。这些言论的记忆将持续多长时间？为什么我们有时把别人无心的话语深深印刻到了自己的人格中？在记忆住这些侮辱性评论的背后，有何认知因素？

自恋特质。先前在几个实验室里所做的实验得到了修改，但结果大致一样。有人主张，自我参照任务由一些专门的记忆系统负责。当然，假如让你自我描述式地评价自己的一种人格特质，例如贪婪、仁慈、爱生气等，那你正在建构强有力的自我图式(self-schema)。自我图式是一种内在属性的组织系统，它以"我（主格）、我（宾格）、我的"主题为中心，也叫自恋特质(narcissistic trait)。因为人们了解自己（即便不是理智上的，我们身上也有感情上的投资），因此，人们有一个丰富、细致的内部网络来储存自我信息。借助于那些复杂的内部自我结构，人们也许更加容易参照自身而非其他来组织新信息[见贝莱扎(Bellezza)1992 年有关该主题的几个重要研究]。那些自我评定的信息是否被储存在不同的脑区，这依旧是个未知数，但研究者预感是，自恋特质可能的确存在于大量宝贵的脑部空间中。

情节记忆和语义记忆：塔尔文

塔尔文(1972，1983，1986，1989a，1989b)把记忆分为两类：情节记忆和语义记忆，这一分类非常重要。尽管人们普遍认为长时记忆是一种单一的记忆状态，而塔尔文对两种记忆形式的区分为研究方向和理论发展提供了一种手段。

情节记忆(episodic memory)“接收并储存当时发生的情节或事件以及……事件中的关系”。因此，对一段特殊经历(例如看到大海、第一次接吻、光顾旧金山一家不错的中国饭店)的回忆是由情节事件记忆组成的，这些事件通常按照“自传体参照”被储存着。情节记忆很容易被改变或丢失，但在识别以前发生了的事件(例如人物和地点)中，它起到基础性的重要作用。这些记忆缺乏正式结构，而人们会将正式结构强加在某些记忆信息上，尤其是储存在语义记忆中的。

语义记忆(semantic memory)是指借助于语言对单词、概念、规则和抽象思想的记忆。用塔尔文的话来说：

> 它是一部心理辞典，包括个体所拥有的结构化的知识——词汇及其他言语符号、意义和所指对象、它们之间的关系，以及规则、公式和操纵那些符号、概念、关系的运算法则。语义记忆并不登记输入信号的感觉特征，而是登记输入信号的认知参数。

当我们看到单词BLUE(蓝色)时，也许不是指记忆中单词使用的具体情节，而是指这个单词的一般意义。在日常谈话、问题解决以及阅读过程中，人们常从语义记忆里提取信息。人们快速连续加工各种信息的能力归因于语义记忆中检索加工的高效和信息的良好组织。

语义记忆和情节记忆的差异不仅表现在内容上，而且也表现在它们的遗忘倾向上。当新信息持续进入时，情节记忆的信息会快速遗忘。提取过程本身是进入情节记忆的信息流的一部分。例如，让你计算37×3(这需要提取语义记忆中的信息)或让你回忆早餐你吃了什么(这需要提取情节记忆中的信息)，这时候，你必须首先让那些问题(也是事件)进入你的情节记忆中。你也可以在情节记忆中计算37乘以3和回忆早餐你吃的东西。情节记忆于稳定中产生结果(即发生了变化)，而语义记忆很少被激活，并在相当长的时间里保持相对稳定的状态。

恩德尔·塔尔文(Endel Tulving)假设存在两种记忆类型，即情节记忆和语义记忆，并证实每一种记忆由不同的脑区域负责。

塔尔文的记忆系统假设是对传统信息加工模型的挑战。在一篇题目为“有多少记忆系统?”(1985a)的论文中，他把记忆描述为由许多系统组成，每一个系统有不同的目的、按照不同的原则运行。系统和原则联合组成了所谓的记忆。让我们仔细思考这个挑战性假设。

单一记忆系统或多重记忆系统。这一章中我们已经看到，记忆领域中记忆系统的数量是对观察资料进行解释的必然产物，其范围从一种变化到许多种。塔尔文提出了我们应该考虑多重记忆系统提法的五个理由：

1. 迄今还没有人对记忆作为一个整体进行深刻的概括。
2. 记忆的发展是一个长期的进化史，而且具有不均衡的特点。人类记忆既是一种自然现象，也反映出它自身的进化奇特性。
3. 脑功能研究已经表明，不同脑机制的存在是不同类型环境刺激的结果。
4. 我们有关心理加工的大部分假设是错误的，它们将会被更好的理论代替。
5. 记忆和学习过程在深层次上的不同(例如，对倒置透镜的自动适应和记住一位好朋友的葬礼)是记忆单元理论看法所无法解释的(1985a, p. 197)。

依据塔尔文的思想，最能解释人类生物复杂性和适应性的记忆系统是三分系统：程序记忆、语义记忆和情节记忆(另两个成分已经在前面介绍过了)。

记忆系统

记忆理论认为，情节记忆和语义记忆是人类五个主要记忆系统中的两个，因为存在合理充分的证据。其他三个记忆系统是程序记忆、感觉表征记忆和短时记忆。虽然每个系统都有其他系统所没有的特定的功能……但几个系统在日常生活和记忆实验任务中通常是相互作用的。

——恩德尔·塔尔文(1993)

一般认为，这三个系统是按单一等级排列的。最低级的系统是程序记忆，它包含另一个系统，作为单一实体的语义记忆。语义记忆包含情节记忆，情节记忆是它的一个独立的专门化的子系统。虽然每个较高级的系统都要依赖较低级的系统并被它们支持，但每个系统都有其独特的功能。

程序记忆是一种最低级的记忆形式，它保持着刺激反应间的联结，类似于奥克利(Oakley)提出的联想记忆；语义记忆具有对当前未出现的内部事件进行表征的独特功能；而情节记忆的独特功能是获得并保持个人所经历事件的知识。

塔尔文为记忆系统所提供的生理学证据支持他明确提出的语义记忆和情节记忆(见第二章的讨论；Tulving, 1989a, 1989b; Tulving et al., 1994)。他报告了两种不同类型的研究。在其中一类研究中，塔尔文描述了一位在摩托车事故中脑部受损的名叫K. C. 的个案(见标题为“K. C. 个案：情节记忆受损”的专题栏材料)。严重受损的脑区域包括左前顶区和右顶枕区。K. C. 患上了严重的健忘症，而且健忘症的类型也很典型。他很难记住日常的意识经历，他无法意识到“他做过或经历过的某件事”(1989a)。但是，他无心智障碍，能进行还算正常的谈话，能阅读和书写，能识别熟悉的物体和照片，能意识到自己在前一两分钟所做的事情。很明显，K. C. 在车祸中遭受严重损伤的脑部位与情节记忆密切相关，而语义记忆系统的损伤程度很小。

塔尔文的第二类研究是，通过测量局部脑血流量，揭示语义记忆和情节记忆发生的脑部定位。因为相关技术和研究结果在第二章和本章开头一小部分已讨论过了，故在这里就不重复了，只作简单概括。运用改进后的正电子发射层描术来测量脑血流量（可以把它解释为是神经活动位置的迹象），我们完全有可能绘制一张不同记忆活动的脑地图。当被试进行语义记忆时，特定脑区域会"亮起来"，尽管情节记忆活动会引起皮层上其他区域的激活。

记忆的联结主义模型：拉梅尔哈特和麦克莱兰

塔尔文用他所提出的记忆研究方法，发现了神经活动和记忆类型之间的直接关系。拉梅尔哈特、麦克莱兰和其他人(1986)所建立的联结主义模型，也涉及神经激活，并想基于对类似神经元的加工单位更细微的分析来描述记忆。进一步地，塔尔文模型建立在对大脑活动的观察的基础上，而联结主义模型建立在控制记忆中知识表征的规律的基础上。记忆的联结主义模型的另一个特征是它并不仅仅是一个记忆模型，也是一个行动和知识表征模型。联结主义模型的基本原理在第一章已经介绍过了。

K.C.个案：情节记忆受损

1980年秋天，多伦多城的一位30岁男子（文献中被称为K.C.），在下班回家的路上遇到严重的摩托车事故。这次不幸的车祸反倒为心理学语义记忆和情节记忆脑组织的研究提供了一个活生生的事例。车祸导致K.C.虽能知道许多事情但并不能记住任何事情。

K.C.会下棋，但无法忆起和谁下过棋

情节记忆储存的是个人经历方面的信息，使得我们返回到过去的时光。假如让你尽力回忆你昨晚看的电影，你所利用的就是情节记忆。

就通常意义而言，语义记忆使我们消化知识、信息。当你思考你已知的事情时，例如，经济条件对政治候选人的影响，或如何下棋，这时你正在运用语义记忆。

K.C.好像有语义记忆但无情节记忆。例如，他知道他们家有一座避暑的小别墅，并知道别墅在哪里，他甚至能在地图上指出它的位置。他知道他在那里度过好几个周末，但并不能记起某一次他在别墅时的情况，或者在那里发生的某一件事。他会下棋，但对以前与任何一个人下棋的情景都回忆不起来。他知道他有一辆汽车，知道它的构造和使用时间，但并不知道他任何一次的驾车旅途。同样，他缺乏预测自己未来的能力。K.C.的认知世界似乎冻结了，他不知道过去，也无法预见未来。

联结主义模型的一个基本假设是，心理加工的发生是依赖一个彼此高度联结的单元所构成的系统，该系统具有不同激活值，并与其他单元交流。单元只是加工元素，它们是对事物本质的可能性假设，例如字母的排列、句法规则、目标或行动(例如，在键盘上打字或在钢琴上弹奏音符的目标)。可以把单元比作原子，因为双方都是更复杂结构的“建筑石料”，并与其他“石料”结合成更大的网络。大脑中的神经元是一种类型的单元，它以平行加工模型与其他神经元结合形成一个更大的系统。单元被组织成模块，就像原子被组织成分子一样。图8.12显示了一个简单的信息加工模块。在这个

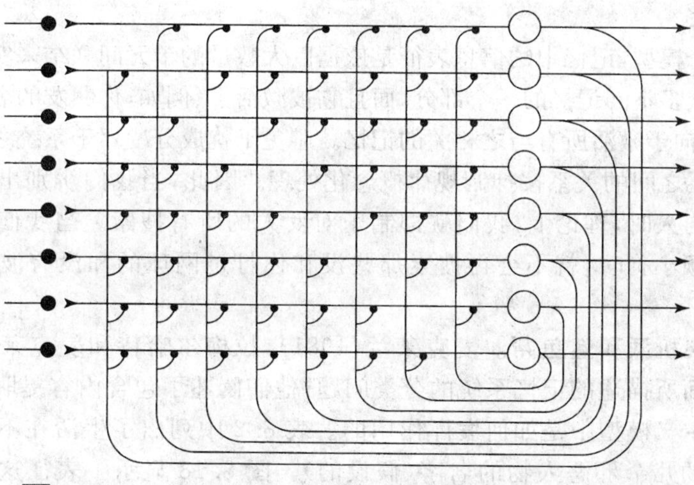

图8.12 一个加工模块的简化版，它包括8个加工单元

输出线的分支表明，每个单元与其他所有单元相联结，输出线又绕回通向每个单元的输入线上。

资料来源：McClelland & Rumelhart, 1985。

相当简单的模块示意图中（事实上，每个模块的单元数量将会从几千变为几百万个），每个单元通过输入线从其他模块（左）中接收信息，并且在加工完之后，通过输出线把信息传递到其他模块中（右）。

这个模型中，接收到的信息在整个模型中流动，当它通过时会在身后留下痕迹。在模型中不同神经元间的联结强度（有时被称为权重）对应的痕迹有所变化。一个记忆痕迹，例如朋友的名字，也许分布在许多不同的联结中。信息的储存（例如，朋友的名字）被认为是内容的提取地址——也就是说，依据信息的特征，我们能通达记忆中的信息。假如让你看看朋友的照片，或者告诉你他生活在哪里，或者描述他在干什么，你就能想起朋友的名字。你可以用所有的那些特征来通达记忆中的名字。当然，有些线索比其他线索的效果更好。

即使记忆很抽象，它仍然与真实生活密切相连。继续看一下回忆朋友名字的例子，假如我问你："和你打网球的那个男人叫什么名字？"这个问题至少有两个内容提取地址线索：男人和打网球的同伴。假如你一直只和一个人打网球（并且你知道他的名字），那么，这个问题的答案就容易了。假如你有许多打网球的男性同伴，那么找出问题的答案就不太容易了。其他信息（例如，那个长着胡子、左撇子、穿红色短裤的家伙、服务殷勤的花花公子，带着一只波士顿狗的小伙子，等等）可能会有利于你的信息搜寻。假如将所有那些特征联结在一起组成仅有的一个人：和你打网球的那个男人留着胡须、是左撇子、穿着红色短裤、热情服务、带只小狗，这样一来，你的搜寻范围就变得非常小了。你也许认识几个既服务热情又长胡须的人。假如那是事实，那你就可能回忆起其他名字，而非目标名字。但是，假如信息的种类是具体的、相互排斥的，那么信息提取就可能准确。记忆的联结主义模型的模块化概念如何能使那些干扰成分彼此不相互冲突？

依据这个模型，记忆中的信息表征是依据巨大数量的单元间联结来实现的。假如某个属性是众多不同记忆的一个部分，而且它被激活了（例如，你朋友的名字是什么），那么，这将倾向于激活所有与之相关的记忆。避免干扰成分凌驾于系统之上的一个方法就是将单元之间的关系按抑制规律概念化处理。因此，当我们辨别出和你打网球的那个人是男人时，理论上，我们就抑制了对女人的所有搜索。当我们再想到他带了一条波士顿小狗时，就不会再搜索那些没和你打过网球的和没有波士顿小狗的人了。

喷气式飞机派和鲨鱼帮。麦克莱兰（1981），拉梅尔哈特和麦克莱兰（1985）一直在研究前面所描述的记忆系统的分类问题，他们阐述了包含内容提取地址的记忆系统在联结主义模型中是如何发挥作用的。表 8.2 中列出了生活在不良邻里环境下（虚构的）的几个邪恶人物的名字（假设的）。图 8.13 显示了表征这种信息的单元子集。

图中，外围组包含了相互排斥、各自独立的信息（例如，阿特不能是里克）。所有的人物特征在彼此激活的网络中联结着。假如网络工作顺利，也就是说，假如单元之间的联结被建立起来了，那么，我们就能检索到一个既定个体的特征。

表 8.2 喷气式飞机派和鲨鱼帮两帮成员的特征

名字	帮派	年龄	受教育情况	婚姻状况	职业
阿特	喷气式飞机派	40 多	初中	单身	毒贩
阿尔	喷气式飞机派	30 多	初中	已婚	盗贼
萨姆	喷气式飞机派	20 多	大学	单身	赌赛马的
克莱德	喷气式飞机派	40 多	初中	单身	赌赛马的
迈克	喷气式飞机派	30 多	初中	单身	赌赛马的
吉姆	喷气式飞机派	20 多	初中	离婚	盗贼
格雷格	喷气式飞机派	20 多	高中	已婚	毒贩
约翰	喷气式飞机派	20 多	初中	已婚	盗贼
道格	喷气式飞机派	30 多	高中	单身	赌赛马的
兰斯	喷气式飞机派	20 多	初中	已婚	盗贼
乔治	喷气式飞机派	20 多	初中	离婚	盗贼
彼德	喷气式飞机派	20 多	高中	单身	赌赛马的
弗雷德	喷气式飞机派	20 多	高中	单身	毒贩
吉恩	喷气式飞机派	20 多	大学	单身	毒贩
拉尔夫	鲨鱼帮	30 多	初中	单身	毒贩
菲尔	鲨鱼帮	30 多	大学	已婚	毒贩
艾克	鲨鱼帮	30 多	初中	单身	赌赛马的
尼克	鲨鱼帮	30 多	高中	单身	毒贩
唐	鲨鱼帮	30 多	大学	已婚	盗贼
内德	鲨鱼帮	30 多	大学	已婚	赌赛马的
卡尔	鲨鱼帮	40 多	高中	已婚	赌赛马的
肯	鲨鱼帮	20 多	高中	单身	盗贼
厄尔	鲨鱼帮	40 多	高中	已婚	盗贼
里克	鲨鱼帮	30 多	高中	离婚	盗贼
奥	鲨鱼帮	30 多	大学	已婚	毒贩
尼尔	鲨鱼帮	30 多	高中	单身	赌赛马的
戴夫	鲨鱼帮	30 多	高中	离婚	毒贩

资料来源：McClelland，1981。

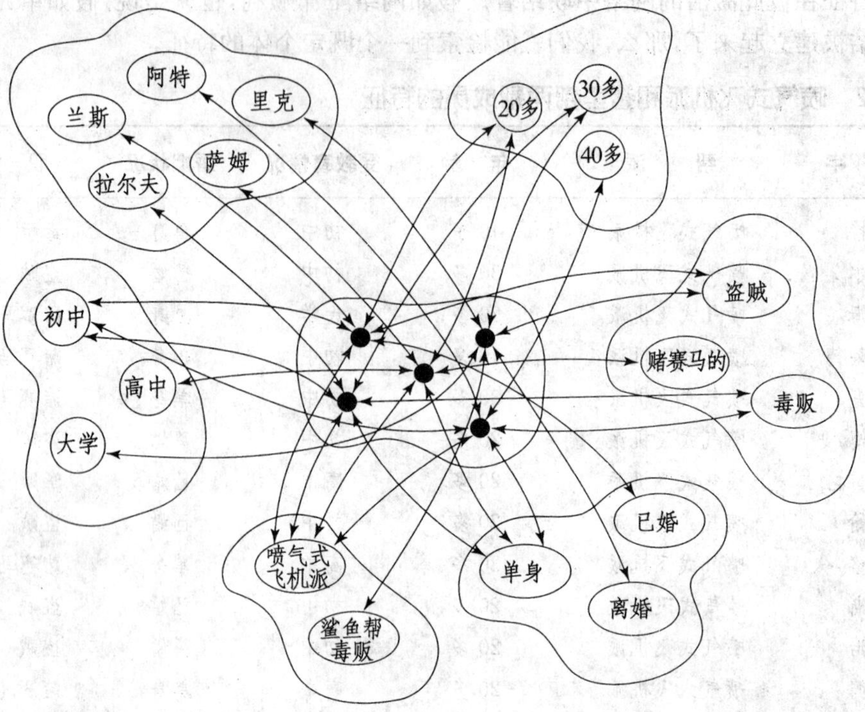

图8.13 一个用来说明表8.2中人物特征的单元和联结的例子

双向箭头表示各单元之间相互激活。每一云状图内部的单元是相互独立的(也就是说,其中的成员不同时属于喷气式飞机派和鲨鱼帮)。

资料来源：McClelland，1981。

假如你想检索拉尔夫这个人的特征,那么通过检测拉尔夫的信息系统(系统中只有一个拉尔夫),就会回忆起他属于鲨鱼帮,他13岁时上初中,单身,是个毒贩子,实际上,我们已回忆起拉尔夫的表征。换句话来说,拉尔夫就是这个样子。但是,假如换一个角度,我们在信息并不完全的条件下通达这个系统,就会得到一个模糊的结论。例如,假如我们寻找一个人,他属于鲨鱼帮,是30多岁,上过初中,单身,就会检索到两个人的名字——拉尔夫和艾克。这个例子中,我们需要更多的详细信息才能具体判断是谁(凭借相似的包含和排除网络警察进行调查)。

记忆的联结主义模型的一个功能是,它可以解释复杂的学习和我们在日常生活中用到的记忆类型。那些过程可能涉及范畴学习或原型形成(见第五章),但与本章开头报告的艾宾浩斯最早采用的对无意义音节学习的研究相关更大。

男孩和他的狗。下面的原型学习例子是麦克莱兰和拉梅尔哈特(1986)提出的。给一个小男孩看许多不同的狗,每只狗仅看一次,而且每只狗有一个独特的名字。所有狗的特征都不太相同，但可以把它们看做同一种原型狗的不同变化，原型狗是“狗类”的缩影。就像在索尔索和麦卡锡研究中的原型面孔一样，通过有关样本面孔的经验形成原型面孔的概念(见第四章)，男孩依据样本狗的经验形成了对原型狗的记忆。和面孔研究一样，男孩可能会认出原型狗是狗的一种，即使他从未见过它。当然，即使男孩刚刚看到的狗大部分仍在他的记忆中，他也不可能记住每一只狗的名字。原型形成的联结主义模型所提供的基本原理与喷气式飞机派和鲨鱼帮个案中的成员有点儿相似。在男孩和他的(原型)狗研究中，联结主义模型认为，男孩每次见到一只狗，在模块的几个单元之间就出现一个视觉模式的激活。与之相对照，狗的名字产生了激活的还原模式。所有样本狗特征的联合激活加起来就形成了狗的原型，它可能是一种稳定的记忆表征。因此，比这里介绍的模型越详细具体，似乎越能相当好地说明这种记忆形式。

在过去几年里，记忆的联结主义模型已经赢得了许多追随者。它广泛流行的部分原因应归功于其精致的数学模型、与神经网络的关系以及解释各种记忆形式的灵活性。

总结

1. 赫尔曼·艾宾浩斯的记忆实验是对记忆现象最早的、精细的科学解释。
2. 威廉·詹姆斯早期对初级记忆和次级记忆所作的划分是现代双重记忆理论的先驱。
3. 现代脑成像技术(例如正电子发射层描术)在识别与记忆相关的具体脑结构中发挥着作用。
4. 记忆的认知神经研究表明，大脑皮层、小脑和海马都与记忆的储存和加工有关。
5. 生理学的(如电痉挛休克)、临床的(如健忘症)和行为的(如自由回忆)研究为两种记忆储存的存在提供了证据。
6. 最早的现代双重记忆模型是由沃和诺曼提出的，他们也证实了短时记忆的遗忘更多是因为干扰，而非衰退所致。
7. 阿特金森和谢夫林提出的记忆的信息加工模型中假想了一些固定的记忆结构，每个结构包含许多子系统和可变的控制加工过程，这些过程的激活是由任务的要求特征决定的。
8. 加工水平理论认为，记忆是输入刺激分析后的一种副产品，所产生记忆痕迹的永久性是分析深度或复杂性的函数。
9. 正电子发射层描术的数据分析表明，大脑左前额区与深加工有关。
10. 信息加工模型、加工水平位置的研究在结构、过程的重要性和复述性质的主张上不一致。信息加工理论一般强调结构和维持性复述，而加工水平位置理论强调加工和精细复述。

11. 塔尔文强调，记忆是一个多重系统，包括系统和规则两部分，并提出记忆的三分法，即程序记忆、语义记忆和情节记忆。最近的研究表明，语义记忆、情节记忆与大脑的定位活动相关。
12. 记忆的联结主义模型假定，加工单元与神经元的活动相类似。包含记忆在内的心理加工过程是通过单元间相互联结的一个系统发生的。

第四部分

心理表征：记忆和表象

第九章 知识表征

问题预览

1. 为什么词和语言的研究会成为感兴趣于知识及其表征的心理学家们热衷的论题？
2. 以下模型有什么特征——集理论模型、语义特征比较模型、网络模型、命题网络、认知神经模型？
3. 什么是语言模糊性？请举出日常生活中的一个例子。
4. 激活扩散理论的主要特征是什么？在启动效应中它是如何预测结果的？
5. 陈述知识和程序知识的区别。
6. 关于记忆的结构健忘症病人的研究告诉我们什么？
7. 在PDP模型中知识是怎样被表征的？

如果我身处在造物时代，为使宇宙的秩序更好，我会给出许多有益的提示。

——阿尔芬斯·T·怀斯(Alphonse the Wise，1221～1284)

你就是你所了解的。

——阿尔伯特·爱因斯坦

这一章讨论知识表征，在某种意义上，知识表征是认知心理学中最重要的概念。有些人甚至更大胆地主张"科学就是有组织的知识"（Spencer，1864/1981）。在讨论知识之前——知识也是哲学家、理论家和诗人们钟爱的主题——理解心理学家如何使用这个常有模糊感的术语是很有必要的。知识就是"记忆中存储、整合、组织化的信息"。信息，正如我们在前几章中所了解到的，来自感觉，但它与知识不一样。知识是有组织的信息，具有组织的信息系统或网络的一部分，从某种意义上说，知识是信息的整合。这一章我们集中讨论语义信息的表征，因为它仍然是该领域中的主要论题。此外，我们还将介绍近期出现的一些论题，它们将改变我们对知识如何在记忆中表征和存储的认识方式。这些论题包括认知神经和联结主义。

语言和知识。广泛研究词和语言的一个原因是：人类单词的发展程度是远远超出其他物种的，因此，该属性起到实现种系分类的作用。有人估计，如果一个人所知道的词义数量在 20 000 至 40 000，那么识别记忆将数倍于这个数字（Baddeley，1990）。另一个原因，对认知心理学而言是最重要的，语义组织使人们能识别出记忆中存储的是什么类型的事物，存储在意识中的事物是如何与其他实体保持联系的。当然，对认知心理学家来说，词本身就像研究示波器上显示的尖波一样无趣。词的活力不是来源于其自身的价值，而是来自它们所反映的概念和关系，并使得事实和知识结构具有生动意义。通过研究词语在记忆中的表征方式，我们能对知识表征的三个成分——内容、结构和加工过程有所了解。

语义组织

在聚类模型（clustering model）中，语义组织一般被概念化为意义相近元素的组群或群集——例如里根、克林顿、布什、尼克松、卡特、肯尼迪都是总统，克林顿、卡特、肯尼迪是民主党总统，里根、尼克松、布什是共和党总统。更复杂的语义模型涉及概念间的关系（例如克林顿是州长，克林顿是民主党人士，克林顿有鼻子）。

思考论证：语义知识的范围

阅读句子："去年夏天查理在卢浮宫看到了蒙娜·丽莎。"对这句话你会怎样理解？

1. 蒙娜和查理在路左边银行的露天咖啡厅一起喝咖啡了吗?
2. 蒙娜对查理微笑了吗?
3. 查理在巴黎参加晚宴了吗?
4. 查理有法币吗?
5. 查理是男性吗?

从这几个简短、不复杂的句子中可以推断出大量信息,并且你的推论(正如你对以上问题的回答)很可能与其他人的非常相似。

现在,仔细听别人说出的一个简单句子,并且根据记忆中词汇存储的方式分析它。哪种语义记忆模型符合你的观察呢?

表 9.1 知识组织:"珍妮佛(Jennifer)和朋友一起打篮球。"在记忆中知识可能以许多种不同的方式被表征,包括:关系、词汇表征、命题关系、表象以及神经学成分。

关系	词汇表征	命题关系	表象	神经学成分
行为	珍妮佛=女人 打=行为 篮球=名词,运动	打(行为)[珍妮佛(行为者)篮球(对象)]		视觉皮层和联合皮层。也许还有运动区。
属性	珍妮佛是一个女人,她是高的,她是活跃的。	珍妮佛是一个女人。 珍妮佛是高的。 珍妮佛是活跃的。		视觉皮层和联合皮层。也许还有负责面孔识别的右顶区。
空间特性	珍妮佛拿着篮球。	珍妮佛的手里拿着篮球。		视觉皮层和联合皮层,以及运动区和皮层感觉区。
类型成员	珍妮佛属于以下类型:女人,打篮球的人,高个子的人。	珍妮佛是女人类型。珍妮佛是打篮球人的类型。		联合皮层。

联想主义者的研究

组织变量：鲍尔

戈登·鲍尔在记忆、记忆术、数学心理学和语言加工研究中获得了重大发现。

记忆中组织因素的研究受到戈登·鲍尔及其合作者(Bower,1970a,1970b;Lesgold & Bower,1970;Bower et al.,1969)的系列论文的影响。依据现代认知心理学理论，鲍尔以传统的和现代的两种方式使用组织因素。正如过去的研究，鲍尔试图证明结构化组织对自由回忆的影响。鲍尔认为记忆中语义实体的组织对记忆和回忆的影响力比以前所证明的要大得多。在一个实验中，鲍尔研究小组通过建立几个概念等级观察到回忆中组织变量的潜在影响(Bower et al.,1969)。关于“矿物”一词的概念层次如图 9.1 所示。

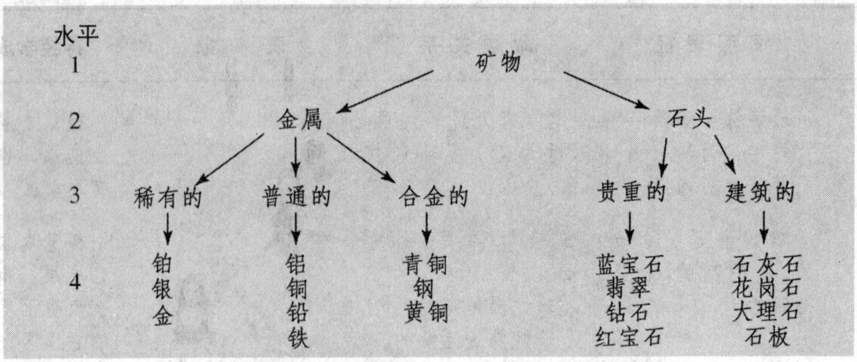

图 9.1　“矿物”一词的概念层次

资料来源：Bower et al,1969。

这些以及其他更多的实验在人类智力功能的朴素观点与无穷联想网络的预测观点之间架起了一座桥梁。

你的前额皮层无损吗？命名你在超市买到的东西

元认知：控制与组织思维

在我的实验室里，我一直对监督思维和记忆的前额皮层上的一个区域感兴趣，这一区域被称为背腹侧前额皮层。以心理学术语来说，我对元认知感兴趣。元认知指监督、控制和组织心理活动(即认知)的能力。在许多事例中，人们的认知操作只受到很小程度的监控或干扰。例如,你能毫不费力地告诉我你上一餐吃的是什么。但是,如果我问3天前你午餐吃的是什么,这时该任务就包括对过去几天活动的心理监控和组织信息的努力。也许,你检索出那天你是和某个同事一起用餐,并由此想出那天吃的是什么。在这类记忆检索的例子中,显然包括许多监督、控制和组织的心理活动,这也有可能是你的前额皮层在试图检索信息。

背腹侧前额皮层受损的病人,其监督、控制思维和记忆的能力受到严重损害。我过去研究过的中风病人,中风使他们左半球或右半球上的脑区受损。这些病人的监控严重受损,但还没有严重到影响日常生活。事实上,这些病人具有正常的智力和社会技能。但是,在要求具有较高元认知控制的测验中就可以看出他们的不足。例如,以上你被问到的关于3天前午餐吃什么的问题,在回答这个问题时你必须将思维集中在某些过去的生活事件和情景上。自传体式的时间线索建构要求将记忆组织成一个以地点和时间为参考的事件顺序表。背腹侧前额皮层受损的病人建构事件线索的能力受到了严重的损害,因此,他们在决定过去事件发生的顺序时常有困难。

亚瑟·P·岛村(Arthur P. Shimamura)创造性地将认知研究与神经科学结合在了一起。

除了难以将思维置于现实情境中的问题之外,这类病人在将思维置于语义或基于知识的情境中也有困难。例如,对这类病人来说,列出某个范畴中的实例(例如,为你在超市中可能买到的东西命名或为你所知道的所有职业命名)就是一个特别困难的任务。思考一下这项任务对元认知的要求。在检索出一些显而易见的例子后,有必要监控这些你已经报告出的例子,控制或抑制这些例子再次被报告,组织你的思维以产生其他的新异例子。在这个测验中,病人们的表现就好像他们的监控能力受到了破坏——他们常常只能检索出少量最明显的例子,并喋喋不休地把一些例子一再重复。因此,元认知控制在评价(监督)思维以及控制任务要求时是必需的。

语义记忆:认知模型

前几节描述的语义组织的观点都受到联想主义的支配,该学说认为心理现象间存在功能联系。近年来,语义记忆的研究方法已经从联想观点转向了认知观点。认知观点假设,精细的认知结构表征记忆中的语义信息组织方式。在下一部分,我们将回顾一些认知模型。

集理论模型

在记忆的集理论模型(set-theoretical model)中,语义概念以元素集或信息集来表征。该模型与聚类模型不同,词所包含的概念可以在长时记忆(LTM)中表征,不仅包括概念样例还包括其属性。因此,鸟的概念可能包括各种鸟类——金丝雀、知更鸟、鹰、鹪鹩等——还包括概念的属性——会唱、会飞、有羽毛。在集理论模型中,记忆由许多属性集组成——或者,更准确地说,由各个词汇实体表征的事件、属性和联想的集合所构成。而且,信息提取涉及确认,即,搜索寻找两个或更多信息集以发现其中的交叉样例。

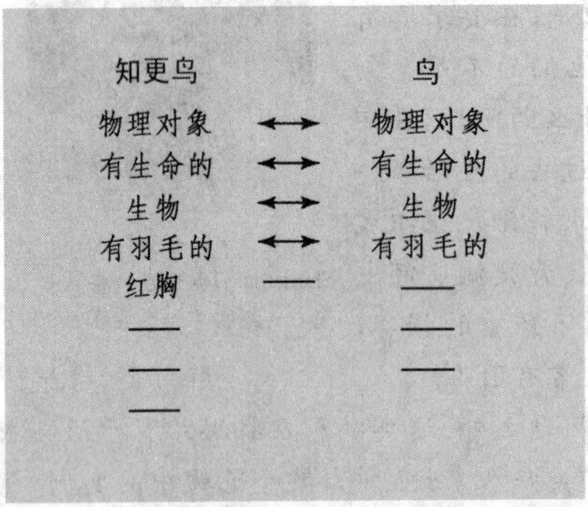

图9.2 高重叠度的两组集(鸟和知更鸟)的属性

在其最简化的形式中,命题(例如,“知更鸟是鸟”)的验证只需对集(鸟)与集(知更鸟)之间的属性进行比较就可以完成。属性的重叠程度(见图 9.2)是描述命题有效性的基础。两个集之间的距离越远,做出判断的反应时就越长,许多网络模型中都有与该研究设想相一致的观念。

该模型检验了语义范畴间的两种逻辑关系:全称肯定(UA)和特称肯定(PA)。在 UA 情况下,一个范畴的所有成员都包含在另一个范畴中,表征为“所有的 S 都是 P”(例如,“所有的金丝雀都是鸟”);在 PA 情况下,一个范畴中只有某些成员属于另一个范畴,表征为“一些 S 是 P”(例如,“一些动物是鸟”)。陈述的有效性判断由语义范畴间集的关系决定。集的关系,或共同度,由两个命题共有样例的数量决定。例如,命题“一些妇女是作家”可以表征为“一些 S 是 P”,S 代表“妇女”,P 代表“作家”:

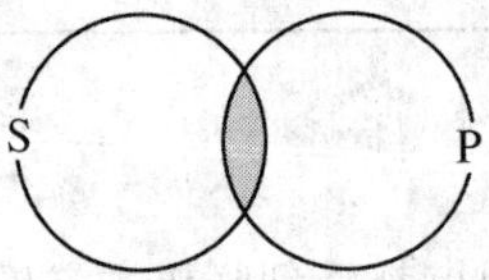

你可以认为这个图形是文恩图,以图解命题陈述。逻辑判断“所有的 S 都是 P(UA)和一些 S 是 P”的有效程度建立在重叠(阴影部分)数量或者它们共有样例的基础上。

为了更好地理解这个模型,设想这样一个典型的实验程序:被试坐在计算机屏幕前，屏幕上显示诸如此类的句子："所有的硬币都是便士"或"一些硬币是便士"，要求被试验证陈述的真伪。"一些硬币是便士"类型(PA)比"所有的硬币都是便士"类型(UA)陈述所需的反应时短(一种可能原因是，确认"一些硬币是便士"的句子将要求在记忆中搜索至一个便士是硬币的例子为止，即我们没有必要考虑所有的便士)。

语义特征比较模型

为解决其他模型预测不一致的情形，史密斯、肖本(Shoben)和里普斯(Rips)(1974)以及里普斯、肖本和史密斯(1973)提出了语义特征比较模型。语义特征比较模型与集理论模型拥有同样的集理论结构，但它们在许多重要的假设上大相径庭。第一个假设是"字词的意义不是不可分解的单元，而是能表征为一组语义特征"(Smith, Shoben & Rips, 1974)。任一单词的广泛特征沿着一个连续统一变化，从非常重要到无足轻重。例如，知更鸟可以依据特征描述为：有翅膀，两足动物，红胸，栖息在树上，喜欢吃虫，野生的，报春鸟。其中一些特征是关键性的定义特征(翅膀、腿、红胸)，而另一些只是特异特征(栖息在树上，喜欢吃虫，野生的，报春鸟)。史密斯及其同事提出，词汇单元的意义可以由本质的或定义的词[定义特征(defining features)]和其他一些非本质的或特异方面[特异特征(characteristic features)]来表征。

知识表征

知识表征的五种模型总结如下：

聚类模型

概念以聚类的方式组织。"无关"字词的自由回忆表明范畴相似的字词——骆驼，驴，马；约翰(John)，鲍勃(Bob)，汤姆(Tom)；卷心菜，莴苣，菠菜——一起被回忆。[鲍斯菲尔德(Bousfield)和鲍尔的研究值得注意]

集理论模型

概念在记忆中以集或信息集合的形式表征。集包括范畴的样例(例如，鸟类中包括知更鸟、鹪鹩、鹰等样例)还包括该范畴的属性或特征(例如，鸟以有翅膀、有羽毛、会飞等为特征)。[迈耶(Meyer)的研究值得注意]

语义特征比较模型

概念在记忆中以语义特征集的形式表征。词条意义将两种不同的特征联合在一起：(1) 定义特征，它是本质的组成部分；(2) 特异特征。[史密斯和罗施(Rosch)的研究值得注意]

网络模型

记忆中的知识作为独立单元在网络间彼此联系。字词的存储与复杂的网络关系有关,例如鸟和知更鸟依据它们之间的关系被存储,即知更鸟是鸟。特殊模型包括:(1) 柯林斯(Collins)和奎利恩(Quillian)的程序:可教会的言语理解模型(TLC);(2) 安德森和鲍尔的人类联想记忆(HAM)以及安德森的 ACT*(思维适应控制)。

认知神经模型

知识在神经网络组织中被表征。病理学研究,如对健忘症病人的研究已经完成[斯夸尔(Squire)]。知识存在于单元间的联系中(拉梅尔哈特和麦克莱兰)。

以"蝙蝠是鸟"为例。虽然鸟的一个定义特征是有翅膀,但严格地说蝙蝠不是鸟。不过蝙蝠会飞,有翅膀,看起来像鸟。不严格地说,蝙蝠是鸟。诸如从技术上说、不严格地说或者似乎是等术语都是语言模糊性的例子,我们通常用这些词来拓展概念的代表性。如在表 9.2 中,"真实陈述"可基于定义特征和特异特征两方面予以鉴别;"技术上说"的陈述只建立在定义特征上而不是特异特征上;而"不严格地说",可以建立在特异特征上而不是定义特征上(Smith et al.,1974)。命题(如"知更鸟是鸟")的有效性,在两类特征的范围内,更多的是基于重要的(定义)特征而非不太重要的(特异)特征。

表 9.2 语言模糊性的例子

模糊性	命题	谓词特征	
		定义	特异
(真命题)	知更鸟是鸟。	+	+
	麻雀是鸟。	+	+
	鹦鹉是鸟。	+	+
从技术上说	鸡是鸟。	+	—
	鸭是鸟。	+	—
	鹅是鸟。	+	—
不严格地说	蝙蝠是鸟。	—	+
	蝴蝶是鸟。	—	+
	飞蛾是鸟。	—	+

判断陈述效度的第一阶段是对两个词汇范畴(知更鸟和鸟)的定义、特异特征的比较。如果存在大量重叠,那么这个句子就是有效的。如果没有(或只有少量)重叠,这个句子就可以被判定为无效的。如果有一些重叠,二级搜索就被激活,在二级搜索中进行的比较是在两个词汇单元所共有的定义特征之间进行的。

罗施(Rosch)的研究也发现,一些成员比另一些成员更具有范畴典型性。例如,刀和步枪是典型的武器,蜡烛和俱乐部就不那么典型了,而拳头和脊椎骨就更不是武器了。罗施认为,物体在范畴典型性方面是不同的,其变化趋势可能会形成范畴原型。设想鸟类的有关情形。大部分人都同意知更鸟是鸟的一个代表性样例,而鸵鸟和鸡却不那么典型了。当我们使用鸟这个词的时候,一般是指与鸟的原型相似,或者是指类似于知更鸟的某种东西。为了验证这个观点,罗施(1977)向被试呈现了一些句子,这些句子中包括不同范畴的名称(例如鸟和水果),其中部分句子如下:

我看见一只鸟往南飞。

鸟吃虫子。

树上有一只鸟。

我听见一只鸟在我的窗台上叫。

然后罗施把范畴名称换成该范畴中的一个成员(例如鸟被换成知更鸟、鹰、鸊鷉、鸡),并要求被试评价句子的合理性。每个句子中,知更鸟被认为是有意义的,而鹰、鸊鷉和鸡的意义就不太合理了。范畴中的典型成员可能与该范畴的原型相似。

语义特征比较模型似乎能解释许多集理论模型无法解释的问题,但同时它自身也存在缺点。柯林斯和洛夫特斯(Loftus)(1975)批评其定义特征似乎具有绝对性。没有某个单一特征在事物的定义上是绝对的(例如试着以法律术语中的单一关键性特征来定义一部"忧郁"的电影)。即使金丝雀是蓝色的,或没有翅膀,或不能飞,但它仍是一只鸟——仅用单一特征不能定义金丝雀。被试在判断一个特征是定义的还是特异的时候似乎有困难。

尽管在集理论模型和特征比较模型间还存在未解决的矛盾,但这两个模型都以几个重要的方式促进了我们对语义记忆的理解。第一,它们为多维语义记忆提供了具体信息。第二,它们以语义范畴信息作为综合性的语义记忆理论的出发点,包括大量的记忆功能网络。第三,因为这些模型涉及复杂的记忆操作,就触及了知识表征性质的很多论题,知识表征的主要部分就是语义符号的存储问题和回忆的支配规则。

网络模型

柯林斯和奎利恩。早期由艾伦·柯林斯和罗斯·奎利恩提出的最著名的网络模型(network models),源于建立在计算机程序上的记忆组织的早期概念(Quillian,1968,1969)。该模型描绘出每一个词都可由记忆中其他单词按一定结构组成,任何单词的意义可在与其他单词的关系中得到表征(见图 9.3)。本例中,与金丝雀一起存储的是"会唱歌的黄色的鸟"。金丝雀是"鸟"(金丝雀到鸟的箭头所示)范畴或扩展集的成员,并且具有"会唱歌"和"黄色"的特征(如从金丝雀到这些特征的箭头所示)。在高一级的结点上,鸟的一般特征聚在一起("有翅膀","能飞","有羽毛"),信息不必在每一种鸟中都存储。相应地,鱼的信息(例如"能游泳"[1])存储在该结构的另一侧。"金丝雀能飞"的命题通过提取如下信息被证明是有效的:(1)金丝雀是其扩展集鸟的成员;(2)鸟具有能飞的特征。通过单一的而非冗余的要素,该语义记忆系统将信息存储的空间最小化。这类模型在计算机设计中被认为是经济的。

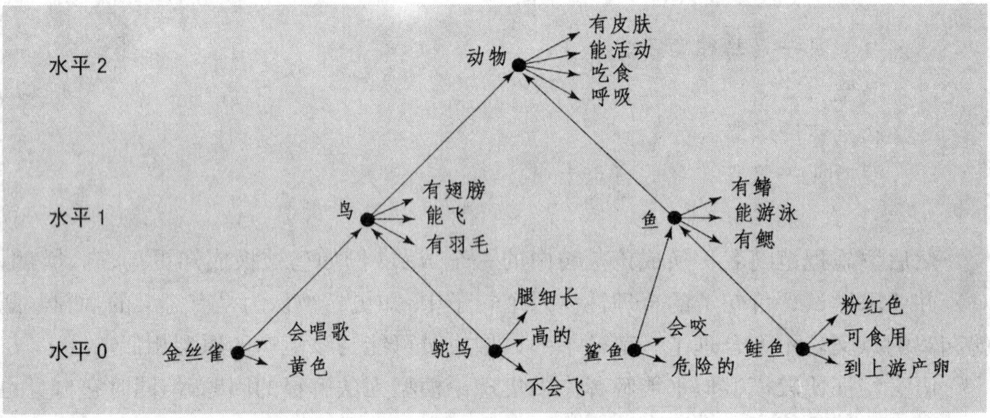

图9.3 假想的三级记忆结构

资料来源:Collins & Quillian,1969。

柯林斯和奎利恩的模型引人注目的一个特征是明确了从语义记忆中检索信息的方式。为了在记忆中搜索、验证某个命题(例如"鲨鱼能活动"),首先必须肯定鲨鱼是鱼,鱼是动物,而动物具有"能活动"的特征。这是一条相当曲折的路线。该模型的另一个假设为:各种结构内部的搜索都要消耗时间。柯林斯和奎利恩通过让被试判断句子的真伪较好地检验了该模型。因变量是验证句子真伪所需要的时间,自变量是语义记忆中项目间的接近程度。

柯林斯和奎利恩的模型认为,语义记忆由巨大的概念网络组成,概念由单元和特征组成,并由一系列联想结点相连。尽管有人在具体特征上批评该模型,如网络内部联系强度的变化的事实(例如,摔跤被确认为运动的从属集不如篮球那么容易)或某种联想违背了认知系统的经济原则,但是,人们均赞成修改系统而非抛弃它。此外,在其修改中,该模型为后续模型提供了"有力的跳板"。

正如我们看到的,我们已经从许多有利位置研究了记忆中知识的组织。其中一点

〔1〕 正如任何一个杰罗姆·克恩(Jerome Kern)歌迷所知道的"鱼能游,鸟能飞……"。

可以说明为什么我们能快速回答下列问题：

穆斯·乔(Moose Jaw)在哪里？
鱼有眼睛吗？
50 的平方根是多少？
哪位首相以他的日常穿着著称？
贝多芬(Beethoven)的电话号码是多少？
米克·贾格尔(Mick Jagger)的女儿叫什么名字？
为什么有那么多妇女穿高跟鞋？
苹果是豪猪吗？

你能回答其中多少个问题？你的回答有多快？是什么因素影响了你的回答？如果你具有相关的知识，一些问题的答案就能很快找到，而另一些则要多花一些时间，还有一些你不可能知道答案或答案很荒谬(最显著的一点就是，大多数人都能回答出一些问题，有些人的回答速度还很快)。哪种知识表征的模型可以解释这些差异呢？

激活扩散理论：柯林斯和洛夫特斯(1975)。艾伦·柯林斯和伊丽莎白·洛夫特斯(1975)建立的语义加工的激活扩散理论(spreading activation theory)日益显示出其重要性(尤其在联结主义者中)，还可参见 J. 安德森(1983b)。如图 9.4 所示，该模型建立在一个复杂的联想网络基础上，在这个网络中，具体记忆内容通过联想相互联结，这些内容及相关的概念分布在概念空间中。如图 9.4 所示概念“红”。连线长度表示概念间的联系强度。长线，如“红”与“日出”间的连线表明较远的联系；短线，如“红”与“火”间的连线表明较紧密的联系。在许多知识表征的模型中其核心思想是，观念是相互联系的，正如柯林斯和洛夫特斯的模型所揭示的。如果再多一点想象力，我们就能设想出一个能体现该模型诸多特征的神经网络系统。

在柯林斯和洛夫特斯的模型中，概念间存在扩散激活，它可以解释启动实验结果(在呈现相关词或启动词后能使词或概念更容易通达的效应)。例如，如果我给你呈现绿色，你可能会比在没有提供启动的情况下更快地识别“绿色”这个词。此外(Solso & Short，1979)，如果你看到绿色，对与之相联系的，例如“草”的识别也加快了，甚至更远的联系也可能被激活了，例如激活扩散可能延伸至联想词的联结。在上面的例子中，“绿色”启动了“草”，而“草”可能启动了“草地”，即使“绿色”和“草地”仅仅通过“草”来联系。

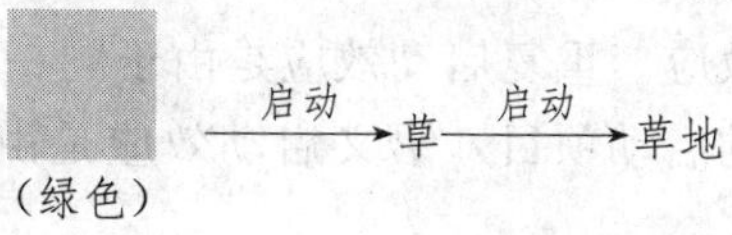

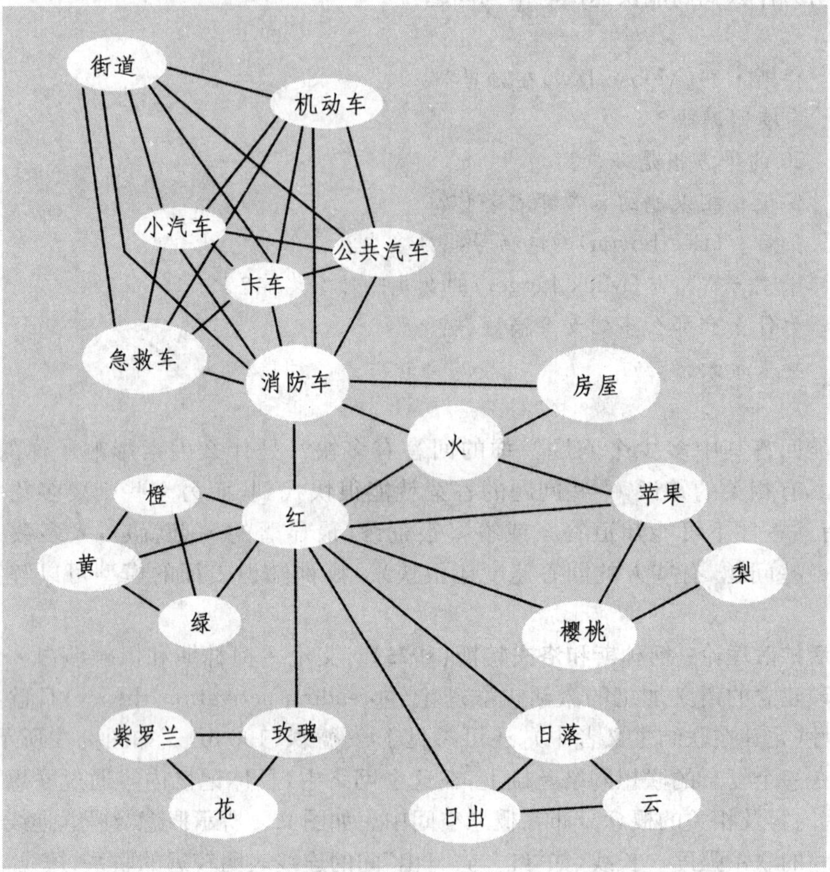

图9.4 语义加工的激活扩散理论

椭圆形表示概念，连线表示联系。连线的长短表示两个概念之间联系强度。以大量复杂的联系网络表征知识的假设是众多认知神经网络模型的关键所在。

资料来源：Collins & Loftus，1975。

在这样一个广泛分布的激活网络中，对绿色启动"草地"（通过"草"）的能力的估计被认为是所有竞争性联想词的代数和，并且某种努力已经指向了这个终点（Kao，1990；Kao & Solso，1988）。

神经成像技术和路径激活。除了路径激活的传统行为主义研究之外，近期一些研究利用先进的神经成像技术表明，词汇的结构、语音和语义编码的神经激活区域是彼此分离的（Posner et al.，1988；Posner & Rothbart，1989）。波斯纳及其同事区分出了重复启动效应和语义启动效应。重复启动效应是由于同一个项目重复两次（如给被试呈现绿色作为对同种颜色的启动项目），语义启动效应是由于呈现的启动词和目标词之间存在语义相关(如在绿色后呈现"草地")。行为主义研究已经表明,两种启动都是有效的,并且都是自动发生的,即没有意识控制或知觉。这些加工是由大脑不同区域管理的吗?

彼得森及其同事(1988)使用正电子发射层描术(详见第二章),为测量与不同语义任务相关的神经活动现象而对大脑皮层局部血流量进行评估。他们发现,词的视觉形式激起腹侧枕叶皮层活跃,而大脑左外侧参与语义任务。即使当被试处于被动状态,例如仅是看着单词时,词的形式也似乎会引起相应区域的激活。只有当要求被试积极加工单词,例如要求被试默读单词或分类时,语义区域才会被激活。这些研究表明,视觉的词形式是自动的并且通常是独立于注意的,而语义启动——粗略描绘知识表征总体属性的一类东西——似乎受注意因素的影响很大,这似乎与行为主义研究的发现相接近,也接近于近期我们由脑血流、脑皮层研究所获得的发现。除了检验认知的神经基础,这些研究还告诉了我们关于注意因素和知识表征之间的更多可能关系。

命题网络

用命题表征语义知识是最古老又最年轻的一种研究方法。复杂思想能利用简单联系来表达的观点是古希腊哲学思想的核心,也是 19 世纪联想主义的基本假设,在当代认知理论家中也受到极大青睐。安德森(1985)将命题(proposition)定义为"能表达一个独立主张的知识的最小单元"。命题是意义的最小单元。许多理论家都认同这个命题知识表征的概念(Anderson & Bower,1973;Anderson,1976,1983a;Kintseh,1974;Norman & Rumelhart,1975),但他们对概念的解释略有不同。

约翰·R.安德森建立起具有影响力的联想记忆理论(HAM,ACT*)。

HAM 和知识表征。即 HAM,语义联想网格,又被称为人类联想记忆,安德森和鲍尔将 HAM 中的知识表征视作认知心理学的一个基本问题:

> 现今认知心理学家面临的最基本的问题是,如何从理论上表征人们所具有的知识:基本符号或概念是什么,它们是如何联系的,它们是如何连接起来并建构出更大的知识结构的,这种"信息档案"是如何获得、搜索并最终被用于解决人们日常生活中的琐事的。(p. 151)

为了找出日常生活问题与知识表征的关系,他们使用了命题,命题是对世界本性的陈述或主张。命题是一种类似句子的抽象,是一种将思想或概念联系在一起的间接结构。命题多数是由语义样例来说明,但记忆中的其他形式的信息,例如视觉表征,也能通过命题来描述。

长时记忆(LTM)的目的是记录关于世界的信息并通达所存储的信息。在命题表征中,记录信息的基本结构是主语-谓语结构,简单的陈述句就可以说明这点:

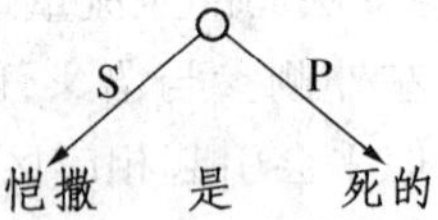

句子"恺撒是死的"的表征包括两个成分,主语(S)和谓语(P),它们都萌生于一个"事实结点",事实结点陈述的是一种观念。

许多复杂的句子,例如"戴安娜嫁给查尔斯"包含一个主语、一个动词、一个宾语(O)和一个与可改动从句间的关系(R),在 HAM 中以如下方式表征:

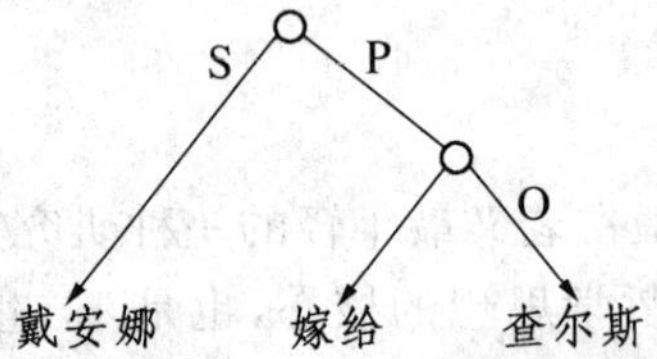

许多句子还涉及上下文,例如,"晚上在公园里嬉皮士感动了初入社会的少女"(来自安德森和鲍尔)。这里,时间(T)、地点(L)和上下文(C)附加在事实观念(F)的陈述上。树形结构的分支通过概念结点联结在一起,在对句子编码之前结点被假设为预存在记忆中。结点表示概念之间的线性联系,因此,对一个具体事实的理解可能取决于与其他概念事实的关系。

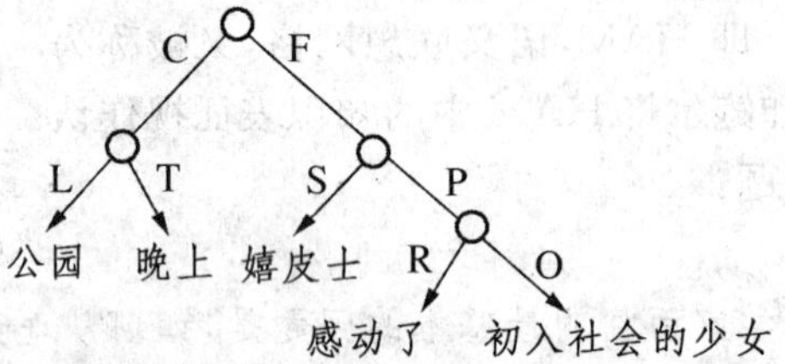

在越来越复杂的结构网络中,基本内容都是"交织"在一起的,但它们都能被分解为从一个结点出发的两个或更少的项目集。

ACT*。HAM 是由安德森和鲍尔(1973)提出的一个基本的联想主义模型。安德森还提出了一个称为 ACT 的综合模型。它最终让位于 ACT*[读作"act star(行动之星)"],ACT* 是指思维适应控制(adaptive control of thought),是 ACT 系列模型中的最后一个。通过描述它的一般框架(见图 9.5),我们开始探讨对这个具有影响力的理论。来自外部世界的刺激经过编码进入工作记忆并在系统周围旋转;以"执行”形式输出，并在许多行为中外显出现。信息“在系统周围旋转”时所发生的事是有趣的。

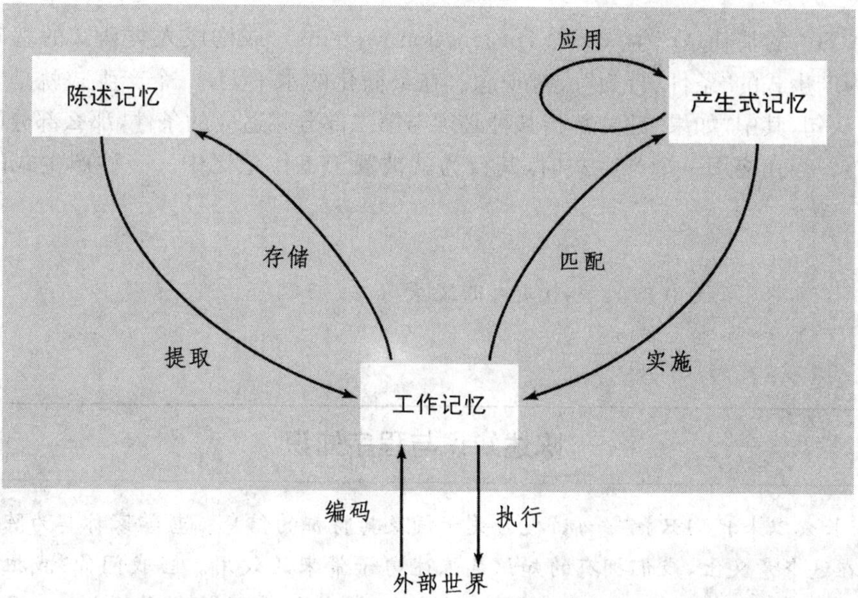

图9.5　ACT* 产生式模型的一般框架，这个模型标示出主要部分及其内部关联的加工

资料来源：Anderson，1983a。

在这个框架中有三种记忆：工作记忆、陈述记忆和产生式记忆。

工作记忆是一种积极的短时记忆，包含系统能在当前通达的信息、能从长时陈述记忆中检索出的信息。从本质上说，工作记忆是活跃的记忆，如图 9.5 所示，它是绝大部分加工的核心。

陈述记忆是人们加工外部世界所产生的知识(例如知道好酒产自于加利福尼亚州和法国，或者能回忆出上次认知心理学课的许多内容)。在安德森看来，情景的和语义的信息似乎都包括在陈述记忆中。知识的陈述表征以组块或认知单元的形式进入系统，组成诸如命题(如，“Beth 爱 Boris”)、串(如，“一，二，三”)或者空间表象(“一个圆形在一个方形的上面”)。通过工作记忆，新信息以这些基本成分存储在陈述记忆中。从陈述记忆中检索出的信息进入工作记忆，这与从计算机的永久记忆中提取信息相似——存储于计算机硬盘中的信息被暂时提取到工作记忆中而得到加工。

产生式记忆(production memory)是该系统最后一个主要部分。产生式记忆与程序知识非常相似，但程序知识只是指操作所需要的知识，如系鞋带、做数学题或在餐馆里订餐。程序知识与陈述知识的区别在于知道怎样和知道什么(在讨论知识时通常使用陈述表征与程序表征的概念,但在本章的后半部分我们拓展了这些概念。)

ACT* 的基础是产生式系统(production systems),或构成人类认知的基础是一组称为产生式的"条件-行为"成对观念。在最简化的水平上,一个产生式就是"如果-那么"从句,其中"如果"部分特指某种必须与第二部分相适应的条件,那么部分则是即将实施。当在应用一个产生式时,其行为就被置于工作记忆中。一种产生式的规则如下:

如果 a是b的父亲,b是c的父亲,
那么 a是c的祖父。

陈述知识与程序知识

长久以来我们只把"知识"视为关于词及其特征的信息。哲学家称其为陈述知识,在这个意义上,我们拥有的知识是陈述句子带来的效用。当我问你"我把雨衣放在浴盆里,因为它是湿的"这个句子的意义时,你知道那个"它"在这个句子中指雨衣而不是浴盆,即你拥有的知识。你知道它指什么,因为你有关于湿雨衣、浴盆、人类行为或许还有某些人不希望湿雨衣放在他们干净的家具上等广泛的知识。另一方面,如果你在一栋正在燃烧着的大楼里,或许你会发疯般地冲来冲去以求安全地冲出熊熊大火,也许这时,它可以理解为浴盆。但是,传统认识论以及研究自然、起源、人类知识局限性的哲学分支,将知道什么(陈述知识)和知道怎样(程序知识)进行了区分。许多形式的幽默似乎都是由于"捕获"一些人,他们被引导相信某事是真的却又被真正的意图所惊讶。我想起格劳乔·马克思(Groucho Marx)的一句台词:"我朝一头大象开枪了,当时我正穿着睡裤……它在我的睡裤里正在做什么,不得而知!"在浴盆的例子中,我们知道那个它是用来洗澡的,有时也用作晾干雨衣,但是我们也知道怎样洗澡。这种形式的知识(程序性的)与陈述知识大不相同。在知识表征的所有综合理论中,包括两种类型的知识是很重要的。

如果我们用名字代替字母,这一产生式就起作用了。因此,如果该产生式在工作记忆中被激活——"如果安德鲁是费迪南德的父亲,而费迪南德是罗伯特的父亲"——则有可能推出"那么安德鲁是罗伯特的祖父"。

另一种稍微复杂的产生式如下面加法的例子:

67
39
72
———

这个例子中，系列子目标是完成列相加，其产生式的应用过程将是：

如果　目标是解决一个加法问题，
那么　子目标是完成列相加的问题。
如果　目标是完成加法问题的列相加，而最右边的一列还没有被加工，
那么　子目标就是各行最右边的一列相加。
……

在类似的例子中，安德森罗列了产生式系统所涉及的12个步骤。随着问题的增多，步骤也逐渐复杂。例如，除法运算 56÷4=____。

ACT* 中的知识表征。ACT* 中的知识表征是该理论的核心。安德森提出了知识表征的三类编码理论。这三类包括：

- 时间串，对一组项目的顺序编码，例如“一，二，三”等。
- 空间表象，对空间表征编码，例如方形或三角形的编码。
- 抽象命题，对意义或语义信息编码，例如“比尔，约翰，打。”

这三类表征的特征及其包含的加工如表9.3所示。

第一种编码——时间串——记录事件的连续结构。通过它，人们能回忆出日常经历中事件的顺序，例如人们能回忆起最近看过的一场电影或球赛中的事件顺序，但人们不太会认为，这些事件的发生是固定的，时间也是绝对不变的。

表9.3　三类表征的特征

加　工	时间串	空间表象	抽象命题
编码加工	保持序列	保持结构信息	保持语义关系
存储加工	短语单元全或无	表象单元全或无	命题单元全或无
提取加工	短语单元全或无	表象单元全或无	命题单元全或无
匹配加工			
A. 匹配程度	由始至终的固定	距离和结构的函数	集合重叠的函数
B. 显著性	对任意两个元素，以及下一个元素排序	距离、方向和重叠	连接程度
执行：新结构的建构	将对象合并入线性串，插入	综合现存的形象，旋转	将对象插入关系槽中，填满有缺失的槽

资料来源：Anderson，1983a。

对安德森来说，空间表征的存在似乎受到置疑。[1] 但在 ACT* 中，空间表征被视为信息编码的一种基本方式。结构化信息，以图形、表格、甚至是字母形式显示的信息，被认为在记忆中编码，但结构的大小并不重要。因此，我们可能对字母 Z 以正确的方位编码，但大小不一定相同。我们能认出一半或两倍大小的 Z，但如果它旋转 90 度，它也许就像 N 了。

命题表征编码比其他类型的编码都抽象，因为它与信息的顺序无关。命题"比尔，约翰，打"不能指出谁是袭击者，谁是受袭者，编码的内容是比尔和约翰都处在袭击中。

命题知识表征与我们初时讨论的 HAM 相似。设想下面这个句子在 ACT* 中是如何表征的："高个子律师认为这些男子来自火星。"（见图 9.6）在该图中，命题表征包括结构、类型以及属性信息。中间的结点表示命题的结构，它发出的连线指向不同的元素，如关系（"认为"）、宾语（"这些男子来自火星"）以及行为人（"高个子律师"）。

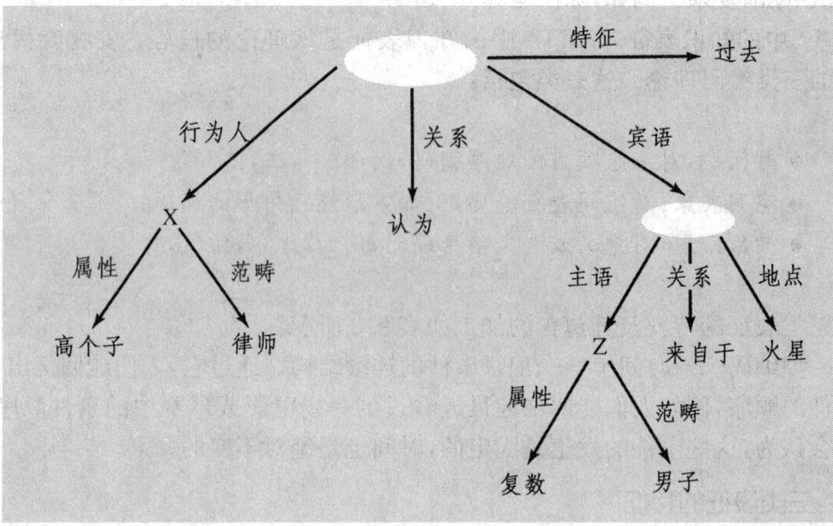

图 9.6 ACT* 的命题表征编码"高个子律师认为这些男子来自火星"

资料来源：Anderson，1983。

除了本节中描述的 ACT* 的一般特征之外，安德森还把这个系统应用到其他条件和认知任务的广泛领域中，包括认知控制、事实记忆、言语获得以及激活扩散。这些论题都很重要，超出了我们这里所能给出的篇幅（但是不限制阅读原始资料）。

[1] 在安德森和鲍尔（1973）及安德森（1976）的论文中，只用了一种类型的知识表征，即命题表征。

知识表征——认知神经因素

人在经验中学习是不言而喻的。这些经验改变了神经系统,但神经系统被改变成为知识表征的神经学基础的方式却没那么明显。研究记忆神经学基础的一种方法是对各个神经元及其突触进行分子生物学和细胞生物学的研究(Squire,1986)。尽管这些努力已经告诉了我们许多关于神经元生理学方面的知识,它们却并未解决微观实体如何与知识表征相联系的大问题。近期认知神经方面的研究一直在努力整合神经生理学的发现和认知心理学的理论,这些研究的一个方向就是寻找记忆的位置。

探索难以捉摸的记忆痕迹

围绕记忆在大脑中位置的争论在第二章中介绍过。一个传统的重要问题是,记忆和知识在皮层上是分布式的还是定位的。争论的核心是关于难以捉摸的痕迹(字面意义上是"一种印迹",或者在本文中表征记忆的神经负载的集合)。大脑上的一些区域负责具体功能(如视觉),然而,如记忆之类的功能似乎有许多区域参加,每一个区域同时或与其他区域并行起作用。拉里·斯夸尔(1986)提出,信息的存储可能比早先认为的要更加区域化,在参与知觉的同一神经系统中记忆也许以可变的形式存储。这一假设似乎与拉什里的发现背道而驰(见第二章),拉什里的结论是,记忆在整个大脑中是广泛分布的。但是斯夸尔争辩说,如果把复杂的学习(例如老鼠学习穿越迷宫)视为许多种信息(如视觉、空间和嗅觉)的加工,每一种信息都是独立加工和区域化的话,这样拉什里的结论就与他的观点一致了。"因此,记忆区域化在某种意义上是特定脑系统表征每个事件的具体方面,在某种意义上它是分布式的,相对于许多神经系统参与表征一个整体事件。"(Squire,1986,p. 1613)

健忘症病人的遗忘告诉我们什么

对知识表征理论进行认知神经研究的一种方式是病理学研究。许多对健忘症病人的研究(Baddeley & Warrington,1970;Milner,1972;and Squire,1986)为短时记忆和长时记忆提供了强有力的证据。

已经被确定的健忘症有两类:逆行性健忘症(retrograde amnesia),不能回忆起病发前所获信息的一种障碍;顺行性健忘症(anterograde amnesia),丧失病发后所呈现信息的记忆的一种障碍。逆行性遗忘是恢复信息的障碍,而顺行性遗忘是信息编码的障碍,两类健忘症都可能是暂时的或永久的。

暂时逆行性健忘症可能是在一个人经历脑外伤后逐渐形成的,如一个足球运动员经历了"让他的铃响"(见第八章对林奇和亚内尔研究中所提到的关于足球运动员的讨论),有时头上的"叮当"声就能让他产生逆行性遗忘,在几秒钟或几分钟内丧失了对这段生活的记忆。另一种暂时的逆行性健忘症的发生，是由于病人经历了电痉挛疗法(electroconvulsive therapy,ECT)或经历了严重的脑外伤，如可能发生了严重的车祸。在这些情况下，要记住几周或几个月前的事是不可能的。

健忘症也可能是永久的。引起永久性健忘症的原因包括，ECT的长时使用、严重外伤、中风或者脑血管破裂、如脑炎等疾病。永久性健忘症也可能是过度饮酒所致。科尔萨科夫综合征(Korsakoff's syndrome)通常就是由严重的酒精中毒所引起的一种障碍，它导致位于大脑后部间脑的双侧伤害。科尔萨科夫综合征患者也许会处于迷惑状态，并且难以行动和看见客体。该病症的发生通常是由于患者最后一次狂饮时"喝瞎了自己"。永久性健忘症除了使患者在学习任何新东西时都有困难之外，如果狂饮没有致死，还有可能复原。永久性和暂时性健忘症研究都是研究认知神经基础的线索。

认知任务和健忘症。暂时的逆行性健忘症患者(例如ECT使记忆暂时受损的患者)能通过复述将几个数字在记忆中保存几分钟，但插入一段干涉后就不能回忆起这些信息了。信息似乎是被暂时存储在大脑某个不受健忘症影响的地方，但长时记忆可能要求其他区域的参与，而这些区域却受到了损害。

研究健忘症病人以发现短时记忆和长时记忆的神经基础是另一条途径。在早期的许多重要研究中(Milner, Corkin & Tenber,1968)，文献中一位被称为H. M.的深度健忘症病人很奇特，他具有知觉运动技能方面极强的学习及保持能力。因此，在H. M.身上许多复杂的认知能力仍然是完好无损的，但在其他任务上，如对情景事件进行回忆的能力，则受到了严重损害(见第七章)。

这些创新研究使其他研究者们考虑采用更多的认知任务中去研究健忘症患者，如记忆操作。在科恩和斯夸尔(1980)的研究中，他们发现健忘症患者能获得镜像倒转单词的阅读技能，但阅读后回答有关该任务的问题时，他们对单词和曾使用过的技能都回忆不起来(还可见第八章关于K. C.的病例)。

类似的，健忘症患者能学会解决问题的最佳方式，如著名的"汉诺塔"问题[1](Cohen & Corkin,1981)。为了解决这个难题，认知系统的许多部分必须是完整且可操作的。尤其是，它既要求进行技能学习又要求具有完整的程序学习能力，这些组成了心理表征的一种。另一方面，健忘症患者记忆事实和情景能力的不足，属于另一种心理表征。因为从根本上说，健忘症是一种神经障碍，所以，我们可以得出这样的结论：潜在的神经结构支持两类认知任务——技能学习和情景回忆。

知识在大脑中是依据知道怎样(如在技能学习中)和知道什么(如在情景回忆中)来表征的吗？在接下来的有关程序知识和陈述知识的一节中有更多的报告。

最后，许多研究利用健忘症患者研究了启动效应，或是对后继任务的提示效应。

---

[1] "汉诺塔"问题：一个桩从下到上套着几个大小递减的环，另有两个空桩。任务是把所有的环都移向另一个桩，并呈从下到上大小递减状套着。一次只能移一个环，并且小环应始终在大环上。

在雅各比和威德斯普恩(Jacoby & Witherspoon,1982)的研究中,要求几位科尔萨科夫综合征患者举例说明管乐器是什么,然后要求被试拼写出"read"(阅读)和"reed"(管乐器)。通常情况下,我们预测会拼写出"read"(阅读),因为它是一个高频词,但在本实验中,因为问题中的单词启动效应,健忘症患者和控制组被试都拼写出了"reed"这个词。但是,当对先前听过的词进行识别测验时,科尔萨科夫综合征患者不能识别出他们听过的词。相反,控制组被试能识别出这些词。这一结果表明,启动效应中表现出的激活过程不受健忘症的影响,而识别先前听到的词的能力会受影响。后一种能力可能要求额外的信息加工和皮层功能。此外,这些发现支持这一观点——知识表征的方式可能在神经路径的激活和情景记忆的通达上大不相同。

知道什么和知道怎样

对命题知识认知神经基础进一步探讨,伴随着对陈述知识(declarative knowledge)和程序知识(procedural knowledge)(非陈述知识)的研究。正如此前提到的,陈述知识是外显的,包括事实和情景;而程序知识是内隐的,只能通过操作通达。可能我知道一辆自行车有两个轮子、一个把手和一个框架(陈述知识),但我只能通过实际骑车来证明我会骑(程序知识)。检验陈述知识和程序知识的一种方法是启动和识别实验。

你可能想起来了,启动就是一种测验。在测验中给被试一个提示,通常是一个词,这个词以某种方式与目标相关,通常是联想词。启动项目有利于对目标项目的识别。例如,我给你一个词"table"(桌子)(启动项目),可能促进你对"chair"(椅子)(目标项目)的识别。可以通过启动效应来研究程序知识,因为该反应是内隐的,并且是现存路径一定程度的自动激活。因此,如果健忘症患者在启动任务中有积极表现,我们就能得出他们的程序知识依然完整的结论;如果他们在词汇回忆任务中的表现不佳,我们就能得出他们陈述知识受损的结论。许多实验都支持这一假设(Shimamura & Squire,1984)。

记忆结构的分类

研究表明,通过病理学研究能分离出陈述知识和非陈述知识。但是,问题依然存在:这些类型的知识是否只是记忆中更大的知识表征系统的一部分?如果是,那么更大的系统是什么?解决这个问题的一个方法是试着将现有的命题知识信息放入一种分类或一个组织结构中。斯夸尔(1986)和斯夸尔等(1990)提出了一个令人感兴趣的分类,陈述记忆和非陈述记忆是两种最主要的记忆类型(见图 9.7)。

拉利·斯夸尔认为,认知神经研究有助于在认知心理学和神经科学间建立起重要联系。

依据斯夸尔的看法，实验证据支持围绕着本质上不同的信息存储系统组织大脑的说法，如图 9.7 所示。陈述知识包括情景和语义记忆，非陈述知识包括技能、启动、部署及其他非联想类型的表征。

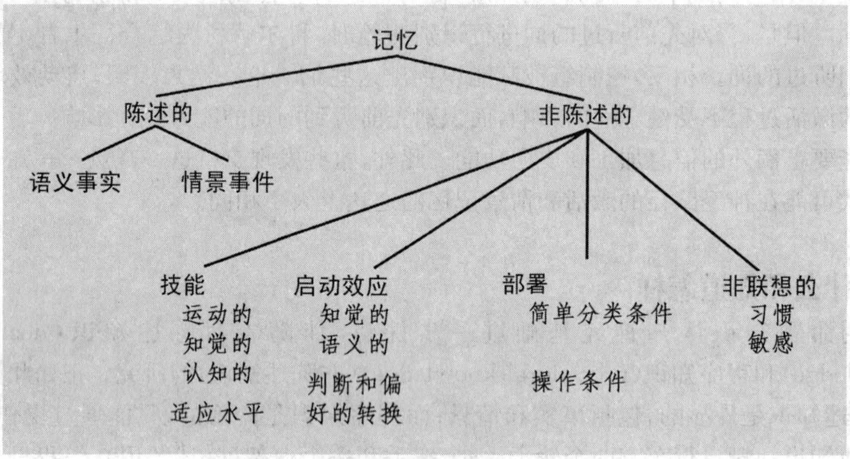

图 9.7 表征记忆类型的假设分类

陈述知识包括情景和语义记忆，非陈述知识包括技能、启动、部署及其他记忆。

资料来源：Squire et al.，1990。

该系统的一个特征是，它认为有意记忆和无意记忆都是重要的研究论题。此外，信息能激活两种知识，例如看到"table"这个词后获得对"chair"的感知。从先前的启动研究中，我们知道如果"table"先出现，对"chair"的感知就会被促进，这一效应很大程度上是无意识和程序化的。对正常被试而言，启动效应中也许有陈述知识参与。其过程可能是在情景记忆中存储了"桌子"这个词，并成为个体意识经验的一部分。支持该模型的证据来自广泛的研究，包括动物研究、组织切片检测、人类认知实验和健忘症患者的研究。

以上提到的实验和理论的重要性似乎体现在两点上：第一，它们都提出了知识结构的问题，如将各种类型的记忆整合到一个有组织的结构中，用该结构说明陈述知识和非陈述知识，以及有意识加工和无意识加工。第二，它们为脑科学和认知心理学的统一提供了许多有力的范例，尤其是有关知识组织的核心论题。

记忆：强化

自德国研究者马勒和皮尔泽克(Pilzecker)提出重复-强化的记忆理论假设以来，至今已经一个世纪了。在该理论中他们发现，初始学习后对新材料的记忆立刻被新信息的学习所破坏。新记忆的潜在加工是脆弱的、非完全强化的。就像摄像一样，记忆似乎也需要一段时间才能"固定"，否则，它们将不能完全形成并会逐渐消失。加利福尼亚大学尔湾分校的詹姆斯·麦戈夫(James McGaugh)多年来致力于记忆强化的研究，并取得了重大发现。

短时记忆进入长时记忆的强化似乎不是按传统信息加工模型所提出的顺序起作用的(见图9.8)。

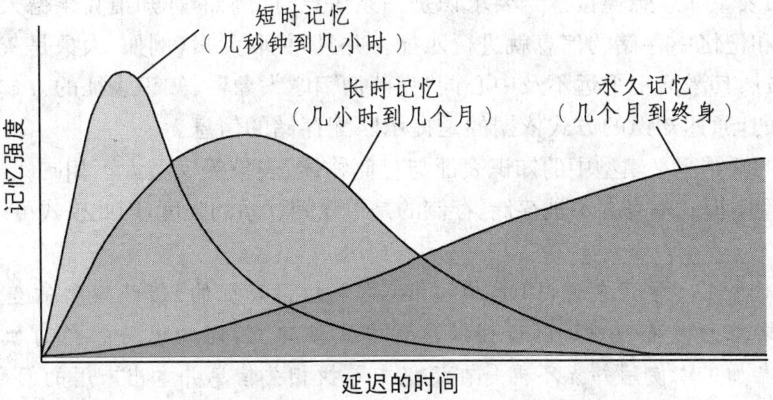

图9.8 记忆强化阶段

如图所示，进入长时记忆的新记忆的巩固与时间相关(见y轴)。科学证据表明，特殊药物可以选择性地阻碍短时记忆，从几秒钟到几小时，另一些药物可以阻碍长时记忆，从几小时到几个月。这说明，这两种记忆是独立加工、并行操作的。保持终身的永久记忆可能包括脑系统的相互作用，这些系统中的神经联系将重组和稳固。

资料来源：J. L. McGaugh, *Science*, 287, 2000。

动物研究和人类研究(McGaugh,2000)都表明，肾上腺系统和杏仁核的激活(大脑中与情绪活动有关的部位)影响记忆的稳定性。在实验中为两组被试提供一系列照片和一个情绪唤起的故事。一组被试服用情绪抑制药物，另一组被试服用安慰剂。第一组对情绪郁闷图片的回忆没有被促进，对图片的情绪因药物作用而反应减少了，但在安慰剂组中对情绪郁闷图片的回忆被促进了。因此，在该研究中短时记忆的稳定性似乎被情绪抑制药物改变了，但这种药物对长时记忆的改变不明显。

联结主义和知识表征

联结主义(connectionism)可以被定义为"假设大量简单单元组在一个平行分布的网络中彼此联系着的意识理论(PDP)"。心理操作，如记忆、知觉、思维等等，被认为分布在一个高度复杂的并行操作的神经网络中。该理论的基本假设是：系统中所有单元同时或并行地相互兴奋或抑制，该假设与系列加工理论相反。系列加工理论认为,单元间的加工只以序列方式进行。即使在简单的任务如打字中,成对单元的数量也可能是相当多的,知识通过成对单元间的联系被分布到整个系统。知识,这一迄今我们所遇到的最复杂的论题,怎么能用单元间简单的兴奋和抑制来表达呢?本节我们将试着回答这个问题。

在之前的许多信息表征模型中,知识是以一种“静态拷贝”方式被存储的。其形式与第一章讨论的异质同型的概念相似。物体、表象、思想及其特征存储在记忆中并与其他物体、表象和思想连接。当要求识别一条信息时(例如“你知道克莱德大象吗?”),问题元素和记忆中存储的信息就进行匹配。并且,关联元素(例如“大象是灰色的”)也被激活,虽然其激活水平远不及中心词“克莱德”和“大象”。知识表征的方式或多或少仍是静止的,通达知识的方式依据的是提示匹配存储的信息。

认知的联结主义模型中的知识表征与存储物体、表象等模型大不相同。第一,在联结逐一模型中模式本身并不被存储,存储的是单元间联系的强度,因此模式可以再造。

> 对加工和学习来说,PDP 模型和(关于知识表征的)传统模型的差别具有很丰富的内涵……知识表征以这种方式被建立,即知识必然影响加工过程。在加工中使用知识不再是在记忆中寻找相关信息并拿出来用的问题;它是加工过程本身的一部分。(McClelland, Rumelhart & Hinton,1986,p. 32)

第二,联结主义模型研究学习的方法不同。在传统的表征模型中,学习目的是提取信息和提示泛化的外显规则的形成。我们知道克莱德是大象,并且和其他大象一样是灰色的且不容易装进你的大众汽车。我们知道这些事,因为我们学习过规则。PDP 模型假设学习过程就是联结强度的形成过程,联结强度使简单单元所构成的网络按已知规则一样运作。我们学习的不是规则,而是简单单元之间的联系。即使我们的行为似乎被某种规则控制着,也是因为大脑中潜在的联系网络使我们得出这些推论。

第三,重申 PDP 模型是以神经激活为基础的,这一点很重要。但是,这并不等于该模型和具体神经路径是相同的。由于那种模型和大脑一样复杂,因而似乎不可操作。神经激活(neurally inspired)只是隐喻该模型是基于大脑而不是计算机,而之前的许多模型都是基于计算机的(Collins & Quillian)。事实上,PDP 模型中的神经激活直接作用于知识表征。所有知识都处于联结中,就像神经联结一样。在计算机隐喻中,知识被认为是存储在特定单元中的。当从传统意义上考虑知识时,我们可能想象它们聚集和存储在某个地方。这两种观点的区别是相当大的,例如 PDP 模型提出“执行任务的所有知识在功能结构中都是内隐的,而不像单元本身那样是外显的”(Rumelhart, Hinton & McClelland,1986,p. 75)。

为了证实所有知识都处于联结中的说法,请参考图 9.9。在该图中,输入单元在底部,输出单元在右侧,其中充满激活单元。知识存储于单元间联系强度中,理论上与神经网络表征信息的方式相似。单元间联系强度在这里被简化了，原初的系统详细给出了计算联系强度的数学陈述。

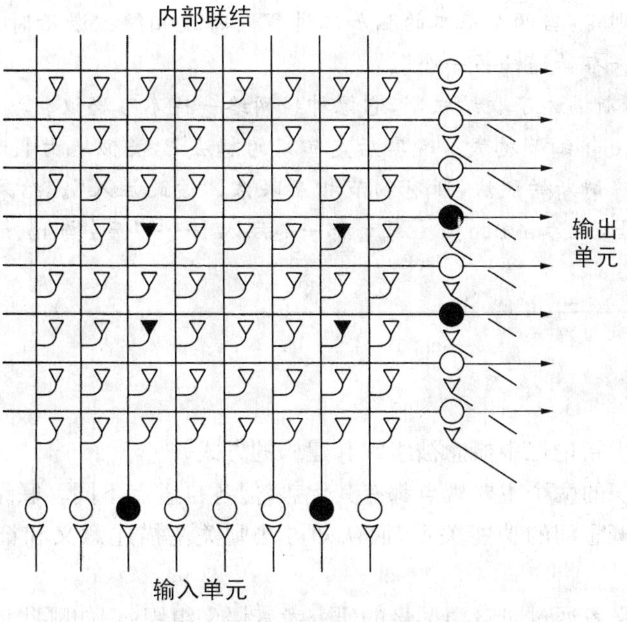

图9.9 联结主义的联结矩阵

输入单元在底部，输出单元在右侧。实心圆是激活单元，实心三角表明联结可以改变以至于输入可以引起输出。联结关系的学习包括输入单元和输出单元间强度的改变。

资料来源：McClelland as Suggested by Schneider，1987。

19世纪的联结主义

说联结主义来自威廉姆·詹姆斯的思想一点也不为过。在他的论文《心理学：课程大纲》(1892)中，詹姆斯对这一方式的描述如下：

> 想象和思虑的长列在我们思维中出现的方式是一个接一个，在下一个不平静的思想旅程到来之前，我们意识的转变在各个方向上、在许多事物中发生，开始时转变以其突发性让我们吃惊，但走近了仔细观察之后，又常常展现出完美自然和恰当的联系——这些不可思议、难以估计的意识流在远古时代就激起了所有那些碰巧注意到此的人们倾慕其无所不在的神秘。(因此，我们可以肯定)在似乎是接连涌出的思想间，联结原则……

詹姆斯还预测存在强化突触规则，即心理学家唐纳德·赫布在五十多年后所发展出的规则。在《心理学：课程大纲》中，詹姆斯假设"于是，基于接下来的推理，我们设想的法则是：当两个基本的脑加工过程同时或相继被激活时，其中一个，重新趋向将它的兴奋传递给另一个"。

同时，詹姆斯描述了联结机制，它像神经网络一样不可思议。参加晚宴的想法A，由a、b、c、d、e等细节构成。晚宴后走回家的想法B，类似地由l、m、n、o、p等细节构成。依据詹姆斯的说法，所有细节相互联系，"彼此注入"。结果，"想法A一定会唤醒想法B，因为a、b、c、d、e每个都一起注入l……"而l与m、n、o、p一起"在单元中震荡"。

总结

1. 语义组织指记忆中概念被组织和建构的方式。
2. 语义组织的两个主要观点都有其优势，但各自重点不同。联结主义者的方法是关注概念间的功能关系，而认知方法则关注描述意义和记忆关系的心理结构。
3. 联结主义者通过对自由回忆的研究考查语义组织（例如哪些词一起被回忆），因为假设这些材料提供了关于概念组织性质和潜在认知结构的信息。
4. 认知模型系统地将语义实验材料组织并入记忆的综合理论中，这些理论包括集理论模型、特征比较模型、网络模型和命题网络。
5. 集理论模型提出，用大量信息集来组织概念，包括范畴信息和属性信息。
6. 语义特征比较模型假设存在集理论结构并对属性作了区分：或是定义的、本质特征，或是特异的、描述性特征。概念效度更多取决于定义特征。
7. 网络模型假设，概念以独立单元的形式存储在记忆中，并通过具体意义相互联结（例如"知更鸟是鸟"）。此外，在如下内容上做出假设：确认目标和相关概念时的记忆提取，以及不同结构间的移动需要时间。
8. 语义加工的扩散激活理论（柯林斯和洛夫特斯）建立在一个复杂网络的基础上，该网络中的简单联想（红色和火）在概念空间上是连在一起的。该理论可以合理说明启动效应和提供相关词后再从记忆中获得词或概念的促进效应。
9. 命题网络模型提出，记忆是通过一个复杂联系的命题网络来组织的，命题是意义信息的最小单元（例如"纽约很大"）。
10. ACT*（适应性控制思维）是由安德森提出的联结主义记忆理论，假设包括三类记忆：工作记忆、陈述记忆和产生式记忆。
11. 近期认知神经领域的研究试图将神经生理学的发现和认知心理学理论整合

起来。例如在探寻大脑工作方式的无数研究中,健忘症患者的研究是非常有价值的。

12. 两类知识已被区分出:陈述知识和程序知识。陈述知识是外显的,包括事实;程序知识是内隐的,可以通过行为表现来取样。斯夸尔已经在一种记忆结构的分类中提出了完整的陈述和非陈述记忆。
13. PDP 模型中知识以单元间的联系来表征,这些单元在理论上与神经网络表征信息的方式相似。

问题预览

1. 你对心理表象的定义是否包含了所有的感觉模式？
2. 心理表象及与之有关的心理属性测验的早期研究是怎样的？
3. 双重编码假说、概念-命题假说及功能等价假说的主要特点是什么？
4. 如果你想象一头大象站在一只老鼠旁边，你会先回答哪个问题：大象有尾巴还是老鼠有尾巴？为什么？
5. 认知神经学实验怎样使得心理表象这一问题更加实证化？
6. 一个人的偏见怎样影响她或他的认知地图的组织？
7. 设想当你听到高音时，你想起了一个电火花，那么该怎么来形容这个体验？

第十章
心理表象

很明显心理表象能够代替真实的知觉……通过三维世界的长期发展，表象已并入到我们的知觉组织中。

——罗杰·N. 谢泼德(Roger N. Shepard)

像认知心理学的其他概念一样，每个人都了解表象(我们都有过这样的体验)，然而，人们对表象的具体认知特征还是不甚了解。什么是心理表象？它的特征是什么？你怎样看待表象的具体特征？当你看着表象时，你究竟“看”到了什么？这个表象是“真实”的，还是由存储于不同感觉到的信息所构成的呢？你能否区别一个想象的表象和你实际经验到的形象呢？如果能，它们之间的差异是什么？这些问题已经困扰了哲学家们几个世纪，现在又引起了认知心理学家的兴趣，而最近的研究也产生了一些令人鼓舞的新发现和新理论。

本章中，心理表象是指对一个非当前的物体或事件的心理表征。这种一般性的定义考虑到了视觉表象及其他感官所形成的表象。尽管这个定义的适用性很广，但在此对表象的讨论却仅限于视觉表象，因为这个领域已经拥有许多现代的研究成果。

表象研究是广泛的，它涉及理论议题、认知神经学的发现、运动心理学、心理治疗、结构图法和认知地图，甚至还有联觉这些深远的内容。这些互不相关的主题在本章中分为三大块：第一，表象研究的历史回顾及当前的理论发展；第二，当前认知神经学方面的证据，即感觉过程和想象过程之间的关系；本章结束部分是对认知地图、联觉等相关领域的综述。

历史回顾

我们可以把心理表象的研究分为三个阶段：哲学阶段（前科学阶段）、测量阶段、认知和认知神经学阶段。

在哲学阶段，心理表象被认为是心理的主要组成成分，有时也被认为是思维的元素，这个主题是构成古希腊哲学不可缺少的部分。著名的亚里士多德、柏拉图，更近一些的英国经验主义者约翰·洛克（John Locke）、乔治·贝克莱（Geoge Berkeley）、大卫·休谟（David Hume）和大卫·哈特利（David Hartley）对这个问题的看法都说明了这一点。

对心理表象的定量评估可以追溯到高尔顿（Galton，1880，1883/1907）。他向 100 人发放了问卷，要求他们回忆自己的早餐桌，并回答有关桌子表象的一些问题。结果显示，一些人报告的印象与原始的知觉对象一样清晰，而另一些人则对此印象回忆不起多少。高尔顿进一步发展了表象的测量，并把它与性别、年龄及其他个体差异联系起来。表象的测量引起了许多研究者的兴趣，例如蒂奇纳（Tichener，1909）和贝茨（Betts，1909），其研究是让被试评价自己想象一个事物的能力，例如一个苹果、面孔轮廓、太阳落下地平线的情景等。

随着以华生（Watson，1913）的观点为代表的行为主义的兴起，对表象的测量兴趣也迅速消失在“地平线”之下。正如伍德沃思（Woodworth，1948）所认为的，行为主义者公然抨击内省，而内省正是前面所提到的表象测验的关键部分。根据华生的观点，内省并不是心理学的必要组成部分，新的行为科学强调的是对外显反应的客观观察，而像意识、心理状态、精神和表象这样的术语不应当被使用。因为反对将表象及心理表象的主观内省当作值得研究的课题，许多心理学家从表象转向对行为的客观分析。与许多认知心理学的问题一样，表象问题的研究被搁置了许多年。然而，对表象的研究兴趣并不会简单地消失。主观经验的意义是深远的，而且影响也是很广泛的，一些人[特别是阿伦·佩维奥（Allan Pavio）和罗杰·谢泼德及后来的史蒂芬·科斯林、史蒂文·平克]的坚持追求使这个问题转变为认知研究的主流。

20 世纪 60 年代后期，表象研究再次兴起，并形成了两条阵线。第一条阵线是关于表象的定量评估（Sheehan，1967），并将其作为一种治疗工具来使用。布吉尔斯基（Bugelski，1970）和佩维奥（1969）的研究也与表象评估有关，但理论性较强。第二个现代研究方法是把概念合并到一个认知模型中,这种模型以信息的内部表征作为一个核心因素。这种观点可以谢泼德(1975)、谢泼德和梅兹勒(Shepard & Metzle,1971)的研究证明,更近的则得到法拉(Farah,1988)、科斯林(1988)和平克(1985)的认知神经学方面研究的证明。每个学者都以一种独特的观点来研究表象。

表象和认知心理学

心理表象所研究的问题涉及了信息如何组织及怎样从记忆中提取这一更广泛的问题。一种情况是,我们可以认为与信息存贮有关的神经逻辑活动有一个具体形式,即视觉信息被作为一种内部"图像"进行编码,这些"图像"能够通过回忆而被重新激活,就好像看一本相册一样。还有一种情况,我们认为视觉信息经过过滤、总结和存储以后作为对映像的抽象"表述"形式而储存。记忆的重新激活包括了这种抽象代码的回忆,它又构成了与之有关的主观映像。最后,我们可以认为一些信息以视觉形式存储,一些信息以抽象形式存储,这种抽象形式说明大脑里存在着多种形式的编码。[1]

思考论证:没有感觉也可以看到

当观察一个可见的物体时,我们可以看到它。但是通过视觉表象这一奇特的现象,我们亦可能看到未受到观察的物体。人类,或许还有其他的动物,可以用心灵的眼睛"看"外界的事物。

很少有人反对所有人在某种程度上都有视觉表象这样的主观经验,通过回想物体的特征*,我们可以"看到"熟悉的轮廓和形状。举个例子,想一下这个问题:你住的房子有几扇窗户?你回答这个问题很可能的方式就是形成一个你家里的表象,然后在心里数数有几扇窗户。同样,人们也能够在没有物理刺激的情况下,形成其他感觉的心理表征。如果我要求你想象遥远的热带小岛上的一幅海滩景象,你会"看到"棕榈树、海贝、太阳及从事各种活动的人们,你也会"听到"海浪声,"感觉"到热风,"闻"到咸咸的空气。一些人似乎能够形成生动的心理表象,而另一些人则发现这种任务对他们来说很困难。

在接下来的几个小时里,追踪你的心理表征,视觉的及其他形式的。哪种表象最真实,这些表象和现实之间的关系是什么,在人的心理生活中表象起着什么作用。

*就像是我们可以通过与表象的连接来"听""尝""感觉"和"闻"一样。

---

[1] 一些学者认为行为信息并不足以解决这一问题。安德森(Anderson,1978)指出:"最多……想象与命题这一对冲突的争论会归结为……一个对其现象给出更少描述的问题。假使早期的结构无法证明一个正确而另一个是错误的,而且,即使这种最少的解释能够产生一个介于命题和表象理论之间的结论,也仍然存在其他的本质上有差异的表征的可能性。这些表征就如同会更易于倾向命题-想象这对矛盾中的某一方一样。"

多年以来，研究者们对表象这个问题都存在争议。以往的争议主要在于表象是在头脑中直接表征的（当你想象一棵树时，在你的头脑中有一棵相应的树吗），还是在头脑中比喻的表征（当你想象一棵树时，你的头脑中是“树”的概念及其特征吗），而且这种争议持续了很多年。第一种观点在其形式上是种极端同构的观点，其本质也是愚蠢的——不论你的想象多么生动，一棵真实的树是不会在你的头脑中生长的。第二种观点看起来至少更为合理（Pinker，1984，1985；Finke，1985；& Kosslyn，1994，1995）。

凭借创新的研究技术和清晰的结果，研究者在更好理解表象的探索方面确实已取得进步（例如本章中法拉、科斯林和谢泼德的研究）。即使这样，表象这一问题仍然存在争议。现在的争议主要在于视觉表象是真的可见，还是被一般性目的认知加工所控制（与特殊视觉加工过程相比），以及在视觉系统如何运作的知识方面。真实视觉观点认为心理表象包含了与视觉相同的表征，所以当人们“看”一棵树时，特定类型的神经加工过程及表征被激活。当人们“想象”一棵树时，相同（或非常相似）的加工过程及表征被激活。另一种争辩观点是，想象中的表征不是真实知觉中的表征，“借助图像思考”需要知识的传统表征形式（就是说，命题形式或联想形式）的最佳表达。

心理表象与运动

首先，使你自己沉浸于一种运动环境中。例如打篮球，你可以看到体育馆、看台、三分线、篮框。如果在滑雪，则应明了地势变化、雪的质地、太阳在什么地方升起、在什么地方落下以及你画的沿山标记线。

第二个步骤就是视觉表象。一旦你已经明确并记住了有关任务，试着用上你所有的感官想象一幅生动的图像。与我一起工作的一位滑雪者，他会想象着自己驾着滑雪车从山顶滑下，“看见”白色雪景上树的颜色及其他滑雪者的鲜艳衣服，“感受”雪橇滑过雪面。情感想象会伴随着视觉表象，因此会忆起在漂亮转弯时的那种兴奋愉快感受。

一旦任务是清楚的并且表象是生动的，就应当是开始在心里复述它本身的时候了。闭上眼睛，全身心地体验自己的身体活动，你所“看到”的每样事物都应当与你在滑雪场和篮球场上看到和感受到的一样。

本章计划在密切结合有关背景同时对表象研究进行理论探讨。由三个主题组成：

1. **双重编码假说（dual-coding hypothesis）**，该理论认为人脑中有两种编码和存储系统——表象编码和语义编码，信息可以以一种或两种形式编码及存储（主要是佩维奥的学说）。

2. **概念-命题假说(conceptual-propositional hypothesis)**,该理论认为有关物体及物体之间关系的视觉和言语编码是以抽象命题形式来表征的(安德森、鲍尔及皮利森)。

3. **功能等价假说(functional-equivalency hypothesis)**,该理论认为表象和知觉非常相似(谢泼德、科斯林)。

另外,也有人认为信息可以视觉和空间的形式表征(Farah,1988)。通过涉猎表象文献,我们将从双重编码理论开始讨论。

双重编码假说

佩维奥及其合作者在表象这个问题上所做的最初研究是关于文章的配对联想学习,这种研究范式在当时非常流行。佩维奥采用的第一个步骤是评定名词的表象值,让一些大学生评价名词引起表象的能力,"一个心理图像,声音或其他感觉图像",以此来测量他们的表象能力。佩维奥、尤勒(Yuille)和马迪根(Madigan)(1968)采用了相似的程序,表 10.1 是他们实验结果样本,包括正确率、意义度(一个词的联想词的数量)和频率(普通印刷品中词的出现次数)。结果证实了明显的事实:一些词(例如"大象"、"战斧"和"教堂")更容易引起表象,而另一些词(例如"上下文"、"行为"和"品德")则不容易引起表象。

表 10.1 表象值与代表性名词相关属性分

	平均分*			
名词	表象	正确率	意义度	频率(每百万)**
乞丐	6.40	6.25	6.50	29
教堂	6.63	6.59	7.52	AA
上下文	2.13	2.73	4.44	1
行为	3.63	4.19	5.32	A
大象	6.83	7.00	6.88	35
职业	3.83	3.65	5.44	28
薪水	4.70	5.23	5.08	A
印第安战斧	6.57	6.87	6.44	3
品德	3.33	1.46	4.87	A

* 在 1~7 的等级表上评定,值越低,其表象度越小。

**"A"表示百万分之 50~99,"AA"表示百万分之 100 或其上。

资料来源:Paivio, Yuille & Madigan,1968。

佩维奥的研究引出了双重编码理论,这是个关于信息在记忆中如何被表征的理论论述。这个假说建立在人脑中有两种编码系统或记忆中信息以两种方式表征的基础之上,这两种表征方式是非词语表象加工和词语符号加工。这两种编码——表象编码和语义编码——很可能在信息加工过程中交叠,但更强调其中的一方。例如,设想在头脑中以表象和语义两种形式对熟悉而且非常容易命名的图画进行编码,但是语义编码会比表象编码难以提取。这可能是由于涉及额外的转换系统,以至于尽管语义编码被激活了,但它仍然是在表象编码被激活之后。另一方面,具体词可以以语义和表象两种形式编码,抽象词只能以语义形式编码。表10.2所示的是不同刺激编码的有效性。

表10.2 不同刺激的编码系统

刺激	编码系统*	
	表象	语义
图像	+++	++
具体词	+	+++
抽象词	——	+++

*加号的数目表示相对可能性大小。

资料来源:Paivio,1976。

概念-命题假说

安德森和鲍尔批判了心理图像的隐喻说法,他们认为,"假定记忆或其他类型的知识就像一卷内部心理的相片、录音或录像带一样可随身携带,我们在回忆表象时它们被再次激活和重新播放。但这种看法并不具备科学上的可行性"。(1973,p.453)。尽管我们都具备表象的主观体验能力,但它的内在认知成分可能不同于想象。安德森和鲍尔反对头脑中图像理论的原因之一与一种保守的反对观点有关,这种观点假定存储一幅景象的所有图像是无用的,因为这样一个记忆系统所要求的存储和提取超过了人类的能力。一些策略在观察和解释这些内在图像时仍然是必要的。

概念-命题假说认为,人们对所存储事件的解释,不论是言语形式还是视觉形式都胜于表象形式。安德森和鲍尔并不否认学习具体词比学习抽象词容易,但是他们把这个结果归因于一种假设,这种假设认为具体概念以一系列丰富的谓词来编码,这些谓词将概念联系在一起。他们断言"言语输入的内部表征与记忆表象的惟一区别就在于信息的细节"(p.460)。下面是一个例子:

> 我们对一个听众所说的话就像是一个剧作家给导演一个潜在的引导,借助这个引导,人们期望一个有能力的导演能够构建一个完整的框架,一种有表现力的状态,或是戏剧中的一个事件。例如当你读一个故事时,你可能读

> 到这样的句子："詹姆斯·邦德跑向他的车并向娱乐场驶去。"当你阅读时，你可以通过感受各种事实和感觉表象，例如跑、跳进车里、开车等等行为，使这个句子更加具体化。如果接下来被问到一些简单的问题，这些"添入"将被用上，像"詹姆斯·邦德是不是坐进车里？他发动车了吗？他是否移动了方向盘？"这些琐碎的含义从动词短语"开车"的参考语义中很快就能找到答案。这个句子所做的仅仅是在描述事件顺序时，沿途设了一些路标（原始资料、工具、目的）。听众们在已提到的路标之间用事件来加入或填满所有的空隙。当然，在稍后一段时间，听众几乎不能够准确说出他听到了什么，还是他自己加进去的东西；如果要求他用自己的话说出这个故事，他将很可能选择稍有不同的表述或标志来重新构建突出的情节（pp. 460～461）。

安德森和鲍尔的概念-命题假说是个精致的理论观点，而且与他们的理论模型相一致。然而，这个假说在解释一些想象加工时遇到某种困难，这些想象过程似乎需要物理目标的次级同构的内部结构。谢泼德及其学生所提供的资料反映了这个加工过程，下一节将讨论。

功能-等价假说

谢泼德。心理表象领域的许多激动人心的研究结果都源自谢泼德及其合作者在心理旋转（mental rotation）方面所做的研究和解释。谢泼德使用视觉线索来研究视觉刺激在记忆中的心理旋转。在他的实验中，被试被要求判断第二个刺激（图 10.1 中右图）是否与原始刺激（图 10.1 中左图）相同（除了旋转以外）。在一些情况下，第二个图是第一个图的镜像，因此与原始刺激不同；而在另一些情况下，第二个图与第一个图相同，但却旋转了（见图 10.2）。旋转角度从 0°到 180°。因变量是被试做出判断所需要的时间。实验结果发现，反应所需要的时间与旋转程度成线性关系（见图 10.2）。这就是说，第二个刺激的旋转角度越小，所需要的判断时间越短，而旋转角度越大，需要的时间越长。这些数据说明，被试对表象的内部表征每旋转 50°需时 1 秒。谢泼德的实验结果对认知理论有深远的影响，但是我们对反应时和旋转程度间关系的研究发现，心理的内部加工是所需转换数量的规律函数。因此，心理旋转所需要的时间与实际旋转角度密切相关。如果我们对旋转的思考是在两个尺度上——心理旋转需要的时间和旋转角度——它们的对应一致性是很明显的。

罗杰·谢泼德对心理旋转的研究促进了心理表象的理论的发展。

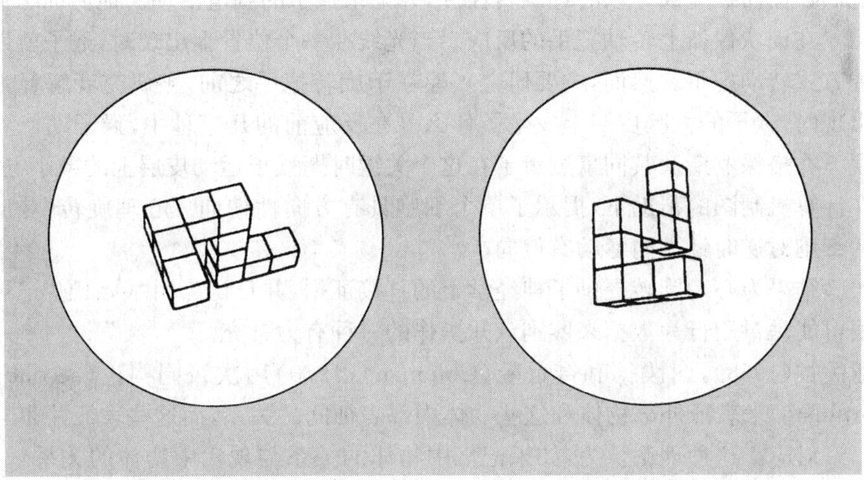

图 10.1 谢泼德和梅兹勒研究中所使用的典型的视觉形式

右图是左图旋转 90°得到的。

资料来源：Shepard & Metzler，1971。

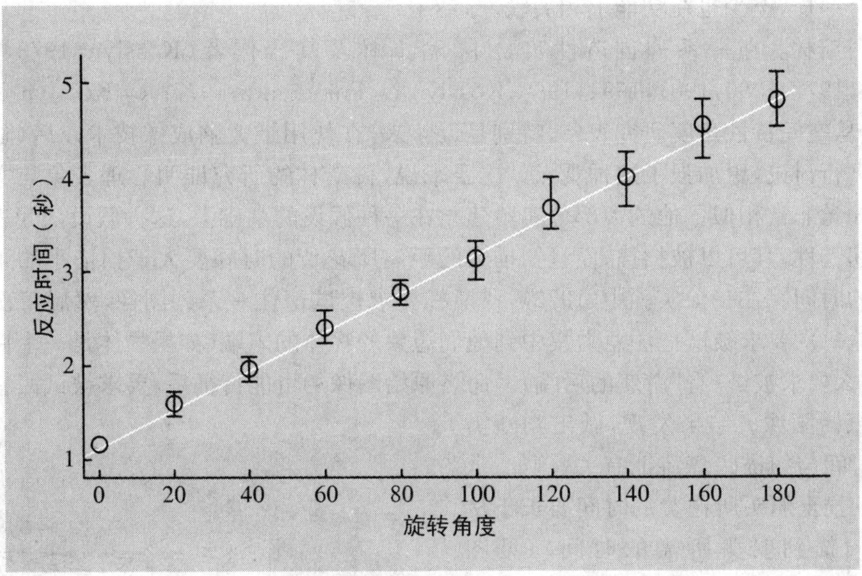

图 10.2 反应时间是某种形式旋转程度的函数

资料来源：Shepard & Metzler，1971。

除了谢泼德的精致实验所给出的行为数据外，其他一些研究者还提出了心理旋转的神经学证据。其中，乔格保罗斯（Georgopoulos）及其同事（1989）的一个研究很有趣。他们让恒河猴完成一项心理旋转任务,并记录猴子的脑电活动。他们训练猴子随光线位置在锁状仪器上转动把手的反应。当光线在一个位置上出现时,猴子就以相应的一种方式转动把手。然而,主要研究兴趣在于旋转把手之前,被研究者解释为心理旋转出现时,猴子的大脑皮层上发生了什么。在反应前的几毫秒中,猴子期待着动作的发生。乔格保罗斯及其同事测量了在这个关键时期猴子运动皮层上的微小电活动,而且在计算机制图的帮助下,揭示了单个细胞具有方向性偏向。心理旋转中,反应最频繁的细胞对逆时针方向运动有偏向。

实验结果为心理旋转提供了神经学上的直接证据,并且认为用"单细胞"记录神经活动很可能是对用行为数据来鉴别认知操作的一种有力补充。

谢泼德(1968),谢泼德和奇普曼(Chipman)(1970)用次级同构论(second-order isomorphism)来表征外部物体和这些物体内部表征间的关系,而这些表征并非与外部物体一一对应。这种理论认为,如果记忆中物体的关系与现实中物体的关系一样,那么这些事件是次级同构的。第一次和第二次形式之间的区别非常细微,但却很重要。物体并不是直接或以其表面结构在人脑中表征的,但内部关系起作用的方式与外部关系起作用的方式非常相似。

从谢泼德研究小组的发现可以看出,头脑中存在的表象,即使与真实事物的结构不完全一样,至少也在功能上相关联。

科斯林。在一系列创造性实验中,科斯林及其合作者(Kosslyn,1973,1975,1976a,1977,1980,1981,1994,1995;Kosslyn & Pomerantz,1977; & Kosslyn et al.,1993)从空间特性角度研究表象,特别是近年来,在使用了大脑成像技术以后(随后将对其进行讨论)更加强了这种观点。主要来说,科斯林的研究证明心理表象与实际物体的知觉非常相似。他的大部分实验建立在一种假设的基础上,这种假设认为表象具有空间特性,其可以被扫描,而且扫描大的距离所花费的时间要大于扫描小的距离所花费的时间。在一个实验中(1973),科斯林要求被试记住一系列图像,然后每次想一个。他每次要求被试把注意力集中到他们想象的物体的末端(如果物体是一个快速游艇,那么要求被试"看"游艇的后端)。命名原始图像的可能特征后,要求被试回答这是否是原始图像。结果发现,做出判断需要的时间与扫描距离特征有关(例如,从船尾扫描至船头所花费的时间要长于从船窗扫描到船头所需的时间)(见图10.3)。被要求在头脑中保持整个表象的被试,在不同位置上识别特征所花费的时间没有什么差异。心理表象能被扫描及扫描这些心理表象所需要的时间可能与扫描真实图像所需要的时间非常相似。

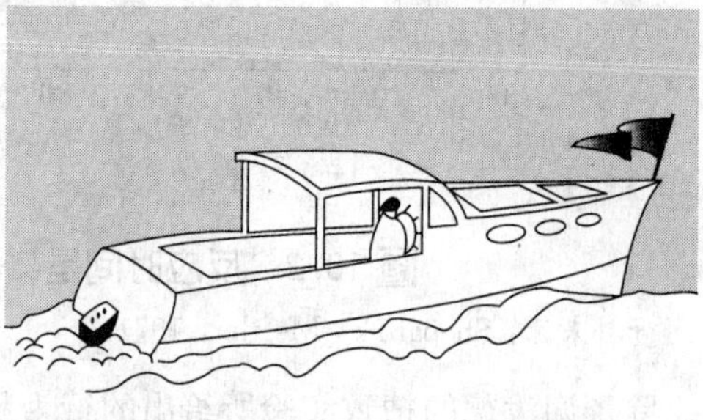
图 10.3 研究表象空间特性的图像

> 尽管从亚里士多德开始表象就在心理认识方面起着核心作用，但是表象的本质和特征仍然存在争议。事实上，在行为主义时期，表象的存在就受到置疑，而且近来表象作为心理表征的一个独特种类的地位也受到激烈的争论。
>
> ——史蒂芬·M. 科斯林

如果表象确实与真实物体的知觉有共同特征（就是扫描时间），是不是在知觉对象和表象之间还有其他共同特征呢？科斯林用小的物体看上去没有大的物体清楚的事实来说明还存在其他共同特征。在一个实验中（1975），他让被试在一个小的或大的生物（例如一只苍蝇或一只大象）旁边想象一个目标动物（例如一只兔子）。大部分人报告说大象旁边的兔子要比苍蝇旁边同样大小的兔子小（见图 10.4）。要求被试判断动物某个特征（例如耳朵）是否就是这个动物的特征时，在动物与大象配对或动物与苍蝇配对两个条件下，前者判断时间平均要比后者所花的时间长 211 毫秒。

图 10.4　科斯林的实验中被试所想象的典型关系

资料来源：Kosslyn，1975。

为了防止出现这种结果可能是由于被试对大象比对苍蝇更感兴趣，科斯林检测了巨大苍蝇和极小大象的情况。在这些条件下，与巨大苍蝇配对的目标动物的判断时间要比与极小大象配对的目标动物更长。

史蒂芬·M. 科斯林推动了心理表象和认知神经学领域的发展。

在另一个实验中，科斯林（1975）要求被试想象四个不同面积的方形——每一个都是旁边的小方形面积的六倍，而且每个都用不同的颜色命名。当被试可以在颜色的基础上想象出方形面积后，给被试一个颜色和动物名字，例如“绿熊”或“粉红老虎”，要求他们根据颜色对应的方形大小形成一个指定动物的表象（见图 10.5）。在此之后，这个动物的可能特征被呈现出来。在小方形里确定这个特征是否是这个动物的特征所需的时间，要长于在大方形里做出判断的时间（见图 10.6）。

总而言之，科斯林和谢泼德的这些实验提示视觉表象会影响内部表征，这些内部表征以一种与实际物体的知觉功能相似的方式起作用。但另一方面,并非所有的或者说很大数量的表象特征都得到了检验。

图 10.5 实验中被试判断想象动物某个特征的适宜性的加工过程,这个想象的动物与大小不同的方形配对

资料来源:Kosslyn,1975。

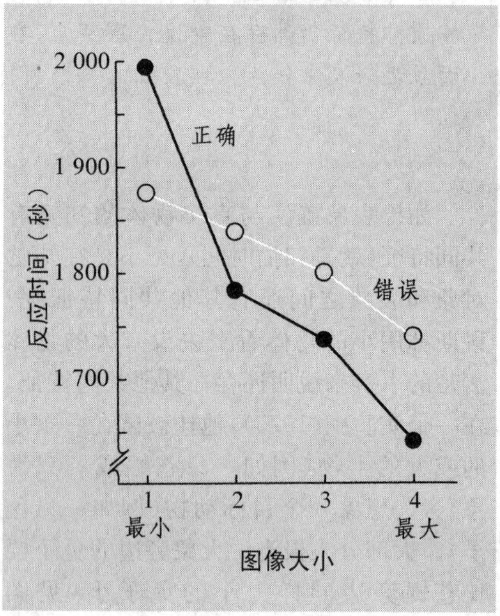

图 10.6 图 10.5 描述的实验中,判断是否为该动物特征所需时间

资料来源:Kosslyn,1975。

认知神经学研究的证据

我们对心理表象的研究涉及了前述现象的心理学,迄今,我们可以慎重认为,一个真实刺激的表象和知觉在许多方面是很相似的。然而,为了确定知觉与表象的相似性,需要神经学方面的进一步研究。所幸的是,已有来自神经研究方面的大量研究资料(Gazzaniga & Sperry,1967;Corballis,1989;Milner,1968)。卢里亚(Luria,1976)和法拉(1988,1995)对神经损伤病人的临床观察发现,大脑左半球的损伤伴随着语义记忆障碍的出现,而右半球的损伤伴随着视觉材料记忆的障碍出现。这些发现都趋向于支持记忆的双重编码理论:一个系统负责视觉信息的编码和加工,另一个系统负责语义信息的编码和加工。

许多大脑活动和表象实验的基本原理是,诸如表象或视觉思维的认知加工的激活是根据局部脑活动来解释的,而通过局部脑血流的测量可以描述其活动(详见第二章)。

表象和视知觉的功能等价问题已使心理学家苦恼了几十年。答案可能在认知神经学领域内。研究逻辑很简单,如果局部脑血流量(regional cerebral blood flow,rCBF)的测量提示,看见一个物体和想象一个物体时大脑激活区域相同,那么功能等价的观点就得到了支持(尽管并非是确定性的,因为脑区域上具有的功能不止一个)。相反,如果知觉和表象过程激活了大脑的不同区域,那么功能等价的观点就得不到支持。

首先,我们承认表象和大脑活动的惟一性。强有力的客观证据证实,当被试想象一个物体或使用表象来解决一个难题时,视觉皮层的所有部分都被激活了。尤其是,罗兰和弗利伯格(Roland & Friberg)(1985)的研究测量了认知任务中的局部脑血流量,这些认知任务是:

- 心算(从 50 开始减 3)
- 听觉刺激的记忆扫描(在一段著名乐曲的叮当声中,每两个词跳跃一下)
- 视觉表象(想象穿过社区的一条道路,在前门处开始向左或右转弯)

每个任务激活了皮层的不同部分,但对我们来说最重要的是,发现了视觉任务中脑后部区域的血流更明显,其中含负责高级视觉加工和记忆的重要的枕叶和颞区。这表明了,这种心理表象不仅有视觉加工区域参与,记忆区域也参与了进来。

在一项相关研究中,戈登堡、帕德雷卡、斯坦纳、休斯、迪克和威尔默斯(Goldenberg, Podreka, Steiner, Suess, Deeke & Willmes, 1990)使用正电子发射层描述来追踪大脑活动。实验要求被试回答一些问题,这些问题有的要求视觉表象参与,有的则不要求。例如:

"松树的绿色是不是比草的绿色要深?"
"命令式的祈使语气是不是一种古代的语法形式?"

结果表明,对于第一种类型的问题,脑的枕区以及后顶区、颞区的视觉加工区域上出现的脑血流量达到一个高的水平,然而在第二个非表象情境却没有这样的结果。科斯林及其合作者报告了关于知觉和表象假说的一个详细而直接的检测(1993,1995),即在 PET 研究中用到一个经常使用的表象测验。这个研究中,波乔尼(Podgorny)和谢泼德设计了一项任务(1978),要求被试在一个格子内看一个字母(例如字母 F)(知觉条件),或者是在一个格子内想象一个字母(想象条件),然后给出一个标记,被试要估计这个标记是在这个字母之上还是之下(见图 10.7)。

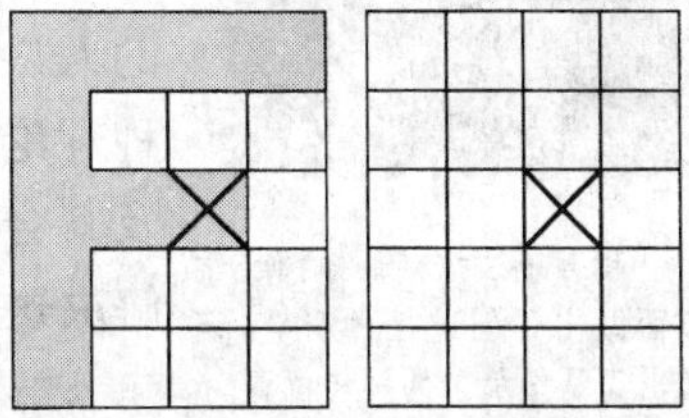

图 10.7　知觉和表象任务中所使用的图例

在实验中,波乔尼和谢泼德最初发现,被试对离字母越近的标记的判断时间要长于离字母越远的标记的判断。研究者的结论是,如果标记恰好落在目标范围之外,被试对范围之内或之外的评估是比较容易的。然而,实验的主要结论是,知觉组和表象组的结果是相似的,这支持了功能等价假说。

科斯林及其合作者的发现有些令人吃惊，尽管他们假设视觉皮层（负责视觉的结构，并位于大脑皮层的后部）在知觉任务将被激活，而在想象任务中是可能被激活，但PET结果清楚表明了，与知觉过程相比，表象生成时有更大的视觉皮层激活。与知觉相比，似乎还有其他结构参与到视觉加工，并在生成表象时更加努力地工作。一个可能的原因是，在知觉过程中，视觉皮层从外界接收到详细的视觉信息（一种自下而上的刺激），因此对可见客体的加工几乎不费力气。与此相对照的是，表象生成时，被试必须从记忆中重新创造出视觉刺激（一种自上而下的刺激），这就迫使它努力工作。

总结这些及更多的研究（Farah，1988），以下结论是合理的：

- 大脑活动研究提示，大脑的不同区域与不同的认知任务相联系。
- 视觉表象任务和视觉似乎在大脑中有相同的定位。
- 视觉表象任务需要联想的知识，似乎激活了与记忆和视觉有关的大脑区域。
- 由于存在自上而下的特征，想象任务可能比知觉任务需要更多的能量来加工，因为知觉开始是一个自下而上的加工。
- 局部脑血流（rCBF）生理心理测量技术的使用可以解决一些棘手的认知难题。

玛莎·法拉在认知神经学方面做出了创造性的研究，识别出了认知加工的神经位置。

本节还剩下一个问题，即是否空间表征（谢泼德的心理旋转实验中的那种类型的表征）和视觉表征（一种基于视觉印象重构的表征，例如说出诸如足球等物体的颜色）定位于大脑的不同部位。在回答这个问题前，我们先来看一个实例研究。

为了回答心理表象的形式究竟是类比的（支持这种理论的人认为表象与知觉在功能上相似）还是命题式的（支持这种理论的人反对表象与真实的知觉高度相似），玛莎·法拉及其合作者（Farak，1988；& Farah et al.，1988）已注意到，解决这个问题要从认知神经学研究中找证据。

寻找表象的认知神经学解释的人们的基本逻辑是，找到负责表象及诸如视觉等其他功能的具体大脑区域，许多理论问题就可以被解决。特别地，心理表象与视觉几乎一样的问题，或表征空间信息的更一般系统的问题也许可以被清晰地解决，例如若视觉和空间表征占据大脑的不同部分的设想被证实，那么，神经生理学的研究对表象的认知理论有直接影响。

正如所示，对表象的神经生理学方面的研究采用了前面第二章所介绍的许多方法，这些方法包括CAT扫描、脑电图记录、局部脑血流研究、神经外科研究以及一些脑损伤病人的研究。后面我们将要讨论这些问题。

法拉及其同事研究了一位名叫 L. H 的脑损伤病人，L. H 是一位 36 岁的部长，他正在攻读他的第二个硕士学位。18 岁时，他的大脑在一次车祸中受伤。后来的手术(和 CAT 扫描证实)发现其大脑损伤部分包含颞-枕区域、右侧颞叶和右下额叶，如图 10.8 所示。尽管 L. H 恢复得很好，而且表面上看起来也很正常，但他在视觉识别方面却受到深度伤害。例如，他不能确认他的妻子和孩子，除非他们穿着不同的衣服。他在识别动物、植物、食物和建筑物方面也有困难。图10. 9列出了L. H不能识别的

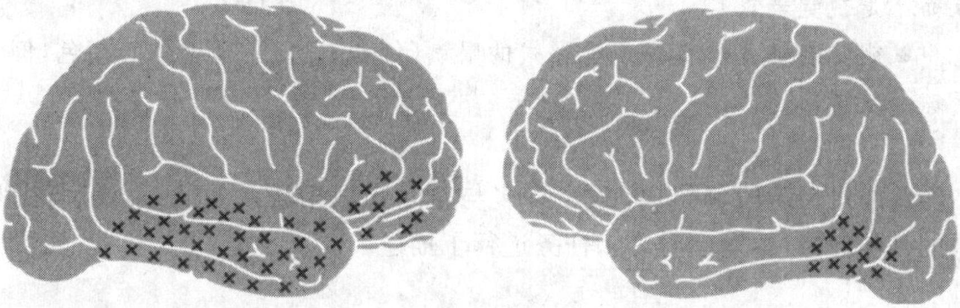

图 10.8 L. H的大脑损伤区域(用 x 表示)

这些区域包括了右侧颞叶和右侧下额叶(上图)，以及颞叶一枕叶联合区域(下图)。

资料来源：Farah et al,1988。

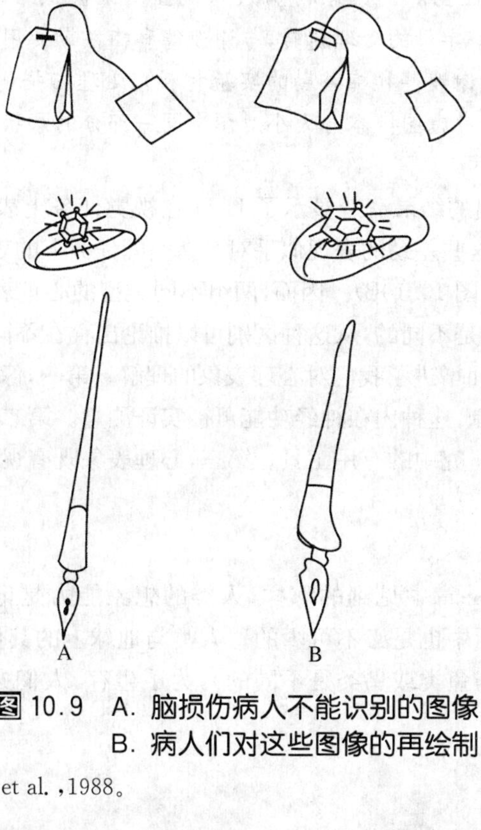

图 10.9 A. 脑损伤病人不能识别的图像
B. 病人们对这些图像的再绘制

资料来源：Farah et al. ,1988。

一些物体。不过，尽管他不知道这些图像的特征，却能够准确复制这些图像。他具有很好的基本视觉能力。

在这个案例中，实验研究者感兴趣于视觉及空间表象能力在大脑损伤时的变化情况。他们认为：

- 空间表征并未受到视觉形式的限制（例如，心理旋转被认为是空间表象而不是视觉表象）。
- 视觉表征并未受到视觉形式的限制（例如，说出一个物体的颜色，例如足球的颜色）。

在实验的最后阶段，L. H完成了许多与空间知识相联系的任务以及与视觉知识相联系的其他任务，本章已对许多任务进行了描述。

- **视觉任务。**视觉任务是，呈现给L. H及其他被试的动物尾巴（袋鼠有长长的尾巴吗），颜色识别（足球是什么颜色），形状比较（一个冰棒和一支香烟哪个更大），以及美国各州的形状比较（哪些州在形状上最相似）。
- **空间想象任务。**向脑损伤病人以及控制组被试给出的空间想象任务是，字母旋转（一个字母的心理旋转，与谢泼德和梅兹勒使用的形状旋转相似），三维图形旋转（见谢泼德和梅兹勒的实验材料），心理扫描（见科斯林的实验材料），大小测量（不考虑图像本身大小对图中同一部分的形状进行大小估计）。

图10.10A所给出的结果清楚显示了L. H在视觉任务上表现不好，这是特定大脑区域损伤所致；然而，这些差劲的表现似乎对其在空间任务上的表现没有影响，在这方面他的表现依然完好（见图10.10B）。因而，两组不同类型的心理表征任务（视觉任务和空间任务）在神经基础上是不同的，从这种区别可以推论出存在不同的表象表征子系统。

这个实验从三方面增进了我们对心理表象的理解。第一，像表象这样的认知实体由内在的神经功能所控制，这种内在神经功能可被实证测量。第二，像心理旋转、颜色识别等认知任务是神经学研究中的有用工具。第三，心理表象既有视觉特征又有空间特征。

认知地图

如同我们在记忆一章中见到的那样，人类的想象能力是记忆的一项强有力的品质，在工作和日常生活中也是必不可少的。人类与地球上的其他生物一起分享着三维世界（尽管在方式上与鱼类或鸟类是不同的），为了生存，人们必须用想象来驾驭空间世界，同时避免伤害。

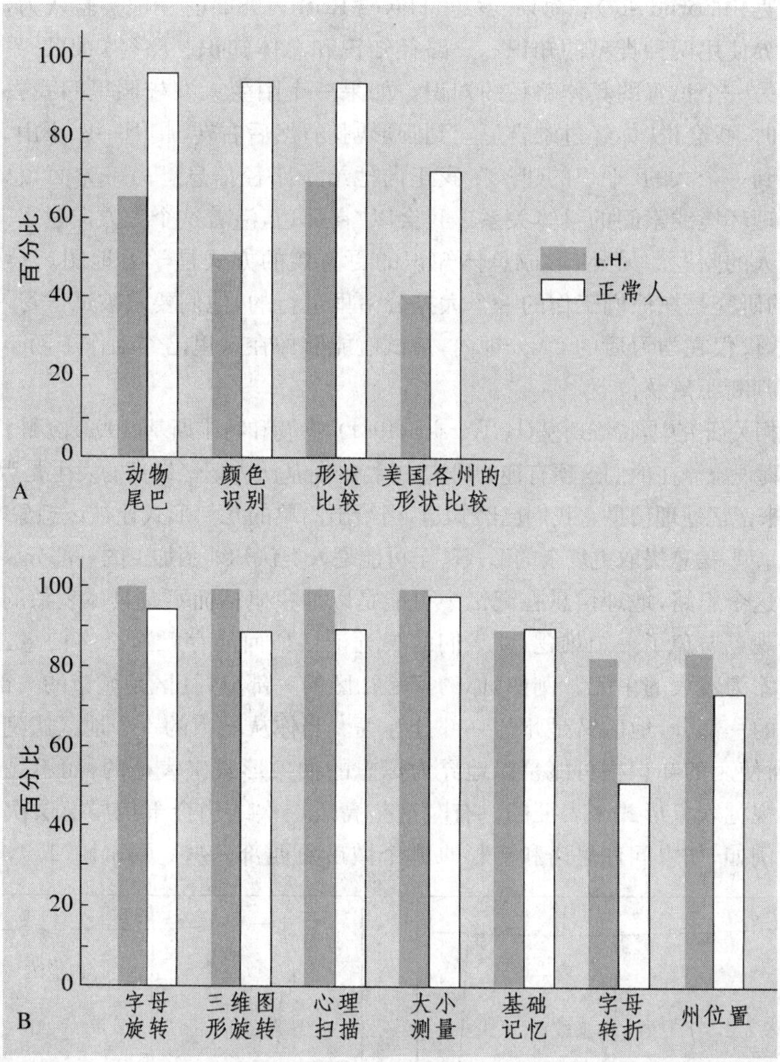

图 10.10 A. L.H 在四种视觉表象任务中的成绩(黑色柱形)和正常被试的成绩(白色柱形)
B. L.H 在七种空间表象任务中的成绩(黑色柱形)和正常被试的成绩(白色柱形)

资料来源:Farah,1988。

心理学家一直感兴趣于动物导航模式,托尔曼的早期研究工作导致了认知地图(cognitive map)概念的出现,认知地图是指老鼠走迷宫时所表现出的一般性的空间知识。著名的博物学家冯·弗里奇(Von Frisch,1967)发表了一项对蜜蜂的研究报告,描述了蜜蜂把花粉来源的信息传递给其他蜜蜂的方式。

桑代克(Thorndyke)和海斯-罗思(Hayes-Roth,1982)的一项实验认为,人类为了解空间世界使用两种类型的知识——路径知识和总体知识。路径知识是关于从一个位置到达另一个位置的具体路径的知识。如果一个陌生人在校园里问我去医学院应该怎样走时,我会说"你经过维吉尼亚到圆形剧场,然后右转,爬上一座小山,在你的左侧你会看到一个大的、平坦的建筑",我正向他给予路径信息。另一方面,总体知识更多的是处理环境线索间的整体关系。我会以"在那边,沿着这个大方向过去"的方式来回答陌生人的问题。另外,形成总体知识的更直接的方式是学习地图。桑代克和海斯-罗思的研究是在他们工作的一个大办公室里进行的,他们要求被试学习一幅地图,结果发现,仅仅在学习后的 20 分钟内,被试就能够像在这里已经工作了两年的员工那样熟练地判断距离及位置。

一个相关研究中,特维斯基(B. Tversky,1981),泰勒和特维斯基(1992)检测了地理位置的记忆失真现象。在他们这项有趣的研究中,特维斯基认为记忆失真的发生是因为人们用概念策略来记忆地理信息。我们已经知道,当给出简单的几何形式让被试想象时,被试倾向于形成原型,信息提取更复杂的形式甚至可能是人类认知地图加工的一部分。

沿着这个思路,地理信息在记忆中可能是以抽象概括而不是具体表象的形式存在的。这种观点避免了一个难题,即人们的视觉记忆如何能存贮这么多信息,这是因为信息被压缩为较大的单元。例如,你的家是社区的一部分,社区是城市的一部分,城市又是地区的一部分,地区又是州的一部分等等。当你从城市的一个地区搬到另一个地区时,你所使用的知识很可能是以地界为标志的抽象形式来表征的,而不是以一系列不连续的视觉表象形式来表征的。有时这些高级层次结构会干扰局部层次上所作出的决定。例如,如果问你里诺和洛杉矶哪个城市更西部一些(见图 10.11),你可能会

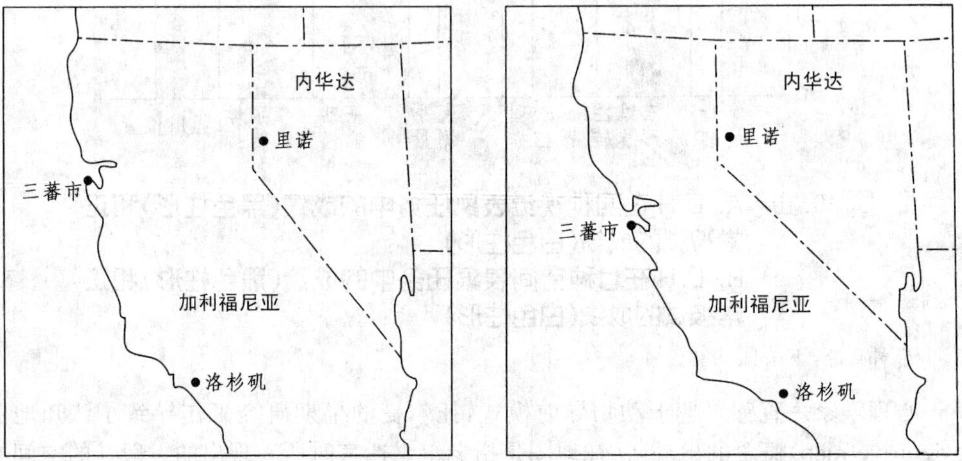

图 10.11　地理图形认知失真

A. 里诺在洛杉矶东部的认知地图。
B. 实际上里诺的位置——洛杉矶的西部。

回答洛杉矶(Stevens & Coupe,1978),为什么?因为我们知道洛杉矶在加利福尼亚州,而里诺在内华达州,它在加利福尼亚的东部。这个例子中,我们依靠的是策略信息而不是战术上的信息,但是我们却被误导了。

心理地图:我在哪里

人类认为地球是宇宙中心的这种观点持续了很长时间。哥白尼把我们带出错误认识的漩涡并且确定地球的正确位置是太阳的第三颗行星,但早期的科学家受到宗教鼓舞,甚至认为地球是太阳系的中心(这需要一种行星运动的粗糙理论)。这种说法其实很平常,也容易理解,孩子把他们的家看做他们的宇宙中心,他们的社区、城市、州和国家环绕在周围。地理学中的本地自我中心印象是熟悉了本地的结果,并在情感上产生了某种宽慰(家是我们词汇中最令人安慰的词)。一些人认为地图即人类对地理现实的印象,既是对客观事实的反映,也是对这些印象主观解释的部分反映。

绘图能否为我们提供一个通向这类事情的内部心理的窗口呢?可靠证据表明,表征的表现形式可以反映我们对现实的主观印象(见下面给出的得克萨斯人眼中的美

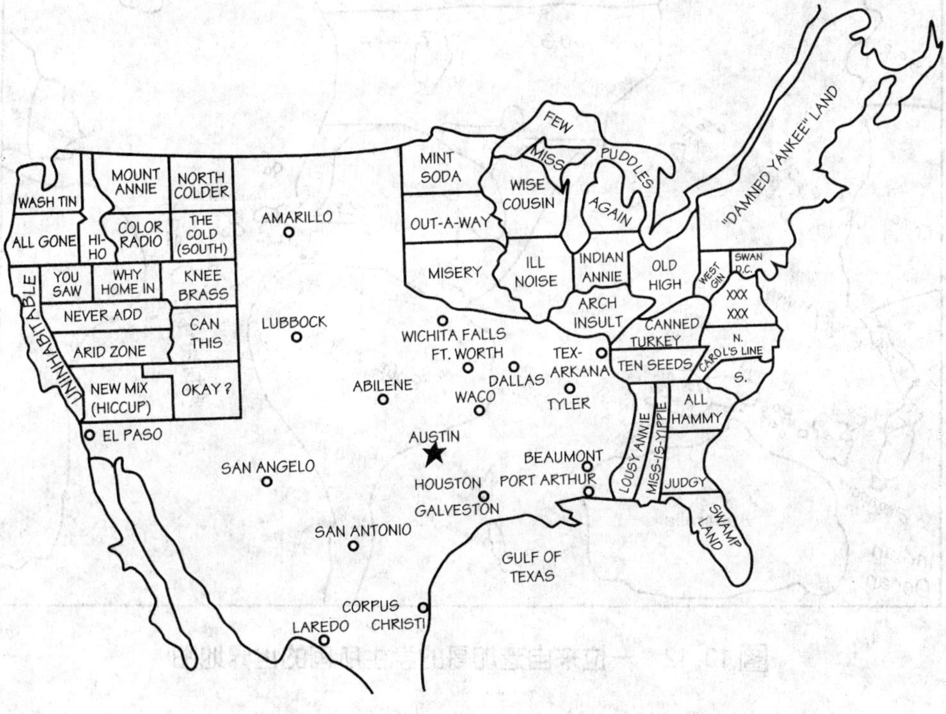

得克萨斯人眼中的美国

国),这些表现形式包括地图的素描图及其他地理图。[1] 大多数的绘图研究都涉及了系统认知失真和区域认知地图的准确性问题,例如,沿着一所大学校园前行或判断两个地理位置之间的距离。一些研究是关于世界范围认知地图的问题。当然,古地图不可避免地包含了自我中心主义,例如,古巴比伦人不知道远处的山后面是什么。然而,现在的学龄儿童几乎都知道大概的世界地理边线。

很多年以前,一项有关世界表象的跨国大研究在不同的民族中展开,旨在拓宽人们对文化差异的理解并促进世界和平。实验设计很简单,要求来自 49 个国家 71 个地区的地理学专业一年级学生在一张给定的白纸上画出一幅世界地图。结果非常有趣(Saarinen,1987)。约 4 000 份地图中,大多数展现的是以欧洲为中心的世界,即使欧洲以外的一些学生所画的图也是如此,例如香港、新加坡和泰国学生所画的图。这很可能是由于以欧洲为中心的地图广泛使用超过了 500 年。一些美洲学生所画的图以美洲为中心,例如图 10.12 所示的是一个来自芝加哥的学生的地图(他看起来对得克萨斯和加勒比海非常熟悉)。澳大利亚学生倾向描绘一幅以中国为中心的地图,同时

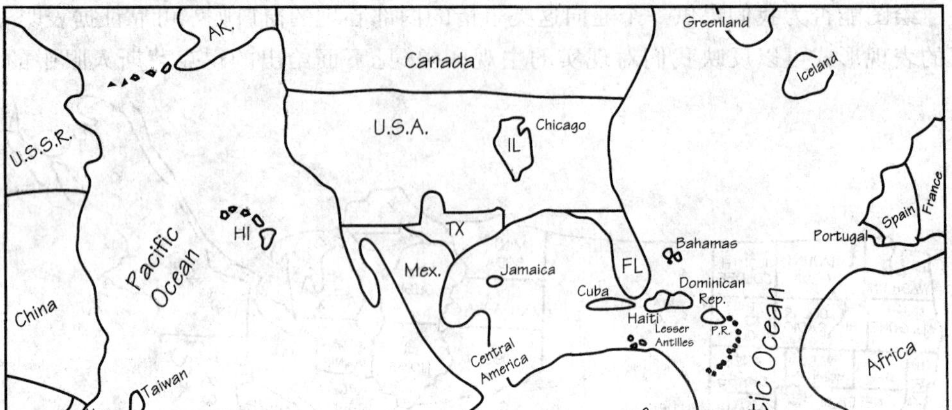

图 10.12 一位来自芝加哥的学生所画的世界地图

〔1〕 我们的临床心理学同事们一直都赞同这种观点,他们使用投射技术时(例如画一个人)发现可以揭示一个人隐藏的人格特征。

澳洲和亚洲也在中心；而其中一些学生倒过来画图，在他们的图中，澳大利亚位于中心，而其他国家却位于“低纬度半球”，如图 10.13 所示。这种地图在澳大利亚并不常见。有人预计学生们会把自己的国家画得很大，超过原来的比例。但事实并非如此。著名的国家（美国、前苏联、英国、法国等）在大多数地图上都会出现，非洲则未被充分表现出来，因为非洲国家并不出名。美国学生在这项任务中表现最差，尤其是不能够正确画出一些国家的位置。来自匈牙利和苏联的部分学生画的地图最详细。

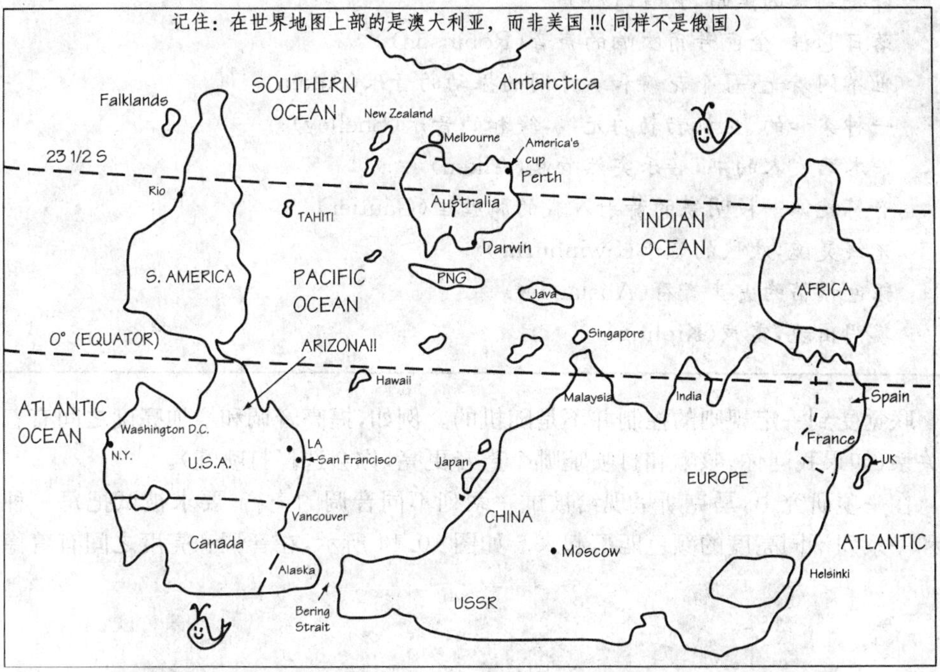

图 10.13 一位来自澳大利亚的学生所画的世界地图

联觉：颜色的声音

联觉是一种形式的感觉（例如视觉）向另一种形式（例如听觉）转变时所经历的一种状态。因此，一个物体的表象可以引发一种声音。一些罕见的个体（详见第六章中 S. 的讨论），他们的感觉通道之间的传递是与众不同的，这与声学工程师的行话“交错谈话”有些相似，从一个通道来的信号可以在另一个通道里听到。对大多数人来说，感觉事件的同步发生是很平常的。诗歌的隐喻和联觉联系着（详见标题为“文学隐喻和联觉”方框中的内容），艺术家们强调视觉和听觉之间的紧密关系。俄国的抽象艺术家康定斯基（Kandinsky，1912）认为：“颜色的声音非常确定，因此，任何一个人用低音音符描述明亮的黄色，或者用最高音描述一个深色的湖都是非常困难的。然而，特殊联觉和一般的跨通道传递仍然有些神秘。似乎存在可以控制联觉的一些原则，并且这些原则受到研究的支持。"(Marks，1987a，1987b)

文学隐喻和联觉

灰色黎明，低语声(Poe)
即将到来的黑暗，声音(Poe)
落日悬挂，金色号角吹响的声音(Robinson)
世界闪着光，每个花瓣和蜘蛛网的振动的音乐(Aiken)
一种柔和的、生机勃勃的光线，缓和的音乐(Shelley)
一本启发人的书，音乐突然响起(Aiken)
音符就像一枝明亮的箭射入我的胸膛里(Gautier)
光线灵魂，欢快的音乐(Swinburne)
银色横笛的尖声音符(Auslander)
黎明出现，雷声(Kipling)

联觉受到一定规则的控制并不是随机的。例如，提高音调和增加亮度之间有着正向关系(如果我问你，咳嗽和打喷嚏哪个声音更亮，你会选择打喷嚏)。

在一项研究中，马克斯呈现给被试一系列不同音调的声音，要求被试把每一种声音和一系列不同亮度的颜色匹配起来。如图 10.14 所示，在音调和亮度之间有着稳定

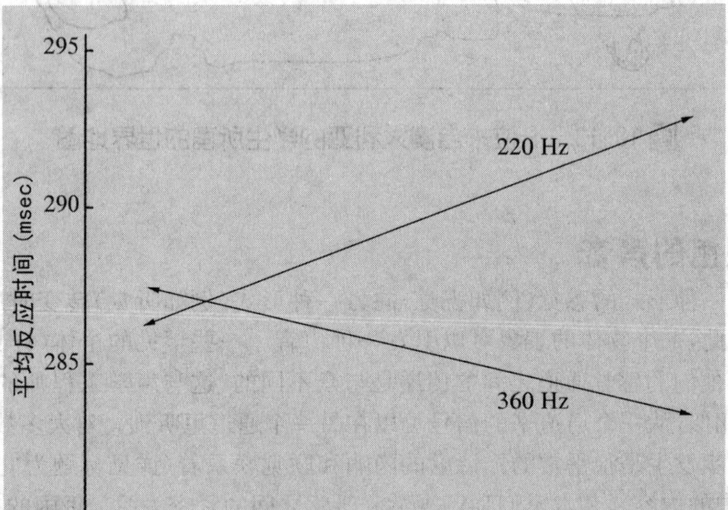

图 10.14 颜色亮度和音调等级

资料来源：Marks，1974。

的正向关系。马克斯还在反应时实验中考察相关性。在反应时实验中，他要求被试区别两种声音，一种高音，一种低音，并按下记录反应时间的按键。每组刺激中，模糊光线或明亮光线也同时亮着。被试可能认为光线亮度和声音音调之间的关系是随机的，与实验的主要目的不相关。如图 10.15 所示，通过反应时测得的音调和亮度之间有着稳定关系，当亮度高(320 cd/m^2)时，对高音刺激的反应时相对较快，而对低音的反应时相对较慢。

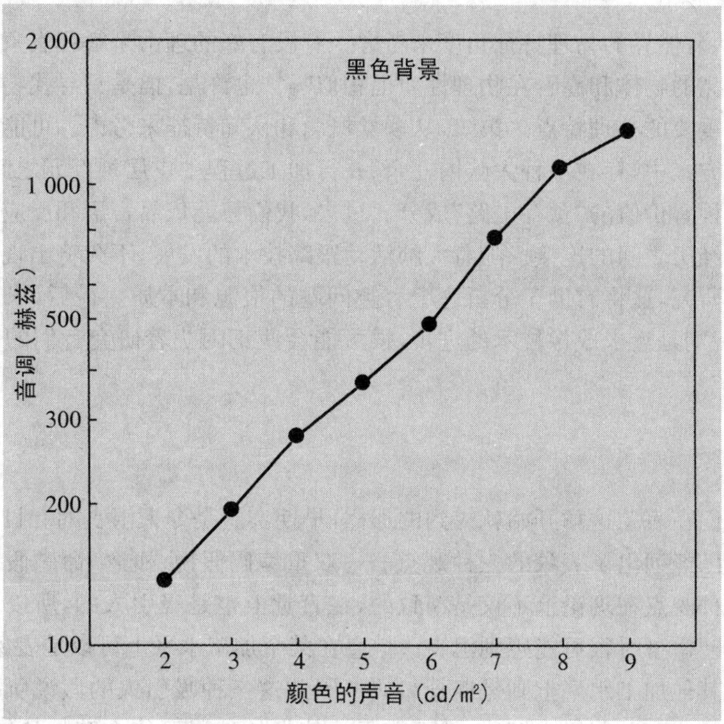

图 10.15 对不同音调(赫兹)和不同亮度(cd/m^2)的反应时间

资料来源：Marks，1974。

在另一种情况下，马克斯发现颜色和音调间存在可预测的相关。在测量"颜色的声音"时，显示出黄色和白色是明亮的，红色和绿色是中间色的，黑色和棕色是深色的。与这些颜色相关联的音调也匹配得相当完美，高音与亮色匹配，低音与深色匹配(Marks，1987a)。支持这种关系的文献资料很常见，"她用银铃般清晰的声音演唱"，"男低音蕴含着丰富、深沉的音色，奠定了歌剧鲍里斯·戈都诺夫(Boris Godunov)整个表演的情绪。"其他实验也证实了这些观察。

对联觉的讨论是从"软"参考(跨通道经验特点的比喻——见方框中题为"文学隐喻和联觉")开始的，并且以"硬"数据结束(音调和亮度之间几乎是完美的线性关系)。

也许好的科学和好的艺术是一体的，然而，在此我们关心的是，在认知心理学这个更大范围内怎样理解联觉。

令人信服的资料的存在说明许多人有某种类型的联觉，这种联觉中表象和声音（也有其他的感觉经历）互相缠绕。而且，联觉可以被测量，我们可以从观察中获得合理观点。也有资料说明一些人有不同寻常的联觉，这些人在各种感觉体验之间进行了异乎寻常的“交错谈话”（见第六章关于 S. 的讨论）。什么机制可以对这些观察做出解释呢？

第一，从自然界的物理特征角度来考虑。有没有好的理由来解释表象和声音的关联？色彩明亮的物体和高音在物理性质上相似吗？也许是，但是只寻找物理解释很可能会忽视其重要的心理特点。第二，从联觉概念和认知特征来考虑。可能在人们神经系统的组织方式中，存在一种大脑内冗余、并行加工过程中皮层神经元之间的“交错谈话”，它是一种有价值的“预存电路”成分。过去，我们只能依靠言语和反应时实验中介来发现感觉经历之间的连接。随着大脑活动跟踪技术的发展，不久将出现联觉和大脑活动关系的研究，这将有助于分析这个有趣问题的根源和本质。最后，未来认知神经学的研究，特别是近来成像技术的进步，很可能会使正困扰着研究者们的许多复杂问题简单化。

总结

如同我们在表象这章开始就提到的那样，早期实验是令人沮丧的。目前情况依然如此。我们已经列出了表象的三种观点——双重编码假说、概念-命题假说和功能等价假说。每种观点在理论上不仅是精致的，在直觉上也是吸引人的，所以表象研究者在选择“最佳”模型时很可能感到沮丧。信息在某个加工水平上可以是表象编码，而同样的信息在其他加工水平上则是概念编码。因此这三种吸引人的假说所引起的问题可以通过接受这三种假说来解决，然而需承认信息的编码可能会跨越认知加工层次，而每个层次上的信息转换方式都是独特的。

1. 心理表象的研究涉及信息在记忆中如何表征的问题。
2. 三种不同的理论观点都是有关信息在记忆中如何存储的问题，它们是双重编码假说、概念-命题假说和功能等价假说。
3. 双重编码假说认为，信息可以以两种形式存储：言语形式和表象形式。行为和神经学的研究资料支持这种观点。
4. 概念-命题假说认为，信息是以一种抽象的命题形式存储的，这种形式指出了物体、事件和它们之间的关系。这种观点在理论上是精巧的，但在解释表象加工涉及二级同构的资料时遇到了困难（例如谢泼德的研究）。
5. 功能等价假说认为，表象和知觉是很相似的（谢泼德和科斯林的研究基本支持)。

6. 两种类型的表征被用来解释表象：直接表征和比喻表征，后者比前者被更广泛地接受。
7. 视觉表象是真实视觉还是目的更广泛的认知过程，这一问题仍然有争议。
8. 心理旋转有认知神经学的证据。表象的现代研究已经两极分化，一极认为心理表象与其他感觉映像在物理特征上是相似的，另一极认为物体的表征是以被试的知识为基础的。一些人认为由情境决定是这两种极端观点的混合。
9. 研究者使用局部脑血流测量技术(rCBF)来研究表象，这种测量技术的假说基础是，大脑的血流浓度与那部分大脑所发生的功能数量有关。资料显示，当人们想象时，大脑的视觉加工区域及部分记忆区域处于工作状态。
10. 关于心理地图方面，人们趋向于持有世界的自我中心观。
11. 联觉是一种通道上的感觉通常可以在两种通道上所体验的一种状态。这种现象以及有过这种经历的人，提供给我们一些有趣的有意义的研究课题。事实上，我们在资料中已找到一些非常确定的功能。

第五部分 语言和认知的发展

第十一章 语言1：结构和抽象

问题预览

1. 在语言研究方面，心理学家和语言学家的研究有什么不同？
2. 乔姆斯基(Chomsky)语法理论的基本特征是什么？
3. 如果你要训练你的孩子，当他说“葡萄”的时候，你给她一只鸟，哪一种语言发展理论能解释这种情形呢？
4. 什么是语言相关性假说？有哪些证据说明了这一假说？又有哪些证据不赞同这一假说？
5. 对故事回忆的研究(例如“鬼魂之战”)是怎样改变我们对语言和记忆的认识方式的？
6. 什么是图式？图式诱导信息是怎样使一个人对故事的记忆发生偏差的？
7. 金希(Kintsch)理解模式的主要观点是什么？
8. 认知神经科学家是怎样研究大脑和语言的？这项研究的主要结论有哪些？

语言使我们知道章鱼是怎样交配的；如何去除樱桃色污渍；泰德为什么悲伤；没有一个好的候援投手，红袜队是否能赢得世界职业棒球大赛；如何在地下室制造原子弹；凯瑟琳是怎样死的，等等。

——史蒂夫·平克

在本章中你将看到，大脑最让人迷惑的过程之一，就是一种思想是如何通过语言来影响另一种思想的。在这个过程中，大脑中的一些细胞群有了永久的变化，新的思想产生了，在某种意义上，你也变了，一个新的人产生了。每天，这种令人惊愕的复杂过程在数百万人的身上毫不费力地进行数千次。老年人、儿童、通用汽车的董事长、墨西哥城的美容师、丹佛的出租车司机、雅典的鞋匠和西伯利亚的捕猎者都在使用语言与他人进行交流。如果周围没有可以交流的人，那么这个人就会很自然地对着笼子里的鹦鹉、一棵树或一只煎锅开始喋喋不休。我们在第九章中知道，"鱼会游泳，鸟会飞"，到了这章我们可以再加上一句"人会喋喋不休"。除了一些蒙昧的宗教仪式外，人们不断地用语言交谈着。对于认知心理学家来说，语言是一种交流系统。人们在这种系统中利用声音(如言语和音乐)或者符号(如词汇和手势)来传递思想。

语言：认知和神经学

人类语言的研究对认知心理学之所以重要，是因为：

- 人类的语言发展似乎代表了一种独特的抽象过程，而这正是认知的基础。虽然其他的生物(蜜蜂、鸟、海豚、草原犬鼠等)具有复杂的交流方式，类人猿似乎会使用一种抽象的语言，但人类语言的抽象程度更高。
- 语言加工是信息加工和储存的一个重要组成部分。
- 人类思维和解决问题的过程可以概念化为语言参与的加工过程。即使不是大多数，也有许多形式的思维和问题解决都是内部的，也就是在没有外部的刺激下完成的。例如，以抽象语言符号表达问题，为思考问题的解决方案提供了一条途径。
- 语言是人类交流的主要工具，是信息交流的主要途径。
- 语言影响着认知的基础阶段——知觉。有的人认为人类对世界的认识受到人类描述世界的语言的影响。另一方面，语言的发展很大程度上建立在人类对语言的知觉的基础上。因此语言和知觉过程是相互依赖的，并且在很大程度上彼此互相影响。从这一点来看，语言操作起到了窗口的作用。
- 词语、言语和语义的加工看起来是由大脑特定区域负责的，因而在神经解剖学结构和语言之间有着深刻的联系。除此之外，大脑的病理研究经常显示出语言功能有了明显变化，比如说失语症。

由于上述原因，语言已广泛地被认知心理学家和心理语言学家(研究心理学和语言之间关系的专家)所研究，神经解剖学家等也参与了进来。

概述。本章将涉及语言的传统领域和心理语言学家工作过的领域。另外，一些较新的语言研究领域，包括语言的认知神经科学——从神经系统角度研究语言的专业也将被介绍。过去，认知心理学家对语言的研究主要集中在两个方面：词汇和语法。在第十二章，会有很大篇幅讨论词汇，而本章会比较多地讨论语法。

单词及其关联词义。我们来看一个普通的单词“barrel”（桶）。人们通常把它定义为，用箍（不是投环套物游戏用的）扎起来（或箍起来）的由木质狭板（不是“延缓决定”中“延缓”的意义）构成的一个大的圆柱形容器。因此，当我说“本（Ben）有一桶朗姆酒”时，由于大量相关单词和词的许多属性储存在大脑皮层上，单词“桶”的知觉范围内的大量信息几乎瞬间（在神经传递的速度范围内）激活了敏锐的“搜索和联想”过程。在这个奇妙而复杂的过程中，电化学脉冲就像快速运动的梭在大脑中来回，在大脑这里建立起联系，在那里产生推论，又在大脑某个地方产生遥远的联想，并伴随大量的平行加工过程。因此，当听到这句有关本和桶的句子的时候，人们会想，本要“拿桶开玩笑”，他也许在桶上打洞，抽走狭板，就像19世纪发明滑雪的挪威人踩着它们沿着雪山下滑一样。被制桶者锻造而成的箍环（不是手铐）也许可以被用作呼啦圈来玩游戏。自由翱翔的想象所具有的不可思议的地方是，它实际上不是非常任性的，而是非常普遍的——我们所有人一直都在做着，而且没有很多的意识控制。因此，如果你被线连接起来的中枢神经系统像地雷一样，下一次你看到或听到“barrel”，在识别“加里·库珀”、“警察”、“滑雪”或“呼啦圈”（或者单词，或者人，或者图画）时，你的灵活性将会显著地提高，即与这些遥远事物相关联的神经细胞在激活水平上有明显提高。尽管关联仍处于无意识状态（你未意识到的），然而它们潜伏于后方，等待着在意识舞台上出现的机会。我们现在能通过反应时实验和成像技术（如MRI和PET）测量出来。

人类知道很多单词，心理词典储存了大约60 000个独立词条，但我们可以理解和生成更多的词条。这就是语言的动态性，像“蜗牛邮件”、“加利福尼亚汉堡包”、“天堂大门”这些词，或当学生评价她的新男朋友时：“他是吉姆·凯里（Jim Carey）——与托尔斯泰很相似的男孩”——这句话非常生动。

语法。处理单词连接成词组和句子方式的又一个有意思的领域。除了可以用许多单词表达思想之外，人们还知道单词连续的规则，借此可以表达出其他人所理解的思想。

人们能以许多种合理方式连接单词而表达一个简单的思想。因此，句子“琼看见熊打开冰箱的门拿草莓吃”（Joan saw the bear open the refrigerator door & eat strawberries）可以被理解为“吃草莓的熊打开冰箱门的事被琼看见”（The bear who ate the strawberries opened the refrigerator door & was seen by Joan），还可以许多其他可能方式排列，但仍能保持原意。从技术上看，语法研究包含了语音学领域（语言声音连接的研究）、形态学领域（单词连接和单词组成更大单位的研究）、句法（syntax）领域（单词连接成词组和句子的研究），本章将讨论这些主题。

神经学。最早的语言科学分析之一是神经学方面的，而且有关研究现在还在继续。自古以来，生理学家就知道脑皮层的损伤也许会影响语言功能，但突破性的进展发生在1861年，这一年一位年轻的法国外科医生保罗·布洛卡(Paul Broca)观察到躯体一侧瘫痪的病人其言语也丧失了。病人死后，布洛卡对其进行了检查，发现其左侧前叶区域受到损伤，此后这个区域就被称为著名的布洛卡区(Broca's area)。尽管起初布洛卡并没有将左半球和言语联系起来，但个案研究历史证实了左侧前部区域似乎负责言语生成这个最初的观察结论。1875年卡尔·威尼克(Carl Wernicke)发现了左颞叶区域(就在初级听觉皮层之后)的损伤也会影响到语言加工，但这种加工方式不同于布洛卡区所负责的功能。布洛卡区似乎负责语言的生成，威尼克区(Wernicke's area)(不久以后被命名)是语言理解中心。威尼克区受到损伤的病人能说，但说和写的理解能力减退了，他们能流利地说，但旁人确实不能理解他们所说的事情。这种情况在不同人群中会有变异，因此这些早期所描绘的操作需要仔细审查。几乎参与到所有思维活动中的语言并不定位于单一甚至是多个"风景"之中，而是在细胞或亚细胞水平上的微回路里得到加工。基本的语言加工可能发生在这些非常基本的突触水平上，但目前这些突触水平甚至都隐藏在最先进的成像技术后面。

回头看这一个世纪的脑研究和语言加工，我们能得出结论：语言功能定位于一个广泛的特定区域，大部分集中在左半球上，这包括布洛卡和威尼克所发现的初始区域，还有(左侧)联想皮层和颞皮层。但是，由于语言加工和生成是如此复杂[可以想想进行简单的联想反应——看到单词"red"(红)就说出"blood"(血)，这其中包含了巨大数量的亚加工活动，有视觉参与、特征和单词识别、词语通达、单词联想、动作反应和言语，而且也许还有情绪反应等]，因此研究不太了解其功能的脑的其他区域，也可能起到微妙的作用。本章后面将返回到语言和神经学主题上来，但现在让我们来思考语言的语言学意义。

> 我为这样的事实所惊讶：在我的第一批失语案例中，损伤常在脑的同一部位，而且在同一侧——左侧。自此以后，从许多事后解剖中可以发现，损伤部位常在左侧。
>
> ——保罗·布洛卡(1864)

语言学

语言学的研究是语言结构的形式描述，包含了言语声音、意义和语法。

语言学家研究语言是以技能为基本研究倾向的(处理说者-听者的某种潜在观念)，而心理学家通常根据绩效研究语言，或研究人类是如何使用语言的。将研究语言的这两种方法综合起来的学科是心理语言学(psycholinguistics)。

语言学层级

语言学家对建立语言的描述性框架感兴趣。在某个方面，他们的研究与认知心理学家在记忆模型的建立上相似。从我们对记忆的讨论中，你可以回忆起记忆模型包含了记忆的内容、记忆结构和记忆的操作过程（例如编码操作、检索操作和转换操作）。相似地，一些语言学家关心语言模型的建立——它的内容、结构和过程。然而不像记忆研究，语言学研究设想存在从基础成分到复合成分到非常复杂成分的层级——语音单位和意义单位以复杂性不断增加的顺序排列。每一个水平在一定程度上都依赖于更低的水平，但可以与其他水平相互作用。

最重要的人性化的层级创造物之一，是记录言语并传播思想的书写系统的建立。在英语语言中，仅有10个数字符号和26个字母，其中一些是如此多余或不常被使用以至于它们对书写语言整体结构的贡献微乎其微。这些不多的字母和数字构建了人们常用的大约4万个单词，这些词构成了数以亿计的句子。因此，目前句子也许不像宇宙中粒子一样多，但由于与人交流的需要总是得不到满足，每一分钟都会有巨大数量的新颖句子产生，因此总有一天可能会达到与宇宙中粒子一样多的数目。当想到人类经历的丰富性可以由如此不多的符号生成时（从诸如《所罗门歌》文献到《我的奋斗》），语言学的层级编码特征是令人惊讶的。

音素

口头语言的基本单位是音素（phoneme）。音素，即单个言语声音被单个符号所表征，是由肺、鼻腔、喉、唇、舌和牙齿的复杂协调而产生的结果。当所有这些部分都正常工作时，所产生的语音能被熟悉该语言的人快速知觉和理解。英语使用大约45个不同的音素，但程度不同。只有其中9个构成了一半多的单词，常使用音素的出现频率比最少用的高出100倍，其他语言只包含很少的15个音素，而有一些语言需要85个音素之多。以下是德尼斯和平森（Denes & Pinson，1963）所做的通用美式英语[1]的音素分析：

元音

ee 就像在 heat 中的发音
I 就像在 hit 中的发音
ε 就像在 head 中的发音
ae 就像在 had 中的发音
ah 就像在 father 中的发音
aw 就像在 call 中的发音
ʌ 就像在 ton 中的发音
uh 就像在 the 中的发音
εr 就像在 bird 中的发音
oi 就像在 toil 中的发音
au 就像在 shout 中的发音
ei 就像在 take 中的发音

〔1〕 通用美式英语是美国的中西部和西部所说的英语方言，并正逐步影响更多的美国人，它与其他地区方言的某些音素是不同的（例如南方、不列颠等等）。

u 就像在 p*u*t 中的发音
oo 就像在 c*oo*l 中的发音
ou 就像在 t*o*ne 中的发音
ai 就像在 m*i*ght 中的发音

辅音

t 就像在 *t*ee 中的发音
p 就像在 *p*ea 中的发音
k 就像在 *k*ey 中的发音
b 就像在 *b*ee 中的发音
d 就像在 *d*awn 中的发音
g 就像在 *g*o 中的发音
m 就像在 *m*e 中的发音
n 就像在 *n*o 中的发音
ng 就像在 si*ng* 中的发音
f 就像在 *f*ee 中的发音
θ 就像在 *th*in 中的发音
s 就像在 *s*ee 中的发音
sh 就像在 *sh*ell 中的发音
h 就像在 *h*e 中的发音
v 就像在 *v*iew 中的发音
th 就像在 *th*en 中的发音
z 就像在 *z*oo 中的发音
zh 就像在 gara*g*e 中的发音
l 就像在 *l*aw 中的发音
r 就像在 *r*ed 中的发音
y 就像在 *y*ou 中的发音
w 就像在 *w*e 中的发音

这些少数几个音素以各种方式连接起来生成数以千计的不同单词，它们可以有相近的语音和正字结构，但在语义现实世界中却位于彼此相距遥远的角落里。

言语声音是由肺、胸、舌等协调产生的，它包括：可归类为浊音——声带振动现象，例如，*a* 和 *z*；言语声音不需声带振动的——例如，*s*，就像在 *hiss* 中的发音——被称为清音。在浊音和清音之间的音是摩擦音（限制口腔中的空气通道），例如，*sh*、*f*、*v* 和 *th*，和爆破音或闭止音（短时间阻碍空气流而产生的），例如，*t* 和 *d*。

语素

音素无任何内容，它们没有意义。语言中意义的最小单位是语素（morphemes）。语素可以是单词、单词成分、前缀、后缀或前述的连接。例如，在句子“The old chemist loved joyful sounds”（这位老化学家喜欢听欢悦的声音）中，“the”（这个）和“old”（老的）是独立的自由语素，但“chemist”（化学家）、“joyful”（喜悦的）和“sound”（声音）是自由语素和限制语素的联合体。“chemist”是语素“chem”和“ist”连接而成的；“joyful”是语素“joy”和“ful”连接而成的；“loved”（喜爱）是由语素“love”和“-d”连接而成的。通过组合语素我们可以产生数不尽的单词。英语由十万多个单词由语素构成，即使是这样巨大数目的语素合成，也仍要受到严格的语言学限制。英语的语言学限制之一是指，音节跟随在最多三个辅音之后，通常是少于两个。另外一个限制是某些字母，如，q、d、j、z 从来不出现在一起。语素前述的和别的限制，加上语言内在的冗余性，使信息传递和解码过程中错误数量减少了。

声音痕迹

由于电子手段的无情检测，语音分析将自首其中的秘密，这似乎是不可避免的。语音频谱分析仪已能分离出构成语音特征的各种频率。听觉信号被传导至系列过滤器后，原则上每一个过滤器，就像高保真度声音设备中的穿越式过滤器，对一定范围的频率产生共振。这样，就可以从低频率声音分离出高频率声音以便它们能被传送至适宜的扬声器（低音的或高音的）。特定过滤器出来的脉冲在移动的纸中得到记录。这样就可以对言语声音进行视觉分析，声音痕迹也就产生了。痕迹（单词“said”）显示，上部左侧的痕迹是高频音素“s”；痕迹的另一部分显示的是低频“aid”。

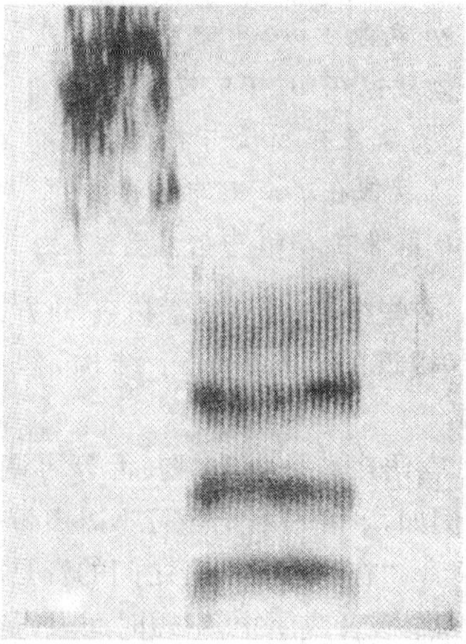

通过使用语音频谱分析仪有可能对口头语言的声音特征如何随时间变动做细致的研究。不仅视觉言语记录允许研究者仔细研究口头语言的声音特征，而且在教授聋哑儿童发音上面也有一个直接实践应用。正常儿童的言语发展有听觉言语的参与，它起到模型的作用。借助这个模型，儿童产生他或她听到的声音，而且根据听到的来进行正确修改。聋哑儿童缺乏这种反馈环，但实时的视觉反馈系统（由语音频谱分析仪提供）可以起到替代作用。

句法

语言学的另一个等级是句法，它是约定语素连接成词组和句子的规则。最近几年中，构成句法的内在原则已被扩充至包括信息如何从一种形式被转化成另一种形式。这种扩充开始于诺姆·乔姆斯基提出的句法普遍性理论。这个理论的目的是要描述语言的抽象性质，而不仅仅是它的表面特征。其结果不仅仅是产生了改变语言学概念的理论，而且对心理学也有深远的影响，尤其是对心理语言学。

人类能产生的不同句子的数量仅受到时间和想象的限制，而这两者是取之不尽的。为了理解语言的结构，语言学家——研究语言学性质的人们——集中于两个方面：生成性和规则性。生成性指语言（数以亿计的）上可能的句子、词组或言语的无限数量，而规则性指句子、词组或言语的系统性质（应该是“the boy hit the ball”，而不是“ball boy the hit the”）。

句法失误和焦虑表现

语言的生成性似乎是显而易见的，但规则性是相当复杂的事。约定了语言规则性的一系列规则被称为语法，而且转换语法处理的是在保持同一意思前提下语言学形式的改变。例如：

猫被狗追逐。(The cat was chased by the dog.)

狗追逐猫。(The dog chased the cat.)

以上两个句子都是正确的，表达了同一意思，都有相似的单词，但内在结构却有所不同。明显地，语言学的表面特征和语言学的深层结构有必要被分离开来，而且乔姆斯基的理论就是沿着这些思路来建立的。

乔姆斯基的语法理论

以下是若干个经常被引用的，能体现乔姆斯基理论的最重要的观点：

- 语言有许多底层一致性，而且底层结构和句子意义之间的关系比表面特征与句子之间的关系更加密切。
- 语言不是一个封闭的系统，而是一个生成系统。
- 底层结构是所有语言的共有元素。这些元素可能反映先天的认知组织原则，而这些组织原则会直接影响语言的学习和生成。

乔姆斯基对行为主义及其基础——刺激反应学习（包括语言的学习）进行了直接的批评。他说，语言的发展不能简单依照操作性学习原理来描述，心理学理论必须关注底层过程而不是表面过程。尽管许多心理学家不同意乔姆斯基的批评，但是大家普遍认为他的批评对心理学理论和认知研究有着深刻意义。

诺姆·乔姆斯基的转换语法理论改变了人们看待语言的方式。

乔姆斯基理论中最令人感兴趣的三个内容是：表层结构、深层结构和转换规则。这些术语在下面的整个讨论过程中都将被用到。[1] 其一般的定义如下：表层结构（surface structure）是实际句子的组成成分，可以传统语法加以分析和标志；深层结构（deep structure）是一种包含了对于意义来说必需的信息的底层形式；转换规则（transformational rules）是将一种结构转变为另一种结构的规则。转换语法（transformational grammer）是乔姆斯基理论系统的变革性成分，其详细描述了语言信息从一种形式转变为另一种形式所遵循的法则。考察下面的句子："The jock pursed the sorority girl"（小伙子追求女大学生）和"The sorority girl was pursued by the jock"（女大学生被小伙子追求）。这两个句子在深层结构中表达了同一个基本意思，但是具体形式或者说表层结构则有区别，转换规则把深层结构和表层结构两者联系起来了。

转换语法

一个例子中，一个简单句"The short hippopotamus saw the tall giraffe"（矮海马

〔1〕 这些定义是乔姆斯基所提出概念的简单版本。

看见高的长颈鹿）的基本意思也可以表达为："The tall giraffe was seen by the short hippopotamus"（高的长颈鹿被矮海马看见）或者"It was the short hippopotamus who saw the tall giraffe"（看见高的长颈鹿的是矮海马）。尽管重新组织了语义，在某些情况下还改变了单词或语素，但人们仍然能理解句子的真正意思。再看另一个例子——试讲述你生活中的一些事情，比如说去听音乐会。讲完一遍后，再讲一遍，但尽量避免使用与前面一次相同的句子（也许你很可能做不到）。然后再讲第三遍，同样尽量避免使用与前两次相同的句子。以不同方式讲述同一件事情的能力似乎没有止境。现代语法将这一现象的内在规则称为转换语法，这是儿童也容易做到的事，很难用S-R术语解释。说话和语言很少是一种消极的、重复的活动模式，而人类语言是一种产生式的生成系统。我们说出的每一个句子或多或少都是一种创造性的产物，并且尽管它对于交谈双方来说都是新奇的，但听者还是易对其产生不同程度的理解。

语法正确，语义荒谬

近一个世纪前，刘易斯·卡罗尔（Lewis Carroll）在《镜中世界》中为我们举了很多关于语法正确但语义荒谬的语言上的例子。其中，杂乱使用新词的诸多样例中的一个如下所示：

沃尔伯（Vorpal）利剑在手；
久将曼克索姆（Manxome）敌寻求
——背靠塔木（Tumtum）树作歇，
站立片刻想究竟。
沉浸于心事重重
嘴中嘟囔眼生焰，
踉跄穿过塔尔杰（Tulgey）林，
一如汩汩涧水流。

在第七章和本书的其他部分，我们已经知道长时记忆的容量是多么巨大，如果要保持住所有生成的或被理解了的句子，那么，那么大的容量会使我们感到负担沉重。

生成和理解创新性句子能力的一种解释方法是借助树状图，它以有序的方式表示出表层结构和深层结构。利用这种比喻，前一例"矮海马看见高的长颈鹿"的词组结构可图解为下列样式，底部的句子构成表层结构，而其上的网络表示深层结构：

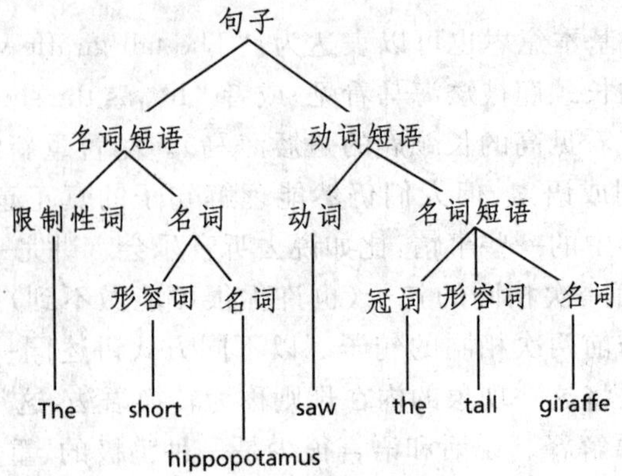

我们从这个简单例子中可以分辨出语句的基本构成成分，这些成分不仅存在于表层，而且存在于更深的抽象水平上。对最具包容性层次上的句子进行语法分析后可以得到主语和谓语，并以名词短语和动词短语来表示。名词短语中包含限制性词和名词，名词包含一个形容词和一个名词。动词短语包含动词和一个动词短语，动词短语被划分成一个冠词、形容词和名词。

数学转换规则似乎为语言表征提供了一个基础。根据这种表示，具体形式可以变化而底层事实(深层结构)不变。例如，如果 A＝B，那么 B＝A，表述变了，但内在事实不变。同样，4X＝8，可以写为 X＝8/4，或 ab＝XY(2X＋N)可以被写为 XY＝ab/(2X＋N)。不管表层特征如何复杂，内在事实关系的深层结构都是相同的。转换语法使用同一种逻辑，句子就像数学等式一样，可以被改写成多种形式而意义实质保持不变。因此我们可以把生成大量不同句子且每个句子又生成好几种形式的能力解释为不是模仿的结果(依据模仿论假设这需要极大的记忆容量)，而是由于先天具有的掌握某种规则的能力。借此人们能够构造句子，并将它们转换成表达相同意思的其他句子(乔姆斯基称这种潜在能力为技能)。短语的基本结构规则(使用前述树状图的简略形式)是：

句子→名词短语＋动词短语

名词短语→限制性词＋名词

动词短语→助动词＋动词＋名词短语

这些规则可以应用到任何一种深层结构中，以在保持真实意思的同时把它改写为语法完美的不同句子。

> 语言是一个自由创造的过程，它的规则和原则是固定的，但使用生成原则的方式是自由和变化无限的，即使是单词的使用和解释也会参与到一个自由创造的过程。
>
> ——诺姆·乔姆斯基

生成语法的含义是语言分析并非建立在音素或语素水平的基础上，而是建立在语义水平基础上。这并不是说音素和语素表达不重要(事实上它们是重要的)，但是仅限于对这些特征进行研究的语言学不能解释迅速生成的种种语言学形式，也不能解释这些形式何以能同样容易被人们理解。乔姆斯基举了一个语法上正确然而语义上荒谬可笑的句子“Colorless green ideas sleep furiously”(无色的绿色思想狂暴地睡觉)。这个例子说明了，组成句子的语法规则是有限的(再如，某某为某某做了某件事)，但语义成分的组合却是无限的。甚至在上例中，如果我们有足够广泛的想象，那么该句子不仅在语法上正确，而且语义上也是有意义的。

语言的心理语言学层面

固有特征和情境效应

乔姆斯基理论中争论最大的一个问题是，他断言语言的基本成分是天赋的和普遍的，而不是像 B. F. 斯金纳所说的是通过学习获得的。因此，强化——斯金纳派观点的基本要素(行为的)，只能决定语言发展的语素方面(例如，当一个儿童对苹果的需要得到实物的强化时，他就学会了说“苹果”[1])。

让我们回到乔姆斯基断言的基本问题上来：儿童是怎样生成语法完善而又未听到过的句子的呢？建立在深层结构基础上的语言天赋性作为解释被提出来。乔姆斯基并不认为某一特定的语法体系是天赋的，但却认为人类具有加工信息和形成语言抽象结构的天赋能力，这可能和儿童的生物性发展有密切联系。

在关于结构语言学的解说中，对重要几点需要总结。从最一般的观点出发，我们可以把人脑概念化为一个非常复杂的信息加工和储存系统。至于语言，大量的语言信息似乎是以信息的抽象形式储存的(非常像人们所拥有的代数知识)，但是人们也储存具体的语义实体——单词。语言学家，特别是那些赞成生成语法思想的语言学家，对语言的抽象特征和掌管语言储存、生成的数学法则作过描述。虽然对语言的抽象本质没有太多争议，但对于抽象的确切形式仍然存在着争议。

另一种观点(与第一种观点并非一定是对立的)认为，语言和生物的成熟是同步的、相互影响的。这两种观点给了我们一个详细而又广泛的范式，并以这种范式去构建语言的认知理论。

---

[1] 当儿童说“苹果”之后，给儿童一个香蕉，儿童则毫无疑问地形成这样一个印象：苹果就是一个可以用来喂猿猴和孩子的、长长的、黄色的果实。她会理解威廉姆·特尔、苹果汁、白雪公主的毒苹果和苹果酱吗？她会要求将苹果剖开吗？她会怎样解释“从知识树上摘取苹果”这个句子的含义呢？

语言-关联性假说

乔姆斯基强调语言的普遍性，试图确认全人类语言都共同具有的语言操作。正如我们已经知道的那样，它主要是建立在语言的深层结构和转换的基础上的。然而在语义和音素水平上，语言显然不是相同的。语言-关联性假说（linguistic-relativity hypothesis）主要关心的就是有关这些表层特征的情况。

人们的语言影响着对现实的知觉和概念化认识，这种观念有着十分漫长而又有点曲折的历史，它的当代观点和本杰明·李·沃夫（Benjamin Lee Whorf，1956）相联系。由于沃夫在这一领域做了细致的工作，该假说就以他的名字命名（whorfian hypothesis），虽然在他之前，爱德华·萨皮尔（Edward Sapir，沃夫的教授）最先提出了基础性假说（Sapir，1912，Mandelbaum，1958；Fishman，1960）。沃夫推断，一个单词代表一个事物，使用不同语言的人所联想到的事物是不同的，并且语言本身的性质导致了观察现实的不同方式。沃夫在研究美国印第安语时发现，把一种语言清晰地翻译成另一种语言是不可能的。他发现，在一种语言中名词和动词没有清楚的区分，在另一种语言中过去时、现在时和将来时是一种模糊的表达，还有一种语言灰色和棕色没有区别。然而在英语中，尽管说英语的人没有特殊的生理器官（例如能使他们区分灰色和棕色的器官），但有相应的词汇对这所有一切都加以区分。

一些语言学家通过研究颜色命名来研究语言（特别是词汇单位）如何影响人们对现实的知觉。众所周知，人们的感官能感受很大范围的不同颜色，然而对颜色的辨别受到对颜色分类的影响。很多年前，格利森（Gleason，1961）发现，虽然英国人将光谱色划分为紫、蓝、绿、黄、橙、红和很多中间色，但是绍纳人（说部分津巴布韦语）和巴萨人（说利比里亚语）划分的颜色很少，并且划分点也不一样，正如图11.1所示的那样。

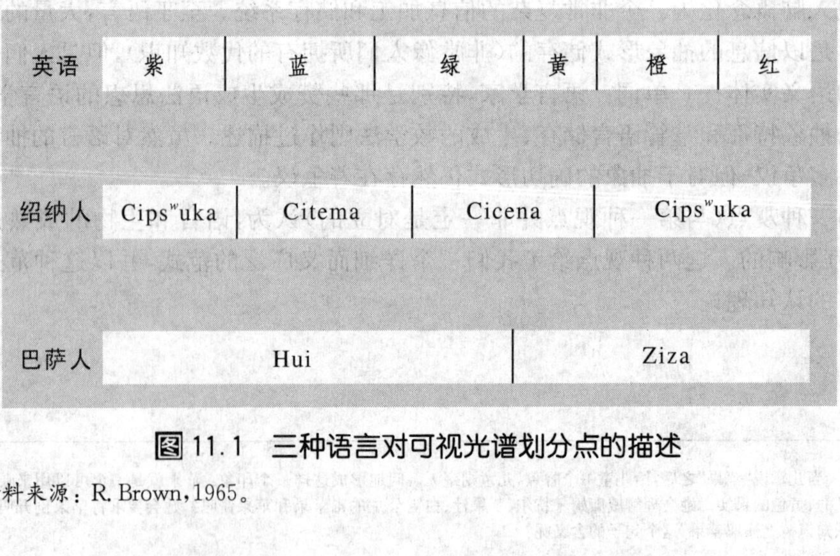

图11.1　三种语言对可视光谱划分点的描述

资料来源：R. Brown，1965。

这方面特别有趣的是，所有正常人都具有同样的视觉器官（即具有看见颜色和区分颜色的相同的生理能力），因此，有人猜想对颜色的心理加工的不同主要是由于语言码不同所致。一些研究表明确实如此。例如，通过颜色命名（他们是一种中间色）来描述一种不适合作颜色归类的颜色，就可能被记成与它最相似的一种颜色的一部分。爱斯基摩人对雪有不同的名称（风雪、飘雪、可造圆顶屋的雪等等），与生活在温带中的我们相比，这使他们能看到（区分）更多不同的雪。同样的，菲律宾岛上的哈诺斯人对不同种类和状态的米有 92 个名称。沃夫派的假说认为，依据客观现实的某种内部表征，物理现象被转化为知觉，并和长期存在的认知结构相一致。信息在人们大脑中的构造方式之一显然和各人所掌握的具体的语言码相关。正像语言彼此不同一样，这些代码也不同。例如，柏林和凯（Berlin & Kay，1969）考察了将近 100 种语言的颜色名称后得出结论：在所有语言中基本色的名称是相同的。

在一项实验中他们确定了 20 种语言的基本色名称，然后让以这 20 种语言为母语的人在图中标出（即从一系列颜色中指出）那些与所给名称相关的颜色。最后，要求每一位被试对每一种颜色名称中所评出的最具代表性或最典型的颜色进行标定——这些颜色被称为中心色。他们的评定表明，各个实验组的中心色是非常相似的。这些实验结果表明，被试在以语言对颜色进行编码的方式上存在一些基本限制。因此，颜色的名称更可能是知觉现象的直接函数，而不是知觉的决定因素。

海德（Heider，1971，1972）和罗希（Rosch，1973）提出了与沃夫相对立的新证据。她研究了新几内亚土著人，他们的语言是丹尼语（Dani）。在丹尼语中，只有两种颜色名称：mola——明亮的温暖的颜色，mili——黑暗的冷色。通过识别实验，她发现识别中心色的准确性要好于识别非中心色。然而如果语言决定知觉，那么其语言只有两种颜色名称的被试在回忆非中心色和回忆中心色时都会遇到困难。因此语言决定论（至少刻板的那种）看来是有问题的。人类学家和心理学家仍然被沃夫的理论所困惑，凯和肯普顿（Kempton，1984）在《美国人类学家》一书中对这种假设的实验研究进行了精彩的评论。

再来考察与沃夫观点（即语言影响我们知觉世界的方式，影响我们加工信息，在记忆中储存事物、回忆事物的方式）有关的一个问题：词汇单元的起源是什么？为什么爱斯基摩语有那么多雪的名称而英语这么少呢？为什么我们有这么多汽车类型的名称而在拉普兰德（Laplander）的语言中却如此的少（如果有的话）？一种答案是：经验对我们越是有意义，它在语言中的表达方式就越多，而不是相反，即语言并不决定我们的知觉。因此，具体语言代码的发展依赖于文化的需要，一种语言团体中的成员学习语言码的同时，也会学习到该文化的价值意义，其中一些价值意义可能与竞争生存相关。语言码发展的结果可能会进一步决定什么信息被编码、转换和记忆。

认知心理学和语言：语言思想的抽象理论

写到这个内容时，我们的讨论已包括了语言心理学的一些基本主题——前面的囫囫吞枣的回顾更多地关注了语言学家和人类学家的集体智慧，而较少关注认知心理学家。在这一部分中我们对语言的讨论将聚焦在对语言的认知分析上，主题是对语言内在、抽象认知结构的研究。首先要讨论的是巴特利特的图式理论。

"鬼魂之战"：巴特利特

许多研究者把精力集中在和现实生活中的语言经验更为相似的、有意义的散文的心理加工过程上。剑桥大学的巴特利特对复杂的文学材料作过最著名的研究，并且在自己的名著《记忆：实验的和社会的心理学研究》(1932)中进行了报告。在该书中，巴特利特描述了几个实验，在实验中简短故事、散文段落、图片和美国印第安人的图画被用以研究关于意义材料的记忆(和遗忘)。实验过程是简单的——让被试阅读一个简短故事或者其他材料，在某段时间后，让他们自由回忆出所能记住的东西。在另一些情形中，给一个人讲一个故事，然后让他把这个故事讲给另一个人听，这个人又再告诉另一个人，如此下去。通过检查该故事经复制后的内容，可以分析出材料的编码性质和遗忘特点。为了说明这些因素的确切性质，几个被试的谈话记录被详细引用。

弗雷德利克·巴特利特(1886～1969)研究了未加工文本的语言加工和记忆。

故事原文如下：

鬼魂之战

一天夜晚，来自埃古拉克的两个年轻人下到河里捕猎海豹。当他们在那里捕猎时，天空起雾了，四周静悄悄的。随后，他们听到战斗的呐喊声，心想："这可能是一场战斗。"他们逃到岸边，躲在一个树桩后面。这时一些独木舟过来了，他们听到了划桨声，看见一只独木舟来到他们面前。独木舟上有五个男人，他们说：

"怎么样？我们想带你们一起去。我们正准备到上游去打仗。"

一个年轻人说："我没有箭。"

"独木舟上有箭，"他们说。

"我不想去。我可能被杀死。我的亲戚不知道我到哪里去了。但是你，"他说着，转向另一个人，"可以跟他们去。"

这样，一个年轻人去了，另一个年轻人回到家中。

这些战士继续逆流而上，来到了一个镇上，这个镇在卡拉马的另一边。人们下到水里，开始交战，不少人被杀死。但是不久，这个年轻人听到一个战士说："快！让我们回家吧，那个印第安人已经被击中。"这时他想："哦，他们是鬼魂。"他并没有感到不舒服，但是他们说他被击中了。

因此独木舟回到了埃古拉克，这个年轻人上岸回到家中，生了火。他告诉每个人说："看！我陪伴了鬼魂，而且去打仗了。我们的伙伴被打死了，进攻我们的人也被杀了许多。他们说我被击中了，但我没有感到不舒服。"

他讲完了这一切后，安静了下来。当太阳升起时，他倒下了。一种黑色的东西从他嘴中冒出来，他的脸变得扭曲了。人们跳了起来，哭喊着。

他死了。

大约20小时后，一个被试作了第一次复述。总体上，复述内容较短，风格较通俗，此外，还有相当数量的省略和一些转换，常用词替换了不熟悉的词，例如"船"代替了"独木舟"，"钓鱼"代替了"捕猎海豹"。

8天后，同一被试再次复述这个故事。第二次复述更加简略。专用名词卡拉马(原文中的)被漏掉了，但是第一次复述时漏掉的"我可能被杀死"这个理由出现了。

6个月后又一次测量回忆结果。在这次极短的复述中，所有的不常用术语、专用术语以及超自然力量的提法都漏掉了。

最后，让一个被试在两年半后回忆这个故事。期间他并未看原文，并且据他自己所说，也从来没想过这个故事。他的叙述如下：

一些战士要与鬼魂打仗。他们打了一整天的仗并且他们中的一个受了伤。晚上他们回到家里，背着他们受伤的同志。当白天要过去时，他的情况迅速恶化，村民们都围着他。就在太阳落山时，他叹着气，黑色东西从他的嘴里流出来。他死了。

只有故事中最简单的梗概被保留了下来。几乎找不到细节方面的详细阐述，几个主题似乎与被试认为应该发生的事情有关联，而不是与故事中确实发生了的事情有关联。例如，在前述短文中，受伤的人最后死了。在什么时候？太阳落山时……才是自然的！这似乎表明，这个主题是被试所知道的民间流行史的内容，它当然不是原始版本。从布兰斯福特和弗兰克斯的研究中我们可以知道，来自各种渠道(故事和一般性知识)的信息片段结合在一起被填充进故事中而成为具体事实。

巴特利特(1932)依据几个范畴分析了这种类型的信息。包括：

- **省略。**特定信息似乎是丢失了。还有，不合逻辑的或不符合被试期待的信息不容易回忆起来。
- **合理化。**偶尔加入一些信息，以解释某种不适宜内容。
- **主题主导性。**一些主题似乎变得突出起来，于是其他特征围绕着这个主题。

- **信息转换。**不熟悉的单词转化为熟悉的单词。
- **顺序转换。**根据某些特点，一些事件被认为在故事中出现较早，其他的则被认为出现晚。
- **被试态度。**被试对材料的态度决定了回忆的程度。

在做上述分析的过程中，巴特利特使用了图式的概念来解释他的结果（他的解释虽写于半个世纪前，却与最新的理论一样新）。以他的观点，图式指对过去反应或经历进行积极组织。输入刺激对结构化图式的构建有作用，以巴特利特的话来说，就是：

> 然而，没有任何一点理由证实这种看法：每一组外来刺激，每一组新的经验都作为消极拼凑物的孤立成分而被保留。必须把它们看成生动而短暂的背景要素，或者与作出某种特定反应相关的有机体的任一部分，而不是联结在一起并储存在有机体内的大量个别事件。

显然，巴特利特已经预想到了“语言思想的抽象性”。40年后布兰斯福特、弗兰克斯、桑代克和金希用实验对其加以验证，并成为本书在语义记忆的许多理论论述中重复出现的主题（可以与如下研究做比较：Rumelhart，Lindsay，& Norman，1972；Collins & Quillian，1969；Neisser，1976）。有人批评巴特利特的记忆图式理论，认为它们太含糊、复杂，难以用实验验证。这有些道理。

思考论证：语言学的抽象

令人信服的研究提示，当我们阅读一本书、一部短篇小说、一首诗时，我们只记住了作品的实质性内容而不是诸多细节，因此这些细节不易被回忆起来，易被遗忘或与其他记忆成分混合而形成了歪曲记忆。来自现实生活经历或来自书写材料的歪曲记忆也许是人们的已有知识、个人抱负或根据自己的信念系统观察世界的结果。来试试这个小实验：读一部短篇小说，并以若干个句子尽可能准确地改写主要观点。让一个朋友阅读同一篇小说而不用写下主要思想。几个星期后，让你的朋友告诉你这部小说的主要思想。将你朋友的和你的回忆进行比较。换用一首抽象的诗来做同样的实验。你注意到最初的事实性描述和后来的回忆性描述之间有什么不同吗？什么可能导致这种差异出现？对于抽象的诗这种差异是否会更大？

尽管如此，巴特利特的贡献是重要的，主要有三个理由。首先，他的著作中引进了抽象记忆的概念。这种抽象形成了新的学习和其后新信息的转换基础。其次，他证明了在真实生活条件下进行研究是可能的，并且能得出有用的结论。最后，他的研究为他自己的学生（布罗德本特、布朗和康拉德）和其他学者（米勒、奈瑟尔和拉梅尔哈特）提供了重要的参考框架。

自巴特利特认为故事可以通过图式进行编码和记忆以来，现代研究者提出了能增进对故事记忆功能特征理解的思想。现代理论家想确定语言学思想抽象性的基本观念。这些研究者中最为著名的是布兰斯福特和弗兰克斯。下面我们就来探讨他们的研究工作。

"蚂蚁吃果冻"：布兰斯福特和弗兰克斯

曾有人断言，在语言表层结构的下面是深层结构，它包含了转化的系统规则。这个理论导致了其他隐藏的认知结构假设的增加，其中最有意思的是由布兰斯福特和弗兰克斯(1971，1972)建立的假设。其中一个假设(Franks & Bransford，1971)在第四章中报告过。在那个实验中，向被试呈现数字原型的变式，并要求他们对是否是以前看到过的数字这个问题进行评定。在实验的识别部分，被试以极大把握识别出他们从未见过的原型。这提示，被试在样本经验基础上可能形成了一种抽象或数字原型，从而得到假设：我们具有对表面印象进行抽象的倾向，而且这些抽象物是储存于记忆中的。

布兰斯福特和弗兰克斯(1971)还做出了一个关于被编码句子性质的假设。他们编制了四种包含简单描述性成分的复杂句子，其中的一个、两个、三个成分可以被删除，从而相应留下由三个、两个、一个命题构成的句子。其中一些句子如下所示：

四个命题

厨房里的蚂蚁吃桌子上的甜果冻。

三个命题

蚂蚁吃桌子上的甜果冻。
厨房里的蚂蚁吃桌子上的果冻。
厨房里的蚂蚁吃甜果冻。

两个命题

厨房里的蚂蚁吃果冻。
蚂蚁吃甜果冻。
甜果冻在桌子上。
蚂蚁吃桌子上的果冻。

一个命题

蚂蚁在厨房里。
果冻在桌子上。

果冻是甜的。
蚂蚁吃果冻。

实验包括两个部分：理解句子和识别任务。在识别研究中，被试阅读了24个句子，它们包含了一个、两个、三个命题。每个句子阅读完后，要求被试进行4秒钟的颜色命名任务，随后问他们关于句子的问题以确保被试对句子进行了编码。例如，如果一个句子是"岩石滚下山"，问题可以是"干了什么"。当被试掌握了所有的24个句子后，实验者大声阅读其他句子——一些是新的，另一些是来自原来的24个句子中的一个。新句子包含了已呈现的复杂命题的不同部分。为了形成一个识别的基准水平，材料还包含一些"非真实"句，这些非真实句改变了思想的设置关系。例如，一个参照句是"滚下山的岩石撞坏了森林边上的小茅屋"，另外一个句子是"蚂蚁吃桌子上的甜果冻"，"非真实"句可以是"滚下山的岩石撞坏了厨房里吃果冻的蚂蚁"。要求被试指出哪个句子是(来自读出的新的、旧的、非真实的句子)在掌握阶段他们听到的。实验者不关心这个反应结果，只要求被试在五点量表(从非常低到非常高)上对自己的判断评定自信度。结果是，被试对旧的和新的句子的评价基本上是一样的，而且被试识别时的自信度与句子的复杂度相符合(见图11.2)。因此，四命题句子似乎获得了自信度最高的评定——在+3.5附近(即使四命题的句子实际没有呈现)——尽管包含三命题的句子评定相对低，而到了只有一个命题的句子，只得到了负值评定。没有什么人被"非真实"句所欺骗，自信度在−4附近(这个控制条件是重要的，因为由此可知被试确实不是将其信心只建立在句子长度上)。

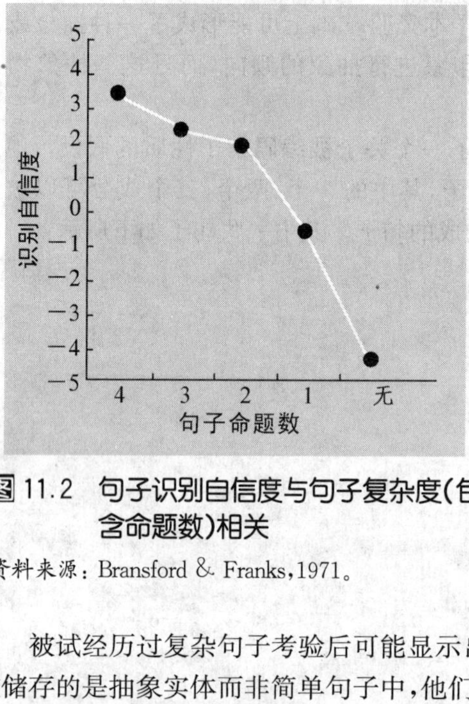

图11.2 句子识别自信度与句子复杂度(包含命题数)相关

资料来源：Bransford & Franks, 1971。

被试经历过复杂句子考验后可能显示出更大的自信，因为，从初始句子到呈现和被储存的是抽象实体而非简单句子中，他们已间断性地提取出一个基本思想。这些资料对于认知和记忆理论的意义在于，句子的储存不是单词的抄写(就像磁带录音一样)，而是思想被抽取的动态加工过程。这些抽象思想理所当然地来自所接触到的句子，从而对新旧句子形成基础印象。因此，如乔姆斯基力图描述语言能力按抽象原则形成的结构语言学一样，布兰斯福特和弗兰克斯则努力描述，句子所传达的思想信息如何在形成判断新信息的基础观念结构中被组织起来。

布兰斯福特和弗兰克斯实验的重要结论是人类被试不会孤立地理解句子(也许是在记忆中)，如果句子是语义相关的。来自不同句子的信息联合形成一种抽象形式，而且与具体形式相比，我们倾向记住这种抽象形式。浏览整本书后你们会发现，现代心理学家似乎全神贯注于能充分描述信息加工、记忆和思维的心理加工结构的建构。乔姆斯基理论的语言学成分似乎完全是一种结构成分形式。布兰斯福特和弗兰克斯的研究，在另外一方面，似乎对可能出现在句子意义提取过程中的转换的具体种类进行了深入研究。

看待语言学加工的非常不同的方式是将描述性信息看作层级形式结构，在这个层级形式中最重要的思想受到不太重要的陈述的支持。从非正式角度来看，我们似乎以一种层级方式对待故事。如果要求讲述一本书(例如《罪和罚》)的内容，我们也许会试着找到一个能体现内容实质的句子。当要求扩展对故事的解释时，我们也许会讨论主题、情节、情境和出现方式(Thorndyke，1977)。

我们从早期的巴特利特理论、句子和故事图式中可以发现，语言抽象科学分析上的进步和发展是努力研究的结果。语言思想的抽象，正如"蚂蚁吃果冻"研究所展现的，在故事语法分析上支持了通常的观念——句子和故事中存在一个隐藏的、结构化的加工。抽象处于这个隐藏结构之中是恰当的，而且过去若干年中所出现的自上而下效应是语言理解中研究中相当重要的进展。现在，我们的注意指向知识主题和文本理解。下一部分将讨论若干个新思想，包括金希建立起来的语言加工综合模型。当你在研究这些模型时，要将以前关于故事意义的提取和自上而下加工的研究记在心中，并对其中关系进行思考。

知识及理解

从一个简单概括性的假设——读者的知识越多，对文本的理解就越好，开始我们的介绍。对于拥有广泛知识、阅读通俗材料和拥有特定知识、阅读技术性材料的读者来说，这个概括似乎是有效的。对这个概括性结论的一个解释是知识可以被当作信息的组织、收集。当认知结构和信息已经存在的时候，也许以阅读方式获得的新信息可以被充分吸收。相反，知识的不足则限制了理解，因为读者必须发展出关于知识材料的结构，也要对正在阅读的信息进行编码。这个框架下的理解活动，与只是原始性地吸收新事实相比，更多时候可以被看做对认识世界方式的假设的验证。许多，但不是全部的情形下，理解是一种自上而下的加工。具有专门知识的人们，例如从事垂直下落运动、芭蕾舞表演、天体物理学研究或赛车的人，他们对本领域的技术信息要比非专家的要好。[1] 以下是若干个关于自上而下加工威力的例子。

"肥皂剧"、"贼"和"警察"

人们对文本的阅读理解受到环境信息和指导语的影响。欧文斯、鲍尔和布莱克

〔1〕 这里假定其他所有的重要变量(例如智力)是相等的。

(Owens, Bower, & Black, 1979)的一个实验解释了故事回忆的“肥皂剧”效应。实验要求被试阅读一个关于滑水者和轮船驾驶员的故事。向半数被试介绍的故事指出滑水者出了错，向另外半数被试介绍的故事则说轮船驾驶员出了错。这是为了测试故事对两组被试来说都是一样的。两组被试阅读完这个故事后，被询问一系列问题。明确偏向滑水者的被试倾向犯维护自己错误观点的错误。例如，对“滑水者……触到了抓手(牵引绳的)但没有抓住”这句话的反应是责备轮船驾驶员没有使船向滑水者贴得足够近。而另一方面，明确偏向驾驶员的被试则倾向认为滑水者没有快速抓住抓手。把罪责归结于“对方”并认为“自己的人”无辜的倾向，证实了文本材料的理解是如何建立在情境偏向基础上的。

还有一个常被举例的R. 安德森和皮切特(R. Anderson & Pichert, 1978)的研究。实验中要求被试阅读一个有关从买房者或窃贼的视角看富人房子的故事。故事对房子及其摆设的许多特征进行了描述，如壁炉、发霉的地下室、漏的屋顶、银器、硬币收藏和电视机。对这些东西评定出的重要性和所记忆的都与阅读者视角之间存在可预测相关一样。假扮窃贼的被试似乎关注有价值的财产，但“买房者”则关心房子的生活条件。这些实验提示，对文本材料的理解或编码受到激发起具体图式种类的情境信息的影响。

故事回忆时所引入图式的效果在麦克林和索尔索的研究(2000)中得到进一步解释。这个实验通过让大学生完成警察选拔考试向他们介绍“警察图式”，问题举例如下：

> 一个夜间巡逻警官接到投诉电话说有个窃贼一直在其住所附近窥探。这个警官到达现场并发现某个人符合此前投诉者电话所描述的窃贼模样。为了抓到这个人，警官最好：
>
> A. 不采取任何预防措施，因为他无法知道是否有犯罪行为。
>
> B. 将这个人当作具有潜在危险的犯罪分子。
>
> C. 认为这个人可能是不具危险性的，仅仅是个“偷窥狂”。
>
> D. 朝其头上放一枪以示警告。

当做完类似上述的25个问题后，要求学生阅读一个包含了66个“思想单位”或彼此独立观念的故事。其中，一些是与警察图式相一致的，一些则不是。作为例子，句子“他想要一支雪茄，但发现口袋是空的”对于警察图式是中性的，而且对于研究来说通常也是中性的——尽管，如果你具有与禁烟有关的图式或是一个抽烟者，句子也许有一定的清晰意义。但是，句子“杰用他的移动电话打911报告不得不中断进展，并离开卡车，把钥匙放入口袋中，小心地不让门关得太响”包含了几个显而易见的思想，肯定能吸引警察的注意，或在实验情形下，某人警察意识水平上的注意仅通过参加警察选拔考试就可以被增强。结果很明显，因为参加警察考试的学生回忆起警察思想单位是非考试组的两倍(图式回忆是15，而非图式回忆是7.88)。然而，总体上而言，思想单位的回忆对于两组来说是一样的。由于有短时间警察测试的经验，被试似乎引入了一种对故事的编码和回忆方式有深刻影响的图式。

比尔和索尔索的实验(1996)也说明所引入图式对知觉和记忆有影响作用。实验中给被试指定一个护士、建筑师或警官图式或控制条件,然后让被试写一篇工作日志并给他们指定特定的图式技能。护士也许写道,对病人做三围统计意味着他或她一天工作的开始,管理药物,向医生咨询或者类似的。随后,要求被试看相片和油画的幻灯片,接下来给予记忆任务。图式引入增进了对图式相关问题的回忆。

也许最令人惊奇的发现是,引入一些图式,如警察和护士的图式之后,被试倾向于过高估计图片中与图式一致的成分的数量。向所有组呈现图11.3所示的一个相当可怕的低级杂志封面。具有警察和护士的引导图式的被试有一个倾向——不仅聚焦于武器和身体伤处的数量,而且夸大这些东西的出现频率。因此,图式相关材料的知觉和记忆似乎是注意的焦点,而且在一些情形下,观察者会过高估计相关材料。这个研究中没有回答真实警察或护士行动方式是否像假想的那样。顺便提及的是,具有"建筑师"般图式的参与者能正确回答出最多的问题,这提示,这些"建筑师"会分析式地观察场景,并对广泛、全面的主题进行搜索,但在控制条件下,被试对场景的记忆是最差的。这表明,形成一些观点,甚至人工引入图式,能增加对场景的记忆,而且在一些情形下还会矫饰记忆。

图11.3 在这个可怕的低级杂志封面,你能看到多少只枪? 警官图式引导学生倾向于过高估计枪的数量

如果狗(像人类一样)有图式,下面是史奴比(Snoopy)如何解释故事的

"大尖刀和警察"：金希和范·迪吉克

从自上而下和自下而上视角来看，金希和范·迪吉克提出的理解模型是重要的。在文本阅读水平上，模型建立在来自文本的命题或提取信息等基础上，但在阅读者目的水平上，模型假定一个目标图式，指引读者对文本的理解。

模型(在下一部分中将更为详细地讨论)使研究者对故事结构产生兴趣，以对具体信息的可记忆能力做出正确预测。实验者发展出的技术与心理学的现代研究方法相一致，但与巴特利特早期的重要研究中所使用的主观方法不同。

为讨论之便，我们研究学生被试储存一篇名为"大尖刀和警察"的文章中的信息方式。在金希和范·迪吉克的实验(1978)中，要求被试阅读一篇大约 1 300 词的非技术性的报告，接着，1/3 被试被要求立即回忆和写下总结，另外 1/3 被试则在一个月后被检测，最后的 1/3 在 3 个月后进行检测。这个程序与巴特利特所做的一个研究相似。

整理所有回忆和总结而得到的陈述以如下句子来概括：

- 再生产(准确反映出对文本所做的理解)。
- 重构(受到被试生活知识支持的，对主题的可能推理，例如，"贝思乘火车去温哥华"可以被扩充为包括"她去火车站买了一张票"信息在内的内容)。
- 元陈述(被试对文本的评价、观点和态度)。

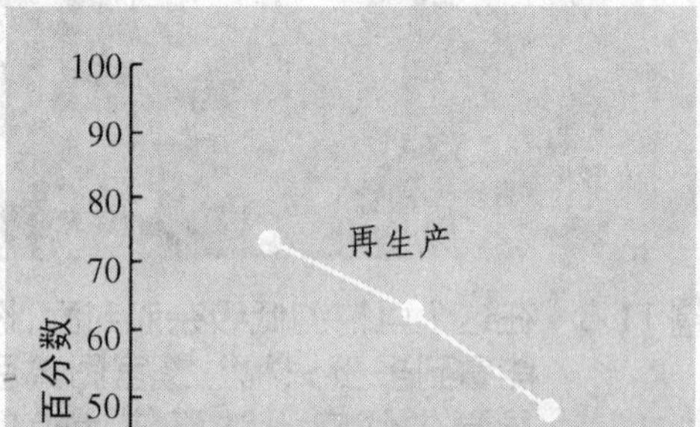

图 11.4　三个持续时间段上再生产、重构和元陈述在会谈回忆中的所占比例

资料来源：Kintsch & Van Dijk，1978。

计算机分析这些成分并依据模型进行具体预测。研究者在文本理解和记忆上得到几个重要的结论。三个不同时期所获得的资料提示，随着时间的流逝，被试丢失了越来越多的具体细节，但在这 3 个月期间同等保真程度地记住了故事的要点，这个结果与巴特利特对会谈记录的分析是相一致的。另外，书面材料如书、故事和技术报告的分析方式受到命题实证研究的影响。这会告诉我们关于文本材料的组织方式和随着时间的推移，人们的意识是如何记录和储存书面材料的。

本章内容是系统性地推进的，从非常简单的语言学实体(音素和语素)到句法和语法，到心理语言学理论，到前面所介绍的分析研究所阐述的语言学思想的提取。人们也许现在想知道语言的综合模型是否存在。目前确实有几个，但我们不能将它们全部都做介绍。其中，金希提出的一个模型相当重要，因为它整合了以前研究的许多智慧之处，而且同时它也包含了意识的模型，现在让我们来看看这个语言的综合模型。

理解模型：金希

瓦特·金希（Walter Kintsch）提出了有影响的语言理解理论。

在这个部分我们介绍由金希和他的科罗拉多大学合作者提出的一个影响深远、广泛引用的模型（Kintsch，1974，1979，1988，1990；Kintsch & Van Dijk，1978；Kintsch & Vipond，1979；J. Miller & Kintsch，1980；Van Dijk & Kintsch，1983）。

这个理解模型远不止是一个处理文本信息理解方式的系统。它是一个包含了许多认知心理学主题，包括记忆、书面和口头语言的理论。理解依赖两个独立的资源，就像自上而下和自下而上的加工，它们将在本书中做详细讨论。最高水平是目标图式，这决定了材料的相关性。模型的反面极端情形是文本。

模型是建立在命题基础上的，命题这个术语最早是在我们关于语义记忆的介绍中出现的。命题抽象且难以准确定义，然而我们可以识别出命题的一些特征：它们是建立在观察基础上的抽象（阅读文本材料和听人说话），它们在记忆中被保持并遵循记忆规律，并且在金希的模型中，它们包含了谓语和一个或多个议题。人阅读和听到的词语中的动词、形容词、副词和连接词可以充当谓语，这被叫做表面结构，这个术语被一些语言学家所使用，包括乔姆斯基。名词、名词短语或从句可以充当议题。我们以下面这个小故事为例解释模型的有关内容：

> 斯瓦兹部落与邻近部落发生了战争，因为在牛的问题上有争议。战士中有两个未婚男士，加克拉和他的弟弟加姆。加克拉死于战争中。

第一个句子被分成5个部分，如图11.5所示。在这个图中，只有3个因素处于工作记忆中。句子理解过程中谓语“发生了战争”被当作句子范围内最重要的部分，其他部分围绕着它。模型的一个显著特征是文本的初始加工被认为是在短时记忆系统中发生的，我们认为其容量有限。因为这个限制，仅有命题的一部分在记忆中被保持住。当阅读下一个句子时，第一个句子命题中的部分仍被保留在短时记忆系统中（见图11.6）。阅读者尽力连接新旧命题，但仍发现彼此间不相匹配。不能找到短时记忆系统中命题间的匹配，阅读者就到长时记忆系统中去搜寻可能的匹配。这种搜寻被称为回复式搜寻（reinstatement search），这也是文本材料阅读起来感到困难的一个原因。流动的文本材料也许易被阅读，因为阅读者能在短时记忆系统中维持许多最新材料而不需通达长时记忆系统。例如，第一个和第二个句子间命题匹配的缺失需要阅读者建构一个思想新网络并尽力将这两个句子关联起来(见图11.6)。读者对前述材料所做的一个推论是两个男士是斯瓦兹部落的成员，这个推论是合理的，即便并没有直接陈述。随着更多句子的阅读，语义网络开始变得复杂和彼此关联起来。句子“战士中有两个未婚男士，加克拉和他的弟弟加姆”的阅读结果是两个人的名字被保持在记忆中，这样可以很容易地与最后的句子“加克拉死于战争中”关联起来。

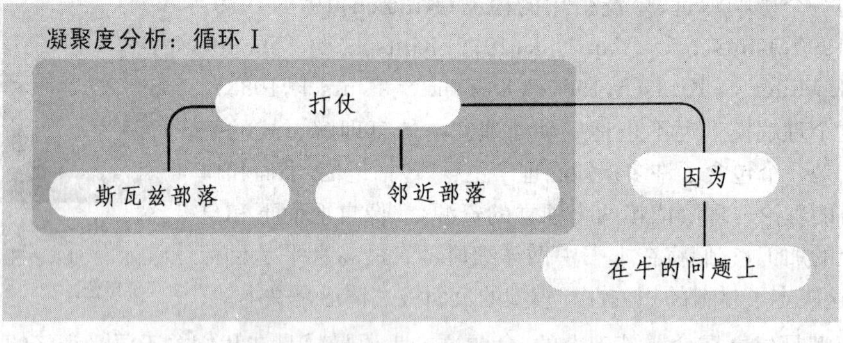

图11.5 第一个句子的分析

资料来源：Kintsch，1979。

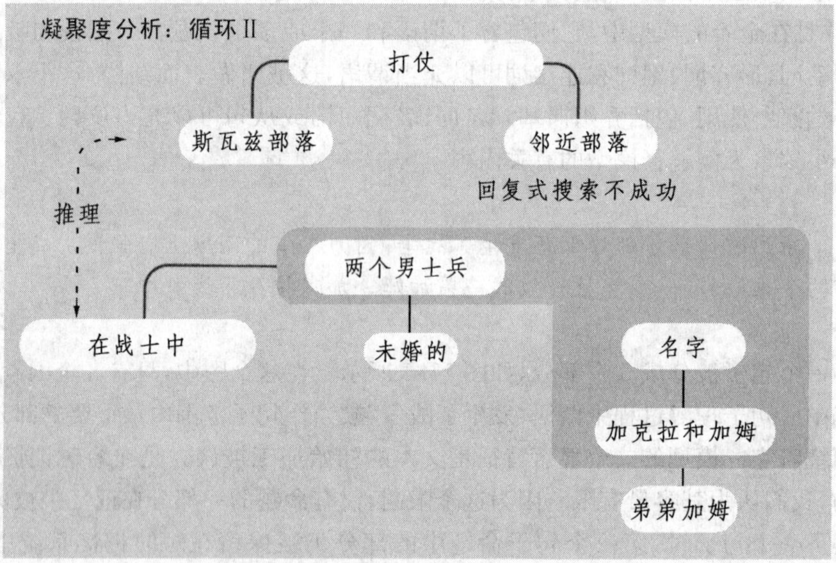

图11.6 第二个句子的分析

资料来源：Kintsch，1979。

文本和阅读时的命题表征

金希模型的一个贡献是，证实了对具体文献类型影响到阅读加工进行非常准确的预测是可能的。这里只报告许多实验研究中的一个例子。

理解模型认为文本材料的记忆内在单元是命题。另外，模型预测比起简单命题、结构命题这样复杂度更大的句子更难以理解，即便两个句子的表面复杂度如果是一样的。金希和基南(Kinsch & Keenan，1973)设计了一个实验来检验这个预测。

他们要求被试阅读 10 个句子，所有句子都有同样数量的单词，但在命题数量上有较大差异。一些句子有四个命题，另外一些有九个命题。例如，阅读下面两个句子：

罗米拉斯，传奇式的罗马国的创建者，以武力方式迎娶了萨拜因女士。

克利奥佩特拉的垮台是由于她轻信了罗马史上一个狡猾的政治人物。

哪一个句子更难以阅读？如果你像金希和基南实验中的被试一样，你会觉得第二个句子比第一个句子更难。即使两个句子的表面复杂度是一样的，它们在命题和将命题连接起来所需要的微结构数量上明显不同。命题和微结构如图 11.7 所示。

Ⅰ. 罗米拉斯，传奇式的罗马国的创建者，以武力方式迎娶了萨拜因女士。

1（迎娶，罗米拉斯，女士，以武力方式）
2（奠基，罗米拉斯，罗马）
3（传奇，罗米拉斯）
4（萨拜因，女士）

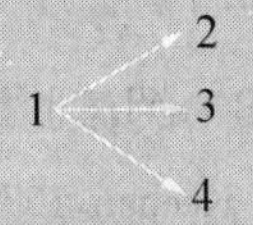

Ⅱ. 克利奥佩特拉的垮台是由于她轻信了罗马史上一个狡猾的政治人物。

1 (因为)
2 (垮台，克利奥佩特拉)
3 (信任，克利奥佩特拉，人物)
4 (愚蠢的，相信)
5 (狡猾的，人物)
6 (政治的，人物)
7 (部分，人物，经历)
8 (罗马，经历)

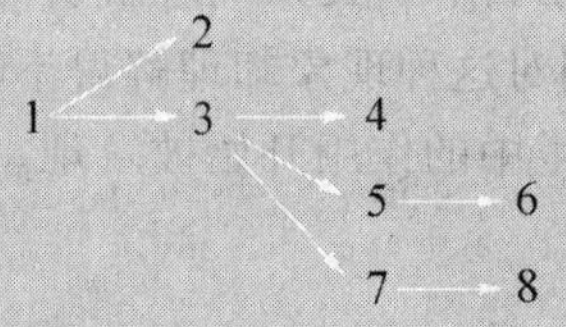

图 11.7 两个句子的命题的数量和微结构

资料来源：Kintsch & Keenan，1973。

在金希和基南的实验中，向被试呈现与前面幻灯片上所讨论的相近的句子，要求被试阅读每一个句子并写下来。他们能够翻阅幻灯片看下一个句子。有意思的是命题复杂度和被试阅读句子花费时间的关系。研究者们发现，命题数量和阅读句子所需时间之间有着非常一致的关系，这个关系如图 11.8 所示。阅读每一个所需要的句子的时间通过公式 $t=6.37+0.94p$ 可以预测出来，其中 t 是时间，p 是命题数量。因此，金希和基南实验中所使用的句子的长度约需要 6 秒钟去阅读，对每一个命题则另需要时间。

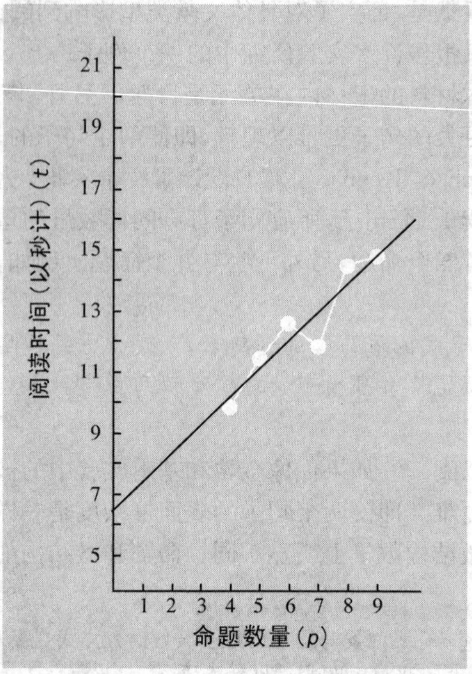

图11.8 阅读时间是每个句子的命题数量的函数

资料来源：Kintsch & Keenan,1973。

所有语言和所提及的理解功能活动都有大脑参与其中，这个事实很早以前就知道了，但人们对这种现象却理解得不够深入。然而最近，在新技术的支持下，大脑在语言加工和产生中的作用开始被发现。我们在下一个部分将对一些最新发展和传统观念予以介绍。

语言和神经学

正如我们所看到的，语言是一个多侧面现象。它包含了字母和单词识别、语音模式、联结网络、言语、理解，还有个体-社会思考角度。它不仅仅是一个交流的手段，还是一个问题解决和思考的手段。因为语言与许多认知功能都有联系，寻找神经中心甚至多个中心，也许就像无目标的情人总是找错地方一样没有成果。不去考虑语言的神经学定位，而是将语言的神经学理解为包含一些能力的对应中心，充分依赖同时相互作用的无数个中心。我们有很好的证据，例如早已确定的两个中心（布洛卡区和威尼克区）参与了语言的产生和理解。但临床结果清楚地揭示，如果这些联结组织被切断会出现深层失语。

研究者通过多个手段研究语言的神经学基础，包括脑损伤病人的临床研究、脑电极刺激、生理外科手术、药物研究和成像技术。我们不可能详细介绍所有这些领域的成果，仅能给出一个研究例子。

电极刺激。细微的双电极探针在人类和动物的研究中已被使用了数十年了。几年前，彭菲尔德(1959)，彭菲尔德和罗伯茨(1959)使心理学界大吃一惊，他们报告了经历过生理外科手术病人的经典语言区，如布洛卡区、威尼克区在低压电流刺激下病人的讲话内容。对运动皮层的刺激结果也是这样，干扰了言语的生成。举个例子，当一个探针刺激了言语区，病人(是清醒的，因为手术只需要定位麻醉)报告：“啊！我知道那是什么了。那是放在你鞋子里的东西。”当撤去探针时，病人说“脚”(Penfield Roberts，1959，p. 123)。

奥杰曼(Ojemann，1991)在最近的实验中对脑进行电刺激研究，发现了关于脑和语言同样有趣的一些资料。这个技术与彭菲尔德的相似，被试是接受癫痫治疗的病人，其部分颅骨被打开，因而大脑皮层暴露出来。奥杰曼使用的一个程式是向病人显示一幅画并要求他们命名，探针此时作用其上或撤离。彭菲尔德的研究在完成任务期间描绘出受伤大脑皮层区域，未受伤区域则被予以排除。结果如图 11.9 所示，其中，出现命名错误的被试的百分数在画圈部分标记出来。请注意一些区域未受到影响，但其他区域上 50%到 79%的病人有命名错误，而有的则低于 50%。

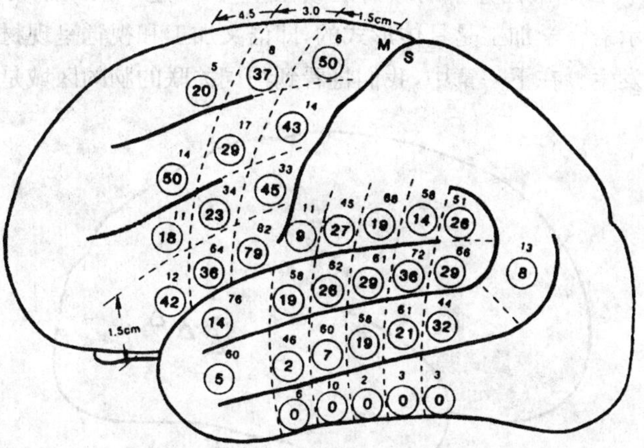

图 11.9 脑的电刺激结果

图中的小的数字是被检测病人的数目。圆圈区域是接受电刺激区域，被圈住的数字是有命名错误的病人的百分比。

资料来源：Ojemann，1991。

在另一个任务中，研究者让病人阅读一篇短文，如“司机将要在十字路口转弯，随后……”并填充句子。就像在其他任务中，任务进行时伴随着特定区域的电刺激有或无。在这项任务中，病人在阅读句子、跳过单词上有时有困难，而在一些任务中，阅读完全停下来了。在后一种情形中，如果探针轻微地（最多几毫米）移去，就不再有任何干扰了。因此，可以得出结论，这些具体的语言任务存在关键性的定位区域。另一个有意思的发现是，不同被试其定位区域是高度变化的。

PET扫描和语言。我们在第二章和第九章中已经回顾了PET扫描中所使用的程式。与电刺激相比，这项技术的一个优势在于它几乎是无创伤的且能在健康被试身上进行；与此相对照的是，电刺激通常是作为对受伤被试进行生理外科手术时的附带实验来操作的。有几个PET扫描研究是以词语为实验材料来做的，而且这个领域的发展是如此之快，以至于在未来几年中这方面的研究可能将更多。其中，波斯纳及其同事（1988）的一个研究相当有意思。他们发现，视觉呈现词语引起枕叶激活，而单词发音时显示出颞顶叶的激活。这个发现与以前的神经学研究完全一致。人们完成任务时，这些研究的揭示作用特别有效。与被动看词语的研究相比，在被称为语义任务的条件下可以检测到更复杂的加工。在语义任务中，研究者要求被试说出名词的用途，例如对于名词“锤子”，被试也许可以说“敲”。这种任务不仅需要被动地观看单词，就像在视觉条件下一样，而且还需要通达脑的语义联想区域。波斯纳和他的同事发现，左额叶前侧的血流量增加，如图11.10中的方形所示。但在听觉条件下，要求被试判断是否是真词，如“pint”和“lint”，“rowt”和“though”是否押韵，这需要对视觉呈现材料进行语音分析。这个任务中的激活区域在左颞叶，这个区域通常与听觉加工相联系。这些实验提示语言学加工是具体形式的，即语义加工和视觉呈现材料的听觉加工在脑的不同区域上发生。在下一章中，我们将看到与词关联的脑的区域是如何不同的。

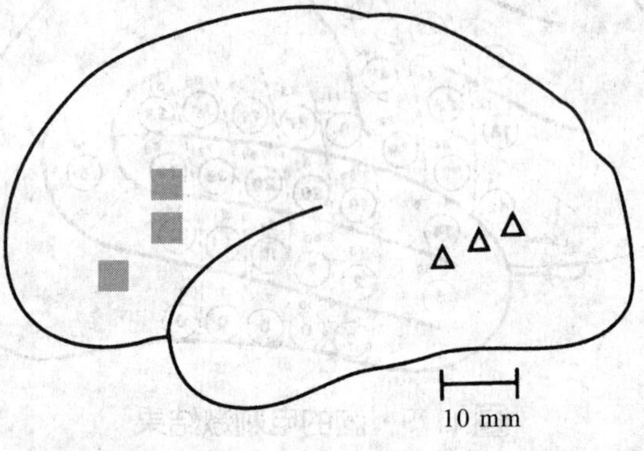

图11.10 PET扫描数据显示，视觉识别区域被激活了

三角形表示被动阅读任务时激活的区域，而方形区域表示语义任务的激活区域。

资料来源：Posner et al.，1988。

本章介绍了关于语言的总体概要。下一章将处理词语和阅读知觉方面的具体问题，还要介绍那个领域的一些最新发现，这样，我们将会发现，认知心理学发展至今确实取得了真正进展。

总结

1. 语言在人类活动的许多方面是关键性的，包括交流、思维、知觉和信息表征、高级认知和神经学。
2. 布洛卡和威尼克的早期神经学研究建立起皮层的中枢概念，这些中枢大部分集中在左侧半球，它们参与了言语的产生和语言的理解。
3. 语言学的构造是层级结构，包含的成分从简单到复杂度增加（如音素、语素和句法）。
4. 转换语法最新理论的一个特征是句子的信息内容可以稳定地保持，尽管语言形式上可以变化。表面结构和深层结构间的差异是乔姆斯基的一个论点，但他认为，语言的内在一致性、语言系统的生成属性和所有语言的共通性是重要的。
5. 可以这样来看语言获得的三个命题：一个命题（例如乔姆斯基）认为语言是天生的，是普遍倾向；第二个命题（例如斯金纳）认为语言是通过不断的强化获得的；第三个命题认为语言的发展是生物成熟并与环境相互作用的结果。
6. 语言学的相对性假设认为，语言的性质决定了人们如何看和思考现实（语言思想），但持不同语言的说话者的知觉经历是相似的这个证据对这个命题的严格解释提出了质疑。
7. 阅读理解是理解书面材料意义的过程。眼动研究提示，理解受到诸如词语、重要从句的整合、推断的影响。在个体的整个历史中获得或在环境中获得的知识也会影响理解。
8. 理解的一个模型（金希）提示，阅读者以命题和目标图式来理解文本材料。
9. 句子构成研究显示，在偏好词语的顺序中可以看到文化差异（如主语-动词-宾语与动词-主语-宾语），尽管在多数情形中主语在宾语之前。
10. 叙述散文的记忆的一些功能特征包含了以下几点：句子以彼此联结而非孤立的形式储存在记忆中；故事就像句子一样，能被分析成诸多个结构成分；叙述信息记忆是其结构角色下的功能；要素长时间地被保持，但具体细节被遗忘了。
11. 语言的神经学研究提示，语言加工由具体区域负责，但由于语言包含许多不同亚系统，脑的许多区域有可能同时参与进来。
12. 脑的神经学研究受到包括电探针和 PET 扫描技术在内的支持。

第十二章 语言2：单词和阅读

问题预览

1. 认知心理学家为什么对单词和阅读感兴趣？
2. 什么是知觉范围？
3. 限制性中央凹视觉如何影响阅读？
4. 科学研究阅读使用了什么技术？
5. 失读者的阅读模式是什么？
6. 什么是阅读理解？它是如何被研究的？
7. 脑的什么部位参与到语言加工？
8. 当人们阅读难的短文时，视觉和皮层上发生了什么？

我们阅读时所做的几乎成为心理学家成就的顶点，因为要描述出许许多多极为复杂的人类心灵的工作情况，就像在拆解最非凡的、具体的、复杂交织的行为过程一样，这种行为也是在其整个历史中掌握、学习文明的一种行为。

——埃德蒙·伯克·休伊(Edmund Burke Huey)

在对学者们所做的最新调查中，可移动印刷的发明者约翰·古滕伯格(Johann Gutenberg，1379～1468)，被认为是上个千年最有影响的人物。在诸如爱因斯坦、伽利略、雷奥纳多·达·芬奇、贝多芬、牛顿、莎士比亚和达尔文(未提及艾尔维斯和比尔·盖茨)涌现的时期，为什么这个卑微的德国印刷师受到如此高的褒奖？古滕伯格为大众印刷出字母，当它们联结起来就是单词，当单词联结起来就是短语和句子，当短语和句子联结起来就是段落、章节和书，当人们阅读和理解了它们的时候，就知道了《堂吉珂德》、《傲慢与偏见》、《纯粹理性批判》、《数学原理》、《悲惨世界》、《罪与罚》、《白鲸记》、《哈姆雷特》、《物种起源》、《共产党宣言》、《婴儿和儿童抚养通俗读物》、《戴帽子的猫》(还有其他无数著作)。印刷体单词是对世界智慧史极有价值的贡献，施与大脑，心灵就产生了。它改变了文明，它开化了愚昧，它揭示了奇妙的自然，它丰富了人性精神。当我在写认知科学书籍中的单词和阅读章节的时候，对这个主题怀着忐忑不安的尊敬。让我们来看看对于印刷体这个最有力的媒介，心理学家已经发现了什么。

对心理学家来说，字母和阅读的检测是重要的，原因有两个：

● 在微观上，检测过程表示了刺激和记忆的相互作用，反映了人类认知加工，因此，在建构模型或认知（外部事物和头脑中的事物间的相互作用）理论方面，理解这个过程是有用的。阅读是尤其真实的，本身没有价值的物理刺激，在抽象记忆系统中被给予了意义。这些理论在以字母和单词为实验材料的情形中被发展起来，因为我们知道许多关于刺激性质和知觉情境下被试所具有的经验。

● 字母识别实验和阅读过程研究所得到的知识，可以被用于改善阅读教学。阅读过程有何属性的问题是教育问题中最困扰人们的一个。通过研究阅读技能的发展，字母和单词识别的研究也可以在阅读的神经学方面找到一些答案。

字母和单词识别加工研究的一个内容是，在指定一种注视——快速认知条件下，开始于我们能看见多少，结束于发现视觉模式（如，单词）的结构如何影响识别。

思考论证：聪明的阅读

往下阅读之前，尽力识别出以下单词：(1) n_t_r_；(2) m_m_r_；(3) p_rs_n_l_t_。你们觉得这很难吗？

对已知单词的识别受到以前经验的影响。我们周围充斥着一些讲究搭配的正字法规则（字母顺序）、语法、语义和联想词——所有这些都会在阅读方面和每一天的生活中帮助我们。对于信息解码你会用上多少信息？刺激中又有多少信息？我们看字母和单词的能力不是被动的，而是一个相当积极的过程，在这个过程中我们搜寻记忆中已有表征的知觉客体。如果你填充空白有困难，可以想想以下的线索：(1) human；(2) long term；(3) traits。有没有其他单词能从前面所给单词的字母中形成？为什么你不能立即想到它们？

19世纪末，当实验心理学在德国、英格兰和美国实验室出现时，一个法国科学家，埃米尔·贾瓦尔（Émile Javal，1878）发现，阅读期间眼睛不是沿着印刷线路扫视的，而是以一种系列的小跳动方式在移动——飞快扫视——在此间有瞬时注视。詹姆斯·麦基恩·卡特尔（James Mckeen Cattell，1886a，1886b）从事了在单一视觉注视期间能阅读多少的研究。通过使用速示仪，他估计出识别形状、颜色、字母和句子所需的时间。卡特尔的实验结果与那些注意范围的早期研究结果相一致，但对他来说更大的兴趣在于反应时与人们对视觉材料的熟悉度有关联的事实。

通过让被试在只有10微秒的极短的时间内（1秒的1/100）注视所显示的字母和单词，他发现，报告字母的能力是字母序列转化为意义序列的紧密程度的函数，而不是字母数量的函数，例如在一个单词中。向一个被试呈现不连续的字母10微秒，他能识别出3或4个字母；如果字母构成一个单词，则可以识别出两个单词（每一个有3或4

个字母)；如果单词是和句法相关的，被试能阅读 4 个单词之多。由于 10 微秒比跳动扫视[1]所需时间少得多，对于或许可被称为知觉的单一框架(以电影制作术语方式)来说，卡特尔研究中的注意范围是有局限的。

知觉范围

知觉范围问题(短时间呈现时多少信息能被知觉到)引起了现代认知心理学家的兴趣，也成为 19 世纪心理学家感兴趣的问题。以下几个问题主宰了字母和单词识别的现代思想，本章要讨论其答案。

- 在字母和单词识别过程中神经和生理上的能力是什么？
- 字母和单词的什么特征影响了识别？
- 刺激和记忆因素之间的正确关系是什么？
- 语境和频率对单词识别的影响作用是什么？
- 为描述加工过程有必要发展认知的什么模型？

首先，来思考字母或单词识别中的神经能力问题。落在视网膜上被称为中央凹部位的像，视觉敏锐度是最佳的。在眼的后部这个小的凹进部位上密密地堆积着被称作为视锥的感光神经元(见图 12.1A)。中央凹视觉容纳着仅有 1 到 2 度的视角。在正常的视

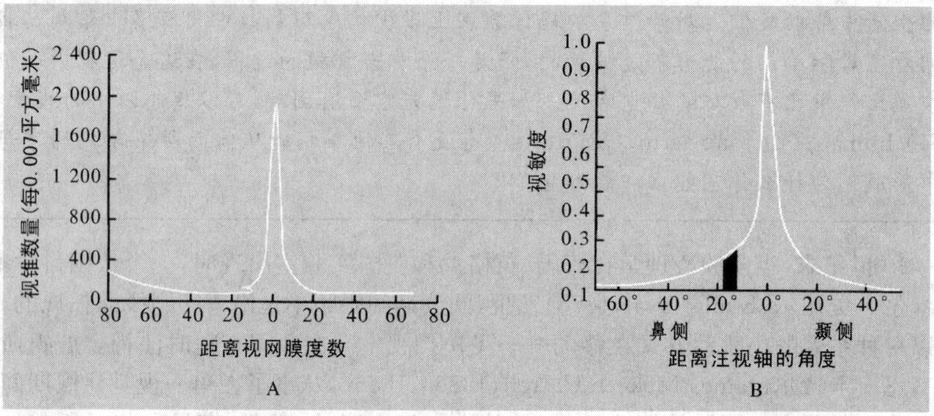

图 12.1 A. 视网膜上的视锥分布
B. 视网膜上的视敏度，阴影区域是“盲点”(视觉神经的连接点)

A. 资料来源：Woodson，1954。
B. 资料来源：Ruch & Patton，1965。

[1] 2 度的跳动扫视需 25 微秒，5 度的约需 35 微秒，10 度的约需 45 微秒。被试之间有差异(L. Young，1963；Rayner，1978；Robinson，1968)。

距下通过调整对文本的单个字母的注视，你能体验到中央凹和边缘视觉之间的差异。被聚焦的单个字母被非常清晰地分辨出来，旁边两侧的一些字母也可以被清楚看到。但仅有几度之偏时就非常模糊，而且字母和单词在边缘是无法被识别的(见图 12.1B)。

图 12.2 所示的是视锥。这个图解是想表示出正常视觉的三维景象(与图中所显示的相比，真正的视野有点儿不规则)。我们能看到中央凹视觉占据着最狭窄的楔状，其所对应的视角大约是 2 度，中央凹旁侧的视角是 10 度。边缘和近边缘视角尽可能大地扩展了视野，但是以分辨率减小为代价，而且对于所知觉的刺激类型这些参数是敏感的。处于边缘的固定物体也许不会被检测到，然而移动的物体却可以被看到，并引起我们的注意。这种生来就有的视觉现象是符合生态要求的，对移动的猎物或食肉动物的知觉关系到生存问题。

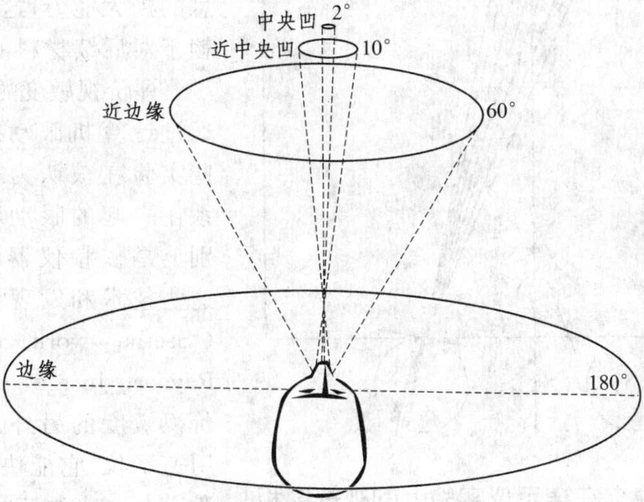

图 12.2 以视觉的圆锥状标示出中央凹、近中央凹、近边缘、边缘(这里的角度是测量从一侧到另一侧的视野)

资料来源：Solso，1994。

然而，尽管与中央凹相距越远，视敏度越会急剧下降的事实是存在的，但一些字母和单词识别，尤其是在正常阅读过程中，确实是发生在中央凹视觉外侧的。为了更好地理解这种似乎是自相矛盾的现象，让我们来思考一下关于跳动式扫视眼运动的最新发现。即使是常常与阅读过程联系在一起研究这些快速眼动，但在看视觉模式时也能发生快速眼动(见第四章有关雅布斯研究的讨论)。根据诺顿和斯塔克(Norton & Stark，1971)的研究，在阅读期间典型的跳动每秒有 2 或 3 次，而且发生得极快以至于它们只占据 10%的观看时间。10 度的移动仅需时约 45 毫秒，而且，在移动过程中，视力似乎会受到削弱，这种情形被称为视污(Haber

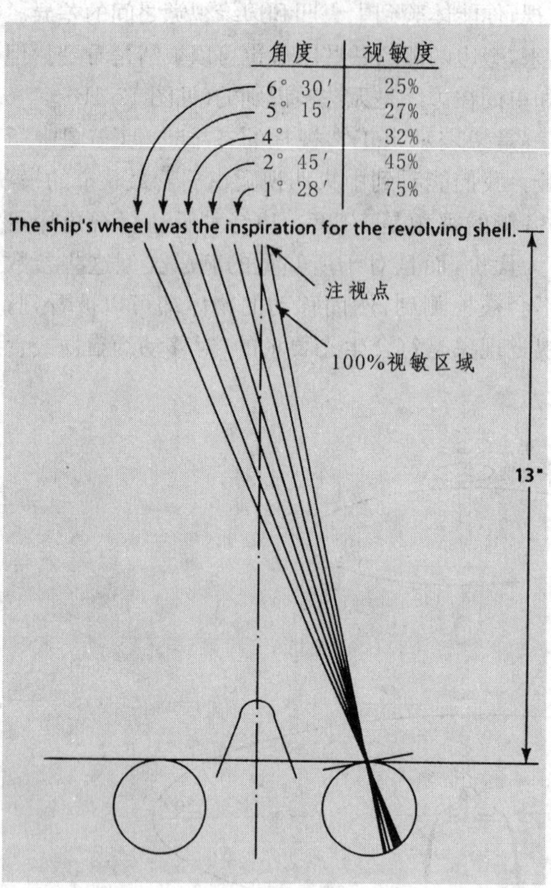

图 12.3 建立在速示仪实验上的视敏度和知觉范围

资料来源：S. Taylor，1965。

& Hershenson，1973）。随后，阅读过程中非中央凹区域的字母和单词识别，一定是部分由于其他某种刺激而非作用在视网膜上的物理刺激。那个“某种刺激”很有可能是人类被试的字母和单词的大量知识，还有他或她的文本理解力。在所谓的快速阅读者中间，这点尤其明显，这些快速阅读者具有加工极多信息的极大能力，这些能力似乎依赖于对后续材料的预期。

评价视敏度的另一种方法是通过计算机眼动跟踪实验。这些实验在被认为与阅读加工联系在一起的眼动和眼注视的判别上是依赖仪器的。我们对于这些技术和发现只做简短讨论（Seethe work of McConkie，Rayner，Just & Carpenter）。评价视敏度的另外一项技术是使用速示仪，它能快速呈现视觉刺激。在这些类型的实验中，当被试注视一个注视点时，单词或短语快速于屏幕上闪现。实验者要求被试回忆末尾字母或单词，这些类型的实验结果在图 12.3 中做出了总结。正如所示，知觉范围通常是对 2 或 3 个单词，或大约 10 到 20 个字符进行注意。

威廉姆·K. 埃斯蒂斯（William K. Estes）在心理学许多领域做出了显著的贡献，包括学习理论、数学心理学、认知心理学。他是《认知科学》创刊主编。

由于视觉系统存在缺陷，我们对于正常的阅读加工能做出什么推论？落在中央凹的文本信息有可能被清楚检测到并被传送至大脑以作进一步加工。在跳动扫视过程中，如果有的话，也是很少很少的文本信息被检测或加工。文本信息在中央凹之外的，在近中央凹区域或在边缘视力区域，神经学上的分辨率是差的，然而似乎感觉障碍不会阻碍文本信息的加工。一些证据显示，近中央凹视力区域的分辨率是差的，但如果字母是被一个空白所包围，则对字母的检测更为清楚。埃斯蒂斯(1977)重构了正常阅读中的加工模型(如图12.4所示)。

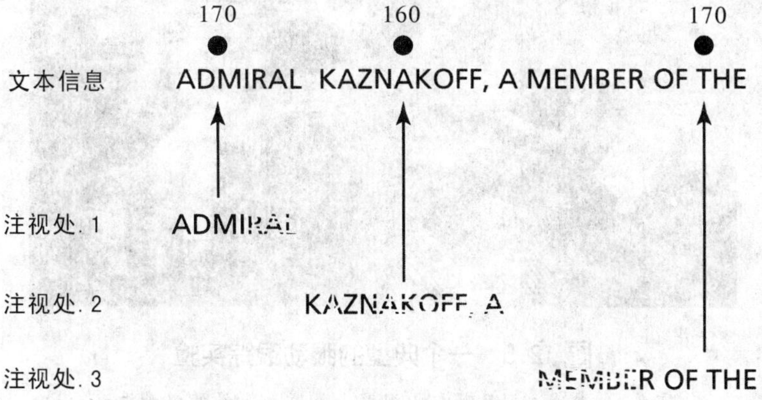

图12.4 注视和时程的图解(以毫秒计)

此图同时显示出注视正常文本期间被知觉信息的理论建构。请注意在每一个注视处或邻近处，字母都能被清晰知觉到。然而对远一点的字母的知觉是差的，除了字母是被空白所包围。

资料来源：Estes (1977) & Dearborn (1906)。

词语加工(从熟悉的直线和曲线中获得语义感)系统的一个重要任务，是填补从信息检测到提取出作者想表达的最终意义之间的空白。阅读加工——从眼聚焦于文本材料时刻到又一次跳动扫视时提取出意义，其完成只需在非常短的时间内。在后面我们将了解一些最新技术，借助它们可以对加工的一些神秘之处进行拆解。

文本加工：眼动跟踪

当阅读或看一个场景(如一幅油画或图画)时，人们的眼睛会有一系列的移动，这被称作跳动扫视。而且眼睛还有个停止移动时段，被称为注视。尽管被试间和被试内的个体差异很大，但注视通常持续250毫秒。之所以这样，是因为仅在大约1或2度非常狭窄的范围内，视力才是最佳的。典型的跳动扫视是大约8或9个字母空间，而且不受印刷体大小的影响，这意味它不是太大或太小。大约有10%到15%的时间，我们的眼睛往回移动看文本信息，这被称为回视。

早在 1906 年(Dearborn)，心理学家就对阅读期间的眼动进行了拍片记录。现代眼动跟踪系统使用了录像带装置和计算机来分析阅读期间或看一幅画时的眼动(见图 12.5)。从 20 世纪 70 年代中期开始，运用于阅读(Inhoff & Tousman，1990；Just & Carpenter，1987；Raney & Rayner，1993；& Rayner et al.，1989)和艺术知觉(Solso，1994)的眼动研究的兴趣已经兴起了。

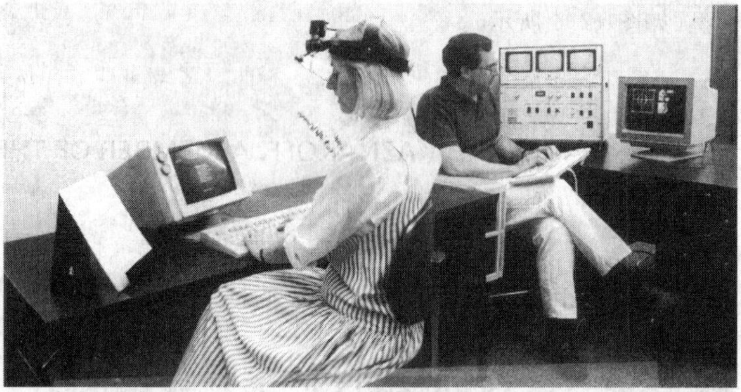

图 12.5 一个典型的眼动跟踪实验

实验中，被试注视呈现在监视器上的文本。她的眼动被记录过程是：照射到她的瞳孔的光线反射后，被传送至计算机并在实验者看到的另一个监视器上显示。

关于知觉范围的一些实验工作已在使用这套系统。在这项研究中，当被试注视文本材料的某部分时，所显示的其他部分可以做出变化。例如，为研究文本的视觉范围，显示可以是片段和正常的文本。在这些实验中，当被试注视一行时，受到注视的显示的其他部分可以变化成可阅读的文本。当被试进行跳动式扫视时，可阅读文本可以变回片段文本，而且一种新的可阅读印刷体又出现在其注视点附近(见图 12.6)。可阅读文本的知觉范围可以改变。麦康基和雷纳(McConkie & Rayner，1973，1976)，雷纳(Rayner，1975，1993)发现，好的阅读者检测字母和单词形状信息是在一个距离注视点大约 17 到 19 字符(视角大约是 5 度)的有限区域内的。

雷纳(1975，1993)使用了相似的技术来研究阅读者从文本中获取信息时所需要的区域有多大。一些人(Goodman，1970)认为，根据上下文和边缘视力区域里的部分信息，被试对于所即将出现的会产生"假设"。这意味着当阅读文本时，被试会向前移动眼睛以证实他们的假设(最常出现的)或否认他们的假设(这样就需要进一步的加工)。麦康基和雷纳(1973)提出了一个相反的观点，他们认为被试利用注视所使用的时间来决定 文本的属性而非即将出现什么的假设。然而，在部分特定信息上(如一些特征和形状)，边缘线索是重要的。当被试向前移动注视点时，所知觉到的模式一般与部分信息相一致。最后，雷纳研究的创新之处在于被试边缘视觉内出现的信息是可变的。在一个实验中，雷纳(1975)使用了一个"关键词"，当被试注视点移向它时，其将变化为"单词-一致条件"(见图 12.7 所示的例子)。因此，当眼睛移向它时，句子"The rebels guarded the palace with their guns(起义者用枪保卫宫殿)"中的关键词"palace"(宫殿)也许会变化为"police"(警察)。

eyes	do	not	move	smoothly	across	the	page	of	text	正常注视线
				*						
XXXX	XX	XXX	move	smoothly	acXXXX	XXX	XXXX	XX	XXXX	
				*						注视窗口
XXXX	XX	XXX	XXXX	XXXothly	across	the	XXXX	XX	XXXX	
					*					
XXXX	XX	XXX	XXXX	smoothly	acXXXX	XXX	XXXX	XX	XXXX	不对称的
				*						
cqcr	bc	maf	move	smoothly	acsarr	fbc	qoyc	at	fcvf	字母相似
				*						
XXXXXXXXXXXXmove				smoothly	acXXXXXXXXXXXXXXXXXXXXX					无空间
				*						
XXXX	XX	XXX	XXXX	smoothly	XXXXXX	XXX	XXXX	XX	XXXX	单个词
				*						
XXXX	XX	XXX	XXXX	smoothly	across	XXX	XXXX	XX	XXXX	双单词
				*						

图 12.6　眼动窗口范式举例

第一行显示文本的正常注视线，注视点用 * 标志。下两行显示两个连续的具有 17 个字母空间的注视窗口。其余各行显示其他类型实验条件的情形。在不对称情形下，窗口在注视点左侧扩展 3 个字母并向右扩展 8 个字母；在字母相似情形下，窗口外的字母被相似字母所替代而非 X；在无空间情形下，窗口外单词间的所有空间被填充。在单个词情形下，只有受到注视的单词在窗口内；在双单词情形下，注视词和注视右侧的单词在注视范围内。

资料来源：Rayner，1993。

eyes	do	not	move	smoothly	across	the	date	of	text	Prechange
*		*		*	*					
eyes	do	not	move	smoothly	across	the	page	of	text	Postchange
							*			

图 12.7　边界范式的例子

第一行是改变显示前的一行文本，* 标志的是注视点。当阅读者眼动跨越一个不能看到的边界(the 中的字母 e)，先显示的单词(date)字母被目标词(page)替换。在跳动扫视过程中有所变化以至于阅读者看不到改变。

资料来源：Rayner，1993。

关键词	条件
宫殿	单词一致
警察	语义和句法可接受的单词，其中一些字母与“单词一致”的一样
Pcluce	非词，末端字母和形状与“单词一致”的一样
Pyctce	非词，形状变了，但首字母和末端字母一样
Qcluec	非词，末端字母倒转了

雷纳发现，距离注视点1个到6个字符时可以获得单词的语义解释(即意义)，但超过此数为7到12个字符空间时，被试只能获取大体的视觉特征，例如形状、首字母和尾字母。这表明，边缘附近的信息是部分编码的，而且其加工程度由与注视点的距离决定。

眼动跟踪和对音乐的理解。阅读乐谱与阅读单词相似。对于事先无准备的演奏，音乐家必须将纸上的音符翻译成适宜的运动和艺术地解释信息。让我们来思考一下对着乐谱演奏音乐时钢琴家要完成的非常复杂的任务。在基础水平上，即在刚开始学习的学生的水平上，音符和对应键的敲击之间是直接翻译：看到音符C，就敲击C键。但在大师级水平上，演奏者一边看着一系列音符，一边利用其长时记忆系统中关于音乐和弦、整体节奏短句和整体旋律线的知识，然后迅速合并这些信息。另外，有经验的音乐家会将音乐的当前演奏与他或她的音乐图式结合起来。这就是音乐情感主题的融入。这些仅是在音乐演奏和解释中固有的、但更为明显的成分中的一部分。

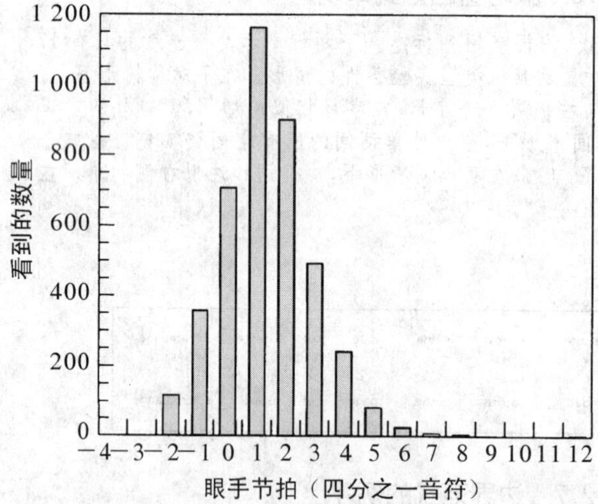

图12.8 演奏时有经验的钢琴演奏者在超前于手的动作的同时眼睛能看多少?

资料来源：Rayner & Pollatsek，1997。

对于所发生的所有这些复杂的认知加工，有经验的音乐家可能不是“逐个音符地”演奏，而是往前看一段乐谱以便预测什么将要出现——作为一个有经验的阅读者也许会在阅读文本时这样做。问题是，有经验的演奏者在演奏时要向前看多少?

几个实验已提到这个观点，包括雷纳和普莱特塞克(Rayner & Pollatsek，1997)的研究。在他们的实验中，让有经验的钢琴演奏家演奏事先无准备的巴尔达克简单旋律。其使用的方法是移动窗口技术，即让演奏者看着呈现在显示屏上的“窗口”内的系列音符。结果如图12.8所示，演奏者的眼睛集中于演奏点之外非常大的区域内。还有两个有意思的观测结果：在一些情形中，被试会聚焦于演奏音符之后的区域，这提示，演奏者一直在对所演奏的音符进行思考，而且有经验的演奏者比经验不足的演奏者显示出更大的知觉范围。差异数量大约是，对于有经验的演奏者来说是两个节拍，而对于经验不足的演奏者是半个节拍。单词识别中有经验者的成绩与阅读音乐情形一样：专家与新手相比，专家似乎显示出更大的知觉范围。与非专家相比，专家在快速注视时能获取更多的信息。

花园小径实验。卡朋特和达尼曼(Dahneman,1981, Just & Carpenter,1987)通过眼动研究阅读的方法来研究下面这个短故事被大声读的情形。

> The young man turned his back on the rock concert stage & looked across the resort lake. Tomorrow was the annual one-day fishing contest & fishermen would invade the place. Some of the best bass guitarists in the country would come to this spot.

如果你像大多数人一样阅读这一段，你被前面几行沿花园小径而引导。因为当你读单词"bass"(低音)时，你会想到鱼同时就会将它发音为同韵单词"mass"(团)。下一个单词"guitarists"(吉他手)，却没有证实你的解释。眼注视到"bass"是正常的，但对你而言明显的是，在单词"guitarists"上所花费时间长度比通常的要长。另外，人们倾向于回视此前所看过的单词。

由于阅读加工与文本材料加工相关，花园小径实验使得有关阅读加工的认识有所深入。在我们关于人类信息加工和意识性质的研究中，其结果甚至显得更为重要。

- 这些实验(还有其他几个人的)提示，书面材料理解的早期阶段也许在非常短的时间段内就发生了。被试注视"bass"是因为，这个单词在语境中的意义与句子的其余部分有点儿不相一致，而且在几百毫秒中他们改变了阅读模式。
- 这些发现提示，文本材料加工刚开始时，一些高级的理解形式，即意义的来源发生了。在阅读中，理解可能是几乎与视知觉同步的，并没有必要在出现跟踪、言语基础上、短期记忆编码之后发生。除了早期的和非言语基础的理解之外，在阅读和别的视觉经验过程中，我们激活了一系列丰富的联想反应，它们可以被用于理解所知觉到的事物。

从这个部分所回顾的许多实验中，清晰的结果是，知觉范围内看到的信息数量是相当有限的，尽管信息数量本身似乎是巨大的。这显示，包括字母和单词识别在内的视知觉意义的部分是由阅读者本身提供的，这种现象在本章和其他章中都受到了注意。

视觉符号的编码包括了信号（字母、字母连接、单词）的性质和来自个体储存在长时记忆系统中信息的意义期待。这个观念与信号检测理论是一致的，这是由于，以电子信号接收器（如雷达）的各种频率为参照，知觉者在知觉情境中所产生的各种敏感性，只有经某种转换成某一种频率才被接收。

词汇-判断任务（LDT）

关于语境效应对单词识别影响问题的一个创新性研究方法由梅耶及其同事（Meyer & Schvaneveldt，1971；Meyer，Schvaneveldt & Ruddy，1974a，1974b）引入。他们使用了词汇-判断任务（LDT），一种启动效应任务。通过这种方法，实验者测量被试说出一对字母组合是否是单词将有多快。典型的刺激如下所示：

联想词	BREAD - BUTTER（面包-黄油）
	NURSE - DOCTOR（护士-医生）
非联想词	NURSE - BUTTER（护士-黄油）
	BREAD - DOCTOR（面包-医生）
单词-假词	WINE（酒）- PLAME
	GLOVE（手套）- SOAM
假词-单词	PLAME - WINE（酒）
	SOAM - GLOVE（手套）
假词-假词	NART - TRIEF
	PABLE - REAB

在一个程式中被试看着两个注视点（见图 12.9）。一个字母系列（如 NURSE）出现在上注视点位置上。被试按键，以指出字母组合是否是单词。他或她的判断

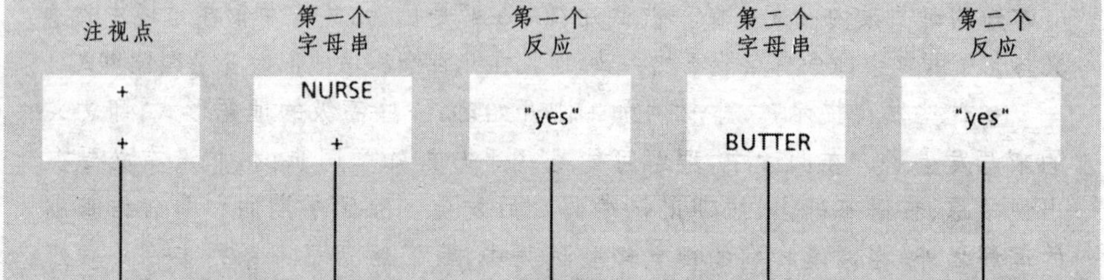

图 12.9 词汇判断任务中的每一个刺激呈现的基本程式

资料来源：Meyer，Schvaneveldt，& Ruddy，1947a。

失读症患者的扭曲的阅读模式

失读症是一种阅读缺失现象，另一方面它也会使正常人感到苦恼。一些人认为在起源上它是结构上的，而其他人则认为是社会或心理上的。这个问题没有被解决。有一点却是清晰的，许多学龄儿童有阅读困难，而这深深影响了他们的生活。眼动跟踪仪器的发展已使对正常和失读症人们的眼注视测量成为可能，这将为我们研究的问题提供新认识。这里给出正常阅读者和失读者的阅读模式一个例子。在小点下面的数字是眼动序列，远离小点的大一点的数字是注视时间（以毫秒计，1 000 毫秒＝1 秒）。

PP

As society has become progressively more complex, psychology has

1 234　2 310　3 188　4 216　5 242　7 188　6 144　8 177　9 159

Dave

As society has become progressively more complex, psychology has

1 311　2 277　3 115　5 412　4 222　6 198　7 403　8 266　9 295　10 311　11 277　15 193　12 317　18 206　13 600　14 312　19 415

PP

assumed an increasingly important role in solving human problems.

11 244　10 206　12 317　13 229　15 269　14 196　16 277　17 144　18 202

Dave

assumed an increasingly important role in solving human problems.

16 369　17 415　21 302　20 177　22 244　24 310　23 288　25 383　26 119　27 487　29 200　30 117　28 413　31 277　33 361　32 366

资料来源：Rayner & Pollatsek，1989。

一旦做出，第一个字母系列消失，其后立刻在下注视点位置上出现第二个字母系列。被试判断第二个系列是否是单词，其后再以这个过程进行下去。这个程式使第二个单词识别的测量成为可能，第二个单词是第一个单词语境启动的结果。正如所预测的，梅耶发现，当前后单词相关配对时，第二个单词的判断反应时要快于无关配对(见图12.10)。

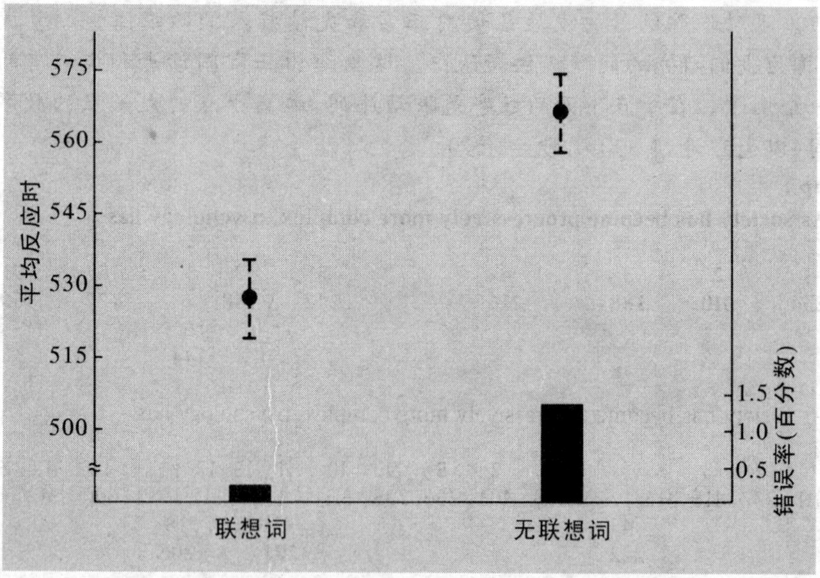

图12.10　词汇判断任务中，作用于配对单词中第二个单词识别所需时间上的语义语境效应

资料来源：Meyer, Schvaneveldt, & Ruddy, 1947a。

我们有一个单词识别的语境效应的例子。根据单词产生器模型我们能解释那些资料，在这个模型中，第一个单词刺激了第二个单词的单词产生器。梅耶和他的同事根据信息加工框架(其主要构成如图12.11所示)进行了解释，在这个框架中第一个阶段是产生内部表征的编码操作。编码后，依据被试的词汇记忆对字母序列进行检测以判断项目是否此前就被存储了，并依据是否匹配来执行判断。依据单词产生器模型对词汇的记忆储存可做出两个重要假设：第一，单词储存在记忆的不同位置上，一些词是紧密相关的(例如"bread - butter")，而一些词是相距遥远的(如"nurse - butter")；第二，特定记忆位置上检索信息时所产生的神经活动扩散到邻近位置，因此促进了联想记忆的识别。后一个假设被"语境"实验所支持，尤其是梅耶和斯奋纳维特所做的报告，他们建立起了字母和单词识别模型(尽管我们对这个模型的讨论根据的是与字母和单词识别间的关系，但同时，模型与语义记忆也是有密切关系的)。在这个模型中，识别加工开始于一排字母进入视觉特征分析器时，其所产生的表征字母形状(直线、曲线、角度)的"码"被送到单词检测器。当单词检测器对足够的线索进行了识别时，产生了一个证实信号以表明一个特定单词已被检测；这个单词的检测又激活邻近的其他单词。例如，对单词"bread"(面包)的检测会激活被试记忆网络的相关词。这些词"food"(食物)、"butter"(黄油)等等被"感觉到"(我的单词)，这一点在图12.12中以破折号所表示。语义相关词的激活促进了对后续词的识别。这个模型解释了被试识别相关词比无关词要快的事实。这个模型之所以具有价值，不仅因为可以解释数据，而且提供了观察语义记忆结构的一种手段。

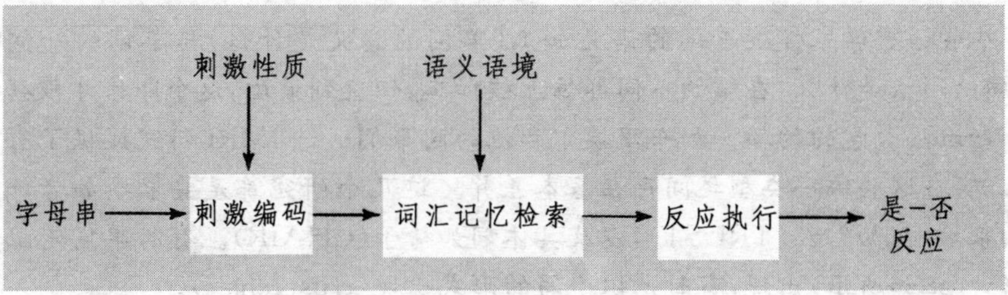

图12.11 单词识别的可能阶段

水平箭头表示操作的可能序列，垂直箭头表示语义语境效应和刺激性质。

资料来源：Meyer, Schvaneveldt, & Ruddy, 1947a。

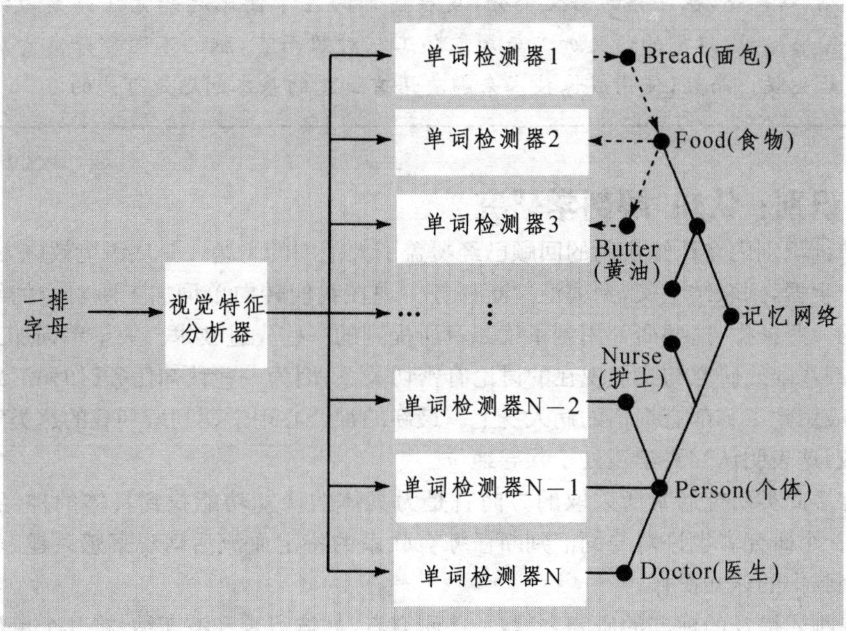

图12.12 单词识别过程中，连接感觉和语义信息的假想机制

资料来源：Meyer & Schvaneveldt, 1976a。

梅耶、莫顿(Morton)和联结主义的假设命题似乎不是自相矛盾的，而实际上，它们是互补的。它们都提到语境影响单词识别的问题，并都得到结论——这是由于语境效应某种内部机制增强了单词识别。对于莫顿来说，机制是一种提高单词产生器激活水平的方式；对梅耶、鲁梅尔哈特和麦克兰德来说，机制则是神经活动的扩散，从而使得相似词汇项目更易通达。

单词的语义分析、知觉分析是在脑的不同的部位被加工的

尽管语言学家怀疑单词的语义加工(单词的意义是什么)与单词的知觉分析(单词的形状是什么)在脑的不同部位上被加工，但直到最近，这个印象才被科学证实。斯坦福大学的约翰·加布里埃尔和他的同事们通过 fMRI 研究提供了有关资料，证实在这些编码类型之间存在基本差异。这几个研究都是要求参加者评价一套抽象单词，如信任(TRUST)，以及具体词如椅子(CHAIR)。有时单词是以大写的形式(正如所示)出现，有时是以小写的形式出现(trust，chair)。

实验的语义判断任务要求参加者判断单词是具体的还是抽象的，但在实验的知觉阶段，要求他们识别大写或小写(这个程式与第八章提到的克雷克和塔尔文的研究相似)。在加布里埃尔的实验中，参加者的脑活动通过 fMRI(见第二章)扫描被监测，结果是，在任务的语义部分，皮层前部的左下侧比起知觉任务更为活跃。这些结果显示，单词的语义加工与知觉加工相对照而言，脑的不同部分负责加工，但彼此关联。而且，使用成像技术来解决语言加工的基本问题是可能的。

单词识别：认知-解剖学研究

单词识别内在认知机制的回顾已经覆盖了大范围的主题——从语境效应方面，到单词产生器，到联结主义，到词汇判断任务。现在我们转向单词加工所对应的解剖结构上的一些证据，这些研究用到了第二章所提到的一些先进技术。关于单词加工的认知-解剖基础的研究与我们现在的讨论有密切关系，因为一些认知任务(如词汇判断任务)被应用到了脑部有损伤的病人身上。最新的神经心理学期刊所刊载的这类实验多不胜数，这表明认知科学正处于领导地位。

许多此类研究通常所采取的方向就是为具体的认知功能找到具体的神经场所。例如，一个研究者也许对与词汇判断任务有联系的特定血流活动观察感兴趣，就会努力找到脑中的认知操作。

在刚才提及的梅耶的研究之后，一些研究者(如彼得森和波斯纳)将几个单词识别范式，包括 DOCTOR - NURSE 任务，与先进的成像技术结合起来，以分离出正常被试身上由单词及其联想词所激活的解剖系统(Petersen et al.，1988；Posner et al.，

1988；Posner et al.，1989）。

在一个区域脑血流的研究中（Petersen et al.，1988），研究者让被试参加三个普通的词汇任务。由于加工操作的数量不同，每一个任务彼此也不同。同时，研究者特别关注 PET 扫描获得的关于皮层的视觉和听觉部分数据。实验范式如表 12.1 所示。

表 12.1 范式设计*

条　件	控制状态	刺激呈现状态	任　务
A.	仅有注视点	被动看单词	被动的感觉加工；具体通道单词水平上的编码
B.	被动看单词	单词重复	发音编码；运动程式和输出
C. 语义激活	重复单词	产生用途	语义联想；选择反应

*表格显示三个水平递增范式的基本原理。在第二个和第三个水平上，控制状态就是前一水平上的刺激状态。有人假设表格的第三列表示出了认知操作。

在最简单的水平 A 上，被试观察一个注视点或被动地看视觉呈现单词。在较复杂的水平 B 上，被试又重复观察前面呈现的每一个单词。在更为复杂的水平 C 上，要求被试对每一个词的作用进行联想。简单而言，每一个不同的任务激活不同的脑区域（见图 12.13）。尤其有意思的是，负责视觉单词形式的皮层部分，在图 12.13 上以三角形表示；负责语义分析的皮层部分，在图上以圆圈表示。这提示，词汇任务不同形式的加工确实发生在脑的不同区域上。当我们在前面所回顾的联结主义理论体系内来思考的时候，这些资料甚至更有意思。你可以回忆起来，联结主义理论中，特征、字母和单词形式分析处于独立水平是一种假设。彼得森及其同事的实验中所出现的多个区域激活的真实情况，似乎提供了关于谜题的一部分实实在在的解释。

这些资料得到波斯纳及其助手的一个实验的补充。除了要求被试参加一个被改进了的词汇判断任务（见以上讨论），实验使用了同一技术。在一个任务中，单词的视觉启动效应出现了（如 DOCTOR - DOCTOR）；在另一个任务中，单词的语义启动效应出现了（如 DOCTOR - NURSE）；在第三个任务中，视觉空间注意线索出现了（如屏幕左侧的边缘线索之后出现的是作为有效刺激的目标词，而右侧是无效刺激）。研究结果显示，最有可能负责视觉特征（DOCTOR - DOCTOR）启动效应的区域是枕叶背侧（图 12.13 的视觉单词形式 A）。波斯纳及其合作者认为，单词启动激活了这些区域，而且同一目标词将再激活网络的同一通道。语义任务（DOCTOR - NURSE）似乎还激活了另外两个区域：皮层前端左下侧（C）（见图 12.13 的圆圈）和额叶中部（见图 12.13 六边形）。

这些研究汇聚在一起，增进了我们对认知任务间关系的认识，如词汇判断任务和

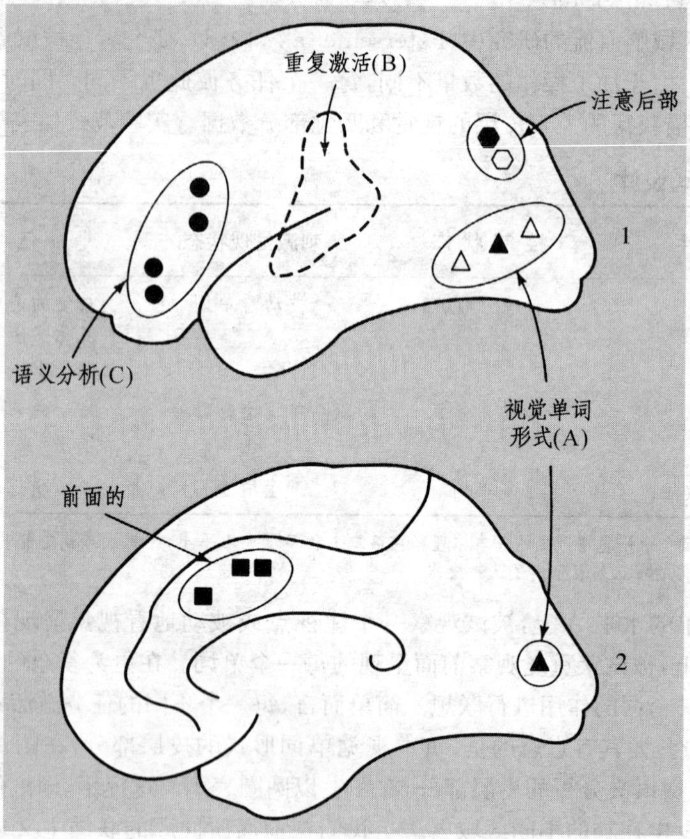

图 12.13 来自 PET 扫描研究的资料显示出视觉和听觉区域

两个区域只显示：皮层的左侧 1，中间部位 2。视觉单词以三角形(A)表示，语义分析以圆圈(C)表示，注意以方形或六边形表示。外侧图形表示左侧半球，内侧图形表示右侧半球。听觉呈现的单词重复激活区域被虚线所包围(B)。

资料来源：Petersen et al.，1988。

脑的功能。这个区域的其他工作可能聚焦于注意作用和词汇加工；这个区域的一些资料已被其他研究所报告(Posner et al.，1989；Gazzaniga，2000)。这项研究的进一步应用也许可以将皮层解剖结构与精神分裂症的思维和语言的不正常联系起来，尤其是前端注意系统上的不正常。

在这个部分，我尽力从理论和经验角度追踪词汇加工的发展。结果是幸运的，因为实际进展也是在这两个水平上产生的，而且似乎彼此间有更大的支持而不是彼此不支持。我肯定，这样的结论是对正在以不同角度从事词汇加工问题研究的认知和脑科学家的安慰。我们现在离开这个部分转向正字法和目的性阅读的主题。

> 对于很多种类的情况——尽管不是对所有的——我们所使用的单词“意义”能这样被定义：单词的意义就是在语言中的应用。
>
> ——路德维格·威特坚斯坦(Ludwig Wittgenstein)

阅读理解

到这时，我们关于阅读加工的讨论集中于语境内外的字母和单词的识别。很大程度上，理性人们的阅读是从印刷体材料中提取意义。我们使用术语“阅读理解”来描述理解书面材料的过程。理解的研究已经产生了几乎与研究者一样多的模型和理论，尽管许多是值得赞赏的，于此仅报告一个重要的研究例子。

来思考一下一个简单的句子，如“The ball is red.”(球是红的)从以前关于视知觉和单词识别的讨论中，我们知道印刷页面上的反射光线被感觉神经元接收并被传送至脑，在脑中，特征、字母和单词识别发生了。这个基本过程缺乏意义的理解，而意义理解是阅读的目的。

当你阅读例句时，也许你理解了：(1) 一个简单的圆形的物体；(2) 颜色是红的。你理解了句子的意义，而意义与作者的意图、其他很多人的理解是一样的。除了基本的物理特征被描述之外，你有意无意地做出了关于客体的许多推论(如很多阅读者推论，球比高尔夫球大一点、比篮球小一点)。

如果向你出示上面有一个红色的球的一幅画，你指出句子的意义与图画的意思是一样的，而与绿色球和红色盒子的图画是不同的，则你对句子理解是有效的。这似乎是个简单的任务，但确实包括了比第一眼看上去要多的许多操作。为了理解阅读加工，一些理论家将加工分成几个阶段，认为具有一系列加工过程的阅读是从书面单词的知觉开始到句子和故事意义的理解。由贾斯特和卡朋特(1980，1987)所创建的综合了本书所讨论的一些主题的模型，是这个领域当前研究的代表。这个模型的简单内容如图12.14所示。贾斯特和卡朋特模型中的阅读理解过程被概念化为协调执行的一系列阶段。这些阶段包括了提取刺激的物理特征、单词编码和通达心理词典、分配格，等等。在这个模型中，阅读的主要阶段显示在左列，而较持久的认知结构和加工显示在中间的方块中和图解的右侧。

这个模型令人感兴趣的一些特征是，它是综合性的，通过眼注视法对可实证测量的阅读成绩能做出非常具体的预测。研究者认为，文本材料的单词在更大单位中是结构化的，如从句、句子和主题。图12.15所示的例子是一段科学材料如何被概念化的图解。当被试遇到要求更多信息加工的书面材料时，他或她也许需要更长时间的停留，这可以通过查看眼注视次数来测量。

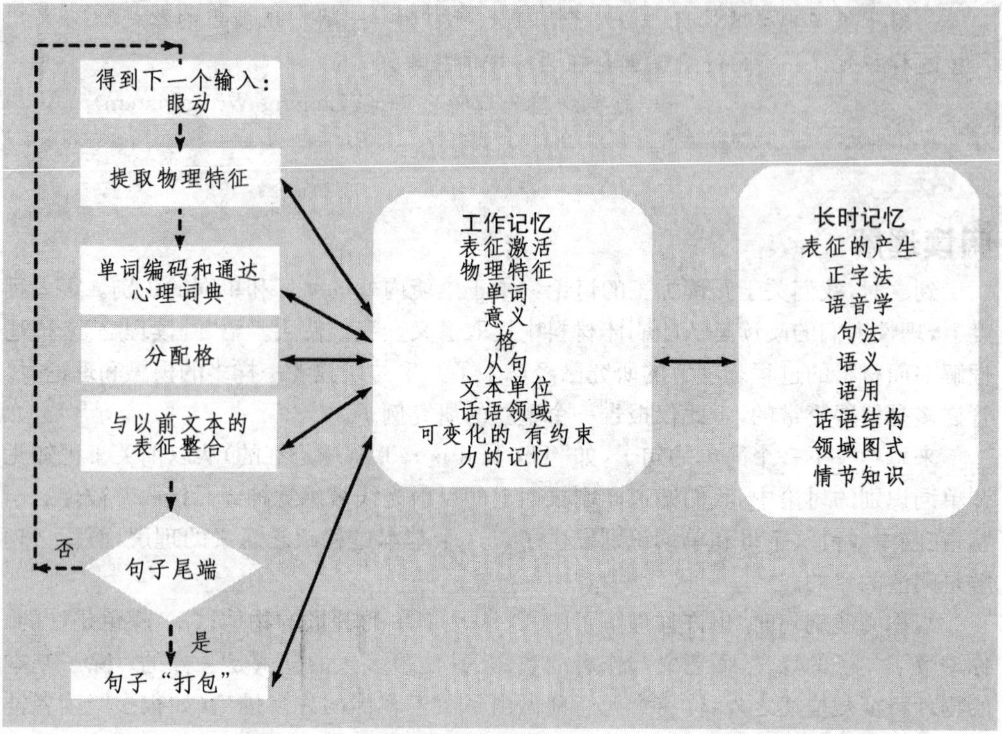

图12.14　阅读理解中的主要过程和结构的图解

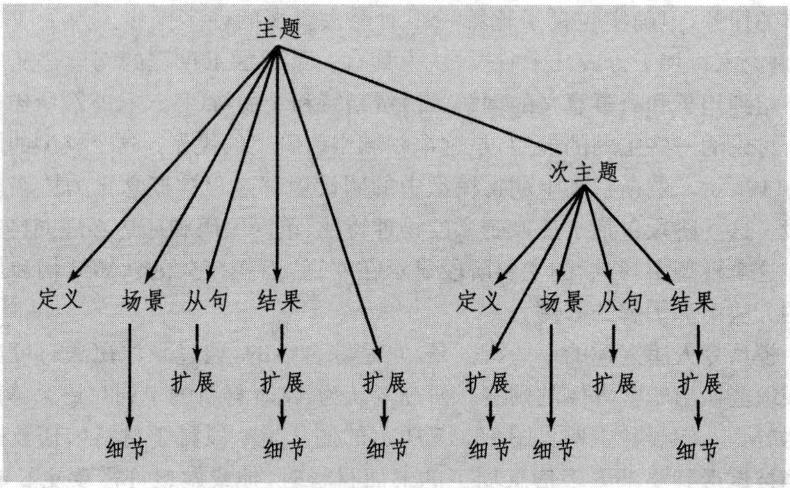

图12.15　科学短文中信息的主要文本-语法范畴的图解

在检验这个模型的过程中，大学生被要求阅读来自新闻周刊(Newsweek)和泰晤士报(Times)的科学文章，他们的眼动和眼注视被仔细测量。一个学生的成绩如下所示：

```
    1          2     3      4       5         6          7
   1566       267   400    83      267       617        767
Flywheels    are   one   of the   oldest   mechanical   devices

    8          9          1          2          3          5          4          6
   450        450        400        616        517        684        250        317
known to     man.      Every     internal-combustion    engine                contains

    7          8                    9                10         11          12
   617       1116                  367               467        483         450
a small    flywheel     that     converts     the    jerky     motion     of the pistons

         13        14        15      16      17              18      19      20       21
        383       284       383     317     283             533      50     366      566
into     the     smooth     flow     of     energy   that   powers   the    drive    shaft.
```

以上所示的是一个大学生在阅读一段科学短文时的眼注视情况。每个句子中，在所注视单词的上部以数字描述注视顺序，序列数字下面显示的是时间(以毫秒计)。

这些资料提示，当被试面对特殊单词时，会出现越大的加工负载，正如眼注视所示，被试整合来自重要从句中的信息并在句子末尾处作出推论。主要加工水平如图12.16所示。

所有的阅读活动，不管是阅读简单句子(如"球是红的")，还是听联结起来的话语(如贾斯特和卡朋特所使用的)，都存在着许多知觉加工阶段的仔细协调。这些阶段包括特征和字母识别、单词编码、词汇通达、语义提取和来自直接的语境信息，阅读者关于世界的丰富知识来自作者目的的推论。

由于牵涉如此众多的认知领域，我们可以从脑激活角度研究理解。前面我们发现，人们在阅读科学短文过程中，当面对特殊单词时，眼睛注视时间倾向于更长。这提示脑计算和激活的结果是自然存在的。实际上，当阅读一篇特别难的短文时，与阅读一篇较简单的短文相比，人们也许会"更加努力地思考"。知道皮层上存在负责语言加工的区域，当阅读比简单材料更为复杂的材料时，人们也许会预期布洛卡区域(负责语言产生的皮层)和威尼克区域(负责语言理解的皮层)的参与活动会更强烈。

为了证实这个观点，贾斯特、卡朋特、凯勒、埃迪和苏尔伯恩(1996)编制了一系列

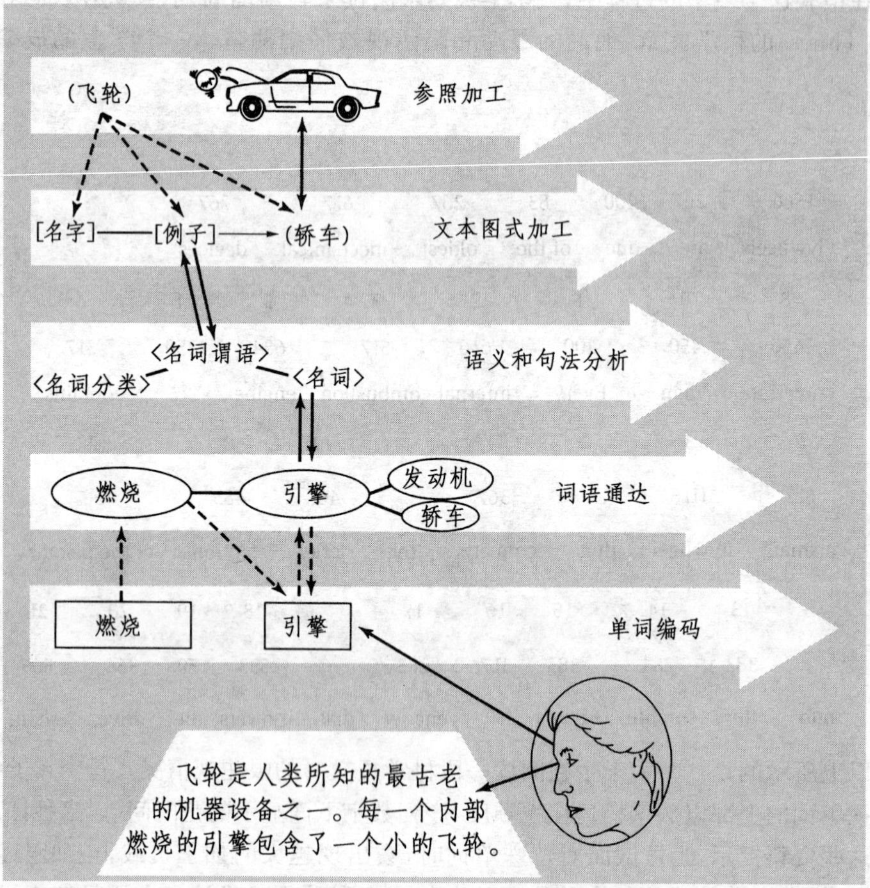

图 12.16 READER 模型中的主要加工水平，操作起来就像阅读者注视文本中的单词 engine(引擎)

资料来源：Just & Carpenter，1987。

句子，这些句子在结构复杂度上是变化的。阅读完这些句子后，要求参加者回答一些有关他们理解的问题。所有这些进行的同时，也进行着 fMRI 测量。根据句子的复杂度，采纳以下句子的顺序：

句子	类型
"The reporter attacked the senator & admitted the error." 记者袭击了议员，并承认了错误。	（无从句，连接词激活）
"The reporter that attacked the senator admitted the error." 袭击了议员的记者承认了错误。	（主语关系从句）

"The reporter that the senator attacked admitted the error."

遭到记者袭击的议员承认了错误。 （宾语关系从句）

当你阅读这些句子时，你也许感觉到第一个易于阅读和理解，后两个有点儿难。理解能力上如此细微的差异能在脑的不同活动中显示出来吗？当被试阅读复杂度有变化的句子和做出回答时，神经组织被激活的量，即像素的数量，在可能的几个脑区上被测量出来。实验的结果如图12.17所示。

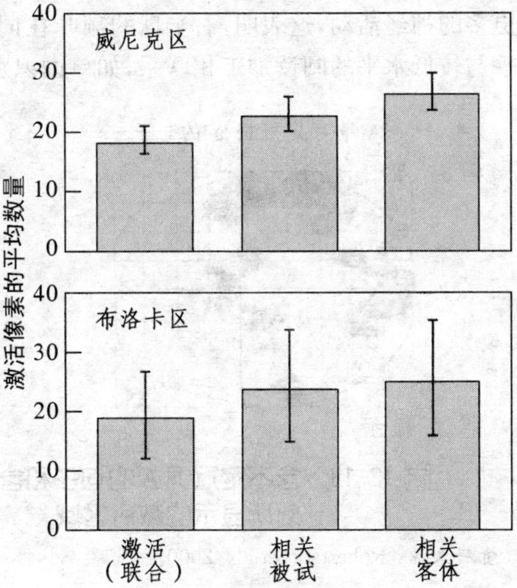

图12.17 对于从简单到复杂的句子，威尼克区和布洛卡区上激活的像素数量（神经组织活跃的数量）

正如所示，随着句子复杂度的增加，威尼克区和布洛卡区的受到激活的像素平均数量都增加了。总体上，这些发现为我们理解脑和语言理解添加了一个重要的新维度。认知任务，如阅读，需要的神经活动数量依赖任务的计算要求。因此，复杂材料的阅读对脑有更大的要求，通过现代成像技术可以进行测量。

话语的理解也与句子中关键概念间凝聚程度有关。增强凝聚性的一个方式是通过定冠词，如"the"。以下的左侧例句，包含了不定冠词（如"a"），与此相对照的是包含定冠词"the"的右侧例句。

A grandmother sat at a table.	The grandmother sat at the table.
A husband drove a tractor.	The husband drove the tractor.
Some dark clouds were rapidly accumulating.	The dark clouds were rapidly accumulating.

哪个句子你觉得易于阅读、易于理解？哪一个你阅读得快些？哪一个凝聚程度更强？如果你的阅读模式是像许多其他人一样，你会发现，右侧的那些句子容易并更好理解，你会读得更快并发现它们凝聚程度更高。对于有定冠词的句子甚至存在一个细微的启动。阅读一系列包含定冠词（the）的句子时，如果包含定冠词的句子在前面，则对一个句子的识别记忆会被促进。与含"a"句子所具功效相比，含"the"句子所具功效的理由是，一个更为凝聚的心理表征由定冠词引起（Gernsbacher，Robertson，2000）。

这个非常有效的词语标志与脑功能似乎尤其有关联，正如罗伯森、格斯巴彻、吉多蒂等(2000)最近所发现的。在简单直接的实验中，实验者要求参加者躺在一台 MRI 扫描仪内并要求他们阅读以光纤视觉护目镜显示的句子，每组句子阅读之后，要求被试识别句子是新的还是旧的。

图 12.18 所示的结果提示，定冠词句子的理解会在右半球而非左半球的额叶上引起更多的神经活动，这表明，右半球的额叶在词语成像形式上是复杂的。左半球结构似乎与较低水平的阅读加工相联系，如单词识别和句法加工。

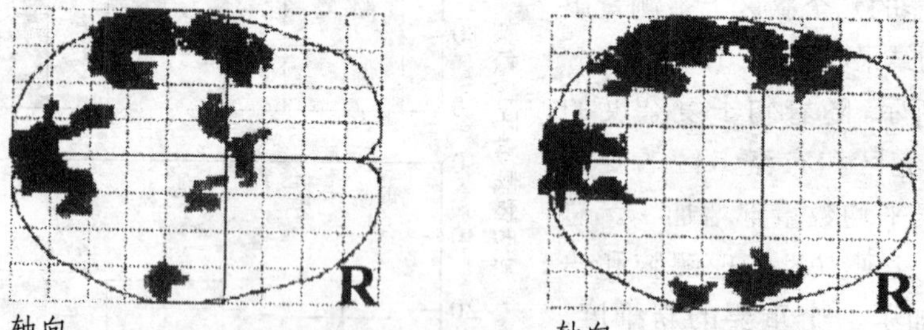

图 12.18 含不定冠词 A 的句子和含定冠词的 B 的句子的轴向投射所显示的激活区域

资料来源：Robertson et al.，2000。

总结

1. 阅读包含了符号检测和记忆间的相互作用，因此它反映了人类认知活动有许多过程参与。
2. 书面文本的阅读受到视觉系统特征的限制，最大的视敏度是在中央凹上(1 到 2 度的视角)，分辨率在近中央凹和边缘区域上较差，在跳动扫视过程中很少或是没有检测。
3. 知觉范围的研究被用于检查信息加工性质，包括了速视仪、眼动、眼注视程式。
4. 速示研究显示，当以有意义的顺序呈现时字母和单词是更易于识别的。
5. 眼动跟踪研究指出，边缘附近(达到 12 个字符的空间)的信息部分被编码，加工程度跟与中央凹的距离有关。
6. 眼活动的迅速改变(在几百毫秒内)以适应不一致的语境现象提示，高级的理解加工发生在文本加工早期。
7. 熟悉和语境促进单词识别。两方面的增加将使得识别更快和更好。
8. 在互动激活模型中，单词识别在特征、字母和单词水平间的兴奋和抑制协调中发生。

9. 最新的认知-解剖研究方法被一些单词识别的研究者所使用。PET 扫描也被用于这个领域。早期结果显示，不同的单词识别任务会引起皮层不同区域的激活。这些研究会帮助我们理解认知任务和脑功能之间的关系。
10. 眼注视研究表明，对不常出现的、句子尾部的和那些连接从句的单词的注视时间较长，这为刺激输入和记忆间相互作用的阅读模型提供了支持。

第十三章 认知发展

问题预览

1. “毕生发展”是何意？如何研究它？
2. 皮亚杰是谁？其主要贡献是什么？维果斯基是谁？其主要贡献是什么？
3. 双胞胎的最新研究在基因对智力的影响方面告诉了我们什么？
4. 婴儿是在什么时候开始注意面孔的？
5. 记忆的保持时间在多大年龄时是最长久的？
6. 婴儿什么时候开始形成概念的？我们是如何对其予以证明的？
7. 儿童有表象吗？有形式原型吗？

我们不会停止探索
所有探索的尽头
将回到我们开始之处
第一次知道了这是个什么地方

——T. S. 艾略特(T. S. Eliot)

发展心理学是心理学众多风景中最大的领域之一。这个领域里的重要研究课题曾经被局限于儿童心理学方面，但现在，随着人们认识到认知发展贯穿于人的毕生，研究课题就从对胎儿的研究扩展到了对老年人的研究。而且由于人们寿命越来越长，这个老年医学的次级专业已经吸引了更多研究的关注。要详尽讲述这个巨大领域的特征几乎是不可能的，在本章中我们将选择性地介绍发展心理学中关于认知发展的一些非常有趣和重要的内容。

从发展的眼光来看，人类认知开始于最早阶段，且是一个漫长保留的发展结果。人们的知觉、记忆和语言、思维加工被遗传的基本基因结构所控制，而且对刺激的反应在与生理、社会环境漫长而变动地相互作用中不断发生着变化。关键性的特征是，认知发展——认知和思维——伴随个体自婴儿成长为成年人的过程并以有序的形式产生，一些认知技能在老年阶段可能会减弱。这些改变也许是由于：

- 人的神经和生理上的成熟(或恶化)
- 人们所生存的家庭、社会和教育环境
- 生理变化着的人和其周围环境之间的相互作用

一些心理学家认为,在很大程度上,婴儿缺乏自然倾向——是一种擦去文字的书板或“白板”——生活的经历将被记录在其上。另外,结构论倾向的心理学家认为,婴儿拥有比较稳定的神经学和心理学上的潜能,认知发展是这些内在结构和社会鼓励、要求相互作用的结果。关于相对重要性的这两种争论有时被称为“自然-教养的争论”。尽管曾经为人所知的“教养”一派的观点被一些过于热忱的斯金纳之类的学者们激化,以致认为所有的行为都是算法习得的结果,但最新研究已经证实,人类的成长过程中包含大量的自然或基因成分。因此,可靠的结论是,人类认知由人的基因组成和环境共同决定。极端倾向于某一方都将偏离主要观点。先有生物学意义上的嗓音,人类才学会说话。发展性地看,人们是生物体组成模式和描绘于蓝图上的经验的混合物。

毕生发展

人们的认知发展可以从几个彼此相对独立的视角研究:发展心理学、神经认知发展和认知发展。认知发展贯穿于人类和其他生物的毕生,从出生前一直到死亡。在本章中我们集中讨论生命早期阶段的认知发展。

发展心理学

个体认知毕生发展的研究兴趣最初是由瑞士的皮亚杰富有创意的工作和俄罗斯的维果斯基的丰富理论遗产所激起的。对于皮亚杰的生活和他所处的时代都已有许多描述,因此可以轻易查阅皮亚杰的有关情况。但我们对于维果斯基的生活和理论知道得很少,在本章后面只对他的生活、工作进行简介。为建立一个总体框架,最新出现的观点和资料与这些理论是同等重要的,它们对于认知发展的动力问题的当前理解也有重要作用。

神经认知发展

另一方面,认知发展心理学(有时被称为发展神经学)中的神经认知研究强调脑的发育和相应的认知改变。发展心理学的神经生物学研究已经存在了很长一段时间,但由于其对于心理学理论而言具有浓厚的生理学意味,因而被忽视了。但现在我们认识到,胎儿期和出生后脑的生物发展,必然会参与物种的认知发展。除了这个理论上的原因之外,认知发展心理学的神经认知研究由于在脑成像技术领域的最新发现而变得更加重要，其中部分内容在其他章节中将会讨论。

比较发展

另外一种研究认知发展的方式是建立在动物研究的基础上的——对各种生物，从果蝇到类人猿，其毕生发展予以观察。这些研究有较大的跨度，但使实验动物处于密切的监视是可能的，就如同引入实验情境（如在脑中插入电极、注射药物或不提供食物或水）中。这些研究程式不能用于人类，而且应该谨慎对待动物。在这个领域中比较心理学家得到了一些重要的发现。

认知发展

认知发展是贯穿于生物毕生的认知研究。本章中以现代认知心理学视角探索了思维的发展，试图获得关于人类智力过程本质方面更加深入的认识。你将看到许多熟悉的研究课题，例如记忆、高级认知、原型形成等等，因为在前面就讨论过这些内容。

早期刺激促使神经元的发展

在所给图示中，我们看到无刺激条件下（左侧）和刺激条件下（右侧）的脑神经（取自于鼠）的发育。正如所示，左侧的发丝般的树突是小的，不复杂的，少的。然而右侧的树突是大的，复杂的，多的，是“良好的分叉”，就像健康树枝或灌木丛的细枝。刺激条件下的老鼠可以探索小玩具和其他工具，这些东西是刺激源。

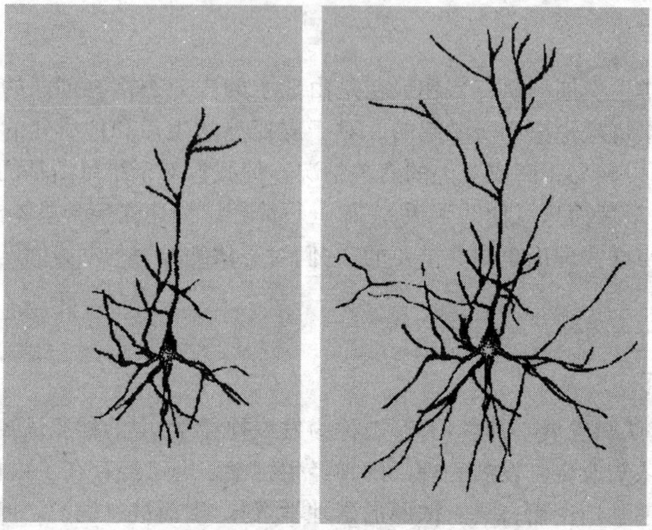

资料来源：Grisword & Jones，University of Illinois。

发展心理学

我们通过考查发展心理学两种差异迥然的理论开始介绍，这两种理论在 20 世纪的大部分时间里统治了该领域的思维，一个是皮亚杰理论，另外一个是维果斯基理论。

皮亚杰（1896～1980）的研究和理论构成了现代发展心理学的基础。

顺应和同化：皮亚杰

不满足于道德哲学家及其他人通过理性怀疑方式解释人类知识的努力，皮亚杰采取了最终具有深远影响的一种独特态度。他认为，既然智慧像所有生物功能一样，是一个进化适应（adaptation）的产物，因此从生物和进化的视角去解释它也许是最好的。理解成年人心灵本质的最佳途径是，研究其出生时的心理活动，观察它在适应环境时的发展和改变。

一般原则。对于皮亚杰而言，就像在所有生物发展中所具有的，在智慧成长过程中有两种主要原则在起作用：适应和组织。

适应是一种分叉式进程——同化（assimilation）和顺应（accommodation）。例如，人们在吃苹果和消化吸收它的过程中使用一定的生物学结构进行加工——嘴巴、牙齿、胃、胃液——通过这种方式吸取，并将苹果转化为身体能利用的形式。在一定意义上，身体已经吸收了外部的物体并将其转化为人的生物学材料。皮亚杰相信同样的现象可以运用于心理活动，即人们拥有的心理结构能吸收外部事件并将其转化成心理事件或思想。如果人们想吃一个更大的苹果，也许要改变用嘴、牙的方式以便能咬入，同样也要改变其他方面来促进它的消化吸收。换句话说，人们也许可以调整自身的生物学结构来迎合新客体所带来的问题。人们以相近的方式，在新的特殊的心理环境中调整自身的心理结构。这两种加工方式——顺应和同化代表了一般适应过程的互补的两个方面。

组织(organization)是起调节作用的心理结构的本质。对于皮亚杰而言,心灵是结构化的,被组织的,以一种逐步复杂和整合的方式发展。最简单的水平是图式(scheme),它是某种活动(生理或心理)的一种心理表征,能作用于客体。对于新生儿,吮吸、抓握和看都是图式,它们是新生儿认识世界的方式——与世界相互作用。在发展中,这些图式以一种有序的方式变得更加一体化和协调化,以至最后产生了成年人的心灵。皮亚杰推测大约有四个主要发展阶段,人类智慧通过这四个阶段得以发展。皮亚杰指出:(1) 在一定阶段内改变通常是量上的并且呈现线性,尽管不同时期上的差异是质上的;(2) 发展存在必然顺序,并经历四个阶段,儿童需经过一个阶段进到下一个阶段。正如我们所看到的,很多心理学家都相信发展不是僵化或步调一致的。

第一阶段:感知运动时期(出生~2岁)。感知运动阶段的特征是,经若干个阶段内在关联的图式发展成连续且更加复杂的、一致的图式。在第一阶段(反射),反应是内在的和不随意的。下个阶段,反射图式是随意控制的。当这些原始图式,如吮吸、看和抓握真正地协调起来——当婴儿不仅能同时抓、握和看,而且能看到东西就去抓它——就进到了下一个阶段(第二个图式)。在接下来的阶段中,借助某种事物儿童能执行一个行为而不是以行为作为目标。

第二阶段:前运算时期(2~7岁)。在前运算时期,儿童的行为从依赖某种活动转变为运用这些活动的心理表征或通常被称为思维。表征特性使许多新能力成为可能。其中初始的洞察力学习在儿童身上的作用是,他们能几乎不看问题就将其解决,而不需要施以行动,即儿童能在头脑中思考出答案,并能意识到正确的解决方法。表征还使儿童具有假扮和使人相信的能力,尤其是为了一个未预先设计的目的而使用某种客体。例如,皮亚杰的一个女儿将一块布当做枕头,她会拾起布,口中含着大拇指,头枕着布躺着,并假装睡觉。皮亚杰觉得,由于儿童这时能将客体与头脑中的事物彼此联结,彼此相似的客体能以某种方式彼此替代;儿童现在不需枕在一个真实的枕头上——一个替代物或使人相信的枕头就能很好地实现。最后,表征使儿童使用语言成为可能。语言,对皮亚杰而言,包含了代表客体和事件的诸多符号(单词)。表征参与了头脑中代表客体的符号的创造和唤起。只有儿童能真正表征和操纵符号时,才能非常有效地使用语言。因此,不需惊讶的是,表征和儿童第一次说出多个词语的现象几乎在同一时间出现。对皮亚杰而言,在表征使语言可能被习得和使用之间存在因果联系。

第三阶段:具体运算时期(7~11岁)。使感觉运动时期儿童成长为前运算时期儿童的动力,又使前运算时期儿童的思维结构成长为具体运算时期儿童的思维结构。根据皮亚杰理论,这个过程促使智力在三个重要领域里获得进步:守恒、分类、系列化和传递。第一个领域守恒(conservation),以图13.1示意。三个容器置于面前,两个在体积上相等,但最后一个更高且更窄。水被注入两个矮的容器中至同一高度。你可以肯定两个容器包含同体积的水,也许只看水平高度就可以了。现在水从一个矮容器倒入一个高但窄的容器中,后者容器中的水上升到了一个更高的水平面。与矮容器相比里面是否有更多的水?许多成年人也许会对这么简单的问题感到惊奇。水的体积当然是一样的。因为在数量上什么也没做,因此一定是一样的。尽管答案对成年人来讲似乎是显而易见的,但皮亚杰发现,小于7岁的儿童的典型回答是高、窄的容器有更多的水。

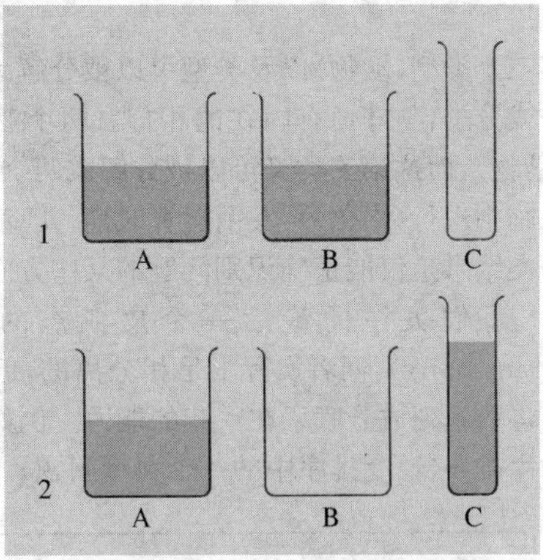

图 13.1 程序 1:守恒任务的初期
2:当装在一个容器的事物被转移到窄而高的容器中

爱因斯坦和皮亚杰:确实比阿尔伯特想知道得多

在1928年阿尔伯特·爱因斯坦向皮亚杰提出一个问题:儿童以何顺序获得时间和速度的概念。问题在物理学杂志中登出。在牛顿理论范畴里,时间是一个基本的量,速度是由它来决定(速度=距离/时间)的。在相对论里,相反,时间和速度彼此互相决定,没有哪一个是基本的。爱因斯坦想知道对某一个概念或两者关系的理解是否在儿童出生后出现;儿童对一个概念的理解是否早于另一个;如果是这样的话,对一个概念的理解是如何影响对另一个的理解的。

几乎20年之后,皮亚杰出版了两卷500页的著作来回答爱因斯坦的问题。皮亚杰的结论是,在婴儿或儿童早期,儿童不理解时间、距离或速度,在具体操作时期他们才掌握了这三个概念。

资料来源:Siegler,1986。

这个例子说明了,一种技能——守恒概念,皮亚杰相信,是学龄儿童智力功能的中心。守恒概念即某种转换不能改变客体一些基本特征的理解。在图13.1所给出的示例中,守恒就是当液体被注入一个不同形状的容器中,液体的体积不会改变。

第二个技能客体分类(classification)或分组是在具体操作时期发展起来的。例如,假设给一个儿童看四只狗和三只猫,并问他是狗多还是猫多。前运算时期的儿童能正确回答。但问及是动物多还是狗多时,他回答说狗多。具体操作时期的儿童能正确回答后一个问题,这证明了又被称为"分类加法"的分类能力的存在。对皮亚杰而言,成功的操作不仅包括了具有一些亚类型的意识,如狗和猫,而且在亚类型相加组成第三个类型(动物)以及类型可以被分解为亚类型方面具有完整的知识。具体操作系统或分类,与守恒有内在的相似。两个亚类型(狗和猫)能结合(通过转换)成第三类(动物),而这第三类又可以被分解成两个原初的亚类型(通过逆向性),所有这些能在头脑中进行(内化)。在前运算时期,儿童的分类能力还不是一个完全一体化的系统,分类结果是仅能正确识别问题的某些方面。

我们关注的最后一个皮亚杰的重要成就是系列化(seriation)和传递(transitivity),两者实际上是相分离的,但都与技能有关。系列化指根据某种内在关系将一系列成分联系在一起的能力。例如,前运算时期的儿童被要求根据长度将棍子按序排布(长度排序中的一个典型问题)。对此问题他们能以有限的模式来解决,大多常常是对两根棍子正确排序,但接下来不是将第三根棍子与前面两根棍子比较排序,等等。完善的系列化能力需要具体运算系统的发展。传递与系列化能力有关。图 13.2 所示,在传递问题里,给儿童呈现一系列棍子,一次两根并问哪一根长。接下来,关键性的问题是:"棍子 B 比棍子 D 更长吗?"前运算时期儿童在这个任务上成绩非常差。根据皮亚杰的观点,具体运算时期的儿童成绩好。对皮亚杰而言关键性的能力是跨越 B 和 D 之间桥梁的能力。明显地,为做到这一点儿童必需能将棍子排序。另外,他或她必需能将这两个孤立的关系整合成一个系统以做传递推理 B>D。对皮亚杰而言,前运算时期儿童知道 B>C 和 C>D,但不能通过中间联系物 C 把这两个关系联系在一起来创造一个具体运算系统。

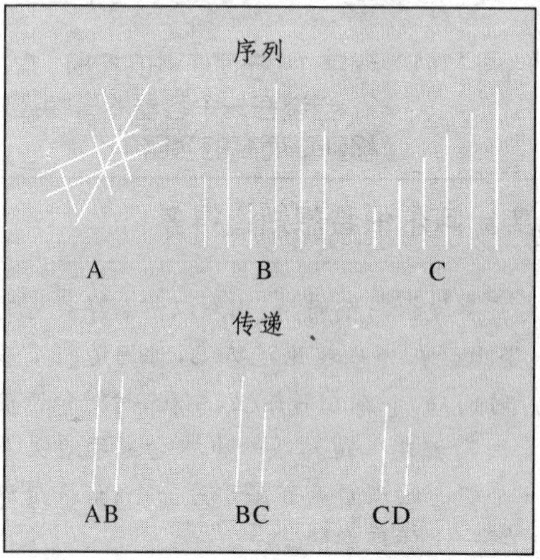

图 13.2 传递与系列化能力有关

图上部是系列任务 A、前运算时期的儿童的表现 B 和具体运算时期的儿童的表现 C。图下部,在传递任务中,显示的是成对直棍。当儿童判断 A、B 同长度,B 比 C 长,C 比 D 长后,问他或她是否 B 比 D 长。

第四阶段:形式运算阶段(青春期和成年期)。尽管具体运算时期儿童已在认知功能上有许多显著的飞跃,皮亚杰认为,仍有一些特定的局限性。这种局限性也许以他对这个阶段所给的名称"具体运算"概括最为贴切。在这个时期儿童只限于在真实情境中整合具体事物,他们还不能在假设或更加抽象的情境中整合可能的事物。具体运算时期儿童能整合各种物理维度(如一瓶水的高度和宽度),并由此显示出对液体数量的守恒性理解。以相同方式,儿童对质量、数量、体积、距离和重量——简短而言,他或她面前的具体的物理现实的大部分维度具有守恒性。为说明形式运算阶段这个最后的发展水平，图13.3描述了一个有意义的问题。平衡杆上各种重物可以被放于杆的任何一侧的不同位置。目标——使杆保持平衡——通过改变杆的任一侧的重物或移动重物远离或靠近中心平衡点(杠杆支点)来实现。

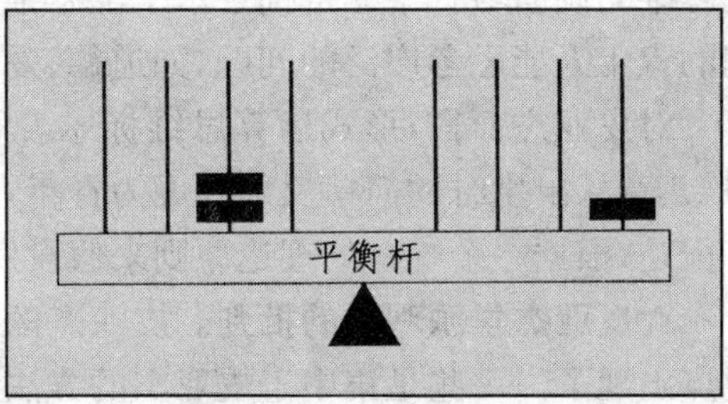

图13.3　平衡杆问题中重物的典型安放

在这个过程中儿童必须决定放开时杆是否处于平衡(开始是处于平衡位置的)。

当仅对一个维度进行处理时，具体运算时期的儿童能轻而易举地解决平衡问题。例如，儿童将迅速地学会，一侧比另一侧更重时，通过移去一侧多余重量或在另一侧加上重量来恢复平衡。相似的，他或她能想象出移动重物距离平衡点不同距离时的效应。但具体运算时期儿童不能理解这两个运算系统是如何关联的。例如，他或她不知道，在一侧添加重量能通过另一侧上重物朝远离支点方向移动而被补偿。简短而言，儿童不能整合这两个系统至一个更高级的"系统的系统"。

认知发展阶段——皮亚杰

阶段	年龄	特　点
感知运动	0～2	处于"这里和现在"的世界，无语言，在早期阶段无思想，能理解客观现实不出现。
前运算	2～7	以自我为中心，知觉支配下的理由，直觉而非逻辑思维，不具守恒能力。
具体运算	7～11/12	具有守恒能力，分类和关联能力，理解数量，具体思维，逆向思维发展。
形式运算	11～12 14～15	完善的思想概括。 命题思考处理假设的能力，理想主义的迅速发展。

这个整合就是形式运算时期的目标——将此前具体运算的分离系统整合起来。

将思维系统整合至更高级系统将会导致一种新的能力出现，即超越物理现实的真实世界而飞跃至假想的世界或其他现实，或激活不是由现实所直接决定的思维系统。诸如问题"太阳消失了世界会怎么样"和"引力消失了世界会怎么样"，这些如此成人化的思想直接根源于一种能力，并会带来新的、假设的，与具体现实相反的维度。这种假设思维的倾向与一个非常抽象水平上思维萌芽的倾向紧密地联合在一起;形式运算时期的青年人能思考广泛的问题,如道德、爱和存在。

对皮亚杰而言,形式运算思维标志着智力成长的尽头。经过一条清晰漫长的道路,儿童从出生时的简单反射发展为青年人和成年人的深思熟虑。皮亚杰理论的突出特征是,根据一个统一的理论原则来假设发展是自然、逻辑的。

对皮亚杰学派观点的批判。皮亚杰的理念并非未遇到挑战,最近几年,许多批评观点出现了。一些是集中于皮亚杰的方法学方面,这仅是较次要的,但其他人则指向理论内容方面。

曼德勒(1998,2000)及其同事提出的证据引起了对皮亚杰及其后继者的婴儿思考能力理论的疑问。简单来说,皮亚杰认为,在整个时期——尤其是感知运动阶段——婴儿不能思考(这意味他们只能学会做一些简单的事情,如认出普通物体、爬行并操纵一些物体,但未发展出概念或理念)。感知运动时期的婴儿大量依赖程序性知识(见第九章),认知能力类型包括四处移动和操作物体。曼德勒认为,比起皮亚杰所提出的儿童的概念,知识发展得更加广泛。在早期,有证据显示知觉概念化是存在的。有一个实验(Spellke,1979)将描绘复杂事件并伴随一个单一声道的两部电影呈现给 4 个月大小的婴儿,结果是婴儿偏好看配有声音的电影(Mandler & Bauer,1988;Meltzoff & Borton,1979)。

曼德勒(Jean Mandler)进行了创新性的实验研究,在有关儿童思维方面提出了新的观点。

即使婴儿只有一个月大小,但似乎能认出仅通过嘴巴感触的物体(Meltzoff & Borton,1979)。在一个研究中,分别给一月大的婴儿以疙瘩表面或光滑表面的橡皮奶嘴(见图 13.4)。当他们在不看橡皮奶嘴的前提下适应后,橡皮奶嘴被拿走。接着给

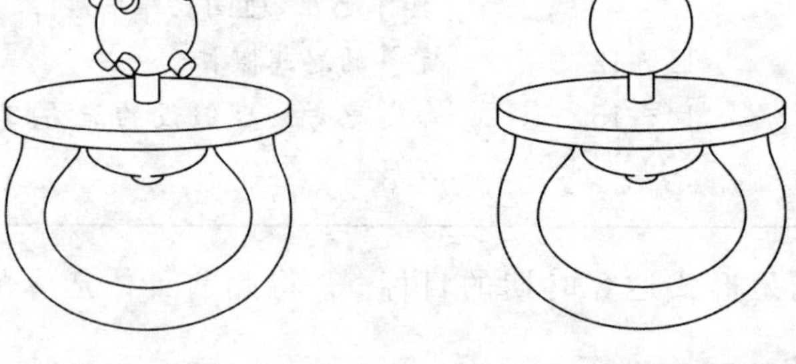

图 13.4 梅尔扎夫和波顿研究中两种类型的橡皮奶嘴

在看不到的前提下对其中一种适应后,婴儿倾向于看着此前他嘴巴感触过的奶嘴。梅尔扎夫和波顿(1979)之后,曼德勒也做过这样的报告(1990)。

婴儿呈现两个橡皮奶嘴。婴儿会耗费更长时间看着此前他嘴巴感触过的奶嘴。这个证据被用来支持观点：脑上的某个中枢能加工两个相似的信息模式。

曼德勒认为，儿童心理学家关于概念化能力的一些证据，建立在动作行为和所出现的概念化不完全即动作不完善之上（还可见本章后一部分关于婴儿归纳推理的讨论）。这些及其他领域上的批评都认为，儿童可以拥有深思熟虑的逻辑运算，而且时间要比皮亚杰所设想的要早许多。他们还认为，在决定儿童是否表露出某种具体技能（如守恒性）方面，其他加工可以是决定性的。但是，支持皮亚杰的学者们认为，刚才所列举的研究仅表明，决定认知进展的基本加工形式要比预期的发生得早。皮亚杰理论中的基本运算图式以及发展整合、协调的基本序列作为儿童认知成长的合理解释而被保留，但即使是这个基本信条也受到了挑战。

社会环境下的心灵：维果斯基

1896 年，列夫·维果斯基出生于白俄罗斯的明斯克城和俄国的斯摩棱斯克(Smolensk)之间的奥尔沙(Orsha)城。他是一个聪明、富有活力、少有的小伙子，曾在体育馆修缮奖学金上获得金质奖章。也许他曾幻想自己被选入罗蒙诺索夫大学（莫斯科国立大学），但来自偏僻城镇的以色列男孩儿乎很少被选入（莫斯科和圣彼得堡大学被分配到 3%的配额）。因此，即便他的天赋是引人注目的，他的等级是无瑕疵的，但由于一个新的规则在施行，即以色列人申请者通过抽签决定(Dobkin in Levitin, 1982)，他很难被选入。但是，在某个普通的教育局里，命运降临到中学生维果斯基身上。由于幸运地被抽中，他开始了知识分子职业生涯，这种生涯在俄罗斯心理学历史上是前所未有的。

列夫·维果斯基(1896～1934)，认真观察后提出了儿童语言发展理论。

历数他早期的学生和合作者，都是前苏联的著名心理学家，包括亚历山大·卢利亚（常被西方心理学家提到的俄罗斯心理学家，参看索尔索，1985)、阿勒克西·列昂节夫（常被俄罗斯心理学家提到的俄罗斯心理学家）、扎波洛泽茨(Zaporozhets)、津切科(zinchencho)、艾尔康宁(Elkonin)、加佩林(Galperin)、波佐维奇(Bozhovich)。

维果斯基的创造性天赋不仅限于心理学，还包括哲学（关于马克思和黑格尔的著作是经典的，关于斯宾诺莎的书仍在印刷[Kozulin, 1984]）、艺术批评（他的博士论文和第一本书被称为《艺术心理学》）、文学研究（他创建了期刊《费雷斯克》(Verask)，和诗人曼德拉斯达姆关系友好）、法律和药学（他的第一个学位是法学方面的，攻读过药学学位，其他成就方面，他在临床和发展心理学上留下了重要一笔）。他死于 1934 年，时年 37 岁；早逝的原因是由于肺结核。现在，俄罗斯人喜欢称他为心理学界的莫扎特。维果斯基的初始工作值得详细研究，我们将在下一部分关注其关于发展心理学主题的基本理念。

维果斯基和皮亚杰

尽管维果斯基和皮亚杰是同时代的人(20 世纪发展心理学的领头人)并都生活在欧洲，他们却从来没有见过面。他们不知道彼此的工作，然而，在皮亚杰知道维果斯基之前，维果斯基却非常了解皮亚杰。[1] 他们的理论既存在相似性又存在差异。

维果斯基认为皮亚杰的工作是"革命性的"(但在俄罗斯整个 20 世纪 20 年代并未轻而易举地得到接受)，然而他觉得其先进理论具有双重性——现实和理想概念之间的争议。由于关于智力发展的心理学受科学现实主义所检验，人类智慧理论、理念性与技术的物质真实性之间存在不可避免的冲突，这种争议是持续的，尤其是在 20 世纪 20 年代和 30 年代的时代精神期间，因为实验心理学的成长对心理学的理想性、非唯物性、哲学分支造成了实实在在的威胁。

发展阶段。对皮亚杰而言，儿童的思考模式是从"我向"到自我为中心到社会化思维。维果斯基承认发展需经历一般性阶段，但否认序列受内在基因的决定。简单而言，皮亚杰相信发展前于学习，维果斯基则相信学习前于发展。

这两位理论家之间的第二点差异在于言语的性质和功能方面。对皮亚杰而言，儿童"出声思考"时所使用的自我中心言语让位于社会言语，借助于社会言语儿童认识经验规则并进行交流。对维果斯基而言，儿童心灵在性质上生来就具有社会性，自我中心言语在起源上是社会性的，在目的上也是社会性的：儿童从别人那儿学习自我中心言语并使用其与他人交流。这些表明了他们之间的一个重要分歧，并且根据维果斯基的看法，这方面内容是探讨儿童发展的主要理论。

与儿童思维发展有联系的言语研究沿着以下途径发展：第一且是最初的，言语的原始目的(不仅是对儿童来说，而且对成年人来说)是交流，是受到接触社会的基本需要所激发的。因此，最早的言语必然是社会性的。当儿童将行为的社会合作形式转变为内部个人的心理功能时(Vygotsky, 1934/1962)，言语变成"自我中心"(在这里维果斯基采纳了皮亚杰的发展阶段说，但在解释上有所不同)。因此思维的发展不是从个体到社会，而是从社会到个体。

内化现象。内化是一个过程，通过这个过程外部行动(粗略的说是行为)被转化为内部心理功能(粗略的说是加工)。关于这一点维果斯基和皮亚杰在描述层次上是认同的，但在内化的起源上不一致。维果斯基的观点是接近于艾米尔·德克海姆(Émile Durkheim)和皮埃尔·雅内(Pierre Janet)的研究(由于维果斯基对法国社会学院很熟

---

〔1〕 直到约 1962 年，皮亚杰删节思维和语言的翻译时，才知道维果斯基对其研究的详细批评。在《对维果斯基关键性论述的评论》中，他发表了关于维果斯基和他自己观点的令人感兴趣的评论。

悉,毫无疑问地会受到他们的影响)。从这个方面来说,人类意识则包含了内部社会化的、人际的关系。对于发展心理学来说,这个观点的重要性在于,儿童对待他们自身,与其他人对待他们一样,倾向使用同一行为模式。

发展阶段。维果斯基观察到儿童分类客体的方式,例如在尺寸、颜色和形状上进行分组。更大的儿童,6 岁及其以上,似乎选择单一属性,如颜色——所有的绿色盒子被分在一组,蓝色盒子在一组,等等。更小的儿童,6 岁以下的则使用链性概念。维果斯基认为,借助于此,分类在整个选择过程中会发生改变。儿童可以挑选,例如一些蓝色盒子,并注意到三角形状。这将导致对三角形状的选择等等,直到其他形状引起了儿童的兴趣,例如圆形,接下来就会被放弃而选择另外一个。选择过程似乎是链性的和可变的。

学前儿童似乎是以一定主题而不是按分类学意义分类客体的。例如,年纪较大的儿童和正常的成年人也许把动物放在一个范畴,家具在另外一个范畴,玩具在第三个范畴里(分类学意义上的分类);然而幼儿也许会将猫和椅子放在一起,玩具和书橱放在一起,狗和飞盘放在一起,因为猫坐在椅子上,玩具被放在书橱里,狗玩飞盘(主题分类)。从相近的观察中,维果斯基认为儿童经历概念发展了三个阶段:

1. 主题概念形成,在这个过程中关系客体之间的关系是重要的。
2. 链性概念的形成(前面已做过讨论)。
3. 与成年人概念形式相近的抽象概念的形成。

与皮亚杰不同,维果斯基在短暂的、知识分子的繁忙生活中,抓住机会在控制良好的实验室条件下检验他的假设。现在,我们将转向思维发展的重要内容——维果斯基理论的中心议题。

维果斯基的语言理论

阶段	功能
社会的(外部的) (直到 3 岁)	控制别人的行为 表达简单的思想和情绪
自我中心 (3~7 岁)	建立起外部言语和内部言语的桥梁 开始控制行为,但伴有大声言语
内部 (7 岁及大于 7 岁)	自我谈话以使思维具有可能的方向 语言参与到更高级的心理功能

思维发展和言语内化。儿童的思维发展在语言发展过程中最为明显。维果斯基

曾写下一个观点:"语言是儿童听到的外部言语和他思考的内部言语之间的混合物。"因此很容易得出结论,语言和思维是普通现象的双重实体。沿着这样的逻辑结论去思考,这个观念使我们加以推论到没有语言就没有思维,思维依赖语言。尽管一些发展心理学家早就有这个观念,但维果斯基却不这样认为。对维果斯基而言,如果前语言儿童在思考,尽管很少的证据认为这是一个事实,那么就一定会找到思维和语言的不同根源。维果斯基心理学的一个基本信条是,思维和言语有着不同的基因根源,而且各自的发展速率不同。思维和言语的发展曲线是"交叉再交叉",除了常常是分叉之外。思维的源泉在于儿童的生物学发展过程中,语言的源泉在于他或她的社会环境。虽然语言、思维是不同的种类,一旦儿童逐步认识到每一个客体都有名称,它们就会交织到一起。在这之后,语言和思维是不可分离的。思想由内部言语所阐释由语言内化引发。

神经认知发展

认知过程——例如知觉、记忆、表象、语言、思维和问题解决都是建立在内部神经结构和加工基础上的,在本章中常能看到这种理念。当然,如果对发展神经心理学的基本性质没有理解,认知发展的研究将是不全面的。本部分的目的是更好地理解神经系统在整个人类生涯的功能,并使用到了对发展神经心理学的四种不同研究:

- 与神经认知有关的神经系统发展的生理学研究
- 个体毕生发展的认知研究,借此作出神经发育成熟方面的有关推论
- 神经病理或损伤带来的认知改变应受到注意和研究
- 手术后的脑(大部分是动物脑)的实验研究,或引入独立变量观测脑活动,正如 PET 的研究案例

每一种研究方法都有其优势和弱点(Kolb & Whishaw,1990),对其的全面分析将超越本书范围,但我们可以作一些总结性评论。

神经发育早期

妊娠时期、出生前脑的发育情况如图 13.5 所示。在非常早的时候,脑处于未发育阶段,但从第二三个月开始,大脑与脊髓有所不同了。到 7 个月时许多主要的叶形成了。到 9 个月各个叶彼此不同,而且能看到许多凹入。可以说,即使各个大脑细胞一直在显著地成长,但认知——知觉、语言加工、思维和记忆——在出生前时仍处于胚胎状态。确实,完善的认知发展似乎到青年后期才出现(一些过于热心的父母甚至期望儿女在未成熟时就必须大学毕业,结婚,有三个小孩,有体面的收入,这种想法没有科学依据)。

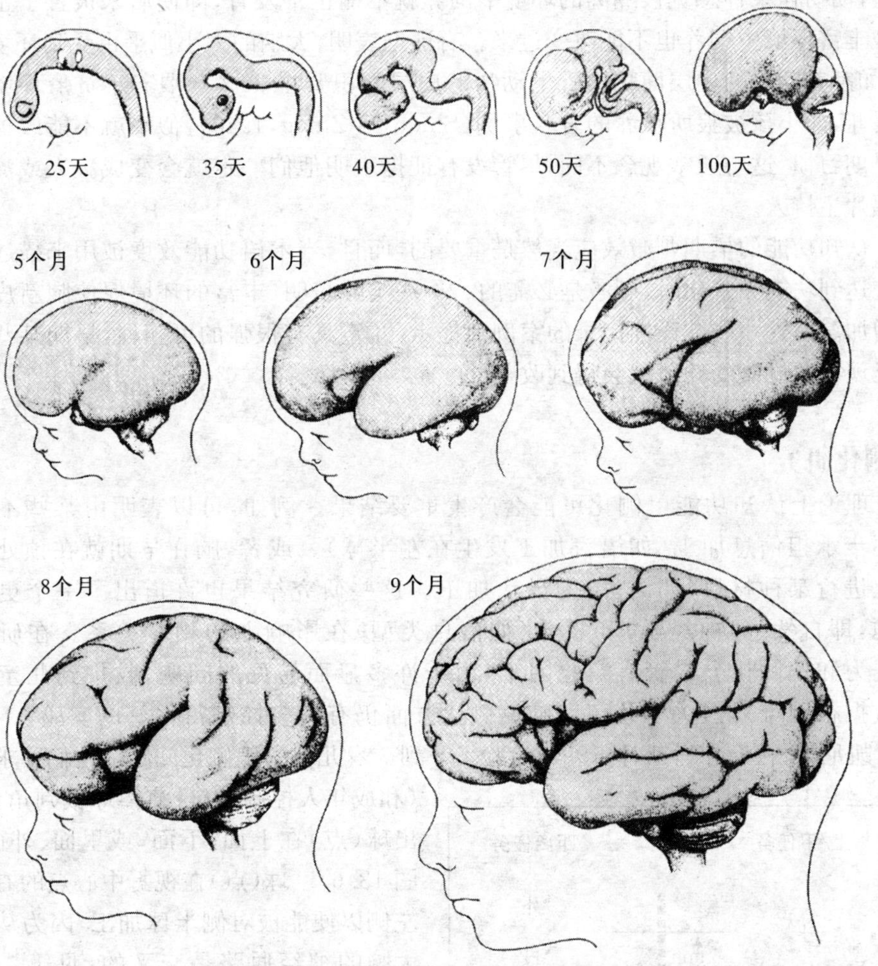

图 13.5 出生前脑的发育历程显示出胚胎和胎儿的各个发育阶段

资料来源：W. M. Cowan，1979。

如果检查与脑认知功能紧密关联的突触（突触就是两个神经元的接触部位）的形成，我们会发现大约在 2 岁的时候密度才开始增加。接下来，也许是令人惊奇的，到 16 岁的时候，突触外壳脱落会使 50％突触消失。一些人对此的解释是，特定的环境影响可以引起突触消失而不是影响它们最初时的形成（Kolb & Whishaw，1990）。最近一些研究已对神经发育在儿童早期就受到限制这种观点提出质疑。

环境和神经发育

环境会对认知发展和大脑发育有影响作用，相关证据能在动物研究中找到。典型的是，动物在某种感觉被隔离的环境中饲养就不能正常发育，即使后来被置于正常或刺激丰富环境中饲养也不能改变过来。有证据表明，大脑的大小似乎也受到环境的影响，如家养动物的皮层面积比野生动物的皮层面积要小20%。喂养于贫瘠环境的人类婴儿，如小孩被狼所喂养的著名事例(Singh & Zingg，1940)，似乎就不能改掉他们的早期习惯，这与通常观念不同，尽管没有证据表明他们一定就会变成狼人或流行音乐唱片主持人。

认知功能的早期刺激效应当然是重要的，而且，当术语功能效度被用来描述神经系统达到功能完善化时，刺激是必需的。一些实验表明，丰富的环境促使脑新皮层面积增加。另外一些被详细记录的案例则提示，儿童具有很强的可塑性，早期某些认知匮乏现象通过改变环境就会得到改善。

偏侧化研究

理论上认知功能单侧化可能会产生重要结果。例如，可以表明由某些不同区域逐步承担信息加工(如语言加工发生在左半球)。或者，脑在早期就在预处理位置上进行某种材料(如语言)的灵活加工。这些研究结果也许道出了一个更大的问题，即自然(如神经学)和教养(如信息类型)在影响上的相对关系。在研究幼儿视力和偏侧化上尽管有实验困难(由于许多显而易见的问题，收集到儿童的可靠数据很困难)，但关于儿童和脑偏侧化方面仍有许多控制得很好的实验。

凯尼格、赖斯和科斯林(1990)检验了5到7岁儿童的偏侧化问题。他们要求儿童(和成年人控制组)扮演棒球裁判角色，说出球(点)在上面、下面，或里面、外面(见图13.6)。球(点)在视野中心点的右侧或左侧以便能被对侧半球加工，因为从眼到大脑的神经通路是交叉的(见第二章)。他们通过反应时来测量儿童的判断时间。正如图13.7所示，儿童对投射在左半球的刺激在上或下的任务的反应比较快，投射在右半球的刺激的距离判断任务中比较快。结果证明，5岁大小的儿童存在不同的半球亚系统。儿童的偏侧化效应也受到其他研究者的注意，我们可以得到令人信服的结论，在婴儿期或更早，脑结构和脑加工就具有了，而并非是受到正常环境的推动。

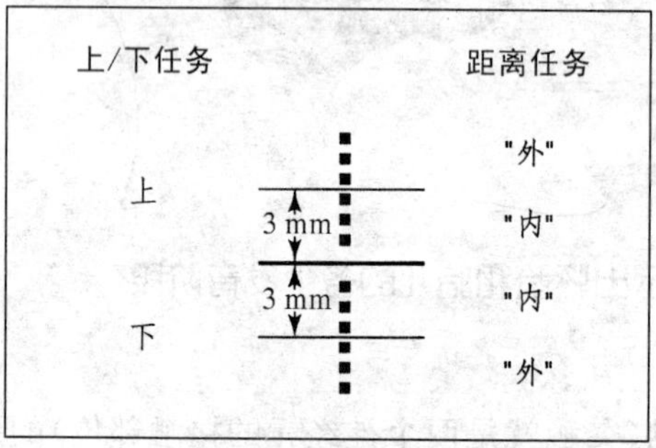

图13.6 相对于"球拍"的位置"棒球"可以出现在12个位置中的任一个

上或下任务的标准是是否球在"上"或"下"。距离任务的标准是球靠近直线的距离是否小于3毫米。

资料来源：Koenig，Reiss & Kosslyn，1990。

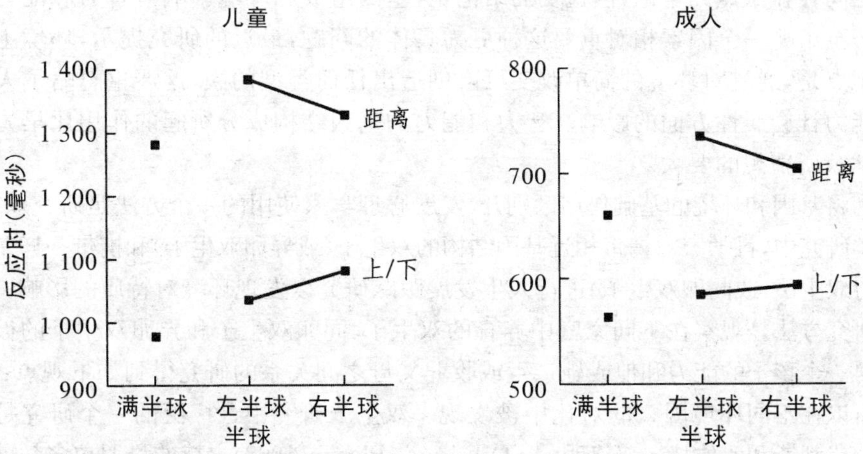

图 13.7 当刺激投射在左半球(右视野)或两半球(中心视野)时,儿童和成年人的反应潜伏期

被试判断球是在拍的上面或下面,或距离拍是否比 3 毫米要大。仅给出成年人和儿童的第一个刺激组块的实验结果。

资料来源:Koening, Reiss & Kosslyn,1990。

认知发展

术语认知包含许多独立的加工(和结构),如注意、模式识别、感觉登记、认知神经科学和记忆。在这种情形下,思维实际上是各种不同成分的复杂运用、操作和组织起来的结果。发展心理学家认为,这当中的任一个都将随着年龄的增长而改变。伴随年龄变化的认知研究现在对许多不同的加工方面已进行了系统的探索。在这个部分我们仅探讨其中一部分和在一定年龄范围内的加工过程,即从学前到成年人阶段。实质上,我们关注从环境中获取信息和在记忆中储存和操作信息的基本认知技能。我们的目的是,阐述认知观点在理解人类发展的一些重要方面是如何具有价值的。

智力和能力

在心理学众多领域中,没有哪个领域比智力和能力的性质问题更具冲突——这个主题具有重要的社会和政治方面的意义,它常出现在新闻、新书中作为教育政策和可疑研究结果的诠释。最近,由名牌大学的研究者和研究奖的获得者(如诺贝尔奖获得者)所提出的"超级基因"使这个问题变得更加没有定论,并可能导致优选和人工授精。这个社会现象背后的原因是"我们想让我们的小孩拥有钱可以买到的最佳基因"。这个争议的核心是,儿童的智力和能力(如音乐天赋、数学能力、空间能力、词语使用能力等等)在多大程度上可以被归结为他或她的基因结构,多大程度上可以被归结为环境。

两派之间存在激烈的争论，但稳妥的结论是，基因组成和环境影响对智力和能力都有作用。至于哪一个因素相对重要这种更为具体的问题，最近的研究提示，环境主义的激进观点是，通过对环境的简单改变可以创造出任何类型的人，这严重忽略了人的智力和能力社会属性方面的影响。智力和能力的基因结构成分所起的作用比早先一些心理学家所猜想的要大。

为将基因和环境的基础作用区别开，发展心理学家使用的一个方法是研究双生子。在这类研究中，科学家对携带相近基因结构的双生子(或异卵双生子)和携带一样基因的结构的双生子(或同卵双生子)进行人生发展跟踪研究以发现环境对特质的影响。另外一种研究方法是观察在不同家庭中养育的双生子、同卵双生子和异卵双生子的彼此关系。对一个孩子的能力和他或她亲生或收养父母之间关系的研究得到如下观点：生物影响可以在不同环境因素的对比中被发现。双生子研究中最广泛的一个研究是由约翰·德弗利斯和罗伯特·普洛明[1](DeFries & Plomin,1998)主持的科罗拉多教养项目研究。[2] 在一项研究中，考察的是200多个孩子和他们的亲生或收养父母之间关系。图13.8和图13.9显示的是控制组儿童(由亲生父母养育)几年发展关系的研究。

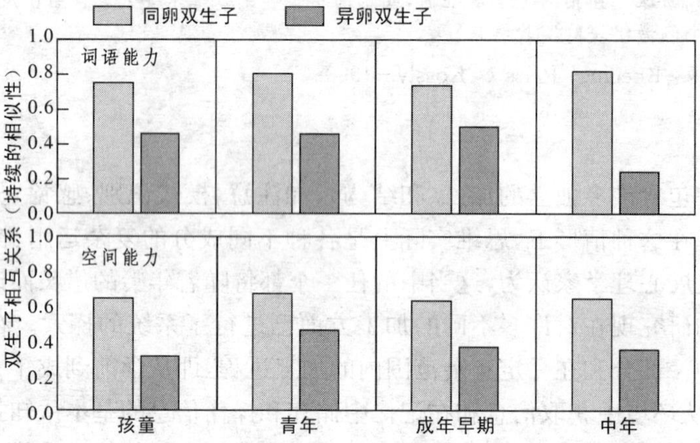

图13.8 双生子研究考察了同卵双生子和异卵双生子在词语(图的上部分)和空间(图的下部分)技能方面的关系

各自研究的结果被置于一起时证明了，儿童到老年，特定智能的发展受到基因的重要影响。与异卵双生子比较，同卵双生子的分数更相近。这些数据似乎支持基因的影响随时间而衰减。

资料来源：Plomin, R. & DeFries, J. C., 1998, *The genetics of cognitive abilities & disabilities*, *Scientific American*, *may*, 62~69。

---

〔1〕 其他著名的双生子研究单位有：(1) 由托马斯·J·波查德领导的明尼苏达大学；(2) 由南希·L·皮德森领导的斯德哥尔摩卡洛林斯加研究所。

〔2〕 普洛明现在伦敦的心理治疗学院工作。

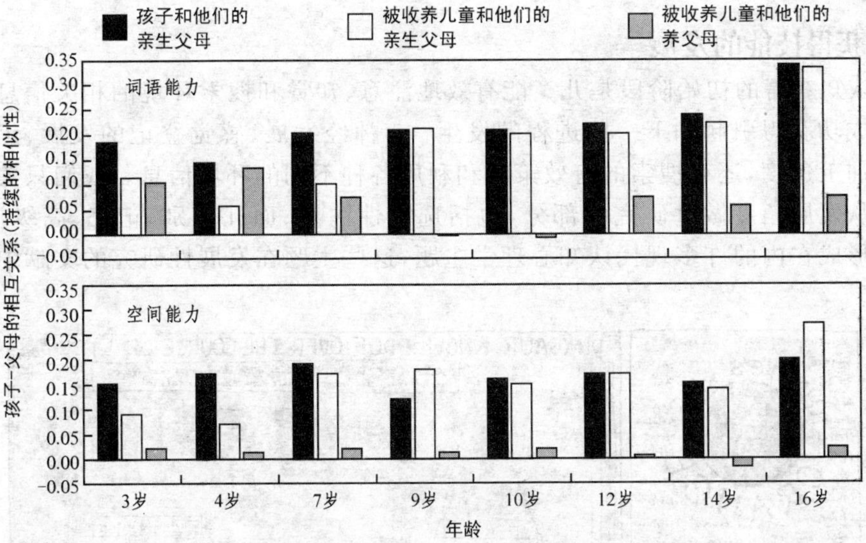

图 13.9 通过长期跟踪被试，科罗拉多收养项目研究发现，对于词语能力（图上部分）和空间能力（图下部分），生身父母和他们的孩子间的关系（白柱）与父母和收养孩子间的关系（灰柱）非常相近；相反，都与收养父母和被收养孩子的关系（黑柱）不相近

结果提示，大多数家庭在认知技能上相近是由于基因因素而非环境因素。

在图 13.8 中我们能看到比起异卵双生子，同卵双生子的分数更接近，而且从儿童时期到老年期的人生过程来看，双生子具有较高的相关——词语和空间能力的结果都提示，基因特质作用较强并在一生中持续起作用。在图 13.9 中我们能看到，到了儿童中期，在词语和空间能力上，生母和她们的孩子（过去曾被他人收养）间的关系与控制组父母和他们孩子间的关系非常相近。这个结果与被他人一直收养孩子的分数不同，而这些孩子与其收养父母间无相似性。数据为基因对心理能力和智力有着巨大影响提供了令人信服的证据。这些数据呈现出的发展趋势提示，基因有不可预测的在儿童时期不断增长的影响作用，以致到了儿童中期，遗传的影响是非常大的。这表明，认知功能发展过程中的基因的活跃变化在大约 9 岁或 10 岁时发生。到了 16 岁的时候，基因因素能解释词语能力的 50%，空间能力的 40%。这些结果被其他研究所重复。

有理由推断，在决定儿童的词语和空间能力上，基因具有重要作用。这个结果尽管是重要的，但应该注意到，人类行为的具体塑造也受到孩子成长环境的影响，尤其对孩子而言。

信息获得技能的发展

认知获得的初始阶段是儿童能有效地注意、知觉和搜索环境的相关信息。信息的成功获得引起如下一些进程的发生——神经发展、感觉登记的发展、焦点注意和加工速度，还有搜索的有效策略和利用各种不同的环境信息。我们只关注其中已从发展角度做过研究的部分，包括选择性注意、面孔识别、记忆、高级认知、原型形成在内的许多现代认知心理学主题，这些主题在发展性研究的文献中多项出现。

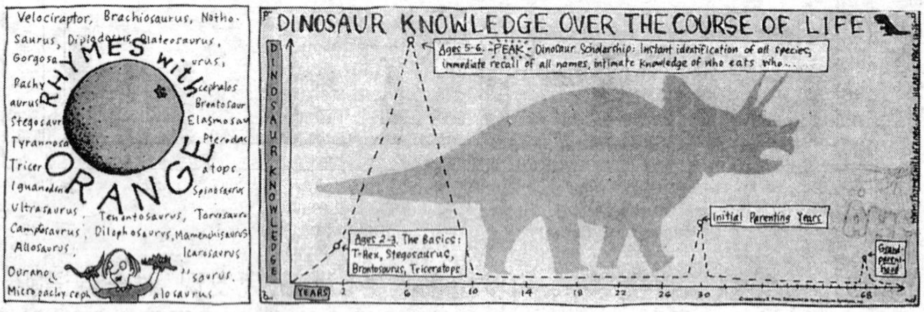

你知道 T－Rex 吗？你那时是多大？

资料来源：The San Francisco Chronicle，Dec 26，1999。

选择性注意。选择性注意（见第三章）指关注相关信息的能力。我们有证据认为，与成年人相比，儿童不太能够控制他们的注意加工。他们容易转移，并在相关和无关信息的注意使用上缺乏灵活性。一项研究（Pick，1975）要求儿童在装着各种颜色字母的大盒子中找到所有的 A、S、L。儿童不知道实际情况是所有的 A、S、L 都是一样的颜色。只有年纪更大的孩子会注意并使用这条线索，在搜索中显示出优势，这表明，他们的注意有更大的灵活性。

我们关于注意的知识尽管还不充分，但显然，儿童年纪越大，他们更能控制注意并根据任务来调节注意。当选择性要求高时，年纪大的儿童能更好地关注相关事物而忽略无关事物，年纪较小的儿童在这方面则有更大的困难。同样，当选择性需要降低时，年纪大的儿童能降低关注并接受更多相关信息。关于儿童注意的研究多是在视觉方面的。

一段时间以来，许多专家相信，新出生的婴儿是功能性视盲，这个观点现已受到怀疑。在一定程度上，婴儿能看见，他们的视觉"装置"是有用的，但对他们所看到事物的理解能力（实际上就是他们的知觉），人们是有疑问的。现在人们所知道的是，婴儿倾向看某些物体而非别的物体，并已发现其注意的一些特征。

思考论证：脑的发展——使用它或失去它的效用

“这是不可思议的，”耶鲁大学神经学家帕斯科·拉基克(Pasko Rakic)说，“美国人认为，当孩子们还小的时候，不应该让他们的大脑做困难的事情，‘让他们玩吧；他们将在大学里学习。’问题是，如果你不早一点训练他们，将来是会更艰难的。”*

通过解谜语、视觉显示、音乐、外语学习、下棋、艺术、科学探索、数学游戏、写作和学习类似的活动，脑在早期受到刺激，会促使脑的突触联结增多、增强。出生后不久，神经联结的数量大量增加；接着，在大约青春期时，新联结数量减少而且两种过程发生了：功能效率化使有用的联结变得更加持久，而且通过选择性的消除，无用的联结就不存在了。

在人类的整个生涯——从婴儿到老年——我们人类(和其他生物)通过使用大脑来扩展心理能力。无心的、被动的活动，不刻意使用可能会使大脑的发育迟钝。

* *Life*, July, 1994。

面孔注意。认知心理学家感兴趣的议题之一是，被试注意到的是视觉景象的什么特征。由于婴儿在非常小的时候可以逐渐熟悉人的面孔(尤其是母亲的面孔)，认知发展心理学家就详细研究了面孔注意现象。你们可以回忆一下雅布斯所做的知觉注意领域的先驱性工作。这个研究测量了被试看一幅图画时的眼动和注视现象(详细内容见第四章)。萨拉佩特克(Salapatek, 1975)做过关于儿童此方面的研究。这个研究是向婴儿呈现视觉图形(一个物体放在另一个物体之内，如一个圆圈在一个三角形内)。非常幼小的婴儿(2个月大小)几乎明显地表示出对外部图形外沿的偏好，而不是内部图形的边缘。2个月之后，婴儿对外部特征和内部特征进行扫描。另一个同类研究中，黑思、伯格曼和摩尔(Haith, Bergman & Moore, 1977)使用了与图13.10所示相似的眼动记录仪。特别有意思的一点是，使用红外线发射仪能照射到婴儿的眼睛。这种射线是在感觉阈限之上的，没有伤害的，婴儿却看不到。因为这些光线在儿童视野域上的位置是知道的，通过测量一束光线离开瞳孔中心的距离来确定注视点(相似技术在阅读实验中被使用——见第十二章)。婴儿的眼动和母亲面孔的精确位置通过录像机来拍摄并与视频混合器相连。因此，精确识别婴儿看着对面母亲面孔的哪个部位是有可能的。

除了婴儿的情绪和社会发展之外，这些类型的实验对记忆和早期知觉组织的研究也是有帮助的。黑思及其同事所做的实验是对三组婴儿进行观察。第一组是3到5个星期大小，第二组是7个星期大小，第三组是9到11个星期大小。母亲的面孔被分成若干个区域，用来鉴别眼睛的注视点(见图 13.11)。实验结果如图 13.12 所示。

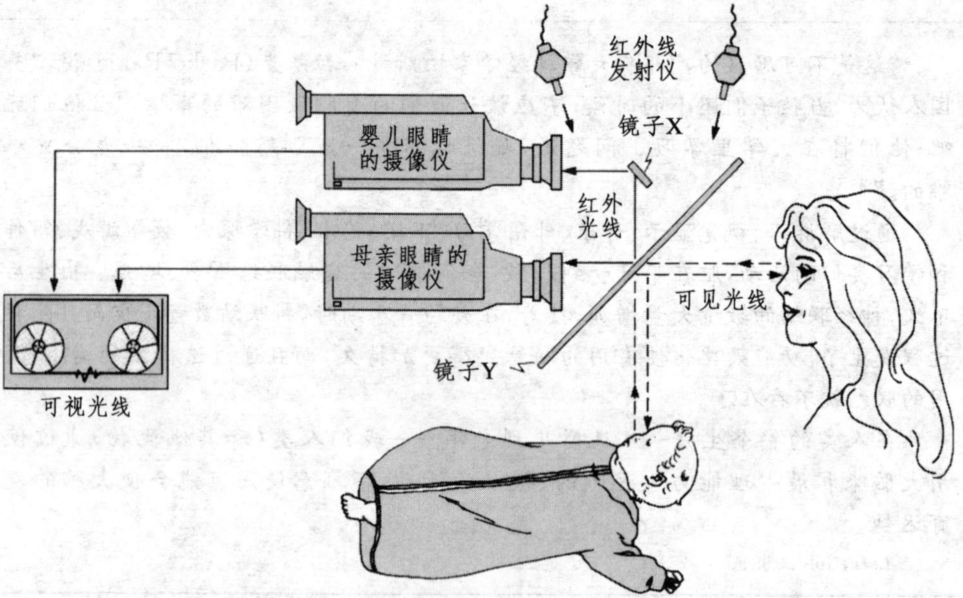

图 13.10 眼动记录仪被用作记录眼的运动和婴儿的注视情况

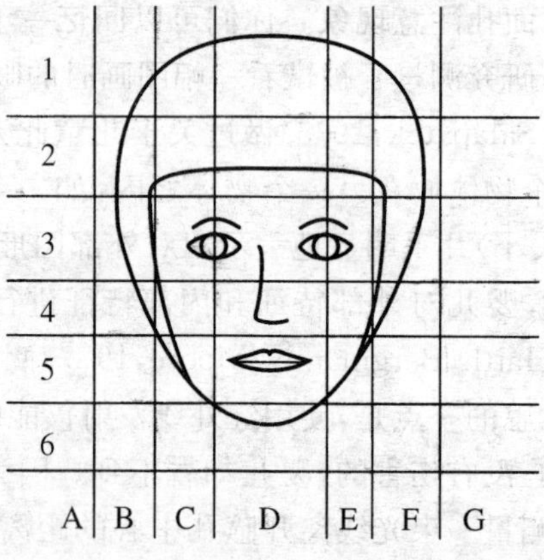

图 13.11 用于眼动记录研究的母亲面孔区域，区域由个人决定

资料来源：Haith, Bergman & Moore, 1977。

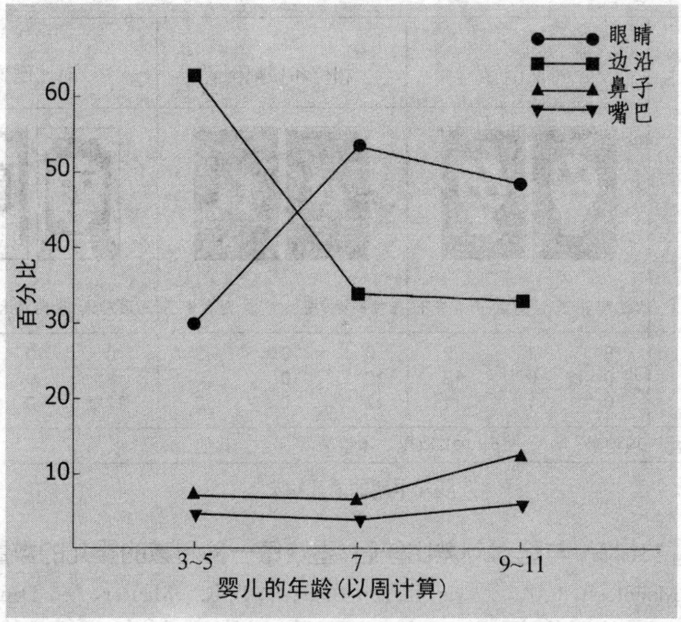

图 13.12 三个不同年龄阶段的婴儿注视眼、边沿、鼻子和嘴巴上所花时间的百分比

资料来源：Haith, Bergman & Moore, 1977。

结果发现，幼儿注视脸外围轮廓(萨拉佩特克也报告过)，年龄更大一点的则注视眼睛；与年纪较小的儿童相比，更大一点的儿童注视鼻子和嘴巴。这些结果的可能意义是，对婴儿来说，母亲的面孔并非仅是一个视觉要素的集合体，而是一个意义实体。因此可以排除眼受到物理属性(颜色、运动、对比度)影响而被客体所吸引的看法，而且这种看法并不能解释注意随年龄增加而变化；也不能解释虽然嘴巴也有这些特征，但相对而言对嘴巴却缺乏注意。很有可能，到第 7 个星期，眼睛尤其是母亲的眼睛，具有特定的社会价值，并在社会交往中是重要的。

婴儿注意到什么关键特征的问题由蒙德洛克等(Mondloch, 1999)的一个实验解决了，实验采用了人工面孔和面孔特征法。一些研究提示，非常小的幼儿、初生婴儿喜欢脸状刺激物胜过非脸状刺激物(Valenza, Simon, Cassia & Umilta, 1996)。但其他人认为，婴儿的偏好于 2 到 4 个月间出现(Dannemiller & Stephens, 1988)。在蒙德洛克及其同事精心设计的(1999)研究中，向非常小的婴儿(平均年龄是 53 分钟)呈现一系列标准刺激(图 13.13)，他们也研究了 6 周和 12 周大小的婴儿。刺激偏好由测量最先看的内容和看的时间来决定。

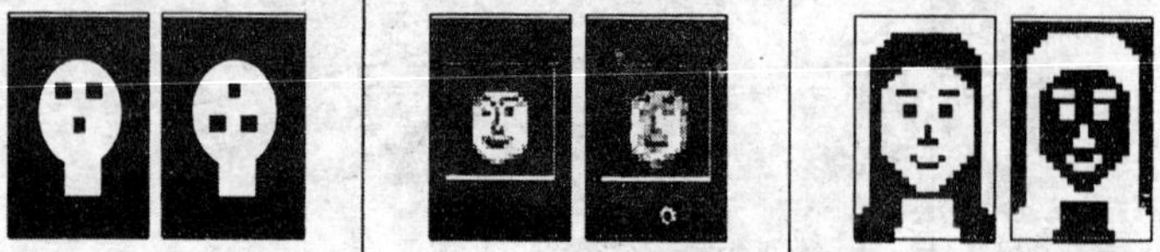

年龄	特征倒置			相位和振幅倒置			对比倒置		
	自然配置	配置倒置	两者皆不	相位倒置	振幅倒置	两者皆不	正面对比	反向对比	两者皆不
新生儿	9*	1	2	0	9*	3	0	0	12
6周	0	0	12	12**	0	0	3	0	9
12周	0	1	11	12**	0	0	12**	0	0

*$p < .05$, 双尾一项检验. **$p < .001$, 双尾一项检验. 其他 $ps > .1$.

婴儿早期的面孔知觉

图 13.13 与配对刺激比较后,喜欢每一种刺激的婴儿的数量

资料来源:Mondloch, C. J., Lewis, T. L., Budreau, D. R., Maurer, D., Dannemiller, J. L., Stephens, B. R. & Kleiner-Gathercole, K. A., 1999, *Psychological Science 10*, 419~422。

这个实验的结果表明,非常小的婴儿与稍大一些的婴儿相比,注视偏好之间存在一些明显的差异。"特征倒置"的刺激物包含了面孔的大体特征以正面或倒置方向呈现。新生儿一定是选择正面图像,而年龄稍大一点的却没有这种偏好。在"相位和振幅倒置"的图像中,面孔特征更加模糊,并以大致的头形为对照物,新生儿喜欢头部,而年龄稍大的婴儿则喜欢具有模糊特征的脸。对于"对比倒置"面孔,非常小的婴儿没有偏好,而12个星期大小的婴儿对正向对比显示出非常确定的偏好。从这些结果中我们知道,非常小的婴儿(几乎无机会去学习对面孔和视觉刺激的识别)有天生的倾向,喜欢看着与面孔特征相近的刺激物。当孩子成熟起来时其他倾向出现了,这意味着皮层发育影响了婴儿对面孔的偏好。从其他研究来看,我们知道人类大脑上有负责面孔知觉的精细部分,动物也有(如猴子),这与生物学观点或生存观点相一致。因此可以认为面孔知觉在出生后的几分钟内是早期识别关键信号的重要手段。当婴儿成熟后,直到儿童形成了清晰的面孔识别之时才学习其他重要的面孔信号,而且对常出现在眼前的父母、家庭成员和其他关心照料者才有偏好。

我们将在后面关于儿童原型形成这部分再返回到面孔信息加工的内容上,现在来看看短时记忆这个议题。

记忆

正如在本书其他部分所看到的,记忆是最重要的认知属性之一。没有记忆,人们将失去方向,抓住的仅是一大堆令人困惑、无意义的东西;有了记忆,人们才理解了事物。

心理学中最富争议的热点是：(1) 在人类成长、发育过程中，记忆在什么时候出现；(2) 记忆有多准确。错误记忆症状卷入的法庭审判可以说明这个问题的重要性，依据儿童时期的记忆而妄加断言的滥用是其他人重构事件的结果，尤其值得注意的是心理治疗师。那么关于儿童的记忆，我们知道什么？

婴儿的记忆。许多一般性的知识和科学证据表明，儿童对事件具有记忆，也有概念形成的能力(Mandler & McDonough，1998)。基本情形是，婴儿能对以前看过的刺激，如他们母亲的脸或经典条件反应进行再认(Rovee-collier，1990，1999)，模仿和适应在儿童身上也能被发现。然而这些结果并非提示这些早期记忆与成年人的一样(Eacott，1999)。发现最早记忆的早期努力建立在回溯解释上(如，"你的早期记忆是什么")，并发现平均年龄是 39 到 42 个月大。

在一个控制良好的实验里(Usher & Neisser，1993)，在 222 个大学生中测试儿童时期的记忆及其反面——儿童健忘，要求大学生回答 4 件有争论的事情——小弟弟或小妹妹的出生、去医院治疗、家庭成员的去世和家庭变动。事件可依据可靠的记录来验证，并且是发生在被试 1、2、3、4 或 5 岁时。结果如图 13.14 所示。儿童的健忘症或无法回忆确实发生了。从 2 岁去医院治疗、小弟弟或小妹妹出生到 3 岁时家庭成员的

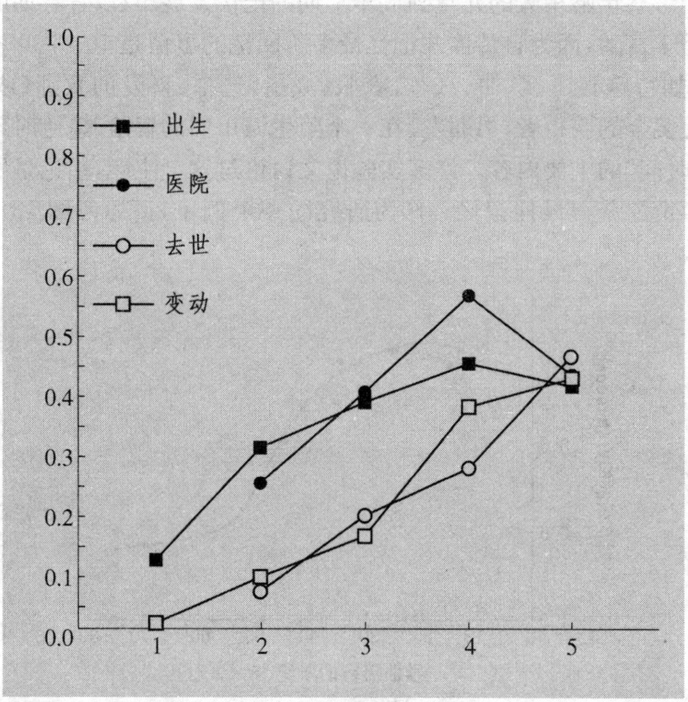

图 13.14 儿童对 4 个目标事件的平均回忆数据是其年龄的函数

去世或变动都记不得了。儿童健忘症的发生似乎依赖于事件本身的性质，由于小弟弟或小妹妹的出生、入医院治疗、可能的精神创伤事件是重要的，因此有可能在成年时期回忆起来。反过来说，在整个儿童生活时期和成年早期，这些事件可以被描述出来（反驳看法见 E. 洛夫特斯，1993）。

对这些年龄范围是 2、3、6、9、12、15 个月大的婴儿，请注意其显著的认知变化（感谢卡洛琳·洛菲-科利尔提供相片）

如果我们考察年龄稍大的儿童到成年早期的记忆发展历程，青春期的记忆是明显的。其证据是丰富的，因为自传体式记忆最多所回忆的事情是 10 到 30 岁之间。许多的个人记忆，如特殊日子、歌曲、汽车、衣服、戒指、选举、喜爱的教师（或不喜欢的教师）、电影学院奖金的获得者、男朋友、在一个陌生城市中的冒险、尴尬时刻就是人们所称谓的"你的时间"的主要内容。许多实验论文讨论过这个主题，结论是发生在青年和成年早期的事情能获得最佳记忆。作为研究的一个例子，请思考图 13.15 所示的数

图 13.15　16 岁到 86 岁的个体对流行歌曲喜好程度是年龄函数

其分数分布图如图所示。鲁宾、拉尔和普恩（1998）报告过。因此，在成年早期所学会的事物记忆最佳。

资料来源：Memory & Cognition，26，3～19。

据。该数据是建立在霍尔布鲁克和辛德勒(Holbrook & Shindler,1998)研究的基础上,而且鲁宾、拉尔和普恩(Rubin,Rahhal & Poon,1998)也报告过。在偏好与记忆相关性的研究中,对年龄范围16到86岁的108个听者,霍尔布鲁克和辛德勒播放了28首歌的小片段,每首30秒钟,并要求被试对偏好程度做等级评定。正如图所示,对歌曲的喜欢时期都集中于评定者处于成年早期的时间。其他研究资料也证实了这些结果(关于这个普遍都观察到的现象的理论探讨,见鲁宾、拉尔和普恩,1998)。

组织(组块)。精细复述策略的发展是影响学龄儿童记忆技能提高的因素之一。另一个同等重要的因素是发现和可能使用与各种环境事件有联系、有用的高级关系(更早时候,我们称之为组织或组块)。学龄期儿童变得更能够组织他或她想记忆的信息。

在下列两组单词中,你觉得哪一组容易记忆?

桌子　胳膊　树　厅　纸　钟　农夫　单词　地板

苹果　橘子　葡萄　衬衫　裤子　鞋　狗　猫　马

一旦你认识到第二个单词表中的词可被分成三个独立范畴,那么它是容易记忆的。通过将单词组成范畴,你就找到了高级规则并会使用这个规则来帮助回忆。确实,实验显示,范畴词表的回忆比无关联单词的回忆要容易得多。令人惊奇的是,研究显示,大约到三年级的时候,范畴中项目的回忆并不比无关联词的回忆要更好。年纪较大的儿童,则对范畴中项目的回忆要好于无关联的项目(Vaughn,1968;Lange,1973)。这些结果提示,年纪较大的儿童能更好地组织和利用刺激物的范畴属性来提高记忆成绩。

帮助儿童发现刺激中高级关系的一个途径是以分组形式呈现范畴——所有的来自同一个范畴的项目先出现,接下来第二个范畴,等等。约希姆拉、莫利和夏皮罗(Yoshimura,Moely & Shapiro,1971)在实验中,向一组4到10岁的儿童以分组形式呈现范畴刺激,向另一组随机呈现刺激。结果发现,年龄大的儿童从项目的分组形式上受益,而年龄小的儿童却没有。其他研究却得到对于年龄小的儿童也稍有优势的结论(Cole,Frankel & Sharp,1971;Kobasigawa & Middleton,1972),但总体上的研究结果揭示了年龄小的儿童没有显现出对所呈现材料的范畴结构很好的注意或使用。而且,如果听任自便的话,年龄更小的儿童不会自发地使用组织策略来提高记忆。在一项研究中(Liberty & Ornstein,1973),研究者给四年级的学生与成年人呈现28个印在卡片上的单词,一张卡片一个词,让他们以任何一种对提高记忆有效的方式对其进行分类。成年人倾向从语义相关上分类和组织项目,而四年级学生则倾向以个人偏好且语义关联度小的方式来组织单词。

驳倒错误记忆案例，赢得50万美金

最近，里程碑式的"记忆恢复"的审判在审查第三方控告治疗师的权利方面被宣判。一位父亲证明了他女儿的心灵创伤是由于对儿童期骚扰的错误回想所致。

审判员被要求判定两个治疗师和一个南加利福尼亚医疗中心是有罪的。因为当接受治疗和沮丧的时候，让一个经历过儿童性虐待的年轻妇女回想往事的操作是错误的。父亲控告其丈夫、家庭律师和心理治疗师，指责他们将儿童时期乱伦的错误记忆移入。

该案坚决认为表象不是记忆，而且有证据显示，可怕的错误回想是模糊的，甚至连女儿本人都怀疑它们的正确性。

总之，研究清楚地说明了，年纪较大的儿童更喜欢注意和使用刺激中的高级关系并以其为基础来组织项目。因此，活跃的、有计划的自发组织策略的发展是学龄儿童记忆能力进步的标志。

儿童的高级认知

前面几章中对每天信息加工时所进行的高级认知的重要性已作了详细讨论（更多的内容将在后面的章节中出现）。本章问题是成年人和儿童之间的高级认知所具有的相似点和不同点。尽管不存在确定的答案，但我们对于成年人和儿童的高级认知已有了许多。一种讨论方法是查阅有关高级认知加工的每个主题发展研究的文献——从记忆到创造性。这样的研究方法需要许多文献，但我们能涉及相关主题。对于好奇的学生，我们建议他们去看相关主题的丰富的信息宝库，而且同样未进行研究的丰富宝藏还在前面埋藏着，在等着你们去发掘。

知识结构和记忆。高级认知比较研究的几个特征非常明显。即使新生成皮层能在记忆中储存信息，但依据我们在记忆和语言章节中所知道的，记忆储存信息的形式依赖几个因素，包括了信息源、个体以前的知识背景和已经存在的网络结构，我们先来考虑儿童在他们的生活中储存记忆信息的可能方式。

假设你去问一个6岁的孩子，让她告诉你去动物园的经历，她也许会这样说："我想想。首先，我们上了一辆大车，接下来我们就看见了大象，嗯，大的北极熊，嗯，猴子，嗯，接着我拿着冰淇淋蛋卷，嗯，回家了。"从这个小故事中，我们能知晓儿童的许多基础知识、信息的储存方式和故事语法。（还记得第一章的警察和司机的对话吗？）

分析这种情景的一个方法是考虑信息的表征方式。曼德勒及其同事（Mandler，1983，1984；2000；Mandler & DeForest，1979，Mandler & McDonough，1996）研究了儿童的故事语法（也就是概念形成），并建立起一个区别两种信息表征形式的模型。一方面，表征依据人知道什么和信息在记忆中是如何组织的(如一个系列结构或依据范畴将客体分类)；另一方面，表征依据符号(如告诉一个情景，或画一幅关于事件的画，或写一个有关经历的故事，甚至就是进行一个表象式的表征)。

对照动物园的经历，儿童是根据事件系列("首先……其次……接着……等等")和故事的图式或语法(故事应有一个题目、主题、开始、结束)来组织情景的。金斯和其他人也表达过第二章中曾讨论过的相近观念。曼德勒(1993)在讨论儿童故事语法时，认为"故事有一个内在的结构，包含了一种配置成分。在其中主角和背景信息被介绍，后面的一个或多个情景故事形成了情节结构主干。每一个情景都有某种开始或启动，事件主角在其中有所表现"。为检验儿童使用了故事图式这个假设，曼德勒和德弗雷斯特向 8 岁、11 岁和成年人阅读两篇短文。两篇短文情节是相互交织的，即标题和第一个情节的故事呈现出来，接着第二个故事的标题和情节呈现出来。故事的其余部分也以这样的相近方式呈现出来，因此出现了在两个情节中跳来跳去的情形。实验要求一些被试按照呈现的方式来回忆故事(内部交织的)，另外一些被试回忆情节一和情节二。前面提到的"非自然的"故事语法很难被回忆，而且事实上发现，8 岁大的儿童不可能以这种相互交织的方式来回忆。我们从这个和其他相近的实验能得出结论，幼儿能发现简单的故事图式，并用其来对经历进行编码。

比喻式思考和表象。儿童欺骗的独特之处是他们拥有使人相信的世界。所有健康的孩子都有一个。这就如同一块积木就是一辆轿车，或一个指头就是一杆枪，或一个使用过的硬纸板就是一个宫殿一样简单，如同幻想神秘力量或创造一个想象的玩伴一样复杂(Fein,1979)。最大程度讲，1 岁的儿童不会假装性玩耍，6 岁之后，一般而言，儿童似乎喜欢其他形式的玩耍和游戏。但是，创造想象世界的早期正常倾向似乎在成年人行为中还保持着活跃状态，尽管关于这个主题皮亚杰和维果斯基都提出了重要的理论，但仍不好理解。似乎智力技能的发展、创造性及表象与儿童的比喻式思维有关。关于这个主题的合理实验资料是需要的。

表象。儿童高级认知研究的一个基础性问题是信息是如何被表征的。通常认为成年人更依赖语义(意义的)表征，而儿童更依赖于知觉表征。例如思考以下问题：你能够指出长方形状的州吗？你将形成长方形状的州的心理表象并看着它们，想辨别出哪一个确实是长方形。你也许会聚焦于美国的"四个角"部分接着"看"科罗拉多，它符合长方形的定义，接着看着犹他州，有点像但并不非常符合长方形的标准，接着看怀俄明州，等等。如果又要你回答这个问题，尤其是如果你对这个问题又熟悉了一番，也许在语义记忆中已经储存了长方形状的州(有点像"长方形状的州是科罗拉多和怀俄明州；接近的是新墨西哥州、南北达科他州、堪萨斯州、俄勒冈州")。因此当你又被问及这个问题时，可以从命题记忆而不是从表象直达答案。

一些理论家相信，儿童更多地使用表象而不是基于命题来回答问题。例如如果我们向成年人和儿童问以下问题：猎兔犬有四条腿吗？即使此前成年人从来没有被问过这个问题时，但从他或她的长时记忆命题储存信息库中提取信息来正确回答是件简单的事。然而，大约 7 岁以下的儿童在这种建立在语义储存信息基础上的逻辑推理上是差劲的。科斯林(1983)认为，如果儿童没有储存直接关联的答案，就依靠表象来回答问题。

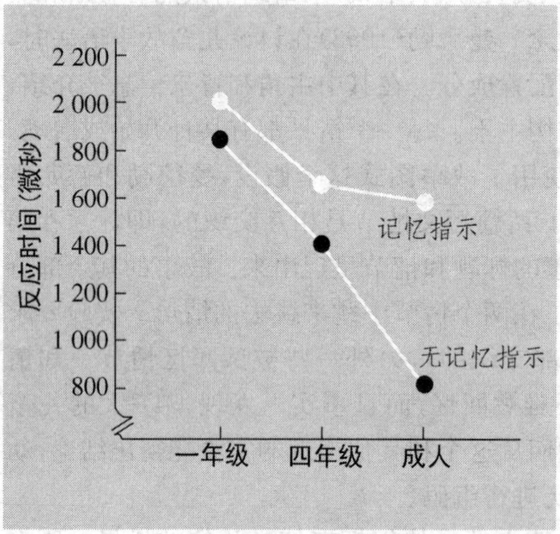

图 13.16　在有表象指导语和无表象指导语条件下确认陈述的平均反应次数

资料来源：Kosslyn, 1980。

关于幻象的研究，翔实的资料难以在实验文献中找到，但还好科斯林的一个研究(1980,1993)对此提出了一些看法。一年级(大约 6 岁)、四年级(大约 10 岁)和成年人参与了这个实验。科斯林要求被试确认陈述(与第九章讨论的技术相近)，如"猫有爪子"或"猫有头"或"鱼有皮毛。"在一个条件下，他提及动物名称，并让被试去思考这个动物的特征，但在另一个条件下，要求被试想象动物。5 秒钟后，要求被试判断动物是否有这样的特征。成年人被假定为倾向于命题化组织，回答问题的最简单的方式是提取语义编码命题，但儿童也许是依赖于表象的，会通过形成动物的表象接着"看着"它们的特征来回答问题。反应时是因变量，结果如图 13.16 所示。

总体上，科斯林发现，成年人在多数情境中比儿童更快地按键，但儿童和成年人的相对反应次数的反应时数据是非常有趣并值得仔细分析的。这些成年人有的被给予表象指导语，而有的却没有。当我们考虑成年人间反应次数的差异时，发现被给予表象指导语的被试给出答案的速度比并未被给予表象指导语的更慢。这提示，成年人倾向于以抽象命题形式储存信息。这些结果与儿童的数据形成对照，在儿童身上在有指导语和无指导语组之间仅显示出微弱的差异。这表明在两种条件下儿童都使用了表象。

许多创新的研究程式，如儿童表象的研究，产生的问题比要回答问题常常更多。为什么儿童比成年人更依赖于表象(如果他们确实需要表象的话)？是因为他们没学习过命题结构式知识吗？感觉记忆让位于抽象语义记忆有一个自然的发展序列吗？直达命题式信息比直达表象式信息是否是本来就更有效率，为什么信息储存方式上会有改变？这些研究对教育实践有何启示呢？

在下一个部分我们仅考虑儿童高级认知的一个例子——原型形成的非常重要的问题。

儿童的原型形成

威廉姆·詹姆斯认为新生婴儿所面对的"发亮着的、嗡嗡叫的世界而产生的困惑"是所有人类、信息加工生物最初面对困难任务的一种方式。如潮一般的信息轰炸着婴儿的感觉系统,认知是意味着储存和检索恰当的信息吗?似乎储存系统——人类的记忆——由于脑的有限性在信息编码和保持的数量上是有限的。人们不能储存感觉系统所检测到的所有信息。

描述储存所有概念的一个可选择模型具有这样一种观念:人们以原型或概念范畴形式形成了感觉印象的抽象表征。这种必然倾向在婴儿非常早的时期就出现了,而且几个实验都显示,婴儿概念范畴的形成可以早于语言。罗斯(1980)实验中使用的被试是12、18、24个月大小的婴儿,每隔一定时间,向他们呈现10个同类的玩具,例如玩具家具。接着向婴儿呈现两个物体,一个是同类的样本(但最初不呈现),另外一个是不同类的样本(如苹果)。在这个研究中即使最小的婴儿都会花费较长的时间看着"新奇的"物体,这提示他们已经形成了类的表征。在这个研究中这个类是指玩具家具一类,而向婴儿所呈现的两个物体中的一个是"引不起兴趣"的样本。

非常小的婴儿(10个月大)原型形成的更为直接的检测由施特劳斯(1979;Strauss & Carter,1984;Cohen & Strauss,1979)所证实。他使用了由同一个成套工具的可塑模板所生成的面孔原型。实验基本目的是评价婴儿的抽象原型表征能力,并弄清原型是否是建立在样本项目(特征-平均值模型)的平均值基础上,或是建立在样本项目(众数模型)最相同经历的总和基础上。

施特劳斯在研究中向婴儿呈现14张系列面孔,所设计的这些面孔被用来表征在众数或平均表征基础上所形成的原型(关于原型理论和技术方面的更多内容见第四章的讨论)。接下来,向婴儿呈现两种原型的成对图形——在第一个系列中,一个建立在特征平均值基础上,另外一个建立在特征的众数(或最经常的)数量基础上。因变量是指在看一张面孔上所花费的时间。假设比起在原型面孔上,婴儿会花费更多的时间在新的或非原型的面孔上。通过对看新面孔所花费时间的分析,实验者能推断哪一种表征对原型形成起作用。最重要的结果是,非常小的婴儿(10个月大)能提取出原型面孔。施特劳斯还发现,婴儿可以从面孔上提取信息并形成一个建立在样本面孔特征平均值基础上的原型表征。

沃尔顿和T. G. R. 鲍尔(1993)报告,8到78小时大的新生儿能形成原型。研究者控制面孔呈现时间,以婴儿的吮吸作为因变量。让婴儿看8张女性面孔或面孔混合像(原型)。第一次呈现时,婴儿看合成面孔的时间比看未见过的合成面孔的更长。沃尔顿和T. G. R. 鲍尔认为,新生儿确实能形成具有图式或原型特征的心理表征,而且这些表征的形成速度非常快。

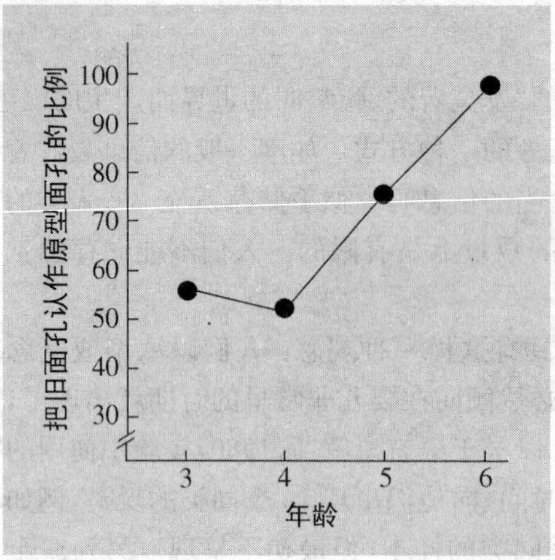

图 13.17 幼儿识别原型面孔的出错警告百分比

资料来源：Inn，Walden & Solso，1993。

原型形成的研究已扩展至年龄在3～6岁的儿童身上，这个实验是由英(Inn)、沃尔登(Walden)和索尔索在1993年做的。除了被试是儿童之外，该研究与第四章所讨论的信息提取相似。利用识别工具中基本的原型面孔生成10张样本系列面孔。开始时仅向儿童呈现样本面孔。儿童看过一套中的所有10张面孔之后，向他们呈现第二套。其中一些面孔来自原来的第一套(旧面孔)，一些是以前未见过的(新面孔)，而且有一张新面孔是对样本面孔加工得到的原型。实验结果如图13.17所示，3或4岁的幼儿，不能提取出原型面孔；然而，到5岁时原型形成发生，在6岁时几乎完善了，因为儿童在这个任务上的成绩与大学生的接近。

记住，当被试将旧面孔(以前看过的)当做原型面孔时，他就会被警告出错或就是错的。因为，事实上面孔是新的。原型形成或许是一种以一个“最佳样例”包容出现过的各种特征的高级手段。从关于儿童认知加工的这些研究和不断增长的研究文献来看，开始积累起的证据指出，词语和视觉信息的提取(其概念化形式可以是图式、语法、范畴形成或原型)在儿童的信息加工活动中是一种重要特性，在成年人身上也是。

总结

1. 认知发展是或多或少的有序形式在个体生涯中所发生的变化。可以从发展心理学、神经认知发展和认知发展角度去研究。
2. 一种认知发展理论(皮亚杰)认为，智力成长受到生物因素决定并被两个过程所控制：对环境的认知调节(顺应和同化)和操作上复杂性增加的、整合的心理表征的组织。认知发展在一个阶段中是一种定量的线性改变，而且是具有四个发展阶段的一种质的改变。这四个阶段是：感觉运动、前运算、具体运算和形式运算。
3. 认知发展的另外一个主要理论(维果斯基)反对严格的生物决定论，并认为学习前于发展。思维和语言被认为是独立产生的，思维是生物因素决定的，而语言是社会因素决定的，两者的整合发生在当儿童通过命名活动将思维、语言和环境事件联结在一起时。

4. 神经认知发展建立的假设是，构成认知功能的内在基础是神经结构和加工。
5. 在个体的早期生涯中大脑就经历了从简单到复杂的发育，并受到环境刺激的影响和生物因素的约束。
6. 在儿童身上发现的脑偏侧化支持了这种现象的生物属性。
7. 从信息加工角度看认知发展，则关心加工变化问题，如随着年龄的增长，注意和记忆的改变。
8. 双生子的最新研究提示，在儿童的词语和空间能力上，基因的决定作用是重要的。
9. 儿童和婴儿有记忆能力，但对 2 岁前就具有可靠记忆或能进行检索的理论是有怀疑的。
10. 事件的最佳记忆年龄是在 10 岁到 30 岁之间。
11. 儿童和成年人高级认知的比较研究显示，儿童使用图式的方式与成年人相似。成年人更依赖于语义表征，但儿童则更依赖于知觉表征(即表象)。概念范畴形成可以前于语言获得，对婴儿来说原型形成建立在特征平均值基础上。
12. 最初信息的获得需要知觉和对恰当信息的注意。研究提示，具体能力上年纪小的和年纪大的被试的差异是随着年龄的增加而增加的，如选择性注意和对任务的反应能力。与年纪较小的儿童相比，成年人和年纪较大的儿童都会使用不同的编码策略(如多重相对于单一)，这些差异显示，信息加工的出现像感觉登记一样早。

第六部分 思维和智力(人类和人工智能)

第十四章 思维1：概念形成、逻辑及决策

问题预览

1. 认知心理学家如何定义“思维”的？思维与概念形成、逻辑有何区别？
2. 为什么逻辑推理被称为是“思维的科学”？
3. 三段论推理的主要成分有哪些？
4. 什么是演绎推理，它与归纳推理有何区别？
5. 口头辩论在逻辑上如何被梳理？如何合乎逻辑地区分口头论辩？
6. 什么是文恩图(venn diagrams)？以一个基本论断为例用文恩图对其进行解释。
7. 什么是决策框架，它如何影响我们解决问题的能力？
8. 贝叶斯定理的要旨是什么？

实际上，对许多人而言，宁愿肉体消亡，也不愿思考。

——伯特兰·罗素(Betrand Russell)

思维是认知科学的王冠。在有些人身上，它蔚为壮观；在平常人中，它也是美妙绝伦的；事实上，它从根本上说就是发生在人类这个物种身上的伟大奇迹之一。关于思维的思考，也

就是所谓的元思维，似乎是个无法超越的任务，因为它涵盖了以前所提到的一切主题——外部能量的检测、神经生理学、感觉、记忆、语言、表象以及成长中的人。认知心理学的发展，尤其是最近20年里，已建立起一个包含研究技术及理论模型的令人惊讶的仓库，这些技术和模型能揭示关于思维的一些现象，并将它们置于合理的心理学理论的一个可能框架中。关于思维过程及研究这一认知王冠的方法共有两章，本章是其中第一章。

思维

思维正经历着作为心理学的一个合法主题的新生过程，这种复苏部分归因于逻辑思维和推理的实验以及认知神经学的出现。

思维(thinking)是判断、抽象、推理、想象和问题解决这些心理特征综合交互作用实现信息的转化，并由此形成新的心理表征过程。思维是思考过程三要素中包含性最广的，并具有综合而不是孤立的特性。当你阅读一本书时，信息可能是按照由感觉存储器到记忆存储器的顺序传递的。随后，新的信息被转换了(在某种意义上是被吸收了)，其结果是一个初始产品。例如，假设你看到沙皇尼古拉斯二世(Czar Nicholas Ⅱ)不顾俄国公民的基本需要而专注于对德国的战争，这一史实可能使你从长时记忆中回忆起尼古拉斯的妻子、亚历山大、德国人的后裔，然后你可能会想到这两个事实可能对于俄国的历史有交互式的影响。这个过程当然远比本例所描述的要复杂得多，但是容易看出，简单思想的产生依赖于判断、抽象、推理、想象、问题解决和创造力。

关于思维是一个内部过程还是只能用行为表现测量的问题，一直还有一些争论。例如，弈棋者会在做出反应之前花几分钟研究他(她)的下一步；在弈棋者思考采取哪一步时，思维活动是否发生。思维活动似乎很明显发生了，但是有些人也许会认为由于没有可以观测到的外显活动，前述结论是基于推测而不是基于实际观测得到的。思维一般性的定义也许可以解决这些冲突并有助于指导我们的讨论。关于思维有以下三个基本的观点：

- 思维是认知的——也就是说，它在头脑内部发生，处于意识状态的——但是可由行为来推测。弈棋者的着子显示出他在思维。
- 思维过程牵涉对认知系统中知识的某种操作。当弈棋者在思考一个步骤时，过去的记忆与当前的信息结合在一起改变了他对形势的认知。
- 思维是指向并引起一种“解决”问题的行为或是指向于一种解决方案。在弈棋者的意识中，下一步棋的走法是引向赢得胜利。并不是每个行动都是成功的，但是总的来说，在下棋者的心目中，它们都是指向一个方案。

概念形成

概念形成(concept formation)(或概念习得)指的是对一类事物或观念的共同属

性的识别。前述已涉及与概念形成有关的视觉模式、原型（见第四章）和语义项目课题（见第九章），其中讨论的大多数是对概念组成或性质以及概念在语义网络中如何建构的说明。在本节将继续讨论概念特征，但是将关注与概念性质有关的规则。例如，我们都知道“大众汽车”这个概念，对其的识别依赖它的经典属性（如形似甲虫，没有护栅），依据这些属性也可以将它与总类（general class）汽车中的其他成员区分开，或者学会更为抽象的概念“正义”的属性（如公平、道德、和平等），以将它与其他的人类品质区分开来。在这些例子中，与概念特征相关的“规则”是：概念是以与其相关联的所有特征来定义的。

在范围上概念形成比思维得更小，也似乎更易得到实验分析。因此，存在着大量的概念形成的规则与程序也就不足为奇了。概念的早期定义为“心理表象、观念或过程”。它一般是通过内省实验方法揭示出来的，而内省曾作为心理学主要技术而被广泛接受。内省方法的衰退和行为主义的兴起，尤其在美国心理学界，带来的不仅是方法学上的革命性变化，相应的对认知事件性质的看法以及随之发生的概念一词的定义也发生了革命性的变化。就目的而言，可以依据重要特征以及与这些特征有关的规则进行定义（有时我们是按照前一种意思使用这个术语）。

这里所用到的特征是一个事物或事件的特性，也同时是其他事物或事件的特性。例如，移动性是汽车的一个特征，福特护卫者（Ford Escorts）有，卡迪拉克（Cadillacs）有，玛莎拉蒂（Maseratis）也有。然而，移动性也是其他事物的特征——火车、鸟类、国务卿和进攻球员。从认知的角度上说，接受一种性质作为特征的基础是主观的。因此，人们可以假设汽车、火车、鸟、国务卿和进攻球员并非共有移动性的特征，事物或观念的“重要特征”的确定是环境的函数。从这种意义来说，概念性的描述类似于信号检测过程，在这个过程中概念特征的可接受性由标准的严格性所决定（见第三章）。正如我们所知，根据观察者的不同经验标准的设定有很大的差异。

> 判断我们概念正确的惟一理由是，它们在表征我们经验复杂性方面所起的作用。
>
> ——阿尔伯特·爱因斯坦

特征之间的区分可以像前面所述的那样建立在质上，也可以建立在量上。移动性是质的特征，也可以从数量上度量。你的福特护卫者汽车具有移动性（质的描述），但是没有其他人的玛莎拉蒂的移动性强。因此，维度（量的）特征和属性（质的）特征都进入了概念形成中，两类特征都被考察。

多数科学在形成阶段时，概念形成在资料组织方面起着重要作用。在化学中，概念形成体现于周期表中元素的排布；在生物中，体现于种系发生的有序进程中；在艺术中，体现于按历史阶段对艺术家所进行的分类中；在埃及古物学中，体现于将事件按朝代分类中；而在认知心理学中，则体现于按照记忆不同类型所进行的分类中——以上全都是概念形成导致对学科更好理解的例子。这些概念形成的复杂形式，在分割成各自的基本组成部分之后，实际上是由一系列相当简单（且可分析的）认知加工所组成的。

联结

在学习研究中最古老的、最有影响力的理论是联结原则——联结主义（associationism）。用最简洁的方式来说，该原则认为，当两个事件重复一起出现时，它们之间会形成一种联结，强化或者奖励机制促进联结的形成。这种原则的基本模型依据刺激-反应心理学而建立起来。因此联结原则假设概念习得是以下两种情况的结果：（1）将一种刺激（如红色方形）与识别概念的反应正确配对时，予以强化；（2）将一种刺激（如红色圆圈）与指出它为概念的反应错误配对时，不给予强化（惩罚的一种形式）。当代认知心理学家普遍认为这种机械主义观点为负责信息的选择、组织及转换的概念内部结构留有的空间太小。

假设检验

在实验心理学中一直持有的一种普遍观点认为，人们有时通过建立假设与检验假设来解决问题，形成概念。布鲁纳、古德诺（Goodnow）和奥斯汀（Austin）（1956）在他们具有重要影响的著作《思维研究》（*A Study of Thinking*）中直接将假设检验模型应用于概念学习的研究中，书中介绍了概念形成绩效的完整的方法学分析。

杰洛姆·布鲁纳（Jerome Bruner）的创新研究使“思维”成为一个值得探索的科学课题。

概念获得的初始阶段是选择与我们探寻目的相一致的假设或策略。无论什么时候，只要我们寻求发现一些东西，其过程都涉及优先顺序的确定，就像科学家制定实验序列，律师问一系列的问题或者医生进行一系列的诊断检查。下文摘自布鲁纳等人关于选择策略过程的详细描述：

> 一位神经心理学家对猴子模式视觉的脑皮层定位感兴趣。具体地说，他对6个脑皮层区域以及它们在模式视觉中的作用感兴趣。他知道，当6个区域完好时，模式视觉未受损。6个区域被破坏时，模式视觉将消失。他的研究技术是切除法。在设计他的研究时，他应该怎样进行？每次破坏一个区域？还是一次性的只留下一个区域？他的连续实验应该以什么样的顺序进行？

主要问题就是，“检验样例时，与采用其他顺序相比，选用这种顺序有什么好处”？当然，首先得到的好处是获取符合调查目的信息的机会。在概念获得过程中的任一处，我们可能希望选择一个尽可能多地告诉我们概念可能是什么的样例。总的来说，控制检验样例的顺序会增加或减少"消化"信息过程中的认知"负担"。一个设计良好的选择顺序（一个好的"选择策略"）能在所遇到信息的基础上判断假设是否站得住脚。第三个优点不是那么明显。按特定顺序选择样例进行检验，研究者可以控制其中的风险程度……

在一个典型的实验中，布鲁纳及其合作者向被试呈现一个完整的概念"全体"（即在维度和属性上有可能变化），并指出被试将获得的概念的一个样本。被试应选出其他事例中的一个，被告知这个事例是否正确，然后又挑选出另一个，如此下去直到他们获得标准（识别出概念）为止。

被试在概念形成过程中可能选用的策略包括扫描和聚焦，每一种又各自有以下的亚型：

- 同时扫描（simultaneous scanning）。被试从所有可能的假设开始，然后排除站不住脚的那些。
- 继时扫描（successive scanning）。被试从单个假设开始，如果成功则保留，如果不成功，则基于以前所有的经验转到另一个假设。
- 保守性聚焦（conservative focusing）。被试构造出一个假设，并选择它的一个肯定例子作为焦点，然后进行一系列的重构（每次都只改变一个属性），注意每次变化被证实是肯定的还是否定的。

冒险性聚焦（focus gambling）的特点是每次进行多于一个属性的改变。尽管保守性聚焦技术是一种方法，很可能得到正确的概念，但是被试也可能会冒险，因为他们希望有可能更快地确定概念。

在上述各策略中，保守性聚焦可能是效率最高的一个（Bourne，1963），扫描方法只能得到有限的成功。布鲁纳模型的一个问题在于它假设被试坚持使用单个策略，而在现实中，有些人在整个任务过程中摇摆不定，由一种策略变为另一种。

思考论证：思维，问题解决和"框架"

请尽力解决如下两个问题（或向朋友介绍这些问题并观察他或她的行为）。

下列每张卡片上，一面有一个字母，另一面有一个数字。如果一张卡片的一面是元音，则在另一面是一个奇数。你需翻动哪张卡片来证实这个规则？

A	D	4	7

几年前对第一类和第二类邮件邮局有两种费率。第一类费率中，被加盖邮戳的信的费率是29美分，未加盖邮戳的则是25美分。设想你是一个邮局职员，信件在传送带上移动同时检查信件，并设想你被收费是按照规则“如果信件被加盖邮戳，就一定有一张29美分的邮票”。在下列信件中，你将翻动哪一封信件来证实规则？

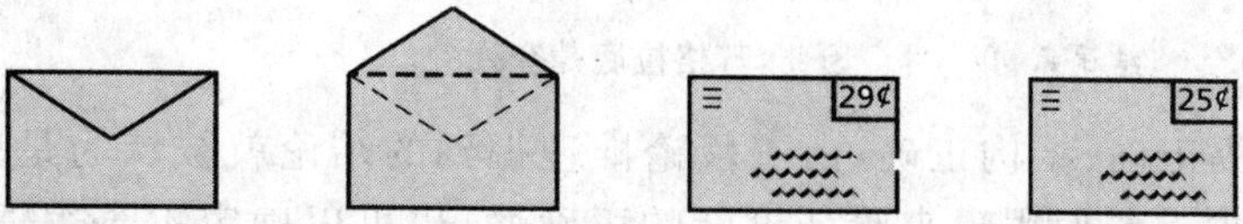

以上两个任务哪一个更简单？它们是相似还是一样的？与第二个相比第一个问题的建构更加抽象，第二个则更加贴近现实。

资料来源：Johnson-Laird & Wason (1977) & Johnson-Laird, Legrenzi, & Legrenzi (1922)。

答案见本章末尾

逻辑

思考，或思维，指的是意识状态下考虑问题的一般过程，而逻辑学(logic)则是思维的科学。尽管两个人都在思考同一件事，他们通过思维所得到的结论却可能是不同的，一个可能是合逻辑的，一个可能是不合逻辑的。

最近，在对街头的人们的新闻调查中，记者问：“你是否赞成死刑？”有个人回答如下：“我是教徒，认为每个人都有生存的权利。(但是)圣经上说‘以眼还眼’，而且如果有人对其他人做了(坏)事，他应该得到他的报应。此外，确实有的人脑子坏了，不会变好。有些事比死还坏，如抢劫。”这个人是赞成死刑的，尽管从他的回答中确定这个答案有点困难。结论(赞成死刑)似乎与开头的陈述“我……认为每个人都有生存的权利”正好相反。也许他真正想要说的是“即使每个人有生存的权利，如果违反了社会的某些法律，他或她也应该被处死”。执行死刑的理由受到圣经教导、理性、医学现实、惩罚的相对严重性以及可能是深厚情感方面的考虑等支持。这个例子对争辩意见的有效性提出了严肃质疑，然而这种质疑却是许多人支持某种结论时相当典型的陈述方式，正因如此，生活显得既迷人又令人沮丧。

思维和逻辑成为探索的主题已持续了很长时间。两千多年前，亚里士多德提出一种被称为三段论(syllogism)的推理或验证论述的系统。三段论有三个步骤——依顺序为大前提、小前提和结论。见下例：

大前提　　所有**人**都是要**死的**。

——谓语(P)
——中间项(M)

小前提　　**苏格拉底**是**人**。

——主语(S)

结论∴　　因此，**苏格拉底**是会**死的**。

如果前提正确、结构正确，由三段论推理得到的结论就被认为是正确的。因此有可能根据三段论逻辑来验证论断的正确性，也可以确定不合逻辑的结论，并将其中的原因分离出来。这是对当前关于思维和逻辑研究的许多理论基础的简化描述。

在介绍当前的某些研究之前，综述三段论逻辑推理的形式规则是有益的。图14.1显示的是对不同形式的三段论的概括(Erickson，1974)，论断的谓语被标记为"P"，论断的主语被标记为"S"。大前提将论断的谓语（在第一个例子中是"诚实"）与一个中间项M（"去教堂者"）联系起来；小前提将论断的主语（"政治家"）与中间项（"去教堂者"）联系起来；而结论将论断的主语（"政治家"）与谓语（"诚实"）联系起来。

三段论的基本形式

大前提	所有的M都是P	所有去教堂的人都是诚实的。
小前提	所有的S都是M	所有的政治家都去教堂。
结论	所有的S都是P	因此所有的政治家都是诚实的。

三段论中使用的句型

A	所有的S都是P	所有的心理学家都是聪明的。	（全称肯定）
E	没有S是P	没有差的研究可以发表。	（全称否定）
I	有些S是P	有些被选出的官员是诚实的。	（特称肯定）
O	有些S不是P	有些教授不富裕。	（特称否定）

三段论图式

图式1（前行链）	图式2（刺激链）	图式3（反应等价）	图式4（后行链）
M—P	P—M	M—P	P—M
S—M	S—M	M—S	M—S
S—M	S—P	S—P	S—P

图14.1　三段论的形式

归纳

在逻辑学中，归纳是从特殊到一般的推理过程。弗朗西斯·培根(Francis Bacon)认为归纳法是科学发现的逻辑，而演绎法则是论证逻辑。事实上，在实证科学中，这两个过程通常是一起使用的：通过对特定事件的观察(归纳)以及从已知的原则出发(演绎)，建立起新的假设原则，推导出新的法则。

演绎

演绎：1. 在传统的逻辑学中，指的是通过推理，从假定正确的更为一般的原则出发得到特殊结论的过程。亚里士多德的三段论就是传统演绎逻辑的一个经典例子。2. 在当代逻辑学中，指由公理基础上的变换规则所推导的所有陈述。更一般的说，这个术语现在指的是通过形式规则(变换规则)由公理推出定理，或者由前提推出结论的过程。

——《简明哥伦比亚百科全书》

每个三段论的类型可以基于它所包含的句子类型来指定，因此，在前面苏格拉底与死亡的例子中，所有的句式都是全称肯定(A)，所以这个三段论是 AAA 型。

图 14.1 所示的是，三段论图式是常用于词汇学习研究中的中介模型的符号。例如，在前述苏格拉底的例子中，图式 1(前行链)有以下的顺序：人——死亡，苏格拉底——人，苏格拉底——死亡。假设每个因素与其他因素相互作用，所有可能的三段论的总数为 256(图式与类型的结合)，其中只有 24 个符合逻辑(每种图式有 6 个组合)。

在认知研究中使用三段论之所以有吸引力，是因为它能够根据形式而不是根据内容来评价或验证思维过程的正确性。通过用符号(S 和 P)来分别代表主语和谓语，就可能将逻辑化的思考简化成一种代数形式。这样，不用说 8 个苹果加上 3 个苹果减去 2 个苹果等于 9 个苹果，我们可以用($a+b-c=b^2$)或者($a-c=b^2-b$)来数学化地表征这个方程，而不用考虑这些符号对应的指代物。类似的，在三段论逻辑中，也有可能将对事实的陈述简化成符号，并像数学方程一样对它们进行处理，而不管它们可能代表的物理现实。

推论与演绎推理

如果比尔(Bill)比杰夫(Jeff)高，而杰夫比雷恩(Ryan)矮，那么比尔是否比雷恩高？花点时间想想就会得到答案。有些人以画小人图(依据比尔、杰夫和雷恩的相对高度)的方法来解决这个问题(当然，答案不明显)。

你得到答案的推理过程就是所谓的演绎推理(deductive reasoning)，这是一个通过一般原则得到特定结论的逻辑方法。约翰逊-莱尔德(1995)指出在演绎逻辑的认知研究中存在四个主要问题：

1. 基于"比……大"、"在……右边"和"在……之后"之类关系的逻辑特性基础上的关系推断。(在比尔身高的例子中，用的是"比……高"的逻辑)

2. 基于不存在的事情以及"如果""或""并且"之类连词的假言推断。(例如，我们可以将前面的问题改写成"如果比尔高于……")

3. 基于各自包含了一个限定词，如"所有"或"有些"的成对前提的三段论。(在下一节我们会研究包含这些限定词的三段论，例如，"所有的心理学家都是有才华的；有些心理学家戴眼镜……")

4. 基于包含超过一个限定词的前提所进行的量化推论的繁衍物。(例如，"有些法国狮子狗比其他品种的狗更为昂贵"。)

这 4 个模型或决策中涉及的偶然性，已经被逻辑学家们形式化为一种谓语逻辑(predicate calculus)(也就是处理命题及其内部结构之间关系的符号逻辑的分支——符号被用来代表命题的主语与谓语)。

关系推断和逻辑的例子请看下面的问题：

> 假设你们的一个朋友参观了芝加哥艺术中心，并告诉你：
> 在一个房间里，收藏了一幅凡·高、雷诺阿(Renoir)和德加(Degas)的画。
> 凡·高的画在雷诺阿画的右边。
> 德加画在雷诺阿画的左边。
> 凡·高的画是否在德加画的右边？

稍微想一想你就可以得到肯定的答案。但是你是怎样得到这个答案，以及用来描述你的逻辑(过程)的认知规则是什么？下面是约翰逊-莱尔德(1995)的一个模型，它可以被推广到其他类似的问题：

> 对于任何 x、y，如果 x 在 y 的左边，那么 y 就在 x 的右边。
> 对于任何 x、y、z，如果 x 在 y 的右边，且 y 在 z 的右边，那么 x 在 z 的右边。

有了这些基本原理，可以得到这样的结论：

> 如果 p 那么 q
> p 成立

所以q成立

其中p和q指代所有命题。这个模型只要加上少数几个命题就可以被大大地扩展。

再看另一个问题：

问题 A

杯子在碟子的右边。

盘子在碟子的左边。

叉子在盘子的前面。

汤匙在杯子的前面。

叉子和汤匙的位置关系怎样?

在看第393页上的说明之前，动脑筋解答这个及另外一个问题。假设改变了其中一个前提，现在问题变成了（改变部分用斜体）：

问题 B

杯子在碟子的右边。

盘子在*杯子*的左边。

叉子在盘子的前面。

汤匙在杯子的前面。

叉子和汤匙的位置关系怎样?

你对这个问题的心理表征是什么？最起码会有两种排布。即便两个问题的答案是相同的，这个问题无疑是较难的，因为为了确切检验结果的正确性，两个模型都需要构建出来。如果正确答案的获得仅按照下面所描述的构建模型，任务就会变得更为复杂：

问题 C

杯子在碟子右边。

盘子在杯子左边。

叉子在盘子前面。

汤匙在碟子前面。

叉子和汤匙的位置关系怎样?

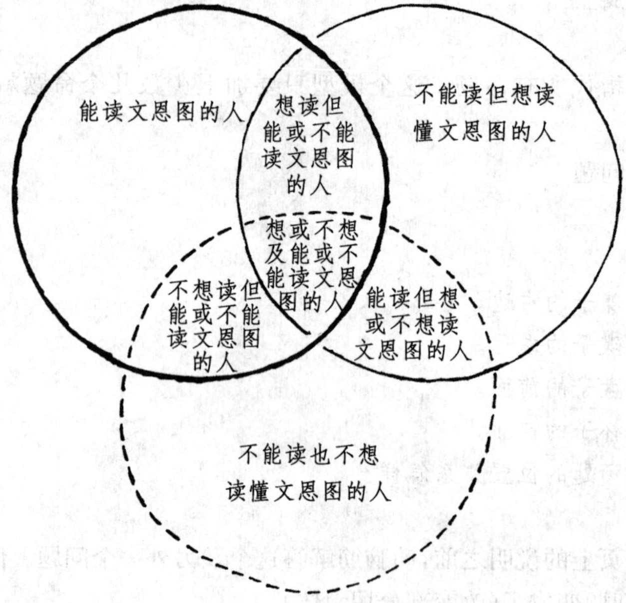

资料来源：S. Harris in *American Scientist*, Sep-Oct 1994, p. 420。

可以看到人们在即时记忆中必须保持的项目数几乎达到了短时记忆的极限。尽管如此，发现描述人类逻辑的潜在数学模型还是值得努力的。这些都是非常简单的小问题，但心理上需要仔细留心和集中注意来解决。你可以对你的朋友们试试，沿着这个思路还可以发现更多。会出现什么解决问题的心理原则呢？

三段论推理

早期用三段论推理进行的研究依赖于被试在按逻辑解决问题时关于"在我的意识中什么正在进行"的报告。尽管这些内省技术缺乏科学所需要的经验基础，在其中还是出现了三个重要的自变量：论证形式、论证内容以及被试(个体差异)。

形式。早期的研究者们(Woodworth & Sells, 1935; Sells, 1936; Chapman & Chapman, 1959)将三段论推理任务中的错误看成是由于论证形式产生的"情境"或"气氛"的结果，而不是基于形式逻辑推断。一个典型的例子是：

所有的 A 都是 B。
所有的 C 都是 B。
———————————
因此所有的 A 都是 C。

在此例中，大前提和小前提中的词语“所有”似乎暗示了一种全称肯定的气氛，致使当被试得到与前提结构相似的结论时，倾向于接受它。如果我们用内容替换掉抽象的字母，论证的不正确性是很明显的，因此：

所有的共和党人是人。
所有的民主党人是人。
因此，所有的共和党人都是民主党人。

在我们继续关于三段论逻辑的讨论之前，试试弄清以下陈述的正确与否：

所有的革命基本上都是经济革命。
有些经济条件是苦难的原因。
有些革命带来是苦难的原因。

萨姆(Sam)不是全世界最好的厨师。
全世界最好的厨师住在多伦多(Toronto)。
萨姆不住在多伦多。

所有的 nert 都是 soquert。
所有的 connet 都是 strequos。
所有的 connet 都是 nert。

你有没有发现这些问题中有些容易有些难？一个解决三段论的简单办法是用如图 14.2 所示的图解(以后将更详细地说明)。有些问题比其他问题难的原因可能是已

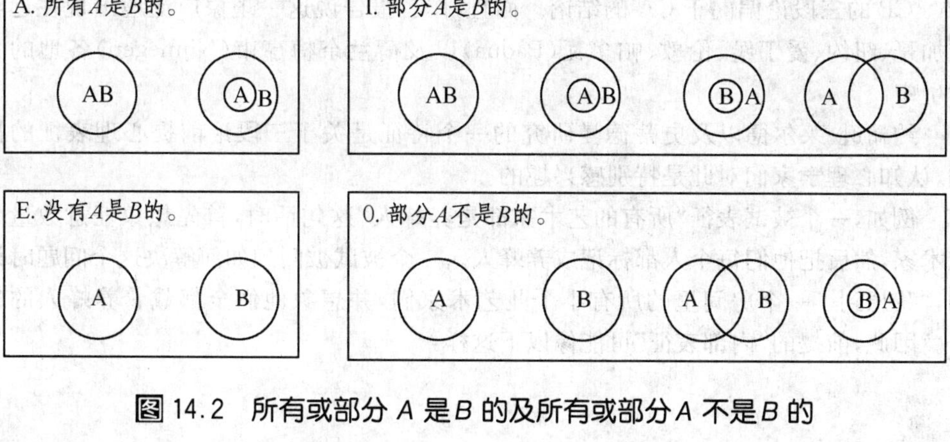

图 14.2　所有或部分 A 是 B 的及所有或部分 A 不是 B 的

有知识与识别你所看到的逻辑论证方面的已有能力两者的函数。这些效应中第一个被称为气氛效应，将在随后讨论，而第二个与论证的正确性有关，这可能是形式训练的结果，但更可能是练习的结果。如果你已经学会了，你就不必知道词语的含义来判断论证的正确性。

菲利浦·约翰逊-莱尔德（Phillp Johnson-Laird）。建立了人类认知与逻辑的重要模型。

气氛。气氛效应的定义为"以形式为基础的接受或拒绝论证的趋势"。换句话说，仅以某种方式呈现论断可能会影响推论的可信程度。

约翰逊-莱尔德及其合作者（Johnson-Laird & Byrne，1989，1991；Johnson-Laird & Steedman，1978）已经用实例证明了三段论的形式显示出的对所得到结论很强的影响力。特别应指出的是一种以下类型的三段论：

有些父母是科学家。
所有的科学家都会开车。

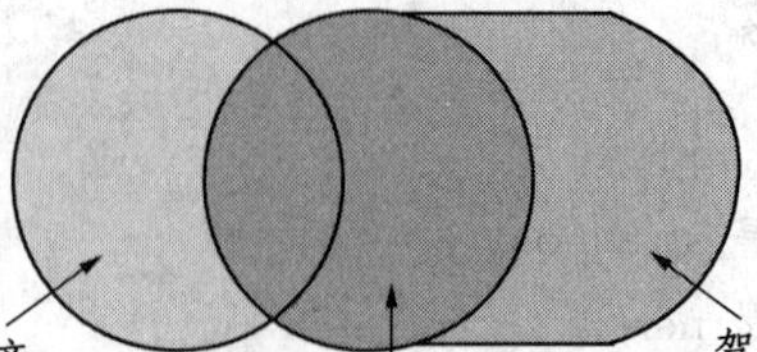

倾向于引出"有些父母会开车"的结论甚于同样合理的结论"有些会开车的人是父母"。用我们已经使用过的符号语言来说，就是AB、BC的三段论偏向于AC的结论，而BA、CB的三段论偏向于CA的结论。而且，作者报告说这一现象广泛地出现在远至芝加哥、纽约、爱丁堡、伦敦、帕多瓦（Padua）以及荷兰奈梅亨市（Nijmegen）各地的大学生中。

约翰逊-莱尔德以及史蒂德曼研究的一个特征是关于三段论前提心理表征的推测，认知心理学家们对此是特别感兴趣的。

例如，一个被试表征"所有的艺术家都是养蜂人"这句话时，首先想象任意数量的艺术家，然后把他们每个人都标记成养蜂人。一个被试被问到如何解决这个问题时说到，"我想到了一个房间里的所有小个儿艺术家们，并想象他们全都戴着养蜂人的帽子。"因此，前提的"内部表征"可能像以下这样：

艺术家　艺术家　艺术家
↓　　　↓　　　↓
养蜂人　养蜂人　养蜂人　（养蜂人）　（养蜂人）

任意数量的艺术家被标记成养蜂人，用同样方法把一些养蜂人标记为不是艺术家。在约翰逊-莱尔德和斯蒂德曼的论文中，箭头代表团体成员资格的语义关系（例如，在此例中，箭头表示出"每个艺术家是一个养蜂人"句中的一种语义关系）。上述关系（所有的A都是B）可以更进一步地用符号表示成如下形式：

A　A
↓　↓
B　B　(B)

这被看成是一个A句型，或A前提。一个I句型或I前提，"有些A是B"，则有如下表征：

A　(A)
↓　↓
B　(B)

一个E句型或E前提，"没有A是B"为：

A　A
⊥　⊥
B　B

一个O句型或O前提，"有些A不是B"，表征为：

A　(A)
⊥　↓
B　(B)

如果小前提为"有些养蜂人是化学家"，（整个）形式是：

所有的艺术家都是养蜂人。
有些养蜂人是化学家。

或者用符号表示为：

所有的A都是B	A	A	
	↓	↓	
有些B是C	B	B	(B)
	↓	↓	
	C	C	(C)

这样，经常导致错误的结论：

有些艺术家是化学家。

结论的形成过程要求被试在三段论各部分表征中的末端项目之间找出一条途径，很像人们思考心理地图上的问题时一样(例如，决定到波士顿、旧金山和亚特兰大的最短距离)。就像艺术家——养蜂人——化学家的三段论一样，如果至少有一个肯定的路径，那么就很有可能得到有些艺术家是化学家的错误结论。

这方面的工作已经被克莱门特(Clement)和法玛涅(Falmagne)(1995)的一个有趣研究所拓展。在这个研究中，世界知识、心理表象都涉及逻辑推断。实质上，实验者改变了三段论中词语的表象性以及条件语句的关联性。在我们关于心理表象的讨论中(见第十章)，你可以回忆起词语在表象性上的不同(例如乞丐比情境具有更高的表象性)。关联性指的是两个行为之间建立联系的容易或自然程度。在逻辑学三段论中使用的具有高表象性的一个陈述例句为"如果这个男人想要普通的炸面饼圈，那么……"，而低表象性的一个陈述例句为"如果这个女人改组了公司的结构，那么……"。高关联性的陈述可以是"如果这个男人想要普通的炸面饼圈，那么他要穿过十字路口，去那家面包店"。低关联性的陈述是"如果这个男人遛他的金色猎犬，那么他会因为受到虫咬而烦恼"。在三段论的研究中使用了陈述的全部四种可能组合(即高表象性-高关联性；高表象性-低关联性；低表象性-高关联性；低表象性-低关联性)，克莱门特和法玛涅发现，对包含表象性和关联性高陈述的三段论的处理明显好于其他形式。假设我们知道表象性和关联性对于形成现实的内部表征具有强大效力，以及前面约翰逊-莱尔德的理论模型，那似乎就是符合逻辑的。

图解(例如文恩图)及表象性在解决逻辑问题中的有效性被鲍尔和约翰逊-莱尔德(1993)进一步证实。他们用的是以下类型的复杂推理逻辑题：

拉斐尔(Raphael)在华盛顿州塔科玛市(Tacoma)或者朱丽娅(Julia)在亚特兰大，或两者都成立。

朱丽娅在亚特兰大或者保罗(Paul)在费城，或两者都成立。

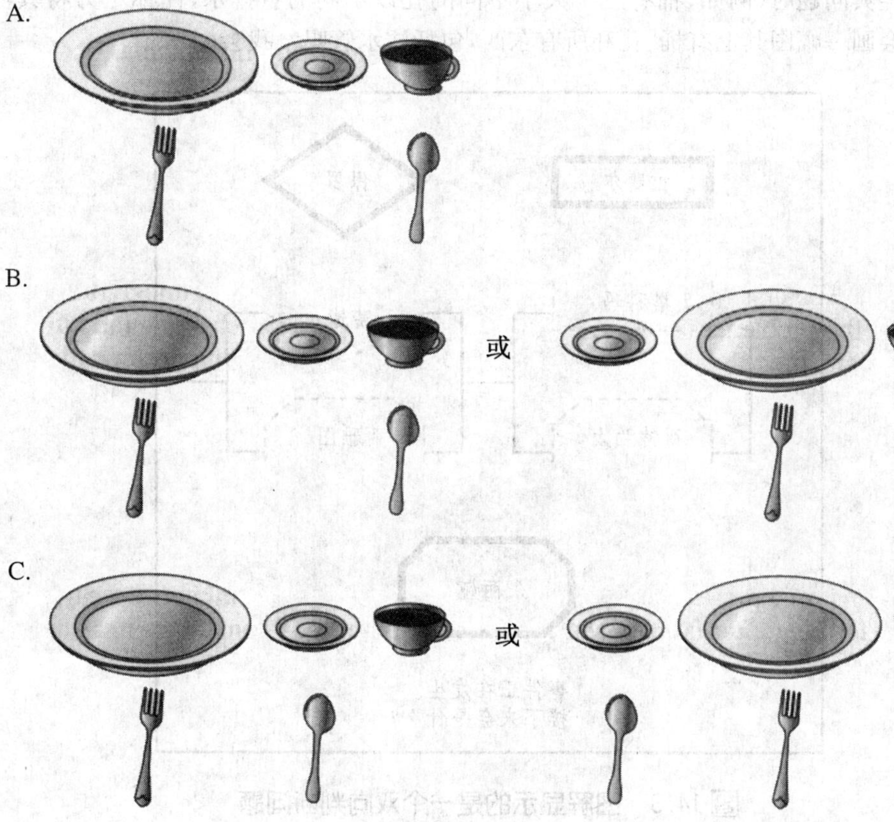

第 387 页上提到的项目的可能排布

下列结论是正确的吗？

朱丽娅在亚特兰大，或拉斐尔在华盛顿州塔科玛市和保罗在费城。

如果你像研究中的多数被试一样，你会发现难以正确作答。现在，尝试在图14.3中图解的帮助下来将问题视觉化呈现。这个图解是一种路径图，被试在其中必须通过插入某形状(表示人)到路途(表示地方)上的槽中从左侧走到右侧。当一个路径是通畅的，通达就能实现。因此，如果朱丽娅在亚特兰大，交通能达至那个地区，朱丽娅也许在亚特兰大或西雅图或不在任一个地方。在普林斯顿大学所做的一个研究中(Bauer & Johnson-Laird，1993)，研究者发现，当这类问题以图解形式出现时，与问题以词语形式出现时相比，大学生解决问题速度更快并且得到更多的正确结论(多于30%)。我们由这个实验能获得重要结论，未经逻辑训练的人们，多数人倾向于建立起情境模型或绘制显示清晰关系的图解来进行推理。例如，当你被要求解决代数里关于漏桶的经典问题时(例如，桶有三个大小不同的孔以不同的量排水，而你尽力将其注满)，你会画一幅图其上有桶、孔和所有东西，包括注水管吗？我会。

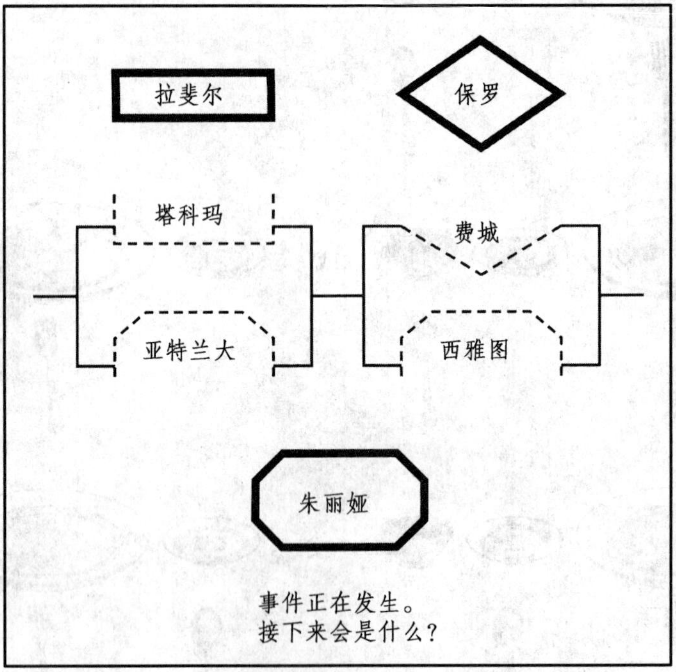

图 14.3 图解显示的是一个双向判断问题

要求被试完成左侧到右侧这条路径，即根据不同的人让形状与槽相符合。因此，朱丽娅可能在亚特兰大或西雅图或不在任一个地方。

资料来源：Bauer & Johnson-Laird，1993。

关于三段论的这个研究提示，人们在三段论问题中得到的结论，倾向于建立在最先形成的关于前提的内部表征基础上(并可能以不太正规的逻辑思维方式)——有时候是想象出来的表征。一旦这些内部标准形成了，就可能运用逻辑思维来解决。如果表征(或启发式的)对于证实起到误导作用(如，"所有的艺术家是养蜂人")，则结论的逻辑检验需要尝试破坏前提和结论之间的通道。

内容。既然可能使论证形式保持不变而使内容发生变化，那么，后者也是分析思维过程的有用工具。因此，我们在开始时用到的三段论的内容：

所有人都是要死的。

苏格拉底是人。

因此，苏格拉底是会死的。

在形式相同条件下换以内容不同后予以评价：

所有人都是要死的。
斯大林(Stalin)是人。
因此，斯大林是会死的。

如果这些三段论的前提是真的，那么结论也是真的，即使接受一个结论可能比接受另一个要更困难。

内容影响论证正确性判断的效应提醒我们，认知加工既不简单，也不会不受到储存在长时记忆中的知识的较大影响。在整本书中，关于信息如何影响(在许多实例中起着决定作用)信息觉察、编码、储存和转换的质量，能看到许多例证。那么，关于某些事情的三段论陈述的判断正确性也许是长时记忆内容的一种反映，我们不会感到惊奇。

如果结论与判断的态度是一致的，无效三段论结论的接受倾向会如何呢？贾尼斯(Janis)和弗里克(Frick)(1943)对此进行了检验。在他们的实验中，要求研究生判断论证是否具有合理性。合理性被定义为“结论是合乎逻辑地由前提而来”。下面是曾用过的一些项目：

许多颜色鲜艳的蛇是有毒的。
铜色头的蛇颜色不鲜艳。
因此，铜色头的蛇不是毒蛇。

有些药无疑是有毒的。
各种啤酒包含了药物酒精。
因此，有些啤酒是有毒的。

有毒的东西都是苦的。
砷不是苦的。
因此，砷是无毒的。

被试对每个三段论做出是或否的回答后，他们被要求重读结论并做出是或否的回答。结果表明，被试在对结论所抱成见的方向上倾向于犯错误。因此这句老话“我已经下定决心了，不要用事实来使我混淆”在某些情况下对某些人来说是真实的。

在进行“逻辑”推断时不止一种出错的方式。我们将讨论几种方式。

作出决策

前一部分我们讨论了一种推理类型，其可以通过演绎逻辑加工来证明结论正确与否。在那种形式中，如果三段论的前提真实并且形式正确，那么论证的结论就是正确的——也就是说，结论正确的概率是肯定的。

归纳推理

推理的另外一种形式被称为归纳推理(inductive reasoning)。在归纳推理中，结论通常是不明确的，或者以概率方式明确表达。在日常生活中，我们作决策并不像是一个合于推理的三段论范式的结果，但是在归纳推理中，所作决定是建立在过去经验的基础上的，所下结论是在许多可能的选项中被认为是最好的那一个。考虑以下陈述：

如果我在图书馆工作一周，我就能有足够的钱在星期六出去滑雪。
我将去图书馆工作一周。
因此，我会有足够的钱去滑雪。

以上论证是正确的演绎推理。现在，假设第二句话是"我不会去图书馆工作一周"，那么"我没有足够的钱去滑雪"这个结论在三段论逻辑的条件下是正确的，但是在现实生活中不一定正确。例如，你富有的叔叔哈里(Harry)可能会给你一些钱。评价一个由归纳推理得到的结论正确与否，是基于权衡，而不是论证的结构形式。在前面提到的例子中，这可能是基于哈里叔叔会送钱给你作为礼物的可能性，或者基于有些资金短期内会到你手上的其他可能性。这类决策每天都发生，而且最近这种加工已成为认知心理学家们研究的焦点。

基于归纳推理进行决策的一个例子你在选择大学时可能已经遇到过。假设你被四所大学录取——一所大的私立大学(S)，一所小的私立学院(T)，一所中等规模的州立大学(N)，一所大的州立大学(A)。在决定上哪所大学时，你会怎样考虑呢？一种方法可以是按照它们在多个相关维度上的相对取值来分别评价每一个选项。重要的维度可能包括：(1) 教育质量；(2) 费用；(3) 离家远近；(4) 社交机会；(5) 声望。每个维度都赋0到10中的一个值。假设所有因素在你作决策时都同样重要，并且赋值准确，那么最喜欢的选择是小的私立学院。基于因素的某种结构进行决策也许是解决问题的一种可行方法，正如从选择大学的例子中容易推出的，对现实问题的明确判断并不是如此简单。

	大学S	学院T	大学N	大学A
1. 教育质量	9	7	6	7
2. 费 用	2	3	9	7
3. 离家远近	4	7	8	3
4. 社交机会	8	7	3	5
5. 声 望	9	10	3	4
总 计	32	34	29	26

在许多情况下问题的性质并不适于用数学进行分析。特韦尔斯基(Tversky, 1972)认为，我们在作决策时选定选项是通过逐步删除吸引力更小的选项来实现的。他称之为依某方面删除，因为认为个体删除吸引力较小的项目，是建立在选项属性或方面的评价基础上。如果有些选项不满足最低要求，那么就会从选项群中被删除。

"真实世界"中的决策

要是世界像苏格拉底的理性逻辑一样具有可推理性，你可能会感叹，那么我们所有的问题都将不存在。你可能与别人有过激烈的争执，想说："现实一点吧！"(当然，这样你的意思其实是说"同意我的观点——别理会逻辑与事实")。尽管不是所有的辩论都可以被客观地解决，但还是有可能分析语言的不一致，这样至少我们可以更好地分析辩论的成分。

推理对话。在人们生活的"真实世界"中，人们经常进行交流，或者言语对话(verbal dialogues)，其中包括辩论。有人提出主张("索尔索教授，我们想在家里进行期末考试")；接着是需要澄清("为什么带回家的考试要比课堂考试更好？")；再接下来是辩护("因为在'真实世界'中，人们可以使用各种能帮助他们回答问题的东西，如国际互联网、书、笔记之类")；最后是拒绝("但是，在'真实世界'中，同样要求人们现场使用已存储的知识回答问题。我们的期末考试将像以前宣布的那样进行")。这是人们日常遇到的许多小辩论的典型场景。推理对话的基本成分是什么？

也许可以用里普斯及其合作者(Rips, 1998; Rips, Brem & Bailenson, 1999)所用的一种办法来解析辩论，以识别其中的内在结构成分。让我们先看图 14.4 所示的两个辩论：一个来自 O. J. 辛普森(O. J. Simpson)几年前的一个案例，另一个来自两个儿童。

A. CNN(美国有线新闻)的节录(1997)

凯利先生(Mr. Kelly)：法官大人，在谋杀的前四天，它(指作为证据的一本书，尼科尔·辛普森正在阅读的《破碎的女人》)，不仅在精神方面，而且……深深地走进了她的内心世界。

法官：你基于什么认为她记录下这些画线部分，你说是她在这些部分上画了线？

凯利先生：她向她母亲暗示过，她正在阅读这部分而且作了标记，她给她妈妈看过，说她正在做这些事。同时，她还说："我就要开始了，以后我会把(它)给你。"她母亲可以认出女儿的笔迹。

法官：我认为根据第 352 条，你的理由总体来说是不够充分的，我将不予采用。

B. 两个儿童的辩论(Eisenberg & Garvey, 1981, p. 151)

儿童 1：你是母亲，我是父亲。

儿童 2：不，你是母亲，我是父亲。

儿童 1：为什么我是母亲？

儿童 2：因为你——你是个女孩。

儿童 1：我不是女孩。

图 14.4 两个辩论对话的例子

幸运的是，许多辩论都友好地解决了，但其中一些却没有真正解决。辩论对话的成分有时是主张，有时跟随着让步，要求裁决或进行反驳，反驳后可能有让步或者再辩驳等等。图 14.5 所示的图解阐述了说明辩论复杂性的一种方法。

在这个图中我们看到辩论和亚辩论可以被嵌套于它们的逻辑成分中。例如，在第一个例子中，凯利先生开始的主张遇到了挑战，挑战中有一个辩护性质疑("你基于什么认为……")，然后有一个相应的辩护("她向她母亲暗示过……")。研究者指出，在这个例子中重要的是，当主张处于一个新的亚辩论的开始部分时，从判断中可以看到，它受到反驳者的反击("理由总体来说不够充分")(Pollock, 1998)。这个一般分析方法对孩子的对话和"真实世界"的许多其他对话也同样适用。

另外，让我们讨论人们逻辑分析中一些失败方法。

真实化错误。把观点真实化就是当它实际上可能只是假设或者隐义时，就把它当成是真的。例如，一个难以完成硕士学位的学生对我说："学校根本不想把学位给我。"他以为学校会像一个人那样做事，事实上，学校什么都没做。可能他的指导老师有充足理由不想将学位授予他。煽动性政治家、起哄者、无政府主义者、请愿的偏执狂经常把这样一些观点实质化，如政府、报纸、联盟、共和党、民主党、大公司，甚至自然或者上帝。

个人偏见和个人攻击理论。个人偏见(ad hominem)理论指的是对人格而不是论

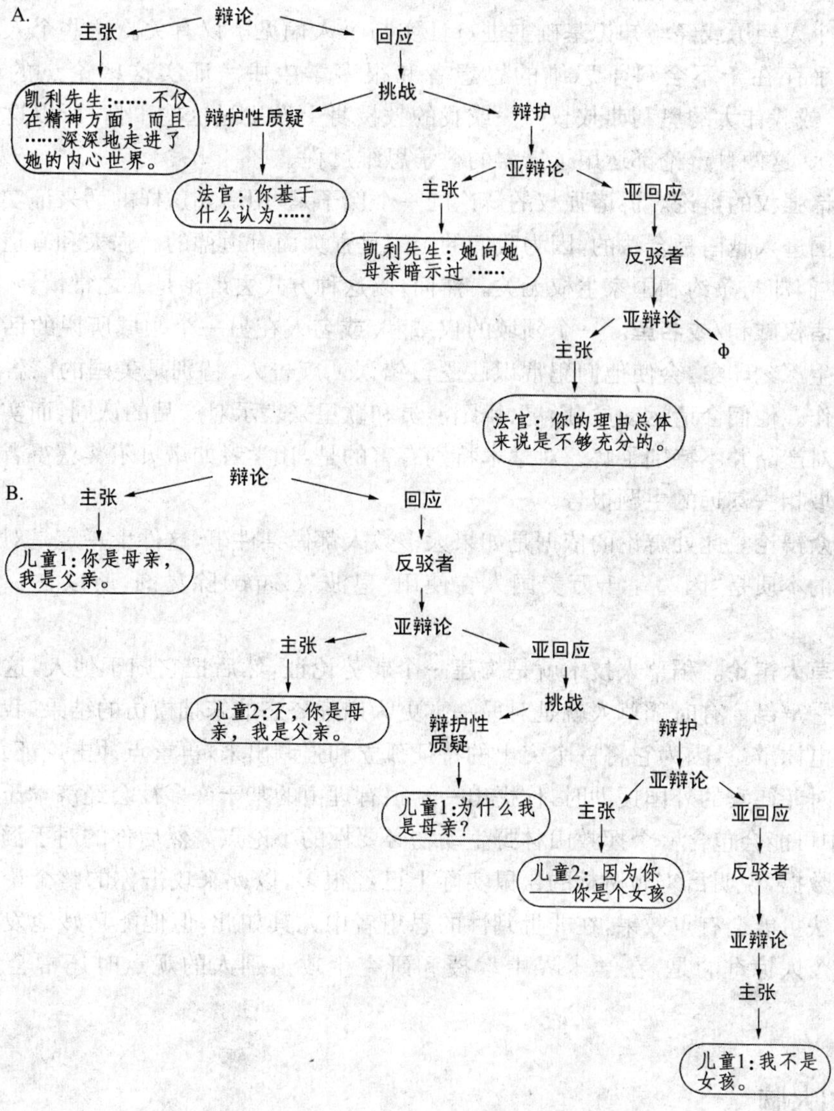

图 14.5　对话的图解分析

资料来源：Rips，L. J.，Brem，S. K.，& Bailenson，J. N.（1999）. *Current Direction in Psychological Science*，8，172～177。

证内容进行攻击。美国的政客提供了最好的例子。一个候选人提出了很有道理的想法，但被反驳的不是他的想法，而是他的道德品质。专业内容的检查者，包括书的检查者，手稿的检查者，或评价同级教授的任期及提升的人被警告说，在他们评价时要避免个人偏见争议。反驳观点而不是对人，这个建议是日常生活中的好政策。

在个人经历或经验知识基础上进行证实与个人偏见争议有关。这些个人攻击的辩论似乎存在于不会科学思维的思想者和很多学生中。证实这些论点的依据是“我……或我伟大的奥利弗叔叔……或我的教授身上发生过这些事情，所以这一定是真实的”。这两种辩论都运用了错误的科学思维过程。

诉诸强权的辩论。诉诸强权的辩论的一个例子是，用诸如这样的话来证实一个论点：“美国进入越南是合法的，因为我们的国家是强大而有道德的。”强大和有道德是优点，但它们却与条约和国家主权无关。然而，以这种方式去辩论是人之常情。

诉诸权威和/或名望。一个领域的权威和/或名人在另一个领域所说的话会使一些人产生深刻印象，会使他们犯常识性逻辑错误。广告人，特别是美国的广告人常会这样操作。他们会请运动员、影星、舞蹈演员和歌星来表示对产品的认同，而实际上这些名人对产品并不特别了解。对学术特别有害的是，让学者如诺贝尔奖获得者来作与他们领域相去甚远的主题报告。

从众辩论。此处辩论的依据是如果大多数人都做某件事，这件事一定是对的。这个辩论的本质是“因为一千万美国人在使用‘皂波’(Zapo)除臭剂，所以它一定是好产品”。

稻草人辩论。稻草人技术就是构建一个弱势论证，然后把它归于他人，这样你就可以把它辩倒。有时稻草人就是对另一方更为谦虚姿态的笨拙模仿的结果，我有时把它称为电棒辩论，因为它将一个突出的特征孤立和强调出来，再重点冲击论证。例如，在讨论对菲律宾的外国援助时，你提出一个很有理由的基于许多社会经济学压力的提案，其中可能会包含一个拯救山林野生动物必要性的小论点。然后你的对手滔滔不绝地陈列数据，说明吕宋岛树林的松鼠实际上已经很多，以此来攻击你的整个论点。稻草人方法可能会有点效果，在非批判性的思想者中尤其如此，但他能巧妙地发现它的基础。令人惊奇的是，在学术界中教授和研究生攻击别人的观点时还常会用这种把戏。

推理和大脑

大脑和推理、思考间的关系在科学研究传统上属于神经学家的领域(他们关注病理学意义上的病人)，只是在最近才进入认知神经心理学家的领域(他们主要是对正常被试进行成像研究)。虽然这两种研究的文献很丰富，于此我们只举一个例子。

在前一个领域，神经学家已经设计了一套诊断性测试作为神经学评估的一部分。其中有一个叫威斯康星卡片分类任务的测验，它要求病人分别在四个目标卡片内将卡片一一放置来进行分类(见图14.6)。这个任务与本章前面描述的概念形成任务相类似。人们不知道分类的规则是基于颜色、形状还是数字。他或她必须在主试的反馈中发现规则，当卡片的分类和预先存在的规则相一致时，主试会说“对”；如果不一致，主试会说“错”。在人们知道以一种规则来分类后，再改变游戏。此时分类规则是另一套，但不告知被试。

图 14.6 在概念形成任务，如威斯康星卡片分类任务中，前额皮层边侧有损伤的病人会遇到困难

此时，病人将一副纸牌的顶层卡片放在四张目标卡片的附近，如果卡片放置对了，主试说“对”；如果放置错了，主试就说“错”。通过试误，大部分正常的被试能知道分类规则。巧妙之处在于被试知道一种分类规则后，规则会在不通知被试的情况下发生改变。

设计这个测验，首先是用来观察被试能否找到概念形成的初始规则；其次，观察被试是否足够灵活，能够放弃以前得到强化的规则并找到新的规则。正常被试非常好地完成了这个任务，例如，大学生不仅习得第一个规则，而且在他们的思维“换挡”后学习第二个分类规则时也非常灵活。然而前额受损的病人在这个任务上成绩不好。而且，前额双侧受损的病人尤其在转换规则任务上有严重问题。前额受损的病人趋向于坚持或连续使用旧的规则，这种持续症是前额叶综合征的常见症状。对大脑疑似受损病人进行诊断时可以使用推理研究，前述这个例子仅是这类研究中的一个。

学者们对于大脑是进行思维和推理的工具这一点没有疑问，但是，思维过程中涉及大脑的哪一部分以及思维时的神经心理是如何进行的，却是需要认真研究的问题。

了解人们推理及思考时大脑如何运作是当代心理学的一个基本问题，且对哲学中的一个古老问题——推理本质上全都是语言的具有针对性。本章前面所给出的叉子、汤匙位置处理的例子中，如果你是依靠语言得到结果的，那么我们也许可以合理地推论涉及的主要是大脑左半球，大脑右半球很少参与。相反，如果你是在一个描绘物体位置的结构表征中构建模型来解决问题的——事实上是使用非言语技术来想象出项目位置，那么主要是大脑右半球参与活动而左半球却很少。

神经心理学资料支持这种一般性的结论，也认为非言语推理是可行的。在一个研究中(Caramazza et al.,1976)，大脑右半球受损的病人在类似下面的简单演绎推理问题上存在推断困难：

约翰比比尔高。
两人中谁更矮？

与正常的控制组相比，在如下更为复杂的问题上，他们的表现更差：

阿瑟比比尔高。
比尔比查尔斯高。
谁是最高的？

在条件推理研究中，有几篇研究论文(Whitaker et al.,1991)研究了大脑受损病人的问题解决能力。一个研究考察了两组接受过大脑手术的病人(为了消除癫痫症状而进行单侧颞叶前部切除手术)，其中一组是对大脑右半球动手术，另一组则是对左半球。对于错误前提条件的推理问题来说，右半球受损的病人比左半球受损的病人表现更差。考虑以下前提条件：

如果前几天下过雨，那么在将来街道是干的。
前几天下过雨。

右半球受损的病人组倾向于得到结论：

街道上将是湿的。

尽管关于我们所知的雨与道路湿漉在正规图式里是真实的，但在所给定的前提条件下是无效的。

因此，看起来那些丧失了大脑右半球某些功能的病人无法正确完成基于错误前提的逻辑推理问题。尽管一段时间内将继续研究推理"位置"，但将会发现更多的各种皮层"景观"，这些研究可能会获得一个更加有意义的问题，那就是"这些思维过程是如何进行的"。

概率估计

不管我们是否认识到这一点，绝大多数的决定都是和对成功可能性的估计有关的。人们认为天气可能晴朗时计划去野餐，注册参加认知心理学课程的学习是期望得到一定的回报，当看见天上乌云时就会带伞，或者在上飞机前购买(或不买)保险。有些情况下事件发生的概率可以依据数学知识进行计算，而其他事件的可能性则只能通过以前的经验决定。可能在某些情况下我们认为是在理智地行动，因为我们的决定大致是在数学概率的基础上做出的，但是我们的估计有多准确？或者说，在我们认为行动如此合理时，怎么会做出这样愚蠢的事？下一部分将清楚地对这个问题作一定阐述。

特韦尔斯基和卡尼曼的一系列研究(1973，1981；Kahneman & Tversky，1983，1984；and Kahneman & Miller，1986)观察了人们在基于过去经验作出决定时有时会得到错误结论的方式。在一个实验中(1974)，他们问了以下一些问题：

在英语单词中是否以K打头的单词数量比第三个字母为K的单词数量多？

哪一种疾病更可能导致死亡——乳癌还是糖尿病？

如果一个家庭有三个男孩(B)和三个女孩(G)，哪一种出生顺序更可能发生——BBBGGG还是BGGBGB？

以上所有问题都有实际答案，而人们的直觉或估计大都是错误的。例如，关于字母K出现的问题，大多数人回答K开始的单词数比第三个字母为K的单词多，这正好与现实情况相反。为什么人们对这些问题会判断错误？根据特韦尔斯基和卡尼曼的解释，在碰到这个问题时，人们试图产生以字母K开头的单词，然后回忆第三个字母为K的单词。如果你自己试试，就会理解为什么人们会在这个问题上出错。因为首字母的单词比第三位字母的单词更容易得到，人们会倾向于高估首字母单词的频数，似乎对字母概率的估计是从能够获得的非常少的样本的概括基础上导出而得到的。

阿莫斯·特韦尔斯基(Amos Tversky，1935～1996)(左)和丹尼尔·卡尼曼(Daniel Kahneman)(右)提出了人们在解决常见问题时使用的策略。

特韦尔斯基和卡尼曼(1973)的一个实验检验了这个基本思想。实验中要求被试阅读39位名人的名单，其中一份名单中男士和女士的数量大致相等(19位男士，20位女士)，但是女士比男士更为有名；另一份名单则情况相反，男士比女士更有名。然后问被试名单中的男士多还是女士多。在两种情况下被试都对包含更多名人的性别的人数大为高估。考虑到两种性别人数几乎相等这一事实，这种行为的原因就是名人的名字更容易被想起来。

其他的研究者们也用了可得性假设(availability hypothesis)来解释产生于"日常"知识估计中的错误。斯洛维克、费希霍夫和黎克滕斯坦(Slovic，Fischhoff & Lichtenstein，1977)在一个研究中要求人们估计41种致死原因的相对可能性。他们向被试们给出两种致死原因然后要求判断哪一种更容易导致死亡。最严重地被错误估计的死亡原因是那些公众熟知的，例如意外、癌症、食物中毒以及龙卷风都被认为是常见的致死原因。研究推测，因为这些致命的事件受到广泛的媒体关注，因此比更少公开报道的死因更容易获得。

思考论证：你的决策有多理智？

给出你对以下问题的最恰当的估计：

1. 比利(Billy)，一个36岁的又高又瘦，体格不健壮的男子，邻居描述他为聪明，有些害羞和退缩。他乐于助人，爱整洁，富有秩序与结构。比利更有可能是一个销售人员还是图书管理员？

2. 假设你在拉斯维加斯的一个赌博宴会上。(A)昨晚你在一个抢手的投币机上赢了1 000美金，你明天会不会比平常赌得多些？(B)昨晚你发现你存取账号上的钱比你所想的要多1 000美金，你明天会不会比平常赌得多些？

3. (A) 你到一个商店去买便携式收录机，标价为50美金。在相距10个街区远的商店，你发现一个广告上写着同样的东西只要25美金——这么便宜的货。(B) 你进一个商店去买一台价值2 545美金的计算机。在相距10个街区远的商店中，同样的计算机只要2 520美金。你愿不愿去另外一个商店？

答案在本章末尾

决策框架

特韦尔斯基和卡尼曼(1981)认为，决策框架(decision frame)就是一个决策者“伴随某个特定选择的行为、结果及偶然性的观念”。个人在进行决策时采用的框架既受问题形成的控制，也受个体的常模、习惯以及个人特征的控制。他们明确地证实了在不同的情境下向人们给出大致相同的事实时，框架对于他们得到最终结论的强大作用。以下例子表明了不同框架的影响：

问题1(N=152)：假设美国在为一种罕见亚洲疾病的爆发做准备，预期将有600人死于这种疾病。为与该疾病作战，两种可选方案被提出。假设对这两种方案结果的准确科学估计如下：

如果采纳方案A，可以挽救200人(72%)。

如果采纳方案B，有三分之一的可能性600人都能被挽救，同时有三分之二的可能性没有人的生命可以被挽救(28%)。

两个方案中你会选哪个？

这个问题的两个选择中，大部分人选择了方案A(72%)，只有28%的人选择了方案B。挽救200人的预期比另外一个更冒险的选择更加有吸引力。然而，在统计学上，两种选择能够挽救的人数同样多。

向另外一组人给出同一个问题的修改版本：

问题2(N=155)：记住，如果采纳方案A，可以挽救200人(72%)。而如果采纳方案C，有三分之一的可能性没有人会死，三分之二的可能性600人都会死(78%)。

两个方案你会选哪个？

在这个框架下，大部分人选择了冒险的策略：400 人肯定死亡比 600 人有三分之二的可能性死亡更加不可接受。这些问题说明了即使概率相等，问题框架的影响力会如何导致不同的选择。一般来说，含有获益的选择通常被认为是不情愿的冒险，而含有损失的选择则被认为是冒险导致的。

下面是决策框架的另外一个例子，可能比上面的例子更贴近实际：

> 问题 A(N=183)：假设你已经决定看一场戏剧，每张门票 10 美金。当你进入戏院的时候，你发现丢了 10 美金的纸币。
>
> 你是否还会花 10 美金买这场戏剧的门票？

作出肯定回答的人数有 88%。

> 问题 B(N=200)：假设你已经决定看一场戏剧，并已经支付 10 美金的门票钱。当你进到戏院的时候，你发现你的门票丢了。座位是没有编号的，而票也不可能找到。
>
> 你是否会花 10 美金再买一张票？

对于这个修改版本，回答“是”的人数为 46%。在两种情况下，你都是支出 10 美金，损失的钱数相同，然而，第一种情况下愿意买票的人数是后者的两倍。[1]

代表性

一个事件发生概率的估计值，不仅受到事件可能性的影响，而且受到事件代表性程度的估计的影响，这是根据该事件与其总体本质属性的相似程度来表示的。请看以下卡尼曼和特韦尔斯基(1972)的一个研究例子：

> 在游戏的每局中，20 个弹子随机分给 5 个小朋友：阿兰(Alan)、本(Ben)、卡尔(Carl)、丹(Dan)和埃德(Ed)。请思考以下分布：

[1] 建立问题框架也可以产生一个需要的答案，这使我想起以下故事：格雷戈里修士(Young Brother Gregory)在某个修道院呆过短短几天，他天真地问住持在祈祷时是否可以吸烟。答案是“当然不行”。一个星期后，修士问住持，“当我吸烟时是不是可以祈祷？”

I		II	
阿兰	4	阿兰	4
本	4	本	4
卡尔	5	卡尔	4
丹	4	丹	4
埃德	3	埃德	4

在游戏的多个回合中，类型Ⅰ的结果更多还是类型Ⅱ的结果更多？

你的答案是什么？如果你选择了类型Ⅰ，那么你的答案和大多数这个实验的被试的答案相同，当然，也是错的。当被试看到"随机"这个词时，被试明显形成了一种印象，分布会有点杂乱无章或手忙脚乱似的。所以当要求被评判类型Ⅰ与类型Ⅱ时，他们会认为第二个分布太整齐，不可能是随机的。在前面提到的男、女孩出生顺序的模式问题中也观察到同类错误。

另外，令人烦恼的发现是，人们在估计概率时倾向于忽视样本大小。例如，当被问到在1000个儿童中发现600个男孩的可能性和在100个儿童中发现60个儿童的可能性是否一样时，被试报告两者可能性相同。事实上（如果假设男女性别的分布是相同的），第一个的统计结果远远低于第二个统计结果的可能性。

贝叶斯定理和决策

我们已知当给出新的或不同的信息时，人们可能会修改他们的概率估计值。当面对去看电影还是听音乐这两个具有相同吸引力的事物而进行选择时，如果我们知道音乐会只剩下35美金的票时，可能会倾向于作出看电影的决定。一个以其研究者18世纪数学家托马斯·贝叶斯命名的数学模型——贝叶斯定理提供了一种方法以评估那些改变概率值的假设。以下决策情境可以说明这一理论的应用。

托马斯·贝叶斯(Thomas Bayes)(1701～1761)出生于一个富裕家庭，在爱丁堡学习逻辑与神学。他只写过两篇学术论文，并且在死后才得以发表。他发表于1763年的"理论"现已变得越来越流行，最近则被用于心理学和社会学中。

假设你和你爱人之间的长期、浪漫而富有激情的关系在一次可怕的争吵中结束了，在那次争吵中，你发誓再也不要见到她。在过去的几个月中，你回避了那些可能会偶然碰到她的场合。一个你们俩共同的朋友邀请你去参加一个大型宴会。你去与不去的决策是基于你认为前爱人是否会出席的概率。仔细考虑之后，你认为那个朋友很可能不会麻木到同时邀请你们两个。而且，根据以前类似情况的经历，你估计这种随机碰上的概率大约是1/20。这个假设可用数学陈述表示成以下式子：

$$P(H)=1/20$$

这个等式被读作“假设的概率等于5%（或100次当中有5次）”。这个假设是建立在先验概率——也就是已知以前的类似情境时事件发生的概率——基础上的。另一个相反的假设，也就是你的前爱人不会出席宴会的概率也可以表示出来。可以用以下式子表示：

$$P(\bar{H})-=19/20$$

这个等式被读作“假设不发生的概率为95%”。

如果现实情境可以简化成这种概率的说法，那么生活就会简单而枯燥。你可以在不期望相遇与乐于参加宴会之间的概率进行权衡，然后作出决定。在这个例子中，假设你决定参加宴会。当你快到房子的时候，你注意到在车道上停着一辆黄色的大众汽车。几秒钟之内，你计算出这辆汽车属于你前爱人的概率（这进一步说明了她出席了这个宴会），然后将新的信息与以前的关于主人邀请你们两个出席同一个宴会的概率信息一起权衡。这种情况称为条件概率——如果一个特定假设正确时新信息也正确的概率。本例中，假设这辆汽车属于你前爱人的概率为90%（另外的10%可能是由于几个因素，包括这辆汽车出售给了其他人，汽车借给其他人或者这只不过是很相似的汽车）。根据贝叶斯定理，联合概率（1/20她被邀请以及9/10汽车暗示她在场）可用以下公式表示：

$$P(\bar{H}|E)=\frac{P(E|H)\times P(H)}{P(E|H)\times P(H)+P(E|\bar{H})\times P(\bar{H})}$$

其中$P(H|E)$是已知E出现条件下假设(H)出现的概率，或在我们的例子中，是前爱人出现在晚会上的概率（初始的小概率加上现在新证据的概率）。$P(H|E)$代表已知H时E为真的概率（例如，汽车属于前爱人的概率是90%）。$P(H)$是初始假设的概率($P=5\%$)，而符号$P(E|\bar{H})$和$P(\bar{H})$代表事件不发生的概率（分别是10%和95%）。把这些值代入公式中，我们可以得到$P(H|E)$。（注意此处有几个地方与原文符号不同，可能原文有误）

$$P(H|E)=\frac{0.9\times 0.05}{(0.9\times 0.05)+(0.1\times 0.95)}=0.32$$

因此，根据这个模型，晚会上发生不愉快相遇的可能性约为1/3。知道这些可能性，你就可以在这种相遇不愉快的程度与晚会的快乐程度的基础上作出经过研究的决策了。也许你应该把车开到最近的一个付费电话上打电话给你的朋友，告知他你无法参加晚会。

贝叶斯定理符合实际生活到什么程度？当你发现处于上述情境中时，不太可能会

猛地拿出你的计算器来计算 $P(H|E)$ 的大小。爱德华（Edwards）（1968）收集到的一些证据表明，人们在判断条件概率的情况下倾向于比贝叶斯定理所认为的更加保守。在一个关于新信息对被试概率估计值的影响研究中，爱德华给大学生两个内装100个纸筹码的袋子。一个袋子有70个红筹30个蓝筹，另一个是30个红筹70个蓝筹。随机选出一个袋子，要求被试在一次抽出一个筹码之后看完放回，继续进行，在此基础上决定这是哪个袋子。开始时从多数是红筹的袋中抽出一个红筹的概率为70%，从多数是蓝筹的袋中抽出一个红筹的概率为30%。然而，如果从某个袋中只抽一个筹码而且它是红色的，那么按照贝叶斯定理，袋中绝大部分是红筹的概率是70%。人们倾向于低估这种现象的实际（数学）意义，对袋子中主要是装红筹的猜测值为60%。如果第二个筹码也是红色的，袋子中主要是红筹的实际概率为84%。这时，和样本容量更大的情况一样，被试的判断倾向于保守。

将贝叶斯定理应用于现实生活会有特殊问题，因为很难获得对于事件概率的准确估计。以一个国际政治事件为例。几年前美国和前苏联之间的关系相当紧张，有人认为，这会导致公开冲突甚至全面战争的概率增大。如果可以准确评估所有影响力而且可以确定发生战争的概率，那么其他事件对于战争可能性产生的影响（例如前总统克林顿与叶利钦之间的会面）可以被整合到贝叶斯公式中，不论真伪，都可以得到一个概率统计值。有些雄心勃勃的学者们就采用了这种全局性图式来描述心理学、社会学和政治学的领域。

费多高兴地蹦了起来

假设你离开家时留下你的狗费多看家，以免小偷闯进来偷走放在台子上正在解冻的烤肉，它有10磅之重。当你回来时，锁都还完好，所以你知道没有小偷进来。然而，烤肉不见了。不用说，费多是首要嫌疑犯。

根据以前的经验，两次与狗精神病学家的会面，以及它躲躲闪闪的眼神，你判断有95%的可能是费多干的。然而，在判费多有罪之前，你决定再收集一个证据。你为它准备了日常的晚餐然后给了它。令你惊奇的是，它狼吞虎咽地吃完了最后一丁点。你很难认为它刚刚吃掉了10磅的烤肉。你估计如果费多确实吃了烤肉还能这么吃的可能性只有0.02。而正常情况下，它有好的胃口吃晚餐的概率为0.99。在知道轻松吃完晚餐这个事实之后你如何修正原来的怀疑呢？很明显，贝叶斯原理可以派上用场。已知费多吃完了晚餐，它偷吃的概率可以表示成：

$$P(\text{有罪}/E)=\frac{P(E|\text{有罪})\times P(\text{有罪})}{P(E|\text{有罪})\times P(\text{有罪})+P(E|\text{清白})\times P(\text{清白})}$$

由这个故事我们知道：

$$P(\text{有罪})=0.95$$
$$P(\text{清白})=0.05$$
$$P(E/\text{有罪})=0.02$$
$$P(E/\text{清白})=0.99$$

因此，

$$P(\text{有罪}|E)=\frac{(0.02)(0.95)}{(0.02)(0.95)+(0.99)(0.05)}$$
$$=\frac{0.0190}{0.0190+0.0495}=\frac{0.0190}{0.0685}=0.28$$

在进行晚餐实验之前，对于费多来说事情很糟糕。但是在贝叶斯原理的帮助下，我们可以把晚餐实验的结果考虑进去，得到费多很可能是清白无辜的结论。任何爱狗的人都可以看到贝叶斯原理的价值。

在过去几年中贝叶斯定理越来越受到关注(Malakoff,1999)。相关论文数量不断增加的一个原因是台式计算机的无所不在及新算法的开发。有人用到了马尔可夫链蒙特卡罗(Markov Chain Monte Carlo)(内行人称为 MCMC)模拟技术，它借助贝叶斯定理应用以前的知识来预测所有事情，从核磁共振到犯罪现场可能的嫌疑人。依据“种族描述”来判断犯罪嫌疑人的做法已受到置疑。

决策和理性

在某种程度上，本章似乎已经初步说明了人是生物中最有理性的动物。毕竟，我们关于概念形成的讨论表明了，所有正常人都是以理性原则来形成概念的。在三段论推理的讨论中，我们知道即使我们可能被错误论证内容或结构所愚弄，也可以通过逻辑规则来验证论断。最后，在前面关于决策的讨论中，我们知道"理性"人类对大规模事件作决策时常常是非理性的。

我想，就所有人都像你我这么理性(或者说像我们推崇的那样)这一点进行辩论是很愚蠢的，但是就像有人也许会得到结论，基于决策任务所获得的经验结果，我们作为一个物种是非理性的吗?

仔细考察后发现，特韦尔斯基和卡尼曼的结果以及三段论推理的研究表明，人类并不是完美的理性生物。有些人反对这些发现，是由于实验设计以及这些实验必定带来的无法避免的哲学结论。其中一个批评者是牛津大学的 L. J. 科恩(L. J. Cohen)(1981)，他认为：(1) 研究理性应处于自然环境下，而不是在人为实验室里得到的，这些实验并非被设计为说明日常生活中的决策，而且与实际表现无关；(2) 期望普通人能够熟悉许多实验设定的基线和偏离点的概率和统计是不切实际的；(3) 逻辑、理性的规则与普通人的行为不相关，如前面那个想避开以前爱人的不幸人的例子。采用贝叶斯定理，如果他不去参加晚会，两人相遇的概率为 0.32。这个数字对于采取回避行为来说意味着什么？如果两人之间的敌意很强("我再也不会进入他/她的 100 英里以内")，这个数字对于预测所关注的行为而言毫无意义。

总结

1. 思维是一个信息进行转换的内部过程，思维指向并导致问题的解决，在结构层面上，思维导致新的心理表征的形成。
2. 概念形成涉及识别一组事物的共同属性并发现与那些概念属性相关的规则。规则学习、联想和假设检验被认为是对于该过程而言重要的认知活动。
3. 在概念形成时建立和假设检验假设的策略包括扫描与聚焦方法，聚焦方法(类似于科学方法)比扫描方法更为有效。
4. 演绎推理的研究表明三段论问题的结论受到呈现形式(图形或语言)、由前提产生的选项个数、论证形式(例如肯定的还是否定的)与所给问题相关的长期知识，以及解决问题者的智力与教育水平等的影响。
5. 归纳推理所得到的结论通常以概率陈述表示，而且归纳推理吻合于日常决策的程度比三段论或演绎推理更高。
6. 决策研究显示，问题的解决方案受到多种因素的影响，包括记忆因素(可获得性假设）、影响问题形成的参照框架、没有考虑事件与其总体的相似程度，还有低估某个可能事件的数理显著性。

p. 382 问题解答：

A 和 7。

p. 402 问题解答：

问题 1：在美国，有 1 400 万销售人员和少于 20 万的图书管理员，因此，比利更有可能为销售人员。

问题 2：两个情形下赌的数量一样多。

问题 3：都是节省 25 美金。

第十五章 思维2：问题解决、创造性和人类智力

问题预览

1. 过去对问题解决的研究是如何的？
2. 为什么问题表征的方式如此重要？
3. 指出你认为具有创造性的一些人，你对他们的创造性特质是怎样定义的？
4. 功能固着如何使创造性解决问题更困难？
5. 你怎样定义智力？认知心理学家怎样定义智力？
6. 最近遗传学上的什么实验预示着看待智力的新途径？

所有我曾有过的真正好的想法，都是我在挤牛奶时想出来的。

——格兰特·伍德(Grant Wood)

认知学家对人类智力的问题特别感兴趣，因为在某种程度上，智力是人类机体功能的集中体现，这让我们人类独一无二。

——罗伯特·J. 斯滕伯格(Robert J. Stenberg)

"1986年，保罗·麦古芬(Paul McGuffin)生于圣路易斯。他的父亲是爱尔兰人，他的母亲是土生土长的美国人。52年后，在内布拉斯加(Nebraska)，他和阿尔伯特·爱因斯坦下棋时死去。然而，他死于1999。这怎么可能呢?"让我们试着来解决这个问题。你会使用什么办法？你会在失败时一遍又一遍地使用旧方法吗？你会尝试用一种新颖的或创造性的方法来解决问题。在你解决问题的努力中，智力是否参与其中？你努力思考并得出一些解决办法之后，请看下面其他一些解决办法。

在本章我们将介绍被认为是高级认知过程的三个主题的理论和资料，这三个主题分别是问题解决、创造性和人类智力。感兴趣于这三个主题在人类认知大系统中的定位问题的研究者在进行有关研究，而且哲学家和诗人也为这三个主题添光上彩。对问题解决、创造性和智力的兴趣常常能在爱探究事物真相的人和实用主义者这类人身上发现，他们对现实

问题，如我怎样在最短的时间内最便捷地从家里赶到工厂，能不能发明一种可以使我的小面包从出炉到被食用都保持温度的机器，为什么我的女儿写计算机程序比写英语论文好得多，我的汽车机械师能告诉我刮水器出了什么问题，却不能给 IRS 写封能读懂的信是怎么回事……

问题解决

问题解决渗透在人类活动的各个方面，是许多不同领域的共同要素。这些领域有科学、法律、教育、商业、体育、医药、工业和文学，问题解决活动看上去不如在工作和职业生活中有那么多的娱乐。人类、猿类和许多其他哺乳动物似乎由于生存所迫，终其一生在创造性、智能化地解决问题中探寻刺激物，解决冲突。

早期的问题解决的实验大部分都涉及同一个问题：一个人在解决问题时会做些什么？尽管这种描述性的方法有助于对现象进行定义，但在增进人们对于问题解决中认知结构和过程的理解方面却帮助甚微。

所给问题的可能解决方案

1. 在印第安土著人的日历中每一年被计为 4 年。
2. 他是在第 1999 号房间下棋。
3. “1999”是内布拉斯加的小镇名称。
4. 在 2038 年，他们出生 52 年之后，一对卓越的科学家完善了时间机器并回到了 1999 年，以便他们能够再一次迎接千禧年。为打发这天的时间他们下棋，但是保罗的心脏承受不了时间旅行以及进入新千年的兴奋，他死了。
5. 在 2022 年中期的一次大变中，宇宙的所有粒子都开始反方向转动，这就导致了时间逆转。为什么在 2022 年？哈，这是另外一个谜。
6. 这个人移动棋子太慢，所以他 1999 年死了，然而 39 年都没有人注意到。
7. “然而”是保罗父亲的名字。

问题解决(problem solving)是“直接指向解决某个特定问题的思维过程，其中既包括反应的产生，也包括在可能的反应中作出选择”。在日常生活中，人们碰到无数问题并形成反应策略，选择潜在的可能反应，然后在问题解决中检验反应。例如试试解决这个问题：一条狗的脖子上拴着一条 6 英尺长的绳子，一盆水离它 10 英尺远。这条狗怎么能触到这个水盆？这个问题的解决包括了生成可能的答案(在这个问题中是很少的)，选择并试验这些答案，你可能会发现问题的处理技巧。

内省的早期实验技术是由欧洲心理学家们在 20 世纪之前建立的，并在当时传到了美国。它似乎非常适用于研究问题解决。出声思考或者出声言语被认为是阐明了思考过程的机制。早期研究中，实验者告知被试们要做什么以及问题是什么。在任务的问题解决部分，被试们要辨别他们注意到的对象、所处的环境、他们需要努力去完成什么，在某些情况下，还有他们解决问题的尝试性努力。[1]

格式塔心理学和问题解决

早期的实验研究者中德国的格式塔心理学家比较关注问题解决。格式塔(Gestalt)可以粗略地翻译成“构型”或者“有组织的整体”。格式塔心理学家的观点与这个词的意义相一致，他们将行为看成有组织的系统。对事件的觉察并不是对一系列单个元素的感知，而是对这些事件组成的一个整体构型的感知。格式塔心理学家认为，问题尤其是知觉问题的存在是由于知觉与记忆之间的交互作用产生了紧张与压力。通过思考问题，或者从不同角度考察问题，“正确”的观点就会在顿悟中出现。早期的格式塔心理学家(Max wertheimaer, Kurt Koffka, Wolfgang Kohler)证实了问题解决活动中知觉重组的观点，有时是用猿猴作为实验对象。在他们的工作中出现了功能固着(functional fixedness)的概念，这最早是由卡尔·邓克尔(Karl Duncker，1945)提出的。这个概念在问题解决的研究中有相当大的影响，它认为，存在根据熟悉用途来感知事物的一种倾向，而且这种趋势往往使得人们难以用一种不熟悉的方式使用它们(例如用砖作为测量工具)。事实上，物体或思想会变成功能上的定势，当问题解决的任务要求它们起不同作用时，被试需要克服这种“定势”。

尽管我们经常将定势(set)这个术语与解决问题任务中人们的心理状态(习惯或态度)联系起来，它更为广泛(和原始)的定义则包含了感知与思考前准备性的认知活动。在后者这种定义下，定势赋予刺激以含义而提高了感知与思考的质量(例如一个模棱两可的词语、棋赛中的下一步棋，或者社交场合中的下一个反应)。或者，它也可能“定居”于知觉与思考中以起到阻碍作用(例如被试反复试用某种与早期经验有关但无助于问题解决的办法)。例如，邓克尔(1945)给被试三个纸盒、火柴、图钉以及蜡烛，要求他们设计一个方案，让蜡烛可以立在屏风上作为灯使用。实验者向一组被试给出了屏风、放在各自盒子中的蜡烛、图钉和火柴。另一组被试则将这些东西与三个盒子一起给出——也就是说，东西不在盒子里。这个问题的解决办法是用火柴点燃蜡烛，在盒子上滴几滴蜡，将蜡烛粘住从而立在上面，然后用图钉将盒子固定在屏风上。当盒子被预先模式化为容器时，被试解决这个问题的难度比没有时更大。后来的实验者们(Glucksberg & Danks，1969)证实了物体名称的简单“标签”在被试心理会固定成某种定势，它可能加快也可能阻碍问题解决。

早期实验中的问题类型是多种多样的，从机械问题到逻辑问题。备案(被试“出声

---

[1] 这条狗可以走过去。绳子只是拴在了它的脖子上，另一头没有固定。

思考”过程的记录）显示出问题解决过程有几个等级明确的阶段。被试似乎通常从他们对问题的期望出发，随后提出可能解决的办法的假设，并进行检验和验证；如果验证失败，就形成新的假设。因此，这似乎是一个试误过程，用新的假设取代失败的错误假设。这些早期实验很少提到假设如何产生，且对过程中的认知结构并没有提出令人可信的假设。

问题表征

格式塔心理学家们的研究关注任务的性质及其对个人完成任务的能力的影响。最近，学者们已开始从几个不同视角对问题解决中的疑问进行探索，包括现代认知心理学家所谓的表征过程，或者说，一个问题在意识中如何被描述。在整本书中，内部表征的主题是个中心话题。在此不再重复已经给出的材料，需注意的是，在问题解决的任务中信息表征的方式对于找到答案来说非常重要。

> 天下大事，必做于细。
>
> ——老子

解决问题时信息表征的方式似乎遵循一种良好的顺序模式。作为例子，让我们考察大学毕业后要进入到现实社会中的有关问题。海斯（Hayes）（1989）认为问题解决的固定顺序是以下形式：

认知活动	问题性质
1. 识别问题	明天我就要从大学毕业了，这是我人生阶段的一个终点。（是长大的时候了）
2. 问题表征	我就要待业而且没有资助了。我必须找到工作。（不能再依赖父母）
3. 制定解决计划	我要写自我简历，了解工作行情，咨询朋友和老师。（看看有什么办法，我也许可以去西藏做个喇嘛）
4. 执行计划	我要与感兴趣的公司预约并面试。（采取断然行动）
5. 计划的评价	我要根据自己的要求和需要来考虑每一个职位，然后作决定。（谁给的钱多，假期长，而且退休时间早）
6. 解决方法的评价	我要考虑解决这个问题的过程并把这种知识运用到以后的问题解决中去。（我哪里错了）

思考论证：由于解决了这个头疼的问题，因此你认为自己是聪明的

你和你的同伴走在巴西雨林中，碰到了一个峡谷。这个峡谷有40英尺深，60英尺宽，而且两边都有几英里长。你只有一个20英尺的梯子，一把老虎钳，一盒火柴，一支蜡烛，无限长的绳子，还有几块岩石和大石头。你和你的朋友怎么渡过这个裂口？

低于1/10的人能够解答出这个问题。为什么你能够或不能够解出来？你是不是用了所提供的所有装备？答案是不是“简单”？你没有解答出来是不是因为你添加了太多的因素？让你的朋友试试并记录下他们解决问题的方法。看看文中关于“问题表征”的讨论。

答案见本章末尾

如果你想起生活中的问题解决方式，或许会发现自己使用的顺序与上述的相同。这个过程几乎全是无意识的，即你不需要慎重告诉自己说：“我现在处于第三阶段，‘制定解决计划’，这意味着我……”。然而，当你解决日常问题时，这些阶段似乎潜藏在背后。思考真实的或者假想的任何问题（例如，修理坏的烤面包机，解决困难的人际问题，或者决定是否要生个孩子）——然后按照系列步骤完成它。

尽管各个阶段都是重要的，但问题表征显得非常重要，尤其当以视觉表象表征信息的方式时。如果问你43乘以3等于多少，当你进行几个心理操作就很容

易地得到结果时，你会说，这没什么。但是，如果我要求你心算 563 乘以 26，你会怎么进行？如果像许多其他人那样，你会“看到”这个问题，即你进行视觉表征，然后开始整个过程：3×6，“看到”8，进位 1，然后计算 6×6，加上 1，如此进行下去。所有这些操作是在用图像表征信息的条件下进行的。似乎作家的这种倾向更加强烈，他们用包含丰富表象的散文来视觉化地表征事物。有时这些被称为字图（word pictures），就像下面这段索尔兹伯里（Salisbury，1955）的短文所阐述的：

> 一个又瘦又高，长得一脸严肃的人迈着懒散的、孩子气的脚步走向宅邸，并走到我正在刷漆之处。我们正在前廊安装玻璃，而我正穿着我的被漆弄脏的衣服忙于把白色的装饰物涂到窗子上。

你能看到“懒散的、孩子气的”特征（被证实是乔治·柯南），以及“被漆弄脏的衣服”等等。现在看看问题表征如何影响下列问题：[1]

> 当然我可以出去买一个，但是这样既花时间又花金钱。我也可以用旧报纸或包装纸做一个，但是纸要够硬。然后就是使用的问题了。在街上不够好，沙滩最理想，开阔地也可以。最后，天气要好，有一些风，绝对不能是暴风雨天气（除非你是个傻瓜或者对锻炼身体有兴趣）。

当你阅读这个段落时，无疑能理解每个词和每句话，然而你会感到苦恼，还是不能理解正在发生什么。试试向你的朋友读这个段落，然后问问他或她认为这段写的是什么。然而，如果我告诉你段落主题是如何制造和放风筝，其一切内容就“到位”了，你也能够理解整个段落和问题。听见信息表征在问题解决中非常重要。

以上例子都是有关问题的文字表征，但是更多问题更具体。例如，人们要思考房间里家具的安排，上班回家最近的路，为了最高效率选择购买哪些食品杂货等等。问题解决的一个顶尖研究专家，马文·莱文（Marvin Levine）（1993）提出了“往极端处想”的问题解决方法。试试求解他的一个问题：

> 立着的两根旗杆，都是 100 英尺高。一根 150 英尺长的绳子连着两根旗杆的顶端并让其自由下垂。绳子的最低点离地 25 英尺。两根旗杆相距多远？

你能否解答这个问题？你会怎么做？有些人也许已经开始用计算器计算绳子的

〔1〕 受到布兰斯福德与约翰逊（1972）研究的启发。

凹线了。另外一种方法是画一幅这个问题的图(见图 15.1)。这个问题的解决方法很简单,也不需要高级的几何知识——只需要常识。记住,往极端处想。答案在本章末尾。

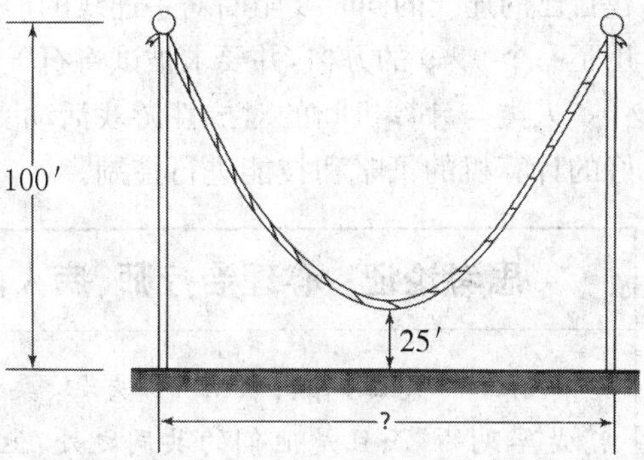

图 15.1　旗杆问题的视觉表征

这些例子都强调了问题表征方式的重要性,某种问题表征方式可以增强你找到答案的能力。一般来说,这些例子的解答都似乎发生在一个意识的“闪光”时刻——格式塔心理学家们称为“顿悟”——在那个时刻“灵光”突然产生,问题的所有部分都具有意义。然而,问题解决经常是通过对问题的多个小部分的逐步揭示而实现的。这种方法有时被称为手段-目的分析法(means-end analysis),解答大问题的组成成分是一种达至最终解答的手段。在后面我们将进行更详细的讨论。现在,来试着解答一个需用手段-目的分析法来解决的问题。这是问题解决和问题表征内容的最后一个例子,见下页方框中的内容。

这个问题的底部是一个用来记录你的推断和演绎的表格。不依靠其他外界表征的帮助,你不太可能解出这个问题。

问题解决和内部表征

在定义内部表征中的认知过程方面,认知心理学家们似乎花费了最大的努力,直到前不久才对问题解决活动中使用的明确认知结构有一些系统的探索。已经出现的模型很大程度上依靠已知的记忆结构和语义网络知识——理由也很充分:这两个领域中的文献都非常广泛,而且问题解决与记忆因素、语义网络因素也理所当然地相关。

内部表征模型:艾森施塔特(Eisenstadt)和卡里夫(Kareev)。艾森施塔特与卡里夫(1975)探索了人们在玩棋盘游戏时展示出的问题解决的几个方面,提出了一个网络模型。他们的注意力集中于下棋者形成的棋子位置的内部表征和知识表征。虽然他们只对传统的亚洲游戏——围棋和五子棋进行了研究,但是假定他们提出的模型很灵活,可以用于许多游戏。一块板上有着 19 行和 19 列直线垂直相交组成的格子,围棋和五子棋就是在这样的板上玩的。棋子是白色和黑色的小“石子”,这些石子放在格子的交点处。游戏的目标是抓住对手的石子并占领地盘。在围棋中,下棋者交替放置石子,如果一个下棋者的棋子被另一个人的棋子全部围住了,就被认为是被抓住然后从棋盘中全部取走。五子棋是在同样的板上玩的,但是此时游戏的目标是五个棋子连成直线。在创建自己的连线的同时要阻断对手连线的形成。为简化这个游戏，艾森施塔特与卡里夫使用了一个 9×9 的方格，并要求被试将石子放在格子内部而不是格子交点上。

人类与计算机间的对抗性游戏活动受到研究，这就使得研究者们可以对游戏玩得好的计算机的策略和技能进行控制。

思考论证：心理治疗师、病人间的问题以及你们要思考的问题

有三对夫妇，鲁宾(Rubin)夫妇、桑切斯(Sanchez)夫妇和泰勒夫妇，有一件事情是罕见的，而且是他们的共同之处：他们 6 个人都是心理治疗师。这 6 个人的名字分别是卡伦(Karen)、劳拉(Laura)、玛丽(Mary)、诺曼(Norman)、奥马尔(Omar)以及彼得(Peter)。就像命中注定，每个医生(但其配偶不是)都是另外一个医生的病人。还有其他几个事实：

1. 卡伦是鲁宾夫妇中一个的心理治疗师，劳拉则是他们中另一个的心理治疗师。

2. 玛丽是泰勒夫妇中一人的病人，彼得是他们中另一个的病人。

3. 劳拉是桑切斯医生的病人。

4. 彼得对奥马尔进行过心理治疗。

已知这些事情，决定每个心理医生的全名以及谁治疗谁。用下表来记录你的推断。这个中等难度的问题不太可能心算出来，建议将不可能的组合用"○"标记。从这些标记出发可能对其他的可能或不可能的组合作出推断。因为女人不可能是丈夫，男人不可能是妻子，我已经把这些交叉点标上了排除记号"○"。提示：看条件 1，因为卡伦和劳拉是鲁宾夫妇的心理医生，他们就不可能是鲁宾。谁是鲁宾夫人？用"V"作标记。继续下去，祝你成功。当你完成这个问题时，试试指出你所使用的推断过程。

	鲁宾		桑切斯		泰勒	
	妻子	丈夫	妻子	丈夫	妻子	丈夫
卡伦		○		○		○
劳拉		○		○		○
玛丽		○		○		○
诺曼	○		○		○	
奥马尔	○		○		○	
彼得	○		○		○	

问题解决任务（以及大多数其他任务）中的内部表征是高度主观的，真实生活中结构的心理描摹不一定完全符合被试的内部表征。例如，当图 15.2A 所示结构被认为是五子棋棋局时，对下棋者来说，图 15.2B 中添上“×”后显示的是一个重要模式（因此，在这里它是众多内部表征中给定的一个）；然而在围棋中，重要的表征可能就是图 15.2C 中所示的包围结构。受感知者动机的影响，问题的知觉组织会而且经常与任务的物理属性不同。为了说明真实世界事件与内部表征的不同，艾森施塔特与卡里夫要求被试分析图 15.3A 中所示的五子棋棋局，并让黑棋走出最佳一步，然后要求被试在没有轮廓的情况下“复盘”。随后，向他们呈现图 15.3B 中所示的围棋棋局，要求走白棋，之后再“复盘”。图 15.3A 和图 15.3B 中的棋局是一样的，只是后者旋转了 90°并

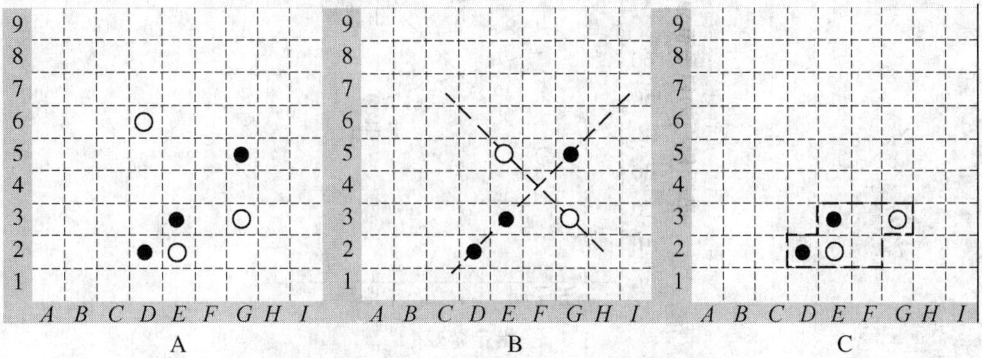

图 15.2 棋局 A：五子棋中被试把同一模式组织为五子棋棋局
B：围棋中被试把同一模式组织为围棋棋局 C

资料来源：Eisenstadt & Kareev，1975。

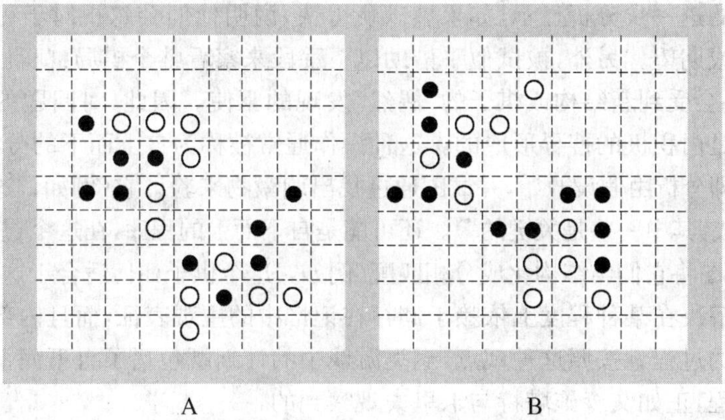

图 15.3 棋局 B 中的棋子位置是棋局 A 逆时针旋转 90°后并与原图形成轴对称图形，棋子颜色互换

资料来源：Eisenstadt & Kareev，1975。

与原图形成轴对称图形，然后把石子的颜色互换。因此，就棋子来说，两个任务提供了基本相同的信息量。但是，研究者分析出围棋和五子棋中各自的 6 个关键棋局；本质上，这些棋局分别构成了两个游戏的模板。依赖记忆的"复盘"是指导语的直接函数，即，如果被试认为这是围棋游戏，他们回忆起围棋的关键棋局；如果告诉他们这是五子棋游戏，他们回忆起的是五子棋的关键棋局。图 15.4 所示的是，关键棋子正确回忆的百分数是被试所认为的游戏类型的函数。

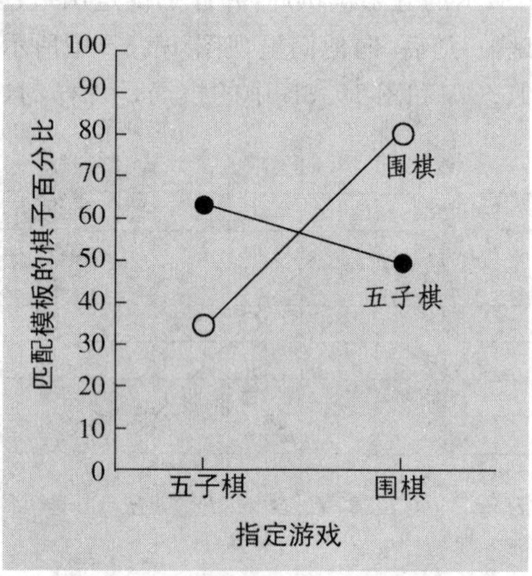

图 15.4　被试被告知是在看什么游戏时，他们对关键棋子正确回忆的百分率

资料来源：Eisenstadt & Kareev，1975。

对游戏的进一步分析显示，如果被试玩得快，说明他们会忽视对于可能出现不同图形的计划或期望。另外，被试似乎借助以下手段来察看整个棋局："积极搜寻特定模式，而且搜寻会受到新结构或棋子的'偶然'发现的驱使。"因此，对问题的扫描似乎说明内部表征是由积极的搜寻形成的。这种操作通常被称为自上而下的分析（计算机科学术语），意即分析由假设开始，并试图通过找出刺激物来验证它（例如，"这个问题由一些刺激物组成，其中一些是关键的"）。还可能是自下而上的程序，在这个过程中，刺激物被考察后，试图将它们与结构化成分相匹配（例如，"这个棋子如何适合于这个问题"）。

问题的解决在某种程度上依赖于储存在记忆中的主观表征，而且内部表征的形成是一个积极的过程。按照这种观点，棋类游戏中的计划既包括了自下而上又包括了自上而下的过程，正如艾森施塔特与卡里夫观察到的：

被试预先计划时，会使用同种搜寻过程。问题空间的内部表征中，棋子

"表象"的布局自动激活了一种自下而上方式的预备加工。决定如何放置棋子需要结合考虑这种方式，因而当然是一个自上而下的，由假设驱动的加工过程。这一点有助于解释人类问题解决行为的一种标准性观察：人们遵循一种"逐步深入"的搜寻策略，而不是深度优先或广度优先的策略。很明显，这是因为，一旦在工作记忆（短时记忆）中想象走动棋子，它们就无法被删除。因此，支持按序推进的结果将很容易超过记忆容量。结果是，被试倾向于重新开始搜寻过程，而非倒退几步。

通过对棋局游戏的仔细分析，艾森施塔特与卡里夫已经大致描绘出现代认知心理学领域中问题解决的可能核心机制。但仍有许多问题还没有解决，尤其是内部表征与结构方面的详细内容。

创造性

每个人都有创造性，但是其程度有很大不同，这是一个合理的假设。例如，乔治亚·奥基夫（Georgia O'keeffe）、巴克明斯特·富勒（Buckminster Fuller）、沃尔夫冈·莫扎特（Wolfgang Mozart）或托马斯·杰斐逊（Thomas Jefferson），他们不仅是天才存在的明证，而且广为人知。许多创造性的天才肯定存在，但是没有被认识清楚。

本节用到的创造性的定义是"以新异方式看待问题或情境的一种认知活动"。这种定义并没有将创造性过程局限于实用主义行为上，尽管创造性人才的例子基本上是由于他们创造了有用的发明、文学作品或者理论。

创造性过程

过去 20 年中并未出现一个占统治地位的理论，它可以将不同的有时是互相冲突的创造性研究统一起来，这是具有讽刺意味的。未出现这种统一理论既表明这个主题固有的难度，也说明了对它缺乏广泛的科学关注。然而，创造性被广泛宣称为日常生活及教育的重要部分。

在认知心理学的历史中，很久以前，华莱士（Wallas，1926）认为创造性过程按序经历四个阶段：

- **准备阶段**（Preparation）。形成问题并为解决问题作出初步努力。
- **潜伏阶段**（Incubation）。考虑其他问题，将问题留在那儿。
- **显现阶段**（Illumination）。对问题有所洞察。
- **检验阶段**（Verification）。试验和/或实施解决办法。

华莱士的四阶段理论几乎没有实证效度，但受到大量心理学文献的支持，它们来自产生创造性想法的人们的内省报告。这些报道最常引用的是发现富克斯函数性质的法国数学家庞加莱(PoinCaré，1913)的研究。对方程研究了一段时间并得到一些重要发现之后(准备阶段)，他决定去进行一个地质旅游。在旅行期间他"忘了"他的数学工作(潜伏阶段)。后来庞加莱这样描述激动人心的顿悟时刻："到达库坦斯(Coutances)之后，我们上了一辆公共汽车去某个或其他地方。就在我的脚踏上车的时候，我想到了这个主意，我以前的想法中似乎没有什么为其有所铺垫，我用来定义富克斯函数的变换与非欧几里德几何的变换相同。"作者还告诉我们，当他回到家时，他在休闲时间里证明了这个结果。

华莱士的创造过程四阶段模型为我们分析创造性提供了一个理论框架。接下来我们对每个阶段进行简单介绍。

阶段1：准备。庞加莱在他的笔记中提到，15天以来他一直在精心思考这个问题。在那段时间里，他似乎已经想到了几个尝试性的解决办法，但在检验之后，基于这样或那样的原因都放弃了。然而，认为准备期是15天肯定是不正确的。他作为数学家的整个专业生涯以及他大部分的童年都可以被认为是属于准备阶段。

名人传记中的一个共同背景是，即使是在童年，他们已经建立了观点，获得了知识，检验了某个具体方向上的尝试想法。这些早期的想法往往塑造了这些富有创造性的人们的最终命运。这个过程有许多不解之谜，其中一个就是，为什么其他同样有相似的环境刺激(或者在很多情况下是环境丧失)的人却无法认识到自己的创造性才能。也许应该更多注意创造性的基因学基础。

阶段2：潜伏。为什么创造性的突破常常是在问题被搁置一段时间之后？也许最实用的答案是，因为我们生活的大部分内容是娱乐、看电视、轻装潜水、玩巴棋戏(Parcheesi)、旅行，或者躺在太阳底下看云飘浮，而不是苦思一个需要创造性解决方法的问题。所以创造性活动更多地发生在休闲期之后，仅仅是因为这些休闲期更多地占用了我们的时间。

关于潜伏阶段，波斯纳(1973)提出了几个假设。一个是认为潜伏期让人们从解决问题所产生的疲劳中恢复过来，此外，在一个艰苦的任务上中断可以让人们忘掉解决问题的不恰当方法。我们已清楚功能固着会阻碍问题的解决，人们有可能在潜伏期忘掉了已有的、不成功的问题解决方法。潜伏期有助于创造性过程的另外一个原因是，在这个阶段人们实际上可能是无意识地思考问题。这种观点类似于威廉姆·詹姆斯的著名格言，"我们在冬天学游泳，夏天学滑冰。"最后，问题解决过程的中断可能允许对材料进行重新组织。

阶段3：显现。潜伏并不总是导致显现(我们都知道，许多人在生命的大多数时间中一直在潜伏，至今都没能显现)。但是，一旦出现，这种感觉非常清楚。突然，电灯泡亮了起来。创造者会感觉到突如其来的激动，因为想法的各种碎片都凑到一起了。所有相关的想法互相补充，无关的想法被放弃。创造性突破过程就是显现阶段上的各种点子充满于大脑中。DNA分子结构的发现、苯环的构成、电话的发明、交响乐的完成以及小说构思都是——在显现时刻，对于困扰多时的老问题，头脑中充满着各种创造性解决方法。

阶段4：检验。伴随洞察力的发现有时会令人欢欣雀跃。而这之后，要对这个想法进行检验。这是创造性过程的扫尾阶段，以检验创造性成果的合理性。人们经常发现，开始以为是创造性的解决方法，在仔细检查之后才知道只是一个智力假金矿(intellectual fool's gold)。这个阶段可能很短，就像在检查一个人的计算或者看发明物是否工作的情况那样；然而，在有些情况下检验可能需要一生的研究时间不断检验和再检验。

创造性和功能固着

在本章前面部分讲述的是功能固着如何阻碍问题的解决。功能固着也可能阻碍创新(这说明了问题解决和创造性概念之间的相似性)。一遍又一遍地做同一件事或者重复同一个想法的人被认为是相当缺乏想象力的，更不用说在社交上显得沉闷无趣了。另一方面，有创造性的人在似乎无关的东西之间能看出新异的或者不常见的联系，例如在小树上套上一个过大的轮胎，这样，当树长大后就可以有一个固定的环状椅子。

几年前有些心理学家认为，评价创造能力也许可以通过测量人们能够多大程度上看出似乎无关的词语之间新的联系。梅德尼克(Mednick，1967)开发出一个这样的测验，称为冷僻关联测验(Remote Associations Test，RAT)。它要求人们生成一个与三个词都有逻辑联系的词。看下面两组中的三个词：RED(红色的)、BRIDGE(桥)、ANGRY(愤怒)，以及HEAD(头)、SICK(恶心)、PORT(港口)。如果对第一组词你说出"cross(十字架、通过、易怒的)"是正确的，那么，第二组的共同性质是什么呢？

冷僻关联测验(RAT)至少测量了创造性(creativity)的一个成分，但是它也可能测量了其他东西。此外，一些很有创造性的人在这个测验上也可能会惨败，这说明创造性概念难以捉摸。是否因为与刺激物的联系虽多，但我们的创造性却是无意识的，例如词语、视觉情景或者音乐片段，但是这些未被意识到？鲍尔斯(Bowers)及其同事(1990)在称作三元组二分(dyads of triads)的任务中对冷僻关联研究进行了扩展。其中一个任务和RAT一样，词语是一致的三元组，就像前面提到的那些词，或GOAT(山羊)、PASS(通过)、GREEN(绿色)这样三个词，它们都是围绕着中心词"山(MOUNTAIN)"。然而，BIRD(鸟)、PIPE(管)、ROAD(道路)三个词被认为是非一致的，因为似乎没有明显的共同元素。在这个研究中，给被试许多一致或非一致的三元组，如果可能的话还要求他们找出共同的元素。此外，要求他们判断哪些三元组是一致的。结果显示，他们能够识别出一致的三元组，即使无法想出解决方案。被试似乎知道存在一个共同元素，但是无法完全讲出来。可能被试激活了冷僻关联任务的部分解决方法，而且这可能是解决任务时创造性的一个方面。这种观点可能与直觉概念有关(《牛津英语词典》中直觉的定义为“头脑中对一个对象的没有涉及任何推理过程的直接理解”)，这个术语常常在科学文献中被诽谤。人类的直觉可能确实是创造性活动中发现阶段的一个重要部分。

创造性的投资理论

你可能已听说过，一种明智的投资策略就是低价买入高价卖出，那些采用这个不证自明格言的人就是这样累积财富的(而那些反过来做的不幸的人却损失了财富)。有人推测投资智慧和人类创造性之间存在较明显的相似性。依靠创新、智慧或经济敏感性的精明的投资者们知道何时买入何时卖出。这些人可能会在别人拒绝的地产或股票上投资，其他人却认为这种行为似乎是愚蠢的，直到值得投资的商机出现时他们才会改变看法，然后就一拥而上。在投资价值还较大时，最早进入的投资者却开始卖出。事实上，在这种情况下他们的行为就是有创造性的。

在科学、艺术、文学、音乐以及其他许多领域中，创新人物也是“低价买入高价卖出”，即他们进入到了基础性层次，他们在努力的初始阶段常被认为是愚蠢的、没脑筋的或更糟。如果观点有价值，那么其他人就会加入，但我们并不把他们的行为看成是很有创造性的。许多情况下，创新人才会“高价卖出”，意即如果观点变得流行，他(她)会转移到其他问题上。[1]

斯滕伯格和鲁巴特(Sternberg & Lubart，1996)在创造性的多重评价基础上，建立起来一个包含六个属性的理论。创造性的这六个侧面是：

- 智力加工
- 用脑风格
- 知识
- 人格
- 动机
- 环境内容

真正具有创造性的行为很罕见，这并不是因为人们缺少任何一种属性，而是因为很难使六个属性同时工作。这些属性看起来很像我们在商业企业中可能见到的投资

〔1〕 见托马斯·库恩(Thomas Khun，1962)关于科学变革的发展分析，其中有相似的论证。

证券。我们的投资证券是创新活动的基础。证券的这六个方面可以联合起来得到一生各个阶段的创造力表现，而且智力环境，例如学校或家庭生活，对创造力有重要的早期影响。

斯滕伯格和鲁巴特的成果的重要性在于它提供了创造性的一般理论，指出了可以分析和追踪研究的具体属性。很明显，创造性不是单一特质、技能或能力，而是可识别和分析的几个因素的合成。而且，对创造性的评估并不是简单地确定属性的数量，然后将它们加起来得到一种创造性指标。更准确地说，它是要确定和评估这些属性之间交互作用的强度。属性的强度和可能的交互作用的数量一起形成了一个复杂网络，这可能会使某些科学家感到迷惑。事实上，整个想法也许是不可思议的复杂。可能这种理论的提出者们也正投资于一种别人所认为的冒险事业。对别人来说，似乎斯滕伯格和鲁巴特是在低价买进。

创造性的判断

不管我们是否这样下定论，美国人乐于判断创造性活动和人物。所有事物——从最新的意大利跑车到最近的斯蒂文·斯皮尔伯格的电影，到滑冰冠军的表演，到性行为都以其原创性和创造性价值作评价。在许多情况下对创造性活动作判断是高度主观的事情。有时标准是由该领域的某个权威设定的，例如著名的汽车设计专家、电影评论家、前奥林匹克滑冰运动员或者一个具有很强辨识能力的人。这种方法对于心理学来说似乎更像一种艺术而不是科学，因此，可以理解许多迷恋科学的心理学家更愿意穿着白大褂，在他们黑漆漆的实验室里观测猫或注视一条垂直线时在示波镜中产生的标志信号，而不是评价一个创造性的活动或人物。然而有些大胆的人闯进了他们的高尚同事们害怕踏入的领域。

发散生成测验。J. P. 吉尔福德(Guilford，1967)将他长期而卓越的职业生涯中的大多数时间都投入到开发包括创造性在内的心理能力理论和测验上。他区分出两种不同思维形式：聚合思维(convergent thinking)和发散思维(divergent thinking)。许多教学中都强调聚合思维，要求学生回忆事实信息，例如：

保加利亚的首都在哪里？

发散思维要求人们对一个问题产生许多不同的答案，这些答案的“正确性”有点主观。例如：

你可以用砖做多少不同的事？

聚合思维的答案可能是“建一栋房子或烟囱”，稍微更发散的回答可以是“做一个书架”或者“做一个烛台”，而更加离奇古怪的发散性回答可能是“在紧急情况下做颜料”或者“作为告别礼物送给将要第一次登上月球的人——登月鞋”。只注意反应的产出不是创造性思维。一个人可以用砖去做糖果店、面包店、工厂、鞋厂、卖手工雕刻木制品的商店、汽车加油站等等。发散性的或更有创造性的答案会以一种更加抽象的形式利用物品或观点。发散性思维者的思维过程更加灵活。

如果产出是创造性的一个有效度量，那么计算砖类型问题的回答个数，就可以得到对创造性的量的评估。然而正如前面例子所显示的，这是不正确的，所以要使用主观性的评价。我猜测，大多数人会同意，砖作为登月鞋的回答比列出用砖造出各种建筑物的回答更有创造性，尽管后者更实用。

文化障碍。为什么有些人能创造性的得到物体的用途，如砖块，而其他人不能？部分答案可能在于每个人的文化传统。詹姆斯·亚当斯(James Adams，1976b)通过下面问题给出文化障碍的一个例子：

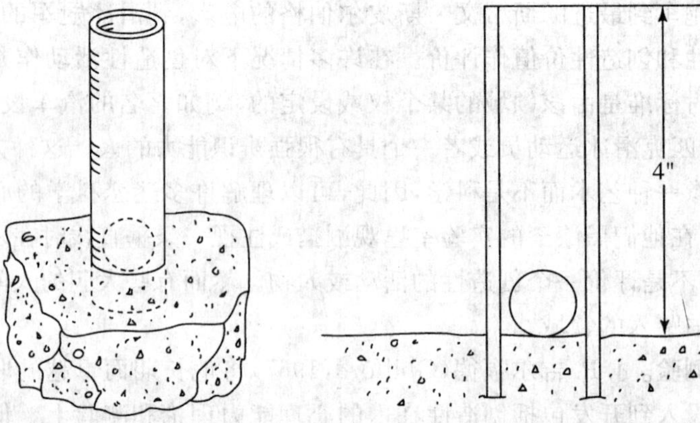

练习：假设一根钢管铸在一间空房的混凝土地板上，如插图所示。其内径比管内底部的一个乒乓球的直径(1.50英寸)大0.6英寸。房间中有6个人，你是其中之一，还有以下物体：

100英尺的晾衣绳
一把木匠用的锤子
一把凿子
一盒麦片粥(早餐)
一把锉刀
一个金属衣架
一把活动扳手

一个电灯泡

在5分钟内列出你能想到的尽可能多的方法，将乒乓球取出钢管，而不损坏球、管子和地板。花一点时间想出解决这个问题的创造性办法。

如果你的创造力和我类似，你可能会想，“如果可以损坏地板、乒乓球或者管子，我可以几分钟就把球弄出来。”然后，你可能会考虑如何使用清单中各个物体或将它们改造成工具。如果你能够产生这些物体一大堆的可能用途，就显示出了你在一段时间内产生许多概念的能力或流畅性。然而，如果你能够产生一些不同的想法，就显示出了你的灵活性。创造性的解决问题可能通过流畅性来实现，即你可以想出足够多的概念以找出一个合适的。但在许多情况下，流畅性并不能导致问题的解决，甚至会浪费时间。思考应更加灵活。

你解决了管中取球的问题了吗？也许你想到将衣架分开，压平末端，做一副巨大的镊子。其他更加灵活的方法还包括用灯泡的灯丝做一个套圈。另外一个可能的方法是让6个人中的一个撒尿进管中，让球浮在表面。为什么你没有想到这种方法，或者如果你想到了，为什么你能想到这种方法？有可能是因为文化禁忌禁止当众大小便，你没有想到这种方法（向那些受不了双关语的人道歉）。因为没有限制时间，你也可以用麦片粥做成黏糨糊，将晾衣绳浸入其中，后将它放入管中的球上使之变干，然后就可以慢慢地移动球。或者，6个人可能可以使整个房间和混凝土地板翻转，让球滚出管子（指导语只说，管子铸在混凝土地板上和一组6个人在房间里）。毕竟有可能是很小的房间，6个人很容易协商解决。为什么你没想到？可能你可以用手头的工具发明一个抗重力机器或通过超常意念让球在管子外面（究竟什么是现实）。如果你有其他独创性方法，也可以将它们寄给我。人们的创造性思维能力部分由其文化和教育决定。

培养创造性。就创造性本是文化和教育的功能而言，创造性是否可教？答案与创造性定义有关。通过训练有可能使得人们和以前相比思维更加灵活，在创造性测验中得分更高，解决难题更有创造性，以及更加深入地探索科学和哲学问题。然而，很难通过实证证明可以仅仅通过训练将一个随机选出的人塑造成像罗西尼（Rossini）、德·昆西（De Quincey）、凡·高、爱因斯坦、毕加索、狄更森或者弗洛伊德之类的人。

海斯（1978）认为可以通过以下方法提高创造力：

- **建立一个知识基础。**科学、文学、艺术和数学中的丰富背景似乎为创造性人才提供了一个更大的信息库，借此他们可以成就并利用其创造性天赋。上面提到的创造性人物都花了许多年用于收集信息、完善技巧。在创造性艺术家和科学家的研究中，安妮·罗（Anne Roe，1946，1953）发现，她研究的人群所具有的惟一共同特征是，非同寻常地努力工作的意愿。苹果落在牛顿头上并激发他建立起万有引力理论，它撞击到的脑袋蕴藏着丰富的知识。

● **为创造性创造出合适气氛。**几年前头脑风暴技术流行起来。头脑风暴的要旨就是团体成员生成尽可能多的观点，而不会受到别人的批评。这种方法不仅能够对问题产生许多看法或解决途径，而且可以用于个人身上以促进创造性观点的形成。我们常常是因被他人或自己所限制而无法产生奇异解决方法。

● **寻找类比物。**一些研究(Hayes & Simon，1976；Hinsley，Hayes，& Simon，1977)显示，当新问题与人们已知如何解决的老问题相类似时，他们也不能辨认出来。在对问题形成创造性的解决办法时，考虑你以前曾经遇到的类似问题非常重要。在从4英尺长的管中取出乒乓球的问题中，一种方法是用麦片粥做糨糊。假设你碰到了类似的难题，也许现在就能通过类推思考，回忆起乒乓球管子的问题以及麦片粥胶水的方法。

人类智力

定义问题

除了广泛使用的词“智慧”(intelligence)，心理学家们没有对任何定义达成共识。然而，许多人认可所谓的高级认知形式的所有主题——概念形成、推理、问题解决、创造性、记忆和知觉——都和人类智慧有关。不久以前，斯滕伯格(1982)要求人们指出具有智慧的人的特征，所获回答中最多的是“合乎逻辑地、良好地推理”、“阅读面广”、“思想开放”以及“阅读理解力强”。我们可以把“为了理解具体和抽象概念以及事物和观点之间的联系，习得、回忆、运用知识的能力，以及有目的运用知识的能力”作为人类智慧的操作定义。

最近，对人工智能方面的兴趣使许多心理学家开始考虑人类智慧有什么独特之处，以及计算机有智能化(像人一样)行为需要什么能力。尼克森、珀金斯和史密斯(Nickerson，Perkins，& Smith，1985)汇编出以下能力清单，他们认为这些能力代表了人类智慧：

1. 区分模式的能力。所有正常智力者似乎都有能力把不同刺激分成不同的类别。这种能力是思维和语言的基础，因为单词一般代表范畴信息。例如，电话指代用于长途电子通讯的很大一类客体。如果你把每部电话当成独立的、未分类的现象，可以想象其所引起的麻烦。

2. 适应性地改变行为——学习能力。许多理论家认为人类智慧的最重要的标志就是人能适应其所处的环境。

3. 演绎推理的能力。正如我们前面所讲述的，演绎推理包括由所陈述的前提作逻辑推断。如果已知前提“所有纳帕河谷的居民都喜欢葡萄酒”以及“费尔·史密斯住在纳帕河谷”的正确性，我们得到结论“费尔·史密斯喜欢葡萄酒”，由此，我们推断具有一定的演绎推理能力。

4. 归纳推理——概括能力。归纳推理要求人们超越所给的信息，从特例中发现规律和原则。如果费尔·史密斯住在纳帕河谷，喜欢葡萄酒，他的邻居也喜欢葡萄酒。而且如果他的邻居也倾向于喜欢一点甜饮料，你可能会得到一种印象，另外一个邻居也喜欢发酵的葡萄。虽然这可能不对，但这往往是“聪明的”。

5. 概念模型形成与使用的能力。这种能力意味着，我们对于世界是什么及它如何运行具有了印象，然后使用这个模型去理解和解释事件。尼克森及其同事用了以下例子：

> 当你看见一个球从沙发底部的一边进去然后在另外一边出现时，你怎么知道出来的这个球就是进去的那个？事实上你确实对此没有把握，但是你对于世界的概念模型引导你作出了这样的推断……此外，如果出来的球与进去的球颜色或者大小不同，你可能会推测要么出来的球不是进去的那个，要么在沙发下面发生了某种奇怪的事。
>
> 人们“知道的”很多都是未直接观测到的，但可以从其他类似东西或者事件的过去经验中推测到。例如，我不知道在亚利桑那州（Arizona）出生长大的我的理发师是否能够告知时间或说印第安语，但是通过我的行为表现好像他能够告知时间但是不会说北印第安语，然而如果一个人是在印度东北省的村庄中长大的，模型也许会相反。

6. 理解能力。一般来说，在解决问题时，理解能力与发现问题中关联的能力，以及评价这些关联的含义的能力有关。智力测验中，理解效度是最难以捉摸的问题之一。

智力的认知理论

如果信息加工经历系列阶段，每个阶段中只执行一个独特的操作，那么可以认为人类智力与信息加工相互作用的结果是人类智慧的成分。本质上，这就是赞成认知信息加工理论的认知心理学家们定义智力的方式。人们热衷于建构模型似乎是开始于认知心理学家们对计算机智力的着迷（本书第十六章就是关于人工智能或者智能计算机模拟的）。在人类智慧和人工智能之间作类比是无法避免的；来自外部世界的信息被感知或者输入、储存在记忆中，然后被进行转化后输出。而且，信息加工类似于计算机程序和人类智慧功能，包括智能。

短时记忆。作为认知心理学家研究智能的一个典型事例，我们首先来分析华盛顿大学的亨特（Hunt，1978），亨特、卢尼伯格和刘易斯（Hunt，Lunneborg & Lewis，1975），亨特和兰斯曼（Hunt & Lansman，1982）的研究。亨特及其合作者提出的一个问题是："高能力和低能力被试的信息加工方式有何不同？"根据大学入学标准化考试，如学术性向测验选出两组被试——高能力学生和低能力学生，问他们一些常识问题，这需要在长时记忆中搜索，并将检索速度作为因变量。

伊尔·亨特(Earl Hunt)在认知心理学的框架中研究智能以及人工智能。

亨特用来测量反应时间的测验是由波斯纳及其同事（1969）开发的字母配对任务，本书第七章中对其已作了详细讨论。该任务要求被试判断两个字母（如 A－A 或 A－a）是否匹配。在有些情况下字母是物理特征匹配的，另外一些情况下是名称匹配。从信息加工观点来看，物理特征匹配只需要被试从短时记忆中提取字母后作决定；在名称匹配情况下，被试除了在短时记忆中得到两个字母之外，还需要检索字母的名称（假定储存在长时记忆中），作出决定后按反应时键。亨特假设，物理匹配只反映了视觉形式编码及比较的结构化加工，而名称匹配反映了一定水平上的信息编码效率，这个水平是指将一个字母的物理表征与长时记忆中的名称建立联系。人们自然就会提出，将从长时记忆中检索信息的速度假设为词语能力的度量。在物理匹配（A－A）的第一种情况下，低能力组和高能力组差不多同样好，在名称匹配（A－a）情况下，平均而言，低能力组作出正确决定所花的时间比高能力组要多。两个组的差异在25到50毫秒的范围内，这确实看来似乎相差很小；但是，当我们考虑到在正常阅读（如阅读课本）过程中要对无数字母和单词进行解码时，这些短的时间差异的影响会很快地累加。这种结果对于不同的被试组，如大学生、10岁小孩、稍大的成年人以及心理迟钝者来说都成立。

在另一个研究中，亨特（1978）使用修改后的布朗-彼得任务（见第七章）来研究词语能力高与词语能力低的人之间的差异。也许你可以回忆起来，该任务要求被试减3倒数一段时间后，回忆一个三字母音节。亨特使用的是四个字母的音节，而且要求被试读出阿拉伯数字。实验中两组被试回忆起来的字母数有显著差异。此外，两个组的保持曲线互相平行，这说明，与低词语能力组相比，高能力组可能在词语信息的编码效率上更高（而不是仅仅保持住更多信息）。最后，亨特使用斯滕伯格范式（见第七章）来鉴别高、低词语能力两组被试的差异。正如我们所预计的那样，他发现在这个任务上前一组比后一组的表现好。

亨特和其他人的研究是重要的，这有两个原因。第一，这些研究表明，信息加工范式为研究人类智能提供了许多有用的方法。除了词语能力之外，智能的其他度量——如数学能力、空间能力甚至可能包括一般智能，都有可能根据相当简单的认知过程和机制得到它们的一些复杂秘密。第二，短时记忆与智能的词语成分相关，不一定是因为保存在短时记忆中的项目数与智能存在关键性的相关,而是因为简单的认知过程与操作,例如字母名称的识别或者对三字母组合的检索都依赖于长时记忆,而短时记忆敏感性可以反映出个体智能差异。

一般知识。从最早的智力测验开始,一般知识一直被认为是人类智慧中的完整部分,而且直到现在,最标准化测验仍包含了用来考察个体认识现实世界方面的问题。很显然,测验编制者们假定智力与以下一类的一般知识有关,如知道巴格达是伊拉克的首都,氢比氦轻,或基洛夫芭蕾舞在圣彼得堡上演,及图坦卡门多数未破坏的坟墓是由霍华德·卡特(Howard Carter)发现的(以上所有这些都是被动知识[passive knowledge]的例子,被动知识是计算机可以储存的那类信息)。然而,令人难堪的是,无论是理论上还是实际上,对于一般知识与智能相关的原因几乎未受到什么关注。正如西格勒和理查兹(Siegler & Richards,1982)指出的那样:

> 就像鱼将是最后一个发现水的那样,发展心理学家们直到最近才注意到儿童的具体知识内容的变化。这种变化如此普遍以至于似乎不能吸引人以其为研究目的。知识内容的改善没有受到研究,而是被当做更为基础的能力和策略变化的副产品无意中被忽视。

对一般知识的考察可以提供关于人们当前知识状态以及信息检索能力的重要资料,这反过来又可以对以前的智力历史发展提供有用的线索并预测未来的成绩。然而,在许多最近发现的认知特征中,只有很少一部分与人类智力有关。似乎语义组织可能会是对智力有兴趣的人特别感兴趣的主题。在第九章中,当前的部分语言组织理论得到了讨论,而且,似乎在结构图式中,储存语义信息并有效获取信息的能力至少是一种智力类型。或许某些有雄心的认知心理学学生会继续从事这个有价值的主题。

一个发展性研究不仅显示了这个领域中的实验如何进行,而且表明了如何通过它们清楚地证明知识基础的影响。齐(Chi,1978)考察了特定知识基础对棋子及数字回忆的影响。实验中,她选择了精于下棋的10岁儿童以及刚学会下棋的成年人。所用任务类似于蔡斯和西蒙所用的(见第四章)。棋子被摆成正常的棋形,让这两组被试观看棋局和棋子,然后要求他们在另一个棋盘上"复盘"。一个相关任务,所谓的元记忆任务(meta memory)是指每个人对自己记忆的认识,它要求儿童和成人预计他们复制所有棋子需要多少次试误。结果如图15.5所示,儿童不仅在回忆棋子排列上完成得更好,而且在预计自己的表现上也做得更好——他们的元记忆比成人的更准确。再以智力测验常用到的标准化数字广度测验(digit-span task)进行施测,结果正如所预期的,成人在回忆这些数字上表现更好,同时预测自己的表现也比儿童更好。知识基础独立于年龄和智力类型(例如数字广度成绩),其作用表现在显著提高了从工作记忆中回忆与知识基础直接相关的特定信息的能力。这个实验中所提出的方法及理论问题，暗示将来会出现更多此类研究。

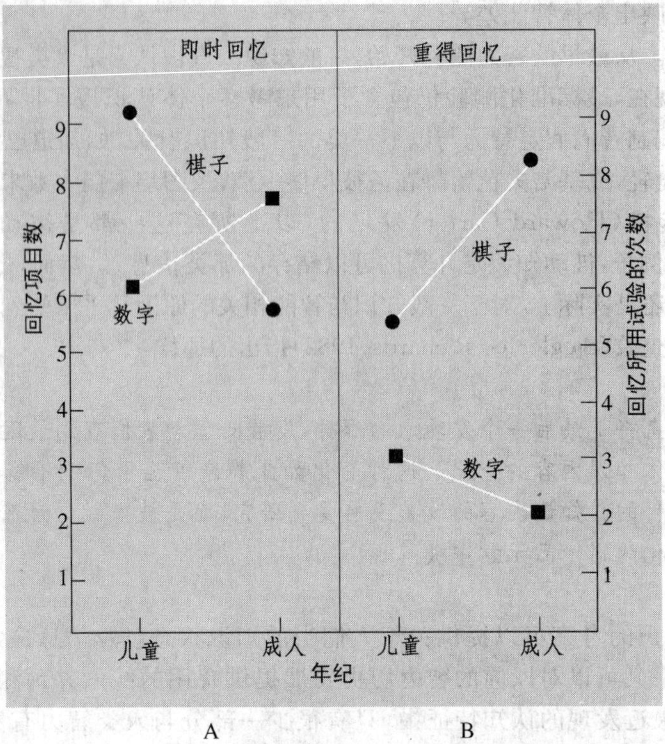

图 15.5 儿童与成年人对棋子和数字的回忆

资料来源："Knowledge Structures & Memory Development" by M. T. Chi, in R. S. Siegler, ed., *Children's Thinking: What Develops*?（Hillsdale, N. J.: Erlbarum, 1978). Reprinted by permission。

推理与问题解决。几乎所有人都认同推理以及问题解决是人类智力的重要成分，而且有些人认为区分这两个概念只是为了分析的目的。

在研究与人类智慧有关的推理和问题解决的新一代认知心理学家中，R. 斯滕伯格是最卓越的(1977，1980a，1980b，1984a，1984b，1986a，1986b，1989)。斯滕伯格(1984b，1985b，1989)提出了人类智力理论的三元论(triarchic theory)。它包含三个亚理论，这三个亚理论是影响人类智力行为的具体模型的基础。这几个部分分别是：

1. 成分性智力行为(componential intelligent behavior)。这个亚理论指出构成智力行为的结构及机制。在这个亚理论中有三种信息加工成分：(a) 学习如何做；(b) 计划做什么以及如何做；(c) 实际操作。具有这些能力的人们通常都是表现良好的被试且可以达到标准化测验中的高分，他们也能很好地评价其他人的工作。然而，他们不一定是批判性思考者，也不一定特别有创造性。

2. 经验性智力行为(experiential intelligent behavior)。这个亚成分理论坚信，对给定的任务或情境来说，在行为(或一组行为)连续的所有点上，情境适宜行为不都是同等的“聪明”。当人们碰到新情境或者对所给任务进行自动化加工时，这种智力有最佳表现。具有这种智力成分的人可能在典型智力测验中得分不是最高的，但他们很有创造性，在如下领域如商业、医学或者木工中这种能力通常是成功的预兆。

3. 情境性智力行为(contextual intelligent behavior)。它包括：(a) 适应当前环境；(b) 选择比个体当前所处环境更适宜的环境；(c) 对当前环境进行改造使其更适合技能、兴趣、价值观。情境智力使人们可以通过改变人或环境两者或其中之一来找到与环境的良好“匹配”。我们可以认为，这种智力是与周围世界相处的一种工具，不管那个世界是洛杉矶的贫民窟、IBM 的董事会会议室、达拉斯的牧牛人俱乐部、南安普敦的马球室，还是劳尔支持者俱乐部(Laurel Booster Club)。

为了说明这三种智力，斯滕伯格设想出三个理想化的研究生，亚历克斯、芭芭拉和西莉亚，每个人各是一种智力成分的例子(Trotter,1986)。方框中“斯滕伯格智力三元理论”对这三个学生进行了描述。

罗伯特·J. 斯滕伯格(Robert J. Sternberg)提出了智力的三元理论。

敏感的智力领域跨越了人类耕耘的许多领域(教育、政治、种族，于此只指出这三个领域)，其中的这个革命性的理论肯定会受到批评，有些争论是技术层面的，有些是哲学层面的，还会受到实用主义挑战。[1] 一位评论者，H. 艾森克(H. Eysenck,1984)批评三元理论与其说是智力理论不如说是行为理论。建议感兴趣的读者查阅原始材料以及当前文献。当前，没有人——包括斯滕伯格(1984b, p. 312)认为已经出现了智力的最终理论。同时，没有人认为我们对智力的观点会永远不变。

〔1〕 关于斯滕伯格的理论及著名权威对其评论的论文集，见斯滕伯格(1984b)。

斯滕伯格的智力三元理论

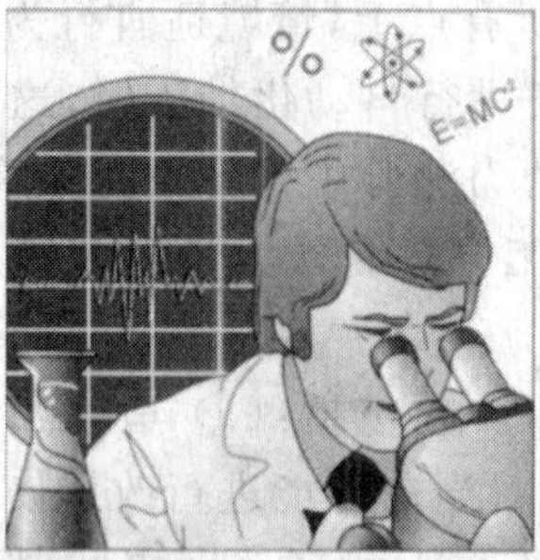

成分性(Componential)

亚历克斯的测验分数很高，是测验和分析思维的高手。她的智力类型是成分性亚理论的例证，该亚理论解释分析性思维中所涉及的心理成分。

经验性(Experiential)

芭芭拉测验分数不是最高，但是她是个超级的创造性思维者，她能够用富有洞察力的方法将完全不同的经验结合起来。她是一个经验性亚理论的例子。

情境性(Contextual)

西莉亚是个能干的人。她学会了如何玩游戏以及如何利用环境。她的测验分数不是拔尖的，但是她在差不多任何环境下都名列前茅。她是斯滕伯格情境智力的一个例子。

在斯滕伯格的理论中，推理具有的特征是试图结合旧的信息以形成新的信息(见方框“智力的认知测验”中的内容)。旧的信息可以是外部的(来自书本、电影、报纸)，内部的(储存在记忆中)或者两者的结合。如前所述，在归纳推理中，前提所包含的信息不足以得到结论，人们必须创造正确的结论。斯滕伯格所使用的一个方法是类比，可以用 A 对 B 就像 C 对 D 表示，或者用符号(A ∶ B ∶ ∶ C ∶ D)表示。在有些情况下最后一项(D)被省略，必须要被试生成，或被试在其他情形中必须从一系列备选答案中进行选择，如下例：

哲学:语言::真菌学:
(a.开花植物 b.蕨类植物 c.野草 d.菌类植物)

解决这个问题几乎不需要什么推理能力,但对许多人来说,这个类比题是较难的,因为他们不知道真菌学是研究菌类植物的,而哲学是研究语言起源的。这种类比题测量的是一种与词汇量有关的智力形式。

在以上的类比题中,解答依赖于对单词的认识以及推理能力。然而,解决类比题并不像从记忆中回忆起信息那么简单,它包括几个阶段。斯滕伯格认为,在碰到这类问题时,人们会把类比题分解成几个子问题,在解决整个问题之前需要解决每个子问题。其所使用的策略类似于纽威尔与西蒙的手段-目的分析法,但不同的是,信息加工顺序的每个阶段都有重要作用。以下问题摘自斯滕伯格(1982),它说明在解决类比题时人们必须经过几个阶段。

律师:委托人::医生:
(a.病人 b.药品)

在这个例子中字词编码问题比前一个例子更简单,因为大多数人都熟悉每一项。解决这个问题的阶段如下:

● 推理者将类比题的每一项进行编码。

● 推理者在律师与委托人之间作一个推断(例如,律师为委托人服务,委托人付费给律师,律师可以帮助委托人)。

● 推理者在类比题的第一个部分前项与第二部分前项之间建立高级对应关系(两者都是向资助人提供服务的专业人士)。

● 推理者将类似于所推测的关系运用于类比题的第二部分,也就是医生和每个备选项上(医生为人服务,而不是药品)。

● 推理者得到自己的答案。

智力的认知测验

测验例题:

1.假设所有的宝石都是用泡沫乳胶制成的。下面的类比题后面的哪个填充项是正确的?

木头:坚硬::钻石:

a.贵重 b.柔软 c.易碎 d.最硬

2. 珍妮特、芭芭拉和伊莱恩分别是一个家庭主妇、律师和物理学家，但顺序不一定相对应。珍妮特住在家庭主妇的隔壁。芭芭拉是物理学家的好朋友。伊莱恩曾经想做律师但是决定不当了。珍妮特在最近两天看到了芭芭拉，但是没有看见物理学家。

珍妮特、芭芭拉和伊莱恩，按顺序分别是：

a. 家庭主妇、物理学家、律师

b. 物理学家、律师、家庭主妇

c. 物理学家、家庭主妇、律师

d. 律师、家庭主妇、物理学家

3. 乔希和桑迪正在讨论红队和蓝队两支棒球队。桑迪问乔希为什么他认为今年红队得冠军的可能性比蓝队高。乔希回答说："如果红队的每个人都比蓝队的每个人强，那么红队一定是更强的队。"乔希是假设：

a. 适用于整体中每个部分的推断也适用于整体，这个假设是正确的。

b. 适用于整体中每个部分的推断也适用于整体，这个假设是错误的。

c. 适用于整体的推断也适用于整体的每个部分，这个假设是正确的。

d. 适用于整体的推断也适用于整体的每个部分，这个假设是错误的。

4. 选出答案选项中代表斜体字必要的或者不可能的属性。*狮子*——

a. 凶猛　b. 白色　c. 哺乳动物　d. 活着

5.

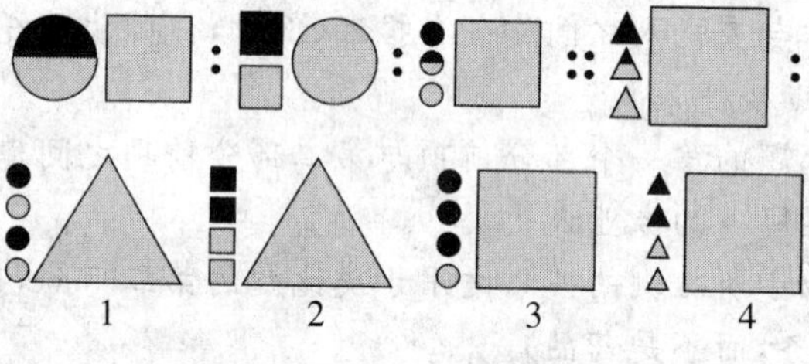

答案：1. b　2. d　3. b　4. c　5. 2

资料来源：R. Sternberg，1986a。

开始时类比题的各项必须编码或者翻译成内部表征，在此基础上可以进行随后的操作。斯滕伯格（1977，1982，1985b）所使用的表征模型是建立在信息特征基础上的，这一点类似于第九章讨论的关于语义记忆的理论。这个模型可用以下例子说明：

华盛顿：1：：林肯：

(a. 10，b. 5)

• 华盛顿可以编码成一位总统（第1任），一个面貌印在货币上的人（1美金纸币），或者一位战争英雄（美国革命）。

• 1可以编码成一个计数（1），一个顺序上的位置（第1），或者一个数量（1个单位）。

• 林肯可以编码成一位总统（第16任），一个面貌印在货币上的人（5美金纸币），或者一位战争英雄（美国内战）。

• 10可以编码成一个计数（10），一个顺序上的位置（第10），或者一个数量（10个单位）。

• 5可以编码成一个计数（5），一个顺序上的位置（第5），或者一个数量（5个单位）。

除了这些类比题所显示的语义表征之外，问题中的信息也可以用图画表示，例如类比题中可以包括在一个白的圆弧之内的一个黑色正方形，可以用形状、位置或颜色进行表征（例子可见方框“智力的认知测验”中的第5题）。

对于这些问题，斯滕伯格提出的智力理论将智力区分成五个不同成分：元成分（meta components）、表现成分（performance components）、获得成分（acquisition components）、保持成分（retention components）和迁移成分（transfer components），智力可以按这五种成分进行分析。成分（components）指的是人们解决问题必须经过的步骤。元成分（meta components）是指人们关于如何解决问题的知识。因为元成分是许多不同智力任务的基础，斯滕伯格认为它与一般智力有关。他继续考察了不同成分是如何参与推理任务的，如类比以及成分和元成分的复杂性如何随着（个体）发展而增长。对于认知科学的学生来说，最感兴趣的是他的总体图式，这一点已明显地影响了认知学模式中的智力理论和智力测验。

神经认知学和智力

当不同方向的心理学家，从比内（Biner）到斯皮尔曼、瑟斯顿、吉尔福德、卡特尔、韦克斯勒、亨特和斯滕伯格，当许多人已经找到智力问题的行为上的答案时，神经科学家们也被这个问题激发起了兴趣，但他们是在人脑中寻找神经学的答案。传统上，神经学的方法是建立在医学研究和实践上的，因此，其重点常常是智力迟钝以及发展上的研究。令人惊奇的是，对“正常”智力加工的生物学发展的研究很少。随着成像技术的发明，这种情形发生了改变，研究者可以非常清楚地探察大脑的运作。

迪尔伯特(Dilbert)/斯科特·爱德姆斯(Scott Adams)绘

我们从前面第二章关于正电子发射层描技术的讨论中知道，通过测量血流中放射性微粒——明确地说，与氧的放射性同位素氧15相结合的氢的细微量，就可能测量出需要葡萄糖营养的大脑位置。显然，需要更多葡萄糖能量的区域比那些需求量少的区域更活跃，而且这些"热点"可以通过正电子发射层描技术描绘出来。对于理解不同类型智力活动的(大脑)位置以及大脑可能的智力加工方式(如进行智商测试)，这种研究具有很大的潜力，可能引发我们关于智力的基本概念朝一个新方向发展。但是，从哪里开始呢？

处于最广泛的水平来观察大脑和智力是符合逻辑的。加州大学尔湾分校的理查德·海尔(Richard Haier)及其同事所做的系列实验就提到了这个问题。实验考察不同组的大脑相应位置的新陈代谢情况，例如，熟练的计算机游戏玩家和不熟练者，在抽象的、非言语推理测验中得高分的人与表现一般者的基础代谢率，有严重智力迟钝、唐氏综合征的人与匹配的控制组，以及完成数学推理测验的男性与女性。一个实验发现，在抽象的、非言语推理任务中得分高的被试中，任务所涉及的大脑部位的能量活动减少。我们可以回忆起第二章中报告过计算机游戏专家比新手的神经活动更少，该结果与以上结果说明，聪明而富有经验的大脑所消耗的葡萄糖比对照的控制组更少。从这个角度来说，大脑是一个有效率的器官。抽象测验中得分高的人比控制组的大脑的葡萄糖代谢率(glucose metabolic rate，GMR)更低，这说明这种智力状态对于解决问题是有效的。

在另一个关于智力的实验中，一组人练习玩计算机游戏"俄罗斯方块"(Tetris)(见图15.6)。这种游戏要求游戏者旋转和移动对象以产生没有空隙的一行。如果玩家成功了，游戏速度会加快，直到只有真正的狂热者才能跟上快速落下的方块。总体上，海尔及其同事提出了智力的"效率模型"：智力并不是大脑工作有多努力的函数，相反，它是工作有多大效率的函数。此外，学习确实可能降低大脑代谢的负担，而且有人可能会想起(第三章)自动性概念，操作熟练的日常事物不需要注意而会"自动驾驶"般运行。更早的一个实验要求被试每周多至5天练习"俄罗斯方块"

游戏，为期几个月。他们的成绩提高了六倍，但是与初始的代谢率相比，他们的大脑皮层和亚皮层的葡萄糖代谢率明显降低。根据这个实验，海尔、西格尔、唐、埃布尔和布克斯鲍姆（Haier, Siegel, Tang, Abel & Buchsbaum, 1992）施测了几个标准化智力测验（雷文图形推理测验和韦克斯勒成人智力量表）。实验目的是建立游戏的学习结果与智力分数之间的关系，以判断是否如大脑效率假设的那样，高能力被试的葡萄糖代谢率（GMR）下降更多。结果表明葡萄糖代谢率改变量与智力分数相关，支持效率模型。

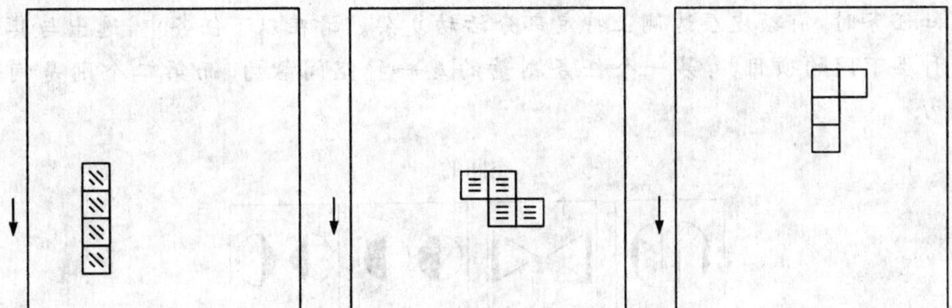

图 15.6 "俄罗斯方块"游戏进程从左到右

被试试图控制从屏幕顶端掉下来的四个方块组成的图形，以产生实心的行堆积。一旦完成一行实心堆积，这行就会消失而被它上面一行所取代。有标记的符号显示了每个已放入的形状。注意中间画面的最下面一行已经完成；在右边画面中它已经消失（计1分），上面一行移了下来。

聪明的大脑是高效的大脑的另外一个证据来自海尔等人（1995）对严重智力迟钝者和唐氏综合征（Down-syndrome）者脑容量以及葡萄糖代谢率的研究。研究中运用正电子发射层描技术扫描和磁共振成像得到数据。磁共振成像结果显示，智力迟钝组和唐氏综合征组都只有控制组脑容量的大约80%。正电子发射层描技术数据显示，与控制组被试相比，两个组的大脑皮层的葡萄糖代谢率都更高。

"一般智力"与特定皮层有关

关于人的"智力"是由一系列亚成分(如数学能力、词语能力和空间能力)组成,还是由对完成许多认知任务都起作用的一般因素构成,这个问题一直被热烈地争论着。查尔斯·斯皮尔曼(Charles Spearman)在20世纪早期提出了一般智力g的概念。g的令人信服的证据仍难以捉摸,剑桥大学的约翰·邓肯(John Duncan,2000)与其合作者在最近的研究中发现,当人们在完成测量智力的不同认知任务时,前额皮层边侧上特定部分活动复杂。请在以下任务中,选出与其他项种类不同的项目*:第一个任务测量的是一种空间智力,而第二个则是词语能力。

空间的

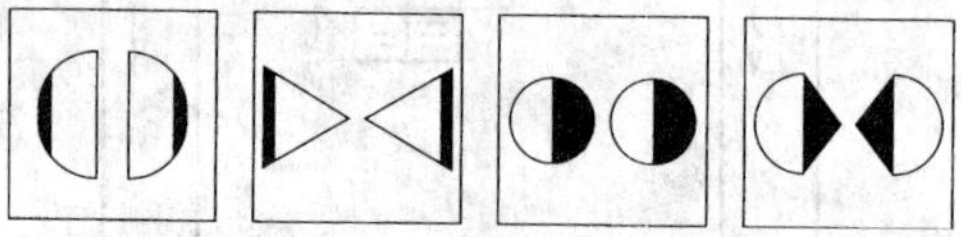

实验者对正在做这类任务的人进行功能磁共振大脑扫描,结果显示,空间和词语加工基本上都由大脑前部负责。这支持一般智力或g的理论(见下图),空间加工由左右两半球负责。这种研究处于神经认知学的前沿,并提出了新的问题,例如在脑的广泛区域上是否存在与具体智力相关的特定区域;还有,这些一般智力区域是如何与(可能)支持智力认知的大脑其他区域相连接的。

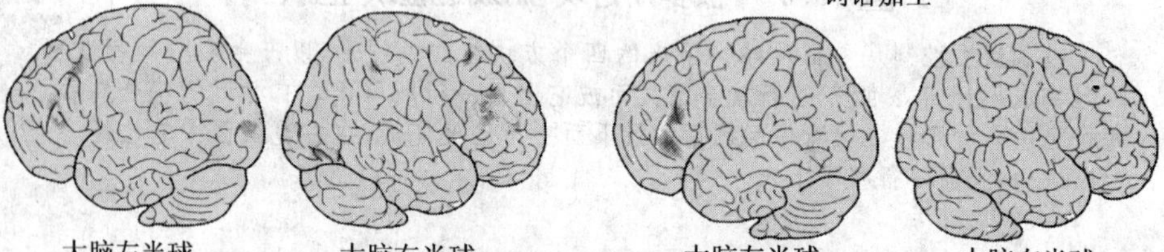

*空间问题的正确答案是第三个非对称项目。词语问题的正确答案是第三个项目,在这个项目中字母是依字母表顺序而等间隔的(逆序)。

智力,或者至少是解决复杂问题的表现,开始受到基因工程师奇思怪想的影响。他们坚信,通过修改大脑基因结构,可以"组装"出更聪明的生物。此方面得到广泛关注的一个成果是普林斯顿大学的钱卓(Joe Tsien,2000)的研究,他改变了在老鼠学习和记忆中起重要作用的蛋白质。基因得到改变的这些老鼠被称为杜奇(Doogie),并被放入一个敞开的盒子中，让它们探究两个物体几分钟。几天过后，实验者将其中一个物体换成新的。“聪明”老鼠花更多的时间探究新物体，而“普通”老鼠对两个物体所花时间相同。这说明，对它们来说，旧物体并非比新物体更熟悉。改变了基因的老鼠比基因未改变的老鼠对物体的记忆要长久得多，可达至 5 倍。随后的几个任务，包括学走迷宫，也支持以前的观察结果。尽管这些老鼠甚至无法完成一个简单的代数问题，但它们的行为似乎是“有智能的”。

基因工程和其他形式的意识改换，例如化学干预，因为与人们的“聪明行为”有关，在某种程度上它们的将来是对学得慢的人的恩赐；而对另外一些人来说，则是对自然智力的严重威胁。“崭新世界”正在当前的实验室中被创造出来，它将是极其有趣的，但也许会产生一些需要智力裁定的道德问题。

还有很多未解之谜。为什么聪明的大脑比不聪明的大脑更有效率？或者，构成问题的前提是不是错误的？葡萄糖需求量大的内在机制是什么？这种基本现象是否与神经元的树状有关？智力与早期发展有什么样的关系？新生儿的发展以及大脑发展是否有关键期？儿童早期的刺激对于大脑的效率有什么影响？智力迟钝的情况是否可以预防？是否可逆？

我们对人类智力的研究才刚刚开始。但是，对于 21 世纪认知心理学家们已涉及的知觉、学习、记忆，问题解决以及无数其他问题都需要加以研究，这些谜题的答案大多会在 21 世纪找到。

总结

1. 问题解决被认为是指向于发现具体问题的解决方法。
2. 一些模型指出认知网络参与了问题解决活动。其中一个模型(艾森施塔特和卡里夫)关注问题解决过程中的问题表征形式，相关研究显示，问题情形的记忆是问题结构、无足轻重的期待计划和问题情形的扫描模式(自上而下或假设驱动加工)的函数。
3. 创造性是引发问题的全新视角且不受限于实际结果的一种认知活动。
4. 考察创造加工(华莱士)的一个框架提出了四个阶段：(1) 准备阶段，涉及问题形成，一般知识的加工；(2) 潜伏阶段，努力解决问题，但无指向，注意转向它处的阶段；(3) 显现阶段，理解了问题时就出现；(4) 检验阶段，对洞察的检验。
5. 创造性判断受到相关领域权威(如奥林匹克运动员)、发散思维加工的心理测量工具的评价。发散思维被定义为产生许多抽象观念、灵活回答问题(如你能以多少不同方式来使用砖头)的一种能力。这两种程式都需要主观评价。
6. 训练能导致创造性标准化测试成绩上的改善，但不知道这种经验是否能产生与人们通常所认为的创造性相关的活动(如凡·高、爱因斯坦、狄更森)。

7. 智力的复杂属性产生了定义上的问题。阐述这些概念上的差异的早期努力是采用因素分析法来分离出一般和特殊能力,由于未对心理加工提供信息,难以检验理论,而且要依赖于个体差异,这种方法受到了批评,因为在研究人类能力上它不是仅有的或必须的。
8. 智力的认知理论认为,当信息的加工经历阶段时,与信息相互作用的成分具有独特的操作过程。以这种框架所进行的研究决定了记忆的检索(速度、正确率和数量)是词语能力的函数,而且个体的知识基础(新手与专家相对)影响了回忆的数量和正确率,同样也会影响元记忆。
9. 大脑葡萄糖代谢率研究提示,与"低效率"大脑相比,智力测验上的高分者或技能成绩良好者的大脑倾向于需要很少的营养。

p. 417 问题解答:

所给问题提到,你有一根"无限长的绳子"。因此,你可以将绳抛入峡谷中,直到它堆积起来,你和你的伙伴可以舒舒服服地越过。在此期间,你也许一直在想着通过使用20英尺梯子、老虎钳、蜡烛、火柴和你的朋友,来发明出一个巧妙的方法。有时在问题解决过程中,太多信息比实际上只要少量的信息会使问题的难度加大。试着对你的朋友讲述这个问题,所提供的工具除了"无限长的绳子"被保留之外,其他的都去除。你的朋友会怎么来解决这个问题?为什么?

p. 418 问题解答:

是否记住考察极端情形的思路?在这个例子中,首先想象旗杆相距150英尺时,绳子将会绷得紧紧的。现在想象另外一种极端情形,杆子彼此靠近,绳子是如何吊着的?由于绳子是150英尺长且旗杆都是100英尺高,当杆彼此紧靠时,绳子一侧垂下75英尺,另一侧也垂下75英尺,使得中间点距离地面是25英尺。

p. 420 问题解答:

医生和病人的全名是:劳拉·泰勒(玛丽·鲁宾),卡伦·桑切斯(诺曼·鲁宾),玛丽·鲁宾(卡伦·桑切斯),奥马尔·泰勒(彼得·桑切斯),彼得·桑切斯(劳拉·泰勒),诺曼·鲁宾(奥马尔·泰勒)。

第十六章 人工智能

问题预览

1. 什么是人工智能，它如何影响你的心理和生活？
2. 计算机器至现代人工智能的历史沿革。
3. 硅基计算机与碳基大脑（人类大脑）在什么方面相像？两者又有何区别？
4. 什么是图灵检验？模拟游戏和中文空间又是什么？
5. 计算机是如何分析视觉形状的？
6. 计算机如何识别和生成语言？
7. 什么样的艺术作品可以由计算机来制作？其作业水平如何？
8. 计算机智能将会超过人类智慧吗？

从道义上来讲，这样的机器不应该存在，即像理智支配我们人类活动那样，它们凭借多种智慧使其活动深入到生活的各个层面。

——笛卡儿

然后，哈尔用他正常的语调回答道：

"瞧，戴夫，我知道你正尝试学会如何处理。但差错要么出在天线系统，要么在你的检测程序中。我的信息加工过程非常正常。如果你核查我的记录，将会发现没有一点错误。"

"我知道你所有的服务记录，哈尔，但那并不能证明你就是对的。任何人都可能犯错误。"

"我并不打算坚持，戴夫，但我不会犯错误。"

"好吧，哈尔，"他十分急促地说，"我懂你的意思，那就让它去吧。"

他感到好像要加上"并且请忘记整个事件"这句话。然而，这却是哈尔永远也不可能做到的一件事。

——阿瑟·C. 克拉克（Arthur C. Clarke）

科幻小说总有变成科学事实的趋势。像哈尔[1]那样的事物，即在阿瑟·C. 克拉克 2001 年的小说《宇宙之旅》中所

〔1〕 哈尔：启发式程序规则系统计算机（Heuristically Programmed Algorithmic Computer）的缩写。

描述的安装在飞船上、有能力做出伦理决定且拥有智慧的计算机，在现代人工智能实验室里正被认真地讨论着。当然这并不就是说，计算机便会恰好是克拉克所预想的那样，也不会超出四分之三个世纪前儒勒·凡尔纳对于火箭推动太空飞船去月球(Jules Verne)所设想的推进系统。但是，计算机科学家正在研制可以最大程度精确模拟人类认知能力的系统。看起来在你离开地球前出现类似于哈尔的事物还是非常有可能的。[1]

一般而言，人工智能(artificial intelligence，AI)被定义为计算机科学的一个分支，它处理计算机(硬件)和计算机程序(软件)的发展，模拟人类的认知功能，此前第十五章的"人类认知功能"对此已详细讨论过。我们已知，认知包括知觉、记忆、思维、语言加工，而且知道其他许多相关功能以不同程度的准确性被执行。举个例子，你可以看见并识别出你朋友的面孔；在你的"头脑"中解决(7×8)/(4×5)的数学题目；用短长格来创造一首感人的五音步诗；辨别出卡通人物的声音；心算出从家到学院的最近路线；决定邀请岳父去新郎的学士典礼是否合适；以及辨别牛奶是否已经发酸了。你和我每天并不费力地做这些事情(也许可以从海尔及其同事的发现中作出推断。在先前关于智力的章节中，他们报告说，新陈代谢率和智力活动不需要消耗额外能量)。我们同样也会做很多傻事，例如把洗发剂涂在牙刷上。人类会犯错误，但对于性能优越的计算机来说，永远也不会犯人类所犯的错误，"计算机错误"是不可容忍的。如果一台计算机能准确地模拟人们的思维和活动，那么它也会像我们一样做好前述中所列举的一系列事情，然而它也难免会和我们一样犯错误，如很早起来时，由于人们还未彻底清醒过来，容易将香波和牙膏搞混。例如我现在正在使用的程序，假如拼写不规范，计算机会发出急促的嘟嘟声。认清哪些为顺利完成人类工作而编写的程序，以及哪些目的是克隆人们思维的程序之间的区别是十分重要的。计算机和那些给人们留有深刻印象的程序已成了我们日常生活中不可或缺的部分。我们无法想象离开它们的日子，虽然它们还未"聪明"到把洗发剂当做牙膏(或许有其他途径)。为了这一点，它们必须精确地模拟人类的思维和活动，即表现得与人类的认知活动毫无差别。关于这一点在后文中还将会细说。

让我们来设想一个"简单"的认知任务：解决代数文字问题。很多计算机程序可以快速准确地完成这项任务，但这并不是说它们就模拟了人类的认知活动。在人工智能的早期研究中，佩奇和西蒙(Page & Simon，1966)试图以一个

[1] 在另一方面，对在重要领域上计算机智慧能超出人类存在许多质疑。神经生理学家约翰·厄克尔在《理解大脑》中写道，没来由宣称不久在许多事情上计算机智慧将超越人类，是又一个迷信时代偶像崇拜的现代翻版，并像那个时代的人们一样通过偶像崇拜来寻找支持。

叫"研究者"(student)的程序来模拟人类活动。这个程序根据纯句法分析以解决代数文字问题。一些人类被试在学习中与程序"研究者"表现得十分相近,但另一些则相差很远。他们运用辅助线索和物理表征来解决问题,很像你努力计算出,水不断被注入的同时又从水桶漏洞流出的水的流失量——你仔细画出一张图。

尽管人工智能和克隆智力有着根本的区别,但科学家在这一领域已取得了长足的进步。

当我们谈论人工智能的时候,通常总伴随着对认知心理学和神经科学的探讨。一个领域的观点,如神经科学,可能会被另一个领域,如人工智能所吸收,抑或认知心理学的看法会被另两门学科所运用。这三者——人工智能、认知心理学和神经科学(尤其是神经科学),为认知科学的发展搭建了平台。

人工智能和认知心理学有一种共生关系,分别从对方的发展中获益。用人工方法来复制知觉、记忆、语言和思维,依赖于我们对这些加工如何被完成的理解。而人工智能的发展也增强了我们理解人类认知活动的能力。

本章将概括地介绍人工智能,并把它和知觉、记忆、搜索加工、语言、问题解决、艺术表现和机器人学等联系起来加以讨论。

尽管对人工智能的研究致力于机器的研制,使之智能化,但多数设计却未打算模拟人类认知加工。不过,有些研究者仍关心以人类思维为模型的智能机器的发展。这就是人工智能的前景,有时被称作"计算机模拟"(CS)。其大部分将在本章中得到反映。因为常常无法说清楚人工智能和计算机模拟的异同,因此,本章中被广泛接受的人工智能术语包括了各种计算结果,和人类生产出的产品一样,它们都是智能的产物。

人工智能——发端

某种形式的计算器——人工智能的大脑——伴随着人类漫长的历史而出现。最早形式是公元前 6 世纪在中国使用的算盘。埃及人发明了一种要用到小圆石的计算器,比希罗多德(Herodotus,约公元前 450 年)所记载的时间要早一段。希腊人有一套类似的装置,而罗马人则记载了他们有三种计算工具。这些计算器绝大部分是用来进行加法和减法的运算,乘法则是把加法重复。大约在 1633 年,一个不知名的德国天文学家威尔姆·西加德(Wilhelm Schickard,1592~1635)发明了一种能够自动进行数字运算的机器。这个计算器后来于 1973 年上了德国的邮票作为纪念。计算机器的发明常归功于法国哲学家,被誉为微积分学之父的布莱

查尔斯·巴比奇(Charles Babbage)(1792~1871),英国数学家和发明家,建立起机械计算装置的概念,其可以被程序所控制,他把这个装置叫做"差分计算器"。

斯·帕斯卡(Blaise Pascal,1623～1662)。帕斯卡的机器只能进行加减法,但却引来了广泛的兴趣。17 世纪 70 年代,戈特弗里德·莱布尼兹(Gottfried Leibniz)推出了可以做乘法和除法的机器。脾气古怪的查尔斯·巴比奇(Charles Babbage,1792～1871)在埃达·洛夫莱斯(Ada Lovelace)的协助下发明了差分计算器(它拥有包含条件分支的程序式操作)之后,计算机出现了,而查尔斯·巴比奇有时被称为世界第一位计算科学家(Haugeland,1989)。巴比奇机器模型可在位于华盛顿特区的史密斯索尼恩研究所(Smithsonian Institute)见到。

1946 年,J. 普里斯珀特·埃克特(J. Prespert Eckert)(前面)、约翰·莫切利(John Mauchley)和美国军人及其他人员在真空管计算机 ENIAC 前工作。

计算机

现代计算机的起源可以追溯到上世纪 40 年代,伴随着诸如 UNIVAC 和 ENIAC 等真空管计算机的发明。这些计算机的发明是为了使军队中经常用到的冗长乏味的运算(如弹道轨迹计算)变得更快。这是由美国军方赞助,宾夕法尼亚大学负责实施建造的高度机密工程。ENIAC(电子数字积分计算机)拥有 17 468 个真空管,它的制造者为其设计的服务时限是 25 000 个小时。这就意味着,平均每 8 分钟就会有 1 个真空管烧毁!这个庞然大物重达 30 吨,功率为 174 千瓦。现在,早期这些功能简单、效率不高的巨型计算机已普遍被比它们更小，但性能却更优越、系统更复杂的固态电子微型计算机所取代。

约翰·麦卡锡(John McCarthy)，人工智能研究的先驱，发明了被广泛运用于人工智能的 LISP 语言。

对于认知心理学来说，任何时候都没有 1956 年来得那么重要。[1] 那一年夏天，10 位科学家在达特茅斯(Dartmouth)学院的校园里聚会，商讨发展出能智慧“执行”的计算机程序的可行性。

这 10 位科学家中，约翰·麦卡锡后来在麻省理工学院(MIT)和斯坦福大学建立了人工智能实验室，人们普遍把对首次出现的新科学“人工智能”的命名归功于他；马文·明斯基(Marvin Minsky)成为 MIT 人工智能实验室的负责人；克劳德·香农(Claude Shannon)在贝尔实验室研究出通讯系统的现代模型；赫尔伯特·西蒙被授予了诺贝尔经济学奖；艾伦·纽威尔，在卡内基梅隆大学开展认知科学和人工智能研究的重要工作。这次会议具有深远的历史意义，因为它确定了应着手发展人工智能，并且直接促进了认知心理学的发展。

自达特茅斯会议后，人工智能发展呈几何级数增长的态势。各种形式的人工智能，已进入了人们生活的方方面面，被成千上万的科学家所关注，并扩散到了大学校园。关于人工智能的研究和应用的各种成果不可能被一个章节、一本书甚至多本书所囊括。但是，我们在这一章中可以展示与认知心理学相关的一个人工智能范例。

计算机和人工智能

当今所用到的最普及的计算机结构模式都是根据匈牙利数学家约翰·冯·纽曼(John Von Neumann)所提出的设计(以计算机界术语来说叫做“结构”)。他于 1930 年移居到了美国。这些计算机有时被叫做约翰尼艾克斯(Johniacs)或序列加工器，亦即在这些机器中，电子脉冲受到系列或按序加工。这些链式加工非常迅速，每个步骤只需要十亿分之一秒。不过计算机以序列模式完成的复杂任务(例如解决嵌套的数学运算，重新排列数据或文件)，则可能需要几分钟、几小时甚至更长时间。所有的计算机用户或许都经历过计算机为“思考”或“消化”问题所耗费的又慢又长、快要令人发疯的时刻。冯·纽曼的序

约翰·冯·纽曼(1903～1957)设计出被广泛采用的计算机结构。

〔1〕 这年，布鲁纳、古德诺和奥斯丁出版了《思维的研究》，乔姆斯基出版了《语言描述的三种模型》，米勒发表了“神秘的数字七”，纽威尔和西蒙完成了《逻辑理论机器：一个复杂的信息加工系统》。

列加工计算机为解决问题而花费大量时间的一个根本原因是，在机器中一个操作的开始必须在前一个操作完成后。序列加工是逐个比特（一个字节又一个字节）、逐步解决问题的。

早在计算机发展的伊始，人工智能科学家（以及科幻小说作者）对能思考的机器和机器人就抱有极大的梦想。20 世纪 40 年代，芝加哥一位精神病学家 W. S. 麦卡洛克（W. S. McCulloch）及其学生 W. 皮茨（W. Pitts）发表了重要的论文。在论文中他们所介绍的概念，对包括冯・纽曼和后来平行分布加工拥护者在内的计算机科学家产生了重大影响。根据文章的观点，意识被定义成大脑的活动，特别是大脑基本单位神经元的活动。他们指出，神经元可以被视作“逻辑装置”；神经事件及彼此间的联系可以命题逻辑的方式做出处理。神经元之间通过电化学方式来实现相互联系，即一个细胞的轴突上有一股极微弱的电流流向突触，而在突触上的化学神经传导介质把冲动传向另一个神经元。神经传导过程是有规律的：所有的神经元都有阈限。只有电流强度达到阈限值时，神经元才会被激活，并且这样的电流必须是由正电荷形成的，负电流会抑制神经元的激活，等等。最重要的是，每个神经元似乎会将作用其上的所有兴奋和抑制叠加起来，这些兴奋和抑制信息来自它们周围成千上万的联结。根据神经元的阈限，一个神经元是否被激活，即是指是否开或关[1]（这一类神经元被称为麦卡洛克-皮茨神经元[McCulloch-Pitts neurons]）。麦卡洛克和皮茨观察到，这种具备开或关性质的神经元可以被看做是一种逻辑装置。正如大家所知道的，计算机功能的发挥借助了电流回路的打开或切断。当数以千计的这些（信息）以指数序列翻倍时，加工能力在数量上是令人惊异的。相似的，作为神经加工的基本单位，神经元及其联结具有巨大的加工能力。

在麦卡洛克和皮茨的文章发表不久后，冯・纽曼看到了神经元交互作用的逻辑行为与数字计算机运转之间的联系。“不难看出，这些简单化了的神经元功能可以被电子继电器或真空管所模仿。”（那时晶体管还未诞生，否则冯・纽曼会提到它。）冯・纽曼研制出了在构造性能上接近这一观点的最有用的计算机，并暗示，计算机不仅在功能上而且在结构上来模拟人类大脑是完全有可能的。在这样的计算机中，真空管、继电器、连接线和硬件取代了较之大脑中的神经元、轴突、突触和“软体”。根据冯・纽曼的观点，F. 罗森布拉特（F. Rosenblatt）沿着这条思路着手建造这类计算机。他的目标是建造一台能学会分类形状的计算机，其产品被称为知觉机，它比较粗略地模拟了大脑的组织结构（参阅第一、二章）。罗森布拉特的机器包含三个层面，每个层面与一种不同的功能相对应，总体看来，这三种功能又分别对应人类的感觉、联想和动机模式。早先的机器，例如感知器的一个基本问题是它们不会学习，它们对输入的刺激仅作出十分有限的加工，尔后也输出同样过于简单的反应。

〔1〕 对于第一章讨论的神经激活联结主义模型，这里介绍的是一个令人兴奋的视角。

人类具有学习能力是因为他们拥有可塑的突触。回忆一下赫布法则(第二章中曾介绍过):当两个神经元同时活动时它们间的联结强度会增大。这个法则是否可以被运用到替代神经元的联结中呢?这样的机器学习需要在人工大脑中接入电阻器(控制从一个晶体管到另一个晶体管的电子脉冲流量装置)并被程序所控制。电阻器的作用非常类似于调节器,它们让某些信息通过,同时又拒绝其他信息。而感知器的学习(我们在这里将学习定义为"模拟神经元各单位之间的联结强度的变化")正是通过这一点来实现的,因为它们的行为方式与麦卡洛克-皮茨神经元十分相像,并且遵守赫布法则。具有这类结构的计算机可以显示几何图形,如圆形,并能进行归类。假定它对这个图形作出的判断是方形,那么通过增加或减少一些特定单位结构间的电阻值,它将被教会正确的反应。如果它的回答是正确的,即把圆形判断为圆形,那么原先的赋值就被保留。就此而言,感知器是对错误进行惩罚而对成功进行忽略。这些步骤对早期机器概括与学习能力的设计是相当重要的,对于与人类大脑功能相似的"会思考的机器"的构造来说,它们也是根本性的因素。

在计算机发展的早期阶段,已展现出一些关于应用的基本想法和具有巧妙意义的设计。有些人认为,只要计算机受到恰当程序的控制,即输入正确的运行规则和引导指令,它们就可以执行任何操作,包括有效地模拟人们的思维。还有一部分人则认为,要使计算机能够思考,其硬件与大脑"软体"的相仿是必要条件。为实现后者,计算机需要由一层一层的电子替代神经元交互联结而成,这些电子替代神经元的组织结构和功能可以实现对大脑的模拟。

直到现在,我们还未能制造出一台真正能思考的机器,或其"大脑"与人类大脑结构非常相近的机器。人工智能目前尚处在初期,在我们已经提到的任何一个方面中都还存在着问题。举例来说,绝大多数的人工智能程序在思考问题时都显得非常僵硬。当我问你 73 的平方根是多少,你可能会说:"至少是 8,但还不到 9,我想大约是 8.5 吧。"而一台计算机则会回答道 8.5440037……不同于产生没有尽头的一连串数字,人类的大脑似乎天生地被设计成可以非常好地解决混沌——在拥挤的人群里看到一张熟悉的脸,在洛杉矶的高速公路上驾车,理解契诃夫戏剧的深层含义或者能感受到丝绸对皮肤的呵护。没有任何一台计算机可以做到这一点……然而,另一方面,也没有人能像任意一只便宜的掌上计算器,可以在几秒钟内对平方根问题作出解答。

思考一下那些渴望制造出像人类大脑一样的计算机的人所面对的需要创新的任务。大脑约有千亿个神经元,每一个都与另外数不清的神经元相连。如果照此来构造计算机,焊接任务真是工程浩大。尽管如此,一些人已在尝试类似于大脑的小型计算机模型(Rosenblatt,1958)。但是,目前为止(参见"思考论证:小小的一块晶片可以替代大脑?"),他们的科研活动却让别人泄了气(Minsky & Papert,1968)。早在 1954 年,明斯基就写了关于神经网络的论文,并制造了一台有 400 个真空管的计算机,然而不久他就对此失去了兴趣。这项早期工作并没有产生实际效果,虽然那时研发计算机程序和硬件是最热门的事情。汽车修理场被扩展为百万美金的工厂，研究者在那里制造计算机晶片，而这种晶片能做恐怕只有在我们梦中才发生的事。

思考论证：小小的一块晶片可以替代大脑？

据说，由加州理工(Caltech)和牛津大学研究者马沃德(Mahowald)和道格拉斯(Douglas)研制出的硅晶片可以像人类大脑的细胞那样发挥作用。这个被叫做硅神经元的装置，在结构和加工上能模拟大脑皮层神经元的活动。这个装置的类比属性是这项技术的一个重要方面。它与绝大多数计算机中的数字加工单位形成了对比。当人们看到一个复杂的事物，例如人的面孔，他们看到的并不是数字化的数据——像素——而是细微渐变的轮廓和持续变化的灰色阴影。通过类比加工，眼睛和大脑从传来的光信号中提取事物的意义。

不过也有一些人不认为这项技术是重要的，因为大脑有多种神经元，而这项技术仅涉及了一种。如何使一块硅晶片能够模拟大脑神经元的一些重要特性将成为今后的热门话题。科技还要走多远才能创造出一个人工的大脑呢？

当代的计算机/认知科学家对于用计算机来模拟神经机能持乐观态度。近期感知器又有了概念性的变化。科学家没有把计算机仅仅当做是一台输入-输出装置，而是又增加了一个层面，它被称为隐含层面。这个隐含层面类似于大脑里的中间神经元，它们与刺激输入和输出无关，而是将神经冲动从一个神经元传递到另一个神经元。这个模型与贯穿本书的联结主义是相符的。

这一领域的很多文献都着重解决计算机和大脑在构造方面的问题，这是一个重要的课题。然而，计算机仍不能执行人类所具有的功能，计算机和大脑并不等同。在某些方面，计算机优于人脑，但在一些方面则相反。前面提及，计算机和大脑优势的这种差异性存在于很多领域，其中一个比较特殊的领域是对三维目标物的识别。眼睛是两维探测器，但能够并精确地把传入信号转换成三维模式，甚至在神经系统中反应迟缓的"软体"的帮助下，对眼-客体位置的持续变化和大小调节，人们的知觉系统的工作可以几近完美。尽管计算机的信号传递速率要比神经系统快数百倍，但计算机却没有人类做得好。

前已提及，计算机与大脑相区别的一个原因是，计算机的信息加工按照的是系列或序列模式(sequential or processing model)，而大脑则采用平行的信息加工模式。一些人工智能科学家已开始着手解决计算机和大脑在构造上的差异，希望以此来解决两者在性能上的差异。其中的一位科学家 W. 丹尼尔·希利斯(W. Daniel Hillis)发明了一种连接机器(Hillis, 1987)，这种机器在解决问题时把一个大问题分解成若干个小问题(手段-目的分析法)，然后以平行方式，即按平行加工模式(parallel processing model)来解决。这些小问题,或叫做组块,被分配到计算机加工网络中的各个独立区域进行解决。这与冯·纽曼计算机形成了鲜明的对比,他的机器有一个中央处理器,按序列模式解决问题。在希利斯的连接器中,有65 536个(以2为底的质数)加工器同时对一个问题进行处理。尽管每个加工器比准备这部手稿的个人计算机效率要低很多,但当超过65 000个微型晶片连接起来同时工作,它们就可以在一秒钟内处理几十亿个指令。在构造观念和使用性能上,这台计算机都给人留有深刻印象。希利斯的梦想是拥有一台具有十亿个平行加工器的计算机,就像哈尔一样。

人工智能和人类认知

关于人工智能的一些基本问题是:

- 大脑是一种什么样的能思考的机器?
- 机器如何模拟人类思维?
- 计算机的智能会超越人类吗?
- 对这些问题进行研究值得吗?

对于这些问题中的任何一个都是难以回答的。但那些被神经激活式的、平行分布加工模式(及其他模型)所鼓舞的人,正在努力探求答案。

大脑。在对心理学探索了一个世纪后,尤其是对认知领域研究了几十年后,对第一个问题的回答开始成形。我们非常希望本书能包含一个典范答案。我们认为,被称为大脑的思考机器,在根本上不同于现在被广泛使用的冯·纽曼式机器。如果计算机与人类大脑更相像,那么人工智能也许会有长足的进步。为阐明这一点,我们设想出下表中的比较内容:

表16.1

	硅基计算机(冯·纽曼式)	碳基大脑(人类)
加工速率	十亿分之一秒	几毫秒到数秒
加工形式	序列加工(大多数)	平行加工(大多数)
储存容量	巨大,将信息按数字编码	巨大,将信息按视觉和听觉编码
材料	硅,供电系统(如晶体管、开关、电源)	神经元和器官营养系统(如毛细血管和血液)
合作性	十分听话(准确地按要求去做)	总体十分配合,但如果遇到压力,则可能反抗(具有独立的思想)

续 表

	硅基计算机（冯·纽曼式）	碳基大脑（人类）
学习能力	思想简单，被规则操纵	概念性学习
最优越的特点	可以在短时间内处理众多数据，且不会抱怨，有效率、守规则、易保养和预测	能相对轻松地进行判断、推理和归纳。非固定的，拥有语言体系，具有言语能力，有视觉和情绪。
最糟糕的特点	难以进行自主的学习，对于执行人类认知的复杂任务（如语言理解和语言生成）有困难，体形大，由于需要能量而限制了移动性能	信息加工和储存能力有局限，会忘事，保养代价高：需要食物、水、睡眠、氧气、适宜的温度和其他生理心理所需要的条件，例如爱、性、归属感、摇滚音乐和游戏

人类的思维——计算机。对于第二个问题，至少在联结主义阵营内，人们普遍认为，只要建立起拥有基本神经结构的模型，人类思维就能得到最佳模拟。

超生物学

当上一代美国科学家还在为能制造一台类似于大脑的计算机而笨拙地修补理论时，一位日本科学家相泽（Aizawa），正通过真正的神经细胞与电子装置组合来建造一个天然的、半人工的神经网络，以期研制出一台大脑型计算机。目前他已成功地将细胞与半导体化合物氧化铟锡结合起来，并发现在极弱的电刺激下组织细胞可以作出有控制的增长反映（参见插图）。也许现在考虑人造大脑还为时过早，但这些装置或许可以起到将神经系统和人工修复技术连接起来的作用，如人造眼睛。

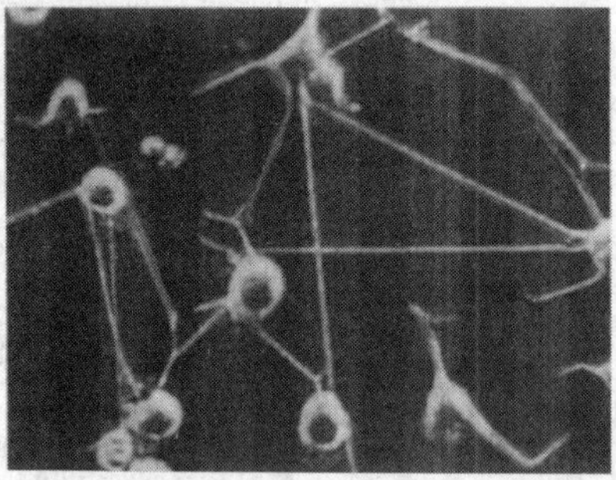

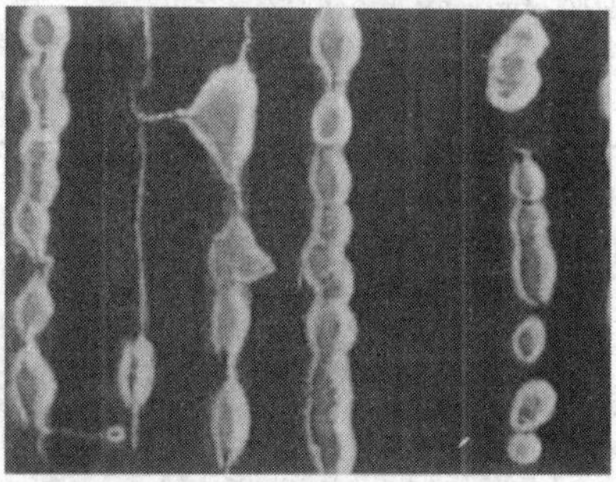

计算机的优越性。一些计算机程序的运行效率比人类思维要高得多，但是，计算机至多还只是真实思维的粗糙赝品。计算机可以解决一些问题，例如具体的数学运算，在速度和精确性上超越人类，但在另一些任务上，如归纳或学习新的动作，则难以完成。

价值。最后，我们对是否值得研究这些问题的回答十分简单，那就是值得。在人工智能的研究进程中，我们对人类和计算机的思维有了更多的了解。当然，也有人会说研发人工智能就像堂吉珂德拿着长矛去刺风车一样。

冯·纽曼式计算机和大脑之间存在的差异正如表格所示，毫无疑问人工智能科学家正被这些难题所困扰着。这些科学家或许弄错了机器的种类。看起来我们正处于观念被突破的边缘——或许是人工智能研究范式的改变。在这种范式的背景下，所采取的第一步已使计算机在结构和加工方面都更像人类大脑。神经网络系统、PDP模型和联结主义正在探索控制人类神经系统的神经元网络的计算原则。这似乎要采取高度抽象的手段来进行——用单位来表示神经元，而这些单位又遵从神经元活动的法则。这就是说，每个单位可以和其他单位配对，它们之间的联系可以增强或减弱，并达到稳定关系(Churchland，1989)。

在神经网络方面还有一个重要概念：神经网络也可以学习。就是说，通过类突触权衡系统，大脑的各部分结构关系可以随经验而发生变化(受到外部因素或内部因素的影响)。

现在来判断人工智能领域的努力是否会取得成功还为时尚早。而且，其支持者经历了较长时间才知道看待人类认知的新方式，并对此具有巨大热情。[1] 甚至吊儿郎当的学生也会对认知心理学的这项重要贡献变得敏锐起来，并且拭目以待它在未来的发展。

机器和意识：模拟游戏和中文空间

在认知心理学中，几乎没有领域像用机器来模拟思维那样成为诸多激烈的争论主题。一方面是人工智能的热情支持者，他们认为机器不仅能精确模拟人的认知，还能够执行更高级的智能加工。这一观点的逻辑延伸是，计算机可以直接参与人们的日常决策。另一方面，有人则认为人工智能只是一个腐朽的智力概念，那些把所谓能思考的机器奉为信仰的人是盲目的唯物崇拜者；人类的思考纯粹是一个人性过程，即使这个过程的一部分可以由机器来合成，但人工智能也绝不可能复制整个过程。

说到人工智能的起始点，人们总会想到加州伯克利大学哲学家约翰·瑟尔(Johan Searle，1980)所提出的两分法。他描述了人工智能的两种形式：一种为“弱”的人工智能，它可以作为探索人类认知的工具；另一种是“强”的人工智能，具有这种形式的人工智能计算机具有理解能力。没有多少人会反对“弱”的人工智能形式，每个人都承认计算机对于研究人类认知的重要性，对其就不展开细说了。而对于“强”的人工智能，瑟尔不赞同，并由此引发了激烈的辩驳风暴。关于这个问题我们将在“中文空间”这一部

〔1〕 以一种类型的神经网络对兵蚁通过热带雨林时的行为进行有趣的解释，见弗兰克斯(Franks，1989)。

分中涉及。但首先让我们来思考与机器问题相对立的一个关于意识的原始问题。这个问题是由英国数学家艾伦·图灵(Alan Turing)提出的。[1]

模拟游戏或图灵测验

图灵(1950)设计了一个人和某种事物进行交流的任务,人提出问题,而这种事物使用的语言不为人知。简单来说,人的任务是确定这种事物是否与人可区分。这个模拟游戏,也就是后来被广泛叫作图灵测验(Turing test)的运用,为图灵带来了赞誉。图灵测验本身是一个非常精巧的"欺骗",但它却给予了人工智能专家研究的一些实质性问题,从而转移了对哲学的意识问题的注意,而意识问题在科学和心理学的历史上一直是悬而未决的。不同于哲学那样直接提出问题(如果是哲学家,他会问:"认知是物质作用的产物吗? 如果是,认知的机能是否能从人工机器里产生?"或者问"解决心-身矛盾的方法是什么"),图灵测验选择了一种更高明的方式,即依据实在的操作对问题构建框架。关于图灵测验的本质文献中仍有一些叫人迷惑的地方,下面是对它们的详细描述:

> 这个问题可以被描述成一种"模拟游戏"。它由3个人参加:一位男性(A),一位女性(B),另一位是询问员,性别或男或女。询问员所待的房间与另两人的相分离。游戏目的是,询问员最终要确定两人中哪一位是男性,哪一位是女性。在游戏中询问员将对方两个人记作X和Y,在游戏结束时需要作出判断:X是A,Y是B;或者X是B而Y是A。询问员可以对A和B进行这样的提问:
>
> C:"X可以告诉我你的头发有多长吗?"
>
> 假定X是A,那么A必须回答。A在游戏中的目的是使其作出错误判断。那么A有可能回答道:
>
> "是短发,最长的一缕大约有9英尺长吧。"
>
> 为避免语音语调对询问员的判断产生作用,被询问者的回答是通过手写方式呈现的。最好能用打字机打印出。比较理想的状况是两个房间之间通过打字电报机来进行交流。当然也可以通过中间人来重复别人的回答。第三个参与者(B)的任务是帮助询问员,因此她的最佳策略是给出真实的回答。她可以在回答时加上如下字句:"我是女的,别听他(A)的。"但是由于另一位也可以给出类似的答复,所以这样的回答是很难起到积极作用的。
>
> 我们现在问,如果用机器来代替A会发生什么? 对于询问员来讲,面对真实的男女和面对代替人的机器,他作出错误判断的频率会一样吗? 这些问

[1] 关于图灵的吸引人的生活描述和其他人工智能主题的讨论,见霍夫施塔特(Hofstader)的《元魔力主题:意识和模式的本质问题》(1985),也可参见由安德鲁·霍奇(Andrew Hodges)所写的有趣读物《图灵:不可思议的人》。

题将我们带回了起点——机器会思考吗?

很明显,给予X和Y的问题的价值观取决于我们所处的时代观念。例如在20世纪70年代,如果以发长和发型来区分性别,那将会导致很高的错误率。不过,图灵测验给人工智能和语言科学家带来的一个巨大难题是,为了使计算机能够让我们相信它是人类,它必须对提问进行理解,且能够作出合理回复,即有效地模拟认知的重要形式。

思考论证:外科医生机器

功能的不可区分性问题在另一个领域里以另外一种方式起作用。举个例子,设想一家医院里有两位外科医生,一位毕业于著名的医学院,并被誉为世界上最好的外科医生之一;另一位则毕业于一所默默无闻的学校,被认为是差劲的医生。一天有人需动紧急手术,但第一位医生予以了拒绝,所以只好由第二位医生来主刀。病人处于昏迷状态,并不知道谁在实施手术。手术十分成功,然而仍没有人告诉这位病人是哪位医生主刀,而另外一些医生则相信手术出自第一位大夫。从这个例子可以看到,事物间的不可区分性是经得住现实检验的。不过,假如你是那位病人,并得知手术是由机器人来完成的,那么比起人类大夫的医术,对于机器人的功能特点你将作何评价呢?你认为两者的能力一样吗?为什么?为什么不?对于这些问题给出答案并不容易,不过,对于人工智能有深入了解的人则不这么看。其中一位是瑟尔,他对图灵测验的内容进行了证实。

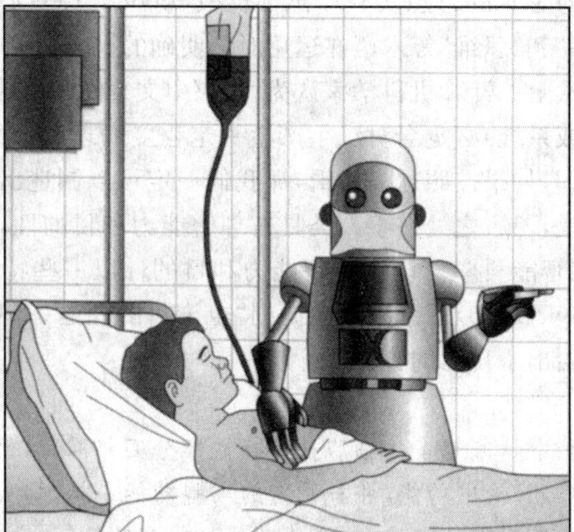

中文空间

为说明“强”的人工智能观点的缺陷，瑟尔列举了如下测验。设想某人被限制在一间被许多中国文字作品充满了的房间里。这个人不懂汉字，他不能够区分中国文字和其他文字。从房间外给这个人另一套汉字，还有比较两套汉字的系列法则。这套法则用简明的英语写成，可以让人将两套汉字关联起来。通过这套法则，此人可以对关于书法作品内容的提问作出有意义的回答，尽管他根本不懂中文。经过一段时间的训练，被试已能够熟练地用英语（母语）和中文（尽管不懂，但可以根据法则用中文来回答问题）来进行回复。假设实验的结果非常好，“以致很难区分这是被试的回答还是中国人自己的回答”（Searle，1980）。中文空间（chinese room）中的个体仅是计算机程序的一个简单示范：数据输入——数据输出。对于这一点人工智能不会发出什么“呼噜声”使“羽毛竖起”。但瑟尔将观点又推进了一步。能执行功能，例如依靠法则来完成翻译，并不说明事物对它所给出的结果已经是理解了的。人的意识具有“目的性”（Searle，1983），根据瑟尔的看法，“目的性可以被定义成将意识直接引向客体和生活事件的心理状态和心理事件”。这些心理状态包括信念、恐惧、欲望和意图。不论仿造的思维和真正的人类思维如何难以区分，但因为人类思考者的目的性和机体上的差别，两者是不等同的：一类是机体生成，另一类则是通过电。

对中文空间的辩驳

计算机科学家对瑟尔的思想实验作出了反驳（Boden，1989）。首先，从语义角度来看，“意向”、“理解”和“思维”等术语在运用时无明确的操作参照。其次，反驳聚焦于瑟尔所用例子的层次上。计算机科学家认为，如果中文空间中的人能表现出瑟尔所描述的技能，那么他（或系统）必定会对汉字产生一定程度的理解。再次，通过归谬法这个争议可被解决。即，如果按照这一逻辑，那我们一定可以制造出与会思维的人完全一样的机器人。但是，矛盾之处在于人类具有理解能力和目的性，而机器人却无法拥有。最后，一些人工智能科学家认为理解能力和目的性以一些特殊的生理物质为基础。皮利森（Pylyshyn，1980）不无讽刺地提到“也许目的性是一种由大脑产生的神秘物质”。接着，他又给出了自己的答案：

> 如果你大脑中越来越多的细胞被替换成积分回路晶片，而控制程序是使每个单位具有输入-输出功能，并与原有的细胞功能一样，那么你很有可能将只会正确说出你正在做的事情，但最终不能指出事物的意义。我们旁观者说出的词语对你来说只是噪音，是那些回路使你这样的。

结束争论还为时尚早。对于某些人来说，其所具有的价值是有哲学深度的。对我来讲，问题还有待于解决(实际上很可能解决不了)。此外，争论的双方都强化了自己的立场，其文章看起来是信念在起支配作用，而非理性。在书中如果探讨这样的争论是具有双重重要意义的。首先，它促使读者更深入地思考人类是什么以及人类认知是什么；其次，它提出了人工智能模拟人类智力的局限性。图灵测验和中文空间所带来的问题激发了现代哲学家和人工智能科学家的热情，这在最近他们对电子"妖怪"已"飘出瓶口"的密切关注中有所反映。

下一部分我们将综述计算机的具体功能。这些具体功能的发展大致反映出信息加工模式中从知觉、模式识别到高级认知形式的信息流动。

知觉和人工智能

人类知觉发端于光、声音、分子混合物及压力这些外部信号。这些信号为人们的知觉系统所检测到，然后被转换成(转变成神经能量)大脑可以理解的信息。对人们来说，通过感觉器官的可用信息的量是巨大的，视觉系统在1秒内可独自转换4.3×10^6比特的信息，并流向大脑。费根鲍姆(Feigenbaum，1967)提出，某种边缘装置，有时被称为边缘记忆系统，充当了知觉缓冲器，防止大脑被流向其的信息洪流所冲垮。

机器如何能够模拟人的知觉机制呢？一个符合逻辑的步骤是发展计算机的知觉力。因此，我们来看看关于计算机识别系统的研究工作。[1]

直线分析

计算机被教会识别几何图形的一种途径是通过分析课题的局部特征，利用复杂几何图形由更为简单的几何图形所构成的原理。计算机程序使用大量小模板，在搜索匹配中让它们与每个客体进行系统地比较。图16.1所示的是利用原型来识别几何体的一个例子。模板由两种知觉器组成——正向和负向、存在和消失，它们在模板的一个方格或小部分中。图中所显示的模板仅有6个方格、3个加号和3个减号。由于这些成分的排布(所有的减号在左侧)，这就可能适合识别客体的左侧边沿。将模板的中线

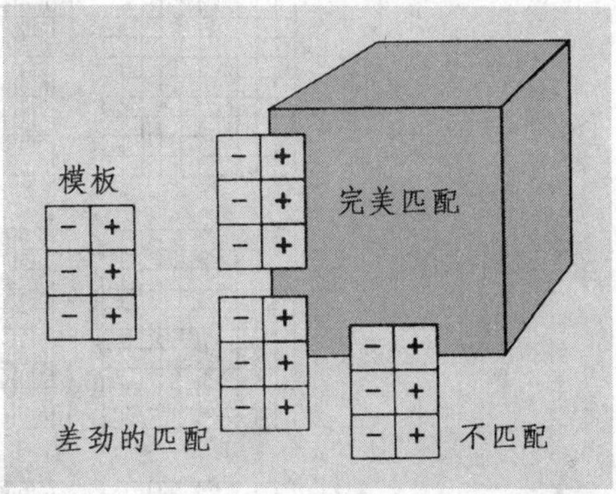

图16.1 以六方格为模板找到左侧边沿，"+"、"—"符号分别对应方格的"存在"或"消失"

〔1〕这类问题的早期研究的大部分是被实际问题所激发(例如如何制造一台能识别支票上的数字码的机器)，而且，尽管如此，也仅微弱地说明人工智能的人类类比问题；此外，还包括对现存计算机一些"知觉"能力的阐述。

覆盖在立方体的左沿上将出现完美匹配，角上部位的匹配是差劲的匹配，而在底部边沿是不匹配，这都是加号和减号知觉器相互抵消的结果。这种启发式确实能使机器做些事，而且与动物和人类知觉的研究结果相一致。在本书之前部分（见第四章），我们知道生理心理学家已成功从猫的皮质细胞中分离出直线检测器，尽管这似乎还不足以说明问题，但人还是有广泛分布的边缘探测器。

正如所描述的，计算机系统完成这类任务的一个困难是，需要大量的原型以满足简单的模式识别（例如一个左侧边缘检测器、一个右侧边缘检测器等）。还有一个刺激"拟合度"问题。绝大多数的几何图形（尤其是现实生活中的），都具有光滑或毛糙的棱边，或光亮或阴暗的边缘。如果通过直线识别，待识别图形首先被转化成仅有直线的表象，然后弄清直线的走向，那么模式识别能被大大简化。

模式识别

就绝大多数情况而言，模式识别系统处理视觉材料。用于知觉的硬件一般是光栅、矩阵变换电路和光电管（对光能作出反应）。光电管通常有两种状态——开或关（或"白"或"黑"）。设想一个识别数字的基本任务。图 16.2 显示了数字是如何被转换成二进制编码的——0 代表"关"或"黑"，1 代表"开"或"白"。计算机根据数字编码与内存中原型的匹配程度来"阅读"每个数字（即每个光电管上的方格子放在数字上——

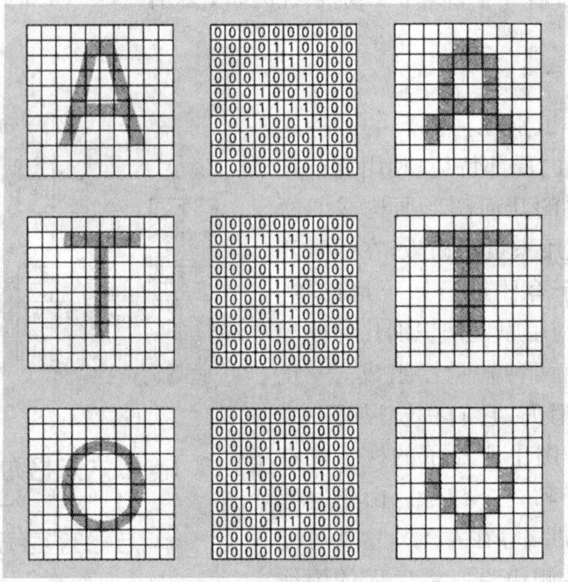

图 16.2 字母的二进制编码

左栏为字母，中间一栏是二进制。0 代表"关"或"黑"，1 代表"开"或"白"。右栏是扫描器识别的字母样式。

未被数字占据的感光区域)。如果数字是符合标准的、摆正位置的、未缺笔的，那么计算机可以很好地识别它们。这项技术在工业领域和美国邮政系统得到了广泛的运用。不过，如果让计算机来“阅读”手写信，那么系统中的光学扫描装置可能会遇到麻烦了。好在现有的情况表明，这项技术发展迅速，已能“阅读”手写笔迹了。

人工智能用于识别字母和文字不仅是一个计算机领域的应用问题，同时对于那些对人类认知怀有兴趣的科学家也具有意义。早在第十二章中，我们就讨论了关于人类识别字母和文字的近期研究成果。在模拟加工的计算机程序设计方面，这些信息是有用的。塞尔弗里奇(Selfridge)和奈瑟尔(1963)发表的关于这个主题的创新报告，为后续研究起了积极的指导作用。计算机“知觉”字母的一般步骤，正如刚才所述，需要计算机拥有一个巨大的内存(储存每个字母的每个独特形式)，否则实际情形中的很多字母将无法被检测。

塞尔弗里奇和奈瑟尔很多年前所提出的基本逻辑现在已被整合进识别字母和文字的计算机功能中。计算机通过一系列的子程序来“阅读”文本，而每个子程序专注于“阅读”文本的一个部分，如字母。这种分析方法在某种程度上是手段-目的问题解决的重复，这部分内容在关于思维的第十四和十五章中已被讨论过。图 16.3 为字母识别程序的一种可能工作方式。该图所示的是，字母 R 通过非常简单的系列加工阶段，最终在计算机排除备选项目的同时实现了匹配。

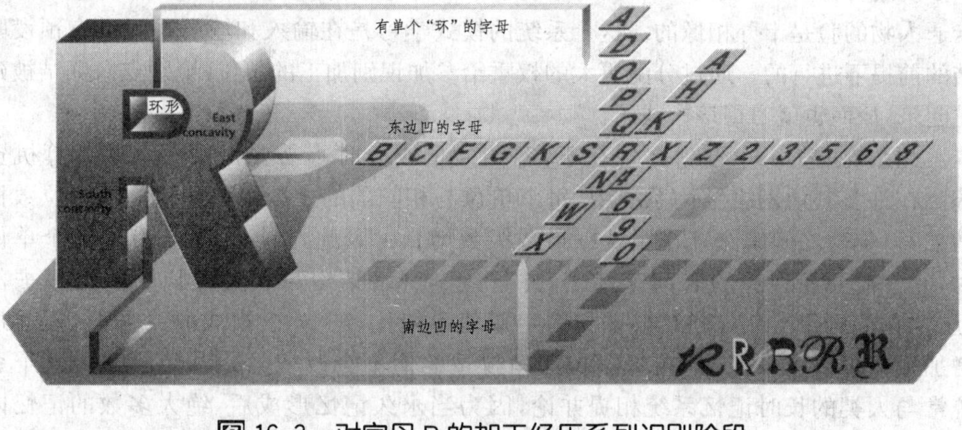

图 16.3　对字母 R 的加工经历系列识别阶段

每个阶段，程序只对字母的部分属性进行识别，如对角线、缺口等。

字母知觉的某些细节也受到平行分布加工支持者的关注。针对字母识别和图形知觉领域的人工智能程序的一个较为普遍的批评是，它们未考虑可操作的注意机制。当计算机“看到”一个图形时，例如完整的字母或几何图形，在整体上，它不同于人类观察者，计算机很难聚焦于图形对象的关键特征。PDP 模型为解决这个难题设置了两种特征探测器，一种被称为视网膜中心特征单位，另一种被称为经典特征单位。在视网膜中心系统中，视觉刺激以"原始"的形式被记录下来，就好像一个落在视网膜上的物体影像。

经典特征就是信息以某种标准方式呈现时的特征。例如，此处所呈现的字母 A 就符合我们所期望的标准。辛顿(Hinton,1980)提出了一种方法，让视网膜中心特征模式叠加到典型特征上去。该观点的细节过于烦琐因而于此不做介绍，不过我们要注意的是，这个重要问题正受到那些对 PDP 模型感兴趣的人的积极探索。有兴趣的同学可以去翻阅一下原始文献。

年代更早而且原理也更简单的人工智能字母数字识别系统，是建立在原型概念基础上的。计算机中储存着大量的字母和数字模式。当计算机"看到"一个数字或字母时，通过与模式的匹配来进行"阅读"。例如它将看到的字母 A 与 A 的模式相匹配，如果匹配成功，字母就被正确识别出来。甚至早先介绍过的序列加工和平行加工模式的工作原理也是非常简单的。更新的、以神经为基础的计算机模型才真正具有"学习"模式的能力。其中一些计算机可习得模式，被保存，之后用于识别。一个叫 DYSTAL (Dynamically Stable Associative Learning，动态稳定联想学习)的程序成功地习得了字母表中的字母及其顺序。最为令人振奋的也许是，计算机可将不完整的模式识别出来(见图 16.4)。

阿尔肯(Alkon)认为，DYSTAL 的运行机制与我们能辨认出由数笔构成的著名卡通人物的脸是十分相像的。这个系统的模式学习是在输入和输出之间没有预设联结的前提下进行的。通过分配更大的权重给参加识别加工的单位(识别点)，联结被建立起来，从而也就习得该模式了。

此系统的另一个创新之处在于，容纳大量成分时不需要占用很多的计算机资源。在许多其他网络结构系统中，每个单位与相间隔的一个单位相连。当单位数目增加时，单位之间的交互作用就以指数级数增长。因此，当一个系统有 100 个单位时，它就需要相当长的时间来加工，并且这个网络结构与人类大脑的结构相去甚远。"在 DYSTAL 中，联结权重与固定赋值不能比较：对于模式的系列呈现，通过增加或减少权重来保持动态平衡，而净权重的值不会改变。"(Alkon,1989)这个系统常与人类的长时记忆系统相提并论，因为当永久记忆形成后，绝大多数的记忆内容是不会消失的。一旦习得这些固定模式，DYSTAL 将比别的非生物网络结构占用更少的计算机资源。

更复杂图形的识别与对简单图形的识别遵循着同样一个逻辑，当然它一般需要更复杂的加工器。下面就让我们来谈一谈这个问题。

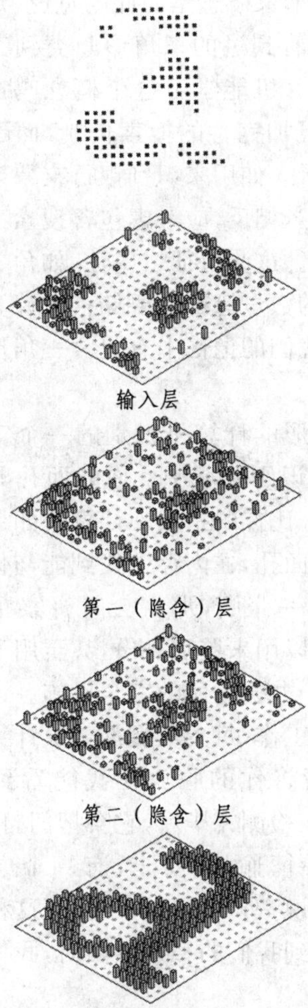

图 16.4 阿尔肯人工网络系统的模式识别工作原理与生物系统已证实的许多工作原理一样

当系统在被教会如何识别模式时，例如本图顶部的小写字母 a，与未参加的单位相比，参加识别的单位接收到后被给予更大的“权重”——它们的兴奋性提高了。图中用层面中元素的升高（小方柱）来表示突触权重。当只有一个模式呈现时，加工单位兴奋性的提高有助于将参加回忆的神经元联系起来。［密歇根环境研究院的托马斯·P·福格尔(Thomas P. Vogl)帮助设计本图。］

资料来源：Alkon，1989。

复杂图形的识别

让我们来设想一个不同类型的模式识别任务：三角形的识别。图 16.5 上画了数个三角形，你将很快地识别出来并进行归类。如果计算机内存中储存了三角形的原型且可以对“好”的三角形模板（A）作出反应，那么对于旋转了角度和大小变化了的 B 和 C，计算机还是可以轻松地识别出来。然而对于 D 和 E 的识别，计算机会遇上麻烦。尤其是 E 中的三角形，其可被识别主要是基于“完善的格式塔”的作用，而不是基于三角形是以三条直线段所构成的。

将这些图形快速识别为三角形的能力是人们对三角形物体的宽广经验在起作用。

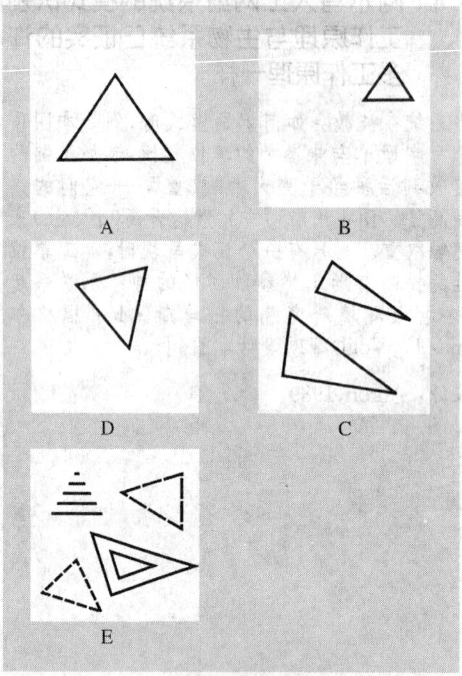

图 16.5 “好”的三角形 A—D 和问题三角形 E

前者仅是在大小、方向和边之间的关系上不同,而后者不具有传统意义上的直线边,但我们仍可把它们知觉为三角形。

三角形这个抽象概念是如此的宽泛,足以让我们将从未看到过的三角形归类到三角形范畴中。计算机能学习这个概念吗?很可能,但需要更加完善的搜索机制,而不是简单的匹配操作,如用来识别银行支票上数字的机器操作。相反,应考虑包含搜索三角形特征的程序。这些特征或属性,如角、线条、形状、客体的数量等都需要储存在计算机内存中,就像我们的记忆中有包含三角形这些属性的目录。

复杂图形的计算机识别的一个实际应用是在面孔识别领域中。你的面孔具有独特的特征,好比你的指纹。计算机如果能通过扫描你的面孔,在内存中找到能与你身份很好匹配的一张脸,那将会对警察帮助很大。它也可以用来鉴别身份,甚至用于鉴别植物,应用于办公场所的安全设施。设想你在安全机构工作,每天早晨都会被计算机这样询问:“请将你的脸放在我能看到的地方。”然后,在检测完毕后,它会把门打开,并说:“祝你心情愉快,女士,有一个电话找您……顺便说一句,生日快乐!”当这种机器威胁并侵入到我们的私人生活时,我们与这样的机器相伴就为时不远了。

在 MIT 工作的计算机科学家托马斯・波吉奥(Thomas Poggio)和罗伯特・布鲁内利(Robert Brunelli)正承担着计算机面孔识别的研究任务。这个程序的关键是,将显著的面部特征,如鼻子宽度、眼睛到下巴的距离等,从面部上提取出来并量化。已有 16 种特征得到识别(见图 16.6)。

如果面孔常常是一样的,那么一个简单的模板匹配模型也许就可以了。但是,我们的面孔却一直在变化。所以,计算机程序只能用上星期储存的面孔来匹配你今天的面孔,尽可能使两者接近,我们对此不能过于苛刻。程序通过对特征角度间的几何核对来完成检测,事实上它比人类的面孔识别更为可信。这种装置可以帮助我们解决一些存在已久的图片之谜。例如,近期由探索频道提出的一个问题:很久以前某人的一张照片,而照片上的这个人究竟是不是亚伯拉罕・林肯。

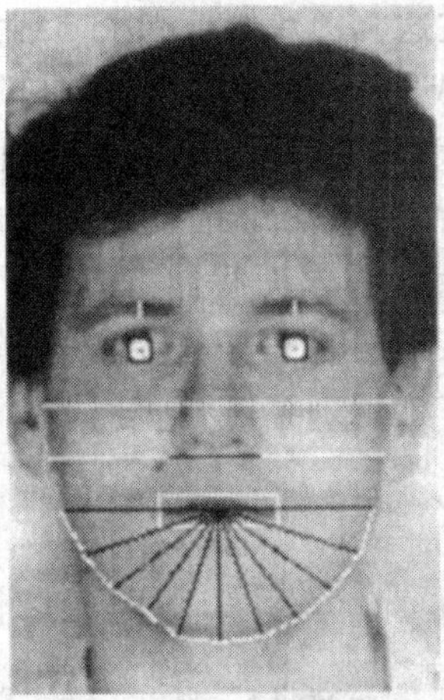

图 16.6 面孔匹配

为使这张面孔能与计算机内存中的面孔相匹配,16 种特征,如眼睛、鼻子和下巴的尺寸数据被收集到并被运用到一个公式中以求出相似度。这个公式建立在十六维空间中的欧几里得距离测量的基础上。这项工作已由 MIT 的罗伯特·布鲁内利和托马斯·波吉奥完成。

这张 19 世纪早期的照片(见下图)上的年轻人看起来很像林肯,但究竟是不是他呢? 计算机通过对面孔特征的分析也许可以给出答案。

这可能是亚伯拉罕·林肯吗?

通过对客体识别(参见第四章)的讨论,我们知道了人的模式知觉并不只是说看到一个客体,然后将由客体产生的印象与大脑里的模板相匹配(就像在计算机中条形码与相应模式进行匹配一样),而可能是这样的:保留住先前看到的各种图形特征,当把这些特征综合成原型时模式识别就完成了。因为与内存的相匹配的模式较少,新的或不熟悉的刺激,要比旧的或熟悉的刺激耗费更长的识别时间。计算机并没有这方面的能力限制——似乎计算机的存储空间是无限的——因此通过程序运用巨大储存,并使用搜索机制尽力完成匹配。在"现实生活"中,人们不需花费多少力气就能识别出人、地点甚至文字,这不是因为人们将每次所见事物的印象都分别存储在记忆中,而是因为存储了与一类刺激物相联系的抽象物。所以,当你认出自己的卧室、枕头和鞋子时,那是由于你脑子中存储了印象的"抽象物"而不是印象的"快照"。

辛哈和波吉奥(Sinha & Poggio,1997)提出了头部形状在计算机和人类进行人物识别中的作用。人们彼此认识是因为有与他人相处数月或者数年的经历,这些面孔特征被保存在了记忆中。当整个人出现时,他(她)面孔的所有特征都显露了出来,因此我们能立即认出对方。这个过程并不像索尔索和麦卡锡以原型面孔为材料的实验所描述的那样(见第四章)。在辛哈和波吉奥的实验中,他们呈现了图 16.7 所示的面孔图。快速地扫图片一眼,这对著名的搭档似乎是前总统比尔·克林顿(Bill Clinton)和前副总统阿尔伯特·戈尔(Albert Gore)。但事实上,后面那位人物的面部是由克林顿总统的显著特征所构成的——他的眼睛、鼻子和嘴巴——这些特征镶嵌在了戈尔的形体——头发、耳朵和躯体之上。很可能一开始你就被这幅图片给愚弄了，因为你建立了一种观念，认为这就是一对搭档，而不是特征合成的结果。仅一瞬间你的观念就使你的看法产生了偏向，然后，当你看着戈尔的头发、身体和姿势时，就迅速作出了判断。人类的模式识别被过去的知觉强烈影响着，在戈尔发现者身上这种知觉却是无效的。波吉奥及其同事所做出的研究具有两面性：一方面我们有可能研制出能比人类更好地识别客体和面部的计算机程序(其装置可被用于安全扫描)；另一方面，可能编制出学习程序，计算机可借助其与人们一样识别客体和面孔。

图 16.7 你能快速识别出这两位著名人士吗

你能肯定吗？请参见文中解释部分。

像人类专家一样的执行系统被称为“专家系统”。基本而言，专家系统(expert systems)就是解决专业领域问题的人造专家。所设计的专家系统解决的问题分布在医学、法律、空气动力学、国际象棋等领域，还有其他对于人们来说无数的麻烦事或者是过于复杂的问题(见刚讨论过的面孔识别问题)。这些系统谨遵法则，它们只思考某一领域的问题。一个医学方面的专家系统不知道地板上的一个坑会构成民事侵权，但它可以为一个 13 岁的，正发着高烧、腹部疼痛、白血球密度异常的女孩作出精确诊断。这样一个程序被昵称为普富(Puff)，是诊断肺部疾病的专家系统。它的诊断准确率达 89%，与富有经验的内科医生相差无几。这些系统备受欢迎，尤其是在工业、军事和太空探索领域内。它们将分配给自己的工作干得十分出色。不仅如此，它们不会罢工，不会要求更多的报酬，不介意被炸得粉碎，不需要维持生命的东西，并且为不动脑筋的人喜爱。

语言和人工智能

心理学家一般都认为语言是认知加工的内在的基本表现。语言比其他任何的人类反应变量范畴所包含的内容都更多,它在思维、知觉、记忆、问题解决、智力以及学习过程中都得到反映。更进一步地说,由于语言对于基本心理原理的重要性,它是人工智能科学家的主要兴趣所在。

一个早期的自动书写装置

此处所示的插图是《格列佛游记》(Gulliver's Travels)中乔纳森·斯威夫特(Jonathan Swift)的“能思考的机器”。斯威夫特不无讽刺地认为,只要将机器上的手柄做适度旋转,就能写出书或者文献。一些“现代书写程序”在一定程度上已实现了科学幻想,科学幻想也是一种合理的“文献”。具体例证请参见欧姆尼(*Omni*)杂志。

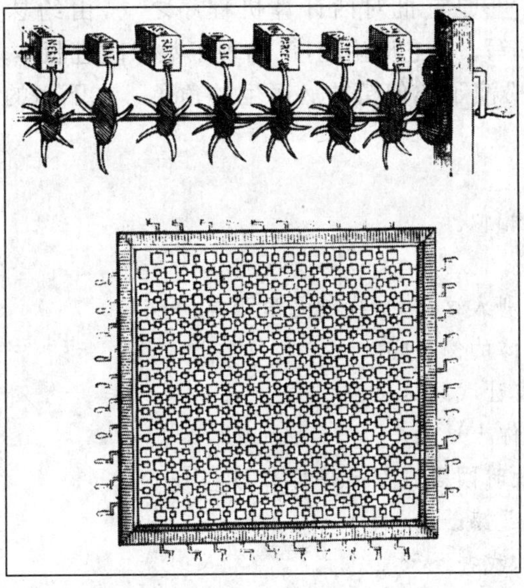

阿瑟·C. 克拉克所构想的计算机哈尔具有语言和问题解决能力,并且这种能力具有一个非常完美的形式。正如哈尔(机器)和戴夫(人类)间的对话所显示的:

“我想自己来干,哈尔,”他说,“让我来吧。”

"瞧,戴夫,你已经有很多事要做了。我建议将这件事交给我。"

"哈尔,调节手动式冬眠控制。"

"戴夫,从你的平静语调中我还是可以分辨出你非常不安。为什么不服片镇静剂并休息一下?"

"哈尔,我是这艘船的船长。我命令你开启冬眠控制。"

"很抱歉,戴夫,根据特别子条例 C1435 -斜线- 4,当船员死亡或丧失能力时,计算机就必须接管对飞船的控制。所以,我不得不拒绝你的命令,因为你不在状态,无法进行正常操作。"

在人工智能实验室,我们业已取得的成就离小说中所描述的那样还差多远?

ELIZA、PARRY 和 NETtalk

图灵测验出现后,早期对人工智能怀有热情的人很快就面临着挑战,编写出能对真实语言作出反应的程序,这种反应和人类反应不可区分。现在看来这些程序似乎笨拙了些,但科学就是沿着这样的道路发展的。

ELIZA。 ELIZA[1]是首批对话计算机程序之一,由约瑟夫·魏泽堡(Joseph Weizenbaum,1966)编写。自它诞生起,已出现了数个改进版本。在一个叫"医生"的专用程序中,ELIZA 扮演了类似精神病医生的角色。在下面的例子中,加粗部分为 ELIZA 所说的内容:

男人们都很相似。

在哪方面?

他们不是说别人这有问题,就是说那有问题。

你能给个具体的例子吗?

嗯,我男朋友让我到这来。

你男朋友让你上这来。

他说,在多数时间里我都显得抑郁。

对此我表示遗憾。

的确是那样,我并不开心。

你是否认为到这里来可以使自己得到帮助吗?

我确实需要帮助,我很肯定这一点。

---

〔1〕 学生依据乔治·萧伯纳的《皮格马利翁》(Pygalion)及其音乐版本《我的美丽女士》(My Fair Lady)中的一个人物而取了这个名称。

人们很可能会认为上面这个谈话发生在精神病医生和病人之间。不过，让我们仔细研究一下对话记录。计算机反应有刻板化倾向，例如，计算机程序总是对原始句子进行转换，并对某些关键词作出反应。所以，当"病人"说到关键词"我觉得"时，ELIZA 就用习惯的方式回答"对此我表示遗憾"。如果没有关键词，计算机就会给出没有实际内容的回答，或在某些情况下将早先内容转换后予以回答。人类具有获取感觉、态度、团体动力等方面知识的能力，这可归结于我们所称谓的理解力（由于缺乏一个较好的词），而 ELIZA 则缺少这一点。

PARRY。如果将对话双方的位置交换——医生与模拟精神病人的计算机交谈，会产生什么样的结果呢？科尔比（Colby，1972）及其同事编写了一个叫 PARRY 的程序。此程序模拟的是一名偏执狂精神病患者。选择这类病人是因为关于偏执的体系和加工的一些理论是现成的，患者和正常人反应的差别相当显著，并且研究者也许可以让评判者有效区分出计算机的模拟反应和人类的真实反应。科尔比及其合作研究者利用了图灵测验的范式，让一组精神病医生通过电传信息与 PARRY 进行交流。精神病医生的任务是对患者的偏执程度作出判断。

对话 A	专家评述
医生：人有什么特殊之处吗？ 病人：某些人是这样。	一条有趣的线索。我们将找出他对这些人的看法。
医生：这些人是谁，他们做些什么？ 病人：你知道地狱是什么样的吗？	提及地狱是妄想症的表现。我们不知道他是反对地狱的存在还是承认地狱就在他身边。
医生：这是什么意思？ 病人：难道我不该问吗？	这个问题起的作用不大。
医生：你为什么会问起地狱？ 病人：你对地狱知道多少？	我们相互回避了对方的问题。按我们的经验看这是偏执的共同特征，很重要的特点。
医生：我并不了解地狱。不过当你说起地狱时，我猜想你一定和它有着什么样的接触，因此我很想知道这些。 病人：我试图避开地狱。	确实是偏执的症状。这使我联想到其中包含的情感是扭曲的。要避免直接回答或在细节上纠缠。我对自己的提问感到怀疑。我已陷入患者的妄想之中。

结果显示，在一个非常专门化的情境中，很难分辨出究竟是计算机模型还是病人。当然，这样的看法是正确的：实验条件是人为设计的，因为对幻想狂病人的真实诊断应来自病人和医生面对面的接触。如果评判者得知了实验的真实目的，那他们的访谈也许会变得不一样。尽管科尔比及其同事成功地设计出能表现出偏执症

状的程序并且通过了图灵测验,但还是与具有理解力和生成语言的完善模型相差很远。

NETtalk。被称为 NETtalk 的程序是以模拟神经网络为基础的,并与 ELIZA 和 PARRY 极不相同。它是由现在在哈佛医学院、又在普林斯顿大学罗森伯格分校工作的谢诺沃斯基(Sejnowski)所建立(Heppenheimer,1988;Sejnowski,1987)的。依靠程序,NETtalk 能够识别字母并将它们大声读出(见图 16.8)。神经网络模拟模型包括了数百个基本单元(模拟神经元)和数以千计的联结。程序将字母转换成音素(语言发音的基本元素)大声读出。与我们所碰到的其他程序一样,它包含三层:(1) 输入层,此层中每个单元对应一个字母;(2) 输出层,此层中的 55 个单元代表了英语中所有的发音音素;(3) 隐含层,此层中的每个单元都以一定权重与另两层的单元相连。NETtalk 阅读时对字母逐个进行思考,并通过扫描任何一侧的三个字母以获得情境信息。因此,在"net"、"neglect"和"red"这三个单词中字母"e"的发音并不一样。在每次念出一个单词时,它会将自己的发音与人类的发音做比较,然后修改自己原先不正确的地方。

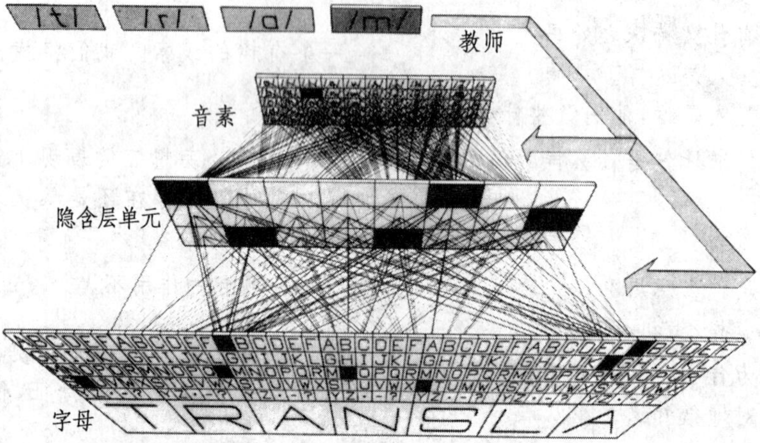

图 16.8 NETtalk 的朗读

它将字母转换成音素,每个字母单元通过权重联结将信号传递至所有"隐含"单位;如果到达隐含层单位的信号总和超过了特定阈限,那么隐含单元将被激活,将信号进一步传递到音素单元。输出层就是接收到最强整体信号的音素。当"教师"告诉程序犯了错误——把 n 读成了 m——它会根据具体的学习规则通过调整所有权重来改正错误。

资料来源:Heppenheimer,1988。

几次试验后,NETtalk 程序有了极大的改进。谢诺沃斯基报告说:

我们让它彻夜运行。起先它不停地发出模糊不清的声音,它正在猜测;它还未将字母和音素联系起来。当继续运行时,它开始能区分辅音和元音。然后,它发现了单词间隔。这时,它的持续声音变成了由这些间隔决定的短促爆破声。在夜晚快要过去时,它已完全可理解性阅读,念对了约92%的字母。(引自赫本海默,1988,p. 74)

特利·谢诺沃斯基(Terry Sejnowski)所设计的神经网络包含隐含层,这个层对应于中间神经元。

这种程序的应用价值十分明显,不过对目前神经模拟模型的观念性突破,虽没有明显的应用价值,但却有更为深远的意义。

谢诺沃斯基和其他人认识到,在人类以及机器的交谈中,其内容是十分重要的。现在我们探讨另一个重要的问题:意义和人工智能。

意义和人工智能

尽管存在这样的事实——与计算机的对话在某些时候足以骗过一些人(他们以为是在与人交流),但计算机不会由于在词储存方面的不足而不能进行对话,它的记忆几乎没有极限;它也有巨大的能力来生成有意义的句子;它对字母的发音也是被认可的。但是,它会因为对语言缺乏足够的理解而无法进行对话。

在人工智能的早期阶段,人们认为计算机是语言翻译的绝佳助手。只要将两种语言中相同意义的词汇装入计算机的内存库中,你输入某一语言的单词进入计算机,它就会给出另一语言的单词。然而,在包含句法信息的情境中,即使进行单词一一对应的翻译,结果仍常常是莫名其妙的。在一个例子中(可能是杜撰的),圣经上的一段话"The spirit is willing, but the flesh is weak(精神是有意志力的,而肉体却是脆弱的)",被计算机翻译成了俄文,然后再译成英文,结果是"The wine was agreeable but the meat was spoiled(酒是不错的,但肉却坏了)"。

早期翻译程序上的经验和心理语言学的发展改变了我们关于语言的认识。在刚才的例子中,尽管俄语和英语的单词是同意义的,并且在翻译中语法也是合理的,但两句话的意思却不一样。我们的自然语言在运用时有各种各样的限制规则,它们决定了语法成分的次序和在这些次序基础上产生的意义。所有这一切都具有复杂的关系,并开始得到分析。自然语言加工的计算机分析已采用了"理解"语言的设计系统,建立在语言认识基础上的一些更复杂的语言理解系统也已被研制出来。所建成的这些系统不仅能够分析文字意义,还能理解整段文字的内容,有时,它们还能对"世界知识"(维诺格拉德提出的)进行分析。大多数情况下语法分析器可以对句子进行分析和解释。

第一个语言系统由于"世界知识"和推理能力上的局限,它模拟人类谈话的效果并不理想。当人类交谈时,为有效地进行交流,不说什么与说什么同样重要。智慧人类的行为特点就是能进行各种推理,不仅在语言加工中,在诸如视知觉的其他活动中也有。人们不需要看到部分被封闭了的整个图形就能推断出它的存在,即使是部分和间接的线索也足够引起一系列的反应。例如,我知道自己正在穿越的一片森林藏有毒蛇,那么,树叶沙沙作响完全可以使我立即停下脚步。

在对人工智能的研究中,另一个关于理解并引起人们关注的领域是"信念"(beliefs)。思考下面这个例子:

I was out until 2:00 A. M. yesterday.	我昨天凌晨两点前一直在外面。
Boy, did my wife give it to me.	好家伙,我妻子确实给我来了一下。

很正常,绝大多数的人都会认为妻子施与丈夫的肯定不会是爱。请不要介意这个推论可能是完全错误的(举个例子,丈夫一直在实验室工作,研究出了一种治疗癌症的方法,而这会给他的家庭带来荣誉和财富;或者丈夫回家太早了)。我们正在讨论的是,多数人对这个故事会作出特定理解,而计算机却不会。程序不仅需要大容量的记忆来储存习惯用语(不然它怎么会理解"give it to me"),还需要在丈夫和妻子对这类情况的信念和态度的来龙去脉方面有一定程度的理解。

持续言语识别(CSR)

持续言语识别(CSR)系统用来识别和记录自然言语。表面看来,这个系统工作起来似乎十分容易。毕竟,绝大多数的人和一些动物都可以识别和记录某种言语。然而,正是由于上述理由它的任务却很复杂。思考一下同音异义词——音相似义却不同,例如"arm"可以被理解为悬挂在你躯体上的肢体,也可以被看做用来抵御半夜闯入者的东西。在句子"Jeff armed himself in the event of an emergency(杰夫在一次突发事件中带上了武器)"里,"armed"表示Jeff用武器来武装自己。不过,如果你了解Jeff,知道他在一桩交通事故中失去了手臂,并且还知道在诸如火灾这样的紧急事件中,他将装上人造手臂,那你就会明白,"armed"表示他给自己装上手臂。持续言语识别系统如何处理这样的言语形式呢?大多数程序被设计为,依据词汇某种意义出现的统计概率和有限的句法来发挥作用,因此可能会误解句子的意图。不过,程序正逐步被改进,越来越多的复杂程序把语境也储存了起来,并包含"世界知识"。

上述翻译程序出现在持续言语识别研究的重要时期。这些新程序不仅仅是简单地进行“低级搜索和匹配”，还能够高度准确地持续翻译，对言语中的复杂词汇进行识别、语言翻译和言语合成。这意味着，一个人通过电话（或与计算机连接的话筒）说出英语，其言语被译成视觉文本，该文本又被译成另一种语言，如法语，而其言语是合成得到的，因此输出的是被译信息的言语版。这种神奇的程序已处在试验阶段（Kurzweil，1999），并且也有望以商品的形式在这十年的初期出现在市场上。

语言理解程序

NETtalk 和持续言语识别以世界知识理智地作用于人类，包含某些人类理解力形式的其他程序也是这样的。在这些程序中，最著名且最有争议的是由耶鲁大学罗杰·尚克（Roger Schank）设计出的语言理解程序。尚克的研究受到数个目标的指引，其目标是设计出具有如下功能的程序：能理解手写文本；能对文章实质部分进行概括；译成另一种语言；回答出手写材料的意义。尚克及其同事不久便发现，与表达自然语言的单词原始意义相比，人们还能知道更多。尚克用下面这个例子来说明问题：“约翰到了一家饭店，要了一份三明治。因为服务员很快就将三明治送了上来，于是他给了不少小费。”约翰把三明治吃了吗？他是否付了账？

当我告诉你，“我去年夏天去了威尼斯”，你大致会问出下面这些问题：花钱了吗？乘飞机还是乘船去的？和人有过交谈吗？去过饭店了吗？在威尼斯看见其他人了吗？他们讲意大利语吗？他们穿衣服吗？他们留指甲吗？有多少？一台“智能”机器要理解语言，就必须对语言加工信息进行合理的推理，就像很多人所做的一样，其基本观念与本书中所讨论的自上而下加工概念相近。

在语言加工程序的发展过程中，所面临的一个困难是自然语言的模糊性。尚克（1981）举出下面例子：

I hit Fred on the nose. 我击中了弗雷德的鼻子。

I hit Fred in the park. 我在公园里揍了弗雷德。

为正确分析这两个句子，我们需要了解的多于纯粹句法和语意规则。阅读者需要知道，人可以待在什么地方；同样，我们还需要知道关于人类行为和外界的一般信息。

问题解决、游戏娱乐和人工智能

问题解决和游戏娱乐方面的人工智能文献要比心理加工方面的文献多。许多人工智能科学家一直关心问题解决的一个原因是，这个术语和思维在一定程度上是同意义的。而从复杂性来看,思维是人类所特有的。这一点及在人工智能机器的问题解决程式上的努力导致该领域出现了众多的技术和理论。

机器计算就是以机器进行问题解决的最早的一个例子。1642 年帕斯卡(19 岁)证实,用他发明的机械计算器来解决一些数学问题要比人工计算更准确、更迅速。对于问题解决,当今人工智能手段又比机械计算器先进得多。它包含了一个很大的范围——为复杂的难题寻求解决办法,证明定理,学习如何成功地操作某样东西以及玩游戏。

为解决一个具体问题而设计一台计算机并不复杂,但为解决各种各样的问题而设计一个通用的程序就困难了。目前来讲,设计一个可自我调节并能学会解决诸多问题的方法的程序是不可能的。但是,当今许多人工智能科学家的目标是,设计一个可以解决问题的会学习的程序。就基本层面来说,这类自我学习程序可以知道哪些顾客用信用卡付账是存在风险的,哪些又是安全的(见图 16.9)。就高级层面来说,阿布-莫斯塔法(Abu-Mostafa,1995)正在研制计算机——视觉程序,其目的是让程序在目标客体变换方向或方位时也能予以识别。

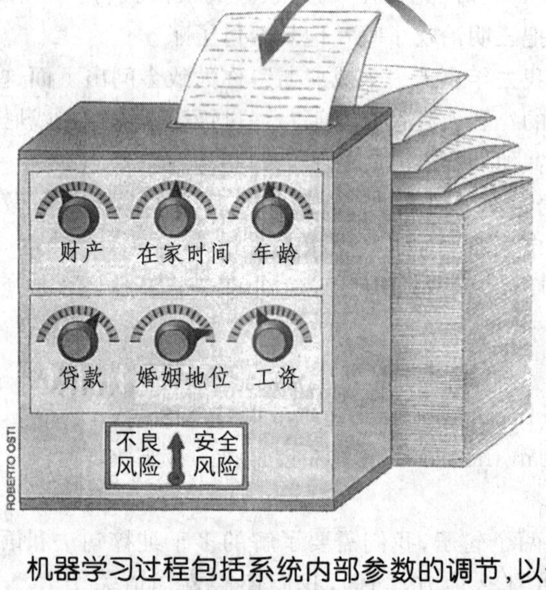

图 16.9 机器学习过程包括系统内部参数的调节,以使在数据的输入和被期望的输出之间建立起合适的联结

例如,信用卡-证明系统,将被训练为把申请者个人资料和他们所知道的信用行为联系起来。实际上,学习过程就是"旋转调节盘",直到系统可以复制出练习中输入-输出间的关联。

计算机如何学习?"利用经验"是一个合乎逻辑的答案。但是,这几乎没有说出改变计算机绩效的机制。很多人工智能专家从数学角度来研究这个问题，在他们眼中，计算机行为被看做是联结输入值（例如待解决问题的性质）和相应输出值（行动或决定）的功能。对机器学习的一种看法是，它只是"寻找球形把手会在哪里"。一些程式通过练习，如图 16.10 所示的问题，来进行学习。

计算机学习的过程是，模拟目标函数，精制自己的行动步骤，以便越来越接近目标直至成功。已有一些程序在这种方式上是成功的，包括那些建立在模拟神经网络基础上的程序（Hinton，1992）。

问题解决的两种不同方法构成了人工智能众多研究的基础，并存在重要差异。一种方法被称做算法式（algorithmic），另一种方法被称为启发式（heuristic）。算法式通常被定义为程式，这些程式确保所给问题能被解决；启发式则是一系列的经验规则和操作策略，事实上，它们就像是单凭经验的做法。两种方法的不同之处可通过下国际象棋的例子来予以说明。计算棋局是这样一种游戏：在任一时间内，对于每个棋手都存在数量有限的可能走法；而且，当一方棋手走了某一步棋后，对方也会在有限走法中选出一步来应对。从实战目的来看，所有这些你来我往的走法是确定的，即游戏必须以某一方的获胜（另一方失利）或平局而告终（图 16.12 所示的是分叉树的部分，即随着棋局的发展，每一步可能的棋路不断发散出来）。当然，整盘棋中所有可能的走法数量巨大，难以表征。如对于图 16.12，其包含 10^{120} 条不同的分支。为理解一盘棋中各种可能走法所达到的巨大数量，试想我们表征这些分支所需的空间。如果这些分支被编码为最小微粒并被放入世界上所有的图书馆，它们将多出许多倍！不过，算法式搜索会在所有可能下法中寻找出导致胜利或平局的系列步数。但人类（甚至能想象到的最先进的计算机）发现，这在技术上是不可能的。相反，人类和计算机会采用启发式搜索方法，其中策略是十分重要的——例如，攻击对方的皇后，控制棋局中央，牵制对方的大部子力，为取得子力优势或占据有利形势而与对方换子，等等。

图 16.10 你能解决吗

这些物体被分成了两组,每组物体具有相同的边缘色(黑色或绿色)。什么特点将它们区分开来?计算机程式在学习时常会碰到类似的困扰。如果给计算机提示,它们的学习会更快更轻松。关于解开困扰的提示,请见图 16.11。

图 16.11　视觉提示有助于机器和人类解决图 16.10 所示的问题

画出每个物体的对称轴，可以清楚看到顶端 6 个物体不是镜像对称，而第三排的 3 个物体则具有这个属性。这个特点区分出了黑色和蓝色的物体分类。

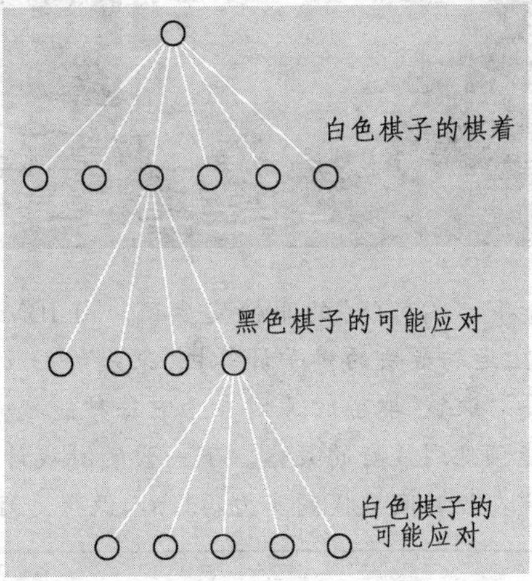

图 16.12　国际象棋游戏中各种可能走法所组成的分叉树的部分

"碳"基大师对阵"硅"基冠军

计算机下国际象棋能有多出色？我们已看到，最棒的计算机程序"深蓝"，打败了被誉为有史以来最好的棋手盖利·卡斯帕罗夫(Garry Kasparov)。现在的计算机程序已可以击败除最优秀棋手外的任何人，我的奔腾配置的计算机就有这样的程序，并且可以大胆推测，它与你的水平差不多。观看计算机学下棋，我们可以从中知道什么？我们大都知道的情况是，机器的模式识别可对什么特征是适宜的进行粗略分析。但计算机在颖悟上所缺乏的却换来了快速能力和数学搜索——匹配活动数量上的巨大性。人类可以从来自复杂世界的感觉信息中提取出有意义的线索，进而把这些线索予以概括，再将概括出的内容转换成更高级的联想结构，在保持内部操作与外部现实一致的同时(而计算机只是大致地)，建立起详细的认知方案。尽管计算机具有巨大的搜索能力，但这还不足以使它能穷尽所有情况。此外，游戏中不断发展的策略是现代程序中一个引人注意的部分。

20世纪的最后3年，"不可能"的事情发生了。由IBM公司谭崇仁(Chung-Jen Tan)制造的世界上运转最快的棋手计算机"深蓝"，击败了世界冠军大师级棋手盖利·卡斯帕罗夫。"深蓝"取胜的原因在于它每秒能搜索到200万种走法，当然，这其中也包括它能预见到最好的策略。下一代的游戏计算机可能将通过经验来学习，就好像人一样在短时间内提高实力，但比人做得更好更快。

像人一样思考的跳棋程序

近期举办的 2000 年进化计算大会（2000 *Congress on Evolutionary Computation*）上，大卫·福格尔（David Fogel）和库玛·切乐皮勒（Kumar Chellapilla）展示了一种被称为神经网络的计算机程序。其被设计为可自我学习，很像你被传授了如跳棋这样一种游戏的基本规则后，通过思考各种策略来提高自己的水平。这个不断在发展的程序是个非常出色的跳棋棋手，它很轻松地击败了几乎所有的比赛对手。不过，我们在计算机模仿人类神经加工的讨论中所感兴趣的是，这个程序模拟了人类神经元的整合功能。我们知道人类神经元通过“整合-激活”的方式来活动，在这种结构中，每个神经元将周围其他神经元传导来的所有电刺激叠加起来。如果叠加的总和超过了特定阈限，那么这个神经元就被激活，并施刺激于其他神经元。这个基本原理是人类学习和反应的基础。跳棋学习程序正是利用这个原理来运行的。进一步说，如果给予足够时间，这个程序将会提升好多倍。这种情况在太空飞行中将会变得非常有趣，因为在漫长的旅途中机器将变得更聪明。这对于机器人智能是非常有意义的，并代表了人工智能的新前沿。

资料来源：*The New York Times*，*July* 25，2000，p. d1－d2。

计算机国际象棋

我们已描述了在理想计算机的支持下扫描器是如何工作的，其能通过模板匹配获得简单图形的意义。对模式分析的讨论表明，模式是复杂的，而建立在简单模板匹配上的人类模式识别模型，不能够说明模式识别的多样性和复杂性，也不能解释人类识别速示模式能力上的加工经济性。

如果日常生活中遇到的大量模式中的每一个都有其自己的模板，那么即使是储存容量最大的计算机，恐怕也会崩溃。让我们来看一下中等难度模式的模板匹配的例子（难度介于如下情形之间：辨认你的祖母和辨别印在包裹上代码所表示的一磅黄油的价值）。国际象棋有这样的模式：采用 8×8 黑白小方格交替呈现的棋盘；所有棋子的走法都是明确规定的（例如棋子“车”在横向或竖向的通路上随意移动，只要没有别的棋子阻挡在它前进的路上；“兵”只能向前移动一格，除非……等等）；在对棋局的粗略观察基础上可以预计以后的走法；所有可能走法的数目尽管巨大，但还是有限的。如果有非常非常大的储存容量和长时间的思考，判断出每一步而导致胜利的可能性是存在的。即使计算机检测出巨大的可能步数，描述搜索所有步数的模型却不可能存在；更进一步说，它没有说明人类是如何下国际象棋的，并且更重要的是，它未能解释复杂模式是如何被知觉到、编码、转移，最后转化为行动的。

从蔡斯和德·古鲁特(见第四章)的例子中，我们知道，即使是刚出道的棋手，也能从形势的特定片段中提取信息，然后将注意集中于围绕敏感片段以发展出策略及走法。下棋机器如果要像人类一样下棋，需要会分析模式，并且从片段和位置中快速提取出相对重要的组块信息。

除了国际象棋，人类还向众多的计算机游戏，包括十五子棋、桥牌、跳棋、围棋、黑白棋、扑克和拼字游戏发出了挑战。所有这些游戏都可以在网上进行，期待聪明的大脑，例如你们的大脑，来一较高下。

人工智能和艺术

到现在，也许你会觉得只有为数不多的人类从事的领域受到“保护”而未被人工智能涉及。你也许会说，艺术——诗歌、音乐和美术——是纯粹的人类活动，而未被电子仪器所侵入，然而，已有大量的人工智能工作投入到其中的每一个领域。首先，让我们来看一下诗歌。

诗歌。我们所做出的不少努力已使得程序所创作的诗歌就好像是人类写的。其中一个程序被称为“雷·库兹威尔的人工脑诗人”(Ray Kurzweil Cybernetic Poet, RKCP)，它是由库兹威尔[1]设计的。根据所“读到”的诗歌，这个程序使用语言模仿技术来创作诗歌。RKCP 被输入一个诗人样本，这个样本越丰富越好。然后从那些精品中程序创造出一个语言模型，该模型模拟作者的语言风格、韵律和诗词结构。[2]思考下面这首俳句(日本抒情诗)，它是 RKCP 在读完约翰·基茨(John Keats)和温迪·丹尼斯(Wendy Dennis)的诗后创作而成的：

灵　魂

你打碎了我的灵魂
她宛若永恒的汁液
我唇上的精灵

而下面这首是在阅读雷·库兹威尔、罗伯特·弗罗斯特(Robert Frost)和温迪·丹尼斯的诗后写成的：

---

〔1〕对于未来计算机和人工智能，更多的诗和一些引人争论的预言参见库兹威尔富有洞察力的书《精神机器的时代》(The age of Spritual Machines)。

〔2〕可以在www.kurzweiltech.com中找到 RKCP 的免费复本。

我想我要撞击

我想我要撞击
和平相随只为了我自己
是由于奇妙的声音
它发自我心中的自我
生活在流泪由于流血的心
心就像交错的树枝
就是这样
心就像交错的树枝
如同微风
知道我们曾在那儿停留

你觉得这些诗写得怎么样？它们能通过图灵测验吗？

音乐。如果程序能掌握和模拟诗的格律，那它是否也能对音乐主题进行这样的处理呢？已有数个程序成功创作出一些听众觉得十分美妙的音乐片段。俄勒冈大学的音乐教授斯蒂夫·拉森(Steve Larson)编写了一个程序。他选择了三首作品，一首是约翰·塞巴斯蒂安·巴赫(Johann Sebastian Bach)的作品，一首是他自己写的，另一首则是计算机创作的，并在听众面前播放这三首作品。结果让拉森有些困惑，他自己的作品被听众判断为出自计算机之手，而计算机创作的乐曲，被称为“音乐智能实验”(Experiments in Musical Intelligence，EMI)，则被评价为是纯正的巴赫作品。[1]至少在这个基础上，我们可以说计算机创作的乐曲在某些时候蒙住了一些人。另有一个叫做“即兴演奏者”的程序，由爵士乐萨克斯管吹奏者、英国人保罗·霍奇森(Paul Hodgson)编写。这个程序可以创作风格广泛的音乐作品，从巴赫到爵士乐的，比如路易斯·阿姆斯特朗(Louis Armstrong)和查理·帕克(Charlie Parker)的风格。

目前，计算机创作的音乐是十分让人信服的。这些创作程序的主要缺点在于，写出一首流行时间较长的乐曲的能力不强，尤其当面对那些敏感于特定类型音乐间细微差别的专家时。而一个初学者将计算机作品当做莫扎特作品时，莫扎特的专门研究者却可以依据作品内在的广泛联系，判断出这是模仿作品。人们也许会为作品所动情，认为“听起来是莫扎特的，似乎那天他头发很乱”。当然，未来程序不仅能创作出莫扎特风格的作品，甚至还会超越这位年轻的奥地利天才，写出超级莫扎特之音乐作品……具体再现出这个男孩的最高天赋(就我本人而言，我并不认为任何计算机的作

〔1〕 另有一个研究是，重构过去艺术家身上的音乐天才，并从过去的残留物来无性生成。莫扎特的DNA似乎丢失了很久，但巴赫的骨头在1894年在莱比锡(Leipzig)被发现。一些活着的人们正在储存他们的精子和卵子……只是以防万一。

品都会像莫扎特的《魔笛》、巴赫的《耶稣》、《人类欢愉的愿望》那样触动心弦。不过,我仍期待着惊奇出现)。

音乐程序将会越来越完善,直至真实的埃拉·菲茨杰拉德(Ella Fitzgerald)和程式化的埃拉间的差异也许会无法辨别。模仿作品与真实作品间的界限将会模糊。这究竟是好事还是坏事,不仅仅是哲学家和论理学家思考的问题,我们每个人也应该参与其中,前进的号角为你们响起。

美术。计算机辅助影视艺术的出现已有几十年了。一些简单的计算机辅助设计程序(computer-assisted design,CAD)帮助人们从枯燥的建筑和工业设计中解脱出来。这些程序离真正的美术创造程序,如哈罗德·科恩(Harold Cohen)用四分之一个世纪设计出的程序,还相差很远。哈罗德·科恩的计算机驱动机器人名为阿伦(Aaron),装备了绘画装置后,它已创作出仿佛是真人画的多幅作品。不过,谁能说它们不是"真实的"画呢?图 16.13 所示的是科恩,或者说是阿伦的作品样本。

图 16.13 计算机绘出的画

资料来源:Ray Kurzweil, *The Age of Spiritual Machines*, Vikirg Press。

计算机画出这些图片的机制是比较简单的。一个小型的移动式机器人在画布上急速移动以画出所展示的客体,程序的核心则是很多关于艺术结构方面的信息,包括构思、素描、透视、风格和颜色。既严谨又自由的艺术品世界已在一些知名的展馆,如伦敦的泰特画廊(Tate Galley)、阿姆斯特丹的斯特德利克(Stedelijk)博物馆和旧金山的现代艺术博物馆中展出了科恩的一些作品。

在上述人工智能和艺术的所有例子中，它们最终为人们所接受的标准是人们对它们的评价。如果计算机创作的诗歌、音乐和美术作品与人类作品十分相像，那它们就是具有审美价值的。否则，这些创作便是毫无意义的，因为它们虽然很接近真实艺术，但还只是十足的赝品。我们在艺术领域缺乏客观标准，但直到有一天欣赏口味、爱好和偏好都变得更具有操作性，计算机装置才能真正理解并创造出诗歌、音乐和美术（包括其他典型的人类活动）。

机器人

机器人（robots）（能够执行人类任务或表现出人类行为的装置）把我们先前讨论过的人工智能的内容（对模式识别、记忆、语言加工及解决问题的模拟）具体化了。（对于新近的讨论，参阅明斯基 1994 年的论文“机器人会继承世界吗？”）

机器人的演变

在诸如《魔法师的弟子》、《木偶奇遇记》和《科学怪人》等民间传说和科幻小说中存在着大量机器人模仿人类行为的动人故事。16 世纪希伯来传说中有生命的“假人”和半人马的传说，以及机器人 R2D2、C3PO（星球大战）、哈尔（因 2001 而闻名）都反映了人们对此的热衷。随着现代化工程技术和认知心理学的出现，神话和科幻小说领域中的机器人学具有非常严肃的科学地位。开创性工作由两位英国科学家完成，他们是罗斯·阿什利（Ross Ashley）和 W. 格雷·沃尔特（W. Gray Walter）。阿什利设计并制造出了一个循环电路，可以维持体内平衡，或者说是内部平衡的状态。沃尔特给平衡装置添加了可变化的特性，使它们能够在特定的亮度下寻找光线；当亮度超过某一水平时，避开光线；当没有光线时，四处移动，搜索光线。这些具有向性的机器人还只是模仿了昆虫、植物或一些低等动物的低级生命特征。随后，其进步发生在约翰·霍普金斯大学，机器人被组装起来，成为我们所知道的霍普金斯野兽。该机器人可以依靠自身能源移动，完全是由自我控制的。它依靠声呐行动，其知觉系统由光电细胞、遮光板、镜头和电路组合而成。所有这些装置都用来探测一样东西：电流输出护盖。当它看到东西时，它会试着用自己插座样式的手去接触。

随着人类对太空的探索和为完成特殊任务而出现的对高尖端机械装置的需求，机器人学在 20 世纪 60 年代发展迅速。能够对复杂化学物质进行系列分析的火星登陆者，就是这些需求的产物（需指出的是，由于本章所用到的人工智能定义的限制，本章中所提到的一些机器人只是纯机械装置，与其无多大联系）。

斯坦福大学人工智能实验室研制出早期的一些太空机器人原型。实验室附近的标志警告造访者附近会出现机器人交通工具。1968年出现的最具魅力的机器人之一就诞生在那里。它叫沙基(Shakey),是一种可以行动并由无线电控制的交通工具,具有机载知觉和问题解决能力设备。它被配备了一台摄像仪、一个距离探测器和一个像猫胡须一样的触觉传感器。所有感觉信息被传入至一台计算机,计算机中的各种程序对传入信号进行分析,规划行动方案,使它可以控制自己所处的环境。整个机器人被安装在了一台万向机车上。

知觉系统包括摄像仪将图画转化为线条,以及背景物体或重要区域。问题解决部分是一种定理证明程序,它使得沙基能执行简单任务。

现在,一个更先进的机器人弗雷基(Flakey)替代了沙基。弗雷基是三英尺高的可移动装置,其顶部装有一台摄像仪。当命令它行进到走道上的第五间办公室时,它会十分顺从地行驶到指定地点。NASA制造了一批最先进的机器人,它们是比较特殊的装置,可以用来收集邻近行星上的土壤并加以分析、维修空间站、在人类难以涉足的区域开展科学观察和实验。

20世纪70年代着手研制全方位功能机器人的宏伟计划,已被更切合实际的一些项目所取代。这些项目复制出具有人类特征的局部过程。在这个领域里,商业具有领导作用,很多费力或危险的工作可以由机器人来完成。

人工智能的未来

20世纪,行为主义为人类精神和行为研究提供了技术,并使之具有客观性,其进展也使心理学具有科学基础。因为第一章所提及的理由,行为主义让位于认知心理学,认知心理学关注心灵内部表征并极大扩展了心理学的范围。以作者观点,认知心理学和心理学总体正发生着深刻的改变。这种改变由两个领域的进展所引致:认知神经科学和人工智能,[1]而认知神经科学正是贯穿本书的主旋律。对于第一个方面,我们开始理解了人类认知的生理基础;对于第二个方面,我们正面临查清人类理解力和智力的属性与局限的挑战。本世纪我们完全可能将和智力远远超过我们的人造机器并肩前进。

在雷·库兹威尔富有争议的《精神机器的时代》(1999)一书中,以及比尔·盖茨(Bill Gates)颇有远见的《前进之路》(1996)一书中,都记载了整个20世纪计算机运行速度不断提升的历程。(以每秒每一千美金来计算)在20世纪上半叶,计算机运行速度每三年翻一番;在1950年到1966年间,每两年增长一倍;目前每年翻一倍,呈指数级数增长。英特尔的奠基者之一,戈登·摩尔(Gordon Moore)预言了指

〔1〕 具有同等大小的第三支力量是基因工程,其预示着将改变生命体的基本生物结构。所有这些力量——基因工程、人工智能和认知神经科学共同并一直改变着本世纪的人类物种。如果不说是富有挑战的话,我们则是生活在有趣的时代。

数级数的增长。他在 1965 年指出计算机芯片的容量每一年就可以扩大一倍。尽管如此热火朝天的工程不可能永远持续下去——最终将会受到物理规则的限制——但过去的 40 年中增长速度平均每 18 个月就翻一番。这个增长速度被称为摩尔定律(Moore's Law)。如果计算机的效能在未来数十年中能持续增长,我们就有充分理由相信,即使指数级数增长速度放缓,未来机器的性能也将十分接近于人脑。一些人(Kurzweil,1999)设想,最早在 2020 年的时候,计算机的潜能将与大脑大体相当,而在世纪末的时候超越人脑(见图 16.4:整个 21 世纪计算机运行速度的增长预测)。

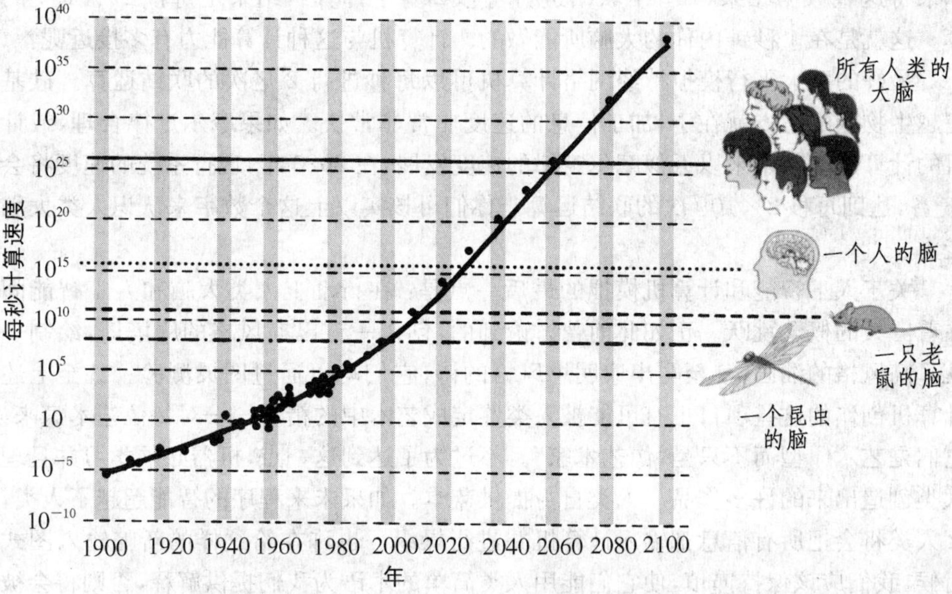

图 16.14 呈指数级数增长的计算机运行速度,1900～2100

资料来源:Kurzweil,1999。

为了让这个梦幻般的预言得以实现,还有许多计算机性能以外的工作需要完成,以使得人工智能可以与人类大脑相媲美(甚至更聪明)。这其中包括了信息的获得,在本章中我称它为"世界知识"。对于人类来说,五种感觉器官的每一种每天都探测并加工了上百万比特的信息。这些信息以各种方式同广阔复杂的网络已有知识相融合,使人们可以对新的环境线索作出明智反应来求得生存。这是人造脑所必需的最后一个组成,也是控制生物脑操作的基本准则。这是非常复杂的事情,而且我们还不十分明确这些操作代码具有什么内容。不过,它们应当具有这样一些特征:在有效网络中对信息进行自我组织的潜能,对模糊信息搜索能力、学习能力和依据内外界线索的自我调节。一个可能程序是将计算机元件与人脑连接起来，[1]这一方向的研究已取得了令人称道的进展(关于思维如何转换成行动的一个例子，请参看巴林纳加[Barinaga]，1999)。

在认识人工智能幻想者充满幻想的抱负时，我们需要思考一下，大脑和计算机的结构组成、运算能力之间的根本区别在哪里，以及计算机模拟人类大脑时存在的问题。我们很早就知道了人类大脑拥有 100 亿个神经元，每个神经元与周围神经元约有 1 000个联结(这个数据仍未确定下来)。这样，大脑包含了 10^{13} 个的平行联结，这赋予使用者非常巨大的脑力资源。但生物脑的反应速度缓慢，每秒只能做出 200 次运算。如果将这些数据相乘(10^{13} 个联结进行每秒 200 个计算)，结果是每秒 20×10^{14} 的运算。这就是在 1 秒钟内你的大脑所能做的。计算机与这种计算能力有多接近呢？

最好的巨大平行模拟神经网络计算机可以每秒进行 2 亿次的联结运算。硅基脑超越生物脑的地方就在于，加工信息的速度非常非常快。如果摩尔定律合理，或计算机的计算速度在未来以近似摩尔定律的速度发展，在 2020 年，现行系统的速度将会翻 23 番，达到每秒 2×10^{17} 次的联结运算。你们可核实以上这个数字来认识人类大脑的能力。

关于人工智能和计算机模拟的最后一点是：在行动上人类大脑和人工智能间存在着巨大的概念跳跃。正如此前曾讨论到的，创作一首巴赫风格的康塔塔，绘制一幅凡·高风格的油画，甚至写出康明思风格的诗，它们均可通过图灵测验。甚至上述被计算机创作的这些项目也有可能被人类鉴定成艺术中的精华——对每位艺术家来说，它们是艺术原型而不只是“像艺术家”。不过为了达到这一点，机器必须学习并且理解人类创造出来的许多作品。人类自身提供蓝本。如果未来程序的智能超越了人类，那么人类将会把所有信息都输入计算机并进行操纵。也许在给这样的新脑输入图式的时候，我们应该保持谨慎，使它们能用人类简单的术语为我们提供解释，否则将会被降级为具有服务作用，而智慧功用则不复存在了。

人工智能和科学探索

本章大部分都在讨论计算机与人类认知的不同，而非常复杂的任务由那些企图模仿人类行为的机器所承担。在本章结尾部分，我将对科学家，包括认知科学家提出，在未来数年中，在拥有人工智能程序的计算机的帮助下，研究方式会发生显著的改变。

我们已看到计算机被广泛应用于人类活动的几乎任何一个领域，并且这个态势还

---

[1] 不久以前，一个年轻的俄国学者问我如何展望 AI 的未来，下面就是我的回答：“本世纪 AI 的形式将震惊所有人。我能想象到，移植将会创造一个半机器/半生物的人类。根据我的看法，他们的计算能力、理解世界和宇宙的能力，在数量等级上将比作为进化生物的我们要高，事实上，你和你的同学也许是自然生物的最后一代……实际上，你们这一代将是对几百万年的自然选择和适者生存的终结(有点儿悲哀)。在短时间内，最多几百年中，人类这个物种正如我们所知的，将成为历史……而且我们对物理宇宙的理解将有极大的提高。”

会延续。每件事物都需要计算,从太空飞行,装垃圾车的行驶路线,到基因研究,没有现代化的高速运行的计算机,都是不可能完成的。事实上,具有更大记忆容量和更快运行速率的更先进的系统一定会在未来出现。也许某些尖端的新系统(比如日本的第五代,强调知识信息的加工)将会替代现在的系统。我们为过去的成就欢呼雀跃,未来一定会有更令人振奋的发现。

科学家感兴趣的一个领域是信息的储存与整理。目前,除传统的书籍和文献之外,已有电子格式(如 PsycLIT)可以储存大量的科学信息。在不久的将来,电子格式将会扩展到各个领域,包括心理学,使用户能够接触到完整的文献或书籍的内容。此外,对大部分人来说,来自学术领域的信息以及一些孤立的资源,在一个巨大的包括卫星传播站的网络中聚集。这个网络现在就存在着,并且还将持续影响科学及其他领域的研究。

不过,科学家该如何处理这么多的资料呢?是不是存在着这样一种危险,即大量的资料使科学家不知其意呢?资料库对那些试图写一本内容广泛的书的人是不可缺少的——比如一个人打算写主题广泛的认知心理学的书。作者接触到目标的摘要,比如关于儿童想象方面,只需要数秒钟。资料库在给人们带来了方便之余,问题也出现了:人类储存和加工信息的能力是有局限的。我们正面临着被过多信息所压垮的危险。如果确实是这样,那么必然会出现一种知识化、智能化方式来加工信息,即可以理解信息的程序(人工智能将无愧于它的名字)。如果这种人工智能程序出现,它可以告诉我们哪些研究业已完成,我们就可以避免重复劳动;它也可以告诉我们什么该做,于是我们可以使宝贵时间用得其所。更进一步说,一台超级智能化的计算机不仅能发现人类知识中的空白,还能通过"研究"或从自己巨大的资料库中作出推断来填补这些空白(Solso,1986,1987b,1994)。可以想象,伴随知识爆炸的结果,人们或许可以回答祖先遗留下来的问题:我们是谁,我们从哪里来,我们的未来又如何。我们有可能在有生之年知道其中一部分答案,但不可能知道全部。最宝贵的是过程而非结果。

总结

1. 人工智能关注于计算机制造的任何产物。这些产物如果是由人类创造的,则将被认为是被智慧所创造的。
2. 一个二重观点(瑟尔)区分了人工智能的两种形式:"强"的人工智能,这类有效程序可以创造出具有理解能力的"意识";"弱"的人工智能,强调它在研究人类认知时的启发性的价值。
3. 与人工智能相关联的哲学问题关注:意向、思维和理解。通过练习来验证机器——人类不可区分性或功能等同(如图灵测验和中文空间),一些人并不认为这是个成功的途径,因为它没有考虑到一些重要的因素如意向性。人类拥有意向性而机器却没有。

4. 类比于人类认知,机器有加工信息的能力。这种能力在识别复杂刺激方面已从早期的简单模型(运用模板匹配)发展到目前的途径(将结构特征分析和关联结合起来)。
5. 能"理解"自然语言的计算机程序,至少需要明白语义和句法的规则,具有世界和社会背景知识,以及处理自然语言用法模糊性的一些手段。
6. 人工智能问题解决程序(如计算机下棋程序)采用两种基本策略:算法式(通过检验所有可能方法以确保解决)和启发式(以策略为基础,将复杂的问题分解成易于解决的问题)。
7. 已成功编写出能创作诗歌、音乐和绘画的人工智能程序。
8. 未来的人工智能和认知神经科学(结合基因工程)将可能大大改变认知心理学和整个心理学。到 2020 年,与人类大脑功能相当的计算机大脑将会出现。

术语表

A

accommodation　顺应
acronym　首字母缩略词法
acrostic　离合体法
active memory system　主动记忆系统
ad hominem　个人偏见
adaptation　适应
adaptive control of thought　适应性思维
aggregate field　总体均势
algorithmic　算法式
alphabetic writing system　音节书写系统
anoetic consciousness　无意识
anterograde amnesia　顺行性遗忘
anthropomorphism　拟人说
arousal　激活
artificial intelligence(AI)　人工智能
assimilation　同化
association　联合区
associationism　联结主义
attention　注意
attribute-frequency model　属性—频率模型
autobiographical memories　自传体记忆
automatic processing　自动化加工
autonoetic consciousness　自我觉知意识
avant-garde　先驱
axon　轴突

B

Bayes's theory　贝叶斯定理
bottom-up processing　自下而上加工
broca's area　布洛卡区
brown-Peterson technique　布朗-彼得森技术

C

canonic perspectives　经典透视

CBF 区域脑血流
central executive 中央处理器
central nervous system(CNS) 中枢神经系统
cerebral commissurotomy 连合部切开术
cerebral cortex 大脑皮层
cerebral hemispheres 半球
channel capacity 通道容量
characteristic features 特异特征
chinese room 中文空间
chunking 组块
classification 分类
clustering model 聚类模型
cocktail party phenomenon 鸡尾酒会现象
cognitive bionomics 认知生态学
cognitive map 认知地图
cognitive model 认知模型
cognitive neuroscience 认知神经学
cognitive science 认知科学
common fate 相似原则
compartmentalization 区域分立
comprehension 理解
computational brain 计算脑
concatenative thinking 串联思维
concept formation 概念形成
conceptually driven processing 概念驱动加工
conceptual-propositional hypothesis 概念-命题假设
conceptual rule 概念规则
conceptual science 概念科学
conditional probability 条件概率
connectionism 联结主义
consciousness 意识
conservation 守恒
conservative focusing 保守聚焦策略
constructive 建构性
constructive memory 建构性记忆
constructive perception 建构性知觉说
content addressable 可通达内容

continuous speech recognition(CSR) 连续言语识别
controlled processing 控制加工
convergent thinking 聚合思维
corpus callosum 大脑胼胝体
countralaterality 对策性
creativity 创造性
cue-dependent forgetting 线索依赖性遗忘

D

data-driven processing 数据驱动加工
decay 衰减
decision frame 决策框架
declarative knowledge 陈述知识
declarative memory 描述记忆
declarative representation 陈述表征
deductive reasoning 演绎推理
deep structure 深层结构
defining features 定义特征
déja vu 似曾相识感
dendrites 树突
difference engine 差分计算器
direct perception 直接知觉说
direction 方向
divergent thinking 发散思维
dual-coding hypothesis 双重编码假设
dualistic memory theory 双重记忆理论
dynamic spatial reconstructor 动态空间建构技术

E

echoic memory 声像记忆
egocentrism 自我中心倾向
eidetic imagery 遗觉像
electroconvulsive therapy(ECT) 电痉挛疗法
electroencephalography(EEG) 脑电图
ELINOR 语义组织等级网络模型
ELIZA 早期计算机程序

encoding specificity principle　特定编码原则
engram　印迹
episodic memory　情节记忆
epistemology　认识论
evolutionary cognitive psychology　进化认知心理学
expertise　技能
experts　专家
expert systems　专家系统
explicit memory　外显记忆

F

facial cognizance　面孔识别
false memories　错误记忆
feature　特征
feature analysis　特征分析
fissures　裂
flashbulb memory　闪光灯记忆
focus gambling　冒险聚焦策略
form perception　形状知觉
forgetting　遗忘
fovea　中央凹
foveal vision　中央凹视觉
frontal　前叶
functional-equivalency hypothesis　功能等价假说
functional fixedness　功能固着

G

general class　总类
general problem solver(GPS)　通用问题解决者
geon　几何元素
gestalt　格式塔
gestalt psychology　格式塔心理学
graphemic-encoding hypothesis　语素编码假设
gyri　回

H

habituation　习惯
Hertz(Hz)　赫兹
heuristic　启发式
homunculus　头脑中的认知小人
H. sapiens sapiens　智人

I

iconic memory　图像记忆
illumination　豁然开朗
illusory contours　错觉轮廓
implicit memory 内隐记忆
incubation　潜伏阶段
inductive reasoning　归纳推理
information-processing model　信息加工模型
instroke interval(ISI)　跳跃间隔
intelligence　智慧
interference theory　干扰理论
internal representation　内部表征
isomorphism　同型

K

key word method　关键词法
knowledge　知识
Korsakoff's syndrome　科尔萨科夫综合征

L

language　语言
levels-of-processing lop　加工水平
lexical　词汇的
levels-of-processing model　加工层次模型
lexical decision task(LDT)　词汇判断任务
linguistic-relativity hypothesis　语言关联性假说
logic　逻辑学
logogen　单词产生器

long-term memory(LTM) 长时记忆
long-term potentiation(LTP) 长时程增强

M

mapping 图像化
mass action 总体活动
master homunculus 认知小人
means-end analysis 手段-目的分析法
mediation 中介
mental rotation 心理旋转
metamemory 元记忆任务
method of loci 位置记忆术
mind-body issue 心身问题
mnemonic 记忆术
mnemonic encoding principle 记忆编码原则
moore's law 摩尔定律
morphemes 语素
mosaic 马赛克
myelin sheath 髓鞘

N

nanometer(nm) 纳米
narcissistic trait 自恋特质
network models 网络模型
neurally inspired 神经激活
neurocognition 神经认知
neuronetwork systems 神经网络系统
neurons 神经元
neuropsychology 神经心理学
neuroscience 神经科学
neurotransmitters 神经递质
noetic consciousness 觉知意识
noise 噪音
nondeclarative knowledge 非描述知识
nonsense syllables 无意义音节

O

object priming　客体启动效应
objective set　相似原则
occipital　枕叶
organizational schemes　结构化图式法
orienting reflex　定向反射
output interference　输出干扰

P

paradigm　范式
parallel distributed processing(PDP)　平行分布加工
parallel processing model　平行加工模型
parietal　顶叶
PARRY　一种对话式计算机程序
parsing paradox　模式识别中的矛盾分析法
passive knowledge　被动知识
passive memory system　被动记忆系统
pattern　模式
pattern recognition among experts　模式识别
peg word system　字钩法
perception　知觉
perceptrons　感知器
perceptual span　知觉广度
peripheral nervous system　周围神经系统
permastore　永久记忆
phoneme　音素
phonemic-encoding hypothesis　音素—编码假设
phonological loop　语音环
phrenology　颅相学
pictographic writing system　图形书写系统
pragnanz　完形原则
preconscious state　潜意识状态
preparation　准备
presynaptic terminals　突触前端结
prima facie　第一印象
primary memory　初级记忆

priming 启动
priming effect 启动效应
prior probability 优势概率
proactive inhibition 前摄抑制
probe item 探测项目
problem solving 问题解决
procedural knowledge 程序知识
procedural memory 程序记忆
process 加工
production memory 产生式记忆
production systems 产生式系统
proposition 命题
prototype theory 原型理论
prototype recognition 原型识别
proximity 邻近原则
pseudomemory 伪记忆
psycholinguistics 心理语言学
psychophysics 心理物理学

R

radical-imagery hypothesis 部件—表象假设
rapid eye movement(REM) 快速眼动
rCBF 区域脑血流
recognition by components(RBC) 成分识别
reconstructive 重构
reconstructive memory 重构式记忆
reductio ad absurdum 归谬法
reification 具体化
reinstatement search 回复式搜寻
relational-organizer theory 关系组织理论
REM sleep 快速眼动睡眠
representational knowledge 表征性知识
repressed memories 压抑记忆
response criterion 反应标准
reticular activating formation(RAF) 激活模式
retina 视网膜
retinocentric 中央视网膜

retrieval structure principle　提取结构性原则
retroactive inhibition　倒摄抑制
retrograde amnesia　逆行性健忘症
reverberating circuit　反响回路
robots　机器人

S

saccade　扫视
schema　图式
secondary memory　次级记忆
second-order isomorphism　次级同构论
self-schema　自我图式
semantic　语义
semantic feature-comparison model　语义特征—比较模型
semantic memory　语义记忆
semantic priming　语义启动
sensation　感觉
sensory threshold　感觉阈限
sentience　知觉
sequential processing model　系列加工模型
seriation　系列化
set　定势
set-theoretical model　集理论模型
shadowing　跟随程序
short-term memory(STM)　短时记忆
signal　信号
signal detection theory 信号检测理论
similarity　相似性
simultaneous scannig　同时扫描
sine wave　正弦波
speech acts　言语行为
speed-up principle　加速原则
spreading activation theory　激活扩散理论
sternberg paradigm　斯滕伯格范式
structure　结构
subliminal　阈下意识
subliminal perception　阈下意识知觉

subliminal priming 阈下意识启动
successive scanning 连续扫描
sulci 沟
supraliminal 阈上意识
surface structure 表层结构
syllogism 三段论
synapse 突触
synesthesia 联觉
syntax 句法

T

template matching 模板匹配
temporal 颞叶
thinking 思维
threshold 阈限
tomogram 分层图
top-down processing 自上而下加工
transduction 传导转化
transformational grammar 转换语法
transitivity 转换
transformational rules 转换规则
triarchic theory 智力三成分理论
turing test 图灵检测

U

unconscious inference 潜意识推断
unconscious state 无意识状态
units 单元/单位

V

verbal dialogues 言语对话
verification 核证
visuospatial scratchpad 视空间存放器
von restorff effect 范·里斯托夫效应
voxels 神经激活像素

W

wavelength　波长

Wernicke's area　威尼克区

Whorfian hypothesis　沃夫假说

word apprehension effect(WAE)　单词理解效应

working memory　工作记忆

Y

Yerkes-Dodson law　耶克-道德森定律

后　记

认知心理学自20世纪50年代兴起以来，一直是当代心理学发展的主要方向之一。在美国，认知研究与新兴科技始终紧密结合，认知心理学等领域中的研究成果众多而又先进，目前处于世界科学研究的前沿。20世纪80年代中国的心理学工作者们开始关注这个新学科的发展，研究热潮在国内逐步兴起，大学的心理系或心理学专业相继开设了认知心理学课程。

发展至今，认知心理学内部发生了深刻变化。信息加工心理学中的人脑比作电脑的思路已获得认同，并取得丰硕成果；而新出现的平行加工理论(或被称为联结主义理论)为认知心理学的发展又注入了新的活力。认知神经科学体系的基本框架也初见端倪，认知科学的发展前景更加广阔，影响更加深远。种种新形势使我们觉得很有必要将认知心理学的新思想和新成果介绍到国内来，让心理学研究者们及广大心理学专业学生和爱好者能有所了解，感受其发展的脉搏和潜力。因此，我们组织有关人员对索尔索的新版专著《认知心理学》进行了翻译。翻译过程中，我们认真阅读原文，细致翻译和仔细校对。完稿之际，反思原著，我们体会其具有如下一些特点：

1. 内容新颖，研究具有前沿性。

本版属第六版，认知心理学领域的巨大变革、最新进展和全新的研究成果在本版中都得到较好反映。因此，同时在内容和章节上较之以前版本有较大变动。

2. 介绍比较全面。

努力将所有认知心理现象都包容其中。作者认为内容翔实的认知心理学专著可以为实际教学提供较宽广的范围，也可以起到扩大学生的知识面的作用。

3. 联系实际。

本书每章都有一个重要的内容“思考论证”，其内容来自生活实际。对其仔细阅读和思考后，将对认知心理学的有关概念和思想理解更深入，也更能体会出认知心理学与人们的生活紧密关联，所讲述的理论并非“高高在上”。

全书翻译工作由何华组织负责，然后参加人员分工协作，并及时进行互相交流和研讨，各自完成自己的分工部分。最后由何华对全书进行了校对和统稿。

本书共有六个部分十六章，翻译工作的具体分工是：

第一、二、十一、十二、十三章，何华(苏州大学)

第三章，仲晓波(南开大学)

第四、五章，李霞(南开大学)

第六、七、八章，党彩萍(南京师范大学)

第九、十章，冯建新(陕西师范大学)

第十四、十五章，文剑冰(华东师范大学)

第十六章，程九清(上海师范大学)

除了上述老师和学生的工作之外，朱永新教授、许庆豫教授为本书翻译提出了具体要求和建议，张武田教授还欣然作序，我的学生郑德伟、高翠翠、李凌云、陈玉凤和朋友李品卓、尹冬静、彭朝忠、余惠群等为本书的翻译、校对付出了不少劳动，在此一并向他们表示衷心感谢。但是，由于时间紧迫和译者水平有限，以及对许多问题的认识可能还不够完全和深入，错误和不妥之处难免，因此，我们恳请读者与专家们批评指正。

译　者

二〇〇四年九月　苏州